変容する
テロリズムと法

各国における
〈自由と安全〉法制の動向

大沢秀介
新井　誠
横大道聡　編著

弘文堂

はしがき

本書は、2001年9月11日のアメリカ同時多発テロを契機に立ち上げた「市民生活の自由と安全」研究会（以下「研究会」という）が、最初の研究書として2006年に上梓した『市民生活の自由と安全──各国のテロ対策法制』から10年を経過したことを踏まえて、この10年間に大幅に拡充された各国のテロ対策法制の詳細を明らかにしようとするものである。研究会は、その基本的な目的として、各国で生じているテロ事件を単に一時的な偶発的性質のものと捉えるのではなく、それが社会にとって大きな新しい変化をもたらすものであるという認識に立って、それを実務家および学者・研究者のそれぞれの視点から解明するというねらいを有している。実務家と研究者の共同研究という構成をとったのは、アメリカ同時多発テロが新たな性格を有していると考えたからである。

かつてのテロは、大統領等の要人の殺害等を狙った国内の不満分子による犯罪という形式をとっていた。このようなテロについては、戦争とは異なりその襲撃対象は特定され、それが頻発し多数の死者を出すということは考えられなかったから、事後的な対策で十分であった。これに対して、近年のアメリカの同時多発テロに象徴されるテロは、個人的な犯罪ではなく、その死傷者の数は多数にのぼり、戦争との類似性が当初指摘された。しかし、徐々に明らかになってきたことは、最近の国際テロの背景には、新自由主義のもとで急速にグローバル社会が進展するなかで、テロ組織が国境を跨いで活動するというかたちで国際化されるばかりではなく、テロ組織がアメーバ的な増殖をするという状況である。すなわち、最初にテロが発生した後、その影響を受けた同じようなテロを行う組織が各国で群生するようになり、他国のテロ組織が壊滅されても、それに関係なく自国でテロをそれぞれの状況に対応してより強力なかたちで行うのである。ホームグローンテロ、ローンウルフテロやそれと結びついた最近のソフト・ターゲットを狙った大規模テロなどは、そのようなテロの新たな発展型を示している。

このような最近の国際テロの特色を踏まえると、従来の国内の要人殺害を目的とするテロのように、その対策は事後的なものでは適切なものとはいえない。国際テロに適切に対処するためには、国際テロの拡大傾向とテロの実行方法の進展に素早くしかも事前に対応することが求められている。そのためにはテロの具体的な実情に通じた実務家とテロへの対応を理論的に検討する研究者との総合的な対応が必要といえる。そして、そこにおいてまず求められるのは、各国におけるテロ対策法制のあり方について、それが実際にどのように構築されているかを具体的かつ詳細に検討することである。2006年の『市民生活の自由と安全――各国のテロ対策法制』は、その表題に示されるように各国のテロ対策法制に焦点を当てたものであった。今回出版される本書は、その後10年経った現在における各国のテロ対策法制を、その対象とする国を拡大し、またテロ行為の新たな展開に対応しつつ明らかにしようとするものである。具体的には、テロ対策法制の検討対象国を拡大し、カナダ、イタリア、オーストラリアをも取り上げて検討している。また、この10年間のあいだに本書で取り上げた各国のテロ対策法制はますます多様な規制対象を含むようになっている。そこで、各国のテロ対策法制について最近議論の多い個別論点についても、その動向を紹介し検討している。

本書の出版によって、各国のテロ対策法制に関する最新の情報が提供され、〈自由と安全〉のテーマのもとで真摯な議論が展開されることになれば、執筆者一同これに勝るものはない。自由は安全を前提とする。しかし、安全を過度に強調することは自由を制約する。この両者の関係をいかに調整するのかは、本書によって明らかにされたそれぞれのテロ対策法制によって、各国で異なることがみてとれよう。そのようななかで、わが国としてどのような道を選択するかは、いま求められている重要な課題であるといえる。この問題に対する熟慮に基づく判断の基礎として、本書が多くの方々に利用されることを切に願う次第である。また、本書が、これまで研究会が上梓した4冊の研究書と同様に、〈自由と安全〉というテーマに関心を有する方々にとって有益なものであることを信じてやまないところである。

最後に、本書が出版されるにあたっては、慶應義塾大学大学院法学研究科のプロジェクト科目「市民生活の自由と安全」において、多くの研究者や実務家の方々に有益な報告と議論をしていただいたうえに、論文の執筆にも快く応じていただいた。そして、科目を履修した大学院生の諸君からも多くの貴重な指摘や助力をいただいた。また、慶應義塾大学法学部からは、大学院高度化推進研究費として多大な助成を受けた。さらに、警察大学校警察政策研究センター、公益財団法人公共政策調査会および一般財団法人保安通信協会からは、これまでと同様、研究会の趣旨に賛同いただき、多大な援助をいただいた。本書が出版できるのは、これらの助力、助成、援助の賜物であることを改めて確認し、ここに深く感謝する次第である。

なお、弘文堂編集部の登健太郎氏と柳崇弘氏には、本書の出版にあたって、その構想の段階からかかわっていただき、本書の構成、体裁、校正にいたるまでお世話になった。出版事情が厳しいといわれるなか、本書のために惜しみない尽力をしていただいたことを心よりありがたく思い、厚く御礼申し上げる次第である。

2017年8月19日

執筆者一同を代表して
大沢　秀介

目次

はしがき（i）

解　　題（xvii）

第1章　アメリカ　1

総論　3

アメリカにおけるテロ対策法制とその変容　横大道聡

Ⅰ　はじめに　3

1　本稿の目的（3）
2　注意点（4）

Ⅱ　諜報活動　6

1　法執行機関と諜報機関の「峻別」から「融合」へ（6）
2　サンセット条項の再授権をめぐる攻防（8）

Ⅲ　テロ容疑者の収容と処遇　12

1　グアンタナモ湾海軍基地（12）
2　収容下での処遇（15）

Ⅳ　テロ容疑者の処罰　17

1　処罰規定（17）
2　テロ容疑者の訴追（20）
3　テロ容疑者への実力行使（21）

Ⅴ　おわりに　24

各論Ⅰ　25

沈黙する同意——対テロ検問とプライバシー　大林啓吾

Ⅰ　はじめに　25

Ⅱ　検問の憲法問題　26

1　修正4条の要請（26）
2　目的の特定性の要求（28）

Ⅲ　9.11以降の対テロ検問　29

1　道　　路（30）
2　空　　港（31）
3　地下鉄（35）
4　集合施設（37）
5　デ　　モ（38）
6　判例の整理（38）

Ⅳ　若干の考察　39

1　黙示の同意論の問題（39）

2　対テロ検問の必要性と方法の相当性（40）
V　おわりに……41

各論 II ——43
航空安全確保のためのテロ対策　吉川智志
——搭乗拒否リストをめぐる憲法問題を中心に

I　はじめに……43
II　搭乗拒否リストの制度と運用……44
1　搭乗拒否リストの導入（44）
2　基本的な流れ（45）
3　救済——是正請求制度（47）
4　小　括（48）
III　搭乗拒否リストと手続的デュー・プロセス……48
1　判決を紹介する前に（48）
2　Latif 事件（51）
3　救済と制度改革（55）
IV　検　討……56
1　秘匿性とデュー・プロセス（57）
2　情報の秘匿と国家安全の対立（57）
V　おわりに……59

各論 III ——60
サイバー空間におけるテロ対策　湯淺墾道

I　はじめに……60
II　サイバー空間におけるテロ対策の役割分担と収集した情報の共有……61
1　民警団法（61）
2　軍・警察間の犯罪情報共有に関する判例（62）
3　サイバー空間における軍・警察の線引き（64）
4　サイバーセキュリティ基本法への示唆（64）
III　テロ対策とデジタル・フォレンジック……65
1　デジタル・フォレンジックにおけるツール類の利用の現状（65）
2　アメリカにおけるツール類利用に関する判例（66）
IV　テロ対策と暗号化……69
1　暗号化の意義と捜査機関側の課題（69）
2　ハードディスク等の暗号化の場合（70）
3　iPhone 事件（73）
V　おわりに……76

各論Ⅳ——78

対内直接投資規制と半導体産業　渡井理佳子
——アメリカの法制と実務をめぐる諸問題

Ⅰ　はじめに……78
Ⅱ　対内直接投資規制と国家安全保障……79
1　対内直接投資規制とテロ対策（79）
2　対内直接投資と技術流出（79）
Ⅲ　アメリカにおける対内直接投資規制……80
1　対内直接投資規制法制定の背景（80）
2　アメリカにおける対内直接投資規制の審査（81）
3　重要な技術の審査（82）
Ⅳ　中国の動き……84
1　CFIUS の年次報告書にみられる傾向（84）
2　中国と CFIUS の考慮要素（85）
Ⅴ　AIXTRON 事件……86
1　AIXTRON の買収計画と CFIUS の審査（87）
2　大統領の中止命令（88）
3　AIXTRON 事件の影響（89）
Ⅵ　おわりに……90

第2章　フランス　91

総論——93

フランスにおけるテロ対策法制とその変容　新井　誠

Ⅰ　はじめに……93
Ⅱ　2015 年以前の状況……94
1　20 世紀末の状況（94）
2　アメリカ同時多発テロ（2001 年 9 月）の影響（95）
3　ロンドン地下鉄同時多発テロ（2005 年 7 月）の影響（95）
Ⅲ　テロと緊急事態法制——パリ同時多発テロ（2015 年 11 月）の影響……97
1　近年の状況（97）
2　非常事態法制の基本構造（99）
3　2015 年 11 月 20 日法律による 1955 年緊急事態法改正（100）
4　憲法改正論の浮上（103）
Ⅳ　緊急事態の「憲法化」の挫折とその後……106
1　近年のテロ対策諸法制（106）
2　1955 年緊急事態法を改正する諸法律（107）
Ⅴ　おわりに……109

各論 I ―――――――――― 111

テロ行為を理由とする国籍剥奪　堀口悟郎

I　はじめに …… 111
II　フランスにおける国籍制度 …… 112
　1　フランス革命と国籍（112）
　2　移民の国籍取得（114）
　3　二重国籍の容認（115）
III　現行法上の国籍剥奪制度とその合憲性 …… 116
　1　国籍剥奪制度の歴史（116）
　2　現行法上の国籍剥奪制度（117）
　3　憲法院による合憲判決（118）
IV　憲法改正の提案とその断念 …… 121
　1　出生地主義に対する批判（121）
　2　国籍剥奪条項の提案――サルコジからオランドへ？（122）
　3　国籍剥奪条項に対する批判（123）
　4　憲法改正の断念（124）
V　おわりに …… 125

各論 II ―――――――――― 127

インターネットによる「過激化」対策　岡部正勝
――フランスのテロ対策におけるインターネット関連規制等について

I　はじめに …… 127
II　インターネット上の違法情報に関する規制等 …… 127
　――テロ扇動罪およびテロ賞賛罪関連
　1　フランスにおけるインターネット上の違法情報規制の概観（127）
　2　2014年改正による規制強化（128）
　3　削除、ブロッキングおよび検索結果の不表示（130）
　4　削除要請等の実務（131）
III　その他のテロ関連違法情報およびテロ扇動・賞賛にかかる犯罪 …… 135
　1　火薬・爆発物等の製造方法頒布（135）
　2　テロ賞賛・扇動情報の編集、複製、伝送（135）
　3　テロ扇動・賞賛サイトの常習的な閲覧（136）
IV　その他のインターネットによる過激化対策の施策 …… 137
　1　反対説教（contre-discours）（137）
　2　当局によるインターネット上の情報収集活動（137）
　3　インターネット上の犯罪捜査手法（138）
V　おわりに …… 139

第3章 ドイツ 141

総論——143

ドイツにおけるテロ対策法制とその変容 渡辺富久子

I はじめに……143
II テロ防止のための情報収集……144
1 テロ防止のための情報収集の枠組み（144）
2 連邦刑事庁の国際テロ調査権限（146）
3 通信事業者に対する通信履歴の保存義務（147）
4 連邦情報庁法の改正（149）
III テロ危険人物の監視……153
1 テロ危険人物と刑法典との関係（153）
2 テロ危険人物に対する電子足輪の装着に関する立法（156）
3 出国義務を強化する法案（158）
4 ビデオカメラの増設に関する立法（159）
IV おわりに……160

各論Ⅰ——161

安全確保権限の相互協力的行使と情報共有の憲法的課題 上代庸平

I はじめに……161
II テロ対策のための制度整備の方向性——組織法的制限の必要性……161
1 安全確保権限の組織法的統制（161）
2 安全確保権限の統合指向性（162）
3 統合的な安全確保権限のコントロール（165）
III 組織法的統制としての警察と情報機関の分離原則……167
1 警察と情報機関の分離原則の経緯と位置づけ（167）
2 警察と情報機関の分離原則の内容（167）
3 憲法上の「分離」の基準（170）
IV 警察と情報機関の分離原則と安全確保権限の組織化傾向……175
1 ドイツの統合型テロリズム対策組織（175）
2 統合テロリズム防止センター（GTAZ）の設置をめぐって（176）
3 統合型組織の法的評価（177）
V おわりに……178

各論 II ―――― 180

テロ防止のための情報収集・利用に対する司法的統制とその限界

石塚壮太郎

――連邦刑事庁法（BKAG）一部違憲判決

I　はじめに …… 180
II　連邦刑事庁法一部違憲判決 …… 181
　1　事実の概要（181）
　2　判　　旨（182）
　3　反対意見（193）
III　いくつかの論点 …… 193
　1　「私的生活形成の核心領域」に対する保護の拡張（193）
　2　目的拘束および変更に関する新たな枠組み（194）
　3　若干の検討（196）
IV　おわりに …… 197

第4章　カナダ　199

総論 ―――― 201

カナダにおけるテロ対策法制とその変容

手塚崇聡

I　はじめに …… 201
II　カナダにおける9.11以降のテロ対策法制と裁判所の対応 …… 202
　1　9.11以降の政府と議会の対応（202）
　2　政府のテロ対策戦略（208）
　3　テロ対策法制にかかわる裁判所の対応（208）
III　2014年10月テロ事件と新たなテロ対策法制 …… 210
　1　2014年10月の2つのテロ事件（210）
　2　政府の対応としての2015年ATA（211）
　3　2015年反テロ法とその他のテロ対策法制（211）
　4　2015年以降のテロ対策法制とその問題（214）
IV　おわりに …… 216

各論 I ―――― 218

危険人物認証制度（Security Certificate）の「司法的」統制

山本健人

――対テロ移民法制における手続的公正

I　はじめに …… 218
II　IRPA下での初期危険人物認証制度 …… 219

1 IRPAの概要（219）
2 IRPA下での初期危険人物認証制度（220）
3 憲法上の問題点（221）

Ⅲ シャルカウィⅠ判決――危険人物認証制度の包括的憲法適合性 …… 222

1 国家安全保障の文脈と基本的正義の原理（223）
2 「指定裁判官」の合憲性（224）
3 機密証拠開示のオルタナティブ（paras. 66-87）（226）
4 その他の論点（227）
5 小　括（228）

Ⅳ シャルカウィⅡ判決――情報機関の情報保存と開示に関する原則 …… 229

1 情報機関の情報保存原則（paras. 20-46）（229）
2 情報開示原則（paras. 47-64）（230）
3 小　括（231）

Ⅴ ハーカット判決――修正後の危険人物認証制度の包括的憲法適合性 …… 231

1 修正された危険人物認証制度（231）
2 その憲法適合性（233）

Ⅵ 手続的公正の確保手段の整理 …… 236

Ⅶ おわりに …… 237

各論Ⅱ ―― 239

テロ関連表現物の規制　小谷順子
――カナダの例

Ⅰ はじめに …… 239

Ⅱ 国際社会の対応とカナダの対応 …… 240

1 国連安全保障理事会の対応（240）
2 テロ及び暴力的過激主義との闘いに関するG7タオルミーナ声明（241）
3 カナダの状況（241）

Ⅲ カナダ連邦刑法典におけるテロを扇動・唱導・推奨・肯定する表現の規制 …… 242

1 従前の規定（242）
2 2001年以降のテロ対策法制で設けられた諸規定（244）

Ⅳ 2015年の刑法典改正によるテロ唱導の禁止とテロ宣伝の犯罪化 …… 246

1 カナダにおける表現の自由の保障（246）
2 テロ犯罪の実行の唱導または促進の禁止（刑法83.221条）（247）
3 テロ宣伝表現物の没収と削除（刑法典83.222条・83.223条）（249）

Ⅴ テロ関連の表現物を犯罪化することの効果への疑問 …… 251

Ⅵ おわりに …… 252

第5章 イギリス 255

総論――257

イギリスにおけるテロ対策法制とその変容　岩切大地

I　はじめに……257
II　テロリズムの動向とテロ対策法制……257
1　テロ対策法制の背景（257）
2　テロリズムの「脅威レベル」（259）
III　テロ対策法制の内容……260
1　刑事法（261）
2　行政拘束（263）
3　経済制裁（264）
4　国外排除・出国制限（265）
5　「防止」措置（266）
6　調査権限（268）
7　非開示証拠手続（269）
IV　おわりに……269

各論 I――275

テロ対策権限に対する新たな統制方法？　岩切大地
――イギリスにおける独立審査官制度

I　はじめに……275
II　独立審査官制度とは……275
1　独立審査官制度の概要（275）
2　独立審査官の審査対象事項の変容（276）
III　独立審査官報告書の一例――『2015年のテロ法制』……278
1　独立審査官の調査方法（279）
2　テロの「脅威レベル」（280）
3　テロ対策機構の概要（280）
4　「テロ」の定義（281）
5　団体指定制度（282）
6　テロリスト財産（284）
7　テロリスト捜査（284）
8　停止・捜索（286）
9　港湾検査（287）
10　逮捕・勾留（289）
11　刑事手続（291）
12　過激化対策問題・外国人戦闘員問題（293）
IV　おわりに――独立審査官制度の意義……296

各論 II ―― 298

テロを奨励する表現等の規制　小谷順子
――イギリスの例

Ⅰ　はじめに …… 298
Ⅱ　国際社会の対応とイギリスの対応 …… 299
1　国連安保理の対応（299）
2　欧州評議会および欧州人権裁判所の対応（299）
3　イギリスの対応（300）
Ⅲ　テロ関連表現物に関する規制（2006 年テロリズム法） …… 300
1　テロを奨励する言明の禁止（2006 年テロリズム法 1 条）（300）
2　テロ表現物の頒布の禁止（2006 年テロリズム法 2 条）（303）
3　インターネット上の活動への適用（2006 年テロリズム法 3 条）（305）
Ⅳ　2006 年テロリズム法のテロ関連表現物の規制に対する評価 …… 306
1　表現の自由の保障との関係（306）
2　2006 年テロリズム法 1 条および 2 条の運用状況（307）
3　2006 年テロリズム法 1 条および 2 条の評価（308）
Ⅴ　おわりに …… 310

第6章　イタリア　311

総論 ―― 313

イタリアにおけるテロ対策法制とその変容　芦田　淳

Ⅰ　はじめに …… 313
Ⅱ　1970 年代の法制 …… 313
Ⅲ　2001 年改正 …… 314
Ⅳ　2005 年改正 …… 314
Ⅴ　2015 年改正 …… 315
1　刑法規定を中心とした見直し（316）
2　インターネットを介したテロ宣伝等への対応策（318）
3　司法協力者に関する規定のテロ犯罪への拡張（320）
4　テロに対する予防措置の強化等（320）
5　国土管理のための軍の人員の使用（321）
6　捜査のための滞在許可・面談（322）
7　個人データ保護法典の改正（323）
8　情報機関の人員の保護等（324）
9　テロ対策のための新たな検察官等の設置（324）
Ⅵ　2016 年改正 …… 326
Ⅶ　おわりに …… 327

各論──────328
通信等の傍受　芦田　淳
──イタリアにおける法制の展開と課題

Ⅰ　はじめに……328
Ⅱ　憲法的観点からみた通信等の傍受……328
Ⅲ　傍受にかかる法制度……330
1　司法的傍受（330）
2　予防的傍受（331）
Ⅳ　通信等の傍受に関する法改正案……336
1　第16立法期（2008～2013年）における改正案（336）
2　第17立法期（2013年～）における改正案（336）
Ⅴ　おわりに……337

第7章　オーストラリア　339

総論──────341
オーストラリアにおけるテロ対策法制とその変容　岡田順太

Ⅰ　はじめに……341
Ⅱ　オーストラリアにおける近時のテロ事件……341
1　近時のISIS関連テロの動向（341）
2　テロ計画・未遂事件（343）
3　テロ事件とテロ対策（346）
Ⅲ　テロ対策に関連する国家機構……347
Ⅳ　テロリズムの定義……348
Ⅴ　刑法および刑事訴訟……349
1　連邦刑法典の規定（349）
2　刑事訴訟の特例（350）
Ⅵ　捜査権限……351
1　警察機関（351）
2　情報機関（352）
3　行動制限仮処分および予防拘禁（353）
4　行動制限仮処分をめぐる司法判断──トーマス事件（354）
Ⅶ　おわりに──若干の考察……355
1　オーストラリアにおけるテロの背景事情（355）
2　テロ対策法制の展開と憲法の役割（356）
3　日本に与える示唆（357）

各論 ―― 359

海上密航者収容措置の変容 岡田順太
――国境管理の意義の多様性

I はじめに …… 359
II 近時の難民対策の展開 …… 359
1 船舶による不法入国者の増加と「移民枠」(359)
2 強制収容制度と判例の展開 (360)
3 主権国境作戦 (Operation Sovereign Borders) の実施 (364)
III おわりに――若干の考察 …… 367
1 ナショナリズムの発露としての国境管理 (367)
2 旧日本軍の残像と海上密航者 (367)
3 内国移動の自由と「国境」(368)

第8章 日本 371

総論 ―― 373

日本におけるテロ対策法制とその変容 大沢秀介

I はじめに …… 373
1 本稿の対象 (373)
2 テロ対策法制の整備の遅れとその方向性 (373)
II CONTEST の概念 …… 377
1 わが国のテロ対策法制に対する基本的検討枠組み (377)
2 テロ対策法制の保護の側面 (378)
3 テロリストの追及の側面 (385)
III おわりに――わが国のテロ対策法制の特色と課題 …… 392
1 CONTEST の概念からみたわが国のテロ対策法制の特色 (392)
2 今後の変容の方向性 (394)

各論 I ―― 395

わが国のテロ対策の現状と今後の展開 辻 貴則

I はじめに …… 395
II テロ対策についての視座 …… 396
1 「安全のなかの自由の法理」の受容 (396)
2 テロ対策のモデル (398)
III これまでのわが国のテロ対策 …… 399
1 政府一体となった取組み (399)
2 警察における取組み (403)
3 政府と警察の相互の取組みの関係 (404)

Ⅳ　テロ対策法制の流れ……405
1　テロ資金対策（405）
2　テロリストに関する情報収集・追跡調査（407）
3　テロ対策基本法（410）
4　テロ発生時の対処法制（411）
Ⅴ　今後のテロ対策のあり方……411
1　情勢の変化に即した対応の必要性（411）
2　現行の法制度と警察のあり方（412）
3　とりあえずの結論（413）
Ⅵ　おわりに……414

各論Ⅱ——415
ムスリムに対する監視・情報収集　小林祐紀

Ⅰ　はじめに……415
Ⅱ　日本におけるムスリム捜査事件……416
1　事実の概要（417）
2　東京地裁判決（417）
3　東京高裁判決（419）
4　下級審の意義と問題点（420）
Ⅲ　アメリカにおけるムスリム捜査事件……423
1　ハッサン事件（Hassan v. City of New York）（423）
2　ラザ事件（Raza v. City of New York）（426）
3　両事件の検討（428）
Ⅳ　おわりに……429

第9章　国際・EU　431

——433
テロリズムと国際法　熊谷　卓
——テロ被疑者に対する致死力の行使にかかる問題を中心に

Ⅰ　はじめに……433
Ⅱ　生命権の国際人権法上の位置づけ……436
Ⅲ　生命の剝奪にかかる事例と人権条約の履行監視機関の立場……438
1　自由権規約委員会の個人通報事例から（438）
2　欧州人権裁判所の判決から（440）
Ⅳ　力の行使を規律する３つの主要な原則……445
Ⅴ　おわりに……446

EU におけるテロ対策法制　451

東　史彦

I　はじめに……451
II　EU のテロ対策法制の沿革……451
III　EU のテロ対策の権限……453
1　EU のテロ対策の位置づけ（453）
2　EU のテロ対策の権限（454）
3　リスボン条約以降の PJCC の立法（454）
4　リスボン条約以前の PJCC の立法（455）
5　刑事司法協力の立法（456）
6　警察協力の立法（459）
IV　EU の主要テロ対策立法……462
1　刑事法制の接近と加盟国間協力の強化（462）
2　テロ資産対策措置（464）
3　インフラの安全確保（465）
4　爆発物・危険物の規制（466）
5　被害者の救済（467）
6　法執行機関間の情報交換の促進（467）
7　刑事捜査および訴追における個人データ保護（467）
V　テロ対策立法と司法審査……468
1　EU 司法裁判所の司法手続（468）
2　直接訴訟（469）
3　先決付託手続：個人データの保全に対する訴訟（471）
――プライバシー権、個人データ保護権
VI　EU とアメリカのテロ対策における衝突……472
1　SWIFT 問題（472）
2　プリズム問題（473）
3　セーフハーバーおよびプライバシー・シールド（474）
VII　おわりに……475

事項・人名等索引……476
判例索引……483
編者・執筆者紹介……488

解題

「はしがき」で述べたような方針のもとに執筆された本書所収の各論文について、読者が興味をもった内容にできる限り素早くアクセスしやすいように、それぞれの論文について特徴的な点をあらかじめ簡単に触れておくことにしたい。

⑴　アメリカ

第１章はアメリカである。アメリカは同時多発テロ以後、一連の強硬なテロ対策をとってきた。その中心にあるのは、愛国者法であり、この法律についてはすでに多くの論考が公にされている。ところが、愛国者法制定以後のアメリカのテロ対策法制を取り上げて論述したものは少ない。本書の読者の多くは、愛国者法以後の様相に関心を有しているであろう。本章ではそのような関心に応えるために、５つの論考が収められている。まず、総論である**横大道聡「アメリカにおけるテロ対策法制とその変容」**は、愛国者法以後のテロ対策法制について、その主要な分野である①諜報活動、②テロ容疑者の収容と処遇、③テロ容疑者の処罰の３つを取り上げて、現在までの変容の過程を詳細に検討している。その変容の程度は各分野で異なるが、執政府が政権の変更にはかかわりなく一貫して対テロ権限を維持・拡大し、テロ対策法制を定着させようとする姿勢がうかがわれる。**大林啓吾「沈黙する同意——対テロ検問とプライバシー」**は、テロの重要な予防対策である対テロ検問について、連邦の下級審を含めた修正４条との関係で合憲性が争われた裁判例を分析し、判例は事実上の強制の有無、対テロ検問の目的、手段の相当性の３点に注目しているとしたうえで、公共交通機関などの対テロ検問では任意性を前提として修正４条の保障するプライバシーを重視した判断を行う必要があると指摘する。**吉川智志「航空安全確保のためのテロ対策——搭乗拒否リストをめぐる憲法問題を中心に」**は、同時多発テロ後のテロ対策として最初に行われてきた航空旅客に対する搭乗拒否リストの作成・適用が、修正５条の手続的デュー・プロセス違反として争われた事件の下級審判決によって、制度的変更がもたらされたとする。そこでは、連邦裁判所の手続的デュー・プロセスを通してのチェックが、テロ対策法制を構築するうえで重要となっている現実をみることができる。**湯淺墾道「サイバー空間におけるテロ対策」**は、サイバー空間と実空間の相違を指摘したうえで、軍と警察との伝統的な領域区分が曖昧な状況になっている結果、軍による一般市民への犯罪捜査が行われプライバシー侵害が引き起こされる事例があること、またiPhoneのロック機能解除事件で注目されたコンピュータやスマートフォンなどの暗号化されたデータの複合化または暗号解除とプライバシー侵害との関係が今後焦点になるとしている。**渡井理佳子「対内直接投資規制と半導体産業――アメリカの法制と実務をめぐる諸問題」**は、国家の安全保障上貴重な技術の流失防止のために外国投資家の企業買収に対する直接投資規制として設けられた外国投資及び国家安全保障法による投資規制が3段階でなされ、最終的には大統領の判断で中止命令が発出されることを説明した後で、近年中国の投資家が規制の対象となっているとする。わが国でもこの問題は今後重要となろう。

(2) フランス

第2章は、フランスである。フランスは、かつて植民地の宗主国であった関係から、移民が多い国でもあり、移民をどう法的に扱うかは長く問題とされてきたが、そのようななかでテロ事件が多発している。その意味ではフランスのテロ対策、国家安全保障政策は、二重の構造を含んでいる。この章に含まれた3つの論考はそのような見方を前提としている。**新井誠「フランスにおけるテロ対策法制とその変容」**は、まずフランスにおけるテロ対策の変遷を跡づけた後、2015年からフランスで生じた3回の大きなテロ事件を受けて発出された緊急事態法に基づくテロを原因とする緊急事態宣言、緊急事態の憲法化の盛り上りとその沈静化と続く過程のなかで制定されたテロ対策法制の変容について、団体の解散、居住地指定、行政権による家宅捜索の3点を中心に検討する。**堀口悟郎「テロ行為を理由とする国籍剝奪」**は、フランスにおけるテロ対策の一環とみられてきたテロ行為を理由とする国籍剝奪をめぐる憲法改正論議の退潮について、フランスの現行国籍法が血統地主義とともに出生地主義をとっている結果、二重国籍を実質的に前提としており、その法的枠組みのなかで、テロ行為による犯罪で有罪判決を受けた場合を国籍剝奪の事由とする国籍剝奪制度の憲法化は、伝統的な「国民」観念を崩壊させ、「移民」か「国民」かの二者択一を迫るものと知識人に受け取られたために失敗したとする。**岡部正勝「インターネットによる「過激化」対策――フランスのテロ対策におけるインターネット関連規制等について」**は、テロ事件の過激化に対するインターネットの影響を規制するものとして、2014年テロ対策法によりデジタル経済信頼法に新設された第6-1条によるインターネットのコンテンツ削除、ブロッキング検索結果の不表示要請の運用状況、その他のインターネット関連行為の規制法を紹介する。フランスにおける規制はわが国よりも厳しいものとなっていることが注目される。

⑶　ドイツ

第3章は、ドイツである。ドイツは法治主義が長い歴史をもっており、テロ対策法制についてもテロ対策を行う政府機関の権限の根拠を明らかにすること、また情報自己決定権、住居の不可侵、通信の秘密など基本権の保障が重視されてきた。そのようななかで、連邦憲法裁判所による違憲判断も多いという特色を有する。**渡辺富久子「ドイツにおけるテロ対策法制とその変容」**は、2001年以降のドイツのテロ対策法制について①テロ防止のための情報収集と②テロ危険人物の監視の2つに焦点をあてたうえで、立法とそれに対する連邦憲法裁判所の判決を中心に検討している。①については、スノーデン事件を契機に一般市民の通信情報の収集権限を明確化した2016年の連邦情報庁法の内容が詳説されている。また、②については、テロ危険人物に対する電子足輪の装着に関する法律が近年制定されているとする。**上代庸平「安全確保権限の相互協力的行使と情報共有の憲法的課題」**は、テロ対策がテロ犯罪の事前予防にあり情報収集が重視される結果、警察と情報機関が個人の情報を共有することによって憲法上の情報自己決定権への侵害が生じていることを踏まえ、ドイツの警察と情報機関の分離原則の変容に関する連邦憲法裁判所の判決を紹介する。そのうえで、憲法上の要請に反しないかたちで官庁間の情報共有のための統合型組織としての統合テロリズムセンターに関する検討・評価を行っている。**石塚壮太郎「テロ防止のための情報収集・利用に対する司法的統制とその限界――連邦刑事庁法（BKAG）一部違憲判決」**は、ドイツの連邦憲法裁判所がこれまで下してきた国家による情報収集・管理・利用と各基本権との関係について、私的生活形成の核心領域の保護という上位概念を設定して、包括的に法理を整理し直した2016年4月20日の連邦憲法裁判所の一部違憲判決を詳説している。

⑷　カナダ

第4章は、カナダである。カナダは、アメリカの隣国であるということからテロ対策立法の内容についてその影響も受けているが、カナダの最高裁判所のテロ対策立法に対する合憲性審査はヨーロッパの憲法裁判所の判断方法に倣っており、比較衡量で判断するという特徴を有している。**手塚崇聡「カナダにおけるテロ対策法制とその変容」**は、カナダでは、基本的な対テロ対策戦略として「テロに対する弾力性の構築」という方針のもとで基本権とそれに対する侵害の危険とを慎重に考慮する考え方がとられてきたが、2014年の2つのテロ事件を契機に安全を重視する対テロ立法の尊重という傾向が強まり、2015年反テロ法の成立にいたったとしたうえで、現行の対テロ対策法制を詳説する。**山本健人「危険人**

物認証制度(Security Certificate)の「司法的」統制――対テロ移民法制における手続的公正」は、カナダの包括的移民法である「移民難民保護法」にテロ対策の一環として組み込まれている「危険人物認証制度」に対するカナダ連邦最高裁の2007年から2014年にかけての3つの判決を検討し、国家安全保障が問題となる状況でも法の支配の要求として保障手続的公正が重視されているとする。なお、危険人物認証制度は、2015年反テロ法によって改正されており、今後の判例の動向が注目される。**小谷順子「テロ関連表現物の規制――カナダの例」**は、2015年反テロ法による刑法典の改正によって導入されたテロ犯罪一般の実行を唱導または促進する表現の禁止とテロ宣伝表現物の没収または削除を定める規定を取り上げて、詳細にその内容を紹介する。カナダではテロ宣伝表現物の没収とコンピュータ・ネットワーク上からの削除について合理的な理由がある場合には、裁判官が司法長官の同意を得て命令する権限を有するとされる。

(5) イギリス

第5章は、イギリスである。イギリスは北アイルランド紛争によりIRAがテロ活動を行っており、テロ対策法制は同時多発テロ以前から存在しているため、2001年以後のテロ対策立法はそれをある部分引き継いだものとなっている。ただ、イギリスでも最近のテロ事件を受けて、テロ対策立法の数が増加しているが、それを監督する機関も制度化されているという状況にある。**岩切大地「イギリスにおけるテロ対策法制とその変容」**と同**「テロ対策権限に対する新たな統制方法?――イギリスにおける独立審査官制度」**は対になっており、前者はイギリスにおけるテロ対策立法について、刑事法、行政拘束、経済制裁、国外排除・出国制限、「防止」措置、情報機関・警察などの調査権限、非開示証拠手続の分野ごとに内容をみたうえで、対テロ権限がパッチワーク的に拡大・強化されているとする。それを受けて後者の論考では、拡大するテロ権限に対して、テロ対策法制を事後的に審査する機関である独立審査官制度が設けられたとして、その内容が説明される。独立審査官制度は、1977年にテロ対策立法の有効性と国民の自由との関係を政府と議会に調査報告するために設けられ、2006年に立法により正式に制度化されたが、その主要な活動はテロ対策法制に関して評価と改善点の指摘を行い、立法の改善等に役立たせることにある。具体的な報告書の内容として上記の論考で「2015年のテロ法制」が詳説されており、イギリスのテロ法制とその課題を理解するのに大変有益である。**小谷順子「テロを奨励する表現等の規制――イギリスの例」**は、カナダと同様にイギリスでも2006年反テロ法1条でテロを推奨する表現が禁止され、2条でテロ表現物の頒布禁止が定められたことについて、それらの規定の運用状況、独立審査官の報告書における評価を紹介している。1条と2条に関する訴追について、検察庁は慎重に判断しているようである。

⑹　イタリア

第6章は、イタリアである。イタリアのテロ対策法制は1970年代から極左・極右テロやマフィア組織犯罪への対応の必要性から、徐々に整備されてきた。最近のテロ対策法制についても、マフィア組織犯罪法制を下敷きとしているところがみられる。**芦田淳「イタリアにおけるテロ対策法制とその変容」**は、1970年代のテロ対策法制と同時多発テロを契機とする2001年および2005年の法改正を概説したうえで、2015年に緊急法律命令から法律に転換された2015年緊急法律命令第7号について、テロ対策に関連する1条から10条そして20条について詳説する。そこでは外国人戦闘員の問題に加えて、インターネットを通じたテロ関係違法情報の特定・遮断・除去が重視されていることが特徴的である。**芦田淳「通信等の傍受――イタリアにおける法制の展開と課題」**は、通信の秘密との関係で議論のある通信傍受に関して、イタリアで傍受によって証拠として提出できる司法的傍受とできない予防的傍受があることを指摘したうえで、1970年代からマフィア犯罪の予防という観点から導入された予防的傍受が、2001年緊急法律命令によってテロ犯罪のためにも用いられるようになったとし、その特徴として司法的傍受に比べ緩やかな要件で足りること、そして近年その対象が拡大していることを指摘している。

⑺　オーストラリア

第7章は、オーストラリアである。オーストラリアのテロ対策については、かつてはあまり紹介されることはなかったが、アメリカのテロ戦争への参加やイスラムも多い移民国家という特色からテロ事件も発生しており、そのような状況に対してイギリスと関係を有する連邦国家という特色を含んだ独特のテロ対策法制が整備されている。**岡田順太「オーストラリアにおけるテロ対策法制とその変容」**は、オーストラリアの最近のテロ事件等を紹介したうえで、テロ対策における主体としての国家機構、テロリズムの定義、刑法および刑事訴訟、捜査権限について説明し、テロリズムの定義が不明確であるために捜査権限が拡大しがちであるが、連邦最高裁は防衛権限に含まれるから合憲という立場を示しているとする。**岡田順太「海上密航者収容措置の変容――国境管理の意義の多様性」**は、世界でも有数の難民受入国であるオーストラリアでは年間の難民受入数枠を設定しているが、その枠以上の海上密航などのかたちでの難民希望者は強制収容の対象となっており、憲法問題を引き起こしているとする。これについて、移民法の規定は合憲であり強制収容は行政権の行使であるから司法裁判所の管轄に服しないという連邦最高裁判所の消極的な判断がある。この判断は、一度入国すれば保障される内国移動の自由の絶対性との関係で理解しうると示唆されている。

(8) 日本

第８章は、わが国のテロ対策法制である。わが国ではこれまで述べてきたアメリカ、イギリス、フランス、カナダ、イタリアなどの諸国と異なり、単一の反テロ法は存在しない。そのため、テロにかかわる諸側面について、法的な規制がなされている。**大沢秀介「日本におけるテロ対策法制とその変容」**は、わが国のテロ対策法制がさまざまな領域の法によって構成されていることを指摘した後で、イギリスのテロ対策方針として知られる反テロリズム戦略（Counter Terrorism Program）を構成する４つの側面であるテロ実行犯の追跡（Pursue）、過激思想浸透の阻止（Prevent）、国内施設等の保護（Protect）、攻撃に対する準備（Prepare）の４つの側面から、わが国のテロ法制を概説する。**辻貴則「わが国のテロ対策の現状と今後の展開」**は、まずわが国のテロ対策がテロを戦争と捉えるモデルではなく、犯罪として捉えるモデルに則っているとしたうえで、これまでの政府・警察における取組みの概要、テロ対策法制の流れについて、テロ資金、テロリストに関する情報収集・追跡調査を中心に検討している。そして、今後の状況の進展によっては、戦争と犯罪の中間のモデルに基づく対応が求められる可能性があり、その場合に警察の活動の拡大が警察に対する民主的統制を伴うことになるとする。**小林祐紀「ムスリムに対する監視・情報収集」**は、各国で生じるテロ事件の犯人がムスリムであることが多いことから、わが国をはじめ各国の捜査当局がムスリムの監視活動を行っているなかで、その監視活動の行き過ぎに対して、裁判所がどのような事後的な匡正にかかわっているかを検討する必要があるとし、わが国とアメリカでのイスラム教徒監視事件判決を対比している。

(9) 国際法・EU

第９章は、国際法とEUにかかわる。テロ対策によって人権が制約されるなかで、テロ容疑者を国家が殺害するような場合に国際法上どのような規制がありうるのか、またEUのテロ対策はどのようにして実効性を確保するのかなどの興味ある問題を扱っている。**熊谷卓「テロリズムと国際法――テロ被疑者に対する致死力の行使にかかる問題を中心に」**は、テロ被疑者に対する致死力の行使にかかる国際人権法上の規制の枠組みについて、自由権規約委員会および欧州人権裁判所の主要判例を取り上げ、致死力の行使を規律する３つの主要な原則として、必要性の原則、比例性の原則、予防措置の原則が挙げられるとし、いかなる場合でも特定の個人の殺害を事前に計画することは許容していないとする。**東史彦「EU におけるテロ対策法制」**は、EU におけるテロ対策法制について、その沿革、権限、立法例を述べた後に、主要なテロ対策立法について、刑事法制への接近と加盟国間協力の強化、テロ資金対策措置、インフラの安全確保、爆発物・危険物の規制、被害者の救済、法執行機関間の情報交換の促進、域外第三国との国際協力について述べ、EU 司法裁判所の役割について触れている。

以上、本書収録の各論考について、本書の読者がそれぞれの関心を有する国のテロ対策法制およびテロ対策をめぐる個々の問題へアクセスしやすいように、その概要を記してきた。それらの作業を通して改めて痛感されるのは、各国のテロ対策法制の内容がさまざまなことである。それは、同時多発テロ以前から国内での反政府テロを経験し、それに対応するテロ対策法制を有している国と同時多発テロを契機に新たにテロ対策法制を構築し始めた国とが混在していることに大きな原因があるように感じられる。その意味で、本書の論文が同時多発テロ以前のテロ対策法制の存在を指摘している場合には、その背景にまで思いをいたらせる必要があろう。また、各国のテロ対策が 10 年前と比べて、各種の大規模なテロ事件を経て自由よりも安全へ強く傾斜している傾向をみせていることも特徴的である。特にヨーロッパ各国で生じているソフト・ターゲットを対象にした大規模なテロ事件の頻発は、テロ対策法制に大きな影響を顕著なかたちで与えている。その結果、そのような影響を受けて法制化が行われると自由の制約が拡大されることになる。その際に留意・検討すべき点は、その制約が過度なものとならないようにどのような法的対応をとるかである。その対応のあり方としては、政府の第三者機関に委ねるもの、裁判所がその役割を担うものなど各国さまざまである。本書の諸論考からも各国の努力の様相がうかがわれるところであるが、いずれの対応が最も効率的・効果的かは今後の展開に待つことになるとしても、現在の喫緊の課題であることはたしかであろう。

第1章

アメリカ

総論
アメリカにおけるテロ対策法制とその変容

各論Ⅰ
沈黙する同意
――対テロ検問とプライバシー

各論Ⅱ
航空安全確保のためのテロ対策
――搭乗拒否リストをめぐる憲法問題を中心に

各論Ⅲ
サイバー空間におけるテロ対策

各論Ⅳ
対内直接投資規制と半導体産業
――アメリカの法制と実務をめぐる諸問題

アメリカにおける9.11以降の主なテロ関連事件とテロ対策法制

年月日	内容
2001年9月18日	大統領による武力行使容認決議(AUMF)
2001年9月23日	テロ組織や容疑者・団体の資産凍結及び取引禁止等を定める大統領命令13224号
2001年10月26日	米国愛国者法(USA PATRIOT ACT)
2001年11月13日	軍事委員会設立について定める大統領命令
2001年11月19日	航空・輸送保安法
2002年5月14日	国境安全の高度化及びVisa入国改革法
2002年6月12日	2002年公衆衛生の安全及びバイオテロリズムへの準備及び対応法
2002年6月25日	2002年爆弾テロ防止条約履行法
2002年10月16日	イラクに対する武力行使容認決議
2002年11月25日	2002年国土安全保障法
2002年11月26日	テロリズム危険保険法
2004年7月21日	2004年バイオシールド計画法
2004年7月22日	9.11委員会報告書の提出
2004年12月17日	2004年諜報改革及びテロリズム防止法(IRTPA)
2005年5月11日	2005年REAL ID法
2005年12月16日	国境警備、反テロ及び不法移民統制法
2005年12月30日	2005年被拘禁者取扱法(DTA)
2006年3月9日	2005年合衆国愛国者法の改善及び再授権法 2006年愛国者法追加再授権修正法
2006年10月17日	2006年軍事委員会法
2007年7月26日	2007年外国投資及び国家安全保障法
2007年8月3日	2007年9.11委員会勧告履行法
2007年8月5日	2007年アメリカ保護法
2008年7月10日	1978年外国諜報監視法を改正する2008年法(FAA)
2009年1月22日	グアンタナモ湾海軍基地収容施設の閉鎖に関する大統領命令13492号
2009年10月28日	2009年軍事委員会法
2012年12月30日	2012年FISA改正法再授権法
2013年4月15日	ボストンマラソン爆弾テロ事件
2014年12月18日	2014年サイバーセキュリティ保護法 2014年テロリストの攻撃からの科学物質関連施設の保護及び安全確保法
2015年6月2日	米国自由法(USA FREEDOM ACT)
2016年9月17日	マンハッタン爆弾テロ事件
2016年9月28日	テロ支援者制裁法(JASTA)
2017年1月27日	テロリストの入国からアメリカ合衆国を守る大統領命令13769号

※連邦の機関や計画の設立・継続には、それに法的根拠を付与する法律（authorization act ないし reauthorization act）が必要であり、再授権の際に、実体的内容に変更が加えられることが少なくない。当該機関や計画の具体的支出については、別途、歳出割当法律（appropriation act）が制定されるが、そこでも同様の変更がなされることがある。それらの法律を含めれば、テロ対策法制に関係する法律は莫大な量になるが、この年表では、主要なものを除き、原則としてそれら法律については掲載していない。

総論
アメリカにおけるテロ対策法制とその変容

横大道聡

I　はじめに

1　本稿の目的

2001年9.11同時多発テロの発生からわずか7日後の9月18日、アメリカ連邦議会は、大統領に対して、さらなるテロの防止のために「すべての必要かつ適切な武力（force）を用いる権限」を付与する両院合同決議（Authorization for Use of Military Force: AUMF）[1)]を可決したことを皮切りに、「2001年米国愛国者法[2)]」をはじめとするテロ対策関連の法律を次々に成立させている[3)]。日本でも、それらの動向について数多くの紹介がなされているところであるが、9.11同時多発テロの発生から約16年、G.W.ブッシュ（George Walker Bush）大統領、オバマ（Barack H. Obama）大統領という2人の大統領がともに2期の任期を務め上げたこのタイミングにおいて、テロ対策法制・活動の動向とその「変容」を全体的かつ通史的に概観するという試みには、一定の意義があると考えら

1）Joint Resolution: Authorization for Use of Military Force, P.L. 107-40, 115 Stat. 224 (Sep. 18, 2001). なお連邦議会は、「2012会計年度国防授権法（the National Defense Authorization Act for FY2012)」(P.L. 112-81, 125 Stat. 1298 (Dec. 31, 2011)) により、上記権限を再確認している（同1201条）。

2）Uniting and Strengthening America by Providing Appropriate Tools Required to Intercept and Obstruct Terrorism Act of 2001, USA PATRIOT ACT, P.L. 107-56, 115 Stat. 272 (Oct. 26, 2001). 愛国者法の翻訳として、平野美恵子＝土屋恵司＝中川かおり訳「米国愛国者法（反テロ法）(上)(下)」外国の立法214号（2002年）1頁、215号（2003年）1頁以下があり、本稿も基本的にこの訳を利用した。

3）愛国者法のほかにも、「航空・輸送保安法（Aviation and Transportation Security Act)」(P.L. 107-171, 115 Stat. 597 (Nov. 19, 2001))、「国境安全の高度化及びVisa入国改革法（Enhanced Border Security and Visa Entry Reform Act)」(P.L. 107-173, 116 Stat. 543 (May 14, 2002))、「2002年公衆衛生の安全及びバイオテロリズムへの準備及び対応法（Public Health Security and Bioterrorism Preparedness and Response Act of 2002)」(P.L. 107-188, 116 Stat. 594 (June 12, 2002))、「2002年爆弾テロ防止条約履行法（Terrorist Bombings Convention Implementation Act of 2002)」(P.L. 107-197, 116 Stat. 721 (June 25, 2002))、「テロリズム危険保険法（Terrorism Risk Insurance Act)」(P.L. 107-297, 116 Stat. 2322 (Nov. 26, 2002)) など、早くに多くの法律が制定されている。

れる[4)]。

本稿の目的は、アメリカのテロ対策法制・活動について、すでに日本で詳しく紹介されている部分については簡単な言及にとどめつつ、①諜報活動（Ⅱ）、②テロ容疑者の収容と処遇（Ⅲ）、③テロ容疑者の処罰（Ⅳ）という3つの場面に大別し、それぞれの場面における主要な論点ないし動向につき、主として「変容」に焦点を当てながら総論的に概観することである。これに先立ち、次の2つの注意点に言及しておきたい。

2 注意点

(1) 大統領と連邦議会との関係

第1は、大統領と連邦議会との関係についてである。原則として大統領は、連邦議会の制定した法律に基づいて行動しなければならないが[5)]、9.11同時多発テロを受けてテロ対策の任にあたったG.W. ブッシュ大統領は、法律による授権が存在しない場合でも、憲法2条1節が大統領を「執行権の長（Chief Executive)」と位置づけていること、憲法2条2節1項が大統領を「合衆国軍最高司令官（Commander in Chief)」と位置づけていること[6)]、さらに憲法解釈から導かれる大統領の外交権限を根拠に挙げて、広汎な国家安全保障上の権限を導き出し、それに基づいて法律の根拠に基づかない数々の行動をとってきた[7)]。オバマ大統領も、必ずしもそのような解釈を否定していない[8)]。

したがって、テロ対策法制・活動をみる際には、①個別具体的な連邦法上の規

4) 2006年ごろまでの状況については、愛国者法については、大沢秀介「アメリカ合衆国におけるテロ対策法制」大沢秀介＝小山剛編『市民生活の自由と安全』（成文堂・2006年）1頁、2008年ごろまでの状況については、岡本篤尚『《9・11》の衝撃と「対テロ戦争」法制』（法律文化社・2009年）を参照。また、防衛戦略の視点からの概観として、佐藤信一「アメリカの国家安全保障とテロとの戦い」梅川正美編『比較安全保障』（成文堂・2013年）27頁も参照。

5) *See* Youngstown Sheet & Tube Co. v. Sawyer, 343 U.S. 579 (1952).

6) この点に関しては、富井幸雄「アメリカ合衆国大統領と憲法」都法50巻2号（2010年）127頁を参照。

7) この点に関しては、岡本篤尚「アメリカ合衆国大統領の国家安全保障権限」専法19号（1996年）127頁などを参照。

8) たとえばシリア、イラク空爆と地上軍展開につき、オバマ大統領は、それが「合衆国の国家安全保障及び外交関係の利益に関する活動」と位置づけ、その命令は、「合衆国の外交関係を処理する私の憲法上および制定法上の権限」、「私の合衆国軍最高司令官（PL107-40〔AUMFのこと〕およびPL107-243〔イラク戦争決議（Joint Resolution: Authorization for Use of Military Force Against Iraq Resolution of 2002, P.L. 107-243, 116 Stat. 1498 (Oct. 16, 2002)）のこと〕を履行する権限を含む）としての憲法上および制定法上の権限に従ったものである」としている。Letter from the President; War Powers Resolution Regarding Iraq, *Text of a Letter from the President to the Speaker of the House of Representatives and the President Pro Tempore of the Senate* (Sep. 23, 2014), *available at* 〈https://www.whitehouse.gov/the-press-office/2014/09/23/letter-president-war-powers-resolution-regarding-iraq〉.

定に基づく場合、②包括的な法規定または憲法から直接導かれた大統領権限に基づいて独自に行われる場合、③その両方に基づく場合があることに留意する必要がある。

(2) 組織の再編

第2は、組織面についてである。2002年11月、全17編から構成される「2002年国土安全保障法(Homeland Security Act of 2002)[9]」が制定され、第二次世界大戦後の国防総省(Department of Defense)の設置以降最大の組織再編として、国土安全保障省(Department of Homeland Security)が設立された[10]。国家安全保障に関係する政府機関が100以上に分散していた状況、新たな脅威への対応のために新しい組織を構築する必要性等から、「アメリカは、今日の危機への対応を向上させ、将来の未知の脅威への対応に資する柔軟な、単一かつ統合した国土安全保障構造を要する」、というのがその創設理由である[11]。

そのほかにも、「9.11独立調査委員会報告書(The 9/11 Commission Report)[12]」等において、諜報機関の組織および運営の不十分さによりテロが防げなかったと指摘されたこと、2003年のイラク攻撃の根拠となったサダム・フセイン(Saddam Hussein)大統領の大量破壊兵器所持情報が誤りであったことなどを受けて、外国との関係での行動および合衆国の国家安全の保障のために必要な諜報活動を行う、機関横断的な合衆国の執行機関および団体の連合である「インテリジェンス・コミュニティ(Intelligence Community)」が大規模に再編されたこと[13]も見逃せない[14]。

---

9) P.L. 107-296, 116 Stat. 2135 (Nov. 25, 2002).

10) 概要については、土屋恵司「米国における2002年国土安全保障法の制定」外国の立法222号(2004年)1頁、岡本・前掲注4) 144～164頁等を参照。

11) President George W. Bush, The Department of Homeland Security, 1 (June 2012), *available at* ⟨https://www.dhs.gov/sites/default/files/publications/book_0.pdf⟩. その後、「2007年9/11委員会勧告履行法(Implementing Recommendations of the 9/11 Commission Act of 2007)」(Pub. L. 110-153, 121 Stat. 266 (Aug. 3, 2007))などの法律によって若干の組織改編がなされているが、大きな変更はない。

12) The 9/11 Commission Report (July 22, 2004), *available at* ⟨https://9-11commission.gov/report/911Report.pdf⟩.

13) 詳細につき、宮田智之「米国におけるテロリズム対策」外国の立法228号(2006年)60頁等を参照。

14) 2004年12月制定の「2004年諜報改革及びテロリズム防止法(Intelligence Reform and Terrorism Prevention Act of 2004)」(P.L. 108-458, 118 Stat. 3638 (Dec. 17, 2004))により、インテリジェンス・コミュニティの長として、国家情報長官(Director of National Intelligence)が創設されたのがもっとも大きな変更である。同法により国家情報長官は、国家諜報計画(National Intelligence Program)の監督および履行、ならびに大統領、国家安全保障会議(National Security Council)および2002年国土安全保障法の第9編(§§901-906)により設置された国土安全保障会議(Homeland Security Council)に対して国家安全保障に関する諜報事項についての首席顧問

こうした組織面の「変容」もまた、以下でみていく対テロ活動にも大きな影響を与えているが、本稿では言及する余裕がない。

II　諜報活動

9.11 同時多発テロ後の一連の「反テロ立法の最も重大な成果」は、愛国者法によって諜報機関と捜査機関との間に設けられていた「壁」を取り除いたことであるとされる15)。そこで本節では、この点に着目しながら、諜報活動をめぐる動向とその「変容」を概観する。

1　法執行機関と諜報機関の「峻別」から「融合」へ

(1)　従来の法的枠組み

法執行機関が犯罪捜査目的で捜査および情報収集活動を行う場合には、連邦法に基づき、「合理的な疑い (reasonable suspicion)」、「相当な理由 (probable cause)」を示して令状を得なければならない。他方、諜報機関が外国の諜報活動の調査に関する監視を行う場合には、1978 年に制定された「外国諜報監視法 (Foreign Intelligence Surveillance Act: FISA) 16)」が適用される17)。このようにアメリカでは、法執行機関による情報収集活動と、諜報機関による諜報活動は、それぞれ異なった法的統制が及ぶ仕組みとなっていた。

諜報機関による諜報活動を規律する FISA は、「外国諜報監視裁判所 (Foreign Intelligence Surveillance Court: FISC)」を設置し、外国勢力の諜報員による通信につき、そこにアメリカ市民との通信が含まれる場合には外国諜報監視裁判所による令状を必要とする一方、当該通信がアメリカ市民との間で行われる見込みがないと司法長官が書面で証明する場合には、諜報目的のためだけに当該情報を用いるという限定のもと、外国諜報監視裁判所を経ることなく、大統領が電子的監

(principal advisor) として行動することになった。現在のインテリジェンス・コミュニティは、17 の機関から構成されるが、そこに軍、法執行機関、諜報機関が加わっていることからも、後述する「法執行機関と諜報機関の融合」状況が見てとれる。

15)　Christos Boukalas, Homeland Security, Its Law and Its State: A Design of Power for the 21st Century, 69 (2014). 軍と警察、法執行機関との協働、情報共有や、州警察等との緊密な連携という「垂直的」な融合もまた問題となりうるが、本稿では連邦レベルの法執行機関と諜報機関との「水平的」な融合に限定して概観する。

16)　Pub. L. 95-511, 92 Stat. 1783 (Oct. 25, 1978).

17)　1981 年のレーガン (Ronald W. Reagan) 大統領命令 12333 号 (Executive order 12333, United States Intelligence Activity, 46 Fed. Reg. 59941 (Dec. 4, 1981)) において、諜報活動の詳細が定められており、幾度か改正されているが、「今日における合衆国の諜報活動の規制枠組みとして、もっとも包括的」とされる。Stephen Dycus et al. eds., National Security Law 517 (6th ed. 2016).

視を司法長官に認めることができる旨を定めていた。

(2) 愛国者法の関連規定

9.11 同時多発テロのすぐ後に制定された愛国者法のいくつかの規定は、この仕組みを変容させ、法執行機関と諜報機関とを隔てていた「壁」を崩壊させた[18)]。「愛国者法が行ったことのうち、これがおそらくもっとも重要なこと」[19)]であると評されるそれらの規定の内容は次のとおりである。

愛国者法 203 条は、他の法律の規定にかかわらず、法執行職員は、通信傍受等により入手した外国諜報情報を、他の法執行職員、諜報職員、国家安全保障担当職員、国家防衛担当職員、移民担当職員等に対して開示することができると規定し、法執行機関と諜報機関との情報共有を容認した。愛国者法 206 条は、移動通信傍受（roving wiretaps）を認める規定であるが、これにより、通信機ごとに令状が必要とされなくなり、被疑者に着目し、その者が使用しうるすべての通信傍受が認められることになった。愛国者法 215 条は、法執行機関に対し、アメリカ市民が関係しない外国諜報情報の取得、国際テロリズムや秘密諜報活動の防止を目的とする捜査のために、帳簿、記録類、書類、資料その他の物品を含む有体物（tangible object）の作成・提出を求める裁判所命令を請求できる旨を定める規定であるが、この規定により、上記の目的の捜査であれば、法執行機関が、ほとんど無制約に諜報関連情報を入手できることになった。愛国者法 218 条は、FISA に基づいて外国諜報情報を入手するには、これまではそれが捜査の「目的（the purpose）」であることが必要とされてきたが、この要件を緩和し、「重要な目的のひとつ（a significant purpose）」であればよいと変更したため、外国諜報情報の入手も従来よりもはるかに容易になった[20)]。

---

18) もっとも、愛国者法制定以前から、両者の「融合」が漸次的に進められてきたことに注意が必要である。たとえば、1996 年の 1947 年国家安全保障法の改正により、法執行機関の要求に応じて、インテリジェンス・コミュニティの機関が、合衆国外でアメリカ市民以外の者の情報を収集することが明示的に認められたこと（50 U.S.C. §3039(a)）などを挙げることができよう。

19) Boukalas, *supra* note 15, at 70. 岡本・前掲注 4) 202～203 頁でも次のように述べられている。「愛国者法の最大の意義は、①犯罪捜査目的の電子的監視の対象とされる刑事犯罪に『テロリズム』を組み込み、また② FISA による国家安全保障目的の電子的監視の対象者にも、『外国勢力』、『外国勢力のエージェント』だけでなく『テロリストの疑いのある外国人』を加えることによって、すなわち『テロリズム』を媒介として、①の犯罪捜査のための電子的監視と②の FISA による国家安全保障のための電子的監視という二分法的な枠組み自体を突き崩し、両者を『融合』させた（両者の境界を曖昧なものとした）点にこそ、求められるかもしれない」。

20) 既存の法的ツールもまた活用されている。たとえば、連邦捜査局（Federal Bureau of Investigation: FBI）に代表される法執行機関は、重大証人（Material Witness）――刑事手続の進行に必要不可欠な情報を有している者――の身柄拘束を認められているが（18 U.S.C. §3144)、その濫用が指摘されているところである。Sudha N. Setty, *The United States,* in Comparative Counter-Terrorism Law 56 (Kent Roach ed., 2015).

(3) 「融合」の加速――ローンウルフ修正

さらに2004年には、「2004年諜報改革及びテロリズム防止法(Intelligence Reform and Terrorism Prevention Act of 2004: IRTPA)[21)]」により、「ローンウルフ修正」とよばれる改正がなされ、「融合」が加速する[22)]。

従来、外国諜報監視裁判所が通信傍受を認める命令を出す対象の1つが、「合衆国民以外の」「外国勢力のエージェント(Agent of a foreign power)」であり、「外国勢力のエージェント」であるというためには、実際に外国政府やテロ組織とのかかわり合いがあることを示さなければならなかった。「ローンウルフ修正」は、そうした組織に加入していない者(一匹狼型テロリスト)や、テロ組織とのつながりを立証できない被疑者に対処するため、外国政府やテロ組織との実際のかかわり合いの要件を外し、テロ活動に従事または準備行為をしているアメリカ市民以外の者もまた、諜報対象と認めた。これにより、従来よりも容易にFISAに基づく監視が行えるようになったのである。

2 サンセット条項の再授権をめぐる攻防

(1) サンセット条項

これらの愛国者法の規定が問題を抱えるものであったことは連邦議会でも認識されていた。そこで、これらの規定を含め、愛国者法のうち16の諜報関係の規定は、同法224(a)条により、2005年12月末までのサンセット条項(時限立法)とされていた。ローンウルフ修正も同様に、2005年12月末までのサンセット条項とされていた。そのため、有効期限到来前に再授権規定を設けて期限を延長すべきか否かが検討されることになったわけであるが、その最中の2005年12月16日、国家安全保障局(National Security Agency: NSA)が外国諜報監視裁判所からの令状を得ることなく大規模な通信傍受を行っていたこと――いわゆる「テロリスト監視プログラム(Terrorist Surveillance Program: TSP)」――がニューヨーク・タイムズ紙によってスクープされて大問題となり[23)]、それがサンセット条項の再授権をめぐる攻防にも影響を与えることになった。

---

21) P.L. 108-458, 118 Stat. 3638 (Dec. 17, 2004).

22) 同法はさらに、"Information Sharing Environment"という組織を国家情報長官局内に創設し、情報共有を促進させていたり〈https://www.ise.gov/〉、「国家テロ対策センター(National Counterterrorism Center)」の設立について定めたりなどしている。

23) James Risen & Eric Lichtblau, *Bush Lets U.S. Spy on Callers Without Courts,* N.Y. TIMES (Dec. 16, 2005). この点に関して、大林啓吾「執行府の情報収集権限の根拠と限界」大沢秀介＝小山剛編『自由と安全』(尚学社・2009年)163頁等を参照。

(2) G.W. ブッシュ政権下での動向

G.W. ブッシュ政権は、テロリスト監視プログラムは大統領の憲法上の権限の行使であり、またAUMFによって認められた権限の行使であるなどとして法的正当化を図った[24]。しかし連邦議会は、当該スクープによって生じた大混乱のなかで、同法の短期間の延長を繰り返し[25]、その失効を先延ばしにするという弥縫策的対応をとらざるをえなかった。2006年3月になってようやく、「2005年合衆国愛国者法の改善及び再授権法（USA PATRIOT ACT Improvement and Reauthorization Act of 2005）[26]」と、「2006年愛国者法追加再授権修正法（USA PATRIOT ACT Additional Reauthorizing Amendment Act of 2006）[27]」の制定にこぎつけ、愛国者法206条、215条、そしてローンウルフ修正については2009年12月末までの期限延長を、残りの14のサンセット条項については恒久規定化することに成功した。

他方、NSAによる令状なし通信傍受問題について、連邦議会は、FISAを改正し、通信傍受に法的根拠を付与する「2007年アメリカ保護法（Protect America Act of 2007）[28]」を制定して対応したものの、同法は、180日間のみの時限立法とされた。その後、短期間の延長がなされたが、2008年2月16日に失効してしまう。数か月後の2008年7月10日、ようやく連邦議会は、2007年アメリカ保護法と類似した内容の規定を定める「1978年外国諜報監視法を改正する2008年法（Foreign Intelligence Surveillance Act of 1978 Amendments Act of 2008: FAA）[29]」を制定し、2012年12月31日までの時限規定ではあるものの、その702条において、司法長官および国家情報長官に対して、アメリカ国外にいると合理的に信じられるアメリカ市民以外の者に関する外国諜報情報の入手について、1年以内という期限付きで、個別にFISC令状を必要とせずに情報入手することを容認したのである[30]。

---

24) U.S. Department of Justice, *Legal Authorities Supporting the Activities of the National Security Agency Described By the President* (Jan. 19, 2006), *available at* ⟨http://www.usdoj.gov/opa/whitepaperonnsalegalauthorities.pdf⟩.
25) 詳細は、金井淳「『愛国者法』の改正と通信の傍受」ジュリ1307号（2006年）101頁。
26) P.L. 109-177, 120 Stat. 192 (Mar. 9, 2006).
27) P.L. 109-178, 120 Stat. 278 (Mar. 9, 2006).
28) P.L. 110-155, 121 Stat. 552 (Aug. 5, 2007).
29) P.L. 110-261, 122 Stat. 2426 (July 10, 2008).
30) *See generally* Edward C. Liu, CRS Report for the Congress; *Surveillance of Foreigners Outside the United States Under Section 702 of the Foreign Intelligence Surveillance Act (FISA)* (April 13, 2016). 他方、アメリカ市民に対する諜報活動は、従来通りFISC令状が必要とされる。

(3) オバマ政権下での動向

2009年12月末に失効予定の愛国者法206条、215条およびローンウルフ修正をどうするかという問題は、2009年1月に大統領に就任したオバマ政権下の課題として引き継がれた。

連邦議会は、またもや短期間の延長を繰り返し――2010年2月28日までの延長[31]、2011年2月28日までの再延長[32]、同年5月27日までの再々延長[33]――、ようやく2015年6月1日までの長期間の延長を実現させた[34]。また2012年12月末に失効予定であったFAAも、「2012年FISA改正法再授権法（FISA Amendments Act Reauthorization Act of 2012）[35]」により、2017年12月31日まで延長されることになった。

その間の2013年6月、スノーデン（Edward J. Snowden）のリークにより、NSAによる監視が暴露され、またもや大問題となる。愛国者法215条に基づいて外国諜報監視裁判所から令状を得たうえでなされた電話会社からの大量の国内通信メタデータ収集――発受電話番号、日時、通話時間のデータであり、通話「内容」は収集対象ではない――と、FAA702条に基づいて海外にいる外国人の諜報対象によるアメリカのネットプロバイダを通じてなされた電子コミュニケーションの大量収集――「プリズム（prism）」と呼ばれる計画[36]――という2つの異なった諜報活動が問題とされたのであるが[37]、いずれも秘密裏になされていたとはいえ、連邦法上の根拠に基づいた行動ではないとは言い切れないものであったことには注意が必要である[38]。しかし、国内外からの厳しい批判が集まったこと、連邦高裁にて愛国者法215条は通信メタデータ大量収集を認めるものではないと解釈した判決が下されたこと[39]などが影響して、愛国者法206条、215条、そしてローンウルフ修正は、2015年6月1日で失効した。

しかし、失効直後の2015年6月2日、連邦議会は「2015年監視に関して権利保障を充足させ効果的な規律を確保することによってアメリカを統合及び強化

31) Department of Defense Appropriations Act, 2010, P.L. 111-118, 123 Stat. 3409 (Dec. 19, 2009).
32) P.L. 111-141, 124 Stat. 37 (Feb. 27, 2010).
33) FISA Sunsets Extension Act of 2011, P.L. 112-3, 125 Stat. 5 (Feb 25, 2011).
34) PATRIOT Sunsets Extension Act of 2011, P.L. 112-114, 125 Stat. 216 (May 26, 2011).
35) P.L. 112-238, 126 Stat. 1631 (Dec. 30, 2012).
36) 詳細は、大林啓吾「プリズムの衝撃(1)～(3)」人権新聞387号8頁、388号8頁、389号5頁（2013～2014年）を参照。また、同『憲法とリスク』（弘文堂・2015年）185頁以下も参照。
37) John W. Rollins & Edward C. Liu, CRS Report for the Congress; *NSA Surveillance Leaks: Background and Issues for Congress,* 1-4 (Sep. 4, 2013).
38) *Id.* at 4-10.
39) ACLU v. Clapper, 785 F.3d 787 (2d cir. 2015).

する法律（Uniting and Strengthening America by Fulfilling Rights and Ensuring Effective Discipline Over Monitoring Act of 2015: USA FREEDOM ACT）[40]」、いわゆる「米国自由法」によって、FAA702条および愛国者法215条の問題点を踏まえて情報収集に新たに法的根拠を付与した。

(4) 米国自由法

全8編から成る米国自由法の「立法過程および同法をめぐる議論が示しているのは、当該立法の主たる焦点は、国家安全保障局が米国愛国者法215条に基づいて行った通話メタデータの大量収集（bulk collection）に向けられていた」[41]と指摘されるように、スノーデンによってリークされた諜報活動を、どのように（再）構築するかであった。

この「法律のポイントは、FISAの基本的枠組みを維持しつつ、①大量収集プログラムを停止し、②情報収集の範囲と情報保存期間を限定し、対象者への影響を最小限にとどめ、③通信監視活動及びFISCの透明性を高めることである」[42]。すなわち米国自由法は、人名や（物理的および電子的）アドレスなど、対象を特定しうる用語（specific selection term）に限定されていない愛国者法215条に基づく大量通信メタデータ収集を原則禁止するとともに[43]、同様の要請を他のFISAの規定にも要求するなどする一方で、外国のテロ調査のための大量通信メタデータ収集を容認するものである。FAA702条との関連では、情報入手の時点で合衆国外にいると合理的に考えられるアメリカ市民以外の者が、その後合衆国にいると合理的に考えられることになった以降であっても、当該監視の停止が他の者の死や身体への危害を発生させるおそれがある場合、72時間以内に限り、通信監視を行うことができることとされた（50 U.S.C. 1805(f)）。

また同法により、愛国者法206条、ローンウルフ修正については、2019年12月15日まで延長されることになった（同705条）。再び有効期限が近付いた際に、再授権をめぐる攻防が繰り広げられることが予想される。

---

40) P.L 114-123, 129 Stat. 268 (June 2, 2015). 邦語文献として、鈴木滋「米国自由法」外国の立法267号（2016年）6頁、翻訳として、井樋三枝子訳「米国自由法関連規定」同18頁を参照。

41) *USA FREEDOM Act Reinstates Expired USA PATRIOT Act Provisions but Limits Bulk Collection,* CRS Legal Sidebar (June 4, 2015).

42) 鈴木・前掲注40) 13頁。

43) Title1, §101. もっとも、漠然とした地理的範囲や、プロバイダの名称のみではこれに該当しないとされる（Title 2, §201）。

III　テロ容疑者の収容と処遇

周知のようにアメリカは、テロ容疑者をグアンタナモ湾海軍基地（Guantánamo Bay Naval Base）等に収容したが、その収容自体の合憲性や、被収容者に保障される権利の内容、そこでの処遇等が問題となってきた。本節では、これらの論点に関する動向とその「変容」について概観する。

1　グアンタナモ湾海軍基地

(1)　法的根拠と被収容者に保障される権利

9.11 同時多発テロ直後の AUMF により、G.W. ブッシュ大統領は、敵戦闘員（enemy combatants）を拘束し収容する権限が与えられたとして[44)]、国内の軍事施設やキューバ国内の租借地であるグアンタナモ湾海軍基地の収容施設等に捕縛した敵戦闘員を収容しはじめる。

AUMF によって敵戦闘員を拘束・収容する権限が大統領に認められたとする解釈は、2004 年の Hamdi v. Rumsfeld 連邦最高裁判決[45)]において容認されたが、他方で同判決は、アメリカ市民であるテロ容疑者にも限定的ではあるが敵戦闘員か否かを判定する機会と手続が与えられなければならないとの判断を示した。そこで G.W. ブッシュ政権は、敵戦闘員であるとした認定の是非を審査する、戦闘員地位審査裁判所（Combatant Status Review Tribunal）[46)]を設立して手続や制度を整備し、判決への対応を図った[47)]。

(2)　人身保護令状をめぐる攻防

上記の Hamdi 判決と同日に下された Rasul v. Bush 連邦最高裁判決[48)]において、（憲法ではなく）人身保護法上[49)]、グアンタナモ湾海軍基地に収容されている「国外にいる外国人」からの人身保護令状請求について、合衆国コロンビア特別区地方裁判所が司法管轄権を有すると判断された。これにより、グアンタナモ湾

---

44)　Military Order of November 13, 2001, Detention, Treatment, and Trial of Certain Non-Citizens in the War against Terrorism, 66 Fed. Reg. 57833 (Nov. 16, 2001).

45)　542 U.S. 507 (2004).

46)　Memorandum from Paul Wolfowitz, Deputy Secretary of Defense, to Secretary of the Navy, Order Establishing Combatant Status Review Tribunal (July 7, 2004).

47)　ただし、2008 年以降新たな収容者はいないので、すでに戦闘員地位審査裁判所は活用されていないようである。Jennifer K. Elsea & Michael John Garcia, CRS Report for the Congress; *Wartime Detention Provisions in Recent Defense Authorization Legislation,* 12 (Mar. 14, 2016).

48)　542 U.S. 466 (2004).

49)　28 U.S.C. §2241 (a), (c)(3).

海軍基地の被収容者からの人身保護令状請求の道が開かれ、多くの訴訟が提起されることになった。

これに対して連邦議会は、それらの訴訟の係争中に「2005年被拘禁者取扱法(Detainee Treatment Act of 2005)[50]」を制定し、グアンタナモ湾海軍基地の被収容者からの人身保護令状請求の途を断つための規定――グアンタナモ湾海軍基地に拘留されている外国人による人身保護令状請求等の主張に対し、いかなる裁判所、裁判官も司法管轄を有しないとする司法管轄剝奪規定（1005(e)(1)条）――を設けることで、Rasul判決のこの判断部分を覆し、人身保護令状請求の途を閉ざそうとした。しかしこの試みは、2006年のHamdan v. Rumsfeld連邦最高裁判決[51]において、2005年被拘禁者取扱法の当該司法管轄剝奪規定は、立法の時点で係争中の事案には適用されないと判断されたため、成功しなかった。

しかし連邦議会はあきらめない。Hamdan判決のこの判断部分を覆すために、「2006年軍事委員会法（Military Commission Act of 2006)[52]」を制定し、そのなかで2005年被拘禁者取扱法の改正規定を設け、敵戦闘員として合衆国に拘禁されている外国人からの人身保護令状請求につき、すべての裁判所、裁判官は、現在係争中の事件についても司法管轄を有さないと定めたのである（7条)。しかし、この規定の合憲性が争点の1つとなった2008年のBoumediene v. Bush連邦最高裁判決[53]において、グアンタナモ湾海軍基地に拘禁されている外国人にも人身保護令状に対する憲法上の保障が及ぶとして、それを制限する2006年軍事委員会法7条は合衆国憲法1編9節2項の要件をみたさずに人身保護令状の特権を停止するもので違憲であると判断された[54]。

(3) 閉鎖の試み

オバマ大統領は、就任直後の2009年1月に大統領命令13492号を発出し[55]、グアンタナモ湾海軍基地の被収容者の人道的処遇とともに、その地位の確認（移送、訴追、その他合法的な処理）を検討する省庁横断的な参加者による審査を行い、

---

50) Detainee Treatment Act of 2005, P.L. 109-148, 119 Stat 2680 (Dec. 30, 2005).

51) 548 U.S. 557 (2006). 筆者による本判決の評釈として、横大道聡「Hamdan v. Rumsfeld連邦最高裁判決が有する憲法上の意義」慶応義塾大学大学院法学研究科論文集47号（2007年）217頁を参照。

52) Military Commission Act of 2006, 109 P.L. No. 366, 120 Stat. 2600 (Oct. 17, 2006).

53) 553 U.S. 723 (2008). 筆者による本判決の評釈として、横大道聡「判例紹介」アメリカ法[2009-1] 163頁を参照。

54) この論点については、上記のBoumediene判決との関係も含め、大沢秀介「アメリカ連邦最高裁の役割と人身保護令状」大沢＝小山編・前掲注23) 109頁以下を参照。

55) Executive Order 13492, Review and Disposition of Individuals Detained at the Guantánamo Bay Naval Base and Closure of Detention Facilities, 74 Fed. Reg. 4897 (Jan. 22, 2009).

同命令後1年以内に基地の収容施設を閉鎖する旨を宣言した。

同命令に基づいて2009年2月に「グアンタナモ被収容者地位確認審査タスクフォース（Guantánamo Review Task Force）」が組織され、2010年1月22日、同タスクフォースは、合計240名を審査した結果を記した最終報告書を提出し[56]、126名は移送、44名は連邦裁判所または軍事委員会（後述）への起訴相当、48名は移送することは危険であるが起訴も困難であるとして、AUMFに基づき拘禁し続けるべきであること、イエメン出身の30名は、現在の同国の状況に照らして「条件付き拘禁」（第三国への移送および本国の情勢改善後の移送は可能）とすべきなどと勧告した。さらにオバマ大統領は2011年3月7日、上記タスクフォースで移送が適当とされなかった者のさらなる審査等について定める大統領命令13567号[57]を発出し、「定期的審査委員会（Periodic Review Board）」を創設するなど[58]、グアンタナモ湾海軍基地の収容施設の閉鎖に向けて歩みを進めていった。

(4) 閉鎖の頓挫と今後

しかしオバマ大統領は、結局任期中の閉鎖を実現させることができなかった。閉鎖を妨げたのは、連邦議会が被収容者の移送に要する費用支出を認めなかったことが大きい。連邦議会がこのような対応をとったのは、合衆国内への移送については、移送先がテロの標的になるおそれがあること、合衆国外への移送については、移送された被収容者が再びテロ行為に従事することへの懸念に基づいている。連邦議会は当初、外国への移送を原則禁止していたが、「2014会計年度国防授権法（The National Defense Authorization Act for Fiscal Year 2014）[59]」から、合衆国内への移送は禁止する一方（1033条）、外国への移送は条件付きで容認するようになった（1034条）。その後の国防授権法も基本的に同様であるが、2016年国防授権法により再度厳格化されてしまった[60]。

こうした状況に業を煮やしたオバマ大統領は、2016年2月23日、グアンタ

---

56) Final Report: Guantánamo Review Task Force (Jan. 22, 2010), *available at* 〈https://www.justice.gov/sites/default/files/ag/legacy/2010/06/02/guantanamo-review-final-report.pdf〉.

57) Executive Order 13567, Periodic Review of Individuals Detained at Guantánamo Bay Naval Station Pursuant to the Authorization for Use of Military Force, 76 Fed. Reg. 13275 (Mar. 7, 2011). 井樋三枝子「グアンタナモ収容所被拘禁者の取扱に関する大統領令」外国の立法247-1（2011年）4頁も参照。

58) 〈http://www.prs.mil/Review-Information/Initial-Review/〉

59) P.L. 113-166, 127 Stat. 672 (Dec. 26, 2013).

60) Elsea & Garcia, *supra* note 47. こうした立法に対するオバマ大統領による対応については、梅川健「米国の対外政策における制度的機能不全」公益財団法人日本国際問題研究所『米国の対外政策に影響を与える国内的諸要因』（2016年）33～37頁。

ナモ湾海軍基地におけるテロ容疑者収容施設の閉鎖をする旨の記者発表を行い[61]、具体的な閉鎖計画を公表[62]し、次の認識を示した。

> 長年、グアンタナモ湾の収容施設が我々の国家安全保障を向上させず、むしろそれを損なわせるということは明らかであった。それは我々のテロリストとの戦いに対して逆効果だ。テロリストはグアンタナモ収容施設を新たなテロリストのリクルートのためのプロパガンダとして使用している。グアンタナモ収容施設は昨年だけでも施設運営のために4億5,000万ドルを費やし、今後の維持費は2億ドル以上も必要とするもので、軍事的な財源を奪うものである。グアンタナモ収容施設は、我々がテロリズムと戦うために協働を必要とする同盟国や他の国々とのパートナーシップにも有害である。

しかし、トランプ（Donald J. Trump）大統領は、選挙期間中にグアンタナモ湾海軍基地の継続的使用の方針を示し、大統領就任後も収容施設の閉鎖に向けた動きは一切みせていない。2002年1月11日にグアンタナモ湾海軍基地の収容施設が開設されてから2017年1月段階まで、延べ779名が収容され（ただし、2008年以降、新たな収容者はいない）、現在も41名が収容されている[63]。

2　収容下での処遇

(1)　禁止される「拷問」

合衆国内にてテロ容疑者を「拷問」することは、合衆国憲法修正8条により禁止される。さらに連邦法の規定[64]により、合衆国外での「拷問」も違法行為とされ、違反者は刑事責任に問われる。同規定は「拷問」を、「法の外観のもとで行動する個人が、拘留又は物理的管理下において、他の人に対し、とりわけ過酷な肉体的、精神的苦しみ又は苦痛（合法的な処罰に伴う苦しみ又は苦痛を除く。）を与えることを意図して行う行動」と定義するとともに、「過酷な肉体的、精神的苦しみ又は苦痛」について、「(A)それを故意に科すこと、または科すという脅迫をすること、(B)向精神作用剤又は感覚若しくは人格を強く崩壊させることが予期されるその他の手続を実施若しくは使用すること、又は実施若しくは使用すると

61)　〈https://www.whitehouse.gov/blog/2016/02/23/president-obamas-plan-close-guantanamo-about-closing-chapter-history〉

62)　Plan for Closing the Guantanamo Bay Detention Facility, *available at* 〈http://www.defense.gov/Portals/1/Documents/pubs/GTMO_Closure_Plan_0216.pdf〉.

63)　〈https://www.aclu.org/infographic/guantanamo-numbers〉

64)　18 U.S.C. §§2340-2340B.「連邦拷問禁止規定（Federal Torture Statute）」などとよばれる。

いう脅迫をすること、(C)死が差し迫っていると脅すこと、(D)別の者がすぐに殺される、過酷な肉体的、精神的苦しみ又は苦痛を受ける、向精神作用剤又は感覚若しくは人格を強く崩壊させることが予期されるその他の手続を実施若しくは使用されると脅すことによって生じる、長期に渡る精神的危害」と定義している[65]。

(2) 「拷問」に該当しない「尋問」？

この定義に照らすと、グアンタナモ湾海軍基地での被収容者の取扱いや、「ブラック・サイト（black site)」――CIA が設置したとされる国外の秘密収容施設――で行われていた「尋問」が、「拷問」に該当する可能性が生じる。そこで G.W. ブッシュ政権は、「より徹底した尋問技術（Enhanced Interrogation Techniques)」は「拷問」に該当しないとしてその法的正当化を試みた[66]。その役割を担ったのが、司法省法律顧問局（Office of Legal Counsel: OLC)[67]である。

OLC が作成した意見書は、上記の「過酷な肉体的、精神的苦しみ又は苦痛」について、「臓器不全、身体機能の損傷、又は死に至るような重大な身体損傷を伴うもの」、およびそれらが原因で数か月、数年続くような「長期間にわたる精神的危害」を患わせるような苦痛を与えた場合であり、かつ、そうした結果をもたらそうとする「明確な意図（specific interest)」がなければ、同法がいうところの「拷問」に該当しないという限定的な解釈を展開した[68]。そして、顔を叩く、睡眠を妨害する、窮屈な箱に閉じ込めて虫を入れる、そして――最も悪名高い――「水責め（waterboarding)」などの具体的な「尋問」方法につき、それらは拷問禁止法が定義する「拷問」には該当しないなどとする解釈を展開したのである[69]。

2004 年 6 月、ワシントン・ポスト紙が同意見書をスクープ報道したことで[70]その内容が世に知れ渡り、大問題になった。G.W. ブッシュ政権下の OLC は繰り返し上記見解を修正するなどしてきたが、その実質が変更されたとは必ず

65） 18 U.S.C. §2340 (1), (2).

66） 詳細については、横大道聡「アメリカの『テロとの戦争』と OLC の役割」鹿法 45 巻 2 号（2011 年）85 頁を参照。

67） 同組織の詳細については、横大道聡「執行府の憲法解釈機関としての OLC と内閣法制局〔補訂版〕」研究論文集 45 巻 1 号（2011 年）1 頁を参照。

68） Memorandum from Jay S. Bybee, Assistant Attorney General, to Alberto R. Gonzales, Counsel to the President, *Standards of Conduct for Interrogation under 18 U.S.C. §§2340–2340A* (Aug. 1, 2002).

69） Memorandum from Jay S. Bybee, Assistant Attorney General, to John Rizzo, Acting General Counsel of the Central Intelligence Agency, *Interrogation of al Qaeda Operative* (Aug. 1, 2002).

70） Dana Priest & R. Jeffrey Smith, *Memo Offered Justification for Use of Torture: Justice Dept. Gave Advice in 2002,* Wash. Post (June 8, 2004). 横大道・前掲注 66) 105～109 頁も参照。

しもいえない内容であった[71)]。

オバマ大統領は、就任直後に被収容者への人道的処遇を定める大統領命令13491号[72)]を発出し、新たなOLCも、「拷問」関係の文書をすべて撤回した[73)]。こうして「拷問」をめぐるG.W.ブッシュ政権の立場は完全に覆されることになった。

(3) 収容をめぐる近時の問題

上述したように、2008年以降はグアンタナモ湾海軍基地への新規収容者がいないため、人身保護令状請求訴訟は、収容それ自体を争う訴訟から、収容「状況」を争う訴訟へとシフトしている[74)]。その関係で問題となったうちの1つである強制給仕（force-feeding）について簡単に触れておきたい。

オバマ政権が公約通りにグアンタナモ湾海軍基地の閉鎖を進めていないことなどへの抗議のために被収容者ら実施したハンガー・ストライキに対応するために強制給仕を行われたことの合憲性が争われたのであるが、2014年のAamer v. Obama連邦高裁判決[75)]において、2006年軍事委員会法の規定にもかかわらず、グアンタナモ湾海軍基地の被収容者は収容状況を争うことが認められるとしつつも、強制給仕の差止請求については退けられている。

Ⅳ テロ容疑者の処罰

テロ容疑者の処罰に関しては、①いかなる刑罰が科されるのかという問題と、②通常の裁判所での裁判ではなく、特別裁判所によって裁判することの是非、さらには③裁判を経ずに実力行使（殺害）することが問題となってきた。本節では、以上の3点について概観することにしたい。

1 処罰規定

(1) 概　　観

テロ関連行為に対する処罰規定は多岐にわたるが、中心となるのが、合衆国法

71） 詳細については、横大道・前掲注66）109～113頁を参照。なお、ブッシュ政権下では、イラクのバグダッドのアブ・グレイブ収容所における被収容者の虐待事件も問題となった。この事件を受けて連邦議会は、先にも触れた「2005年被拘禁者取扱法」を制定し、合衆国政府によって拘禁された者に対する「残虐、非人道的若しくは品位を傷つける取扱い」を国内外問わず禁止するなどしている。

72） Executive Order 13491, Ensuring Lawful Interrogations, 74 Fed. Reg. 4893 (Jan. 22, 2009).

73） 詳細については、横大道・前掲注66）113～114頁を参照。

74） Stephen Dycus et al., Counterterrorism Law 575 (3rd ed. 2016). 同書は、「次世代のグアンタナモ訴訟」と表現している。

75） 742 F.3d 1023 (2014).

典第18編「犯罪及び刑事手続」第1章「犯罪」第113B章「テロリズム」に定められている規定である。そこで定義される「テロリズム」は、国外か国内かで「国際テロリズム」と「国内テロリズム」に分けられるが、その構成要素は、民間人への脅迫・威迫、政府の政策や行動に影響を与える目的が明らかに認められる活動で、連邦法等により犯罪とされている行為を行うこととされる。

次頁の（図表1）のとおり、2331条から2339D条まで規定が設けられているが、実行行為のみならず、その準備や共謀、支持行為まで処罰するものであること、そして9.11同時多発テロ以後、幾度も改正され、その内容が充実する方向で変容していることが確認できる。

(2) 「実質的支援」の禁止

これらの処罰規定のうち、憲法との関係で大きな問題となったのが、指定されたテロ組織に対する物質的支援または資材の提供を禁止する2339B条の合憲性である。処罰対象がテロ行為そのものではなく、また、表現の自由の規制にもなりうるからである。

同規定は、国務大臣が合衆国法典第8編「外国人及び国籍」第12章「出入国管理及び国籍」第2節「出入国管理」第2部「外国人の入国資格；市民及び外国人の旅行管理」に置かれた1189条「外国テロ組織の指定」の規定に基づき、「外国テロ組織（foreign terrorist organizations: FTOs）[76]」と指定された団体に対して、指定団体であることを知りながら行った、または当該団体がテロ行為に従事していることを知りながら行った「実質的支援又は資材の提供」を処罰するというものである。この「外国テロ組織の指定」により監視強化や資金凍結が可能となるため、それ自体が重要なテロリズム対策であるとされる[77]。

同規定にいう「実質的支援又は資材の提供」には、「有形又は無形の財産又はサービス」、「訓練」、「専門的助言又は支援」、「人員の提供」が含まれるが、その曖昧不明確性および「専門的助言又は支援」の禁止が表現の自由との関係で争点となったのが、2010年のHolder v. Humanitarian Law Project連邦最高裁判決[78]である。同判決は、曖昧不明確性を否定したうえで、表現内容規制である

76） 外国テロ組織の指定自体は、クリントン（William J.B. Clinton）政権期に制定された「1996年反テロリズムおよび効果的死刑法」（Antiterrorism and Effective Death Penalty Act of 1996, AEDPA, P.L. 104-132, 110 Stat. 1214 (Apr. 24, 1996)）による移民国籍法の改正により導入された規定であるが、その後、愛国者法、IRTPAによる改正がなされている。この制度については、小谷順子「外国テロ組織の指定制度をめぐる憲法問題」大沢＝小山編・前掲注23）185頁以下を参照。

77） Setty, *supra* note 20, at 60. 愛国者法により、指定された「外国テロ組織」に実質的支援を行う活動が、「テロリスト活動への従事（engage in terrorist activity）」とされる。この規定は、上記の入管関係の箇所に置かれている（8 U.S.C. §1182(a)(3)(B)(vi)(II), (III)）

78） 561 U.S. 1 (2010). 評釈として、小谷順子「外国テロ組織（Foreign Terrorist Organization）に

【図表1　合衆国法典第18編「犯罪及び刑事手続」第1章「犯罪」第113B章「テロリズム」】

§2331	**定義** →愛国者法により、国内テロリズムの定義が追加
§2332	**刑事罰**
§2332a	**大量破壊兵器** →2002年公衆衛生の安全及びバイオテロリズムへの準備及び対応法、IRTPAによる改正あり
§2332b	**国内・国外にまたがる（transcending national boundaries）テロ行為** →2001年愛国者法、2002年爆弾テロ防止条約履行法、2004年のIRTPA、2005年合衆国愛国者法の改善及び再授権法、2015年米国自由法等による改正あり
§2332c	〔廃止〕
§2332d	**金融取引**
§2332e	**緊急事態下における大量破壊兵器使用禁止のための軍事的援助の要請** →2001年愛国者法による改正あり
§2332f	**公共利用地、政府施設、公共交通網及びインフラ施設への爆撃** →2002年爆弾テロ防止条約履行法により追加
§2332g	**航空機破壊のためのミサイルシステム** →2004年のIRTPAによる追加
§2332h	**放射性物質拡散装置** →2004年のIRTPAにより追加
§2332i	**核テロリズム行為** →2015年米国自由法により追加
§2333	**民事的救済**
§2334	**裁判管轄権及び裁判管轄区**
§2335	**訴訟の提訴期限** →2013会計年度国防授権法による改正あり
§2336	**その他の制限**
§2337	**政府職員に対する訴訟**
§2338	**連邦裁判所の排他的管轄権**
§2339	**テロリストの隠匿及び秘匿** →2001年愛国者法により追加
§2339A	**テロリストに対する実質的支援の提供** →1994年暴力犯罪管理及び法執行法により設けられた規定。その後、種々の改正を経るが、2001年愛国者法、2004年のIRTPAで対象となる犯罪行為、支援内容が拡大
§2339B	指定されたテロ組織に対する実質的支援又は資材の提供（本文参照）
§2339C	**テロリズムへの財政支援の禁止** →2002年爆弾テロ防止条約履行法により追加。2004年のIRTPAによる拡大
§2339D	**外国テロ組織から受ける軍事形態の訓練** →2004年のIRTPAにより追加

※以上のほかにも、愛国者法による銀行秘密法改正によるマネーロンダリング防止強化など、さまざまな規定が存在する。

ことは認めて、やや厳しい審査基準を定立しつつも、国家安全保障および外交関係の領域における執行府の事実認定を尊重すべきであるとして、審査をパスさせ

対する実質的支援を禁じる連邦法の合憲性をめぐるアメリカ合衆国連邦最高裁判決」大沢秀介編『フラット化社会における自由と安全』（尚学社・2014年）204頁等を参照。

て合憲と判断したが、その執行府に対する敬譲的姿勢については批判も少なくない[79)]。

2　テロ容疑者の訴追

(1)　軍事委員会の設置

9.11 同時多発テロ直後から、テロ容疑者を裁くための場として、通常裁判所での刑事裁判、国際刑事裁判所、軍事法廷（court-martial）のいずれも妥当ではないとして、特別法廷設置の必要性が主張され、G.W. ブッシュ大統領による大統領命令[80)]により、軍事委員会（military commission）が設置されることになった。軍事委員会は、アルカイーダのメンバーや合衆国や国民などに対してテロ行為の陰謀を企てたりその準備をしたりした者、さらにそうした人物を匿った者と大統領が信じるに足りる理由を有する、アメリカ市民以外の者を裁くために設けられた、通常の裁判所よりも弱い手続的保障しか与えられない、軍人によって構成される排他的管轄権を有する特別裁判所である[81)]。

軍事委員会は以上のような性格を有するものであるため、その合憲性が疑問視されていた。連邦最高裁は、先にも触れた 2006 年の Hamdan v. Rumsfeld 連邦最高裁判決において、軍事委員会の合憲性の問題に踏み込まず、連邦法の解釈によって事案を処理した。すなわち、軍事委員会は連邦法の授権の範囲を超えて設立されたものであるため違法であると判断することで、国防問題に過度に踏み込まずに、議会と執行府との協働を求める方向性を示したのである。

そこで連邦議会は、Hamdan 判決を受けて「2006 年軍事委員会法」を制定し、軍事委員会設立の法的根拠を付与するという対応を採った。G.W. ブッシュ大統領も大統領命令を出し[82)]、軍事委員会を再開させた。

(2)　軍事委員会の現在

その後、連邦議会は「2009 年軍事委員会法（Military Commission Act of 2009）[83)]」を制定し、拷問等を通じて得た証拠利用の禁止、伝聞証拠採用の限定

79)　小谷・前掲注 78) 213～215 頁を参照。

80)　Military Order of November 13, 2001, *supra* note 44.

81)　その設置根拠として挙げられたのは、①大統領の最高司令官としての憲法上の地位、② AUMF、③連邦法の規定であるが、特にこの連邦法がそのような権限を授権しているのかがその後の訴訟（Hamdan 判決）での主たる論点になる。詳細については、横大道聡「国家の安全と市民の自由」法学政治学論究 66 号（2005 年）355 頁を参照。

82)　Executive Order 13425 Trial of Alien Unlawful Enemy Combatants by Military Commission, 72 Fed. Reg. 7737 (Feb., 2007).

83)　P.L. 111-184, 123 Stat. 2574 (Oct. 28, 2009).

などを定め、手続的保障を充実させるなどしているが、それでも通常裁判所に比べて弱い手続的保障のみが与えられるにすぎないという点で、2006年軍事委員会法から本質的な変更は加えられていない[84]。オバマ政権は当初、すべての被収容者の審査を終えるまで軍事委員会を停止させたが[85]、当該審査後の2011年3月、軍事委員会における手続の改善が完了したなどとして、その運用を再開させている[86]。

なお軍事員会に関しては、近時、その審理対象が改めて問題とされている。すなわち、歴史的に軍事委員会は、戦時国際法（laws of war）に違反する敵戦闘員を裁くための特別法廷であったことから、それ以外の犯罪行為を軍事委員会にて裁くことが可能か否かが議論となっている。この点に関して連邦高裁は、2006年軍事委員会法の制定によって初めて軍事委員会での審理対象の犯罪とされた行為を理由とした訴追を、同法の制定以前に行った者に対して行うことは、遡及処罰法（ex post facto law）の制定を禁止する合衆国憲法1条9節3項に違反するとしている[87]。また、未完成犯罪（inchoate crime）である共謀罪（conspiracy）は軍事委員会にて審理可能な犯罪であるかどうかをめぐって、連邦高裁の判断が割れている状況にある[88]。この事件は連邦最高裁への裁量上訴が申し立てられており、その判断が待たれる。

3　テロ容疑者への実力行使

(1)「標的殺害」の合法性・合憲性

テロ容疑者であっても、原則として逮捕・拘束したうえで裁判（ないし前述した軍事委員会での審理）を経て、刑罰規定に基づいて処罰する必要があるが、このプロセスを省略して「実力行使」がなされることがある。無人航空機（unmanned aerial vehicles）あるいはドローン（drones）を用いた「標的殺害（Targeted Killing)」である[89]。標的殺害自体は、G.W. ブッシュ政権下でも行われていた

84) 詳細については、*see* Jennifer K. Elsea, CRS Report for the Congress; *The Military Commissions Act of 2009 (MCA 2009): Overview and Legal Issues* (Aug. 4, 2014).

85) Executive Order 13492, *supra* note 55, §7.

86) Press Release, White House Office of the Press Secretary, Fact Sheet: *New Actions on Guantánamo and Detainee Policy* (Mar. 7, 2011), *available at* 〈https://whitehouse.gov/the-press-office/2011/03/07/fact-sheet-new-actions-guant-namo-and-detainee-policy〉.

87) Hamdan v. United States, 696 F.3d 1238 (D.C. Cir. 2012), Al Bahlul v. United States, 767 F.3d 1, 6-8 (D.C. Cir. 2014).

88) *Al Bahlul,* 767 F.3d., at 18-27, 31; Al Bahlul v. United States, 792 F.3d. 1 (D.C. Cir. 2015); Bahlul v. United States, 2015 U.S. App. LEXIS 16967 (D.C. Cir. 2015).

89) この問題を扱う邦語文献として、富井幸雄「Targeted Killingの合憲性(上)(下)」都法54巻1号(2013年) 333頁、同54巻2号（2014年）71頁を参照。その他、矢野哲也「米国の標的殺害政策

が、オバマ政権がこれを多用したこと[90]、また2011年9月、アメリカ国籍を有する（二重国籍）のアルカイーダのメンバーで、イエメンに潜伏していたアンワル・アル・アウラキ（Anwar Al-Awlaki）に対して標的殺害が遂行されたことなどから、現在、標的殺害の合法性・合憲性が大きく議論されている。

オバマ政権は、標的殺害一般の必要性、効率性、合法性について[91]、戦時国際法、自衛権の行使としての正当化などさまざまな議論を展開したが、国内法との関連ではAUMFの一環としての実力行使であるという説明を行っている[92]。また標的殺害は、諜報活動の一環として位置づけることも可能である。すなわち、「諜報活動」には「秘密行動（covert actions）」――伝統的な外交・軍事活動、法執行等を除く、「合衆国政府の役割を明らかにする意図又は公に認める意図なく、合衆国政府が、外国における政治的、経済的又は軍事的条件に影響を与えるために行う活動又は諸活動」と定義される[93]――および財政上の諜報活動が含まれるところ[94]、この「秘密行動」に「標的殺害」も含まれるという解釈である。実際、2011年5月のウサマ・ビンラディン（Osama Bin Laden）の殺害という「秘密行動」に先立ち、オバマ政権は連邦法に基づき[95]、事前に議会リーダーに把握情報と計画をブリーフィングしていたとされるが[96]、この実践は、議会が暗殺を含む「秘密行動」を容認したとも解される。大統領命令12333号が「暗殺（assassination）」の禁止を定めていることとの関係も問題になるが、これについては、同命令が禁止する「暗殺」とは政治的な理由による殺害行為であり、戦闘行為がなされているなかで行われるテロ行為従事者に対する「標的殺害」とは異なるものである、と説明される[97]。

に関する一考察」国際公共政策研究（大阪大学）18巻1号（2013年）199頁、三宅裕一郎「アメリカ合衆国による『標的殺害（targeted killing）』をめぐる憲法問題・序説」三重法経145号（2015年）1頁等も参照。

90） オバマ政権では、526回のドローン攻撃が行われ、2,803～3,022名の戦闘員と、64～117名の民間人が殺害されたとされる。Jack Moore, *Drone Strikes under Obama Killed up to 117 Civilians Worldwide, Intelligence Report Claims,* Newsweek (Jan. 20, 2017), *available at* 〈http://www.newsweek.com/strikes-during-obamas-presidency-killed-many-117-civilians-545080〉.

91） Setty, *supra* note 20, at 66.

92） Jennifer K. Elsea, CRS Memorandum, *Legal Issues Related to the Lethal Targeting of U.S. Citizens Suspected of Terrorist Activities* (May 4, 2012).

93） 50 U.S.C. §3093(e).

94） 50 U.S.C. §3091(f).

95） 50 U.S.C. §3093(c)(1). 議会（委員会）に対する秘密行動の事前報告の仕組みについては、横大道聡「アメリカにおける国家安全保障に関する秘密保全法制について」比較憲法学研究27号（2015年）30～32頁などを参照。

96） John Rollins, CRS Report for the Congress; *Osama Bin Laden's Death: Implications and Considerations,* 1 (May 5, 2011).

アメリカ市民であるアル・アウラキに対する標的殺害は、適正な手続を経ることなく被疑者を殺害するものであるため連邦法上および憲法上大きな問題となるが[98]、2010年6月16日付のOLC文書がその合法性を認める議論を詳細に展開している[99]。同文書によると、①他国の管轄下にあるアメリカ市民の殺害を禁止する連邦法（18 U.S.C. §1119(b)）の規定は、「不法な殺人（unlawful killings）」を禁止するが、アルカイーダとつながりをもつアル・アウラキの殺害は「戦時の合法の行為（lawful conduct of war）」であり、同法は適用されない、②合衆国憲法修正4条および修正5条の保障はアル・アウラキにも及ぶが、その程度は、政府の行動によって不利益を受ける当事者の利益の重要性と、政府利益の重要性の衡量によって判断されるものであり[100]、アル・アウラキについては政府利益が上回るとして、アル・アウラキの標的殺害は連邦法にも憲法にも違反しないと結論づけている[101]。

(2) 標的殺害の基準と手順

オバマ政権は、「標的殺害」に対する批判の高まりを受けて、2013年5月、「合衆国および戦闘地域外における反テロ作戦における武力使用に関する基準及び手順[102]」を公表した。それによると、攻撃対象のテロリストの存在がほぼ確実であること、非戦闘員が死傷しないことがほぼ確実であること、テロ容疑者の捕獲が作戦実行時に実行可能でないと判断され、作戦が計画されている国の政府がアメリカ市民への脅威を是正することができない、もしくは効果的に行えないとき、アメリカ市民への脅威を効果的に是正する妥当な代替方法がないと判断さ

---

97) Elsea, *supra* note 92, at 9-12. 富井・前掲注89)(上)79～81頁も参照。

98) *See generally* Alessandra Grace, *Targeting U.S. Citizens in the Fight against the Islamic State,* 53 Hous. L. Rev. 1435 (2016).

99) Memorandum from David J. Barron, Acting Assistant Att'y Gen., Office of Legal Counsel, U.S. Dep't of Justice, to the Att'y Gen., *Applicability of Federal Criminal Laws and the Constitution to Contemplated Lethal Operations Against Shaykh Anwar al-Aulaqi* (July 16, 2010), *available at* ⟨https://fas.org/irp/agency/doj/olc/aulaqi. pdf⟩. なお同文書は、情報公開訴訟（N.Y. Times Co. v. U.S. Dep't of Justice, 756 F.3d 100 (2d. Cir. 2014)）を通じて公開されたものである。同文書の内容については、長谷部恭男「オバマ政権下のテロ対策」論ジュリ21号(2017年)68～69頁も参照。

100) ここでは、Mathews v. Eldridge, 424 U.S. 319 (1976) で示されたいわゆるMathewsテストが用いられている。同テストについては、本章【各論Ⅲ】を参照。

101) *See also* Department of Justice White Paper, *Lawfulness of a Lethal Operation Directed Against a U.S. Citizen Who Is a Senior Operational Leader of Al-Qa'ida or an Associated Force* (Draft Nov. 8, 2011), *available at* ⟨http://fas.org/irp/eprint/doj-lethal.pdf⟩.

102) U.S. Policy Standards and Procedures for the Use of Force in Counterterrorism Operations Outside the United States and Areas of Active Hostilities (May 23, 2013), *available at* ⟨https://obamawhitehouse.archives.gov/the-press-office/2013/05/23/fact-sheet-us-policy-standards-and-procedures-use-force-counterterrorism⟩.

れるとき、といった条件下での「標的殺害」の実行を認めるとした。

「標的殺害」の抑制的使用は人道的見地からは望ましいかもしれないが、この基準は憲法または連邦法によって求められているものではないということには注意が必要である。

V　おわりに

以上本稿では、9.11 同時多発テロ後のテロ対策法制の「変容」を、①諜報活動（II）、②テロ容疑者の収容と処遇（III）、③テロ容疑者の処罰（IV）という 3 つの場面に分けてみてきた。本稿の概観により、基本的に「G.W. ブッシュ政権からオバマ政権にかけての対テロプログラムの実質は連続している」[103)]のであり、愛国者法をはじめとする一連のテロ対策法制は、G.W. ブッシュ大統領に率いられた執行府が、テロ直後の混乱状況を利用して議会から勝ち取った権力拡大の成果であるとする通俗的な見方が誤りであることが明らかになったと思われる[104)]。G.W. ブッシュ政権でもオバマ政権でも、法的に問題を抱える仕方でのテロ対策を行い、それが情報漏えいやリークによって露見したり、あるいは裁判所によって違法ないし違憲と判断されたりしたこと等をきっかけに、基本方針は維持しつつ、順次テロ対策法制を進展させているというのが、アメリカにおけるテロ対策法制の大きな動向といってよい。2017 年 1 月からスタートしたトランプ政権のもと、この動向が維持されるのか、それともラディカルに変容するのか。今後も継続的な関心を向ける必要がある。

本稿でみた論点のほかにも、アメリカのテロ対策法制にはいくつもの個別論点がある。それら（の一部）は本章の各論（I ～IV）で詳細に検討されているので、あわせて参照願いたい。

---

103)　Setty, *supra* note 20, at 76.

104)　Boukalas, *supra* note 15, at 68-69. 同様に、G.W. ブッシュ政権とオバマ政権を比較し、前者が法の支配を軽視していると即断することも妥当ではない。

各論Ⅰ

沈黙する同意
——対テロ検問とプライバシー

大林啓吾

ある種の状況には普通は社会的なコントロールを行う人物がいるものだという共通の期待がある。……たとえば劇場での案内係は、社会的コントロールの源であり、みんなその人に自主的に従う
——スタンレー・ミルグラム[1)]

Ⅰ　はじめに

2001年の同時多発テロ（以下「9.11」という）から約15年がすぎた今もなお、アメリカではテロの脅威が続いている。2011年にウサマ・ビンラディン（Osama Bin Laden）が死亡した後も、2013年4月のボストンマラソン爆弾テロ事件や2016年9月のマンハッタン爆弾テロ事件などが起きている。

アメリカ政府も手をこまねいているわけではなく、さまざまなテロ対策を講じている。テロ対策では何よりもまず次のテロ（next attack）を未然に防ぐことが重要であり、予防対策が欠かせない。予防対策のうち、捜査としては電子監視と検問が主な役割を担っている。テロ防止のために、次のテロ計画を察知したり、爆発物を検査したりするのである。だが、「テロリストに対する捜査は、電子機器を用いた方法と物理的捜査による方法の両方が用いられているが、それは合衆国憲法修正4条にかかわる」[2)]。たとえば、電子監視は人々のコミュニケーションを覗き見ることからプライバシーの権利にかかわり、検問における持ち物検査は身体や持ち物をチェックすることからこれもプライバシーの権利にかかわる。少なくとも令状なしでこれらのことを行うことはプライバシーの権利を侵害し、不合理な捜索や逮捕を禁じる修正4条に違反するおそれがある。

1）　山形浩生訳『服従の心理』（河出書房新社・2008年）186頁。
2）　Karly Jo Dixon, *The Special Needs Doctrine, Terrorism, and Reasonableness,* 21 Tex. J. on C.L. & C.R. 35 (2015).

このうち、電子監視についてはNSAの大規模盗聴が発覚して問題になり社会的にも法学的にも物議をかもしたが[3)]、検問の問題はそれほど大きく取り上げられていない。しかし、9.11以降、いくつかの検問はその合憲性をめぐって裁判にもなっており、その憲法問題を検討する必要がある。とりわけ、電子監視の際に問題となった第三者任意提供の法理（third party doctrine：あるサービスを受けたり契約を行ったりする際に、個人情報の提供を求められた場合、それに応じた時点で、その情報を政府等の機関に提供されることにも同意したとみなす法理）は同意の有無が争点になっていたが、検問においても検査を受けることの同意が問題になることは見逃せない。同意の有無は合憲性の帰結を左右する問題だからである。

そこで本稿では、9.11以降のテロ対策としての検問をめぐる裁判例を中心に、プライバシーの権利の問題およびそれに付随する同意の問題を検討する。

II　検問の憲法問題

1　修正4条の要請

(1)　検問の意味

検問自体は、日本を含め、多くの国で行われている。典型例として飲酒運転検査をするために道路上で行われる交通検問があり、それ以外にも犯罪予防のために行われる警戒検問や犯罪発生時に行われる緊急配備検問などがある。もっとも、アメリカの検問（checkpoints）はさまざまな目的で行われている。たとえば、自動車に対して行われる検問には、薬物検問や密入国者の発見のための検問が頻繁に行われており、それ以外にも学校での持ち物検査や公務員に対する検査なども含まれる。検査との違いがわかりにくいが、検問は対象者を限定せずに一斉に行われる点が特徴である。そのため、本稿では、一斉に行われる検査を検問とよび、検問においてチェックする行為については検査とよぶことにする。

検問が一斉に行われるものである以上、特定の対象者に対して個別に検査をする行為とは異なる。つまり、個別に行われる職務質問および身体検査（stop & frisk）は検問ではない。そのため、たとえば特定の人種や特定の信仰をもった人々を狙い撃ちにして行われる検査は検問とは異なるのであって、本稿では取り上げない。

3)　NSAの大規模盗聴が発覚した事件については、大林啓吾『憲法とリスク』（弘文堂・2015年）第4章を参照。

(2) 修正４条の要請

検問は身体や持ち物をチェックする行為であることから、プライバシーの権利を侵害するおそれがあり、修正４条の要請をみたさなければならない可能性がある。修正４条は、「不合理な捜索及び逮捕または押収から、その身体、家屋、書類及び所有物の安全を保障される人民の権利は、これを侵してはならない。宣誓または確約によって証拠づけられた相当の理由に基づくものであって、捜索すべき場所及び逮捕すべき人または押収すべき物件を特定して記載するものでなければ、いかなる令状も発してはならない」[4)]と定めている。つまり、原則として個別の事件ごとに相当な理由（probable cause）を記載して裁判所の令状を得なければならない。

ただし、判例により、合理的な嫌疑（reasonable suspicion）があれば職務質問および身体検査は可能であるとされている[5)]。しかし、検問は一斉に行われるものであるため、個別の検査のように、常に合理的嫌疑が必要とされたり、合理的嫌疑の要請の度合いが高かったりすると、多くの検問が不可能になってしまう。

そこで判例は、嫌疑が必要な場合と不要な場合とに分けている[6)]。大雑把にいってしまえば、捜査目的の場合は合理的な嫌疑が必要とされる。たとえば、学校内の持物検査[7)]、公の雇用者が職務に関連する理由で被用者に対する捜索[8)]、密入国者発見のための自動車のランダムストップ[9)]などがそれにあたる。

他方で、捜査目的ではなく、特定の行政目的を実現するために行われる場合には、特別な公共の利益があれば、合理的嫌疑が不要とされる。たとえば、入国許可証確認のための常設検問所の予告に基づく自動車への一斉検問[10)]、衛生上の立入調査[11)]、違法薬物摘発に携わる税関職員の薬物検査[12)]、飲酒運転検査のための交通検問[13)]などがそれにあたる。

---

4) 高橋和之編『新版 世界憲法集〔第２版〕』（岩波書店・2012年）76頁〔土井真一訳〕。
5) Terry v. Ohio, 392 U.S. 1 (1968).
6) 以下の大枠については、津村政孝「飲酒運転摘発のための自動車検問の合憲性」憲法訴訟研究会＝戸松秀典編『続・アメリカ憲法判例』（有斐閣・2014年）316頁。
7) New Jersey v. T.L.O., 469 U.S. 325 (1985).
8) O'Connor v. Ortega, 480 U.S. 709 (1987).
9) United States v. Brignoni-Ponce, 422 U.S. 873 (1975).
10) United States v. Martinez-Fuerte, 428 U.S. 543 (1976).
11) Camara v. Municipal Court, 387 U.S. 523 (1967).
12) National Treasury Employees Union v. Von Raab, 489 U.S. 656 (1989).
13) Michigan Department of State Police v. Sitz, 496 U.S. 444 (1990).

2　目的の特定性の要求

このように、検問を行う場合には特定の目的を実現するためのものでなければならないので、一般犯罪を取り締まるようなかたちで検問を行うことは許されない。それを認めてしまうと、常時検問が可能になってしまい、修正４条の意味がなくなってしまうからである。それが明確に示されたのが、2000年のCity of Indianapolis v. Edmond連邦最高裁判決[14]であった。

この事件では、インディアナポリス市は違法薬物禁止政策として道路検問を行いながら、実質的には一般犯罪を取り締まるような検問を行っていたことが問題となった。検問では、警察官が免許証および自動車登録証の提示を要求し、運転手や車内を目視して不審な点がないかどうかをチェックした。また、麻薬犬を連れた警察官が自動車の周囲を回ってチェックを行った。これに対して、検問を受けた者らが修正４条に反するとして訴えを提起した。

オコナー（Sandra D. O'Conner）裁判官の法廷意見は、原則として個別の容疑がなければ捜索を行ってはならず、特別の必要性がある場合にのみ例外的に認められるとしたうえで、犯罪予防といった一般的目的だけで検問を行うことはできないとした。その結果、連邦最高裁は、本件における検問は一般犯罪を取り締まるかたちで行われており、修正４条の要求をみたさないとした。

もっとも、このように判断したからといって、従来連邦最高裁が合憲としてきた検問が違憲になるわけではないとし、さらに例外的に緊急の場合は検問が許されることがあると述べて、本件判断が広く検問を禁止するわけではないとした[15]。その際、連邦最高裁がテロ対策としての検問に触れた点が注目される。法廷意見は、「修正４条は差し迫ったテロリストの攻撃を阻止したり特定のルートで逃走する可能性のある危険な犯罪者を捕まえたりするために適切な検問所を設置することを明らかに許容している」[16]としたのである。そのため、テロ対策のための検問も、差し迫ったテロの脅威があれば認められる可能性が示されたといえる。

14)　City of Indianapolis v. Edmond, 531 U.S. 32 (2000).

15)　Doug Reeder, *City of Indianapolis v. Edmond: The Supreme Court Takes a Detour to Avoid Roadblock Precedent,* 40 Hous. L. Rev. 577 (2003). ただし、これに対しては、従来の検問に対する合憲性判断のアプローチを変更しているとして先例に反しているとの批判もある。

16)　531 U.S. at 44.

III　9.11 以降の対テロ検問

2001 年 9 月 11 日に同時多発テロが起きると、各地で対テロ検問（terrorism checkpoint）が行われるようになった[17]。たとえば、電車、地下鉄、バスなどの大量輸送機関や多くの人が集まる施設などがテロリストに狙われやすいことから、これらの入口で検問が行われるようになった。

もちろん、9.11 で用いられたテロの手法が航空機を利用した自爆テロだったことから、飛行場の手荷物検査も厳しくなった。アメリカでは、もともと飛行場の手荷物検査は民間企業が行ってきた。しかし、9.11 の犯人がナイフとカッターナイフをもって犯行に及んだことから、セキュリティチェックに問題があることが判明した[18]。検査対象に対して垂直にしか X 線を当てていなかったことから、平面に照射されなければナイフと判明しなかったのである。そのため、9.11 以降、連邦政府が空港の安全管理を担うべきとの意見が有力になり、2001 年 11 月、連邦議会は、航空・輸送保安法（Aviation and Transportation Security Act）を制定し、運輸保安庁（Transportation Security Administration: TSA）を創設して、空港の安全管理について民間企業から TSA に移管した[19]。TSA は専門のスタッフをそろえ、最新技術を使ってセキュリティチェックを行うようになった。だが、その後も、9.11 の 1 か月後にはリード（Richard Reid）の靴爆弾（Shoe Bomber）や 2009 年の下着爆弾（underwear bomber）など、依然としてセキュリティの問題が残った。そこで、TSA は 2010 年からボディスキャナーを使用し始めた。TSA は法律により、空港でのチェックを最優先事項とされることになった[20]。

たしかに、テロ対策では予防が最重要課題であり、情報収集や武器の持ち込みを制限することが次のテロを防止することに役立つ。実際、9.11 独立調査委員会の報告書には、改善事項の欄に、「TSA や連邦議会は乗客が持つ爆発物を発見するために検査のための検問の能力を改善することに最優先で注意を払わなければならない」[21]という記載があり、検問が重要であることが示唆されている。そ

17) Kyle P. Hanson, *Suspicionless Terrorism Checkpoints Since 9/11: Searching for Uniformity*, 56 Drake L. Rev. 171 (2007).
18) Andrea M. Simbro, *The Sky's the Limit: A Modern Approach to Airport Security*, 56 Ariz. L. Rev. 559 (2014).
19) Pub. L. No. 107-171, 115 Stat. 597.
20) 49 U.S.C. 44925(a).
21) The 9/11 Commission Report: Final Report of the National Commission on Terrorist Attacks upon the United States 393 (Authorized ed., 2004).

のため、対テロ検問という目的をもった検問が広く行われるようになった。

しかし、対テロ検問は予防のために行われるものなので、捜査目的の検問とはいえず、当然に認められるわけではない。テロ対策が重要な公益であるとしても、テロ対策の名のもとにいたるところで検問が行われてしまうおそれがあり、特定の脅威がなかったり、強制的にチェックを行ったりする場合には修正4条に反する可能性が出てくる。対テロ検問についてはすでに裁判例が存在していることから、以下では裁判例をみながら対テロ検問の実態をうかがい、その合憲性に関する判断を考察する。

1 道　　路

検問の典型は道路における検問である。もっとも、普段行われるのはアルコール検査や薬物検査のための検問などであるが、9.11直後にはテロ対策としての検問が行われた。9.11が起きると、連邦政府は全米の公的機関にテロの重大な脅威があることを警告したのである。それにはテロの標的や場所などが特定されていなかったが、各機関は警戒態勢に入った。その際、別の犯罪が発覚して逮捕された被告人が裁判において対テロ検問が違憲であると主張したのが2004年のCommonwealth v. Carkhuff連邦地裁判決[22)]である。

連邦政府の警告を受け、マサチューセッツ州警察はコブルマウンテン貯水池の警戒を強めることにした。テロリストが貯水池を利用して給水を分断したりダムを破壊して洪水を引き起こしたりすることを恐れたのである。そこで警察は、コブルマウンテン貯水池周辺の道路で一斉検問を行うことにし、すべての車を止めて、そこにいる理由を問い、トラックについては中身を調べることにした。2001年10月15日の午前2時頃、検問にあたっていた警察官は被告人の乗った車を止めて被告人と会話したところ、飲酒の疑いがあったため、酒気帯びテストを実施したところ、酒気帯びが発覚したので、被告人を逮捕した。しかし、裁判において被告人は警察の検問が修正4条に反するかたちで行われたとして違憲であると争った。

本件において州は本件検問が修正4条の拘束（逮捕）にあたることを認めながらもテロの脅威の防止の利益が自動車の一時停止の不利益に勝るとして合理的であるとし、本件検問は重要施設の防御のために行われているのだから空港や裁判所、軍事施設で行われているチェックと同じであると主張した。しかし、連邦地

22）Commonwealth v. Carkhuff, 2004 U.S. Dist. LEXIS 14345 (D. Ma. 2004).

裁は、それらのチェックは行政調査であり、犯罪の証拠を収集するためであってはならないとした。連邦地裁によれば、空港におけるチェックは武器を用いたハイジャックを防止することであり、本件における検問もその意味ではテロの防止であることからこれと類似しているともいえるが、その調査は正当化される必要性があり、侵害も限定されていなければ合理的にはならないという。そして空港でのチェックなどは事前にチェックが告知されているので、それがいやな場合は飛行機に乗らないという選択ができるため必要以上に被検査人を怯えさせなくてすむが、本件検問は事前の告知がなかったため、合理的であるとはいえないとする。運転者は検問を避けるために戻ることも迂回することもできない状況にあり、突然検問を行うことは被検査人を不安にさせてしまう。そのため、連邦地裁は、本件検問は告知を欠いたために侵害の程度を低下させていなかったため、憲法上の要件をみたしているとはいえないとして違憲判決を下した。

2 空　港

次に、今なお物議をかもしている空港の手荷物検査の問題をみてみる。9.11が航空機を使ったテロであったことから、空港の手荷物検査は格段に厳しくなった。空港の手荷物検査をめぐる裁判例は9.11以前から多数存在している。まずはそのリーディングケースであるUnited States v. Davis連邦高裁判決[23]を確認しておく。この事件は、被告人が搭乗ゲートに近づいていったときにセキュリティチェックを受け、拒む間もなくブリーフケースを開けられ、そこに入っていた銃が見つかったため、被告人が軽罪[24]で起訴されたものである。裁判で被告人は手荷物検査が修正4条に反すると主張し、連邦高裁は次のように判断した。

空港の手荷物検査は行政調査であり、相当な理由がなくても修正4条に違反しない。検査の結果により、違法行為が発覚することもあるが、それによって検査の性質が変わるわけではない。ただし、犯罪証拠を集めるための一斉調査として行われてしまう危険性もあるため、合理性の基準をみたさなければ修正4条に反することになる。つまり、その検査は行政の必要性をみたすためのものとして侵害が限定されていなければならない。手荷物検査はそれを拒否することもできるが、それによってハイジャックされる危険性が増すわけではない。むしろ強制的に検査することになると、それは犯罪捜査になってしまうので、刑事手続に要請される修正4条の要件をみたさなければならなくなる。空港での手荷物検

23) United States v. Davis, 482 F.2d 893 (9th Cir. 1973).
24) 49 U.S.C. 1472(I).

査は周知されており、しかもそれを拒否して空港から出ることもできるので、検査を避けることができるといえ、修正４条に反するとはいえない。ただし、空港での検査の性質や範囲は周知されているわけではなく、本件では検査を拒否する間もなくブリーフケースを取り上げられてしまった。そのため、本件では同意があったとはいえない。

このように連邦高裁は、空港での手荷物検査自体は合憲であるが、本件では違憲であるとした。本件により、空港での手荷物検査は同意があったかどうかが主な争点になることが示されたといえる。それでは、9.11 後の手荷物検査に関する事例をみてみよう。

9.11 後、空港での手荷物検査が最初に裁判になったのが、2005 年の United States v. Marquez 連邦高裁判決[25]であった。2002 年、被告人はシアトルからアンカレッジに向かう便に乗る予定で、セキュリティゲートを通過したが、9.11 以降ランダムで２次チェックを受ける人が選出されており、被告人は２次チェックを受けた。その際、検査官は携帯用金属探知機で被告人のボディチェック（pat-down）を行い、臀部のあたりでアラームが鳴った。そのため、検査官は被告人の許可を得て臀部を触ったところ、何か異物があるように感じた。個室で被告人にズボンを脱いでもらって検査を行うと、コカインが包まれたものが見つかり、被告人は逮捕された。裁判において被告人は２次検査が修正４条に反すると主張した。

連邦高裁は、Davis 判決を引用しながら、空港での行政調査も修正４条上の要請に服するが、①その検査が武器を発見するのに現代技術に照らして必要以上に過剰になっていないか、②その検査が目的に沿って限定されているか、③乗客は搭乗しないという選択によってチェックを回避することができるか、という基準をみたさなければならないとしたうえで、本件におけるランダムな２次検査、すなわち携帯用金属探知機による検査は武器発見のために必要以上に過剰になっているとはいえず、結果として武器所持以外の違法行為が発見されたとしてもそれが行政調査の性質を変えるものではなく、被告人は搭乗をあきらめて本件検査を避ける機会が十分にあったとし、３要件をみたしているとした。したがって、連邦高裁は、本件検査を合憲であるとしたのである。この判決では、同意の有無に加えて手段の妥当性や比例性も検討されている。

空港での検査は手荷物検査に限らず ID チェックも行われる。9.11 以降は、

25）United States v. Marquez, 410 F.3d 612 (9th Cir. 2005).

アメリカ市民が国内線を利用する場合であっても ID チェックが行われることが増えた。ID チェックが修正４条に反しないかどうかが争われたのが 2006 年の Gilmore v. Gonzales 連邦高裁判決[26]である。

原告（アメリカ市民）は、ワシントン DC（以下「DC」という）に行くためにサウスウェスト航空のチケットカウンターに行ったところ ID を見せるように言われたが、それを拒否した。ゲートでも ID を見せるように言われたが、これを拒否した。そこで上司が出てきて航空ルールに基づき ID が必要であることを告げたため、原告はチェックを受けずに空港を去った。同日、原告はユナイテッド航空のチケットを購入しようとしたが、そこでも ID を見せるように言われた。セキュリティチーフの説明によると、法令に基づき ID をチェックすることになっているが、その具体的内容は公にできないとのことだった[27]。そこで原告は ID の要求はデュー・プロセスや移動の自由、修正４条に反するとして訴訟を提起した。連邦高裁は、原告は ID 開示の告知を受けていることからデュー・プロセス違反はなく、憲法は特定の輸送手段（本件でいえば飛行機）によって移動の自由を保障しているわけではないとし、さらに原告は ID のチェックを受けなかったのであるから何ら強制力を行使されておらず修正４条に違反しないとして請求を棄却した。本件は ID チェックの問題であったが、告知の有無の問題やチェックの強制の有無に着目しながら判断しているところからすると、ここでも同意の有無が問題になっているといえる。

また、ID チェックとセキュリティチェックがリンクするかたちで問題になったのが、2007 年の United States v. Aukai 連邦高裁判決[28]である。この事件は、被告人が搭乗手続の際に ID を見せなかったことからセキュリティゲートで磁気ゲートを通過した後にボディチェックを受けることになったものである。検査官が携帯用金属探知機で身体をチェックしたところ、ポケット周辺でアラームが鳴ったため、被告人はポケットの中の物を出すように求められた。被告人は何も入っていないと主張し、もう搭乗時刻に間に合わないから空港を出ると言い始めた。しかし、再度ポケットの中の物を出すように求められ、最初は小銭だと主張していたが、最終的にポケットからメタンフェタミンを吸うためのパイプを出した。その後メタンフェタミンも発見され、被告人は逮捕された。

裁判において被告人はセキュリティチェックが修正４条に違反すると主張し

26） Gilmore v. Gonzales, 435 F.3d 1125, 1139 (9th Cir. 2006).

27） 49 U.S.C. 114(s)(1)(C)に基づき、TSA 局長は情報の開示が運輸の安全に支障をもたらす場合には開示できないようにすることができるとしており、ID に関する情報もそれに含まれるとされている。

28） United States v. Aukai, 497 F.3d 955, 957 (9th Cir. 2007).

たが、連邦高裁はその主張をしりぞけた。セキュリティチェックは、必要以上に侵害的でなく、現代技術に照らして真摯に武器の発見等の目的のために行われているとして合憲とした。ただし、同意の有無はセキュリティゲートを通過しない（搭乗しない）という選択も可能にしてしまうことから、9.11以降の安全保障の必要性からすれば無意味であるとした。つまり、安全保障の観点からすれば、同意の必要性はないとし、手段の相当性を中心に判断するとしたのである。

以上のケースにおいては、Aukai判決を除き、同意の有無が大きな争点になっているのは間違いないが、それに加え、手段の相当性につき、Marquez判決やAukai判決が現代技術に照らして真摯に目的のために行っているかどうかを判断している点も重要である。そこでは現代技術に照らして適切かどうかを判断しており、まさに空港のセキュリティは技術の発展がめざましい分野であり、逆にその発展した技術が問題になることがある。

TSAは2007年頃からX線による検査だけでなく、先端画像技術（advanced imaging technology）を用いたフルボディスキャナー検査を行うようになっていった。これは、ミリ波（millimeter wave）によって人間の身体を立体的イメージとして画像化するもので、その画像を見れば身に着けている物が一目瞭然となる装置である。

当初、TSAは、従来の金属探知ゲート通過後の2次的検査として、フルボディスキャナーを利用していたが、2010年頃からは金属探知ゲートかフルボディスキャナーのいずれかを用いて検査を行い、そこでアラームが鳴った場合には2次的にボディチェックを行うようになっている。

もっとも、フルボディスキャナーは金属探知ゲートでは発生しなかった問題を惹起する可能性がある[29)]。まず、宗教上の理由による拒否が可能かどうかという問題がある[30)]。2010年に北米イスラム法学評議会（Fiqh Council of North America: FCNA）がフルボディスキャナーによる検査がイスラム法の教えに反するとの見解を出した。イスラムの教えでは私的な部分をさらしてはならないとしており、それに反するというわけである。そこでFCNAは、フルボディスキャナーを避け、ボディチェックで対応してもらうことを推奨した。TSAは、フルボディスキャナーかボディチェックのいずれかを選択できるようにしているが、ここでは宗教上の理由によるフルボディスキャナーの免除が可能かどうかという

---

29) Brittany R. Stancombe, *Fed up with Being Felt up: The Complicated Relationship Between the Fourth Amendment and TSA's "Body Scanners" and "Pat-Downs"*, 42 CUMB. L. REV. 181, 192-203 (2011).

30) *Id.* at 197-198.

問題を惹起したといえる。

また、このチェックはよりプライバシー侵害の度合いが強いため、修正4条の問題を再び惹起することになる[31]。この問題が実際に裁判で争われたのが、2011年のElectronic Prviacy Information Center v. United States Department of Homeland Security連邦地裁判決[32]である[33]。

この事件では、人権団体等がフルボディスキャナーはプライバシーを侵害するとして訴えを提起した。TSAは、乗客はフルボディスキャナーかボディチェックかを選択することができることを標示しており、新たな負担を課しているわけではなく、プライバシー侵害は起きていないと反論した。

連邦地裁は、フルボディスキャナーが乗客の衣服を着ていない画像を創出することは確かであり、プライバシーを侵害するものであることを認めた。ただし、それが新たな実質的負担を課しているかどうかの問題をいったん横におき、告知と聴聞の手続がなされていなければならないとした。

3　地下鉄

テロの脅威は航空機を用いたものに限らず、地上の公共交通機関もテロのターゲットになりうる。とりわけ、電車やバスは多数の乗客を乗せて運行することに加え、住民の日常交通手段となっていることから、それに危害が加えられてしまうと大きな損害が出る。そこで、ニューヨークなどの大都市圏では地下鉄構内でランダムに手荷物検査を行うプログラムを実施するところが出てきた。そのうちのいくつかでは、手荷物検査が憲法に違反するとして訴訟が提起された。

2005年、ニューヨーク市警察（NYPD）は、2004年のヘラルドスクエア駅で爆破計画（未遂）があったことや2005年にロンドン地下鉄爆破事件があったことを受けて、貨物輸送調査プログラムを発表した。同プログラムにより、NYPDがランダムに地下鉄駅を選び、駅構内に検査所（checkpoint）を設けて、利用者の荷物をチェックすることになった。駅利用者は検査を受けるか、検査を拒否して駅から出るかという選択を迫られることになった。なお、検査では財布の中身や書類の中身などは見ないことになっており、個人情報についても聞かな

31）*Id.* at 207-209.

32）Electronic Privacy Information Center v. United States Department of Homeland Security, 653 F.3d 1, 10 (D.C. Cir. 2011).

33）なお、全員審理の申立ては棄却されており、その後は特に裁判経過がみられない。Rehearing, en banc, denied by Elec. Privacy Info. Ctr. v. United States Dep't of Homeland Sec., 2011 U.S. App. LEXIS 26354 (D.C. Cir., Sept. 12, 2011).

いことになっていた。これに対して市民らが修正4条に基づくプライバシー権を侵害するとして同プログラムの差止めや損害賠償等を求めて提訴したのが2006年のMacWade v. Kelly連邦高裁判決[34)]である。

連邦高裁は、政府が特別な必要性を立証した場合には、それとプライバシー権との関係を比較衡量して判断することになるとした。連邦高裁は、まず必要性について判断を行い、同プログラムは近時の爆破事件を受けたものであり、それを予防するために手荷物検査をすることには特別な必要性があるといえるとした。連邦高裁は次にプライバシー侵害について判断し、爆発物検査以外のチェックはしないことから侵害は最小限に抑えられているとして、同プログラムを合憲とした。

また、同様の訴訟がマサチューセッツ州でも提起された。マサチューセッツ湾交通局（Massachusetts Bay Transportation Authority: MBTA）は、2004年7月26～29日にボストンのフリートセンターで開催される民主党全国大会に向け、同施設周辺の道路などを制限区域に指定し、そこを通るバスや地下鉄の乗客全員の手荷物検査を実施することにした。これに対して市民が検査の差止めを求めて提訴したのが2004年のAmerican-Arab Anti-Discrimination Committee v. Massachusetts Bay Transportation Authority連邦地裁判決[35)]である。

連邦地裁は、まずMBTAがテロ対策として検査をする必要性があるかどうかを検討した。これについては、MBTAが同年2月のモスクワでの地下鉄爆破テロ、3月のマドリッドの地下鉄爆破テロを機にテロの警戒を強めており、また国土安全保障省も同様のテロを警戒するように警告していたため、テロの脅威は現実的なものであるとした。その際、連邦地裁は空港での手荷物検査を引き合いに出しており、テロが起きる可能性の評価は難しいが、空港でのチェックはテロが発生する可能性があるかどうかにかかわらず、毎回実施しているものであり、それが認められる以上、MBTAの検査の必要性も認められるとした。連邦地裁は次に本件検査のプライバシー侵害の程度について判断し、乗客はバッグを開けて中身を目視されるだけで、個人的な物や文書等までは見られないため、プライバシー侵害の程度は低く、また検査が行われることは事前に告知されており、乗客全員が対象になることから検査官が恣意的に検査をするおそれも低いため、本件検査は修正4条の禁止する不合理な捜査にあたらないとした。

34） MacWade v. Kelly, 460 F.3d 260 (2d Cir. 2006).
35） American-Arab Anti-Discrimination Committee v. Massachusetts Bay Transportation Authority, 2004 U.S. Dist. LEXIS 14345 (D. Ma. 2004).

このように、地下鉄やバスなどの公共交通機関における手荷物検査の問題は、検査を甘受して公共交通機関を利用するか、それとも検査を受けずに公共交通機関を利用しないか、という選択ができることから、同意の有無については問題になっていない。そのため、連邦高裁は検査の必要性と検査方法の最小限性などを中心に合憲性の審査を行っている。しかし、公共交通機関は移動に不可欠な手段となっていることを踏まえると、地下鉄利用の条件として手荷物検査を要求することが事実上の強制になっていないかという問題が残る。

4　集合施設

また、乗り物だけでなく、多数の人が訪れる施設でもテロが起きる可能性がある。そのため、スタジアムなどの施設でもこれまで以上に手荷物検査が行われるようになったが、そうした集合施設での手荷物検査が裁判になったケースもある。

まず、NFL（National Football League）の試合における手荷物検査が問題となった2006年のJohnston v. Tampa Sports Auth. 連邦地裁判決[36]がある。この事件では、NFLの試合においてテロ対策の一環として警察が手荷物検査を実施していた。ところがその際、学校の生徒（未成年）の荷物の中に缶ビールが見つかったため、生徒がプライバシー権の侵害等を理由に訴訟を提起した。連邦地裁は、NFLの試合の観客にボディチェックを行うのはテロの嫌疑がないのにプライバシーを侵害しているので違憲であると判断した。

また、州裁判所レベルの事件ではあるが、アイスホッケーの試合における手荷物検査が問題になった2005年のState v. Seglen ノースダコタ州最高裁判決[37]もある。タンパスポーツ機構（公共機関）はアイスホッケーの試合においてボディチェックを行っていたが、原告が手荷物検査に同意していないにもかかわらず強制的にそれを行うのは違憲であるとして訴訟を提起した。ノースダコタ州最高裁は、アイスホッケーの試合の観客に対するボディチェックは武器を持っている嫌疑がないのに行われている点で違憲であるとした。

このように、スポーツ施設での手荷物検査は十分なテロの嫌疑がないことを理由に違憲判断が下されているといえる。これまでの判例は手荷物検査の必要性の審査を行っていたが、まさにその必要性がないという点で違憲になったといえよう。

36） Johnston v. Tampa Sports Auth., 442 F. Supp. 2d 1257, 1259-1260 (M.D. Fla. 2006). なお、控訴害は破棄差戻の判断を下している。

37） State v. Seglen, 700 N.W.2d 702, 705 (N.D. 2005).

5 デ　モ

最後に、デモに参加する人を対象に道で検問を行うことが問題となった2004年のBourgeois v. Peters連邦高裁判決[38]を取り上げる。学校監視団体（School of the Americas Watch: SAW）が軍の運営する学校（the Western Hemisphere Institute for Security Cooperation）[39]への助成金の削減を求めて同学校の周辺で毎年デモを行っていた。デモ自体は平穏に行われていたが、毎年、一部の者の学校内への侵入があり、逮捕者が出ていた。2002年11月、同学校があるコロンバス市は、デモの1週間前に、同校へ向かう道路に検問所を設け、金属探知ゲートを通過させ、アラームが鳴った場合には警察が所持品検査をする旨の政策を通知した。そのため、同団体は差止めを求めて提訴した。これについて連邦高裁は、市が主張するテロの脅威は偏在してはいるものの、個別のテロの脅威があると信じられなければ、本件チェックは修正4条違反になるとし、また表現行為の制限にもなっていることから、修正1条にも違反するとした。ここでも、テロの危険性が十分ではないとして必要性がないことを理由に違憲としている。

6 判例の整理

以上の判例を整理すると、対テロ検問の合憲性は事案によって争点が異なるものの、主として修正4条との関係で問題になっていることがわかる。修正4条の令状主義はテロ対策目的で行われる検問にも要請され、令状なしで検問を行う場合にはまず相手方が検問に同意していること、換言すればそれが任意処分であることが前提になる。具体的にいえば、検問を回避する選択が残されていなければならない。そのため、検問を行う際には事前に告知されていることも必要となる。次に、告知があったとしても、テロの脅威が迫っているなどの検問を行う必要性がなければならず、かつその手段はテロ防止のために相当なものでなければならない。事案によっては、同意の有無を問わず、必要性と相当性（比例性や最小限性）だけを判断するケースもある。

ただし、このような判例法理には、事実上の強制の問題、テロの脅威の程度、手段の妥当性の判断方法など、いくつかの課題が残る。

38） Bourgeois v. Peters, 387 F.3d 1303, 1307 (11th Cir. 2004).
39） アメリカ人のための学校（School of the Americas）と称される軍のリーダー養成のための学校のことである。

Ⅳ　若干の考察

1　黙示の同意論の問題

修正４条は令状主義を規定しており、相当の理由に基づいて裁判所が発行した令状がなければ、捜索を行うことはできない。ただし、いかなる場合でも令状が必要というわけではなく、相手方の同意を得ることができれば、令状なしで捜索することができる。そのため、同意の有無は令状の要否を左右する重要な要素となるのであり、そうすると、どのように同意の有無を判断するかが重要となる。この点につき、同意に関するリーディングケースである Schneckloth v. Bustamonte 連邦最高裁判決[40]は、「捜索に対する同意が実際に自発的であったかどうか、または強要や強制となっていなかったかどうかは、明示的か黙示的かにかかわらず、あらゆる状況を全体的にみて決めるべき事実の問題である」[41]とした。しかし、ここでいう全体的考察は、システム上の強制や事実上の強制のような問題は対象とされておらず、それを回避できる余地があったか否かに焦点が絞られる傾向にある。たとえば、連邦最高裁は、合理的人間であれば警察官の要求を自由に拒否することができるか、または自由に警察官とのやり取りを終わらせることができると感じていたかどうかで判断すると述べている[42]。

しかしながら、今回取り上げた裁判例は飛行機、地下鉄、バスなど、日常生活や移動に欠かせない場面が登場する。このような交通機関の利用に検問をセットでつけることは、検問を受けなければこれらの交通機関を利用できないことを意味するのであって、事実上の強制にあたらないだろうか。つまり、検問の拒否は日常生活に欠かせないサービスを利用することができないことを意味するので、自由に拒否できるとはいえないように思われるのである。

この問題については、下級審においても見解が分かれている。空港での手荷物検査につき、搭乗者は搭乗前に飛行機に乗らない選択をし、チェックを回避することができるので、フライト前のチェックについては黙示の同意があったとみることができるとする見解[43]もあれば、修正４条の権利を行使するために搭乗しないことを選ばせるのは難しい選択を強いることであって、修正４条と搭乗と

40)　Schneckloth v. Bustamonte, 412 U.S. 218 (1973).
41)　*Id.* at 227.
42)　Florida v. Bostick, 501 U.S. 429 (1991).
43)　United States v. Herzbrun, 723 F.2d 773, 776 (11th Cir. 1984); United States v. Skipwith, 482 F.2d 1272, 1276-1277 (5th Cir. 1973).

の選択を強いるのは憲法上の権利を放棄させているとする見解[44]もある。

この問題は、Schneckloth 判決が述べた全体的考察のあり方にかかわる。全体的考察が、拒否可能な選択が存在したかどうかを形式的に判断するにとどまるか、それとも拒否できない状況だったかどうかを実質的に判断するか、である。実際には、たとえ拒否可能な選択が存在したとしても公権力の要請には応えざるをえない状況になっていることも多く[45]、本稿冒頭のエピグラフのミルグラムの実験はそれを物語っている。そうした心理的状況にまで踏み込む必要はないかもしれないが、事案によってはその状況を客観的に考慮する必要があるように思われる。

2　対テロ検問の必要性と方法の相当性

対テロ検問を行う場合、その必要性は当然ながら状況により異なりうる。そしてそれは、テロ対策そのものがいかなる性質を帯びるのかという問題にもかかわる。テロリストを逮捕するために緊急検問を行うなど捜査の一環として行うこともあれば、外国でテロが起きた場合に国内でのテロを警戒するために行う検問、恒常的に行われる空港での検問（手荷物検査）などさまざまであり、それらが捜査目的なのか行政目的なのか、あるいは対テロ目的という特殊な分野なのかが判然としない。

この点につき、O'Connor v. Ortega 連邦最高裁判決[46]が行政運営上の特別な必要性があれば令状なしで検査可能であるとしていることを踏まえると、公共の安全の確保といった場合には特別な必要性がはたらく余地がある[47]。そのため、対テロ検問という固有の必要性が認められる可能性はあるが、どの程度必要性が要求されるのかなど、結局事案に応じて考えざるをえないのが実情である。

これまでにみた裁判例からすれば、国の内外を問わず、テロが起きた場合には対テロ検問の必要性が認められる傾向にある。ただし、そのテロが起きてからどのくらいの期間まで対テロ検問が認められるのかは定かではない。

裁判所による対テロ検問の必要性の判断においては、第一次的には政府の判断

44）United States v. Albarado, 495 F.2d 799, 806-807 (2d Cir. 1974). なお、この事件では被告人が英語を話せなかったので、同意を得られなかったという点を重視して有罪とした原審が破棄されている。

45）Marcy Strauss, *Reconstructing Consent*, 92 J. Crim. L. & Criminology 211, 236-244 (2001).

46）O'Connor v. Ortega, 480 U.S. 709 (1987).

47）Charles J. Keeley III, *Subway Searches: Which Exception to the Warrant and Probable Cause Requirements Applies to Suspicionless Searches of Mass Transit Passengers to Prevent Terrorism?*, 74 Fordham L. Rev. 3231 (2006).

を尊重するとしても、テロのリスクがもはや普遍化していることを踏まえると、個別のテロが当該場所で起きるおそれの有無がポイントとなっているともいえる。Bourgeois 判決や Seglen 判決はまさにそうした点に着目して判断したものといえる。そうであるとすれば、外国でのテロを理由とする場合は、それがアメリカでも起きる蓋然性や当該外国でのテロと検問を行う場所との関係性についても説明が必要であろうし、国内テロであっても連続して起きる可能性や検問を行う場所との関係性についても説明が必要であろう。

対テロ検問の必要性が認められた場合、次に審査されるのが手段の相当性である。これについては、その検査が武器を発見するのに現代技術に照らして必要以上に過剰になっていないかなどの比例性、その検査が目的に沿って限定されているかという限定性、プライバシー侵害に十分配慮しているかどうかの最小限性などが問われる傾向にある。

ここでは、プライバシーとの比較衡量がなされており、プライバシー侵害に対する配慮がどの程度なされているかがポイントになっている。とりわけ、興味深いのが技術の発展が 1 つの要素となっている点である。空港のミリ波ボディスキャナーなどはまさに現代技術の発展をどのように考えるかという問題を惹起する。この点につき、ミリ波ボディスキャナーを常時行うことは必要以上に徹底したチェックを行っているので修正 4 条に反するが、磁気ゲートを通過した後に問題がある者に対して行う 2 次的手段としてなら、ボディチェック（pat-down）よりも侵襲性が低いので合憲とする見解がある[48)]。ここで重要なのは、プライバシーに配慮することが目的に沿った検問を実現することと連動している点であり、その意味でもプライバシーとの比較衡量が重要になっているといえる。

V　おわりに

対テロ検問が実際にどの程度テロのリスクを軽減しているかは必ずしも定かではない。そもそも拒否することを認めるのであれば、テロリストも検問を拒否できるのであるから、それによってそこで計画されていたテロを防止できたとみなすこともできれば、その段階でのテロが延期されたにすぎず将来のテロそのものを防止できたわけではないとみなすこともでき、その評価は分かれるところであ

48） Tobias W. Mock, *The TSA's New X-Ray Vision: The Fourth Amendment Implications of "Body-Scan" Searches at Domestic Airport Security Checkpoints,* 49 Santa Clara L. Rev. 213, 248-250 (2009).

る。しかし、テロ対策にとってもっとも重要なのが予防であるとすれば、こうした地道な作業を続けていくことがやはり重要であろう。

問題は、それによって市民の自由や日常生活に著しい支障をきたさないようにしなければならないということである。ただでさえ、NSA が恒常的にきわめて多くの情報を収集していることからすると、これ以上プライバシー情報を収集されたくないと考え、検問を拒否することはある意味自然なことである。だが、それと引き換えに交通機関を利用できなくなってしまうとすれば、プライバシーを確保することによってもたらされる生活上の不利益は大きい。そうなると、一般市民はプライバシーの制約を甘受したうえで交通機関の利用を選択せざるをえなくなる。そのような条件設定はそもそも同意を擬制しているとはいえず、むしろ違憲な条件を設定しているかのような外観を創出している。

したがって、同意の問題はプライバシー制約の承諾として考えるのではなく、検問を拒否できるかどうかの次元に限定し、プライバシー制約は別問題として考えるべきである。すなわち、近時の裁判例が示すように、同意の問題は検問を拒否できるかどうかの問題として考え、その選択が確保されているという前提のもとに、テロ対策に必要な限りでのプライバシー制約になっているか、またプライバシーに十分配慮した措置がとられているかなどを審査するということである。擬制された「同意」の名のもとに、真の同意を犠牲にしてはならない。

各論 II

航空安全確保のためのテロ対策
――搭乗拒否リストをめぐる憲法問題を中心に

吉川智志

I　はじめに

2001年9月11日同時多発テロ（以下「9.11」という）以降のアメリカで、さまざまなテロ対策が導入・強化されたことは周知のことであろう。そのなかでも航空旅客の安全確保のためのテロ対策は、9.11がハイジャックに端を発したこともあり、力強く推し進められてきた。

航空旅客安全の場面で新たに採用されたテロ対策の１つとして、政府による「搭乗拒否リスト（No Fly List）」の作成を挙げることができる[1)]。搭乗拒否リストにはテロへの関与が疑われる者等の情報が登載されており、同リスト登載者は、アメリカの航空会社の航空機、またはアメリカ領土に着陸するもしくは領空を飛行する航空機に搭乗することができない（航空会社の搭乗券が発行されなくなる）。このリストは9.11の直後に作られ始めたものであるが、2009年のノースウェスト航空機爆破未遂事件以降、リスト登載者数が激増したといわれる[2)]。

他方で、この搭乗拒否リストについては、リスト登載者への手続保障が不十分であるとして、合衆国憲法修正5条の手続的デュー・プロセスの観点からの批判がなされ、実際にも、当該制度の合憲性を争う訴訟が数多く提起されてきた。そして、2014年、Latif v. Holder事件連邦地裁判決[3)]において、連邦地裁は、当時の仕組みが、手続的デュー・プロセスの要請をみたさず、合衆国憲法修正5条に違反すると判断した。この判決を受けて近年、制度改革が進められ、また学

1）　この制度を扱う邦語文献として、工藤聡一「航空旅客情報のプロファイリングとプライバシー」公益財団法人電気通信普及財団研究調査助成報告書31号（2016年）4～5頁〈http://www.taf-report.jp/31/pdf/007.pdf〉。

2）　リスト登載者の正確な数は公表されていないが、2016年の時点でおよそ81,000人（そのうちアメリカ市民は1,000人未満）が登載されているとの報道がある。Stephen Dinan, *FBI no-fly list revealed: 81,000 names, but fewer than 1,000 are Americans,* The Wash. Post (June 20, 2016), *available at* 〈http://www.washingtontimes.com/news/2016/jun/20/fbi-no-fly-list-revealed-81k-names-fewer-1k-us/〉.

3）　Latif v. Holder, 28 F. Supp. 3d 1134 (D.On. 2014).

説でも搭乗拒否リストに対する検討が活発化している。

本章は、アメリカにおけるテロ対策の各論として、搭乗拒否リストを取り上げる。この問題を取り上げるのは、それが現在アメリカで多くの注目を集め、社会的に重要な争点となっているテロ対策だからである。しかし、それだけが理由ではない。政府がリスト登載者に十分な手続保障を提供しなかったのは、それによって国家安全にかかわる情報が露見するのを恐れたからであった。搭乗拒否リストの制度・運用は、したがって、国家安全にかかわる情報の秘匿と、手続的デュー・プロセスをどのように調和させるかという、より一般的な広がりをもつ問題につながっている。

以下では、まず、9.11以前から2014年Latif判決時点までの搭乗拒否リストの仕組み・運用を概観したうえで（II）、Latif判決を含む、搭乗拒否リストの合憲性が争われた裁判例を紹介し（III）、若干の検討を加える（IV）。

II　搭乗拒否リストの制度と運用

1　搭乗拒否リストの導入

まず、9.11以前の状況を確認しておこう。9.11以前においても、現在の搭乗拒否リスト類似の“no transport list”というリストが存在した。連邦捜査局（Federal Bureau of Investigation: FBI）によって作成されるこのリストには、航空安全に脅威を与えるまたは脅威を与えることが疑われる者の情報が登載され、リスト登載者は、飛行機への搭乗を禁止された。もっとも、その登載数は16名にすぎず、現在の搭乗拒否リストと比べて著しく小規模なものであった[4)]。

9.11を受けてFBIは2001年12月、搭乗拒否リストを作成する。先述のように搭乗拒否リストに登載された者は、アメリカの航空会社の飛行機、アメリカ領土に着陸するもしくは領空を飛行する飛行機に搭乗することが禁止され、搭乗券が発券されなくなる。また、この搭乗拒否リストに加えて、「要監視者リスト（Selectee List）」とよばれるリストも作成された[5)]。要監視者リストに登載された者は飛行機への搭乗が禁止されはしないものの、搭乗に際して通常よりも厳密な検査に服することとなる（本稿は、搭乗拒否リストを中心に扱うため、要監視者リス

---

4) Andrew Christy, *Legal Remedies for Citizens Exiled Overseas by the No Fly List,* 10 Dartmouth L.J. 94, 102 (2012).

5) 「要監視者リスト」という訳については、工藤・前掲注1）を参考にした。

トについては簡単な言及にとどめる)。

2 基本的な流れ

(1) リスト登載

現在、両リストを作成・管理しているのは、テロリスト審査センター(Terrorist Screening Center: TSC)である。TSCは、FBIの内部部局として2003年に設置されたもので、複数の政府機関によって共同で運営される6)。TSCは、テロリスト監視データベース(Terrorist Screening Database: TSDB)とよばれる包括的なテロリスト監視リストを有する7)。まず、このTSDBには、政府諸機関から提供された8)、テロを構成する行為に携わり、それを準備、幇助、もしくはこれに関与していたことが知られ、または合理的に疑われる者の情報(名前・生年月日・写真・虹彩・指紋等)が集約されている9)。この包括的なデータベースのなかから、TSCは、搭乗拒否リストおよび要監視者リストを作成するのである。

もう少し詳しくみてみよう。TSDBに登録される際の基準である合理的嫌疑(reasonable suspicion)は、「明瞭な事実(articulable fact)」と「合理的推論(rational inferences)」に基づくものとされる。これは、リスト作成者の勘(hunches)などによるリスト登載を否定する趣旨であるが、他方で、「反駁不能な証拠あるいは具体的な事実」までは必要とされていない点には注意が必要である10)。また、この文脈で特筆すべきこととして、TSCは、憲法上保障された自由の行使や憲法上疑わしい区別を、合理的嫌疑の有無を判断する際に考慮要素とすることがある。すなわち、FBIの対テロ部局の担当者が訴訟の過程で証言したところによれば、「〔TSDB登録への〕指名は、人種、民族、国籍、宗教的帰属、

---

6) Homeland Security Presidential Directive--6, Integration and Use of Screening Information to Protect Against Terrorism (Sept. 16, 2003).

7) 以下の記述については、Jared P. Cole, *Congressional Research Service, Terrorist Databases and the No Fly List: Procedural Due Process and Hurdles to Litigation,* 2-5 (Apr. 2, 2015), *available at* 〈https://fas.org/sgp/crs/homesec/R43730.pdf〉 [hereinafter *CRS Report*]; Irina D. Manta & Cassandra Burke Robertson, *Secret Jurisdiction,* 65 Emory L.J. 1313, 1319-1321を参照。

8) 情報の主たる提供元は、アメリカにおいてテロおよびテロ対策に関する情報を分析・統合する中心的機関である国家テロ対策センター(The National Counterterrorism Center: NCTC)が運営するテロリスト特定データマート環境(Terrorist Identities Datamart Environment: TIDE)およびFBIが運営する自動ケース支援システム(Automated Case Support System: ACSS)だとされる。前者は主として国際テロリスト、後者は国内テロリストの情報が蓄積されている。*CRS Report, supra* note 7, at 2-3.

9) Mohamed v. Holder, 995 F. Supp. 2d 520, 526 n. 8 (E.D. Va. 2014) (quotations omitted). これらは、センシティブではあるが、機密情報ではない。

10) *Latif,* 28 F. Supp. 3d at 1141.

または修正１条によって保障される諸活動だけに（*solely*）基づいてはならない」[11]という方針がとられた。換言すれば、これは、そうした指標を、考慮要素の少なくとも１つとしている場合があることを意味しよう。加えて TSC は、合理的嫌疑がなくとも、TSDB に登載される場合があるとしている。しかし、それがどのような場合であるかは非公開であり、国家秘密秘匿特権（the state secrets privilege）[12]によって、裁判においても秘匿されている[13]。以上は TSDB への登載についてであるが、それでは、搭乗拒否リストに登録される際の基準はどうか。当初、政府は、搭乗拒否リストに登載される際には、合理的嫌疑の基準よりも「かなり厳格な（considerably more stringent）」基準が用いられると述べていた[14]。しかしその後、政府は、搭乗拒否リストへの登載についても合理的嫌疑の基準が用いられている、と説明を変えるにいたっている。

このように、TSDB も搭乗拒否リストも、基本的には合理的嫌疑の基準によって登録ないし登載が決せられている。

(2) マッチング

さて、以上のプロセスで TSC により作成された搭乗拒否リストは、その後、国土安全保障省（Department of Homeland Security: DHS）の外局である運輸保安庁（Transportation Security Administration: TSA）に送られる[15]。両リストと旅客情報を照らし合わせて、搭乗禁止等の決定を行うのは、TSA の職員である。その際に重要な役割を果たすのが、2009 年から実施されている[16]、セキュア・フライト（Secure Flight）プログラムである。このプログラムは、2004 年諜報改革及びテロリズム防止法（Intelligence Reform and Terrorism Prevention Act of

---

11） *Latif,* 28 F. Supp. 3d at 1134.

12） 国家秘匿特権とは、「政府が機密情報を開示することが国家安全保障に対して危険を与えると合理的に予想する場合に、当該情報の開示を拒否することを容認する……司法上創設された証拠法上の特権」である。横大道聡「アメリカにおける国家安全保障に関する秘密保全法制について」比較憲法研究 27 号（2015 年）35～36 頁。より詳しくは、岡本篤尚『国家秘密と情報公開』（法律文化社・1998 年）230～257 頁、富井幸雄「国家秘密特権」法学会雑誌 56 巻 2 号（2016 年）75 頁を参照。

13） Ibrahim v. Department of Homeland Security, No. C 06-00545 WHA, slip op. at 19 (N.D. Cal. Jan. 14, 2014).

14） Third Amended Supplemental Complaint for Injunctive and Declaratory Relief at 6, Latif v. Holder, 28 F. Supp. 3d 1134 (D.Or. 2014) (No. 3: 10-cv-oo750-BR). *See also,* Manta & Robertson, *supra* note 7, at 1131.

15） TSA は、2001 年航空・輸送保安法によって設立された。The Aviation and Transportation Security Act of 2001.

16） それ以前は航空会社ごとに照合が行われた。まず TSA が安全保障令（Security Directive）を通じて（安全保障令に添付するかたちで）、各航空会社に搭乗拒否リストを配布し、これを受け取った航空会社が名簿と搭乗予定者を照らし合わせていた。

2004）の制定を受けて2008年にTSAが策定したセキュア・フライト最終規則（Secure Flight Final Rule）に基づき展開されているもので、各航空会社に、搭乗予定の乗客のフルネーム、生年月日、性別、その他渡航歴等を含む旅客情報（Secure Flight Passenger Data: SFPD）の提供を求め、これをTSAが一元的に管理することを内容の1つとする[17)]。TSAは、こうして得たSFPDを、TSCから提供されたリストと照らし合わせて、搭乗の可否を決する。最終的な照合結果は各航空会社に送られ[18)]、搭乗禁止となった者には搭乗券が発行されなくなる。

3　救済――是正請求制度

DHSは、2007年以降、搭乗拒否等されたことに異議ある者のために、DHS TRIP（Traveler Redress Inquiry Program）とよばれる是正請求制度を設置している[19)]。Ⅲで言及するLatif判決では、当時のDHS TRIPによってリスト登載者のデュー・プロセスが確保されているか否かが問題となったが、その仕組みは以下のようなものであった。

はじめに、申請者は、ウェブもしくは郵便を通じて異議申立書面を提出すると、是正番号を付与される。ここではまず、申請者が、リスト登載者と同姓同名である等の要因により誤って搭乗禁止等の処置を受けていないか判断される。すなわち異議申立書面を受け取ったDHSは、申請者が、本当にTSDBに登録されているか否かを問い、その可能性がある場合には、TSCに照会する。そしてTSCが登録の有無の最終的な判断を行うのである。TSDBに登録されていないにもかかわらず誤って搭乗拒否等の処置を受けたことが判明した申請者は、嫌疑解消者リスト（TSA Cleared List）に加えられ、これが先述の是正番号と紐づけられる。嫌疑解消者は以後、搭乗券購入に際して航空会社に是正番号を提示することで、搭乗禁止の措置を回避できるようになる。逆に、実際に申請者がTSDBに登録されていた場合、今度は、当該人物が引き続きTSDBに登録されるべきか否かが判断される。TSCは、当該人物をTSDBに登録するよう推奨した政府機関と

17）　なお、SFPDは乗客が飛行予約をしたときに収集され、飛行の72時間前までにTSAに提供されなければならない。予約がこの期限よりも後に行われた場合には、運行責任者は可能な限り速やかにSFPDを提供する必要がある。

18）　なお、照合に際して、リストに該当する可能性があるとされた者は、嫌疑解消者リストと照らし合わされる。嫌疑解消者リストには、後述する国土安全保障省の救済過程を通じて嫌疑が解消された者が挙げられており、嫌疑解消者リストに該当した場合は、搭乗は拒否されない。その後、なお該当可能性がある者に対して、TSAは手作業での審査を行い、最終的な結論を出す。*CRS Report, supra* note 7, at 6.

19）　49 U.S.C. §44903(j)(2)(G)(i), §44926(a).

協力しながら、これを決する。ここで、TSDBへの登録が解除される場合は、その旨がDHSに伝えられ、以後、適切な処理がなされる。すべての審査が終了した後、DHS TRIPは申請者に対して決定通知を行う。ただし、異議が退けられた場合でも、その理由は明かされない。しかも、その決定通知は、当該人物がTSDBまたは搭乗拒否リストに登載されていることを政府が確認したことにもならない。

4 小　括

以上、2014年のLatif判決時点までの、搭乗拒否リストの制度・運用を概観してきた。かように、リストの運用については非公開の点も残る。また、搭乗を拒否された者への手続保障も一見して十分とはいいがたい。それでは、連邦裁判所は、搭乗拒否リストの合憲性をどのように判断したのか。次のIIIでは、その判断をみてみることにしよう。

III　搭乗拒否リストと手続的デュー・プロセス

搭乗拒否リストの合憲性が争点となった訴訟の数はきわめて多く、すべてを扱うことはできない。本節では、搭乗拒否リストの手続保障が修正5条の手続的デュー・プロセスの要請をみたさないと正面から判断し、制度変更を促すこととなった、2014年のLatif判決を中心に扱う（2）。次いで、Latif判決を受けての制度変更とその後の展開を概観することとする（3）。ただ、その前に、関連する重要事項についてあらかじめ確認しておきたい（1）。

1　判決を紹介する前に

(1)　管轄権をめぐる論点

まず、管轄権をめぐる論点に触れておく必要がある。搭乗拒否リストが運用され始めると、搭乗を拒否された者等が、自身がリストに登載されるべきでないこと、またリスト登載にかかる手続保障がデュー・プロセスを欠き違憲であること、を主張し、訴訟を提起し始めた。

しかし初期の訴訟は、管轄権に関する特別法に阻まれ不適法とされることになる。たとえば、Green v. TSA判決[20]では、原告がTSAを相手どり、当該制度

20)　Green v. Transportation Security Administration, 351 F. Supp. 2d 1119 (W.D. Wash. 2005).

が合衆国憲法修正4条および5条に違反するとの訴訟を連邦地裁に提起したところ、被告たるTSAは、連邦航空法（合衆国法典第49編46110条(a)）の規定を根拠として訴訟の却下を求め、裁判所がこれを受け入れた。この連邦航空法の規定は、TSAの「命令（orders）」に挑戦する訴訟につき連邦控訴裁判所に排他的な管轄権を与える旨を定めていた。当時（セキュア・フライトプログラムが開始される以前）、搭乗拒否リストは、TSAが発する安全保障令（Security Directive）に添付されるかたちで各航空会社に配布され、これを受け取った航空会社が、名簿と搭乗予定者を照らし合わせていた（注16）を参照）。TSAは、この安全保障令（搭乗拒否リスト）が、46110条(a)にいう「命令」に該当すると主張したのである。連邦地裁はこの主張を認めた。そのため、連邦地裁は、原告が搭乗拒否リストに登載されるべきか否か（以下「実体問題」という）を判断する管轄権をもたないことになった。もっとも、かような実体問題と、搭乗拒否リストの制度・運用が手続的デュー・プロセスの要請をみたすか否かという問題（以下「手続保障の問題」という）とは区別される以上、手続保障の問題までもが当然に地裁の管轄権から外れることにはならない。しかし、裁判所は、手続保障の問題と、実体問題が「不可避的に結びつく（inescapably intertwined with）」[21]として、手続保障の問題についても連邦控訴裁判所のみが管轄権をもつと判断した。

ここで重要なのは、連邦地裁が管轄権をもたないことが原告側に不利にはたらく可能性が高かったことである。リストの運用は不透明な点が多い。もしトライアル・コートたる地裁に訴訟を提起できるならば、原告は、裁判所の命令を通じて搭乗拒否リストに関する情報を得たり、証人を呼んだり、反論となる証拠を提出したり、また、事件を陪審に提示したりできる可能性がある[22]。しかし控訴裁判所では証拠の審理が行われない[23]。そのため、論者が指摘するように、「控訴裁判所は、その効果において行政機関へのシールド」[24]として機能することになる。

もっともその後、裁判所により46110条(a)の新たな解釈が示されて連邦地裁での審理が認められるにいたり、今までみえてこなかった搭乗拒否リストの運用実態が少しずつ明らかになるとともに、当該制度の合憲性をめぐる問題について

---

21) *Green,* 351 F. Supp. 2d at 1127.

22) Shaina N. Elias, *Challenges to Inclusion on the "No-Fly List" Should Fly in District Court: Considering the Jurisdictional Implications of Administrative Agency Structure,* 77 Geo. Wash. L. Rev. 1015, 1026 (2008). ただし例外はある。連邦民事訴訟規則26条(b)(5)項、同条(c)項。*Id.*

23) *Id.*

24) *Id.*

も真正面から取り扱われるようになる。まず2008年のIbrahim v. DHS連邦控裁判決[25)]では、搭乗拒否リストを実際に作成・維持しているのがTSAではなくTSCであるとして、連邦控訴裁の排他的管轄権を定める46110条(a)の射程が及ばないとされ[26)]、リスト登載の是非（実体問題）につき連邦地裁の管轄権が認められた。手続保障の問題の管轄権については、次節で紹介する2012年の判決によって連邦地裁の管轄権が認められ、これが2014年の違憲判決につながっていくことになる。

(2) 手続的デュー・プロセスの保障

さて、具体的な事件を紹介する前に、手続的デュー・プロセス違反を争う訴訟の判断枠組みを確認しておくことが便宜だろう。まず、合衆国憲法修正5条は「何人も……法の適正な手続によらずに、生命、自由または財産を奪われることはない」と定め、連邦政府による、適正手続を欠く、生命、自由、財産の剝奪を禁じている。この手続的デュー・プロセスの問題は、2つの段階に分けて考えるのが一般的である[27)]。第1に、「生命」、「自由」、「財産」に何が含まれ、またいかなる政府行為が「剝奪」を構成するか、という問題である。この問題については、判例の蓄積を通じて、たとえば社会保障給付受給権が「財産」に含まれたりするなど[28)]、保護対象の拡大ないし発展がみられるところである。第2の問題は、「生命」、「自由」、「財産」等の「剝奪」が生じており手続的デュー・プロセスの保護が発動されるとして、どのような手続保障が提供されなければならないのか、という点である。この点については、適切な告知と聴聞（notice and hearing）を提供することが基本となる。ただし、その際に要請される告知・聴聞の具体的内容は事案に応じて「フレキシブル」[29)]であるとされ、固定的な基準があるわけではない。現在では、要請される告知・聴聞の内容は、1976年のMathews v. Eldridge連邦最高裁判決[30)]で示された衡量テストを通じて決定されるのが通例となっている。それによれば、適切な告知・聴聞の内容は、①政府の行動によって不利益を受ける当事者の利益の重要性、②かような利益が誤って剝奪されるリスクと、より精密な手続を導入することによってその危険性が減少する程度、③当該問題に関する判断を迅速に効率的に下す政府の利益、を衡量す

---

25) Ibrahim v. Department of Homeland Security, 538 F.3d 1250 (9th Cir. 2008).
26) *Ibrahim,* 538 F.3d at 1254-1256.
27) 樋口範雄『アメリカ憲法』（弘文堂・2011年）299～300頁。
28) Goldberg v. Kelly, 397 U.S. 254 (1970).
29) Morrissey v. Brewer, 408 U.S. 471, 481 (1972).
30) Mathews v. Eldridge, 424 U.S. 319 (1976).

ることによって決せられる[31)]。2014年のLatif事件でも、このMathews判決で示された定式に沿って議論が展開されている。

2 Latif事件

(1) 事　実

本件の原告は、2009年以降に飛行場において飛行機への搭乗を拒否された13名のアメリカ市民または合法的永住者である。原告らはいずれも、自分たちが搭乗を拒否された状況からして、自身は搭乗拒否リストに登載されていると考えていた（なかには、搭乗を拒否された際に、航空会社、FBI、またはその他の政府職員から、自身が搭乗拒否リストに登載されている旨を口頭で示唆された者もいたが、公式にそのことが通知された者はいなかった）。各原告らは、搭乗拒否がなされた後、DHS TRIPを通じて異議を申し立てたが、これを退ける旨の決定がなされた。その際、決定通知には、原告らが搭乗拒否リストやTSDBに登載された理由が記載されていないことはもちろん、原告らが搭乗拒否リストに登載されているか否かを確証できる記載もなかった。原告らは、剝奪の告知と有効な反論の機会を欠き、合衆国憲法5条所定のデュー・プロセスへの権利を侵害すると主張し、TSCおよびFBIの長、ならびに合衆国司法長官を相手どり、オレゴン地区連邦地裁に訴訟を提起した[32)]。

(2) 2012年判決

オレゴン地区連邦地裁は、先述の2008年のIbrahim判決に依拠して、実体問題についての管轄権をもつとしたが、手続保障の問題については、次のような理由で、管轄権をもたないと判断した。すなわち、原告が、DHS TRIPの合憲性を問うのであれば、連邦民事訴訟規則上、その運営に携わるTSAを被告に含める必要がある[33)]。他方で46110条(a)は、TSAの「命令」を争う管轄権を排他的に連邦控訴裁判所に付与している。したがって、連邦地裁は、この問題の管轄権をもつことができない。

しかし、管轄権をめぐるこの判示の上訴を受けた第3巡回区連邦控訴裁判所は、2012年の判決で連邦地裁の判断を覆した。曰く、46110条(a)は、連邦地

31） より正確には、以下のとおりである。「第1に政府機関の行為によって影響を受けるであろう私的利益、第2に、用いられた手続によってそうした利益が誤って剝奪される危険性、および付加的もしくは代替的手続保護がある場合、それを用いることにどれほどの価値が与えられるか、そして最後に、問題となっている政府の行為の機能および付加的もしくは代替的手続要求が伴うであろう財産的および行政的負担を含むところの政府の利益」。*Id.* at 335.

32） 正確には、DHS TRIPの決定通知が出る前に訴訟を提起している。

33） 連邦民事訴訟規則19条。

裁から、TSA を対象とするすべての訴えの管轄権を剥奪しているわけではなく、本件のような憲法上の手続保障の問題についてまで議会が排他的な管轄権を連邦控訴裁に付与しようとしたとはいえない[34]。第 3 巡回区連邦控訴裁判所は、手続保障の問題についての連邦地裁の管轄権を認めたうえで差し戻した。

(3) 2014 年判決

こうして、DHS TRIP によって、搭乗拒否リストへの登載が修正 5 条の手続的デュー・プロセスの要請をみたすことになるか否かがオレゴン地区連邦地裁において判断されることになった[35]。そして、この問題に明確な答えを与えたのが、2014 年の判決[36]である[37]。

ブラウン（Anna J. Brown）裁判官の筆による法廷意見は、Mathews 判決で示された衡量テストを用いて本件を分析する。以下、分節化して紹介しよう。

(a) 剥奪される利益の重大性　搭乗拒否リストによって剥奪される利益は何か。ブラウン裁判官は、移動する権利（right to travel）を挙げる。特に本件では、国際的に移動する（international travel）権利が問題となるという。そして搭乗拒否リストは、かかる権利を剥奪するものである。彼女は、このことを、〈搭乗拒否リストは憲法上の手続的デュー・プロセスで保護される自由を剥奪するものではない〉との被告の主張に反論を加えるかたちで、以下のように敷衍する。

被告の主張によれば、たしかに国際的に移動する自由は修正 5 条の「自由」に含まれるが、それは飛行機というもっとも便利な（most convenient）手段で旅行することまでも保障してはいない。搭乗拒否リストに登載されても、飛行機を利用しなければ海外に行くことは可能である。だとすれば本件において、原告たちの国際的に移動する自由が剥奪されたということはできない。被告は、先例である Gilmore v. Gonzales 連邦控裁判決等[38]に依拠しつつ、以上のように主張する。しかしブラウン裁判官は、2 つの点から本件と先例とを区別する。第 1 に、Gilmore 判決等で問題となったのは、州と州との間を移動する自由、すなわち州際（interstate）移動の自由であり、国際的なそれではない。州と州との間の移動であれば、飛行機の利用が制限されたとしても、車や電車などの他の移動手段を用いることで、これを行うことはなお可能である。これに対して国際的に移動

34) Latif v. Holder, 686 F.3d 1122, 1129 (9th Cir. 2012).
35) Latif v. Holder, 989 F. Supp. 2d 1293 (D.Or. 2013).
36) Latif v. Holder, 28 F. Supp. 3d 1134 (D.Or. 2014).
37) なお、手続的デュー・プロセス違反以外に、行政手続法（Administrative Procedure Act）違反の主張もなされたが、紙幅の都合上、割愛する。
38) Gilmore v. Gonzales, 435 F.3d 1125 (9th Cir. 2006); *Green*, 351 F. Supp. 2d 1119.

する自由については飛行機なくしては実質的に不可能となる。第2に、自由への負担の程度という点でも両者は異なる。たとえばGilmore判決では、飛行機への搭乗希望者に、写真付き身分証明書の提示が義務づけられたにすぎない。他方、本件で問題となった搭乗拒否リストに登載された者は、搭乗が全面的に禁止される。以上2点よりGilmore事件等と本件は区別される。「原告は、空路によって国際的に移動する憲法上保護された自由の利益を有しており、これは搭乗拒否リストに登載されることによって重大なかたちで影響を受ける」[39]。加えて、ブラウン裁判官は、本件の原告らが、搭乗を拒否されたことによって、配偶者や子供との別離を余儀なくされたり、望む医療や教育を受けることができなくなったり、就業の機会や政府からの法的地位(エンタイトルメント)の付与を失ったり、卒業式や冠婚葬祭といった重要なイベントに出席することが叶わなくなったりしたことに触れ、現代社会において、飛行機を用いて国際的に移動する自由が、単なる便利や贅沢ではなく、きわめて重要な利益であることを強調する。

ブラウン裁判官はさらに、「"スティグマ・プラス"法理」[40]に触れ、原告の評判(reputation)に対する損害が生じているという。この法理によれば、原告が、有形の利益や確立した権利・地位が剝奪されると同時に、政府により劣位の烙印を押す言明(stigmatizing statement)が公にされた場合には、そうした利益についても衡量の要素に含められる。搭乗拒否リストの運用においては、原告が搭乗拒否にあったこと、すなわち、テロリストの疑いを政府からかけられているという情報が、航空会社の従業員やチケット・カウンターの近くにいる他人にさらされてしまう。その人数は決して多くはないが、そのような原告の名誉を傷つける情報はたしかに広がっていく。

こうして、本件においては、原告の「国際的航空移動および評判に関する憲法上保護された自由の利益」が剝奪されており、「したがって、Mathewsテストの第1の要素は原告有利に重く傾くことになる」と結論された[41]。

(b) 過誤のリスク　次に問題となるのは、保護された利益が誤って剝奪されるリスクと、より精密な手続を導入することによってその危険性が減少する程度、である。換言すれば、現行制度下において、テロ活動等との関連性がないにもかかわらず搭乗拒否リストに登載されてしまう危険性がどれほどあるのか、そして、さらなる手続保障を講じることでその危険性がどれほど減じられるか、が問題と

39) *Latif,* 28 F. Supp. 3d at 1149.
40) *Id.*
41) *Latif,* 28 F. Supp. 3d at 1150.

なる。

前者についてブラウン裁判官は、先例上、現在採用されている手続保障のあり方だけでなく、政府が決定を行う際の実体的基準も関連性をもつことを確認する。そして、搭乗拒否リストへの登載において採用されている「合理的嫌疑」の基準を、「低いレベルの証明度（a low evidentiary threshold）」[42]しか要求しない基準と評価する。そうであれば、仮に被告の主張するとおりTSCが搭乗拒否リストに誤った人物が含まれないように努めているとしても、また、裁判所の救済が利用できるとしても、なお「原告の憲法上保護された諸利益が誤って剝奪される高い危険性」[43]があると考える必要がある。

後者の問題はどうか。原告は、搭乗を拒否された場合に、①搭乗拒否リストに登載されていることを政府が公式に告知すること、②政府がその者をリストに登載した理由を告知すること、を求めていた。ブラウン裁判官は、①・②の両方について、そのような手続保障を講じることは、搭乗を拒否された者が、自身がテロ活動等とは関係していないことを証明するための証拠を提出したり、行政機関の単純な事実誤認を容易に正したりするために有効である——すなわち過誤リスクが減じられる——ことを認めた。

こうして、「Mathews判決の第2の要素についても原告有利に重く傾く」[44]と結論された。

(c)　政府の利益　最後に、政府の利益である。ここでのブラウン裁判官の判示はきわめて簡潔である。まず、テロリズムを防止するという政府の利益は、疑いなく「最高位の切迫性を有する目的」である。そして、国家安全にかかわる情報を秘匿することが「やむにやまれぬ利益」を構成することも同様である。「テロリズムと戦うことおよび機密情報を守ることの政府利益は、とりわけてやむにやまれぬものである。Mathews判決の第3の要素は、それ単体でみるならば、被告有利に重く傾く」[45]。

なお、ここでは、Latif事件の事案を反映するかたちで、政府利益として、（Mathewsテストの第3プロングが念頭に置いていた）行政の効率性や財政上の負荷という利益ではなく、国家安全という利益が措定されていることに注意しておきたい。その意味するところは、また後ほど述べることとする。

(d)　結　　論　ブラウン裁判官は、以上を踏まえつつ、また国家安全と手続

42) *Latif,* 28 F. Supp. 3d at 1151.
43) *Latif,* 28 F. Supp. 3d at 1153.
44) *Id.*
45) *Latif,* 28 F. Supp. 3d at 1154.

的デュー・プロセスの相克が問題となったいくつかの先例を参照しながら、搭乗拒否リストの手続保障（DHS TRIP）がデュー・プロセスをみたすものか否かを判断する。参照される先例には、手続的デュー・プロセスを欠くとして違憲となったものも合憲性を認められたものもあるが、ブラウン裁判官は、原告の利益が剝奪された理由の提示や事後の告知すら欠くDHS TRIPは、違憲とされた制度に類似している、という。搭乗拒否リストの手続保障は、政府の他のテロ対策における手続保障と比べても不十分だというわけである。また、たしかに国家安全についての政府利益は重要であるものの、国家安全を損なうことなく手続保障を強めることは可能であると述べ、DHS TRIPの合憲性は、政府利益よりも、原告への手続保障のあり方を重視して判断すべきであるという。以上より、DHS TRIPは、原告らに適切な手続的デュー・プロセスを提供するものではなく、修正5条の権利を侵害しており、違憲だと結論づけられた。

他方でブラウン裁判官は、「国家安全を損なうことなく、……必要なデュー・プロセスを原告らに提供する新しい手続を構築」するのは、裁判所ではなく政府の役割であるとして、以下のような条件を挙げたうえで、具体的な制度設計を政府に委ねる[46)]。すなわち、新しい制度設計は、搭乗を拒否されDHS TRIPへの異議申立てが退けられた者に、①搭乗拒否リストに登載されているか否か、②登載されている場合にはその理由、を告知する必要があり、③その理由は、異議申立者が、その理由に反論する証拠を意味のあるかたちで提出できるようなものでなければならない。ただし、その際には、国家安全に配慮して、機密情報が含まれない公開用のサマリー（unclassified summary）を通じて開示したり、機密情報にかかわる理由については、適格性認証を経た代理人にのみ開示したりすることも排除されない。さらに、その開示が国家安全への不適切なリスクを惹起する場合には、理由の一部または全部を開示しないことも許されるべきである。しかし、そうした場合の政府の不開示決定は、裁判所によって審査されなければならない、と付け加えられている。

3　救済と制度改革

Latif判決が下された後、司法省は、当該判決について「上訴する意図がない」旨を述べ[47)]、2014年8月10日、原告のうち7人に搭乗拒否リストに登載されていないことを告知するとともに、なお登載を継続すべきと判断された残りの6

46）*Latif*, 28 F. Supp. 3d at 1161-1162.
47）Supplemental Joint Status Report at 3, Latif v. Holder, No. CV 10-00750-BR (D.Or. 2014).

人の原告に対しては、より実質的な手続保障を提供した。そこでは、リスト登載の有無が告知され、また、機密情報が含まれない公開用のサマリーを通じて、登載理由の一部が告知された。また、原告は反論を提出することが許され、これを踏まえて、政府が最終的な判断を下した。

それと前後するかたちで、政府は DHS TRIP 自体の改訂作業に入る[48)]。新たな DHS TRIP のもとでは、リスト登載の有無とともに、これに関連する追加的情報を受領または提出することができる旨の告知がなされる。リスト登載者が、追加的情報を受領するという選択をすると、DHS TRIP は、当該個人がリストに登載されるにあたっての基準を特定した第 2 の（より詳細な）通知書を送る。その際、機密情報を含まない公開用のサマリーの形式で通知が行われるが、そのような形式ですら通知が困難だと考えられる場合には、第 2 の通知が、当該個人に文書その他の形式で反論を提出するよう促すことがある。そして、TSA が、そのような反論を踏まえ、また機密情報を含む情報と照らし合わせつつ、リストに登載され続けるか否かの最終決定をなす。最終決定は、その決定の根拠を含む文書のかたちで当該個人に提供され、そこでは、46110 条に基づいて司法審査を受けることができる旨の通知がなされる。

Ⅳ 検　　討

2014 年の Latif 判決の意義としては、何よりも、搭乗拒否リストをめぐる国家安全と手続的デュー・プロセスとの相克について、国家安全が過度に重視される状態から均衡を回復させ手続的権利の保障を促進する制度改革を帰結したという、実際上の意義を挙げる必要があろう。また、その過程で、飛行機を使って国際的に移動する自由を、単なる贅沢や便宜の問題ではなく、手続保障の文脈で憲法上保護される 1 つの独立した自由とみた点なども、グローバル時代におけるデュー・プロセス条項解釈として注目に値する。これ以外にも、Latif 判決について検討すべき点は多々ある。しかし、以下では、紙幅の都合上、国家秘密（国家安全）と手続的デュー・プロセスの調整という問題に関連する問題に絞って、2 点雑駁なコメントを加えるにとどめざるをえない。

48) Chelsea Creta, *The No-Fly List: The New Redress Procedures, Criminal Treatment, and the Blanket of "National Security"*, 23 Wash. & Lee J. Civ. Rts. & Soc. Just. 223, 256-257 (2016).

1　秘匿性とデュー・プロセス

第1に、適正手続の提供が情報秘匿と衝突する場面でMathewsテストを使うことをめぐる原理的問題を指摘しておきたい。Latif判決においては、搭乗拒否リストがデュー・プロセスをみたすかを判断する際に、Mathewsテストが用いられた。しかし、適正手続の提供と国家安全にかかわる情報の秘匿とが衝突する本件においては、Mathewsテストを用いることが難しい可能性があった。というのは、Mathewsテストは、①個人の私的利益の重要性、②過誤リスク、③政府利益、の衡量を通じて憲法上要請される手続保障の具体的内容を決するものであるところ、マンタ＝ロビンソン（Irina D. Manta & Cassandra Burke Robertson）の指摘するように[49]、本件においては、リスト登載の運用実態を秘匿すること自体が、③政府利益の内容となっている。しかし、リスト登載の運用実態が明かされなければ、②過誤リスクを精確に査定することはできない。結果、このテストは機能不全に陥ることになりうる。

ただし、2014年のLatif判決では、こうした問題は生じなかった。それは、Latif判決が下される段階で、「合理的嫌疑」の基準に基づきリスト登載を決していることが明らかにされたからである。ブラウン裁判官は、これを手がかりにして、本件制度の過誤リスクが高いことを論証することができた。マンタ＝ロビンソンの指摘は、このことからも明らかなように、必ずしもすべてのケースで妥当するわけではない。しかし他方で、そのような手がかりすら与えられなかった場合、Mathewsテストを用いて事案を解決できたかは疑わしい。国家安全にかかわる情報の秘匿と、手続的デュー・プロセスをどのように調和させるかという問題が、通常の適正手続をめぐる問題とは異なる、こうした原理的なジレンマの上にあることは銘記しておくべきだと思われる。

2　情報の秘匿と国家安全の対立

第2に、本判決において、Mathewsテストのもと、国家安全に関する情報の秘匿と手続保障との調整が、どのように図られたのかという問題である。

まず前提として、Mathewsテストの内容を確認する。ここで注目したいのは、Mathewsテストの第3プロング（政府利益）である。第3プロングは、Mathews事件が障がい者給付打ち切り処分をめぐる事案であったことからもわ

49)　Manta & Robertson, *supra* note 7, at 1332–1334.

かるように、行政活動の迅速性や財政上の負荷を念頭に置くものであった。そしてその本質は、手続保障と手続保障にかかる政府コストとをめぐる、客観的な費用便益分析だということができる[50)]。すると、この費用便益分析が、本件でどのように行われたのかが問題となる。しかし注意が必要なのは、そもそも、Mathews テストを、政府利益として「国家安全」がかかわる問題に用いることが、実は適切さを欠く可能性があったことである。国家安全は、数量的に計算可能なものというよりは、抽象的な原理（principle）であり、客観的な費用便益分析になじまないとも考えられるからである[51)]。しかも、Latif 判決において、目的としての国家安全は「最高位の切迫性を有するもの」とされていた。

Latif 判決は、この問題を「国家安全への政府の利益を損なうことなく」より厚い手続保障を提供することは可能だ、という言い回しを用いることで潜在化させた。ここから、本判決における国家安全と手続保障の関係が明らかになろう。ブラウン裁判官は、国家安全への利益と手続保障が衝突する具体的場面を想定し、なお手続保障の要請を貫徹させたのではない。そうではなく、理由の告知につき――公開用のサマリーを通じて行うなど工夫を凝らせば――国家安全の利益を損なわずに可能だとしたのである。すると本判決は、手続保障への強いコミットメントの外観および実践的機能にもかかわらず、論理としては、あくまで国家安全の枠内で手続保障を図ったものだということになる。

無論それでも、Latif 判決が示唆した手続保障の内実は、まさに適正手続の名に相応しい水準のものであった。リスト登載の有無はもちろん、その理由についても、当該登載者が有効に反論できるかたちで告知されなければならないとされ、理由提供が機密情報にかかわるがゆえに不可能な場合には、裁判所の審査が課される。こうした強い説示は、過小評価されるべきではない。今後は、こうした裁判所の示唆を、政治部門がどのように受け取り、新たな DHS TRIP をどのように運用していくかが問われることになろう[52)]。

50） 村山健太郎「手続的デュー・プロセスにおける原理と準則」高橋和之先生古稀記念『現代立憲主義の諸相㈦』（有斐閣・2013年）663～668頁。

51） もっとも、この問題自体は、国外で敵戦闘員として身体拘束を受けたアメリカ市民の人身保護令状請求の可否が争われた Hamdi v. Rumsfeld 判決（Hamdi v. Rumsfeld, 124 S. Ct. 2633 (2004)）でも生じている。村山・前掲注 49) 673～674頁。同判決については、今井健太郎「対テロ戦争における手続的デュー・プロセスの承認とその展開の基盤」ソシオサイエンス 21 巻（2015年）109頁を参照。

52） 新たな DHS TRIP の運用がデュー・プロセスの要請をみたすか否かは、Latif v. Lynch, 2016 U.S. Dist. LEXIS 40177 (D.Or. 2017) において争われたが、記録が不十分であるとされ、判断にはいたらなかった。

V　おわりに

以上、本章では、航空安全をめぐるテロ対策の1つとして搭乗拒否リストを取り上げ、具体的な仕組み・運用を概観したうえで、その合憲性が争われた裁判例を紹介し、若干の検討を加えてきた。制度変革を促すこととなったLatif判決が、その論理としては国家安全の枠内で手続保障を語るものであったことは確かである。しかし、テロ対策の憲法的瑕疵が問題とされ、裁判を通じてこれが矯正されていくダイナミズムは注目に値する。また、その際に援用される手続的保障という観点も、「イスラム国」（ISIS）などの新たなテロの脅威のもとでもなお保障されるべき最低限の人権保障として、その重要性が繰り返し強調されるべきであろう。

もっとも、搭乗拒否リスト（に関連する制度や運用）の合憲性という問題に限っても、具体的場面において告知されるべき情報が告知されたのかをどう判断するのかという問題や、いまだ裁判所によって判断されていない実体的デュー・プロセスの問題など、残された問題は多い。また、トランプ（Donald J. Trump）政権のもとで、この制度や運用にどのような変化が生じるかという問題もある。引き続き、この制度の動向を注視していく必要があろう。

各論III
サイバー空間におけるテロ対策

湯淺墾道

I　はじめに

テロ対策を目的とした情報収集や捜査について、サイバー空間と実空間とでは、多くの面で様相を異にする。

サイバー空間自体は、「空間」とはいうものの、人の通常の知覚によっては可視的でないという大きな特徴をする。このため、サイバー空間だけに完結するテロ行為というものがありうるか、サイバー空間における情報収集や捜査について、サイバー空間におけるテロは実空間におけるテロの一部や準備・予備的な行為にすぎないのではないかという議論もある[1)]。後者は、サイバー攻撃が国際法上の「武力行使」に該当しうるか、いわゆる「サイバー戦」というものはありうるかという議論にも共通する問題である。

それらについては措くとしても、サイバー空間が情報処理組織と情報通信ネットワークとによって構成されるものであることから、情報収集や捜査においても必然的に情報処理機器類とインターネットに代表される情報通信ネットワークとが活用されることになる。その際、インターネットへの接続という観点からみると、情報収集・諜報機関、安全保障機関（軍）、法執行機関（警察）の間には基本的には相違は存在しない。動員する人員の規模や使用する機器類の性能の相違は存在するとしても、技術的には同種の手法が用いられることになる。もとより、実空間においても安全保障機関（軍）と法執行機関（警察）との垣根は明確ではなく、「警察と軍の分業は少しも当たり前なことではなく、歴史的な現象に過ぎない」という指摘もある[2)]。しかし、サイバー空間に関しては、分業のあり方や収集した情報の共有の是非について、議論自体も未成熟な状況にあるのが現状であろう。

1)　このような点については、Gabriel Weimann, Terrorism in Cyberspace: The Next Generation (2015) を参照。

2)　藤原帰一「軍と警察」山口厚＝中谷和弘編『融ける境 超える法② 安全保障と国際犯罪』（東京大学出版会・2005年）30頁。

一方で、実際の情報収集や捜査にあたっては、被疑者等により関連する情報が改ざん・削除されたり携帯電話等が破壊されたりすること、通信内容やインターネット接続経路が暗号化されたりすることが大きな支障となってきている。このため、単にコンピュータや携帯電話等を押収するだけでは足りず、情報を収集・保全・解析して裁判官等の知覚によって認識できるようなものとするデジタル・フォレンジックも必要となる[3)]。その際、デジタル・フォレンジック作業量の増大と、解析技術の高度化によって、解析作業における各種のデジタル・フォレンジック用ソフトウェア（ツール）類への依存という問題が生じてきている[4)]。

さらに、情報を暗号によって秘匿する技術が高度化すると同時に広く普及するようになってきているため、デジタル・フォレンジックの専用ツール類を利用しても、各種の情報機器に保存されている内容やネットワーク上の通信内容を解読することができない場合が増えている。このため、通信内容を暗号化することを禁じたり、事業者に対して暗号化の解除を命じたりしようとする動きがある。2016年にアメリカのみならず各国で大きな議論を巻き起こしたiPhoneのロック機能解除をめぐる問題は、その端的な例であるといえよう。

本章では、これらの問題に関するアメリカの現状と議論の方向について検討してみることにしたい。なお本章でいう「暗号化」は、特定の技術を用いてデータを暗号化（encrypted）、秘密化（enciphered）、符号化（encoded）、モジュール化（modulated）もしくは不明瞭化（obfuscate）することにとどまらず、暗証番号（パスコード）やタッチコード等を用いて端末をロックし、それらを用いてロックを解除しないと内部のデータ等にアクセスできないようにすることも含めた広義のものをさすものとしたい。

II　サイバー空間におけるテロ対策の役割分担と収集した情報の共有

1　民警団法

一般に、軍隊またはその類似組織は、国内外で行われた犯罪行為に関し、軍法

3)　各種のサイバー犯罪とデジタル証拠の取扱いの歩みを概観するものとして、安冨潔「刑事事件におけるデジタル・フォレンジックと証拠」産法49巻1=2号（2015年）49頁を参照。

4)　デジタル・フォレンジック用のツール類に関する問題点については、前田恭幸「刑事訴訟におけるデジタル・フォレンジックツールの課題㊤㊥㊦」捜査研究65巻9号（2016年）、10号（同）、11号（同）参照。

等によって規定されている例外（軍隊内部における犯罪等）を除いて、主体的に捜査や立件にあたるということはない。それは、伝統的に警察の役割であるとされてきたからである。

アメリカにおいては、1878年に制定された連邦法である民警団法（Posse Comitatus Act: PCA）によって、連邦軍の国内出動は原則として禁じられている[5)]。民警団法は「連邦憲法または連邦議会によって制定された法律によって、明確に権限を与えられている場合及び状況を除いて、陸軍又は空軍の一部を民警として又はその他法律の執行のために故意に用いた者は、本法に基づき罰金もしくは2年以下の懲役、またはその両方を科する」とする。PCAは海軍および海兵隊に関する規定を欠くが、実際には国防総省および海軍の方針として海軍にもPCAと同様の制約が適用され、国防総省の訓令が定められている。このため、実態は措くとしても、法律上は、アメリカにおいては軍隊内部における犯罪等を除いて軍が犯罪行為の捜査や立件に関与することは原則として禁じられている。

国防総省規則では、陸軍、海軍、空軍および海兵隊に所属する者が文民の法執行に直接関与することを禁ずる連邦法の適用が除外される場合として、⑴構成員が現役ではなく予備役である場合、⑵州兵が連邦軍務としてではなく従事する場合、⑶国防総省の文官であって軍人の直接の指揮命令下にはない場合、⑷軍人が勤務時間外に個人的な能力により従事する場合のいずれかに限定している。また国防に関するインテリジェンス活動とカウンター・インテリジェンス活動、外国の法執行機関に対する支援は適用除外とされている。

ところが、軍と警察とのすみ分けの境界線上に存在するのがテロであり、国際法上も、テロ組織に対する武力行使の正当性が問題となっている。それでは、サイバー空間のテロ対策やテロ捜査にも、やはり軍は関与することはできないのであろうか。この点に関連して、サイバー犯罪に関する証拠の取扱いにつき近時問題となっているのが、軍に属する捜査機関によって収集された証拠を一般市民（文民）の通常の犯罪の証拠とすることの可否である。ここでは、この問題に関する判例を紹介してみることにする。

2　軍・警察間の犯罪情報共有に関する判例

アメリカでは、合衆国憲法修正4条に違反する不合理な捜索・押収により獲

5）民警団法に関する邦語文献として、清水隆雄「米軍の国内出動」レファ57巻8号（2007年）1頁、石原敬浩「米軍におけるFA/DRの変遷」海幹校戦略研究1巻2号（2012年）71頁、井上高志「米国における軍隊の国内出動」海幹校戦略研究2巻（2013年）48頁などを参照。

得された証拠は原則としてこれを被告人に不利な証拠として用いることはできない、という違法収集証拠排除原則が確立している。軍に属する機関が、文民の犯罪行為を認知して捜査を行うことは頻繁に発生しているが、このような場合にこのような捜査がPCA違反であり、かつそれによって違法収集証拠排除原則が適用されるかどうかが問われることになる。

第9巡回区連邦控訴裁判所は、2000年のUnited States v. Chon判決[6)]において、軍の捜査機関による活動が独立した軍事目的を有しているかを判断基準として提示し、独立した軍事目的を有している場合には文民の捜査を行うことも許容されるとした。さらに2002年のUnited States v. Hitchcock判決[7)]では、軍による文民の法執行活動への関与が間接的な支援として許容されるかどうかを判断するために、3つのテストを提示し、すべての条件をみたした場合には許容されると判示した。

ところが、第9巡回区連邦控訴裁判所は、2014年のUnited States v. Dreyer判決[8)]において、PCA自体ではなく、PCAや国防授権法に基づき国防総省が定めた規則に違反しているという理由で、海軍犯罪捜査局捜査官が捜索して得た文民の児童ポルノ事案に関する証拠を一般市民の刑事訴訟において排除することを認めた。判決は、軍犯罪捜査局の構成員の多くは文官であり、文官の局長によって指揮されているから、海軍犯罪捜査局は、陸軍、海軍、空軍および海兵隊に所属する者が文民の法執行に直接関与することを禁ずる連邦法の適用が除外されるという政府の主張は失当であるとする。また本件では、海軍の捜査官はワシントン州すべてのP2Pネットワークに接続しているコンピュータを「RoundUp」というツールで捜査しており、児童ポルノに関する法律の文民への法執行に直接的かつ積極的に関与したものであって、間接的な支援にはあたらないとする。さらに政府は、捜査官の行為は直接的な支援の禁止に対する例外である「独立した軍事目的」を有するものであったから適法であると主張したが、裁判所は「RoundUp」で児童ポルノを共有するコンピュータをワシントン州全体で捜査しており、独立した軍事目的とはいえないと判断した。さらに政府は、コンピュータの所有者が軍の関係者である可能性が高い場合でなくても、軍は州内のすべてのコンピュータを検索することができると主張したが、裁判所はこのような主張はPCAの趣旨を没却するものであるとして退けた。

6) United States v. Chon, 210 F.3d 990 (9th Cir. 2000).
7) United States v. Hitchcock, 286 F.3d 1064 (9th Cir. 2002).
8) United States v. Dreyer, 767 F.3d 826 (9th Cir. 2014).

3　サイバー空間における軍・警察の線引き

一般の犯罪の場合、捜査や治安維持のために戦車やミサイルの類は不要であろうことは理解できるし、逆に外国からの大規模な武力行使に対して警察が有する捜査手段や武器類では対応しえないことも明らかであろう（もっとも、アメリカでは警察が必要以上に重装備となり、軍隊化しているという問題点が指摘されてはいるが[9)]）。

その意味で、軍と警察、戦争と犯罪との線引きは、テロという両者の中間の領域が存在し法的には問題となる余地があるとしても、ある程度は画定しうることになる。ところが、サイバー空間上では、主としてインターネットを利用してコンピュータ上のプログラムやデータに対して各種の不正を行おうとする点で共通しており、主体や態様、目的、規模の相違はあるとしても、その検知・防御等の対策に関しては共通するところが多い。サイバー空間における情報収集活動においては、軍と警察との間でその技術的な態様に本質的な相違が存在するわけではないことに問題の本質がある。

このため、軍は文民の犯罪についても秘密裡に日常的かつ広範に捜索することが可能である。実際に、上述の Dreyer 判決では、軍がワシントン州すべての P2P ネットワークに接続しているコンピュータを「RoundUp」で検索していたことが明らかになっている。海軍が他のツール類を用いて文民のコンピュータを検索している可能性も否定できず、この場合のプライバシー侵害は深刻なものとなる。

このような実態は、PCA が規定する軍と警察との分離を空文化させるものである。Dreyer 判決は、それへの警鐘を鳴らすものとなっている。換言すれば、この判決は軍と警察との分離というアメリカ独立以来の伝統を、サイバー空間においても護持しようとする立場を堅持しているといえよう。

4　サイバーセキュリティ基本法への示唆

日本で 2014 年に制定されたサイバーセキュリティ基本法 18 条は、「国は、サイバーセキュリティに関する事象のうち我が国の安全に重大な影響を及ぼすおそれがあるものへの対応について、関係機関における体制の充実強化並びに関係機関相互の連携強化及び役割分担の明確化を図るために必要な施策を講ずるものとする」と定めている（本書第 8 章【総論】も参照）。

9) Cadman Robb Kiker III, *From Mayberry to Ferguson: The Militarization of American Policing Equipment, Culture, and Mission,* 71 Wash. & Lee L. Rev. Online 282 (2015).

本規定は、国際法上の武力行使に該当すると明確には評価しえないが国民生活や経済活動その他に重大な影響を与えるサイバー攻撃やサイバー空間上のテロ行為等について「サイバーセキュリティに関する事象のうち我が国の安全に重大な影響を及ぼすおそれがあるもの」とし、それらについての対処の役割分担の明確化を図ろうとするものである。しかし、「役割分担の明確化を図るために必要な施策を講ずる」ということは、逆に役割分担が現状では必ずしも明確でないということを示しているともいえる。

ここでいう役割分担のなかには、法の条文にはないが、防衛を担う自衛隊と法執行を担う警察との役割分担という問題が含まれていることは明らかであろう。防衛と法執行との間で一定の線引きを設けることは、安心・安全な社会を実現するうえでも、自衛力や警察力等の実力を有する機関の権限行使にあたっての謙抑性という観点から必要とされる。ただし、サイバー空間に関しては、前述したように技術的相似点が多く、その線引きが難しい。アメリカにおいては、テロ対策という面では軍と警察との連携・情報共有が進んでいるが、Dreyer 判決は、一般の刑事事件における軍と警察との分離は堅持しようとしたものといえる。それでは、一般の刑事事件ではなくテロであったとしても、やはり軍と警察とは分離するべきなのであろうか。また、テロでは連携・情報共有が許されるとしても、今度は分離すべき刑事事件と連携・情報共有が許されるテロとは、どのように区別するかという問題が発生する。

日本における「役割分担の明確化」を検討するうえで、どのような方法による線引きを行いうるかについては、技術的な面と法制度の面の両方から考えていく必要があるだろう。

III　テロ対策とデジタル・フォレンジック

1　デジタル・フォレンジックにおけるツール類の利用の現状

サイバー空間に関係する犯罪捜査やテロ対策にあたって、電子機器類から電磁的記録を抽出し、人が認識できるように文字や画像等に変換して犯罪捜査や訴訟の証拠とするデジタル・フォレンジックの重要性は、近年きわめて高くなっている。同時に、抽出するデータ量が膨大であること、データ抽出が困難な電子機器があること等のさまざまな問題も生じており、デジタル・フォレンジック用のソフトウェア（ツール）を使用することによって課題に対処することが増えている。

専門知識のない調査・解析者でも使用することができるように、各種の解析作業を自動化するツールも多い。解析現場におけるツールへの依存が高まっているのが現状であろう。

情報解析の必要性はアメリカだけではなく日本でも高まっており、国家公安委員会は、2015（平成27）年3月に情報技術の解析に関する規則（平成27年国家公安委員会規則第7号）を制定している。同規則2条は、「予断を排除し、先入観に影響されることがないようにし、微細な点に至るまで看過することのないように努めるとともに、情報技術の解析の対象が、公判審理において証明力を保持し得るように処置しておかなければならない」と規定し、情報技術の解析の対象が、取扱いの過程における不適切な措置等によって公判審理において証明力を失うことのないように処置をしておくことを求めている。

しかし、デジタル・フォレンジックの先進国であるアメリカでも、ツールに関する課題は多い。司法省、国立司法省研究所（National Institute of Justice: NIJ）、シンクタンクのRand社、デンバー大学等からなる共同プロジェクトのレポート[10)]は、デジタル捜査の近時の主な課題を列挙しているが、このうちの半数はツールに関連するものであった。このことは、いかにツール類への依存度が高まっているかを示しているものといえよう。

2　アメリカにおけるツール類利用に関する判例

アメリカの訴訟においてツール類の利用が問題となったものは、①ツールを使用すること自体の是非に関する判例、②ツールの令状記載に関する判例、③ツールのディスカバリに関する判例、④EnCaseなどの自動化ツールの許容性に関する判例、⑤陪審裁判においてツールを利用した結果が争点となった判例に大別することができる[11)]。

(1)　ツールを使用すること自体の是非

ツールを使用すること自体の是非に関する判例としては、United States v. Borowy事件がある。

本件では、児童ポルノと判断される画像や動画像ファイルを収集してデータベ

10)　Sean E. Goodison, Robert C. Davis, and Brian A. Jackson, *Digital Evidence and the U.S. Criminal Justice System: Identifying Technology and Other Needs to More Effectively Acquire and Utilize Digital Evidence* (2015), *available at* 〈http://www.rand.org/content/dam/rand/pubs/research_reports/RR800/RR890/RAND_RR890.pdf〉.

11)　詳細については、前田恭幸＝湯淺墾道「ケイシー事件を手がかりにした、デジタル証拠の証明力評価に関する考察」電子情報通信学会技術研究報告＝IEICE technical report：信学技報116巻71号（2016年）51頁以下を参照。

ース化し、ツール類を用いてP2Pネットワークで共有されているファイル類のハッシュ値（だけ）と被疑者のコンピュータのIPアドレスを取得して、データベースの画像や動画像ファイルのハッシュ値を比較することにより、被疑者が児童ポルノを提供・所持しているかどうかを判断するという手法について、この作業に必要なクエリ送信等を自動化するツール類を利用して抽出すること自体の適法性が争われたものである。弁護側は、警察のみが利用できるツールを利用すること自体が、不合理な捜索・押収を受けない権利（連邦憲法修正４条）に違反すると主張した。これに対して、連邦地裁はP2Pネットワークで共有されているファイル類にはプライバシーの保護は及ばないとしてそれを退け[12]、控訴裁判所の判決でも原審の判断が認容された[13]。

これ以降、ツールを使用すること自体については違法性はないと判断されることが多くなっている。

(2)　令状記載とディスカバリ

ツール類についてどの程度令状に記載するべきかという問題について、United States v. Gabel判決[14]では、警察が捜索令状請求書に警察関係者だけが利用できるツールについて記載しなかったのは違法であり、捜索令状は無効であるとして、被告人が証拠排除の申立てを行った。しかし、連邦地裁の判決では、警察関係者だけが利用できるツールを使用することを捜索令状請求書に記載する義務はないとして、申立ては退けられている。その後の判例でも、本件を引用するものが多い[15]。

一方、ディスカバリにおいては、被告人がディスカバリの権利を行使し、捜査に用いたツール類についての情報を明らかにするように求める場合が多い。その際、ツール類が連邦刑事訴訟規則に定める「書籍、紙、書類、データ、写真、有形物、建築物、場所またはこれらのコピーもしくは部分」[16]に該当するかどうか、ディスカバリの権利は、「弁護のために利用されるもの」であるから当該の情報

12）United States v. Borowy, 577 F. Supp. 2d 1133 (D. Nev. 2008).
13）United States v. Borowy, 595 F.3d 1045, 1048 (9th Cir. Nev. 2010).
14）United States v. Gabel, 2010 U.S. Dist. LEXIS 107131 (S.D. Fla. Sept. 16, 2010).
15）United States v. Carroll, 2015 U.S. Dist. LEXIS 166251 (N.D. Ga. Nov. 3, 2015); United States v. Brooks, 2013 U.S. Dist. LEXIS 184252 (M.D. Fla. Oct. 18, 2013).
16）連邦刑事訴訟規則16条(a)(1)(E)は、ディスカバリ対象を次のように定めている。
(E)文書及び物　書籍、紙、書類、データ、写真、有形物、建築物、場所又はこれらのコピー若しくは部分につき、政府が所持、押収又は占有している場合は、被告人に調査又はコピーすることを認めなければならない。ただし、以下のいずれかに場合に限るものとする。
(i)対象物が弁護のために利用されるものであること
(ii)政府が対象物を公判のために利用する企図があること
(iii)対象物が被告の所有又は専有物であったこと

が弁護のために欠かせないものであるかどうか、ディスカバリの際に警察側が使用したツール自体のコピーについてもディスカバリの対象となるかどうかが争点となっている。

ツールのディスカバリに関する判例では、弁護側がツールによる解析のエラーを証明できる場合、弁護側にデジタル・フォレンジックによって解析したデータにアクセスする機会が与えられる場合がある。たとえばUnited States v. Tummins判決[17)]においては、被告人側が、捜査に使用したツール類の詳細な情報だけではなくツールによって解析したデータ自体に関してのディスカバリの申立てを行った結果、申立ての一部は認められている。本件ではEnCaseという有名なツールが捜査機関によって使用されているが、このようなツールは解析に誤りを生じることがあるため、裁判所はハードディスクのコピーに関して被告人側のフォレンジック専門家および弁護人のみにアクセスおよび検証することを許容したのである。特にEnCaseのように関係者の間では有名なツール類であって誤解析が発生することが関係者の間で広く知られていたりNIST等の公的機関による検証で解析に誤りが発生する可能性があることが確認されたりしている場合、弁護側がツール類の誤解析の可能性を挙証することができるので、結果的にディスカバリの申立ての一部が認められるにいたったといえる。

(3) 自動化ツール

解析作業を自動化するツールについて、United States v. Thomas判決[18)]では、被告人が、捜査員の使用したCPSという自動化ツールについて違法収集証拠排除の申立てを行ったものの、被告人の主張は退けられている。

被告人は、捜索令状発給請求書に(1)自動化されたソフトウェアと第三者のデータベースを利用することを適切に記載していなかった、(2)自動化されたソフトウェアは共有に供されないファイルも含めて、対象のファイル類に不完全にアクセスしたり消去・破損したりする可能性があると指摘されていたのに、それを明らかにしていなかった、(3)自動化されたソフトウェアのテストが不十分であることを明らかにしていなかった、等の理由で、違法収集証拠排除の申立てを行った。連邦地裁は、「警察が明らかにする義務を負うのは、児童ポルノであることを示すファイルを捜査する際のプロセスが、一般に公開されている情報のなかから探査するソフトウェアを使うことで自動化されているという点であり、それ以上の詳細な情報は、逮捕相当理由を構成するためには要求されない」、「逮捕相当理由

17) United States v. Tummins, 2011 U.S. Dist. LEXIS 57656 (M.D. Tenn. May 26, 2011).
18) United States v. Thomas, 2013 U.S. Dist. LEXIS 159914.

の認定にあたっては、捜査ツールのエラー率等の一定のレベルが要求されるわけではない」と判示して、被告人の主張を退けた。被告人は連邦控訴裁判所に控訴したが、第2巡回区連邦控訴裁判所は連邦地裁の判決を認容し、被告人の控訴を退けている[19]。

Ⅳ　テロ対策と暗号化

1　暗号化の意義と捜査機関側の課題

ハードディスク等に保存されるファイル類やネットワーク上でやり取りされる通信に対して暗号技術を用いて秘匿化を行うこと自体は、情報セキュリティやサイバーセキュリティの確保における有力な手段である。さまざまな暗号技術を用いた製品やサービスが実用化されており、個人情報の取扱いにおいても、事業者は個人情報の安全管理措置の対策の1つとして高度な暗号化による秘匿化を行うことが望ましいとされている[20]。万が一、個人情報を含むファイル等が窃取されたり漏えいしたりしたとしても、暗号化による秘匿化が施してあれば、暗号化を解除しない限り、その個人情報を利用することはできないからである。

また、アメリカでは捜査機関等による通信傍受が日本よりも幅広く認められているため、通信内容を傍受されることによるプライバシー侵害を危惧する人々からは、暗号化はプライバシー侵害に対抗する強力な武器であると認識されている。その一方で、ハードディスク等が暗号化されていたり、スマートフォンのような機器類自体が高度なロック機能を備えていたりするため、前述したようなデジタル・フォレンジック用のツール類を用いても解析することができないという問題が生じているのである。この場合、捜査機関側にはどのような手段が残されているであろうか。

第1の手段は、暗号化を施した被疑者等に対して暗号を解除する方法や、パスコード・パスワード等の開示を強制することである。開示させたものを使って、捜査機関等は暗号を解除することができる。この場合は、このような強制の可否が問題となる。

第2の手段は、裁判所の命令等によって暗号化を施した被疑者に対して復号

19)　United States v. Thomas, No. 14-1083 (2d Cir. 2015).
20)　個人情報の保護に関する法律についての経済産業分野を対象とするガイドライン（平成26年12月12日厚生労働省・経済産業省告示第4号）2頁。

化（暗号の解除）や復号化したものの提出を法的に強制することである。この場合は、暗号を解除する方法や、パスコード・パスワード等自体は、捜査機関等は取得しない。

第3の手段は、全令状法（All Writs Act）[21]を活用して、事案とは直接の関係がないが復号・暗号解除の能力を有する第三者に対して復号・暗号解除の支援を法的に要請して、その支援を得て捜査機関等が暗号を解除するということである。これが iPhone ロック解除問題で是非が問われた方法である[22]。

2 ハードディスク等の暗号化の場合

(1) 連邦憲法修正5条との関係

ハードディスク等が暗号化されていた場合、裁判所の令状や大陪審が発出する罰則付召喚状（subpoena）等により、暗号化されたハードディスク等の復号化（暗号の解除）を行い復号化した内容を証拠として提出するように命じることができるであろうか。

前述の第1、第2の手段と関連する論点であるが、アメリカでは、このような復号化の強制は合衆国憲法修正5条に違反すると解されている。

被疑者等に対して暗号化された端末等の復号、暗号化の解除を強制的に命じることの合憲性自体については、連邦最高裁は直接判断を下したことはない。しかし類似の事例において、連邦最高裁の判断の基準は、それが人の知能の内容に関係するか、それとも単に身体を物理的に動作させるにすぎないかに依っている。連邦最高裁は、強制する内容に被疑者の知性が伴うか、それとも単なる肉体的行動であるかによって判断しており、被疑者の知性が伴うのであれば連邦憲法修正5条違反とし、単なる肉体的行動なのであれば許容されるとしている。

このような判断の根拠となっているのは、連邦最高裁が、単なる肉体的な行為を強制して証拠を提出させる場合（たとえば強制採尿等）については、一定の条件のもとに許容してきたことである。しかし、1957年に連邦最高裁が下した Curcio v. United States 判決[23]以来、個人にその知能の内容を強制的に表現させることは修正5条により禁じられていると理解されている[24]。ただしパスワ

---

21) 28 U.S.C. §1651.

22) 湯淺墾道「全令状法と iPhone 問題に関する若干の考察」電子情報通信学会技術研究報告 116 巻 71 号（2016 年）43 頁を参照。

23) Curcio v. United States, 354 U.S. 118, 128 (1957).

24) Steve Posner, *Can a Defendant be Compelled to Provide an Encryption Key?*, 2012 Emerging Issues 68, 38 (2012).

ードを強制的に入力させることは憲法に違反しないとする説もあり[25]、復号化やパスワードの強制開示に関する連邦最高裁の判断が待たれる状況となっている。

証拠物を保管している金庫の鍵の提出を命じたという事例[26]では、鍵を物理的に提出させることには知能の内容を強制的に表現させるという要素はなく、身体を物理的に動作させるにすぎないので、連邦最高裁は憲法違反とはならないと判示している。これに対して、「左に何回、右に何回、それから左に何回」とダイヤルを回して鍵の組合せをして解錠するような仕組みの壁金庫（wall safe）のダイヤル鍵を開けさせるという場合、連邦最高裁は1988年のDoe v. United States判決において、強制的に鍵の組合せを命じることはできないと判示している[27]。それは、ある組合せを頭脳のなかで考案するという内的な知的行為、すなわち知性（mind）に関する行為だからである。

この枠組みを援用すれば、端末等を暗号化する暗号の多くは、IDやPIN、パスワード等のように、数字や文字、記号の組合せにより構成されるので、それは人の知能の営為の結果であるということになる。また、人がパスワード等を生成したのではなく機械的に生成したものであったとしても、それを人が記憶していた場合にこれを明らかにさせることは、記憶していた暗号を想起するという知能の営為がやはりはたらく。このため、それを強制的に明らかにさせることは憲法上禁じられていると解するほかはない。このため、次に述べるように、連邦控訴裁判所の判例では、暗号化されたハードディスクの内容の復号（暗号解除）の強制は憲法違反であると判断されているのである。

(2)　連邦控訴裁判所の判決

連邦控訴裁判所の判例では、暗号化されたハードディスクの内容の復号（暗号解除）を大陪審が罰則付召喚状により命ずることは連邦憲法修正5条に違反するとされたものがある[28]。

事案は、次のようなものであった。

2010年10月、警察は児童ポルノ所持の疑いで内偵中だった事案について、容疑者のものと思われるYouTubeのアカウントにアクセスしているIPアドレスをもとに捜査を行った結果、当該アカウントの所持者である容疑者の所在を突き止めた。このため令状の発給を裁判所に申請し、捜査員がデジタル・メディア

---

25)　Dan Terzian, *Forced Decryption as a Foregone Conclusion,* 6 Calif. L. Rev. Circuit 27, 31 (2015).

26)　Doe v. United States, 487 U.S. 201 (1988).

27)　*Doe,* 487 U.S. at 210.

28)　United States v. Doe, 670 F.3d 1335 (11th Cir. 2012).

と、当該デジタル・メディアにアクセスするために必要となる暗号化機器またはコードを押収する許可を得た。令状に基づき捜査員はホテルの部屋を捜索し、ラップトップ・コンピュータ外付けハードディスクを押収したが、ハードディスクは「TrueCrypt」というソフトウェア[29)]によって暗号化されており、連邦捜査局（Federal Bureau of Investigation: FBI）の専門家もデータをハードディスクから抽出することができなかったという。

その後、逮捕された容疑者を起訴するかどうかについて決定するため、大陪審による審理が行われることになった。大陪審は罰則付召喚状を発出し、容疑者に押収されたデジタル・メディアの内容につき、暗号化されていないコンテンツを証拠提出するように求めた。これに対して容疑者側は、当該令状による証拠提出は、何人も刑事事件において自己に不利な証人になることを強制されないとする連邦憲法修正５条の自己負罪拒否特権の保障の違反であるとした。容疑者は大陪審の召喚状の命令に従わず、暗号化されたハードディスクの復号化（暗号の解除）とハードディスクの内容の証拠提出を拒否したので、フロリダ州北部地区連邦地裁は、容疑者に民事的裁判所侮辱罪を科し、容疑者を拘禁することを命じた。これに対して、容疑者はそれを不服として第 11 巡回区連邦控訴裁判所に訴えた。

第 11 巡回区連邦控訴裁判所は、大陪審が発出する罰則付召喚状によって、暗号化されたハードディスクの復号化（暗号の解除）を行いハードディスクの内容を証拠として提出するように命じることは、被告人が復号化して提出した内容が被告人に不利な証拠として利用されて被告人の自己負罪を招く可能性があるので、連邦憲法修正５条が規定する自己負罪拒否特権に違反すると判断した。このため被告人は復号化を強制されない、とされた。さらに連邦地裁の判断は誤りであるとして、差し戻した。

控訴裁判所判決では、復号化させてハードディスクドライブのコンテンツを証拠提出させることは、「証言」に該当しうるものであるから、修正５条の保護は、ハードディスクドライブのコンテンツの提出に対しても適用されるとした。その理由として、連邦最高裁判決を引用しながら、被告人がハードディスクを復号化して内容を証拠提出するという行為は知性の活動としての証言にあたり単なる肉体的な行為ではないこと、復号化と証拠提出に関連する明示的・黙示的な事実の

29）TrueCrypt License のもとで無償で利用できる暗号ソフトウェアで、暗号化された仮想ディスクを作成・利用することができ、Windows 版 TrueCrypt ではシステムドライブ自体も暗号化することができるようになっていた。Windows XP のサポート終了にあわせて、TrueCrypt の開発も 2014 年５月で終了している。このため、現在は BitLocker に移行することが勧奨されている〈http://truecrypt.sourceforge.net/〉。

コミュニケーションは、既知のもの（「自明の理」）とはいえないこと、を挙げている。

3 iPhone事件

(1) 全令状法

押収したコンピュータや携帯電話等のデータが暗号化され、捜査機関側でも復号化または暗号解除ができない場合、全令状法（All Writs Act）[30]によって、復号・暗号解除の能力を有する第三者に対して復号・暗号解除の支援を法的に要請するという方法がある。

この法律は、もともとは1789年に制定された司法部法（Judicially Act）[31]という法律の一部であった。現在のかたちになったのは1911年である。全令状法1条は、「連邦最高裁判所と連邦議会によって設立された全裁判所は、その権限を行使する上で必要若しくは適切であり、かつ法の慣習及び原理の上で許される全令状を発給することができる」と規定している。この文面からは、連邦最高裁と連邦議会によって設立された全裁判所は、その権限を行使するためにはどのような令状でも出すことができる、ということになる。しかし連邦最高裁は、令状を出すことができる場合を限定している。1948年のPrice v. Jhonston判決においては、全令状法は「法の合理的な終結（the rational ends of law）」を達成するために連邦議会によって認められた手続的な手段であるとされた[32]。この判決以降、この法律に基づく令状を出すことができる条件は、他の法律上の手段がない場合、連邦裁判所自身が管轄権をもっている場合、連邦裁判所の権限を行使するうえで必要または適切である場合、令状の内容が議会によって制定された法律に反しない場合、に限定されている[33]。

捜査との関係において、被疑者や被疑者と直接の関係がある者だけではなく、被疑者と直接関係のない者に対しても全令状法により命令を下すことができるとされたのが、1977年のUnited States v. New York Tel. Co.判決である[34]。

本件では、FBIは電話会社に対して、ニューヨーク市内で違法賭博を行っている可能性のある企業が使用していた2台の電話機からダイヤルを回した先を記

30) 28 U.S.C. §1651.
31) Judiciary Act of 1789, ch. 20, §§13-14, 1 Stat. 73, 81-82 (codified as amended at 8 U.S.C. §1651).
32) Price v. Johnston, 334 U.S. 266, 282 (1948).
33) Dimitri D. Portnoi, *Resorting to Extraordinary Writs: How the All Writs Act Rises to Fill the Gaps in The Rights of Enemy Combatants,* 83 N.Y.U. L. Rev. 293, 299 (2008).
34) United States v. New York Tel. Co., 434 U.S. 159 (1977).

録する装置（pen register）を取り付け、情報を提供する支援を要請した。しかし同社は、政府による「無差別的プライバシー侵害」を帰結することになることを恐れ、それを拒絶した。このため FBI は全令状法に基づき、電話会社に対して記録装置を取り付け情報提供するとともに FBI 捜査官を支援する命令を発出することをニューヨーク州南部地区連邦地裁に求め、連邦地裁は FBI の主張を認めて、電話会社に対し記録装置を取り付けさせる命令を発出した。これに対して電話会社側は、第 2 巡回区連邦控訴裁判所に異議を申し立て、控訴裁判所は電話会社の異議を認めた[35)]。これに対して連邦最高裁は、連邦控訴裁の判断を覆したのである。連邦最高裁のホワイト（Byron White）判事執筆の法廷意見は、「私人である市民は、要請を受けたときには法執行機関に対して援助を提供する義務を有する」[36)]とし、「全令状法に基づいて連邦裁判所が第三者に対して無制限に命令を出すことができるというわけではなく、不合理な負担を課すことは許されない。しかし、本件における命令の内容は、全令状法によって明確に授権されたものであり、連邦議会の立法趣旨にも合致するものである」と判断したのである。

全令状法に基づく刑事事件捜査への支援命令の状況について、アメリカ自由人権協会（ACLU）は、捜査機関が全令状法に基づき、Apple 社または Google 社に対し、端末のロックを解除することまたは保有している情報を開示することを命じることを連邦裁判所に求めた事例について調査した結果を公開した[37)]。

それによれば、捜査機関が全令状法に基づき端末のロック解除の技術的支援命令を出すよう裁判所に求めた事例は、2008 年以来、急増している。連邦裁判所が全令状法に基づき Apple 社または Google 社に対し、端末のロックを解除することまたは保有している情報を開示することを命じた命令は、ACLU の調査結果公開時点で 63 件が確認された。Apple 社が命令に対して異議を申し立てている事例については 12 件が確認できたという。連邦裁判所が発出する命令はすべてが判例集（判例データベース）に掲載されるわけでなく、実態の把握は困難であるが、捜査機関が全令状法に基づき端末のロック解除の技術的支援命令を出すよう裁判所に求める例は実はかなり多いという実情がうかがわれる。

35） Application of United States for Order Authorizing Installation & Use of Pen Register, 546 F. 2d 243 (8th Cir. Mo. 1976).

36） *New York Tel. Co.*, 434 U.S. at 175.

37） American Civil Liberties Union, *This Map Shows How the Apple-FBI Fight Was About Much More Than One Phone* (Mar. 30, 2016), *available at* 〈https://www.aclu.org/blog/speak-freely/map-shows-how-apple-fbi-fight-was-about-much-more-one-phone〉.

一方、Android 端末については、捜査機関がロック解除の技術的支援を Apple 社に求めている iPhone とは異なり、Google 社に対して直接、Android 端末のパスワードを開示するように求める場合が多いようである。

(2) iPhone 事件

FBI は、2015 年に 2 件の事案について全令状法に基づき Apple 社に対し iPhone のロック機能解除を支援する命令を出すように連邦地裁に求めた。1 件は、2015 年 12 月にカリフォルニア州で発生し、14 人が死亡、22 人が負傷した銃の乱射事件の被疑者の iPhone 5 に関するものである。もう 1 件は、2014 年 6 月にニューヨーク州で麻薬取引容疑により逮捕された容疑者から押収した iPhone 5 である。

このうちカリフォルニア州の事例については、FBI の求めに応じて連邦地裁はロック機能解除支援を命じた。具体的には iPhone の自動消去機能の回避または停止、パスコードの提供、FBI が提供されたパスコードで iPhone にアクセスした際に他のデータを削除しないようにすること、である。また可能であれば、ハードウェアと違って電源を切るとデータが消えてしまうランダム・アクセス・メモリ（RAM）からデータを取り出す方法も提供するように命じた。ただし、他の技術的な方法でこれらに代わる措置を提供できるのであれば、FBI 側と協議したうえで、他の技術的な方法をもって代えることもできるとした。

これに対してニューヨーク州の事例では、連邦地裁は解除支援を命じなかった。全令状法による令状を出すことができるのは、やむをえない場合に限られるが、Apple 社に政府を支援する義務を課すことを正当化するものではないと判断されている。また Apple 社に課すことになる負担の大きさについて、Apple 社にとっての不合理な負担となるとされた[38)]。

Apple 社がカリフォルニア州の事案で裁判所の解除支援命令を拒むと声明したため、アメリカだけではなく、世界中で大きな話題となったことは記憶に新しい。世論の関心は、テロ対策の必要性とプライバシーの保護という観点に向けられていたように思われる。多くの人々が注目したのは、全令状法による命令の可否というような手続的な次元ではなく、捜査機関に Apple 社が協力してロックを解除することを通じたプライバシー侵害への懸念という次元であろう。特にアメリカにおいては、広く通信傍受が認められている。外国諜報監視裁判所（Foreign Intelligence Surveillance Court: FISC）は、2004 年から 2012 年までの

38）詳細については、湯淺・前掲注 22）参照。

間に15,100件の令状を発給し、令状発給を退けたのはわずか7件であったという。2014年1月、オバマ大統領（Barack H. Obama）は司法省に対し、ようやくFacebook、Google、LinkedIn、Microsoft、Yahoo!等の企業がFISCによって情報提供を求められている件数を公開することを許可するように命じたが、それ以外の情報の公開は許可していない。このような広範な通信傍受の動きに対抗するための有効な手段として、暗号化はユーザおよび端末製造販売者の両方で活用されているのである。

その後、FBIが命令を出すように求めた訴えを取り下げたため、2件の事案自体はひとまず法的には終結している。取り下げた理由は、カリフォルニア州の事案では第三者の協力を得て被疑者のiPhoneの中のデータにアクセスすることに成功したからであるといい、ニューヨーク州の事案では被疑者本人からパスコードを入手したという報道がある。

カリフォルニア州の事案とニューヨーク州の事案で、裁判所が異なる判断をしたのはなぜか。前者が銃の乱射事件というテロ事案であり、後者は麻薬密輸事件にすぎなかったという理由から異なる判断が導かれたのだとすれば、テロ対策のためであれば、全令状法のもとで通信事業者ではなく携帯電話等の製造販売事業者にどのような命令を出すことが許されるのか、という問題が残る。つまり、テロ対策とプライバシー保護の相克という問題は依然として残っているのである。

Ⅴ　おわりに

アメリカでは、iPhoneのロック機能解除問題をきっかけとして、安全保障やテロ対策とプライバシーとの相克という観点から、暗号化とそれへの規制の是非をめぐる議論が始まっている。アメリカでは、携帯電話や各種のデバイス類に、刑事捜査やテロ対策のための情報収集活動のため捜査機関等が暗号化を解除するための特別なコードを設定したり、情報収集のためのチップを埋め込んだりすることは、以前から立法化が模索されていた。たとえば1993年には、EES＝Escrowed Encryption Standard（通信の秘密を守りつつ、第三者機関の保管するキーを用いて、捜査機関等が暗号化された内容を解読できるようにする暗号の規格）を実現する「clipper chip」を携帯電話その他のすべての通信機器に装着することが連邦政府によって提案されたが、世論の強い反対にあい、実現しなかった。iPhone事件を契機として、政府や捜査機関等がロックを解除したりデータを取り出したりすることができるようにあらかじめ製品を設計することを義務づけたり、ロック機能自体を禁止したりする連邦法の制定に向けた動きが活発化する可能性がある。

アメリカにおいては、8年間のオバマ政権のもとで、サイバーセキュリティに関係する諸機関の連携強化が推進された。しかしトランプ（Donald J. Trump）政権のサイバーセキュリティ政策の行方は、2017年1月末にサイバーセキュリティ分野の大統領令に対して署名を行う予定となっていたものを突然キャンセルし、署名が5月にずれ込むなど、依然として不透明である。大幅な軍事費の増大や、シリアや北朝鮮問題への対処等にみられるような政権初期の方針からは、サイバー空間のテロ対策よりも実空間を重視しているようにも思われる。

アメリカにおけるサイバー空間のテロ対策の、今後の動向が注目される。

各論Ⅳ

対内直接投資規制と半導体産業
──アメリカの法制と実務をめぐる諸問題

渡井理佳子

Ⅰ　はじめに

アメリカのドナルド・トランプ（Donald J. Trump）大統領は、2016年の選挙期間中における「アメリカ・ファースト」の公約通り、就任直後の2017年1月23日に環太平洋パートナーシップ協定（Trans-Pacific Partnership（TPP）Agreement）からの離脱を表明した[1)]。トランプ政権のもとで、アメリカがどのような経済政策を展開していくのかはまだ明らかではないが、保護主義的な色彩を帯びたものとなる可能性は否定できないであろう。TPPからの離脱については、自由貿易に逆行する動きであるとして、アメリカ国内でも多くの批判が直ちに寄せられることとなった[2)]。しかし、外国投資家による企業買収を典型とする対内直接投資規制をめぐっては、すでにバラク・オバマ（Barack H. Obama）大統領の時代から、アメリカの連邦議会においては規制の強化が主張されていた。対内直接投資は、投資先の国内産業や経済の活性化をもたらす一方で、国の安全保障との関係では問題となると考えられていたためである。

日本においても、2017年の上半期は、東芝の子会社である東芝メモリの売却が、国家安全保障の見地からも大きな関心をよんだところである。そこで、対内直接投資規制に積極的に取り組んできたアメリカの現状を検討し、示唆を得ることとしたい。

1) Presidential Memorandum of Jan. 23, 2017 Regarding Withdrawal of the United States from the Trans-Pacific Partnership Negotiations and Agreement, 82 Fed. Reg. 8497 (Jan. 25, 2017).
2) Joshua Meltzer & Mireya Solis, *Protectionist Pain: Trump's Trade Stance Harms US Interests,* The Hill (Jan. 24, 2017), *available at* 〈http://thehill.com/blogs/pundits-blog/international/315903-protectionist-pain-trumps-trade-stance-harms-us-interests〉.

II　対内直接投資規制と国家安全保障

1　対内直接投資規制とテロ対策

アメリカでは、1980 年代の後半に国家安全保障の見地から対内直接投資を規制する連邦法を設け、大統領に対内直接投資計画の中止を命ずる権限を付与した。この運用は慎重になされてきており、テロ対策の一環として 2007 年に G.W. ブッシュ（George Walker Bush）政権のもとで改正されるまで、大統領による中止命令は 1 件にとどまっていた。しかし、オバマ政権では中止命令が 2 件出されているほか、中止命令の発出が検討された事案もみられるようになった。

2001 年 9 月 11 日の大規模テロ事件が、アメリカの経済面における安全保障政策に直接の大きな変化をもたらしたことは、異論のないところである。これにより、1980 年代においては国家安全保障とは直接のかかわりはないと考えられていた問題も、国家安全保障の枠組みのなかで語られるようになり、結果として国家安全保障の概念は拡張していくこととなった[3)]。そして、従来から国家安全保障の根幹にかかわると考えられていた領域については、注目がいっそう高まることとなった。対内直接投資規制、すなわち外資規制のあり方について、アメリカでは超党派での取組みが続けられてきており、トランプ政権のもとでも引き続き重要な課題として位置づけられている。

2　対内直接投資と技術流出

国家安全保障の見地からの対内直接投資規制の目的の 1 つは、機微な技術の流出防止にある。特に問題となるのは、軍事技術に転用される可能性がある技術であり、日本では、安全保障貿易管理のシステムによって輸出規制が設けられている。しかし、輸出によらずとも外国によって自国の産業が買収されれば、当該企業のもつ技術は外国に渡ることになる。機微な技術の流出は、先端技術にかかわることからすれば、国家の国際競争力上の優位を失わせるだけにとどまらず、国家の安全保障を損なう問題となる。

技術流出は、輸出の観点に加え、対内直接投資の観点からも検討を要するものであり、安全保障貿易管理と対内直接投資規制は課題を共有していることがわかる。これまで技術流出をめぐっては、安全保障貿易管理についての議論が中心と

---

3)　食料の安定供給の問題は、その一例である。渡井理佳子「アメリカにおける食料安全保障と対内直接投資規制」慶應法学 36 号（2016 年）125 頁。

なっていたが、対内直接投資規制をめぐる課題については、やはりアメリカの最近の動きは注目に値するものと思われる。

III アメリカにおける対内直接投資規制

1 対内直接投資規制法制定の背景

アメリカの対内直接投資規制に関する一般法が制定された契機は、1986年に日本の富士通がアメリカの半導体メーカーであるFairchildの買収を計画したことにあった。富士通の買収計画が明らかになると、連邦議会では多くの懸念が表明された。具体的には、防衛のための技術を日本に依存しなければならなくなることに加え、日本が当時のワルシャワ条約機構の加盟国と技術の取引をしていることが挙げられていた[4)]。

半導体、すなわち半導体集積回路（Integrated Circuit）は、市民生活から軍事や宇宙開発にいたるまでの産業基盤に不可欠な先端技術であり、その進歩は国家を支えているといっても過言ではない。日米関係を振り返ると、半導体は自動車と共に、1980年代から1990年代にかけての貿易摩擦をめぐる交渉における最重要課題であった。1986年には、第1次日米半導体協定が締結され、日本との関係では、外国の半導体の市場参入の拡大とダンピングの防止に関する条項が盛り込まれた[5)]。アメリカにとって、半導体の分野における優位の維持は、国際競争力の確保のうえでも、そして国家安全保障のうえでも譲れない点であった。富士通の買収計画が、敵対的買収でなかったにもかかわらず、連邦議会の反発が大きなうねりとなったのは、半導体の技術流出が、アメリカにとって脅威であると受け取られたことにほかならない。連邦議会および政府の反応を踏まえ、富士通は自発的にFairchildの買収を断念した[6)]。

富士通の買収計画に対するアメリカの反応は、当時の日米貿易摩擦が政治問題化していたという背景によるところも大きかったであろう。しかし、半導体そのものの重要性にかんがみれば、日本に限らず他の国からの買収であったとしても、アメリカ国内で同じ反応を惹起した可能性は否定できないものと考えられる。

---

4) Marc Greidinger, *The Exon-Florio Amendment: A Solution in Search of a Problem*, 6 Am. U. J. Int'l L & Pol'y 111, 113 (1991).
5) 日米半導体協議について、長岡豊「日米半導体摩擦」情報科学研究8号（1993年）2〜4頁。
6) 富士通によるFairchildの買収の詳細については、村山裕三『アメリカの経済安全保障戦略』（PHP研究所・1996年）140〜150頁。

2 アメリカにおける対内直接投資規制の審査

Fairchildの問題が発生した際、買収の中止を命じるための国内法は存在していなかった。そこで、同様の事案への対応を可能にすべく、対内直接投資を規制する一般法の制定が急遽進められ、1988年にExon-Florio条項[7)]が成立した。Exon-Florio条項は、何度かの改正を経て、現在は外国投資及び国家安全保障法（Foreign Investment and National Security Act of 2007: FINSA）[8)]となった。FINSAは、Exon-Florio条項の基本的な枠組みを受け継いでおり、大統領にアメリカの国家安全保障に脅威となる対内直接投資を中止する権限を付与している。実質的な審査は、財務長官を委員長とする省庁横断的な機関である対米外国投資委員会（Committee on Foreign Investment in the United States: CFIUS）が大統領の委任を受けて行っている[9)]。CFIUSの審査が及ぶのは、アメリカの安全保障に外国の支配（Foreign Control）をもたらす取引である[10)]。したがって、外国によるアメリカ国内の産業の買収だけではなく、外国による外国企業の買収であったとしても、それがアメリカの国家安全保障に影響をもたらす場合には広くFINSAの適用がある。

FINSAのもとでの審査は3段階に及んでおり、最初の2段階はCFIUSが、そして最終的な審査は大統領が行っている。第1段階の審査（National Security Reviews）[11)]は、必ず30日間かけて行われており、6割程度の対内直接投資計画は、この審査においてCFIUSからの承認を得ている[12)]。しかし、この段階で国家安全保障上の脅威を軽減することができず、CFIUSの承認が得られなかった場合のほか、外国政府の影響下にある投資計画、アメリカにとっての重要産業

---

7) Exon-Florio Amendment to the Omnibus Trade and Competitiveness Act of 1988, Pub. L. No. 100-418, 102 Stat. 1107, made permanent law by Section 8 of Pub. L. No. 102-99, 105 Stat. 487 (50 U.S.C. app. 2170) amended by Section 837 of the National Defense Authorization Act for the Fiscal Year 1993, Pub. L. No. 102-484, 106 Stat. 2315, 2463.

8) Foreign Investment and National Security Act, Pub. L. No. 110-149, 121 Stat. 246 (2007) (codified at 50 U.S.C. 4565).

9) 50 U.S.C. 4565(k). CFIUSの構成員は、委員長の財務長官のほか、司法長官、そして国家安全保障にかかわる機関として国土安全保障省、国防総省、エネルギー省の各長、さらに経済にかかわる機関として商務省、国務省、通商代表部、科学技術政策局の長の9名である。正規の委員のほか、議決権をもたない委員とオブザーバーも参加しているが、個別の案件ごとに関連の省庁の長を委員とすることもできる。食料安全保障が問題となったSyngentaの買収については、農務省の長官が委員に加えられた。渡井・前掲注3）138頁。

10) 50 U.S.C. §4565(b)(1)(B). 支配の概念については、渡井・前掲注3）136～137頁。

11) 50 U.S.C. §4565(b)(1).

12) Committee on Foreign Investment in the United States, CFIUS Annual Report to Congress Report Period: CY 2014, 3 (2016).

基盤（Critical Infrastructure）[13]にかかわる投資計画、そして審査を担当した主務官庁が推奨しCFIUSが同意した場合については、最長で45日間かけて実施される第2段階の審査（National Security Investigations）[14]へと移行する。第2段階の審査においては、国家安全保障上の脅威を軽減するための合意の締結（軽減合意、Mitigation Agreement）に向けての協議がCFIUSと当事者との間でなされる。45日間の期間内に、軽減合意にいたらず、国家安全保障上の脅威が軽減していない場合には、最長15日間をかけて、大統領が中止命令の発動の是非につき最終審査（Action by the President）[15]を行う。

3　重要な技術の審査

(1)　重要な技術の定義

半導体は、アメリカの対内直接投資規制導入の契機となった技術であり、FINSAにおいては、重要な技術（Critical Technologies）の一類型に含まれる。FINSAは、重要な技術を「国の安全保障に不可欠である重要な技術、重要な構成要素、または重要な技術項目」と概括的に定義しているが[16]、規則がその内容を詳細に定めている。それによると、重要な技術とは、①国際武器取引原則のもとで武器品目リストに定められている軍事品目または軍事サービス、②輸出管理規則の規制品目リストに定められている品目、③他国の原子力活動の支援に関する規則[17]に定められた原子力関連機器、部品、材料、ソフトウェア、そして技術、④特定の病原体および毒素に関する規則[18]に定められている特定の病原体および毒素である[19]。半導体は、②に直接該当するほか、①および③にも当然に該当する品目である。そして、これはCFIUSの第2段階の審査が義務づけられている重要産業基盤にかかわる技術であることから、半導体産業の買収についても第2段階の審査が義務づけられていると考えてよいであろう。

FINSAは、CFIUSに連邦議会への年次報告を義務づけている[20]。重要な技

13)　重要産業基盤とは、物理的であるか否かを問わず、アメリカにとって必要不可欠なシステムや資産であって、その不能または破壊が、国家安全保障を損なう効果をもたらすものと定義されている。50 U.S.C. §4565(a)(6).

14)　50 U.S.C. §4565(b)(2).

15)　50 U.S.C. §4565(d).

16)　50 U.S.C. §4565(a)(7).

17)　10 C.F.R. §810 (2015).

18)　7 C.F.R. §331 (2017), 9 C.F.R. §121 (2017) and 42 C.F.R. §73 (2017).

19)　31 C.F.R. §800. 209(a)-(d) (2008).

20)　FINSAによる審査については、件数等の概要は年次報告書で明らかにされているものの、企業活動への配慮もあって、個別の案件についての情報開示はなされていない。なお、報告書には連邦議会に向けたものと、機密事項を除外した一般公開用のものとがある。

術の買収に関する報告事項としては、①アメリカが主導的な立場にある重要な技術の研究開発と製造にかかわる企業が外国によって買収されることにつき、信頼のある証拠があるか、②外国政府がアメリカ企業の重要な技術にかかわる企業秘密を直接または間接に獲得すべくスパイ活動を行っていないか、についての評価を求めている[21)]。2017年5月1日の時点で最新である2014年度の報告書[22)]は、情報技術とエレクトロニクスの部門におけるM&Aは、アメリカの重要な技術にかかわる問題であると指摘している[23)]。

(2) 重要な技術に関する審査

CFIUSは、買収の当事者からの任意の通知を受けて審査を開始する[24)]。審査基準は、通知された対内直接投資の計画が、アメリカの国家安全保障に脅威となることにつき信頼できる証拠があること、そして国家緊急経済権限法(International Emergency Economic Powers Act: IEEPA)[25)]による以外に、国家安全保障を確保する手段がないことである[26)]。そして、FINSAは、審査における考慮要素を11項目にわたって定めている[27)]。

11項目のうち、重要な技術について、直接的に言及しているのは、第7項にある「アメリカの重要な技術に及ぼす潜在的な国家安全保障上の影響」である[28)]。すなわち、重要な技術を有する企業の買収が直ちに国家安全保障上の脅威を生じない場合であったとしても、将来的にリスクをもたらすものであるならば、買収は中止されるべきことになる。このほかにも、半導体を含む重要な技術の買収は、考慮要素の第1項が挙げている買収の対象となった産業の国防上の必要性[29)]や、第6項の買収が重要産業基盤にもたらす潜在的な影響[30)]にもかかわることから、広範な裁量に基づく審査に服するものと考えられる。

半導体にかかわる買収計画については、2014年の1年間に29件の任意の通

---

21) 50 U.S.C. §4565(m)(3).

22) CFIUS Annual Report, *supra* note 12, at 3. CFIUSの年次報告書は、毎年2月頃までに2年前のものが出されるが、2015年版は例年になく遅れており、8月末の時点においても公表されていない。これは、AIXTRONに対する中止命令や政権交代の影響があるものと考えられる。

23) *Id.* at 30.

24) 50 U.S.C. §4565(b)(1)(C).

25) International Emergency Economic Powers Act, Pub. L. No. 95-223, 91 Stat. 1625 (1977) (codified at 50 U.S.C. §1701 et seq.).

26) 50 U.S.C. §4565(d)(4)(A)-(B).

27) 50 U.S.C. §4565(f). 11項目は、Exon-Florio条項が制定された当時からの5項目と、FINSAへの改正時に追加された6項目からなっている。前者は国防および軍事関係についてのものであり、後者はテロ対策としての国土安全保障に根ざしたものである。

28) 50 U.S.C. §4565(f)(7).

29) 50 U.S.C. §4565(f)(1).

30) 50 U.S.C. §4565(f)(6).

知があった[31]。2014年の通知の総数は147件であったことから[32]、半導体関連の買収は全体の2割近くに上っている。CFIUSの年次報告書は、買収対象の企業を製造業、金融・情報サービス業、鉱業・建設業、卸売・小売・運輸業の各項目に分けて整理しているが、製造業の占める比率が例年高く、そのなかで半導体産業は、任意の通知の件数が一番多くなっている[33]。2014年の年次報告書の全体を通じてみても、CFIUSの審査においては、半導体産業の買収がもっとも多い。半導体産業の買収が、どの国からであったのかは公表されていないが、重要な技術全体としては、イギリス16件、カナダ8件、フランス7件、さらにイスラエル、スイス、ドイツ、そして中国からそれぞれ6件となっており、日本は5件でその後に続いている[34]。

Ⅳ　中国の動き

1　CFIUSの年次報告書にみられる傾向

2012年から2014年の3年間で、CFIUSの審査の対象となった買収計画は358件あり、国別にみた場合に件数がもっとも多いのは中国の68件、次いでカナダの40件、そして日本の37件となっている[35]。中国が一国で2割近くを占めていることは、中国からアメリカへの対内直接投資が活発であることを示している。中国は、2015年に「中国製造2025（Made in China 2025)」と名付けた10か年計画によって製造立国をめざす姿勢を明らかにし、産業基盤の強化を掲げた[36]。この実現には、半導体をはじめ、FINSAの定義するところの重要な技術の確保が不可欠である。そこで、中国の政府関連企業や政府系ファンドによる対内直接投資は、着実な伸びをみせるようになった[37]。

連邦議会の諮問機関である米中経済・安全保障検討委員会（U.S.-China Economic and Security Review Commission: USCC）は、2016年11月の最新の報告書

31） CFIUS Annual Report, *supra* note 12, at 6.
32） *Id.* at 1.
33） *Id.* at 4.
34） CFIUS Annual Report, *supra* note 12, at 30.
35） *Id.* at 19.
36） 国立研究開発法人科学技術振興機構研究開発戦略センター海外動向ユニット「『中国2025』の公布に関する国務院の通知の全訳」（2015年7月25日）12頁。
37） 政府系ファンドと対内直接投資規制について、渡井理佳子「政府系ファンドと行動規範をめぐる諸問題」法学研究84巻12号（2011年）861頁。

において、中国からの企業買収について詳細な検討を加えている。そして、連邦議会に対する 20 項目の提言の第 1 は、CFIUS の権限を強化し、中国の政府関連企業による対内直接投資を禁止する必要があるという点であった[38)]。報告書は、中国が先端技術産業に積極的に投資していることを指摘し、アメリカの半導体産業との関連では、2015 年 4 月から 2016 年 9 月の期間に 21 件の買収計画があったことを明らかにした[39)]。このうち、買収の完了までにいたらなかったケースが 6 件あり、このうちの 4 件は CFIUS の承認が得られないことへの懸念から買収が断念されたものであった[40)]。

半導体をめぐっては、メディアの注目を集めた買収計画がいくつかあり、なかでも Tsinghua Holdings（清華紫光集団）による Micron Technology の買収計画は 230 億ドルと高額であり、仮に実現していたならば中国によるもっとも高額な買収となるはずであった[41)]。2016 年 8 月には、Exon-Florio 条項の制定の契機となった Fairchild が、CFIUS の審査への懸念から Hua Capital Management（北京清芯華創）の買収の申入れを拒否するというケースもあった。今後も、半導体産業をめぐる中国の活発な買収が続くものと思われる。

2　中国と CFIUS の考慮要素

Exon-Florio 条項の制定の契機を振り返るならば、中国以外の国からの買収計画であっても、半導体企業の買収については、国際競争力の観点を含む広い意味での国家安全保障の見地から、認められない可能性はある。なお、FINSA の審査における 11 の考慮要素の第 8 項は、対内直接投資が外国政府によるものであるかどうかを挙げている[42)]。中国は、国有企業の改革を進めてきているが、コーポレートガバナンスのあり方など、アメリカとは企業形態が異なることから、結局はこの項への該当が問題となる可能性が高く、中国からの対内直接投資に対する審査は厳しいものになることが予想される。

さらに、審査の考慮要素の第 9 項では、外国投資家の国籍国の核不拡散防止

38） U.S.-China Economic and Security Review Comm'n, 2016 Report to Congress of the Executive Summary and Recommendations 26 (Nov. 16 2016).

39） *Id.* at 8.

40） *Id.* これ以前にも、Huawei Technology（華為技術）が 3Leaf Systems の特許を取得した際に、CFIUS から買収を撤回するよう勧告を受け、これに従ったというケースがメディアの注目を集めたことがある。Ken Hu, Deputy Chairman of Huawei Technologies, Chairman of Huawei USA, Huawei Open Letter (Feb. 25, 2011), *available at* 〈http://pr.huawei.com/en/news/hw-092875-huaweiopenletter.htm〉.

41） USCC 2016 Report, *supra* note 38, at 26.

42） 50 U.S.C. §4565 (f)(8).

とテロ対策におけるアメリカとの協力関係および当該国による軍事装備への技術転用の可能性と輸出入管理制度の状況を挙げている[43)]。中国とアメリカは、核不拡散防止条約の加盟国であり、テロ対策でも同じ立場にあるが、中国政府による盗聴への懸念や人権問題の帰趨をアメリカが重視していることからすると、この項目への適合も否定できないであろう[44)]。FINSA の審査においては、どの国の投資家による買収計画であるのかが、審査の際に重視される。そこで、同じ内容の買収計画であっても、買収する側の国籍によって承認される場合とされない場合がありうることになる[45)]。

V　AIXTRON 事件

1988 年の Exon-Florio 条項の制定および 2007 年以降の FINSA のもとでの計 30 年間で、大統領の中止命令が出されたことは 3 回あり、そのすべてが中国からの買収計画であった。1 件目は、1990 年の MAMCO 事件、2 件目は 2012 年の Ralls 事件、そして 2016 年の AIXTRON 事件である。Exon-Florio 条項のもとでなされた最初の中止命令から、22 年の長い期間を経て 2 件目、そしてその 4 年後に 3 件目の命令が出されていることをもって、アメリカの対内直接投資規制の適用が厳格になったとの評価も可能である。しかし、実際には、中止命令にいたる前に当事者が CFIUS への通知を取り下げた例があり、事実上の中止命令の件数はこれよりも増えることになる。CFIUS の報告書によれば、2009 年から 2014 年までの 6 年間で、買収計画の通知があった 627 件のうち、20 件が途中で取り下げられていた[46)]。

大統領の中止命令のうち、もっとも新しい AIXTRON 事件は、半導体産業を

---

43)　50 U.S.C. §4565(f)(9).

44)　2012 年 10 月 8 日に、アメリカ下院の情報通信委員会は、華為技術（Huawei）と中興通訊（ZTE）の通信機器は、アメリカの国家安全保障上の脅威であるとして、両社と取引をしないよう勧告した。House Permanent Select Comm. on Intelligence, 112th Cong., Investigative Report on the U.S. National Security Issues Posed by Chinese Telecommunications Companies Huawei and ZTE (Oct. 8, 2012).

45)　中国企業による買収計画に対して中止命令が出された Ralls 事件では、風力発電所の建設計画が国家安全保障上の脅威になると認定されたが、同じ地域に中国以外の外国諸国による風力発電所が存在していた。Ralls 事件の詳細について、渡井理佳子「アメリカにおける対内直接投資規制と国家安全保障の審査」慶應法学 27 号（2013 年）139 頁、同「アメリカにおける対内直接投資規制法の展開」慶應法学 33 号（2015 年）245 頁、Rikako Watai, *Regulation of Foreign Direct Investment in United States*, in The Comparative Law Yearbook of International Business Vol. 38 147-183 (Dennis Campbell ed., October 2016).

46)　CFIUS Annual Report, *supra* note 12, at 3.

めぐる買収計画であった。MAMCO事件およびRalls事件では、すでに対内直接投資についての契約が締結されていたのに対し、AIXTRON事件ではCFIUSの承認が公開買付けの成立要件となっていた[47)]。このため、AIXTRON事件は、大統領が対内直接投資を真に中止した最初のケースであるとの評価もなされている[48)]。

1　AIXTRONの買収計画とCFIUSの審査

ドイツのAIXTRONは、化合物半導体装置の主要なメーカーである。同社のMOCVDシステム（Metal Organic Chemical Vapor Deposition: 有機金属気相成長法）は民生用および軍事用に用いられている重要な先端技術である。2016年5月、AIXTRONは、中国のFujian Grand Chip Investment Fund（福建宏芯投資基金：FGC）がドイツにもつ子会社（Grand Chip Investment: GmbH）の株式公開買付けによって、AIXTRONの全株式を6億7,000万ユーロで買収することにつき合意したとの報道発表を行った[49)]。FGCは、中国の投資ファンドであり、中国政府とのかかわりも指摘されたが、同社の株式の51％を所有する刘振东（Zhendong Liu）氏は、この取引に中国政府は関与していないと説明した[50)]。買収が発表されるまでの経緯をみる限り、FGCの買収計画は、敵対的買収ではなかったということができる。そして、本件は、まずドイツにおいて対内直接投資の審査対象となった。

ドイツの対内直接投資規制を所管する経済エネルギー省は、国家安全保障の見地からの審査を行い、2016年9月8日にこの買収計画をいったん承認したものの、10月21日に承認を取り消し、審査の再開をAIXTRONに通知した[51)]。

---

47) Grand Chip Investment GmbH, Offer Document, Voluntary Public Takeover Offer (July 15, 2016) (on file with SEC Form SC TO-T/A, SEC EX-99. (A)(1)(A)), p. 16, *available at* 〈https://www.sec.gov/Archives/edgar/data/1089496/000104746916014616/a2229333zex-99_a1a.htm〉.

48) Squire Patton Boggs, *Presidential Review of Aixtron Acquisition: Implications for Future Inbound Investment* (Nov., 2016), *available at* 〈http://www.squirepattonboggs.com/~/media/files/insights/publications/2016/11/presidential-review-of-aixtron-acquisition/aixtron-acquisition-alert.pdf〉.

49) Ad Hoc Releases, AIXTRON, GCI to launch offer for AIXTRON SE (May 23, 2016), *available at* 〈http://www.aixtron.com/en/press/press-releases/archive-2015/detail/gci-plant-uebernahmeangebot-fuer-aixtron-se-1/〉.

50) Maria Sheahan, *China's FGC Stands by Aixtron Deal in Face of German Review,* Reuters (Oct. 25, 2016), *available at* 〈http://www.reuters.com/article/us-aixtron-m-a-fujian-idUSKCN12P152〉.

51) Ad Hoc Announcement, AIXTRON, AIXTRON SE: Withdrawal of Clearance Certificate and reopening of review proceedings by the Ministry of Economics pertaining to the takeover by

これは異例な措置であり、承認から取消しまでの45日間に何があったのかは明らかではないが、ドイツの規制当局とCFIUSの審査の最中であったアメリカとの間で、本件について協議がなされたことが考えられるであろう。経済エネルギー省は、承認を取り消した理由を公表していないが、中国への技術流出への懸念に加え、買収計画の発表にいたる時期にSanan Optoelectronics（三安光電）がAIXTRONへの高額発注を急にキャンセルしたためにAIXTRONの株価が下落した事実があったこと、そしてFGCと中国政府とのかかわりが判明したことが理由との報道もある[52]。AIXTRONに先立つ2016年5月には、中国の家電大手のMidea Group（美的集団）が、ドイツの産業用ロボットメーカーのKukaを買収したばかりであり、相次ぐ中国からの買収に、ドイツ国内の警戒感が高まっていたことが背景にあったとみることもできる。

2 大統領の中止命令

AIXTRONはドイツの企業であることから、これが中国の投資ファンドによって買収されたとしても、アメリカとのかかわりはないようにも思われる。しかし、AIXTRONはカリフォルニア州を本拠とする子会社をもっているため、この取引はFINSAの適用を受け、CFIUSによる審査の対象となった。

CFIUSが、AIXTRONの買収に関する任意の通知を受理したのは、2016年の7月19日であった[53]。その後、AIXTRONは11月18日に報道発表を行い、前日にCFIUSの審査期間が終了したこと、そしてCFIUSからは、国家安全保障上の脅威が軽減されていないことを理由に、通知を取り下げるよう勧告されたことを明らかにした[54]。この時点で、第1段階と第2段階の審査に要する75日以上が経過しているため、すでに一度は通知をいったん取り下げた後に再提出をしていたものと思われるが、CFIUSとしては、やはり国家安全保障上の脅威が軽減されていないとの姿勢を示したことになる。これに対してAIXTRONと

Grand Chip Investment GmbH (Oct. 24 2016), *available at* ⟨http://www.aixtron.com/fileadmin/user_upload/IR/2016/161024_Ad-Hoc_Withdrawal_EN_final.pdf⟩.

52) Paul Mozur, *Germany Blocks China in Bid for a Tech Firm,* N.Y. Times (Oct. 25, 2016) at B7. AIXTRONは、業績の見通しを下方修正することになった。

53) Ted Yu, 2016 SEC No-Action Letter Lexis 331, Scott R. Saks, Paul Hastings LLP, to Ted Yu, Chief, Office of Mergers and Acquisitions, U.S. Securities and Exchange Commission pp. 24-26 (Aug. 17, 2016), 2016 SEC No-Act. LEXIS 331.

54) Ad Hoc Announcement, AIXTRON, AIXTRON SE: Tender Offer by Grand Chip Investment GmbH/Referral of CFIUS Decision to the President of the United States (Nov. 18, 2016), *available at* ⟨https://www.aixtron.com/fileadmin/user_upload/IR/2016/161118_Ad-Hoc_Announcement_CFIUS_EN_final.pdf⟩.

FGC側は、勧告には従わないとして、引き続き軽減合意の締結に向けて対応を続け、15日以内になされる大統領の判断を待つとの見解を明らかにした[55]。

オバマ大統領は、15日後の2016年12月2日に買収計画の中止を命令した[56]。大統領は、中止命令の事実認定において、この買収計画が実現したならば、アメリカの国家安全保障を損なう脅威となる行動がとられる可能性があるということを指摘している[57]。財務省がCFIUSの長としての立場で同日に出したステートメントでは、FGCに中国政府の関与があることの指摘に加え、何よりもAIXTRONの技術が軍事転用されれば国家安全保障に影響が及ぶことを挙げている[58]。AIXTRONは、中止命令の翌日に、これはアメリカ国内の子会社にのみかかわる問題であると表明し[59]、アメリカの子会社を除いて取引を進める意向を示していたが、最終的にFGCは買収計画を断念した[60]。

3　AIXTRON事件の影響

この事件で注目に値するのは、CFIUSから取下げの要請があった事実を買収計画の当事者が進んで公表し、また、それに従わずに大統領の中止命令を受けたことである。大統領の審査の期間は15日間しかないが、メディアを通じて世論や大統領自身にはたらきかける意図があったのではないかと思われる。CFIUSの勧告が、いったんの取下げの後に改めてAIXTRONとFGCからの通知を受け付ける趣旨であったのかどうかは不明であるが、勧告の事実および内容の公表は予期していなかったものと思われる。

大統領の中止命令2条(a)は、表面上は、アメリカの子会社の買収の中止を命

---

55) *Id.*

56) Regarding the Proposed Acquisition of a Controlling Interest in Aixtron SE by Grand Chip Investment GmbH Dec. 2, 2016, 81 Fed. Reg. 88607 (Dec. 7, 2016).

57) Section 1(a). Ralls事件において、RallsはFINSAの規定に反し、あえて大統領の中止命令の取消しを求めて争った。これに対し連邦高裁は、大統領の中止命令の判断の基礎となった事実がRallsに示され、それに対する反論の機会がRallsに確保されていることが適正手続の要請であると判示した（Ralls Corp. v. CFIUS, 758 F.3d. 296, 317-318 (2014)）。したがって、AIXTRONとFGCには、より詳細な事実認定が示されている可能性がある。

58) U.S. Dept. of the Treasury, Statement on the President's Decision Regarding the U.S. Business of Aixtron SE (Dec. 2, 2016).

59) Ad Hoc Announcement, AIXTRON, AIXTRON SE: Tender Offer by Grand Chip Investment GmbH/Prohibition of Acquisition of U.S. Business of AIXTRON by the U.S. President (Dec. 3, 2016), *available at* 〈http://www.aixtron.com/fileadmin/user_upload/IR/2016/161203_Ad-Hoc_Announcement_US_President_EN_final.pdf〉.

60) Ad Hoc Announcement, AIXTRON, AIXTRON SE: Lapse of Takeover Offer by Grand Chip Investment GmbH (Dec. 8, 2016), *available at* 〈http://www.aixtron.com/fileadmin/user_upload/IR/2016/161208.1_Ad-Hoc_Announcement_Erloeschen_EN_final.pdf〉.

じているにすぎない。そこで、AIXTRON が表明したように、その部分だけを除外して公開買付けを行った場合に、アメリカがどのような対応をとったかという問題は検討に値するであろう[61)]。本件は、アメリカの国家安全保障に外国の支配をもたらす取引として CFIUS の審査の対象になり、そして最終的に大統領によってアメリカの国家安全保障への脅威があると判断された。重要な半導体の技術が中国側にわたり、軍事技術に転用される可能性があったとの理解を前提にすれば、大統領および CFIUS の意図は、結局のところ、買収計画全体を中止するという趣旨であったものと考えられる。大統領の中止命令 2 条(e)は、司法長官は命令を執行するためのあらゆる手段をとることができるとあり、実際にアメリカの子会社を除いた部分の買収が進められていた場合に、中止命令の執行が問われたものといえるであろう。

VI　おわりに

AIXTRON の買収計画は、対内直接投資の計画に外国政府が関与していると考えられる状況で、重要な技術である半導体のうち、特に軍事技術にも転用可能な先端技術が、買収の対象となったケースであった。AIXTRON の買収計画と同じ 2016 年における中国からの半導体メーカーの買収であっても、CFIUS の承認が得られているケースもあり[62)]、「半導体産業」と「中国」という要素が、常に中止命令をもたらすというわけではない。

トランプ政権のもとで、CFIUS の構成員である各省の庁の顔ぶれも変わることになるため、重要な技術をめぐる CFIUS の審査がこれからどのようになっていくのかについては、いまだ不透明なところもある。中国企業による買収であっても、2005 年の Lenovo によるアメリカの IBM のノートパソコン部門の買収のように、その後の躍進につながったケースもある。アメリカにおける自由な資本移動と国家安全保障の調整について、今後も検討を続けていくこととしたい。

61）Covington & Burling LLP, Covington Alert, *President Obama Blocks Chinese Acquisition of Aixtron SE* (Dec. 5, 2016), *available at* 〈https://www.cov.com/-/media/files/corporate/publications/2016/12/president_obama_blocks_chinese_acquisition_of_aixtron_se.pdf〉.

62）USCC 2016 Report, *supra* note 38, at 26. 比較的時期が近い 2016 年 5 月には、北京の投資ファンドが、Mattson Technology を買収した例がある。

第2章

フランス

総論
フランスにおけるテロ対策法制とその変容

各論 I
テロ行為を理由とする国籍剥奪

各論 II
インターネットによる「過激化」対策
——フランスのテロ対策における
インターネット関連規制等について

フランスにおける9.11以降の主なテロ関連事件とテロ対策法制

年月日	内容
2001年11月15日	「日常の安全に関する法律」制定（2003年12月までの時限立法）
2003年3月18日	「国内の安全に関する法律」（2005年までの時限立法）
2006年1月23日	「テロとの闘い及び治安・国境管制をめぐる諸規定に関する法律」制定
2008年12月1日	2006年法を一部延長する法律の制定（同年12月制定・2012年末までの延長）
2012年12月21日	「安全とテロ対策に関する法律」（2006年法の再延長）制定（同年12月制定・2015年末までの延長）
2014年11月13日	「テロ対策の強化に関する法律」制定
2014年12月20～23日	イスラム過激派による無差別襲撃事件
2015年1月7日	シャルリ・エブド襲撃事件
2015年7月24日	「情報（諜報）活動に関する法律」制定
2015年11月13日	パリ同時多発テロ
2015年11月14日	1955年緊急事態法に基づく緊急事態宣言
2015年11月18日	パリ郊外での警察とテロ容疑者との銃撃戦。緊急事態の延長のための法案提出
2015年11月20日	1955年緊急事態法に基づく1回目延長法律（3か月延長：2016年2月26日まで）、新設・改正条項の制定
2015年12月23日	「国民保護に関する憲法的法律」政府提出案の国民議会への提出
2016年2月19日	1955年緊急事態法に基づく2回目延長法律（3か月延長：同年5月26日まで）
2016年3月22日	「公共旅客交通における、不法行為、公共の安全への攻撃、テロ行為の予防と対策に関する法律」制定
2016年3月29日	緊急事態の憲法化の断念（オランド大統領）
2016年5月20日	1955年緊急事態法に基づく3回目延長法律（2か月延長：同年7月26日まで）
2016年6月3日	「組織犯罪、テロリズム及び資金調達対応強化、刑事手続の合理化と保障の改善のための法律」制定
2016年7月14日	ニース大型トラック事件
2016年7月21日	1955年緊急事態法に基づく4回目延長法律（6か月延長：2017年1月26日まで）
2016年12月19日	1955年緊急事態法に基づく5回目延長法律（7か月延長：2017年7月15日まで）
2017年2月28日	「公的安全に関する法律」制定
2017年4月20日	シャンゼリゼにおける警官襲撃事件
2017年7月4日	1955年緊急事態法に基づく6回目延長法律（4か月延長：同年11月1日まで）

総論
フランスにおけるテロ対策法制とその変容

新井　誠

Ⅰ　はじめに

前世紀より多くのテロ被害を受けてきたフランスでは、さまざまなテロ対策法が制定されてきた。今世紀初頭のアメリカ同時多発テロ（2001年）やイギリス・ロンドン地下鉄同時多発テロ（2005年）といった諸外国での大規模テロの際にも、国内向けの新たなテロ対策法制が用意されてきた。こうした対策にもかかわらず、フランスでは近年、自国において大きなテロに見舞われている。2015年1月のシャルリ・エブド襲撃事件、2015年11月のパリ同時多発テロ、2016年7月のニース大型トラック事件などは、世界的にも注目された。

このうち2015年11月13日のパリ同時多発テロの発生後は、翌14日0時より、「緊急事態（État d'urgence）に関する1955年4月3日法律」（以下「1955年緊急事態法」という）に基づく緊急事態が宣言され、その延長が繰り返されながら、現在（2017年7月）にいたる。フランス領域内ではこれまで、1955年緊急事態法に基づく緊急事態が数度にわたり宣言されてきたものの、テロを理由とするのは初めてである。しかも今回、緊急事態の憲法化の動きがみられたことに加え、時限付きであるはずの緊急事態が数回の延長を繰り返すことで「緊急事態の常態化」が懸念され、緊急事態をめぐる議論が活発になっている[1)]。

フランスにおける1970年代、1980年代のテロは、主に外国由来の宗教関連テロや左翼運動、独立運動を契機とするものが多かったのに対し、近年のテロは、フランス国内に住居をかまえるローンウルフたちによるホームグローン型のものが目立つ。その背景には、フランス国内で移民が土着化するなかで、フランス社会に反感を覚える移民２世、３世の若者などが敵対的行動に走るといった状況があるようである。こうしたなかでフランスでは、移民対策の強化を求める声が高まっており、2017年５月のフランス大統領選挙でも移民の厳しい取締りを訴え

1）Olivier Beaud et Cécile Guérin-Bargues, *L'état d'urgence, Étude constitutionnelle, historique et critique,* L.G.D.J, 2016; Paul Cassia, *Contre l'état d'urgence,* Dalloz, 2016.

る極右勢力候補の台頭が話題となった。

以上のようにフランスでは、テロ対策法制自体とその運用に加えて、テロの発生要因をめぐっても、従来型からの変容がみられる状況にある。従来のテロ対策法制をふまえつつ、こうした変容のなかのその姿について総論的に観察していくことが本稿の課題である[2)]。

II　2015年以前の状況

1　20世紀末の状況

上述のようにフランスでは従来からテロ被害を受けており、テロ対策を行っている[3)]。1980年代初頭に注目されたのは、バール（Raymond Barre）保守内閣下で制定された「人々の安全の強化と自由保護に関する1981年2月2日法律」であった。その後、同法律は、ミッテラン（François M.A.M. Mitterrand）大統領統治下のモーロア（Pierre Mauroy）左派連立内閣のときに廃止された（1983年）。ところが1986年には8件連続の爆弾テロが発生したこともあり、1986年3月の国民議会総選挙で誕生したシラク（Jacques R. Chirac）右派内閣のもと、「テロリズムとの戦い及び国家安全の侵害に関する1986年9月9日法律」が制定された。この法律の特徴は、刑事訴訟法典においてテロ犯罪を前提とする規定を整備し、テロ行為を列挙した点である。

1994年3月の新刑法典の施行の際には、刑事訴訟法典（旧）706-16条に規定された「テロ犯罪」の内容が、新刑法典へと移行された。そして「テロ行為」の定義が、現行の刑法典に規定され（421-1条・421-2条）、テロ犯罪に関する加重規定（421-3条）が置かれた。その後、1995年9月の自動車爆発テロや同年10月のパリ・オルセー駅での無差別テロを契機として、「テロリズムの処罰の強化等に関する1996年7月22日法律」が制定された。同法では「テロ行為」該当犯罪がさらに追加され、テロ準備への参加行為に関する処罰（刑法典421-2-1条）が盛り込まれた。

2)　本稿は、2016年11月26日に開催された「市民生活の自由と安全」研究会における「近年のフランスにおけるテロ対策法制の変容―アメリカ9.11テロからフランス同時多発テロへ」（慶應義塾大学）と題して行った筆者自身の報告をもとに執筆したものである。

3)　概観するものとして、大藤紀子「テロ―フランス法の対応」社会科学研究59巻1号（2007年）3項。筆者も、新井誠「フランスにおけるテロ対策法制」大沢秀介＝小山剛編『市民生活の自由と安全』（成文堂・2006年）123頁以下で2005年以前のフランスのテロ対策法制を概観しているので、この時期のテロ対策についてはそちらを参照のこと。

2　アメリカ同時多発テロ（2001年9月）の影響

2001年9月11日、アメリカ同時多発テロが起きた。フランスの議会は同時期、若者犯罪対策等をめざす新たな治安法制を検討していたが、同テロの影響を受けて、同年10月開会後、上記にテロ対策を含む法案をあわせて審議し、「日常の安全に関する2001年11月15日法律」（以下「2001年法」という）を制定した（2003年12月までの時限立法）[4)]。同法は、テロ行為類型を定める刑法典に、新たに資金提供行為（421-2-2条）を定め、車両捜索に関する職務質問権限の強化や、所有者の同意なしでの家宅捜索・物件の押収などの強化、さらには電話通信事業者による通信記録の保存義務など、多岐にわたる規制強化を行った。

上記の2001年法成立後、国民議会与党が左派から右派へと変動し、大統領と首相が共に右派となる政治状況を迎えた。これによりフランスでは治安対策が強化され、2002年の「国内治安に関する指針・計画法」の制定後、別名サルコジ法ともよばれる「国内の安全に関する2003年3月18日法律」（2005年までの時限立法）が制定された。この法律は国内治安対策としての性質をもち、警察・憲兵隊間の情報ファイルの相互アクセスを可能にすることなどが規定された。加えてテロ対策関連としては、2001年法をさらに2年間延長するとともに、「刑法典421-1条から421-2-2条までに定められた1つまたは複数の行為に従事する1人または複数人と継続的な関係性がある場合で、自らの暮らしを行うにあたっての財源について証明できない事実がある場合には7年の拘禁刑と10万ユーロの罰金に処する」（刑法典421-2-3条）との規定を置いた[5)]。

3　ロンドン地下鉄同時多発テロ（2005年7月）の影響

2005年7月7日には、イギリス・ロンドンで同時多発テロが起きた。これを受けてフランスでは、同年9月以降、新たなテロ対策法案が政府から議会に示され、成立した。「テロ対策及び治安・国境管制をめぐる諸規定に関する2006年1月23日法律[6)]」（以下「2006年法」という）である。この法律では、テロ防止目的を明記した街頭・公共交通機関におけるビデオ撮影が強化された。具体的には、テロの標的となる場所へのカメラの設置に関する規定が置かれ、また公共

4)　新井・前掲注3) 132頁。
5)　具体的条文については、Legifrance.gouv.fr（フランス法令の総合サイト）を参照。
6)　2006年テロ対策法については、高山直也「フランスのテロリズム対策」外国の立法228号（2006年）113頁、村田尚紀「フランスにおける自由と安全」森英樹編『現代憲法における安全』（日本評論社・2009年）370頁以下参照。

交通機関におけるビデオカメラの設置が義務づけられ、撮影画像に関する国家警察・憲兵隊によるアクセス権などが明記された。この法律の合憲性審査を付託された憲法院は、2006年1月19日、テロ行為を「抑圧する（de réprimer）」ために、インターネット通信記録の（テクニカルな）データを行政警察が徴用できる権限を定める法6条のうち、「抑圧する」権限は、本来的に司法権限に属するとして違憲（権力分立原理違反）であるとした[7]。こうした判断は、行政警察と司法警察との区分から多くの違憲判断を行ってきたフランスの特徴といえよう。

その後、上記2006年法を一部延長する2008年12月1日法律[8]が同年12月に制定されたことで、2012年末までの延長が図られた。さらにこれを一部延長する2012年12月21日法律[9]（以下「2012年法」という）が同年12月に制定され、2015年末までの延長が決まった。また2012年法では、「ある人物が421-2-1条に定められたグループまたは協定に参加すること、あるいは421-1条と421-2条に言及されたテロ行為を犯すことを目的として、同人に提供する者を送ったり約束を取り付けたり、何らかの寄附、贈答もしくは利益を与えることを示唆し、同人を脅す、または同人に対して圧力を加えようとする事実があった場合には、それが結果的に行われなかったとしても、10年の拘禁刑と15万ユーロの罰金に処する」（刑法典421-2-4条）という規定が刑法典に追加された。

2014年11月13日法律[10]では、刑法典421-2-5条に、テロ行為を直接的に煽動、公然と称揚する行為について、5年の拘禁刑と75,000ユーロの罰金刑（1項）とすることを定め、さらにオンライン上の公共コミュニケーションサービスを用いてこれを行った場合には7年の拘禁刑と10万ユーロの罰金刑（2項）を科した。こうしたテロ行為の煽動・称揚は、従来、「プレスの自由に関する法律」との関連で、報道にまつわる罪の一種とされてきたが、本規定で一般的な罪へと変更された。また刑法典421-2-6条には、これまで犯罪とはみなすことができなかった単独でのテロ計画準備に対する罪が創設された。また、テロ活動にかかわる可能性のある人々の出国禁止に関する諸規定も設けられた[11]。同1条1項（治安法典L. 224-1条の追加）は、「全てのフランス人のうち、以下のことを計画すると考えられる重大な理由（des raisons sérieuses）が存在する人物につい

7）Décision nº 2005-532 DC du 19 janvier 2006. 新井・前掲注3）135～136頁。
8）鈴木尊紘「【フランス】テロリズム対策法の延長」外国の立法238-1号（2009年）26頁。
9）服部有希「【フランス】2012年テロ対策法」外国の立法254-2号（2013年）。具体的条文については、Legifrance gouv. fr を参照。
10）服部有希「【フランス】2014年テロ対策強化法」外国の立法262-1号（2015年）。具体的条文については、Legifrance.gouv.fr を参照。
11）具体的条文については、Legifrance.gouv.fr を参照。

ては、出国禁止を命じることができる」と規定し、1）「テロリストの活動への参加を目的とする外国への移動」、2）「テロリストグループの作戦展開地域があり、（フランスを）出国した人がフランス領土に戻ってきた際に公共の安全に害をもたらす疑いのある状況の場合の、外国への移動」をその対象とし、禁止措置期間は6か月で最長2年と規定した（2項・3項）。

さらに同5項では、「出国禁止措置の宣言があった場合には直ちに、しかるべき機関の名の下に、当該人物のパスポートあるいは国家IDカードが無効化されるか、場合によってはそれらの書類の公布が行われなくなる。行政機関は、あらゆる方法を用いて当該人物にそれを知らせる」とし、6項では、「出国禁止措置の知らせがあった場合、その知らせを受けてから遅くとも24時間以内に、当該人物はパスポートあるいは国家IDカードを返納しなければならない」とそれぞれ規定した。これらに関して、1項違反は3年の拘禁刑および45,000ユーロの罰金、6項違反は2年の拘禁刑と4,500ユーロの罰金（8項・9項）を置いた。これに国外退去命令を受けた外国人に関する義務、出国できない場合の住居指定、テロ関与疑惑がある人物との接触規制、インターネットプロバイダ・ホスティングサービス事業者によるネットでのテロ賛美・唱導内容に関する当局への報告義務と、内容削除等の義務、その他、警察による捜査対象の拡大（スマートフォン・タブレット端末等の閲覧、スカイプなどの音声・画像の傍受）などが加えられた。

他方で情報（諜報）活動に関する2015年7月24日法律[12]なども定められた。

Ⅲ　テロと緊急事態法制
――パリ同時多発テロ（2015年11月）の影響

1　近年の状況

(1)　フランス国内におけるテロ事件の発生

以上のようにテロ対策関連の多様な法制度が用意されるなかで近年、フランス社会を揺るがし、世界的にも広く衝撃を与えた事件が発生した。1つはイスラム過激派の風刺画などを掲載する週刊誌を発行している出版社であるシャルリ・エブドへの襲撃事件である（2015年1月）。フランスでは2014年12月にもイスラム過激派によるものとされる無差別襲撃事件が起きており、2015年1月の襲

12）豊田透「【フランス】国による情報監視技術の使用を規定する法律」外国の立法265-1号（2015年）。

撃もイスラム過激派の関与があったとされる。その後2015年11月13日には、パリ市街と郊外サン＝ドニ地区の複数の場所で、「イスラム国」（ISIS）戦闘員と推定されるジハーディストグループによる銃撃や爆発が同時発生し、死者130名、負傷者300名以上となるテロ事件が起きた（パリ同時多発テロ）。さらに2016年7月には、ニースで花火見物をしていた市民らに大型トラックが突っ込み、84名の死者が出た無差別テロが起きているが、この事件の容疑者もまた、イスラム系住民によるものとされる。これらの事件については、イスラム過激派の影響を受けたフランス国内居住民による犯行であることから、イスラム系移民に対する排外主義的空気が強まるなか、治安対策の強化が移民対策とセットで議論されたことが1つの特徴である。

(2)　パリ同時多発テロと「緊急事態」

以上のうち、フランスにおけるテロ対策への法的対応に関する大きな転換を迫ったのが、2015年11月13日のパリ同時多発テロである。同日21時すぎにパリ市内での同時多発テロが起きた際にフランスでは、翌14日0時より1955年緊急事態法に基づく緊急状態が宣言された[13]。そして同月18日には、緊急事態の延長法案が提出され、同月20日に1回目の延長法律が制定された（3か月延長：2016年2月26日まで）。ところがその後もこうした延長が繰り返され、2回目の2016年2月19日延長法律（3か月延長：同年5月26日まで）、3回目の2016年5月20日延長法律（2か月延長：同年7月26日まで）、4回目の2016年7月21日延長法律（6か月延長：2017年1月26日まで）、5回目の2016年12月19日延長法律（7か月延長：2017年7月15日まで）、6回目の2017年7月4日延長法律（4か月延長：2017年11月1日まで）と続く。

今回の緊急事態の発令には、いくつかの特徴がみられる。第1に、テロ事件に関して緊急事態が発令された初のケースであった点である。第2に、従来の適用に比べても、非常に長い間、緊急事態状況にある点である。たとえば2005年の発令の際には、2005年11月8日に発令、同月18日に法律による3か月の延長、2006年1月3日にデクレにより終結しているが、今回の場合には、1年半以上継続している。第3に、この緊急事態の発令は、1955年緊急事態法という法律に基づくものであるが、テロ発生当時のオランド（François Holland）大統領が、緊急事態を憲法規範化するための憲法改正の意思を2015年11月16

13)　豊田透「【フランス】緊急状態延長法の制定」外国の立法266-1号（2016年）。なお、パリ同時多発テロ以後のフランス政治の状況を概観したものとして、井上武史「同時テロ事件以後のフランスの法的・政治的対応」白水社編集部編『ふらんす特別編集 パリ同時テロ事件を考える』（白水社・2015年）97頁を参照。

日の両院合同会議の演説で表明したことで、（この憲法改正は頓挫したものの）憲法改正の必要性の有無を含む注目すべき論点が提示された点である。

2　非常事態法制の基本構造

ここでは、フランスにおける「非常事態」法制の基本構造を概観するが[14)]、特に憲法上の制度と法律上の制度があることに注意したい[15)]。

(1)　憲法上の制度――大統領非常大権、戒厳令（合囲状態）

憲法上の制度としてまず、憲法16条に定める大統領非常大権が挙げられる。この大権が発令されると、大統領にあらゆる権限が付託される。憲法は、「共和国の制度、国の独立、その領土の保全あるいは国際協約の履行が重大かつ直接に脅かされ」、「憲法上の公権力の適正な運営が中断されるとき」という要件を課している。これまでは、1961年のアルジェリア危機における発動例があるのみである。この大権は非常に強力な権限であることから、一定の統制方法として、2008年憲法改正では憲法院による審査制度が設けられ、発動30日後、憲法院に対して要件該当性審査を付託できるようになった（憲法16条6項）。

次に、憲法36条に定める戒厳令（合囲状態（État de siège））が挙げられる。「合囲状態」とは敵から包囲される状態のことをいい、特に軍事的な非常事態（戦争、内乱など）の場合に文民権限を軍へ移管する措置である。戒厳令は、閣議を経た大統領デクレによって発令され国会による統制もある。もっともこの発令は、第5共和制において経験したことがない。

(2)　通常法律上の制度――1955年緊急事態法

他方、通常法律である1955年4月3日法律で制度化された非常事態法制が、「緊急事態」である。この緊急事態の発動要件は、「公共の秩序に対する多大な危害を引き起こす重大な危機、もしくは、ことの本質と重大性にかんがみて、公共の災禍としての性質を示すような出来事の場合」（1条）とされる。発令は閣議におけるデクレ（政令）によって行われ、その効力を生じる行政領域（circonscriptions）（同2条1項）や、デクレによる緊急事態適用区域（zones）（同2項）の特定がなされる。緊急事態が12日を超える場合には、法律により期間を定める（2条・3条）ことを規定する。

14)　村田尚紀「フランスの『有事法制』」水島朝穂編『世界の「有事法制」を診る』（法律文化社・2003年）101頁以下、新井誠「フランスにおける危機管理の憲法構造と災害対策法制」浜谷英博＝松浦一夫編『災害と住民保護』（三和書籍・2012年）200頁以下。
15)　ほかに判例法上の「非常事態の法理」があるとされる。この点、長谷部恭男「非常事態の法理に関する覚書」小早川光郎先生古稀記念『現代行政法の構造と展開』（有斐閣・2016年）901頁以下参照。

緊急事態では、県知事に対して、1）アレテ（知事による執行的決定）で決定された場所・時間における人・車両の通行禁止、2）アレテにより、人々の滞在が規制される保護・安全区域の設定、3）方法の如何を問わず、公権力の行使の妨害を行おうとする人物についての、県の一部あるいは全部における滞在禁止、といった権限が付与される（5条）。また内務大臣（または県知事）の権限として、劇場、飲食店、人々が会するあらゆる種類の場についての一時的閉鎖命令（8条1項）や、騒乱を誘発もしくは維持する性格のある集会の、一般的または個別的禁止（同2項）なども規定される。

この緊急事態の発令例[16]としては、アルジェリアでの軍事クーデタ（1955～1962年）の際に3回、ニューカレドニアなどの海外領土における適用（1985～1987年）が3回、さらにフランス本土での若者による暴動（2005年）がある。1955年緊急事態法の制度化自体の合憲性をめぐっては、憲法院1985年1月25日85-187判決があり、同判決により、立法者による緊急事態制度の構築は、憲法適合的であるとしている[17]。

3　2015年11月20日法律による1955年緊急事態法改正

2015年11月13日に起きたパリ同時多発テロ後は、上述のように、直ちに緊急事態が発令されたが、これを12日以上延長する場合には、議会による延長法律の制定が要請される。そこでフランス議会は、その延長法律を制定したが、それと同時に従来の1955年緊急事態法に新たな規定を置いたり、改正をしたりしている[18]（1955年緊急事態法は近年、緊急事態の延長を実施するための規定の制定に加えて、小規模の改正が頻繁に行われている[19]）。

16）矢部明宏「フランスの緊急状態法」レファレンス2013年5月号（2013年）5頁。同稿では特に2005～2006年にわたる適用について概観している。

17）Décision nº 85-187 DC du 25 janvier 1985. 矢部・前掲注16）11頁参照。

18）Legifrance.gouv.frを参照。1955年緊急事態法とその改正を行った2015年11月20日法律について、ヴェロニク・シャンペイユ＝デスプラ（馬場里美訳）「緊急事態の憲法条項化」慶應法学36号（2016年）386頁以下参照（同稿は、2016年7月3日に慶應義塾大学フランス公法研究会で行われた、同氏報告「La constitutionnalisation de l'état d'urgence-Retour sur débat recent」の内容である）。また、2015年法改正を経たフランス1955年緊急事態法の状況は、奥村公輔「フランスにおけるテロ対策と緊急事態『法』の現況」論ジュリ21号（2017年）41頁に詳しく、本稿でも適宜参照する。

19）本稿執筆者が2016年11月26日時点で、前掲注2）で言及した研究会報告をした以降も、6条改正（2017年3月16日憲法院判決［Décision nº 2017-624 QPC du 16 mars 2017］による修正）、11条、13条、15条改正（2017年2月28日法律による修正）と続いた（2017年5月31日現在）。1955年緊急事態法の2016年12月19日法律による改正時点までの法文の邦訳として、奥村公輔訳「フランス緊急事態法関連法令集」駒澤法学16巻3号（2017年）94頁が存在する（同・前掲注18）41頁以下も参照）。

(1)　団体の解散

1つは、解散対象となる結社・集団の拡充（と新たな権限の設定）である。2015年11月20日法律（2015年法）では、1955年法律6-1条に「国内治安法典L. 212条の適用とは別に、公的秩序に重大な侵害を及ぼす行為を行うための集まりに参加したり、あるいはその活動が同集まりをほう助しあるいは同集まりにそそのかしをしたりするような、結社または事実上の集団は、大臣会議デクレにより解散される」と新たに規定した。この規定に登場する国内治安法典L. 212条では「大統領デクレにより、以下の結社または事実上の集団は、解散される」と規定し、「7　フランス又は外国にてテロ行為を行うため、フランス国内においてあるいは国内から謀略に従事する者」[20]（1986年法による追加）による結社・集団を解散する規定をすでにもっている。こうした従来の規制に加えて新法では、「公的秩序に重大な侵害及ぼす行為」を行う集会やそれをそそのかす団体の解散を「大臣会議デクレ」で実施するとしている。

(2)　居住地指定

次に、居住地の指定に関する規定である。2015年法では、1955年緊急事態法6条2項について「本条1項に言う者は、内務大臣により指定された居住場所に、24時間中12時間を限度として、内務大臣が指定する時間帯に留まることが義務づけられる」とし、6条6項では、居住地における制限として、警察組織等への出頭義務（1号）やパスポートや身分証明書の返納（2号）などを定め、6条7項では、公共の安全と秩序にとって脅威となる行為をすると考えられる確かな理由が存在する人との直接的、間接的接近を禁止する。さらに6条8項では「居住指定命令を受けた者で、テロ行為を理由とする重罪、もしくは10年の拘禁を伴う（テロ行為の場合と）同様の理由をもつ軽罪により、自由剥奪刑を受けたことがあり、刑の執行を終えてから8年以内の者について、内務大臣は、同人を移動式電子監視装置の下で監視するよう命じることができる」と定め、きわめて広範に及ぶ人身や居住の自由に関する制約が制度化された。

以上のほか、それまでの規定を改正した部分もある。たとえば6条（旧）1項では、危険人物の居住地指定に関して「内務大臣は、あらゆる場合において、2条で定めるデクレにより指定された領域に住んでいる者で、その行動が、前述の条文で示された領域における公共の安全と秩序にとって危険であることが明らかである者に対して、ある領域または特定された町村における居所を指定すること

20)　具体的条文として、Legifrance.gouv.fr を参照。

ができる」と規定していた。これに対して新1項では、「内務大臣は、2条で言及されたデクレにより指定された領域に住んでいる者で、その行動が、前述の条文で示された領域における公共の安全と秩序にとって危険であると考える重大な理由が存在する者に対して、内務大臣の指定する場所における居所を指定することができる。内務大臣は、居住の指定場所へと、警察の部署あるいは憲兵隊の組織により同人を連れていかせることができる」[21]（下線筆者）としており、下線部を比較するとわかるように、人物の危険性認定の要件が緩和され、また居住地指定に加えて同所への強制連行のシステムが導入されることとなった[22]。

(3)　行政権による家宅捜索

1955年緊急事態法11条は、これまでも行政当局による家宅捜索を規定しており[23]、2015年11月20日法律による改正前の（旧）11条は、次のように定めていた。

> 緊急事態を宣言する法律は明示的規定をもって以下のことが可能となる。
> 1. 8条に定められた行政機関に対して、昼夜を問わず、家宅捜索を行うことのできる権限を付与すること。
> 2. 1号と同じ行政機関に対して、あらゆる種類のプレスや刊行物の統制、ラジオ番組、映画の映写、劇場公演の統制を行うためのあらゆる手法をとる権限を付与すること。
>
> 本条1号の諸規定は、上記2条に規定されたデクレで決められた領域でしか適用されない。

これに対し2015年11月20日法律では、同11条1節1項を「緊急事態を

21）新旧条文ともに、Legifrance.gouv.frを参照。

22）他方、重罪、軽罪に関する県内における刑事裁判所から軍事裁判権への刑事裁判権の移管について定める12条の規定が廃止された。

23）実際、パリ同時多発テロ直後の緊急事態宣言がなされた2015年11月14日から最初の延長期限終了直前（2016年2月25日）までに行われた（緊急事態宣言に基づく、行政による）家宅捜索は3,427件に及ぶという（P. Cassia, *op. cit.*, p. 131）。もっともCassiaの指摘によれば、このうち2015年11月14～20日にかけての家宅捜索は《行政による》ものとすることはできず、それらは共和国検事の事前承認を暗に規定する1955年緊急事態法の諸規定に基づくものとされるからである。その背景には、本文でみるように2015年11月20日法律以前の1955年緊急事態法（旧）11条では、行政家宅捜索の要件が曖昧であったところ、憲法院（Décision n° 2016-567/568 QPC du 23 septembre 2016）は、私生活の尊重を保障する基本権に反する法律の適用のもとで警察捜査がなされたと判断しつつも、この違憲判断を、警察捜査の1つの途中で違反が明らかになった後に始められた刑事手続にかかっている人々が援用することができないことをあえて示しているように（P. Cassia, *ibid.*, p. 132）、刑事手続そのものを有効なものとする意図が感じられる。

宣言するデクレまたは延長法律は、明示的規定により、8条に定められた行政機関に対し、その行動が公共の安全と秩序を脅かすことになる人物が当該場所に頻繁に訪れると考えられる重大な理由がある場合において、住居を含むあらゆる場所の家宅捜索を昼夜問わず行う権限を付与することができる。ただし、議員の職務行使のため、もしくは、弁護士、司法官あるいはジャーナリストの職務活動の場として割り当てられた場所については除く」と規定し、また、(旧) 11条2項2号に定めていた報道・出版・ラジオ放送・映画放映・劇場公演の統制を行うための行政機関に対する権限付与に関する規定を削除した[24)]。旧規定に比べると行政による家宅捜索の実施条件をやや詳細に示したといえる。

他方で、続く(旧) 11条1節3項では、捜索権限を拡大するものとして、「家宅捜索が実施される現場にある情報システムもしくは端末設備を用いて、上記の情報システムもしくは設備、あるいは他のシステムもしくは端末設備においてストックされたデータにアクセスできる。それは、これらのデータが、冒頭のシステムからアクセスできるか、冒頭のシステムのために自由に入手できることを条件とする。本条各規定の条件のもとでアクセス可能なデータについては、あらゆる記録媒体にコピーできる」(下線筆者) とする規定が設けられたことも注意したい。もっとも下線部分は、憲法院2016年2月19日2016-536QPC判決で違憲とされ (後述) 削除された (その他は現在、11条1節4項に規定される)。

4　憲法改正論の浮上

2015年11月のパリ同時多発テロでは、緊急事態の発令とともに、オランド大統領による憲法改正の意思表明 (同年11月16日) がなされ、その後「国民保護に関する憲法的法律の政府提出案[25)] (Projet de Loi constitutionnelle de Protection de la Nation)」が、同年12月23日に国民議会に示された。同案では、緊急事態の憲法条項化 (1条) と、テロ行為をした二重国籍者の国籍剝奪 (2条) の憲法条項化がめざされた[26)]。その背景には、違憲の疑いのある人権制約につき、憲法レベルでの正当化を意図するものであった。

(1)　緊急事態に関する憲法条項化

まず緊急事態に関する憲法条項化についてみると、政府原案では、憲法36条

24) この新11条のその他の条文の和訳として、奥村訳・前掲注19) 100頁以下を参照。

25) 〈http://www.assemblee-nationale.fr/14/projets/pl3381.asp〉

26) 改憲案の状況については、井上武史「フランスの緊急事態条項をめぐる改憲論議から考える」(うち「なぜ改憲論議が行われたのか」、「改憲案の内容」部分) WEBRONZA (2016年5月3日) 〈http://webronza.asahi.com/politics/articles/2016043000001.html〉を参照。

（戒厳令）の後に36-1条を付加することが織り込まれ、以下のような規定が用意された。

1項「緊急事態は、共和国の領域の全部または一部において、公共の秩序への重大な侵害から生じる差し迫った危機の場合、またはその性質と重大性から公共的レベルでの災禍であるような特性をみせる事変の場合、大臣会議で宣言される。（L'état d'urgence est déclaré en conseil des ministres, sur tout ou partie du territoire de la République, soit en cas de péril imminent résultant d'atteintes graves à l'ordre public, soit en cas d'évènements présentant, par leur nature et leur gravité, le caractère de calamité publique.）」。

2項「法律は、この危機を封じ、またはこれらの事変に立ち向かうために文民（非軍事）機関が取ることのできる行政警察上の措置について定める。（La loi fixe les mesures de police administrative que les autorités civiles peuvent prendre pour prévenir ce péril ou faire face à ces évènements.）」。

3項「12日間を超える緊急事態の延長については法律によってしかできない。法律はその期間を定める。（La prorogation de l'état d'urgence au-delà de douze jours ne peut être autorisée que par la loi. Celle-ci en fixe la durée.）」。

これに対し国民議会の審議を経て元老院に送られた後、元老院の採決時（2016年3月22日）の案[27)]では、国会両院による意見聴取をした後の大臣会議デクレの要請や、行政機関による措置の比例性の要請、憲法66条に定める司法機関の役割の重視、法律による緊急事態延長期間の制限（3か月以内）、緊急事態の終了に関する規定が置かれた。もっとも結局、憲法改正案について両院による一致をみることはなかった。

以上の状況のなかフランスでは、上述した1955年緊急事態法の改正箇所（非改正部分を含む）を合憲とする憲法院判決が示された[28)]。たとえば2015年12月22日QPC判決[29)]では、2015年の改正緊急事態法における内務大臣の居場所指定を憲法66条違反にならないとしている。また2016年2月19日QPC判決[30)]では、緊急事態時の集会やデモ行進の禁止について憲法に違反しないとした。さらに2016年2月19日QPC判決[31)]では、緊急事態時の警察によるデー

27） 井上・前掲注26）、シャンペイユ＝デスプラ・前掲注18）396頁。
28） これら憲法院判決については、シャンペイユ＝デスプラ・前掲注18）403〜405頁参照。
29） Décision n° 2015-527 QPC du 22 décembre 2015.
30） Décision n° 2016-535 QPC du 19 février 2016.
31） Décision n° 2016-536 QPC du 19 février 2016.

タ・アクセスに関して一部違憲とし、残り部分を合憲とする。

他方、緊急事態の憲法化をめぐっては、学界を巻き込んだ議論が展開されており、三者三様の評価がなされたようである。まず、①改正賛成論としては、「安全」の観点からの正当化（感情、究極的価値への訴え、法的根拠、安定性、など）が挙げられている。他方で、②改正反対論としては、すべての条項化に対する反対論、タイミングに関する反対論、現代のテロの脅威に太刀打ちするのに「憲法」という枠組みでは収まらないという立場、などに分類されている。さらに③中間的立場として、「リベラル」な立場からの限定的賛成論として立法者を適切に統制する機能をもたせるべきことを主張する見解があったようである[32]。

(2)　二重国籍者からのフランス国籍剥奪に関する憲法条項化

フランスでは国籍に関する憲法条項化に関しては、憲法 34 条に「法律は、以下に関する事項について定める」と定め、その 3 号に「国籍、人の身分と能力、夫婦財産制、相続と贈与（la nationalité, l'état et la capacité des personnes, les régimes matrimoniaux, les successions et libéralités）」と挙げてきた。政府案は、これを 2 つの項目に分け、以下のような提案をし、二重国籍者からの国籍剥奪の憲法化をめざした[33]。

> ──la nationalité, y compris les conditions dans lesquelles une personne née française qui détient une autre nationalité peut être déchue de la nationalité française lorsqu'elle est condamnée pour un crime constituant une atteinte grave à la vie de la Nation（国民生活に害をもたらす犯罪により有罪となった場合、他国の国籍を保有するフランス人はフランス国籍を失うという条件を含む［下線筆者］）;
> ──l'état et la capacité des personnes, les régimes matrimoniaux, les successions et libéralités;.

フランスは従来も法律上の国籍剥奪に関する規定が存在していた。すなわち、テロ行為を理由とする重罪・軽罪に関する有罪判決確定者の（無国籍となる場合を除く）国籍剥奪や国籍取得から 15 年以内にテロ行為等を行った場合の国籍剥奪（民法典 25 条 1 号）である（1996 年 7 月 22 日法律（前述）による付加）。近年では、フランス国籍を取得（2002 年）した二重国籍者が、テロ集団加入罪（刑法典

32）　シャンペイユ＝デスプラ・前掲注 18）397～402 頁。
33）　フランス国民議会 HP 内〈http://www.assemblee-nationale. fr/14/projets/pl3381.asp〉

421-2-1条）を理由とする刑事事件で有罪となり（2013年）、首相デクレにより国籍を剥奪された（2014年）ことをめぐり、デクレの取消訴訟が提起され、同訴訟における違憲主張に基づいてQPC判決が示され、結果的に合憲となった（憲法院2015年1月23日QPC判決[34]）。このことから国籍剥奪規定の憲法化をめぐってはその意味が問われ、憲法化に反対する閣僚の辞任（トビラ（Christiane Taubira）法相2016年1月27日辞任）などもあり順調に進むことはなかった。

以上のように、パリ同時多発テロを契機とする憲法改正をめぐっては、結局、緊急事態の憲法化に関して国会両院において成案をみない状況であったことや、改正緊急事態法をめぐる憲法院判決の結果、憲法改正の必要性がそもそもあるのかといった問題が生じた。さらに国籍剥奪の憲法化にも同様の問題が生じ、大統領が憲法改正の断念の意思を示すことになった（2016年3月29日）。

IV　緊急事態の「憲法化」の挫折とその後

2016年4月以降は、1955年緊急事態法に基づく緊急事態を延長するための3回目の2016年5月20日法律、4回目の2016年7月21日法律、5回目の2016年12月19日法律、6回目の2017年7月4日法律へと続く。この間、いくつかのテロ対策強化法が制定された。

1　近年のテロ対策諸法制

(1)　2016年3月22日法律――「公共旅客交通における、不法行為、公共の安全への攻撃、テロ行為の予防と対策に関する法律」制定

同法律は、フランスの公共交通機関におけるテロ行為の予防などを定めたものであり、具体的には国内安全法典、交通法典、刑事訴訟法典、刑法典などを改正するものである[35]。この法律では、フランス国鉄（SNCF）やパリ交通公団（RATP）の職員に対して触知による身体検査を行う権限を与え、一定の条件のもとでそれを実施できるようにすることや（1条）、同職員による携帯ビデオカメラによる録画の権限を一定の場合に与え（2条）、こうした画像や映像を、緊急の場合において治安維持機関に送ることができると定めている（10条）。このほか、司法警察に対して、公共交通機関内において犯罪捜査や訴追のための（身分証確

34）　Décision nº 2014-439 QPC du 23 janvier 2015. 本判決を含むテロ行為を理由とする国籍剥奪についての詳細は、本章【各論Ⅰ】を参照。

35）　豊田透「フランスの交通機関におけるテロ予防策及び不正行為の取締り」外国の立法269号（2016年）3頁。

認の一環として）荷物検査を実施し、検査時間に限って同所有者の拘束を認めることや、予防のための（行政警察権限としての）荷物検査を司法警察官、司法警察職員（補）に認める規定（9条）を置くなどしている。

(2) 2016年6月3日法律――「組織犯罪、テロリズム及び資金調達対応強化、刑事手続の合理化と保障の改善のための法律」制定

同法律は、刑事訴訟法典の改正を中心として、テロ犯罪捜査の実効性強化や刑罰の強化などを内容としている[36]。具体的には、公訴のための予備捜査や予審の際、テロ攻撃の危険などのおそれがある場合の、夜間家宅捜査を可能にしたり、捜査対象者の接続通信データをオンラインで直接取得したりすることを可能とする権限の付与などである。

また、テロ行為を教唆、称賛するサイトの日常的閲覧には、2年の拘禁刑と3万ユーロの罰金が科される（刑法典421-5-2条として挿入）[37]。

2 1955年緊急事態法を改正する諸法律

(1) 2016年7月21日法律

以上のようなテロ対策法制の強化のなかで、2016年7月14日には、ニースにおけるトラック突入事件が起きる。

その直後、1955年緊急事態法の適用を延長する2016年7月21日法律は、あわせてテロ対策の強化を織り込んだ法改正を行った。たとえば改正の対象となった1955年緊急事態法8条1項は、従来、県知事による一部指定地域における劇場や酒場、あらゆる集会場所の一時的封鎖について規定してきたが、ここに新たにテロを煽動、擁護する発言がされるような礼拝所を加えた。また従来なかった第3項として、行政の有する手段によっては安全を確保することが困難であることが証明された場合の、公道における私人による行進や集会の禁止を盛り込んだ。さらに8条のあとには8-1条を新たに設け、一定の区域の公道や公共空間に近い場所での、一定の身分にある公務員による身分確認やビデオ監視、手荷物検査や車両検査の許可について新たに規定した。他方で同法では、行政による家宅捜索を定める1955年緊急事態法11条に関して、押収の際にコピーされたデータの消去期間について定めながら、「関係者の行動によって公共の安全と秩序にとっての脅威が生じることを指摘するデータ」をその対象から外す規定も設けた（第1節8条）ものの、憲法院2016年12月2日QPC判決は、この例

36） 豊田透「【フランス】2016年テロ対策強化法」外国の立法268-2号（2016年）。

37） ネット上のテロの唱導、賞賛発言をめぐる規制などに関しての詳細は、本章【各論Ⅱ】を参照。

外規定を違憲と判断している[38]。

(2) 2016年12月19日法律

2016年12月19日法律は、1955年緊急事態法6条13項において、居住指定の延長許可について内務大臣が、コンセイユ・デタの急速審理担当裁判官に要求できる旨を定めたものの[39]、憲法院2017年3月16日QPC判決は、この手続が公平原則や裁判を受ける権利を侵害し違憲と判断している[40]。

(3) 2017年2月28日法律

2017年2月28日法律[41]は、1955年緊急事態法6条や11条などを改正している。このうち6条では、これまでも同10項で、内務大臣が、刑期を終えたテロ行為犯罪者について携帯式電子監視システムのもとに置き、位置確定をする装置の所持義務や警察・憲兵隊への定期的な出頭義務を課してきた。これにさらに2017年2月法律は、その後に「しかし、遠隔操作の位置測定装置の作動が、12時間以上続けて一時的に停止する、または重大な変調を来したとき、装置の正常な作動が再開するまで、これらの義務が当事者に課せられる。遠隔操作を可能にする技術的装置の実行は、コンセイユ・デタのデクレによって設けられた条件の下で権限付けられた私法上の人格に委任することができる」との規定を加えた。また10項の次に、「権限を付与された共和国検事は、居住指定、そこに生じた変更、そして廃止に関する全てについて遅滞なく情報を得る」という新11項と、「内務大臣は、権限ある各地域の知事に対して、2項に定められた制限の下で、決定された滞在場所にとどまることに関する拘束場所や時間帯修正の管理について委ねることができる。また、〔6項〕1号に定めた条件のもと、警察あるいは憲兵隊に対して、定期的な提示義務に関する、時間帯、頻繁度、場所についても委ねることができる」という新12項を挿入した。さらに6条に関しては、3項に、居住指定を受ける人について、人口密集地、またはその近郊に居住することを認める規定があるが、ここにさらに家族生活や仕事に関する条件を尊重することが付された。

さらに11条に関しては、前述のように、2015年11月20日法律の改正以降も、第1節1項において「昼夜」に行政家宅捜索ができる規定になっていたも

---

38) Décision nº 2016-600 QPC du 2 décembre 2016. 奥村・前掲注18) 46頁。

39) 奥村訳・前掲注19) 97頁。

40) Décision nº 2017-624 QPC du 16 mars 2017. この判決については、村田尚紀「フランスにおける緊急事態をめぐる憲法ヴォードヴィル」憲法理論研究会2017年5月14日（神戸学院大学）報告（レジュメ）において言及された。

41) 具体的条文として、Legifrance.gouv.frを参照。

のの、この「昼夜」という言葉を削除し、同２項において、家宅捜索の場所や時間帯を明確にすることを要求する第１文の後に、「緊急事態あるいは取締りの必要性に基づいて家宅捜索を決定すべき特別の動機がない限り、家宅捜索は21時から６時の間は行えない」とする第２文を挿入することとなった。

このようにフランスでは、緊急事態を発令後、緊急事態の適用の延長を行う法律を制定する場合などを含めて、細かい法改正を頻繁に行っている。また、憲法院が法文を違憲判断した場合には、直ちにそれが無効となるなかで、加えて違憲判断も多く、法文の変化が激しい状況にある。

Ⅴ　おわりに

以上、フランスにおけるテロ対策法制とその変容につき概観を試みた。フランスでは2015年のパリ同時多発テロ以降、テロ対策の法的手段として、通常法律による統制に加え、緊急事態法に基づく「緊急事態」秩序のもとでテロ防止と取締りを始めたことが、従来のテロ対策からの大きな変容である。またその緊急事態の「憲法化」の議論もフランスの制度設計に関する固有のものである。そうしたフランスの事情から、日本のテロ対策法制にとっての何らかの教訓を見出すことは難しいものの、あえて示すならば、次のような点が挙げられよう。

第１に、長年、通常状態を前提とするさまざまなテロ対策法制を行ってきたなかで、大きなテロが起きてしまうことをどのように捉えるのかということである。近年のテロは、個人（ローンウルフ）型の傾向が強くなり、テロ「組織」の取締りに限定されない別の方策が必要となる。また、劇場やスポーツ施設、観光地を狙うソフトターゲット型のテロが増加していることを考えると、人々の遊興の場へのさらなる統制、管理が求められることになる。もっとも、こうした取締りは、従来、憲法学が重視してきたプライバシー（私生活）のさらなる制約となるおそれは多分にある。個人を基盤とする権利と安全の確保のための措置のバランスをめぐる大きな変容を今後、さらに受け入れざるをえないのであろうか。また、「安全」を基軸とするテロ対策法制の継続的強化がなされるなかで、なおテロが起きてしまうとなると、必要十分条件をみたす法制度はありうるのかという疑問が生じ、人々の自由が際限なく制限されることへの不安が残る。

第２に、国家統治の制度設計のなかに「緊急事態」秩序を設けているフランスの場合、憲法化の試みは頓挫したものの、通常法律の枠組みのなかで繰り返し延長が行われ、緊急事態のなかで通常のテロ法制だけでなく緊急事態法制そのものの改正が行われていることをどのように評価すべきか。さらにこの「緊急事態の常態化」をどのように評価すべきか。

これらの難題にはにわかに的確な答えを示すことはできないが、フランスではさまざまなテロ対策法や緊急事態法の改正があるなかで、制限をかけるばかりではなく一定の制限を緩和することを含めた議会による不断の見直しがなされていることに目を向けたい。また、緊急事態の状況でも、憲法院などの裁判的機能により既定の規制法律についても躊躇なく違憲判断を行っていることが重要である。こうした議会自体の不断の努力と、裁判的機能を発揮する憲法院などと議会との対話的関係のなかで、テロを契機とする緊急事態状況のもと、自由で民主的な国家としての体裁をどうにか保っている現在のフランスの姿それ自体が、とりあえず注目されてよいのではないか。

各論Ⅰ

テロ行為を理由とする国籍剥奪

堀口悟郎

Ⅰ　はじめに

2015年1月7日、武装をした覆面姿の犯人らが、風刺週刊誌を発行するシャルリ・エブドの本社を襲撃し、警官2名を含む12名を殺害した。そして、このシャルリ・エブド襲撃事件からわずか10か月あまりの2015年11月13日に、パリ同時多発テロが発生した。「イスラム国」(ISIS) の戦闘員とみられる犯人らは、パリ郊外のサン＝ドニにあるスタジアム (スタッド・ド・フランス) 等で自爆テロを起こすと[1]、その数分後にはパリ10区・11区の飲食店等で相次いで発砲事件を引き起こし、さらにはパリ11区のバタクラン劇場で大勢の観客に向かって銃を乱射するなどした。これらのテロ行為による死者は130名、負傷者は300名以上に及んだという。

この凄惨な同時多発テロから3日後の11月16日、オランド大統領 (当時) は、ヴェルサイユ宮殿内の議場にすべての国会議員を集め、演説を行った[2]。本事件はテロリスト集団によって犯された「戦争」であり、かかる新たな戦争に立ち向かうには、憲法改正をはじめとした大規模な法改正が喫緊の課題となる。オランドは全国会議員、そして全国民に向かって、そのように強く主張した。

---

1)　この時、スタッド・ド・フランスではサッカーのフランス対ドイツ戦が行われており、フランスのフランソワ・オランド (François Hollande) 大統領とドイツのフランク＝ヴァルター・シュタインマイヤー (Frank-Walter Steinmeier) 外務大臣も観戦していた。

2)　井上武史「同時テロ事件以後のフランスの法的・政治的対応」白水社編集部編『パリ同時テロ事件を考える』(白水社・2015年) 97～98頁が指摘するように、この演説は2つの点で異例といえる。第1に、そもそも大統領が議会で演説をするということが異例である。大統領の議会演説は、2008年の憲法改正によって認められたものであるが、これまでに実施された例は2009年にニコラ・サルコジ (Nicolas Sarközy) 大統領が行った1回だけであった。第2に、ヴェルサイユ宮殿で演説を行ったということが異例である。当時は同時多発テロからわずか3日後で、事件の首謀者が逃亡中であり、さらなるテロの危険も否定しえない状況であったことを考えれば、大統領・閣僚・国会議員がわざわざパリを離れてヴェルサイユ宮殿まで移動することには、相当なリスクがあったはずである。オランドがこのように異例な演説をあえて断行した意図は、テロ対策法制が喫緊の政治課題であることを国会議員および国民に対して強くアピールすることにあったと考えられる。

オランドが示した憲法改正案の内容は、次の2点にまとめられる[3)]。1点目は、緊急事態条項の追加である。政府は同時多発テロ発生直後の11月14日未明に緊急事態宣言を発令し、同月20日には緊急事態を3か月延長する法律を成立させたが、重大な人権制限を伴う緊急事態の長期化には憲法違反の疑いがあることなどにかんがみ、憲法に緊急事態に関する条項を追加すべきだと考えたのである。2点目は、国籍剥奪条項の追加である。現行法上の国籍剥奪制度は、帰化等によりフランス国籍を取得した二重国籍者のみを対象としているが、近年のテロ事件の犯人には「生まれながらのフランス人」である二重国籍者も含まれていた。そこで、そのような者がテロ行為を行った場合にもフランス国籍を剥奪しうるよう、憲法に明記すべきだと主張したのである。

本稿は、この憲法改正案の2点目、すなわち国籍剥奪に関する問題を主題とする。後述するように、国籍剥奪制度の歴史は古く、テロ行為を理由とする国籍剥奪も少数ながら行われた例があり、その合憲性は憲法院も認めていた。また、世論調査においては、テロリストからの国籍剥奪を支持する声が多数を占めていた。にもかかわらず、この憲法改正案は断念を余儀なくされる。本稿では、その経緯を検討することにより、テロ対策としての国籍剥奪制度、そしてその対象を拡大する憲法改正案が、フランスにおいていかなる意味をもっていたのかを明らかにしたい。

本稿の構成は、次のとおりである。まず、フランスにおける国籍の意義および国籍制度の特徴を指摘する（II）。次に、フランスにおける国籍剥奪制度の概要を確認するとともに、現行法上の国籍剥奪制度を合憲と判断した憲法院判決を紹介する（III）。そのうえで、国籍剥奪に関する憲法改正が提案されてから断念にいたるまでの議論を分析する（IV）。そして最後に、テロ対策としての国籍剥奪制度をめぐる議論がもつ意味について考察する（V）。

II　フランスにおける国籍制度

1　フランス革命と国籍

国籍やナショナリズムの研究で有名なアメリカの社会学者、ロジャース・ブルーベイカー（Rogers Brubaker）によれば、「近代の国民的シティズンシップ（国籍）は、フランス革命により発明されたものである」という[4)]。フランスにおけ

3）この案は、2015年12月23日に「国民の保護に関する憲法改正案」として閣議決定された。

る国籍剥奪の問題を理解するためには、まずこの点を把握しておかねばならない。

フランス革命が起こる前の旧体制下においては、「成員資格もしくは所属を決定する単位は、国家より下位のレベルにあった」。すなわち、「人の権利と義務の決定要因として大切なのは、まず第1に、ある人間がフランス人か外国人かということではなかった」のであり、「領主の領地に『所属している』ということや、もしくは領内（pays d'état）の住人であること、自由都市（ville franche）の市民であること、貴族か聖職者であること、プロテスタントかユダヤ教徒であること、ギルド、大学、宗教組織、もしくは高等法院（parlement）の成員であることが重要だった」[5)]。当時においてもフランス人と外国人の区別が存在しなかったわけではないが、その区別はもっぱら相続の際に問題となるにすぎなかった(外国人の遺産は、フランス人の相続人がいない限り、原則として遺産没収権に基づいて王に返還された)[6)]。

しかし、このような状況は、フランス革命によって一変した[7)]。すなわち、「ブルジョワ革命としては、革命は法の下の平等に基づく一般的な成員資格の地位を創出し」、「民主革命としては、それは活動的な政治的シティズンシップの古典的な観点を復活させ、それを特別な地位から一般的な地位……へと変容させ」、「国民革命としては、それは異なる国民国家の成員間の境界（そして対立）を明確にし」、「国家を強化する革命としては、それは国家の成員資格を『直接化』し、成文化した」[8)]。こうして、フランス革命は、国家との直接的関係における、共通の権利・義務と結びついた、平等な成員資格としての「国籍」概念を発明したのである[9)]。

後にみるように、二重国籍者の国籍を剥奪する制度に対しては、同じフランス国民を二重国籍か否かという点で差別するものであり、共和国の基本原理である「平等」の理念に反するとの批判が繰り返されてきたが、国籍概念の生成にかか

---

4) ロジャース・ブルーベイカー（佐藤成基＝佐々木てる監訳）『フランスとドイツの国籍とネーション』（明石書店・2005年）65頁。

5) ブルーベイカー・前掲注4）67頁。

6) 旧体制下におけるフランス国籍の法的意味については、光信一宏「フランス旧体制下の外国人の法的地位に関する覚書」愛媛23巻2号（1996年）79頁参照。

7) 革命期からナポレオン民法典成立までのフランス国籍をめぐる議論については、館田晶子「フランスにおける国籍制度と国民概念㈠～㈢」北法55巻4号（2004年）87頁、56巻5号（2006年）149頁、57巻4号（同）1頁参照。

8) ブルーベイカー・前掲注4）87～88頁。

9) フランス革命当時には「国籍（nationalité）」という言葉は使われていなかったが、それは実質的な意味での国籍概念が形成されていなかったことを意味しない。この点については、菅原真「フランス1789年人権宣言における『市民』観念と外国人」名古屋市立大学大学院人間文化研究科人間文化研究11号（2009年）15～16頁など参照。

る上記事情からすれば、そのような批判が生じるのは当然のことといえるだろう。というのも、すべての「国民」を家柄・宗教・職業等に関係なく国家の成員として等しく扱うことこそ、フランス革命が生み出した国籍概念の中核的な要素だったのであり、その意味で、フランスにおける「国籍」は、元々「平等」という理念と分かち難く結びついていたからである。

2 移民の国籍取得

フランスにおける国籍制度の大きな特徴は、血統主義を基礎としつつ、出生地主義の要素をも組み込んでいる点にあるといわれる。すなわち、現行民法典は[10)]、「両親の少なくとも1人がフランス人である子は、フランス人である」(18条) として血統主義の原則を定める一方で、「両親の少なくとも1人がフランス[11)]で生まれた場合には、フランスで生まれた子は、フランス人である」(19-3条)、「両親が外国人であって、フランスで生まれたすべての子は、成人〔18歳〕になった時点においてフランスに居所を有し、かつ、11歳以降継続的もしくは非継続的に少なくとも5年間フランスに常居所を有していた場合には、成人になったときにフランス国籍を取得する」(21-7条) などと規定し、出生地主義を広く認めているのである[12)]。

フランスは移民受入れの長い歴史を有する国であり、移民国家を自称しているが[13)]、この血統主義と出生地主義を組み合わせた国籍制度は、移民2世・3世の国籍取得を容易にしてきた。すなわち、移民1世がフランス国籍を取得していた場合、その子である移民2世は血統主義に基づいてフランス国籍を取得できるし (上記18条)、親がフランス国籍を有していない場合でも、出生地主義により、フランスで生まれた移民2世はフランスでの生活を続ければ成人時にフ

10) フランスにもかつては国籍法典 (Code de la nationalité française) が存在したが、同法典は1993年7月22日の法律によって廃止され、民法典に編入された。以後、フランス国籍に関するルールは民法典で定められている。

11) ここでいう「フランス」には、独立前のアルジェリアや他の植民地・領土が含まれる。そのため、「多くのアルジェリア人がそうしたように、独立以前のアルジェリアで生まれた人がフランスに移民して、彼らの子どもがフランスで生まれれば、その子どもたちは……移民3世として出生時点でフランス国籍が付与される」(ブルーベイカー・前掲注4) 228~229頁)。独立のために戦ったアルジェリア人たちにとって、これは、「フランス国家が再び植民地勢力として立ち現れ、新しいアルジェリア国民国家の国民を、自国のものであると一方的に主張しているととられた」という (同229頁)。

12) 詳しくは、江口隆裕「フランスにおける移民政策の展開㈠」神奈46巻2=3号 (2013年) 40~45頁参照。本文中に引用した条文の訳は同論文による。

13) フランスは、安価かつ大量の労働力を必要としていた高度経済成長期に、旧植民地等から移民労働者を広く受け入れた。1974年に第1次オイルショックの発生を契機として移民労働者の新規受入れを原則停止したが、すでに入国している移民が家族を呼び寄せることを認めたため、その後も移民の数は増加していった。フランスが移民国家となった背景には、このような事情が存在する。

ランス国籍を取得でき（上記21-7条）、また移民３世はフランスに生まれた時点で直ちにフランス国籍を認められるのである（上記19-3条）。このため、移民２世・３世の大半（約97%）はフランス国籍を保有している（そのほとんどは出生による取得である）[14]。

なお、両親とも外国人であり、かつ外国で生まれた者がフランス国籍を取得する方法としては、フランス人との婚姻[15]などのほかに、帰化がある。帰化は、原則としてフランスで５年以上生活している18歳以上の者に申請権が与えられており、フランスの言語・歴史・文化・社会や共和国の基本的価値などに関する十分な知識を有することにより、フランス共同体への同化（assimilation）を証明した場合に、承認される（21-15〜21-24条）。

3　二重国籍の容認

フランスにおける国籍制度のもう１つの特徴として、二重国籍[16]を容認するという点が挙げられる。フランスでは、他国籍を保有する者がフランス国籍を取得する場合に、他国籍の放棄を要求しないのである[17]。このため、移民のなかには、出身国の国籍や親から血統主義によって引き継いだ国籍を保有したままフランス国籍を取得し、二重国籍者となっている者も少なくない[18]。具体的には、「二重国籍を保有している移民はおよそ50%、移民２世では、両親とも移民の子の場合で30%以上、片親が移民である子の場合で10%以上である」という[19]。

20世紀半ばまでの国際社会では、二重国籍は望ましくないものとみなされており、1930年に採択されたハーグ国籍法抵触条約の前文においても、すべての

14）自治体国際化協会「フランスの移民政策」CLAIR REPORT 363号（2011年）47頁〈http://www.clair.or.jp/j/forum/pub/c_report/pdf/363.pdf〉。フランス国籍を有する移民２世・３世のうち、出生によって国籍を取得した者の割合は、出身地域によってばらつきがあるものの、全体を平均すれば約９割にのぼる（同49頁図表19）。

15）ただし、フランス人との婚姻により直ちにフランス国籍を取得できるわけではなく、結婚生活を一定期間継続することなどの条件が課されている。偽装結婚による国籍取得を防ぐ趣旨である。

16）本稿では、「二重国籍」という語を、２つの国籍を有する状態という意味だけでなく、３国籍以上を含む複数国籍を有する状態という意味でも用いることにする。

17）ただし、当然のことながら、出身国等の国籍制度が二重国籍を容認していない場合には、フランス国籍取得時に他国籍を放棄せざるをえなくなる。

18）ブルーベイカー・前掲注4）234頁が整理しているように、フランスにおいて二重国籍が生じうるケースは次の３つである。「1つ目は、ヨーロッパ全体で国籍法はジェンダー中立的になっており、母系・男系どちらによっても国籍の付与は可能であり、国籍が違う夫婦から生まれた子どものほとんどは父親と母親の国籍を引き継ぐ。２番目は、国籍が出生地主義によって付与されるほとんどすべての移民２世は、同時に彼らの両親の国籍を血統主義（*jus sanguinis*）によって受け継ぐ。最後に、帰化によって国籍を取得する多くの移民は彼らの元の国籍を保持する」。

19）自治体国際化協会・前掲注14）51頁。

個人は国籍を１つだけ保有すべきだと記されていた（国籍唯一の原則）。しかし、今日においては、「国籍唯一の原則、その結果の重国籍者・複数国籍保持者の削減に法的価値を見出すという方向性は見受けられない」[20)]。1997年に採択されたヨーロッパ国籍条約[21)]の14条以下にも、出生や婚姻により当然に二重国籍となることを許容しなければならないと定められるとともに、その他の場合にも各締約国の国内法で二重国籍を許容しうる旨が定められている。

フランスにおける国籍法研究の権威であるポール・ラガルド（Paul Lagarde）も、二重国籍を禁ずべき合理的理由はないと説いている。それによれば、二重国籍を禁ずべきだと主張する者は、主に次の２点を根拠として挙げる。すなわち、①国籍はその国への忠誠（allégeance）を構成要素とするため、二重国籍者は２つの国に忠誠を誓わなければならないはずだが、両国が交戦状態にある場合などには、それはきわめて困難であること[22)]、②二重国籍者には、同じ国の出身者だけで孤立したグループをつくり、フランスの文化等に適応することを拒絶するおそれがあることである。しかし、①フランス国籍を取得する者に出身国の国籍を放棄させたところで、その者が出身国への忠誠を失うとは限らないし、②外国出身者に国籍を認めなければ、むしろ彼らをより一層孤立させるおそれがあるだろう、とラガルドは指摘する[23)]。二重国籍を容認するフランス法も、概ねこのような考えに基づくものと思われる。

III　現行法上の国籍剥奪制度とその合憲性

1　国籍剥奪制度の歴史

フランスにおける国籍剥奪制度の起源は、第一次世界大戦時に求められる[24)]。1915年4月7日の法律（および同法を修正した1917年1月18日の法律）により、敵国出身者の国籍を剥奪する権限が認められたのである。この戦時法は、1927年8月10日の法律により、平時法となった。同法は、国籍剥奪事由として、①

20）立松美也子「国籍に対する国際人権条約の影響」共立国際研究30巻（2013年）106頁。
21）同条約の逐条解説として、奥田安弘＝館田晶子「1997年のヨーロッパ国籍条約」北法50巻5号（2000年）93頁参照。
22）Bernard Schmid, «Double nationalité: la tolerance française», *Plein droit,* n° 79, 2008, p. 25が指摘するように、忠誠義務の衝突の問題は、長らく兵役義務をめぐって議論されてきたが、フランスでは2001年に兵役義務が廃止されたため、それは具体的な法律問題ではなくなった。
23）Paul Lagarde, «La double nationalité», *Commentaire,* n° 138, 2012, p. 442.
24）P. Lagarde, *La nationalité française,* 4ème ed., Paris, Dalloz, 2011, p. 235.

国家の安全（sûreté）を侵した場合、②外国の利益を図るためにフランス人の資格と相容れない行為をした場合、③軍事上の義務を免れた場合という3点を規定した。その後の立法としては、1996年7月22日の法律[25]により国籍剥奪事由にテロ行為による犯罪で有罪判決を受けた場合が追加されたことや、1998年3月16日の法律により無国籍となる者が国籍剥奪の対象外とされた（つまり国籍剥奪の対象が二重国籍者に限定された）ことなどが重要である。

1927年以降の国籍剥奪制度は、基本的に慎重に運用されてきた。しかし、ヴィシー政権の時代は例外であった。第二次世界大戦においてナチス・ドイツに協力したヴィシー政権は、1927年以降にフランス国籍を取得した者のうち、ユダヤ人を中心に実に15,000人以上の帰化を取り消すとともに、レジスタンスのためにフランスを離れていたシャルル・ド・ゴール（Charles de Gaulle）などの国籍を剥奪したのである[26]。この歴史に対する反省もあり、現行の国籍剥奪制度はきわめて慎重に運用されており、たとえば2001～2010年の10年間では7回しか適用されていないという（すべて国の根幹的利益を害する犯罪またはテロ行為による犯罪を理由としたものである）[27]。

2　現行法上の国籍剥奪制度

現行民法典においては、国籍剥奪について以下のように規定されている。

第1に、国籍剥奪事由として、次の4点が定められている（25条）。すなわち、①国の根幹的利益を害する犯罪またはテロ行為による犯罪[28]によって有罪判決を受けた場合、②刑法典第4部第3編第2章に定められた犯罪（公務員による公共行政を害する犯罪）により有罪判決を受けた場合、③国民役務法典（code du service national）に基づく義務を免れたことによって有罪判決を受けた場合、④外国の利益を図るために、フランス人の資格と相容れず、かつフランスの利益を害する行為に身を投じた場合[29]である[30]。

---

25)　同法はテロリズム処罰の強化を目的とする諸規定を内容とするものであったが、その一部は憲法院によって違憲と判断された（Décision nº 96-377 DC du 16 juillet 1996）。詳しくは、新井誠「フランスにおけるテロ対策法制」大沢秀介＝小山剛編『市民生活の自由と安全』（成文堂・2006年）140～143頁参照。

26)　Patrick WEIL, «Nationalité: L'originalité française», *Etudes,* tome 398, 2003, p. 325; P. LAGARDE, *supra* note 24, p. 235.

27)　P. LAGARDE, *supra* note 24, p. 241.

28)　テロ行為による犯罪は、刑法典421-1条以下に規定されている。

29)　①～③は有罪判決を要件としているが、④はそれを要件としていない。

30)　かつては、これらに加えて、フランスまたは外国においてフランス法により犯罪とされる行為により懲役5年以上の有罪判決を受けた場合、という国籍剥奪事由も定められていたが、それは1998年3月16日の法律によって廃止された。

第2に、国籍剥奪によって無国籍となる者は国籍を剥奪されないと定められている（25条）。つまり、国籍を剥奪されうるのは二重国籍者に限られる。また、国籍剥奪の対象者は、帰化等によって生後にフランス国籍を取得した者であると定められている。つまり、出生によりフランス国籍を認められた「生まれながらのフランス人」は、国籍剥奪の対象外である。前述のとおり、移民2世・3世の大半はフランス国籍を保有しているところ、そのほとんどは生まれながらのフランス人であるから、移民2世・3世の多くは、たとえ二重国籍であったとしても、現行法上の国籍剥奪の対象とはならない。

第3に、国籍剥奪には次のような期間制限が設けられている（25-1条）。すなわち、国籍を剥奪しうるのは、原則として、①国籍剥奪事由がフランス国籍を取得する前[31)]またはフランス国籍を取得してから10年以内に生じており、かつ、②国籍剥奪事由が生じてから10年以内である場合に限られる[32)]。ただし、国籍剥奪事由のうち、国の根幹的利益を害する犯罪またはテロ行為による犯罪によって有罪判決を受けた場合については、例外的に、上記①②の期間がいずれも15年に延びる。このテロ行為等の場合の期間制限延長は、テロ対策の強化を趣旨とする2006年1月23日の法律[33)]によって追加されたものである。

3 憲法院による合憲判決

(1) 事案および争点

上述した現行法上の国籍剥奪制度は、憲法院2015年1月23日判決（Décision nº 2014-439 QPC du janvier 2015）によって合憲と判断されている[34)]。

当該判決の当事者は、モロッコ出身であり、2002年にフランス国籍を取得したことにより、モロッコとフランスの二重国籍となった。その後、2007年から

31) 国籍取得前の行為を理由とする国籍剥奪は、不法移民対策の強化等を趣旨とする2003年11月26日の法律によって認められたものである。

32) 国籍剥奪はコンセイユ・デタの議を経たデクレ（署名当日に発効）によってなされるため（民法典25条）、国籍剥奪事由に該当する行為がなされてから10年以内にデクレを発することができなければ、もはや国籍を剥奪することはできなくなる。

33) 同法については、高山直也「フランスのテロリズム対策」外国の立法228号（2006年）113頁、村田尚紀「テロ・安全対策と個人的自由・権力分立」関法57巻1号（2007年）180頁、同「フランスにおける自由と安全」森英樹編『現代憲法における安全』（日本評論社・2009年）368頁以下、清田雄治「フランスのテロ対策法における監視ビデオシステムと個人情報保護」同387頁、新井誠「フランス─治安法制と権力分立・私生活の尊重をめぐる憲法院判決の検討」大沢秀介＝小山剛編『自由と安全』（尚学社・2009年）288頁以下参照。

34) 同判決の評釈として、P. Lagarde, «Nationalité française», *Revue critique du droit international privé*, nº 1, 2015, p. 115 et s.; Bertrand Pauvert, «Autour de la déchéance et du retrait de la nationalité française», *AJDA*, nº 17, 2015, p. 1005 et s. 参照。

2010年にテロリスト集団に加入していたことにより、テロリスト集団加入罪（刑法典421-2-1条）で2010年に逮捕され、2013年に有罪判決（懲役7年）を受けた。そして、民法典25条・25-1条に基づき、2014年5月28日付のデクレにより国籍を剥奪された。当該国籍剥奪の有効性をめぐる行政訴訟において、当事者が国籍剥奪の違憲性を主張し、QPCを申し立てたため、この点が憲法院で審理されることとなった。

当該審理における争点（ただし、訴訟手続に関するものを除く）は、国籍剥奪を定める民法典25条・25-1条が①平等原則、②罪刑法定主義（刑罰の必要性、罪刑の均衡）、③法的安定性（sécurité juridique）の原則、④私生活の尊重（respect de la vie privée）の各保障に反しないか、というものである。

(2) 判　旨

憲法院は、上記各争点について以下のように判示し、民法典25条・25-1条をいずれも合憲とした[35]。

(a) **平等原則**　第1に、民法典25条が帰化等によりフランス国籍を取得した者のみを対象としており、生まれながらのフランス人を対象外としていることについては、まず、人権宣言6条に定められた平等原則は、法の目的に適合している限り、状況の違いに応じた別異取扱いや、公共の利益のための別異取扱いを許容していると説いた。そして、二重国籍者のみを国籍剥奪の対象としている点（範囲の限定）、国籍剥奪はコンセイユ・デタの議を経たデクレによって行うこととされている点（適正手続の保障）、テロ対策の強化を目的としている点（目的の正当性）を考慮すれば、帰化等によりフランス国籍を取得した者のみを国籍剥奪の対象としていることは平等原則に違反しないとした。

第2に、国籍取得前の行為をも国籍剥奪の対象としていることについては、国籍取得の時点から国籍剥奪の可能性がなくなる時点までの不安定な期間を延長するものではなく、ただ国籍取得を妨げる事由が国籍取得後に判明した場合に国籍を剥奪する旨を定めただけであるから、平等原則に違反しないとした。

第3に、テロ行為等の場合の期間制限延長（10年→15年）も平等原則に違反しないとした。まず、対象行為の期間延長については、テロリスト集団のなかには、狙いをつけた国に構成員を定住させ、その国の国籍を取得させたうえで、長い年月が経過した後にテロ行為を実行させるという戦略をとる組織も存在するた

35)　憲法院判決は、「一文書き」で考慮要素を列挙するという形式をとるため、判決原文を引用しても内容がわかりづらい。そこで、以下では、憲法院のウェブサイト〈http://www.conseil-constitutionnel.fr/〉で公表されている解説（commentaire）も参考にしつつ、判決の内容を敷衍して紹介したい。

め、テロ行為等による犯罪の場合について対象行為の期間を15年に延長する必要性が認められるとした。次に、国籍剥奪事由の発生から国籍剥奪までの期間延長については、国籍剥奪は、被告人が上訴手段を使い果たし、有罪判決が確定した場合にしかなしえず、その間の司法手続・行政手続に相当の期間を要するところ、テロ行為による犯罪は長い年月が経過してから犯人が判明することも少なくないため、期間制限を15年に延長することは合理的であるとした。

(b) **罪刑法定主義**　罪刑法定主義（人権宣言8条）については、それが狭義の刑罰だけでなく、罪（punition）としての性格を有する制裁に広く適用されることを認めつつ、その適用にあたっては立法裁量を尊重する必要がある（QPCについて規定した憲法61-1条は、憲法院に国会と同様の権限を与えたわけではなく、問題の規定が憲法に適合しているか否かを判断する権限を与えたにすぎない）[36]ということを指摘した。そのうえで、テロ行為による犯罪を理由に国籍を剥奪されるのは有罪判決が確定した者のみであること、国籍剥奪によって無国籍となる者は対象から除外されていること、そしてテロ行為による犯罪の重大性にかんがみれば、国籍剥奪という制裁は過度に重いものであるとはいえず、したがって罪刑法定主義に違反しない、と判断した。

(c) **法的安定性の原則**　国籍剥奪が法的安定性の原則に反しないかという点については、立法府には権限の範囲内で法律を改廃することが認められているが、既得の法的地位（situations légalement acquises）を侵害することは十分な公共の利益によって正当化されない限り許されない（人権宣言16条参照）と説きつつ、現行法の条件下でなされる国籍剥奪はそのような侵害にあたらないと判断した。

(d) **私生活の尊重**　最後に、国籍剥奪が私生活の尊重（人権宣言2条）に反するという主張については、国籍は「私生活」の領域に含まれないとして排斥された[37]。

36） 憲法院は、立法裁量を尊重し、刑罰の必要性欠如や罪刑の不均衡が明白な場合にしか罪刑法定主義違反と判断しないという立場をとっている。そのため、罪刑法定主義違反とされた例は少なく、テロ行為を罰する規定に関していえば、「一定以上の刑に処せられる罪を犯した外国人の入国・通行・不法滞在への援助」をテロ行為による犯罪とする規定を罪刑法定主義違反と判断した憲法院1996年7月16日判決（Décision n° 96-377 DC du 16 juillet 1996）くらいのものである。同判決については、新井・前掲注25）140～143頁参照。

37） 「私生活の尊重」という憲法規範の意義については、佐藤雄一郎「フランス憲法における私生活尊重権について」法学24号（2004年）55頁、新井・前掲注33）300～308頁参照。

Ⅳ　憲法改正の提案とその断念

1　出生地主義に対する批判

オランドによって提案された国籍剥奪条項が主な標的としているのは、いうまでもなくムスリムの移民２世・３世であるが、彼らの国籍が問題視されたのは、今回が初めてではない。彼らからフランス国籍を奪い取ろうとする議論は、出生地主義に対する批判というかたちをとって、1980年代から右派政党を中心に展開されてきた（極右政党の「国民戦線」はその急先鋒であった）。少し遠回りになるが、まずこの議論をみておこう。

前述のとおり、移民２世・３世がフランス国籍を容易に取得しうるのは、フランスの国籍制度が出生地主義の要素を組み込んでいるためである。この出生地主義の根底には、フランスで生まれ育った者は、自然とフランスの言語・歴史・文化・社会などに愛着をもち、また共和国の基本的価値を理解し、フランス共同体と「同化」するはずだ、という考えがある[38)]。出生地主義に基づく国籍取得において、帰化による国籍取得の場合とは異なり、フランス共同体への「同化」（フランスの言語・歴史・文化・社会や共和国の基本的価値などに関する十分な知識）の証明が要求されないのは、それが不要だという趣旨ではなく、フランスで生まれ育った者がフランス共同体に「同化」することは証明するまでもなく明らかだという趣旨なのである。

ところが、現実においては、出生地主義によって国籍を取得した者がフランス共同体に「同化」するとは限らない。特に、ムスリムの移民２世・３世は、イスラムの教義を私生活のみならず公的な場においても履践するため、平等原則やライシテといった共和国の基本的価値を受け入れられない。彼らにとって、出生地主義の理念は単なるフィクションにすぎないのである。

そのため、右派政党を中心として、フランス共同体に「同化」しない者にまで国籍を認めることはフランス国籍の価値の低下につながるという主張が展開され、出生地主義を制限すべきだという議論が巻き起こった[39)]。国籍を「神聖」なものとみる愛国主義者たちからすれば、フランスの文化等に何の愛着ももたず、フランス共同体への「同化」を拒絶する者が、ただフランスで生まれ育ったという

38）　この点に関して、樋口陽一は、「血脈ゆえでなく、価値によって統合された、人為としての国民への帰属を選択したとする擬制によって、出生地主義を意味づけることができる」と指摘している（樋口陽一『憲法　近代知の復権へ』（東京大学出版会・2002年）178頁）。

39）　ブルーベイカー・前掲注4）第７章参照。

理由だけで国籍を取得するというのは、断じて許し難いことだったのである。

2　国籍剝奪条項の提案――サルコジからオランドへ？

2007年から2012年にかけてフランス大統領を務めたサルコジは、この移民の国籍をめぐる議論を、治安問題と結びつけた。サルコジは、内務大臣を務めていた頃（2002～2004年、2005～2007年）から、「選択的移民」を旗印に、高度人材の優先的受入れと、それ以外の外国人（非熟練労働者や不法移民）の流入阻止を図る政策を進めてきた[40]。また、2005年には、貧困や差別の問題に不満を抱いた移民らによる大規模な暴動が起きた際、その参加者らに向かって「社会のクズ(racaille)」などと発言した。このように貧困層の移民に対してきわめて厳しい態度をとってきたサルコジは、大統領に着任すると、一定の重大犯罪を行った移民の国籍剝奪にまで言及した。すなわち、2010年にアラブ系の移民らが警官に発砲するなどの暴動を起こした際、警察官等の治安要員を殺害するなどした移民からはフランス国籍を剝奪すべきだと主張したのである。

このようなサルコジの移民政策について、当時野党であった社会党の議員たちは猛反対をしてきた。社会党の第一書記を務めていたオランドはその急先鋒であったし、後に首相を務めることになるマニュエル・ヴァルス（Manuel Valls）は、犯罪者移民の国籍剝奪というサルコジの提案を、共和国の伝統に反する政策であり、「吐き気を催させる（nauséabond）」ものだとまで述べていた[41]。

にもかかわらず、それから数年しか経たない2015年に、大統領となったオランドと首相となったヴァルスは、口を揃えて二重国籍者の国籍剝奪の拡大を提案することになる。この180度の方針転換は、ヴァルスによって主導されたといわれている。首相の座に就いた後、テロ事件を繰り返すISISにフランス国民が多数参加しているという事態に直面したヴァルスは、「フランスの精神を愚弄する者たちから国籍を剝奪しよう」と述べ、テロ行為に関与した者からの国籍剝奪を強く主張するにいたったのである[42]。

このヴァルスの助言を受けて、オランドは、国籍剝奪の対象を拡大する憲法改正を提案した。前述のとおり、現行法上の国籍剝奪制度は、帰化等によってフラ

40）この点に関する文献は枚挙に暇がないが、サルコジの移民政策（特に2006年7月24日の法律）の要点を簡潔にまとめたものとして、高山直也「フランスにおける不法移民対策と社会統合」外国の立法230号（2006年）72頁参照。

41）Vincent Geisser, «Déchoir de la nationalité des djihadistes “100% made in France”: Qui cherche-t-on à punir?», *Migrations Société*, n° 162, 2015, pp. 5-6.

42）V. Geisser, *supra* note 41, p. 6.

ンス国籍を取得した二重国籍者のみを対象とするものであり、同じ二重国籍者でも生まれながらのフランス人は対象外としている。ところが、近年においては、かかる二重国籍者によるテロ事件が少なからず発生している。そこで、そのような者がテロ行為に及んだ場合にも国籍を剝奪しうるよう、国籍を法律事項とする憲法34条に、出生によりフランス国籍を認められた二重国籍者が、国民の生命に重大な侵害を加える犯罪によって有罪判決を受けた場合、そのフランス国籍を剝奪されうる、という文言を追加することを提案したのである[43)]。

こうして、オランド政権は、社会党政権として初めて、「フランスで生まれ育った国民」を国籍剝奪の対象に加える政策を打ち出した[44)]。

3　国籍剝奪条項に対する批判

このオランドの提案は結局断念を余儀なくされるのだが、その原因は、フランス国民の多くが反対したためではない。シャルリ・エブド襲撃事件の直後に実施された世論調査では、当該事件の犯人（パリ生まれのアルジェリア系フランス人）からフランス国籍を剝奪することについて、81％という多数の国民が賛成していたし[45)]、パリ同時多発テロの直後に実施された世論調査では、実に94％もの国民が、テロ行為によって有罪判決を受けた二重国籍者からフランス国籍を剝奪すべきだと回答した[46)]。つまり、フランス国民の多くは、オランドと同様の考えをもっていたのである。

また、前述のとおり、シャルリ・エブド襲撃事件の約2週間後に下された憲法院判決は、現行法上の国籍剝奪制度を合憲とするものであった。生まれながらのフランス人と帰化等によって国籍を取得したフランス人を区別する国籍剝奪制度について、平等原則に違反しないと断じた本判決は、オランドにとって追い風となったに違いない。

では、なぜオランドは憲法改正の断念を余儀なくされたのか。国籍剝奪に関する憲法改正案を激しく批判し、廃案に追い込んだのは、大学教員等の知識人や高

43）オランドが民法典の改正にとどまらず憲法改正にまで踏み込もうとしたのは、出生によりフランス国籍を認められた二重国籍者から国籍を剝奪する規定は現行憲法（平等原則等）に違反する疑いが強いと考えた（2015年12月11日に示されたコンセイユ・デタの意見においても、憲法院による違憲判断のリスクが指摘されていた）のに加えて、国の基本法である憲法にテロ犯罪者の国籍剝奪を明記することによって、「テロとの戦い」を強くアピールする狙いがあったものと思われる。

44）V. Geisser, *supra* note 41, p. 4.

45）Dominique de Montvalon, «Déchéance de la nationalité: Le ‘oui’ massif des Français», *Le Journal du dimanche,* 18 janvier 2015.

46）«94% des Français pour la déchéance de nationalité des terrorists binationaux», BFMTV, 19 novembre 2015.

級紙等の各種メディア、そして社会党議員を含む一部の政治家たちであった47)。

最初の批判者は、政府内部から現れた。法務大臣を務めていたクリスティアーヌ・トビラ（Christiane Taubira）である。黒人女性政治家として、右派から幾度も差別的発言を浴びせられながら、同性婚の法制化に尽力するなど差別問題に取り組んできたトビラにとって、移民差別ともとれる国籍剝奪条項は、到底受け入れ難いものだったのだろう。彼女は、この憲法改正案に当初から猛反対し、2016年1月27日には政府との政治的不一致を理由に法務大臣を辞任した。

大学教員等の知識人の大半も、この憲法改正案に反対した。たとえば、移民史に関する研究で有名な歴史・政治学者、パトリック・ヴェイユ（Patrick Weil）は、「憲法の目的は市民の統合であり、その分裂ではない」と説き、国籍剝奪に関する憲法改正案について、「出自によるフランス人の区別を憲法のなかに盛り込むことは、根源的かつ恒久的な暴力と分断をもたらす」と批判した48)。また、法律家として憲法院院長等の要職を歴任したロベール・バダンテール（Robert Badinter）は、テロ事件の重大さやその被害者・遺族の苦しみからすれば、テロリストが国籍剝奪を免れるか否かということは二次的な問題にすぎないし、国籍を剝奪しようがしまいが、刑務所に入れられているテロリストにはほとんど何の影響もないのであるから、国籍剝奪に関する憲法改正案は、テロ事件の抑止に効果的ではなく、ただ象徴的なものにすぎないと批判した49)。

4 憲法改正の断念

これらの批判が各種メディアによって報道されたことにより、国会内部でも当

47) この意味で、国籍剝奪条項をめぐる議論においては、世論とアカデミズムとの間に深い溝があったといえる（V. Geisser, «Une controverse peut en cacher une autre: Les binationaux suspect «ici et là-bas»?», *Migrations Société,* n° 163, 2016, p. 4）。

48) P. Weil et Jules Lepoutre, «Refusons l'extension de la déchéance de la nationalité!», *Le Monde,* 3 décembre 2015. この記事においてヴェイユは、出生によりフランス国籍を認められたテロリストからフランス国籍を奪いたいのであれば、国籍喪失規定である民法典23-7条を一部改正すれば足りるのであって、共和国の伝統と矛盾するような憲法改正をする必要はない、と指摘している。同条は、「他国民のように振る舞った」二重国籍者（生まれながらのフランス人を含む）からフランス国籍を剝奪しうる旨を定めたものであり、特に冷戦下において東ヨーロッパ出身の二重国籍者に適用されたが、現在ではほとんど使われていない。ヴェイユは、この規定を国際的テログループにも適用しうるように改正するだけでオランドの提案は実現できるはずだと述べているのである。なお、フランス法において国籍喪失規定と国籍剝奪規定が区分された経緯については、P. Lagarde, «Le débat sur la déchéance de nationalité», *La Semaine Juridique,* n° 5-1er, 2016, p. 197参照。

49) «Déchéance de nationalité: pour Badinter «une revision constitutionnelle n'est pas nécessaire»», *Le Monde,* 2 février 2016. この記事において、バダンテールは、生まれながらのフランス人の国籍を剝奪するには、民法典25条を改正するだけで十分であり、憲法改正は必要ないという見解を示している。

該憲法改正案に反対する声が強まっていった。特に問題視されたのは、二重国籍者のみを国籍剥奪の対象としている点であり、国民を二重国籍か否かで2つに分断するような憲法改正は、憲法の基本原理である平等の理念に反する、と批判された。

そこで、ヴァルスは、2016年1月27日の国民議会において、国籍剥奪の対象をすべてのフランス人とする修正案を示した[50)]。この修正案は、2016年2月10日に国民議会で可決されたが（賛成317票、反対199票）、無国籍者を出しかねない規定であるだけに、与野党から批判が続出した[51)]。その後、野党が多数を占める元老院も3月22日に憲法改正案を可決したが（賛成176票、反対161票）、そこで採択された案には、対象者を二重国籍者に限定することや、コンセイユ・デタの議を経たデクレを要求することなどの修正が施されていた。

憲法改正を成立させるには、両議院が同一文言の改正案を可決することを要する（憲法89条2項。その後、さらに国民投票で過半数の賛成を得るか両院合同会議で5分の3以上の賛成を得ることが必要である）。そのため、憲法改正にはさらなる審議が必要となった。しかし、この間に憲法改正案に対する批判の声はますます強まっており、もはや国会内で合意を形成することは困難な状況であった。そこでオランドは、2016年3月30日、ついに憲法改正を断念する意を表明した。

このように、オランドおよびヴァルスによって示された憲法改正案は、一般国民から支持を集めつつも、知識人等から強い批判を受け、やがて与党内部からも反対の声が強まり、ついに断念を余儀なくされたのである[52)]。

V　おわりに

これまでみてきたように、フランスにおけるテロ行為を理由とする国籍剥奪をめぐる議論は、テロを抑止するうえでの実効性や、対象者にもたらす実際上の不

50）前述のとおり、トビラはこの日に法務大臣を辞任した。

51）この点について、ヴェイユは、二重国籍者のみを国籍剥奪の対象とする憲法改正案は、共和国の基本原理の1つである平等との断絶を生むものだが、すべてのフランス人を国籍剥奪の対象とする憲法改正案は、人間のもっとも基本的な権利との断絶を生むものである、と指摘している（«Patrick Weil: «Le principe d'egalité est un pilier de notre identité»», *Le Monde,* 7 janvier 2016）。

52）上述のとおり、憲法改正案のうち国籍剥奪条項については、知識人等から、改正を断念せざるをえないほどの強烈な批判を受けた。それに対して、緊急事態条項については、知識人のなかにも賛意を示す者が少数ながら存在した。しかし、国籍剥奪条項とセットで提案されていたため、緊急事態条項もまとめて廃案となった。この点、Otto Pfersmann, «Sur l'etat d'urgence et la déchéance de nationalité», *Cites,* n° 66, 2016, p. 111は、国籍剥奪条項とセットにされたことにより、緊急事態条項に関する議論がみえにくくなってしまったと指摘している。

利益を問題にするものではなかった。そこで議論されてきたのは、「国民とは何か」という問題であった。すなわち、国籍剥奪に関する憲法改正案に賛成する者は、テロリストを「国民」と認めるべきではないと主張し、それに反対する者は、二重国籍か否かで「国民」を２つに区分すべきではないと主張したのである。

この「国民とは何か」という問題は、移民国家を自称するフランスが長年抱えてきた難問である。フランスの国籍制度は、前記帰化条件にも表れているように、フランスの文化や共和国の基本的価値を理解し、フランス共同体に「同化」した者を、「国民」として想定している。しかし、ムスリムの移民は、ライシテ等の共和国の基本的価値を受け入れられない。そのため、彼らは、フランス国籍を認められてもなお、「移民」とよばれ、「フランス市民になれない」といわれてきた[53)]。周知のとおり、政府は半ば強制的に彼らをフランス共同体に「同化」させようとしてきたが、それはいわゆる「イスラム・スカーフ事件」等の深刻な問題を引き起こした[54)]。

こうした従来の「同化政策」と比較した場合、大半が移民２世・３世である、出生によりフランス国籍を認められた二重国籍者の国籍剥奪を可能とする憲法改正案は、一種の「排除政策」であるといえる。とすれば、当該憲法改正案に対する賛否は、移民２世・３世を「完全な国民」として扱う「同化」ないし「統合」の道を歩み続けるか、それとも国籍を剥奪されうる「不完全な国民」として扱う「排除」の道に舵を切るか、という国としての基本的な方針決定にかかわる。この点、当該憲法改正を断念したフランスは、ギリギリのところで前者の道にとどまったようにもみえるが、しかし、世論調査によれば、それは必ずしも国民の多数が望んだことではなかった。とすると、フランスは、なおもこの重大な分岐点の前にいるといってよいのかもしれない。

本稿で検討してきた、テロ行為を理由とする国籍剥奪をめぐる議論は、二重国籍の移民を多く抱えるフランスの現状を前提としたものではあるが、在日朝鮮人に対するヘイト・スピーチが大きな社会問題となり、また少子高齢化対策として労働者移民の受入れが議論されている日本にも、多くの示唆を与えるように思われる。

---

53) 浪岡新太郎「宗教・参加・排除」宮島喬編『移民の社会的統合と排除』（東京大学出版会・2009年）67頁以下参照。

54) シャルリ・エブドがイスラムの風刺画を掲載したことに端を発するシャルリ・エブド襲撃事件も、これと同様の問題を孕むものであることについては、山元一「立ち竦む『闘う共和国』」法時88巻2号（2016年）101頁参照。

各論Ⅱ

インターネットによる「過激化」対策
――フランスのテロ対策におけるインターネット関連規制等について

岡部正勝

Ⅰ　はじめに

フランスにおいては、2012年のトゥールーズにおける７名殺害テロ、2015年１月のパリにおけるシャルリ・エブド襲撃事件、同年11月のパリ同時多発テロ、2016年７月のニース大型トラック事件、2017年４月のシャンゼリゼにおける警察官襲撃事件等、イスラム過激派によるものとみられるテロ事件が多発しており、その背景の１つとして、実行犯の「過激化」[1)]におけるインターネットの影響が指摘されることが多い。

そこで、フランスは、「過激化」対策の一環として、インターネットを利用したテロリズムのプロパガンダを規制するための立法を行うとともに、インターネットによる「過激化」を防止するための各種施策を実行に移している。

テロ対策とインターネットという広い問題関心からすれば、当局によるインターネット上の情報へのアクセス、サイバー空間における捜査手法、サイバーテロ対策等も検討対象に含まれてくるが、本稿においては、紙幅の都合もあり、主にインターネットによる過激化への対策という観点を中心として、フランスにおける立法や施策の概要を紹介することとしたい。

Ⅱ　インターネット上の違法情報に関する規制等
――テロ扇動罪およびテロ賞賛罪関連

１　フランスにおけるインターネット上の違法情報規制の概観

フランスにおいて、インターネットに関する包括的な規制法はわが国同様存在せず、刑法をはじめとする関連する各種法令において、個別に関連規定が置かれ

1)　フランスで続発するテロ事件に関し、主にムスリム移民の２世・３世の過激化という観点から論じたものとして、岡部正勝「フランスにおけるジハーディストの『過激化』とムスリム移民の統合等に

ている。

違法情報規制[2)]において先行したのは、諸外国と同様、児童ポルノ規制等、青少年保護の観点からの規制であった。「デジタル経済における信頼のための2004年6月21日法第2004-575号」[3)]（以下「デジタル経済信頼法」という）6条が、インターネットサービスプロバイダ等に対する一般的な規制を規定しており、たとえば、同条I-7項においては、事業者に対し、児童ポルノ等の違法情報の拡散防止に寄与する義務や、違法情報を権限ある当局に通報する義務が課されている[4)]。

2　2014年改正による規制強化

その後、インターネットの影響等を受けてフランスからシリア・イラク地域への渡航を試みる者が増加するなど、テロをめぐる情勢が悪化したことを受け、2014年に、「テロリズムの対策に関する措置を強化する2014年11月13日法第2014-1353号」（以下「2014年テロ対策法」という）が制定された[5)]。2014年テロ対策法は、テロ参加目的での出国禁止等（シリア、イラク等への渡航を念頭に置いている）のほか、インターネットによるテロリズムのプロパガンダを規制する

関する一考察」警察政策19巻（2017年）87頁以下。

2）　フランスにおいて違法情報とされる内容について解説した邦語文献として、内閣府「平成25年度アメリカ・フランス・スウェーデン・韓国における青少年のインターネット環境整備状況等調査報告書」の「第2章 フランス／1 青少年のインターネット利用環境に関する実態／（2）青少年の閲覧が望ましくないとされている情報（有害情報）及び違法とされている情報（違法情報）の現状」〈http://www8.cao.go.jp/youth/youth-harm/chousa/h25/net-syogaikoku/3_02.html〉がある。ただし、フランスにおいては、わが国のインターネット・ホットラインセンターの実務におけるような違法情報と有害情報の区別はなされておらず、青少年の閲覧が好ましくない情報の頒布等も刑法典によって違法とされている。

3）　〈https://www.legifrance.gouv.fr/affichTexte.do?cidTexte=LEGITEXT000005789847&dateTexte=20170430〉。なお、本稿で取り上げるテロ関連改正以前の同法6条の規定について解説した邦語文献として、内閣府「平成26年度フランス・韓国における有害環境への法規制及び非行防止対策等に関する実態調査研究」の「8. 通信・インターネット」〈http://www8.cao.go.jp/youth/kenkyu/hikou/h26/1_08.html〉がある。また、平成25年当時の刑法典227-23条（児童ポルノ関連規定）およびデジタル経済信頼法6条の邦訳は、財団法人社会安全研究財団「G8諸国における児童ポルノ対策に関する調査報告書」（平成25年3月）92～97頁で参照可能〈https://www.syaanken.or.jp/wp-content/uploads/2013/03/cyber2503_01.pdf〉。ただし、後掲注4）の児童ポルノのブロッキングに関する規定は訳出されていない。

4）　デジタル経済信頼法6条には、2011（平成23）年に成立した通称「LOPPSI2（ロプシ2）」法（「治安指針・計画法」）4条による改正によって、当局による児童ポルノのブロッキングに関する規定が設けられていた。ただし、ブロッキングという強力な手段を当局がとることの適否（わが国では業界による自主的措置）や技術的問題等から、実施政令の制定が見送られていた、という経緯がある。この点については、内閣府・前掲注2）34頁以下参照。

5）　2014年テロ対策法に関する邦語による解説の先行文献としては、服部有希「【フランス】2014年テロ対策強化法」外国の立法2015年1月号がある〈http://dl.ndl.go.jp/view/download/digidepo_8896329_po_02620105.pdf?contentNo=1&alternativeNo=〉。

ための関連規定を新たに設けた。

2014年テロ対策法5条は、テロに関するインターネットのコンテンツ規制の前提として、まず、テロ扇動罪およびテロ賞賛罪という犯罪類型を他の法律から刑法典に移して罰則を強化した[6]。これは、刑法典に、第421-2-5条として、「テロ行為を直接に扇動する（provoquer）行為又は当該行為を公然と（publiquement）賞賛（apologie）する行為は、拘禁刑5年及び罰金75,000ユーロに処する」という規定を新設したものである。さらに、インターネット利用の場合は、拘禁刑7年および罰金10万ユーロと刑が加重されている[7]。

そして、これらの罪と、児童ポルノ関連の罪（刑法典227-23条）[8]に違反するコンテンツにつき、2014年テロ対策法12条によってデジタル経済信頼法に第6-1条が新設され、削除、通信遮断（ブロッキング）および検索結果の不表示措置が規定された。この規定については、デジタル経済信頼法旧6条に児童ポルノのブロッキングに関する規定が置かれたときとは異なり[9]、2本の実施政令（ブロッキングに関し2015年2月5日政令第2015-125号[10]、検索結果の不表示措置に関し2015年3月4日政令第2015-253号[11]）が速やかに制定された。

また、これらの行政上の措置とは別に、2014年テロ対策法6条によって刑事訴訟法典706-23条が改正され、インターネットを利用したテロ行為の扇動・賞賛が明白に違法な混乱を構成する場合に、検察官または訴えの利益を有する自然人もしくは法人の求めにより、裁判官（「急速審理判事（juge des référés）」）が、インターネットサービスの停止命令を宣言することができることとされた。

6）報道の自由に関する1881年7月29日法24条においては、現在も同条で規定されている一定の重大犯罪の扇動および賞賛と並び、テロリズムの扇動および賞賛についても、拘禁刑5年および45,000ユーロの罰金で処罰されていた。テロリズム関連も規定されている旧条文は〈https://www.legifrance.gouv.fr/affichTexteArticle.do;jsessionid=AA36CE5860B116DBBF02F8E13173890C.tpdila18v_1?idArticle=LEGIARTI000026268340&cidTexte=JORFTEXT000000877119&categorieLien=id&dateTexte=20141114〉参照。

7）これらの罪の認知状況は、2017年1月18日付のル・モンド紙〈http://www.lemonde.fr/police-justice/article/2017/01/19/1-847-delits-d-apologie-et-de-provocation-au-terrorisme-enregistres-en-2016_5064989_1653578.html〉によれば、2015年に2,342件、2016年に1,847件であり、うち約5分の1がインターネット関連であるという。また、約8割は、すでに実行されたテロ行為への好意的コメント等の「賞賛罪」であり、83%はフランス国籍の者によって実行されたという。

8）刑法典227-23条は1998年に新設され、数次の改正を経ている。現行条文においては、公衆電子送信等のほか、いわゆる「単純所持」も規制されている〈https://www.legifrance.gouv.fr/affichCodeArticle.do;jsessionid=AA36CE5860B116DBBF02F8E13173890C.tpdila18v_1?idArticle=LEGIARTI000027811131&cidTexte=LEGITEXT000006070719&dateTexte=20170503〉。

9）前掲注4）参照。

10）〈https://www.legifrance.gouv.fr/affichTexte.do?cidTexte=JORFTEXT000030195477&dateTexte=&categorieLien=id〉

11）〈https://www.legifrance.gouv.fr/affichTexte.do?cidTexte=JORFTEXT000030313562〉

3 削除、ブロッキングおよび検索結果の不表示

以下、デジタル経済信頼法 6-1 条および関連政令に基づくコンテンツ規制の概要について述べる。

(1) 削除 (retrait)

デジタル経済信頼法 6-1 条 1 項。行政当局から削除要請を受けたコンテンツを管理する事業者は、遅滞なくこれを行う法的義務を負い、義務の懈怠に対しては、3,750 ユーロの罰金が科される (7 項)。この罰則をもって担保される法的義務であるという点において、わが国において現在「削除要請」とよばれているものとは、まったく異なることに留意する必要がある[12)]。

(2) ブロッキング (blocage)

デジタル経済信頼法 6-1 条 2 項および政令第 2015-125 号。行政当局は、削除が 24 時間以内に行われない、サーバ管理者が不明であるなどの場合、インターネット接続事業者に対し、ブロッキングを要請することができる。義務の懈怠に対する罰則は削除要請に同じ。

(3) 検索結果の不表示 (déréférencement)

デジタル経済信頼法 6-1 条 4 項および政令第 2015-253 号。行政当局は、検索エンジン事業者に対して、ブロッキング対象のアドレスを通知することができる。検索エンジン事業者は、通知から 48 時間以内に検索結果不表示措置を講じることとされている (同政令 3 条)。当局関係者によれば、事業者は、検索結果の不表示についても、これを行う法的義務がある[13)]。

---

12) わが国の削除要請は、任意の協力依頼にすぎず、それゆえに、非協力的な事業者が削除しないといった問題が発生し、「削除率」といった数値が公表されたりする所以である。なお、わが国でいうところの「削除要請」にあたるような、当局からの通知と事業者や事業者団体による自主的削除は、フランスにおいても、事業者に対する違法情報拡散防止の一般的協力義務 (2014 年改正前のデジタル経済信頼法 6 条 I-7 項) に基づき行われてきたものと考えられるが、実証的なデータは見当たらないようである。

13) 筆者および重久書記官 (当時) が、国家警察総局テロ対策ユニット (UCLAT) を 2015 年 9 月 15 日に訪問して聴取したところによれば、フランスの電気通信・郵便監督庁の所管事業者は、行政当局から行われた削除要請、ブロッキング要請、検索結果不表示要請に応じる不表示義務を負うと解されているという。他方で、アメリカ等の海外事業者については、あくまで協力の要請にとどまるようである。なお、Google、Twitter、Facebook といったアメリカのグローバル企業については、フランス国内に所在する子会社等についてフランス法が適用されるが、企業側は、コンテンツについてはアメリカ法が適用されると解しているとのことであった。

4　削除要請等の実務

(1)　関係部門――「ファロス」

上述の2つの政令によれば、関連事業者との窓口等の役割を担う行政当局は、国家警察司法警察中央局（刑事局）（DCPJ）のサイバー犯罪対策課（SDLC）に置かれる情報通信技術犯罪対策中央本部（Office Central de Lutte contre la Criminalité liée aux Technologies de l'Information et de la Communication: OCLCTIC）[14)]とされている（両政令1条）。

同本部には、さらに、削除要請等の実務の中核として、「通報の調整・分析・突合・評定プラットフォーム[15)]（Plateforme d'Harmonisation, d'Analyse, de Regroupement et d'Orientation des Signalement: PHAROS（ファロス））」が置かれている（ファロスの設置自体は2006年9月1日に遡り、違法情報にかかる一般からの通報受理等を実施していた[16)]）。

フランスにおいては、国家警察及び国家憲兵隊（ジャンダルムリ）が、国家警察が都市部、憲兵隊が郡部と土地管轄を分担しているが、インターネット上の違法情報については土地管轄があまり意味をもたないため、ファロスの組織は、国家警察及び国家憲兵隊からほぼ同数の人員を集めた統合的な組織となっている[17)]。

なお、ファロスに対しては、児童ポルノ、人種差別情報、テロ扇動・賞賛情報、インターネット利用詐欺、爆弾製造方法など、インターネット上のすべての違法情報が通報され、ファロスから関連事業者に情報提供がなされるが、削除、ブロッキング、検索結果不表示の「要請」については、児童ポルノとテロ扇動・賞賛のみが対象となる[18)]。

---

14)　ファロスの概要を紹介した内務省HPとして、〈http://www.police-nationale.interieur.gouv.fr/Actualites/L-actu-police/Plateforme-Signalement-sur-Internet〉があり、OCLCTICの概要やファロスの業務の流れを解説した動画も公開されている。

15)　筆者および重久書記官（当時）が、ファロスを平成27年9月16日に訪問して聴取したところによれば、「ファロス」のネーミングには、世界の七不思議の伝説で有名なアレクサンドリアの大灯台が設置された「ファロス島」と掛けており、違法情報を発見した一般のインターネットユーザーにとっての灯台（目印）でありたい、との思いが込められているという。

　なお、本文に記述したファロスの実務については、公開情報のほか、基本的にファロス訪問時の聴取に基づいている。

16)　違法情報の通報受付サイト〈https://www.internet-signalement.gouv.fr/PortailWeb/planets/Accueil!input.action〉の運用は、2009年1月から開始されている。

17)　訪問時の定員は19名とのことであった。

18)　児童ポルノ、テロ扇動・賞賛以外の情報については、デジタル経済信頼法6条1-8項により、司法当局が、個人に対する損害を予防あるいは損害を停止させるための措置を命じることができるとされている。行政処分ではなく、民事上の措置ということであろう。

(2) ファロスにおける実務の流れ

(a) 通報受理と捜査実施　ファロスに対しては、一般のインターネットユーザ、インターネット関連事業者、公的機関から、違法情報に関する通報が、専用の通報サイト[19)]の統一のフォーマット経由で転送される。担当者は、インターネットに接続されたオープン端末で当該違法情報をダウンロードし、これをクローズドの端末に移し替え、関連するIPアドレスや作成者のものとみられるハンドルネーム等の情報とともにデータベース化する。

データベース化された情報は、捜査管轄を決定し、関連する当局（司法警察部門または公共安全部門の地方支分部局）に転送される。

ファロスのデータベースは、全国の国家警察、国家憲兵隊によって閲覧可能であり、捜査担当者による過去の関連情報の検索や、複数事案のクロスチェック等が可能となっている。

(b) 削除要請等　児童ポルノ、テロの扇動・賞賛にかかる違法情報を把握したファロスは、情報作成者、情報を蔵置するサーバ管理者に対し、当該情報の削除を要請する。

ただし、テロの扇動・賞賛情報に関しては、テロ対策の関係部門に対し、削除要請の可否を確認する必要があり、これは、テロ対策関連当局の捜査活動や情報活動の妨げとならないようにするためであるという[20)]。

要請から24時間以内に当該情報が削除されない場合は、ファロスは、インターネット接続事業者（ISP）、検索エンジン事業者等に対し、ブロッキングまたは検索結果不表示措置を行うべき対象（ドメイン名、ホストサーバ名等）のリストを通知する。

通知を受けたインターネット接続事業者は、24時間以内に、当該情報へのアクセスを遮断する（ブロッキング）とともに、アクセスしてきたユーザをファロスの警告サイトに誘導する[21)]（政令第2015-125号3条）。

19）前掲注15)。

20）関連当局としては、内務省対内安全総局（DGSI）、国防省対外安全総局（DGSE）等がある。実務の詳細は不明であるが、当局が情報収集のために当該サイトを監視中である、などの事情がある場合には、削除要請が不可とされるものと思われる。

なお、フランス当局が、広範なインターネット監視を行っていることを指摘する報道等は多く、一例として、「イスラム国」（ISIS）の「ジハーディスト（聖戦士）」が、スカイプ等を通じて欧州女性にアプローチする実態を、みずからを「おとり」としてリポートした記録であるアンナ・エレル（本田沙世訳）『ジハーディストのベールをかぶった私』（日経BP社・2015年）においては、同書著者とジハーディストとの通信が、当局によって継続的に監視されていた旨の記述がある。

21）当該サイトにアクセスしてきた者の情報は、以後の捜査や情報活動の端緒となりうるが、ファロスの担当者によれば、通信の秘密等の観点から、アクセス者の情報の保存活用は認められておらず、アクセス件数のみが記録されるとのことであった。

また、検索エンジン事業者は、通知から48時間以内に、検索結果に当該アドレスが表示されないような措置を講じる（政令第2015-253号3条)。

(3) 実施状況

デジタル経済信頼法6-1条3項により、削除要請等の活動の適法性は、情報処理及び自由に関する国家委員会（Commission Nationale de l'Informatique et la Liberté: CNIL）の監督下に置かれ[22)]、同条5項により、CNILは、年に一度、活動状況に関する報告書を公表することとされている。

2016年4月15日付でCNILから公表された最初の報告書によれば、2015年3月11日の運用開始から2016年2月29日までの運用実績は、削除要請1,439件（うちテロ関係1,286件)、ブロッキング要請312件（同68件)、検索結果不表示要請855件（同386件）であった。また、2017年5月3日付で公表された次年度の報告書によれば、2016年3月1日から2017年2月28日までの運用実績は、削除要請2,561件、ブロッキング要請874件、検索結果不表示要請2,077件と大幅な増加を示している。2017年の報告では、内数の詳細は不公表であるが、概ね60%がテロ関連であるとしている[23)]。

(4) 課題等

(a) **海外サーバにかかる問題や技術的問題**　削除要請にサーバ管理者等が応じれば、もっとも強力な手段であることは疑いないが、海外に所在するサーバを管理する事業者が削除要請に応じない、サーバ管理者が不明といった状況は容易に想定しうる。その場合、インターネット接続事業者等に対し、ブロッキングを要請することとなる（デジタル経済信頼法も、そのような事態を想定して、24時間以内に削除されない場合等に、ブロッキングと検索結果不表示の要請に移行する旨を規定している)。

しかし、フランスにおいて用いられているブロッキング要請は、

・フランスの事業者に対してのみ要請可能であり、海外のDNSサーバを利用したアクセスをブロックできない

・違法情報のブロッキングがドメイン名かホスト名に関連づけて行われるため、ドメインブロッキングを行っていないDNSサーバを利用して迂回で

22) 違法な活動を認知した場合には行政当局に中止を勧告し、さらに勧告に従わない場合には、行政裁判所に訴訟を提起することが定められている。

23) 2016年の報告書概要は〈https://www.cnil.fr/fr/controle-du-blocage-administratif-des-sites-1er-rapport-de-la-personnalite-qualifiee〉を、2017年の概要は〈https://www.cnil.fr/fr/controle-du-blocage-administratif-des-sites-la-personnalite-qualifiee-presente-son-2eme-rapport〉を参照。それぞれ、詳細版へのリンクがある。

きる

・実際にテロのプロパガンダ等に利用されることの多いSNSについては、ドメイン名かホスト名でブロッキングを行うと、適法なコンテンツまでブロックしてしまうといういわゆるオーバーブロッキングの問題が発生するため、事実上、これを行うことが困難である

といった問題があり、関係者も、その効果は必ずしも十分ではないと認識している[24)]。

検索結果不表示についても、海外事業者については同様の問題があり、また、不表示措置をとっていない別の検索エンジンを利用しての迂回が可能であるといった問題がある。他方で、検索結果の不表示はURL単位で行うため、オーバーブロッキングのような問題を生じずにきめ細かく指定できるという面もある。

(b) **海外企業との協力**　いうまでもなく、インターネットは瞬時に世界中とつながるネットワークであり、そのユーザの多くは、Google、Twitter、Facebookといったアメリカの大手事業者を利用している。そのため、インターネット上の違法情報規制を実効あるものとするためには、これらアメリカの大手事業者の協力が必要不可欠となる[25)]。

この点に関し、2015年以前は、アメリカ企業は、テロの扇動・賞賛にかかる違法情報の削除、ブロッキング等に関してきわめて消極的な態度であったが、2015年1月にシャルリ・エブド襲撃等の連続テロが発生し、同年2月にはカズヌーヴ（Bernard Cazneuve）内務大臣がアメリカのシリコンバレーに渡航してアメリカの大手IT企業に対して直接に協力を要請するなどの動きを受け、協力的姿勢に転換したという[26)]。

なお、アメリカ企業は、各国の捜査機関等から大量の照会を受ける立場にあり、捜査共助ルートを用いない電子的な直接照会に対しても、柔軟に対応していると

24)　ファロスにおける聴取による。なお、前掲注23）の報告書概要においては、オーバーブロッキング（surblocage）は確認されていないとのことであり、逆にいえば、オーバーブロッキングを生じるようなブロッキング要請は行っていないという抑制的な実務運用が行われていることがうかがえる。

25)　前掲注13）で触れたとおり、これらアメリカ企業は、自社の管理下にあるコンテンツについては、もっぱらアメリカ法が適用されると解しているとされる。

26)　前掲注13）のUCLAT訪問時における聴取による。その後、フランスのテロ情勢はさらに悪化していることから、現在もアメリカ企業の協力的姿勢は変わっていないものと推測される。なお、カズヌーヴ内務大臣によるアメリカ・シリコンバレー訪問（2月）、アメリカおよびフランス企業をフランス内務省に招いての協力要請（4月22日）は、2015年4月23日付フランス政府広報〈http://www.gouvernement.fr/lutte-contre-la-propagande-terroriste-le-gouvernement-mobilise-les-dirigeants-d-internet〉でも大きく取り上げられており、同ページでは、あわせて、ファロスを紹介する動画もアップロードされている。

いう[27]。

(c) **テロ扇動・賞賛の違法性の認定**　刑事法の観点からは、「扇動」行為、「賞賛」行為の具体的態様やその外縁が問題となりうるが、この点は、具体的事例の積み重ねによる実務の蓄積を待たなければならないものと考えられる。

フランス当局も、テロ扇動・賞賛罪に関しては、表現の自由の観点等から、メディアやインターネットユーザからの批判が多いことは承知しており、明白に違法であると判断できるものに絞って措置を行うなどの抑制的な運用を行っている模様である。

III　その他のテロ関連違法情報およびテロ扇動・賞賛にかかる犯罪

テロ扇動・賞賛以外のインターネット上のテロ関連違法情報については、「違法」ではあるが、デジタル経済信頼法6-1条に規定する削除要請等の対象にはならない。他方で、デジタル経済信頼法6条に規定する事業者の一般的な協力義務の対象となり、また、検挙対象となることは当然である。さらに、テロ関連違法情報の複製や常習的閲覧といった周辺類型も、累次のテロ対策法によって犯罪化されている。

そこで、以下、これらの犯罪について概観する。

1　火薬・爆発物等の製造方法頒布

刑法典322-6-1条は、「火薬・爆発性物質、核・生物・化学物質その他あらゆる家庭用・工業用・農業用製品から製造される破壊用武器の製法を頒布する行為」を拘禁刑3年および罰金45,000ユーロで処罰する旨規定しており（1項）、当該行為が不特定の公衆に対し電気通信ネットワークを用いて行われた場合には、罰則が拘禁刑5年および罰金75,000ユーロに加重される（2項）[28]。

2　テロ賞賛・扇動情報の編集、複製、伝送

「組織犯罪、テロリズム及びその資金調達への対応強化並びに刑事手続の効率及び保障の改善のための2016年6月3日法第2016-731号」（以下「2016年テ

27）前掲注15）のファロスにおける聴取による。ただし、基本的に、フランス当局とアメリカ企業との連絡調整窓口は、アメリカ企業のフランス現地法人に置かれているとのことであり、これは、わが国の状況と同様である。

28）〈https://www.legifrance.gouv.fr/affichCodeArticle.do?cidTexte=LEGITEXT000006070719&idArticle=LEGIARTI000006418282&dateTexte=&categorieLien=cid〉

ロ対策法」という）[29] 18条によって刑法典421-5-1条[30]が新設され、デジタル経済信頼法6-1条に規定する削除等の手続または刑事訴訟法典706-203条に規定するインターネットサービス（公衆情報通信役務）の停止命令の手続の効果を妨げる目的で、その動機を知りつつ、テロ行為を公然と賞賛しまたは直接扇動するデータを、故意に、編集し（extraire）、複製し（reproduire）、伝送する（transmettre）行為を、拘禁刑5年および罰金75,000ユーロで処罰することとされた。

3　テロ扇動・賞賛サイトの常習的な閲覧

(1)　一定の要件のもとでの「テロ行為」化

2014年テロ対策法6条による改正によって、刑法典421-2-6条[31] I項1号C）において、一定のテロ行為[32]の準備行為が、威嚇または恐怖により公の秩序に重大な混乱を引き起こす目的を有する個人的な企てと故意に関連を有し、直接的にテロ行為の実行を扇動しまたは賞賛する一または複数のインターネットサービス（公衆情報通信役務）を常習的に閲覧（consulter）することによって特徴づけられる場合に、当該準備行為は「テロ行為」を構成するものとされた。これは、いわゆる「ローンウルフ」対策として新設された一連の規定の1つであるが、閲覧だけでテロ行為となるわけではないことに留意する必要がある。罰則は、10年の拘禁刑および15万ユーロの罰金である（刑法典421-5条）。

なお、「個人的な企て（entreprise individuelle）」という概念は、2014年テロ対策法において、「ローンウルフ」対策として初めて導入されたものである。従来のテロ結社罪では、少なくとも2名の者がテロ行為を実行する意思をもって準備行為をすることが要件となっていたが、これを1人の者の決意だけで足りるとしたものである。

(2)　一定の要件のもとでの直罰化

2016年テロ対策法18条によって刑法典421-5-2条[33]が新設され（さらに公

29）　2016年テロ対策法に関する邦語の先行文献として、豊田透「【フランス】2016年テロ対策強化法」外国の立法2016年8月号〈http://dl.ndl.go.jp/view/download/digidepo_10168961_po_02680204.pdf?contentNo=1&alternativeNo=〉がある。

30）　〈https://www.legifrance.gouv.fr/affichCodeArticle.do;jsessionid=96791BF9EF12E1F3AC63A3F2EA61593A.tpdila18v_1? idArticle=LEGIARTI000032633494&cidTexte=LEGITEXT000006070719&dateTexte=20170504&categorieLien=id&oldAction=&nbResultRech=〉

31）　〈https://www.legifrance.gouv.fr/affichCodeArticle.do;jsessionid=96791BF9EF12E1F3AC63A3F2EA61593A.tpdila18v_1? idArticle=LEGIARTI000034416280&cidTexte=LEGITEXT000006070719&dateTexte=20170504&categorieLien=id&oldAction=〉

32）　フランス法においては、刑法典421-1条以下で個別の具体的行為をテロ行為として規定し、当該行為に対しては、特別の刑罰や司法手続を適用することとしている。

33）　〈https://www.legifrance.gouv.fr/affichCodeArticle.do;jsessionid=4FAEC7107D870F5756A

共安全に関する2017年2月28日法第2017-258号24条によって改正)、正当な理由なく、テロ行為を直接に扇動しまたは賞賛するメッセージ、画像または表現を提供するインターネットサービス(公衆情報通信提供役務)を常習的に閲覧する行為につき、当該サービスが、そのために故意に人命に対する侵害を構成する行為を実行する画像または表現を含み、当該閲覧行為に当該サービス上に表明された思想への共感が明らかであるときは、拘禁刑2年および罰金30,000ユーロで処罰される旨が規定された。

なお、同条2項においては、「正当な理由」として、研究の枠組みのなかで公衆に情報提供すること、権限ある当局への通報目的での検索等が規定されている。

要件をさまざまに規定しているとはいえ、閲覧行為自体を犯罪化したという点において、注目すべき規定といえるであろう。

Ⅳ　その他のインターネットによる過激化対策の施策

インターネットによる過激化への対策を広く捉えれば、これまで述べてきたような違法情報そのものへの対策やその関連行為の犯罪化以外にも、任意手段による施策や、当局による情報収集やおよび捜査力の強化も含まれてくる。しかし、それらを網羅的に取り上げることは紙幅の都合上困難であるので、本稿においては、いくつかの点を簡単に指摘するにとどめる。

1　反対説教(contre-discours)

フランス政府の任意施策の1つが、2015年以降実施されている「反対説教」である。これは、テロリスト側のプロパガンダを収集分析したうえで、その論理矛盾、欺瞞性、危険性等を明らかにし、反論する言説を提示するというものである。2015年1月に、「ストップ・ジハーディズム」というサイト[34)]を開設、インターネット上での対プロパガンダ活動を展開している。

2　当局によるインターネット上の情報収集活動

情報当局は、従来から、インターネット空間における広範な情報収集や監視を

C7602E146F2FC.tpdila18v_1?idArticle=LEGIARTI000034114912&cidTexte=LEGITEXT000006070719&dateTexte=20170504&categorieLien=id&oldAction=〉

34)〈http://www.stop-djihadisme.gouv.fr/〉。同サイトのトップページには、閲覧する若年層等に向けての無料の相談ダイヤルの番号も記されている。また、動画を多くアップロードするなど、若年層が閲覧しやすくなるような工夫もしている。

行っているものとみられていたが、こうした活動に法的根拠を与えるため、2013年以降準備されてきた法律が、2015年7月に成立した（「情報活動に関する2015年7月24日法律第2015-912号」）[35]。

同法には、安全保障傍受（行政傍受）のほか、インターネット監視、メタ・データ分析等の規定が盛り込まれ[36]、フランス国内でも反対運動やさまざまな議論をよんだが、大筋において政府案どおり成立した。

あくまで筆者の私見であるが、議論はあったものの、国論を二分するほどの激しい反対がなかったのは、①フランスにおける厳しいテロ情勢を背景に、インターネット上のテロ対策の必要性が広く認識されていた、②上述のように、そもそも従来から、当局はインターネット空間の広範な監視を行っているものとみられており、同法も基本的には現状の追認にすぎないと考えられた[37]、という事情があったのではないかと推測している。

3　インターネット上の犯罪捜査手法

IPアドレスの追跡といった通常の捜査手法のほか、インターネット空間における捜査においては、サイバー潜入捜査、サイバーおとり捜査、「ポリスウェア」（当局が使用するマルウェア）の使用等の手法が有効なものと考えられる[38]。

フランスにおいてこれらの手法が実際に用いられているか、用いられているとしてその実態如何について、学術研究の枠内で知ることは困難であるが、たとえば、いわゆるサイバー潜入捜査については、児童ポルノについては2007年以降（刑事訴訟法典706-47-3条）、テロの扇動・賞賛については2011年以降（同706-

35）〈https://www.legifrance.gouv.fr/affichTexte.do?cidTexte=JORFTEXT000030931899&categorieLien=id〉。同法は、国内治安法典L801-1条以下に溶け込んでいる。同法に関する邦語の先行文献として、豊田透「【フランス】国による情報監視技術の使用を規定する法律」外国の立法2015年10月号〈http://dl.ndl.go.jp/view/download/digidepo_9514875_po_02650105.pdf?contentNo=1&alternativeNo=〉がある。

36）ネット上の監視ではないが、通信傍受につき「偽装携帯電話基地局」を設置する手法に関する法制度を解説したものとして、川西晶大「フランスにおける偽装携帯電話基地局を使用した通信傍受法制」レファ794号（2017年）49頁）がある。同論文によれば、この手法も、法律上は2015年法によって初めて規定されたものであり、フランスにおいて使用実態があったかは定かでないが、少なくともアメリカにおいては、1990年代から用いられていたという。

37）ただし、2015年9月に筆者および重久書記官が面談した政府関係者は、メタ・データ分析に関し、それを行いうるハードウェアは未整備であり、ソフトウェアの開発も簡単ではなく、法律が先行したものである旨を述べていた。

38）わが国においても、これらの捜査手法をいずれ検討すべきであるという視点から論じたものとして、岡部正勝「サイバー犯罪の現状と捜査の課題」刑ジャ51号（2017年）24頁、同「サイバー空間の脅威にどう立ち向かうか」情報管理59巻10号（2016年）683頁以下〈https://www.jstage.jst.go.jp/article/johokanri/59/10/59_683/_html/-char/ja/〉、同「サイバー空間の脅威と対処の現状」比較法雑誌49巻4号（2016年）45頁。

87-1条[39]）認められ、特にテロ関係については、2014年テロ対策法19条によって、サイバー潜入捜査の対象が組織的な犯罪行為全般に拡大されていることからみて、ある程度実施されているものとみてよいであろう。

また、前述Ⅱ 4 (2) (b) で述べたとおり、テロの扇動・賞賛にかかる違法情報の削除要請について、関係部門においてその可否が検討されるということは、当該サイトに対する関係部門による監視が行われている場合があることを示唆しており、特定のサイトをおとりとした捜査あるいは情報収集が行われている可能性は高い。これも、そもそもインターネット空間における広範な監視が行われていると考えられることからすれば、当然のことともいえる。

さらに、ポリスウェアについては、刑事訴訟法典706-102-1条[40]によって、捜査のためには、対象者の同意を得ることなくその保有端末からデータを収集することが認められている一方で（ただし裁判官の許可が必要）、その手段を制限する規定がないことからみて、その利用は法的には可能であると思われる[41]。

Ⅴ　おわりに

以上、インターネットによる「過激化」という問題を中心に、フランスにおけるインターネット規制等について概観してきた。テロ事件の続発と多くの犠牲者の存在といった厳しい状況を背景に、特に最近は頻繁に関連法の改正が行われ、相当に厳しい規制等が行われていることが理解できよう。

翻ってわが国の状況を考えるに、国内で重大なテロ事件の発生をみていないためか、インターネット上における違法情報規制や捜査手法強化等については、研究者、技術者、民間事業者、政府関係者等の一部には、しばしば消極的な見解が見受けられる。こうした消極的思考の根底には、インターネット空間においてはすべてが自由であるべきだ、という原理主義的思想と、それと表裏をなして、およそネット上の規制や捜査権限強化というものに対する生理的嫌悪感があるように感じられる。そして、国内法による取組みといった話については、①ネットは

39）〈https://www.legifrance.gouv.fr/affichCode.do;jsessionid=6C84CACF618E6376F1187EDEA3150D4E.tpdila18v_1?idSectionTA=LEGISCTA000029756828&cidTexte=LEGITEXT000006071154&dateTexte=20170504〉

40）〈https://www.legifrance.gouv.fr/affichCodeArticle.do?cidTexte=LEGITEXT000006071154&idArticle=LEGIARTI000023712497&dateTexte=&categorieLien=cid〉

41） 前掲注37）で面談した政府関係者も同様の見解を述べていたが、同人の個人的な見解としては、たとえば無関係な第三者の端末にポリスウェアが送り込まれてしまう可能性などの技術的問題、かかる手法を当局が用いることに対する倫理的問題から、その利用には消極的な意見であった。

世界中とつながっているのだから一国だけで取り組んでも無意味、②規制や捜査権限強化をすれば日本だけがインターネットの発展から取り残される、といった反応が返ってくることが多い。

しかし、①の見解は、結局は、世界で一番規制の緩い（あるいは規制が存在しない）ところに基準をあわせる、ということに帰結せざるをえず、要するに何のルールもない無法地帯を肯定する議論であり、到底容認できない。また、②の見解も、中国、ロシア等の強権国家は除くとしても、欧州諸国がテロ対策等のために広範なネット規制や強力な情報・捜査活動を行っていること、アメリカも事実上広範なネット監視と強力な情報・捜査活動を行っているうえに、インターネット空間に圧倒的な影響力をもつアメリカの大企業も欧米の政府当局には協力的である、という事実を無視した議論である。

筆者のみるところ、わが国は、インターネットの理想主義を純粋なかたちで体現しており、原理主義者の「ユートピア」との感があるが、そのような「ガラパゴス化」は、テロリストや犯罪者の側からみれば、まさにバグ、脆弱性そのものであり、日本を対象とするサイバーテロやサイバー犯罪、日本を拠点とする違法活動が懸念される所以である。

拙い本稿ではあるが、「自由、平等、博愛」を国是とするフランスにおいても、インターネットに関しては現実的でドライな議論が行われていることを、わが国の読者に少しでもご理解いただければ幸いである。

【付記】 本稿は、公開資料・文献のほか、平成27年9月に実施した訪仏調査の結果にも基づいている。同調査にあたっては、慶應義塾学事振興基金、公益財団法人公共政策調査会および一般財団法人保安通信協会による研究補助に助けられたところが大きく、また、当時在フランス日本国大使館に警察庁から出向していた重久真毅氏および沼田恵美氏の多大なるご協力をいただいた。特に、本稿は、関係当局へのヒアリング内容を取りまとめた重久氏の報告書（非公開）に多くの内容を負っており、同氏のきわめて優秀な実務能力の助けなくしては、本稿をまとめることはできなかった。改めて、関係各位に対し、この場を借りて、厚く感謝の意を表する次第である。

第3章

ドイツ

総論

ドイツにおけるテロ対策法制とその変容

各論Ⅰ

安全確保権限の相互協力的行使と
情報共有の憲法的課題

各論Ⅱ

テロ防止のための情報収集・利用に対する
司法的統制とその限界
——連邦刑事庁法（BKAG）一部違憲判決

ドイツにおける9.11以降の主なテロ関連事件とテロ対策法制

年月日	内容
2001年12月8日	第1次テロ対策法(BGBl. 2001 I S. 3319)
2002年1月1日	第2次テロ対策法(BGBl. 2002 I S. 361)
2002年8月23日	第34次刑法典改正(BGBl. 2002 I S. 3390)
2005年1月15日	航空安全法(BGBl. 2005 I S. 78)
2006年12月31日	連邦および州の警察および情報機関の共同データベースを設置する法律(BGBl. 2006 I S. 3409)
2008年1月1日	EUデータ保護指令2006/24/ECを国内法化する法律(BGBl. 2007 I S. 3198)
2009年1月1日	国際テロリズム対策法(BGBl. 2008 I S. 3083)
2009年8月4日	国家を危うくする重大な暴力の準備の訴追に関する法律(BGBl. 2009 I S. 2437)
2015年1月1日	テロ対策データベース法等を改正する法律(BGBl. 2014 I S. 2318)
2015年6月20日	国家を危うくする重大な暴力行為の準備の訴追に関する規定を改正する法律(BGBl. 2015 I S. 926)
2015年6月30日	身分証明書法等改正法(BGBl. 2015 I S. 970)
2015年11月21日	憲法擁護機関の協力を改善する法律(BGBl. 2015 I S. 1938)
2015年12月18日	通信データの保存義務および保存期限を導入する法律(BGBl. 2015 I S. 2161)
2016年7月30日	国際テロ対策のための情報交換を改善する法律(BGBl. 2016 I S. 1818)
2016年12月31日	連邦情報庁法の改正(BGBl. 2016 I S. 1818)
2017年5月5日	公共の場所においてビデオカメラを増設するための法律(BGBl. 2017 I S. 968)
2017年6月10日 議会両院通過	EU指令(EU)2016/681を実施し、飛行機の搭乗客のデータを収集するための法律(BGBl. 2017 I S. 1484)
2017年7月1日 議会両院通過	テロ犯の行状監督として電子足輪の装着を可能とする刑法典の改正(BGBl. 2017 I S. 1612)
2017年7月29日 連邦議会審議中	出国義務を強化する法律(BGBl. 2017 I S. 2780)
2018年5月25日 議会両院通過	連邦刑事庁法の改正(BGBl. 2017 I S. 1354)

総論

ドイツにおけるテロ対策法制とその変容

渡辺富久子

I　はじめに

ドイツでは、1960年代終わりから1970年代にかけて極左過激組織「ドイツ赤軍（RAF）」のテロ事件が頻発した。当時のテロ事件においては、政府または民間の要人が犠牲になることが多く、刑法典がたびたび改正され、テロ犯罪を取り締まるための立法が行われた[1)]。これがテロ対策立法の始まりであった。

2001年9月11日のアメリカの同時多発テロ事件は、多くの民間人が犠牲になり、その犯人はイスラム原理主義者であったという点で、従来のテロ犯罪とは大きく異なっていた。このテロ事件以降、ドイツのテロ対策立法においては、テロの未然防止に重点が置かれ、特に、警察や情報機関にさまざまな情報収集の権限を与える立法が多く行われるようになった。

2016年、難民に紛れてドイツに入国したイスラム主義者によるテロ事件が複数起き、テロ対策強化を求める国民の声が大きくなった。このような状況を受け、現在、テロを起こす可能性のある人物（以下「テロ危険人物」という）の監視を強化する立法が強化されている。

しかし、テロ防止のための情報収集またはテロ危険人物の監視がどの程度許容されるのか。安全を重視すれば、事前の情報収集や監視を強化することが必要となり、個人の自由は制約を受ける。ドイツのテロ対策立法においては、このような安全と自由の関係の調整が大きな課題となっており[2)]、事前の情報収集や監視を積極的に法制化しようとする連邦議会と、国家の監視体制の行きすぎを抑制し、市民の自由を保障しようとする連邦憲法裁判所との間で、安全と自由の均衡が模索されている。

ドイツにおいては、テロ対策を包括的に定めた法律がなく、警察や情報機関の

1）　詳細は、渡邉斉志「IV　テロ対策　3.ドイツ」国立国会図書館調査及び立法考査局『主要国における緊急事態への対処―総合調査報告書―（調査資料2003-1）』98～100頁を参照。

2）　詳細は、岡田俊幸「ドイツにおけるテロ対策法制」大沢秀介＝小山剛編『市民生活の自由と安全』（成文堂・2006年）95～98頁を参照。

権限強化、テロ犯罪の構成要件の拡大、マネーロンダリング規制等の個別の領域について、関連法律が必要に応じて改正されている。2001 年以降の主要なテロ対策立法は、本章とびらに掲げた年表のとおりである。

本稿では、2001 年以降の立法動向として、テロ防止のための情報収集（II）とテロ危険人物の監視（III）に分けて、代表的な法律および法案を紹介する。

II　テロ防止のための情報収集

1　テロ防止のための情報収集の枠組み

ドイツにおいて、テロ防止のための情報収集の権限を有するのは、警察（州警察、連邦刑事庁および連邦警察）[3]と情報機関（州の憲法擁護官庁、連邦憲法擁護庁、軍事防諜局および連邦情報庁）[4]である。これら機関の情報収集の権限は、当該機関の根拠法に定められている。なお、テロ犯罪の捜査は検察（州検察および連邦刑事庁）が行う。また、国内治安は警察の任務、対外的な防衛は連邦軍の任務とされており、連邦軍は、国内のテロ対策を行わない[5]。

以下に、警察および情報機関にテロ防止のための情報収集の権限を与えた代表的な立法措置を紹介する。

①情報機関に対して、民間の通信事業者や金融機関、航空会社から国際テロ防止のために必要な個人情報を収集する権限を与えた第 2 次テロ対策法の制定（2002 年 1 月 1 日施行）[6]

②警察と情報機関が共同で運用するテロ対策データベースの根拠法であるテロ

3)　ドイツでは、警察は第一義的には州の任務である。連邦の警察機関は、州警察の任務を補う。すなわち、連邦刑事庁（Bundeskriminalamt）は、州の警察および検察のために、情報の収集、分析および提供を行うほか、国際犯罪や政治的なテロ犯罪等の訴追を行い、国際テロ防止の任務も有する。連邦警察（Bundespolizei）は、国境警備や鉄道交通警察、航空交通警察等を所掌する。連邦刑事庁および連邦警察は、連邦内務省の外局である。山口和人「ドイツの国際テロリズム対策法制の新たな展開」外国の立法 247 号（2011 年）55 頁を参照。

4)　連邦憲法擁護庁は、連邦内務省の外局であり、自由で民主主義的な憲法秩序に反する組織（極右、極左およびテロ組織）を監視する。州の憲法擁護官庁は、同様の任務を担う各州の官庁である。軍事防諜局は、連邦軍の一部局で、軍隊内の防諜活動を行う。連邦情報庁は、連邦首相府に属し、安全保障上重要な外国情報を収集する。渡邉斉志「ドイツにおける議会による情報機関の統制」外国の立法 230 号（2006 年）124 頁を参照。

5)　この節の記述は、大方、渡辺富久子「ドイツにおけるテロ防止のための情報収集」外国の立法 269 号（2016 年）25～27 頁に基づく。

6)　Terrorismusbekämpfungsgesetz vom 9. Januar 2002 (BGBl. I S. 361). 詳細は、岡田・前掲注 2) 102～121 頁を参照。

対策データベース法の制定（2006年12月31日施行）[7)]

③連邦刑事庁に対して、国際テロ防止のために、秘密捜査官の投入、住居内の録音録画、ラスター捜査、オンライン捜索、通信傍受等の権限を与えた連邦刑事庁法の改正（2009年1月1日施行）[8)]

④通信事業者に対して通信履歴保存義務を課すための通信法および刑事訴訟法の改正（2015年12月18日施行）[9)]

社会の安全に重きを置き、テロ対策を強化するこれらの立法に対して、連邦憲法裁判所は、市民の自由を重視する方向の判決を下してきた[10)]。これらの判決において、連邦憲法裁判所は、テロ防止のための諸制度の枠組み自体を合憲としつつ、それらの実施の詳細を定める規定については基本権への十分な配慮を求め、一部については違憲と判断してきた。判決においては、特に、①通信の秘密や住居の不可侵といった基本権の侵害が許容される場合の要件は、比例原則および明確性の原則によらなければならないこと、②情報収集の措置においては、私的生活の中核領域を厳格に保護しなければならないこと、③基本権を侵害する措置は、裁判所の命令や記録の義務、当事者への通知等の手続を必要とすることが強調されてきた[11)]。

以下に、上記４つの立法のうち③連邦刑事庁の国際テロ調査権限[12)]および④通信事業者に対する通信履歴の保存義務[13)]について、その概要および関連する連邦憲法裁判所の判決の概要を紹介する。また、同様の問題を含む連邦情報庁法の改正の概要を紹介する。

---

7) Gesetz zur Errichtung einer standardisierten zentralen Antiterrordatei von Polizeibehörden und Nachrichtendiensten von Bund und Ländern (Antiterrordateigesetz) vom 22. Dezember 2006 (BGBl. I S. 3409).

8) Gesetz zur Abwehr von Gefahren des internationalen Terrorismus durch das Bundeskriminalamt vom 25. Dezember 2008 (BGBl. I S. 3083).

9) Gesetz zur Einführung einer Speicherpflicht und einer Höchstspeicherfrist für Verkehrsdaten vom 10. Dezember 2015 (BGBl. I S. 2218).

10) *M. Möstl,* Das Bundesverfassungsgericht und das Polizeirecht; Eine Zwischenbilanz aus Anlass des Urteils zur Vorratsdatenspeicherung, DVBl 2010, S. 808. 詳細は、小山剛「自由・テロ・安全」大沢＝小山編・前掲注 2) 324～349頁を参照。

11) *H.-J. Papier,* Rechtsstaat im Risiko, DVBl 2010, S. 801f.

12) 次項の２の記述は、大方、渡辺富久子「ドイツ―連邦刑事庁のテロ調査権限に関する連邦憲法裁判決」外国の立法 268-1号（2016年）10～11頁に基づく。

13) ３の記述は、大方、渡辺・前掲注 5) 29～33頁に基づく。

2　連邦刑事庁の国際テロ調査権限

ドイツでは、犯罪防止の任務は、第一義的には各州の警察が所掌する。この原則により、従来から、各州の警察がテロ防止のための措置を行っている。しかし、2009年施行の連邦刑事庁法の改正により、連邦刑事庁も、国際テロ防止の任務を担うことになった。これに伴い、連邦刑事庁は、個人の生命等の法益を危うくするような国際テロの防止のために、住居内の録音録画やオンライン捜索[14)]等（以下、本項においては「監視措置」という）を、当事者に知られずに行う権限を得た。

この改正について、監視措置は基本権を侵害すること、プライバシーの保護が十分でないこと、収集したデータを外国の官庁へ伝達すると他の目的に使用されるおそれがあること等を理由として、市民が連邦憲法裁判所に憲法異議を申し立てていた。

2016年4月20日、連邦憲法裁判所は、連邦刑事庁法の関連規定について判決を下した（1 BvR 966/09, 1 BvR 1140/09）。判決において、連邦憲法裁判所は、連邦刑事庁にテロ防止のための秘密裏の監視措置の権限を与えたことは合憲としたが、実施の要件が比例原則に従っていないとして、監視措置を定める規定の一部を違憲とした。さらに、国内の他の官庁および外国の官庁へのデータの伝達に関する規定も、目的の限定が不十分であるとして、一部を違憲とした。

判決の詳細は後の本章【各論Ⅱ】に譲り、ここでは簡単に判決の概要に触れたい。判決では、通信の秘密や住居不可侵といった基本権の侵害の程度の大きい監視措置（特に、住居内の録音録画とオンライン捜索）が問題となった。これらの監視措置については、以下のとおり、①措置の実施の要件の強化と、②国内の他の官庁または外国の官庁へデータを伝達する際の要件の強化が、立法者に対して求められた。

①監視措置の実施は、漠然とした「テロ防止」を要件としてはならず、具体的な事件が予見されること、または、ある者が近い将来にテロを実行するという具体的な蓋然性があることを要件としなければならず、監視措置の目的は個人の生命または国家の存立等の重要な法益の保護に限られる（比例原則の適用の強化）。

②監視措置により収集したデータを犯罪防止のために他の官庁へ伝達することは、十分に具体的な危険が急迫している場合に限り許され、一般的なテロ犯罪防

---

14)　オンライン捜索とは、犯罪を行う疑いがある者について、当事者に知られないように、特殊なソフトウェアを用いて外部からコンピュータにアクセスし、データを収集する行為である。

止のためにデータを伝達することは違憲であるとされた。外国の官庁へのデータの伝達は、当該国において人権や個人データ保護が十分に保障されていることを要件としなければならない。

判決の要請に従って、連邦刑事庁法は、2017年に全面改正された[15]。改正法は、一部を除き、2018年5月25日から施行される。

3　通信事業者に対する通信履歴の保存義務

欧州においては、多くの国で通信事業者に対して通信履歴の保存義務が課されているが、これは、EUデータ保護指令（2006/24/EG）[16]をきっかけとするものである。データ保護指令は、重大な犯罪の捜査および訴追のために、一般国民の通信データ（通信日時、通信開始時の場所、利用者識別番号等）を6～24か月の間保存することを民間の通信事業者に対して課すための法整備を加盟国に義務づけるものであった。

(1)　通信履歴保存義務の導入（2008年1月1日施行）

このEU指令を実施するために、ドイツにおいては通信法および刑事訴訟法が改正され、2008年1月1日から通信事業者に対する通信履歴の保存義務が導入されていた[17]。この制度により保存される通信履歴は、主に、固定電話、携帯電話、電子メールおよびインターネットを利用した際に把握される端末機の識別番号（電話番号、アカウント番号またはIPアドレス）および通信が行われた日時である。携帯電話の場合には、通信開始時の場所も保存される。保存期間は6か月とされた。通信の内容は、保存が禁止された。通信事業者は、保存した通信履歴を、刑事訴追（重大な犯罪または通信を用いた犯罪の場合）、犯罪防止または情報機関の任務の遂行のために、所管の機関に伝達することができる。いずれの場合も、通信履歴当事者への通知を行わないで、通信履歴を伝達することが可能である。

この制度については、テロ等の犯罪の疑いのない一般市民の通信履歴までもが

---

15) Gesetz zur Neustrukturierung des Bundeskriminalamtgesetzes vom 1. Juni 2017 (BGBl. I S. 1354).

16) Richtlinie 2006/24/EG des Europäischen Parlaments und des Rates vom 15. März 2006 über die Vorratsspeicherung von Daten, die bei der Bereitstellung öffentlich zugänglicher elektronischer Kommunikationsdienste oder öffentlicher Kommunikationsnetze erzeugt oder verarbeitet werden, und zur Änderung der Richtlinie 2002/58/EG (ABl. L 105, 13. 4. 2006, S. 54).

17) Gesetz zur Neuregelung der Telekommunikationsüberwachung und anderer verdeckter Ermittlungsmaßnahmen sowie zur Umsetzung der Richtlinie 2006/24/EG vom 21. Dezember 2007 (BGBl. I S. 3198).

国家の監視対象となること、通信履歴の保存は通信の秘密や情報自己決定権に反すること、保存された通信履歴を組み合わせると個人の性格や行動を再構成することが可能であることから、多くの市民の反対があった。連邦憲法裁判所は、2010年3月2日、通信履歴の保存は、テロ防止のために適切かつ必要な手段であり合憲としたうえで、これを実施するための規定の一部について、当事者の権利保護が十分でないこと等を理由として無効とした（1 BvR 256/08, 1 BvR 263/08. 1 BvR 586/08）。この判決を受け、ドイツにおいては、通信履歴の保存は行われなくなった。

さらに、2014年、欧州司法裁判所は、データ保護指令の規定は比例原則にかんがみて基本権を侵害しているとし、当該指令を無効と判断した（C-293/12, C-594/12）。欧州司法裁判所は、通信履歴の保存は必要最低限としなければならないとし、すべての者のすべての通信手段の通信データ全部を保存するような通信履歴の保存、何ら犯罪の疑いがない者の通信履歴の保存、重大な危険防止との関連がない者の通信履歴の保存は、EU基本権憲章7条（プライバシーの権利）および8条（個人情報の保護）に違反するとした。

(2) 通信履歴保存義務の再導入（2015年12月18日施行）

上記の欧州司法裁判所の判決があったものの、連立与党（CDU/CSU, SPD）は、テロ対策の1つとして通信履歴の保存が必要不可欠であるとの認識から、2015年、通信事業者に対して通信履歴の保存義務を改めて課すために、再び通信法および刑事訴訟法を改正した[18)]。改正法は、2015年12月18日に施行された。新しい制度は、連邦憲法裁判所の判決を踏まえ、前の制度よりも基本権に配慮したものとなった。以前の制度と比較した新しい制度の概要は、次のとおりである。

①保存対象となる通信にインターネット電話が追加され、電子メールが除外された

②通信履歴の保存期間が10週間に短縮された。また、携帯電話およびインターネットの通信開始時の場所に関する情報の保存期間は、4週間とされた

③社会生活上の問題に関する相談を受け付ける官庁等において守秘義務を負う職員との通信は、その履歴が保存されないことになった

④刑事訴追のために通信事業者から通信履歴を入手する場合には、裁判所の命令が必要となった

18) Gesetz zur Einführung einer Speicherpflicht und einer Höchstspeicherfrist für Verkehrsdaten vom 10. Dezember 2015 (BGBl. I S. 2218).

⑤暗号化技術、通常の任務のためのデータの保存場所とは異なる場所における通信履歴の保存およびアクセス権の限定等、データの保全を図る規定が置かれた

新しい制度においては、基本権への配慮の点で改善点はみられるものの、何ら犯罪の疑いがない一般市民の通信履歴が網羅的に保存される点には、変わりがない。

2016年12月21日、欧州司法裁判所は、スウェーデンとイギリスにおいて通信履歴保存を定める規定について、EUデータ保護指令（2002/58/EC）15条（データ保護の権利の制限）[19]の規定と比較衡量し、重大な犯罪捜査のための通信履歴の保存は許容されるが、一般市民の通信履歴の保存はEU基本権憲章の規定に反すると再び判示した（C-203/15, C-698/15）。この判決によれば、通信履歴の保存においては、保存する通信履歴、通信手段、対象者および保存期間のそれぞれを必要最低限にしなければならない[20]。

この判決は、ドイツを含め、同様の制度を有する他の欧州諸国にも影響を及ぼすとみられている[21]。ドイツの連邦議会調査局は、ドイツの現行法は欧州司法裁判所の基準を完全にはみたしていないとの見解を示している[22]。

4　連邦情報庁法の改正

(1)　改正の背景

2013年のスノーデン事件により、米国国家安全保障局（以下「NSA」という）が多くの一般市民の通信情報をテロ対策として収集していたことが明らかとなり、批判の的となった[23]。ドイツにおいては、NSAが多数のドイツ人の情報も秘密裏に収集していたことが発覚し、真相究明のために連邦議会にNSA調査委員会

19)　同指令15条は、国家の安全や犯罪捜査、刑事訴追のために必要であり、比例原則に則る場合には、データ保護の権利を制限することができ、たとえば、このために時限的に通信データ保存の措置をとることができる。しかし、当該措置は、EU法の一般原則（人権規定等）に従わなければならないとしている。

20)　„Datenspeicherung nur bei Straftatsverdacht“, FAZ 22. Dezember 2016, S. 15.

21)　*Siehe* „Datensammeln: Das Prinzip Heuhaufen ist Geschichte“, SZ, unter: 〈http://www.sueddeutsche.de/politik/vorratsdatenspeicherung-ein-urteil-gegen-autokraten-1.3304629〉; BT-DRUCKS 18/11862. 南ドイツ新聞によれば、東欧諸国において人権が軽んじられている傾向にかんがみても、欧州司法裁判所は、通信履歴の保存について厳しい制約を設けなければならない。

22)　*Deutscher Bundestag,* Zur Vereinbarkeit des Gesetzes zur Einführung einer Speicherpflicht und einer Höchstspeicherfrist für Verkehrsdaten mit dem EuGH-Urteil vom 21. Dezember 2016 zur Vorratsdatenspeicherung (PE 6-3000-167/16), 12. Januar 2017.

23)　鈴木滋「米国自由法」外国の立法267号（2016年）6頁を参照。

が設置された。調査の過程で、連邦情報庁（以下「BND」という）もNSAの情報収集に協力していたことがわかった。特に問題となったのは、BNDがNSAに流していた情報のなかに、他のEU加盟国等のドイツにとっての友好国の情報が含まれていたことである[24]。

従来、BNDは、ドイツ国内から国外の外国人の通信情報を収集していた。これは、主にテロ対策としての中東やアフリカの通信情報の収集であった。収集した情報のうち、NSAが指定した特定のキーワードを含むものは、NSAに流された。BNDは、ドイツの基本法（憲法に相当）10条に定められた通信の秘密の基本権はドイツ人およびドイツ国内の外国人にのみ適用され、国外の外国人には及ばないという解釈から、このような外国人の通信情報の収集を行っていた[25]。BNDのこの活動は、連邦情報庁法（以下「BND法」という）1条2項（「BNDは、ドイツの外交及び安全保障上重要な外国情報を収集する」）を実質上の根拠としていたが、スノーデン事件をきっかけとして、この活動を法律上明確に根拠づけることの必要性が認識された。このような背景からBND法が改正され、2016年12月31日に施行された[26]。

(2) 改正の概要

BND法の主要な改正点は、「第2章　国外の外国人の通信情報の収集(Ausland-Ausland-Fernmeldeaufklärung)」が新たに設けられたことである。この改正により、ドイツ国内からの国外における外国人の通信情報の収集について、国内における通信情報の収集とは別の統制の枠組みが設けられた。なお、国内の通信情報の収集の要件を定めるのは、「手紙、郵便および通信の秘密を制限するための法律」[27]（以下「基本法第10条法」という）である。以下に、新設された第2章の概要を紹介する。

(a) 通信情報収集の目的　国外の外国人の通信情報の収集の目的は、①ドイツの治安または安全保障に対する危険の早期の探知およびこれへの対処、②ドイツの行為能力の維持、③外交および安全保障政策上重要なその他の情報の入手である。

---

24) 連邦議会ウェブサイトにおけるNSA調査委員会に関する情報を参照〈https://www.bundestag.de/ausschuesse18/ua/1untersuchungsausschuss〉。

25) *Siehe* „Keine frühe Kenntnis verdächtiger Aktivitäten", unter: 〈http://www.bundestag.de/dokumente/textarchiv/2015/kw25_pa_ua_nsa/377984?view=DEFAULT〉.

26) Gesetz zur Ausland-Ausland-Fernmeldeaufklärung des Bundesnachrichtendienstes vom 30. Dezember 2016 (BGBl. I S. 3346).

27) Gesetz zur Beschränkung des Brief-, Post- und Fernmeldegeheimnisses (Artikel 10-Gesetz) vom 26. Juni 2001 (BGBl. I S. 1254, 2298; 2007 I S. 154).

(b)　**通信情報収集の対象**　　通信情報の収集は、国外の外国人を対象とする。ただし、EUの諸機関、EU加盟国の公的機関およびEU市民の通信情報の収集は、①ドイツに対する武装攻撃やドイツ国内のテロ、組織的な資金洗浄や麻薬持込み等の犯罪の危険の探知およびこれへの対処、②ドイツの安全にとって特に関係のある第三国の出来事に関する情報収集という目的に限定され、より厳格な要件が課されている。

ドイツ国籍を有する者、国内の法人および国内に滞在する外国人の通信情報の収集は、禁じられた。また、経済情報の収集も禁じられている。

(c)　**通信情報収集の方法**　　国外の外国人の通信情報の収集は、特定の通信網において行われる。通信網は、事前に、連邦首相府の命令により定められる。通信網からの情報収集は、ドイツの治安または安全保障に対する危険の解明に資する検索語を用いて行われる。EUの諸機関およびEU加盟国の公的機関の通信情報を収集するための検索語は、BNDの長の命令により指定される。

(d)　**連邦首相府の命令**　　国外の外国人の通信情報の収集には、BNDの長の申請により、連邦首相府の命令を要する。命令においては、通信情報収集を行う理由および期間、通信情報収集を行う通信網、通信情報収集に協力する通信事業者が定められる。命令には9か月の期限が付され、必要な場合には9か月ごとの延長が可能である。

(e)　**外国の情報機関との協力**　　BNDは、国外の外国人の通信情報の収集のため、外国の情報機関とデータ交換等の協力を行うことができる旨が新たに定められた。

(f)　**統　　制**　　国内における情報機関の通信情報収集は、連邦議会に設けられた「基本法第10条審査会[28)]」という小委員会が統制するのに対し、国外の外国人の通信情報の収集を統制することを目的として、独立委員会が連邦通常裁判所（最高裁判所に相当）に設置された。これは、国外の外国人の通信情報の収集が、通信の秘密の基本権を定める基本法10条に服さないことによる[29)]。

連邦通常裁判所に設置された独立委員会は、同裁判所の2名の裁判官および1名の連邦検察官ならびに3名の代理委員により構成される。これらの委員は、

28)　「基本法第10条審査会（G10-Kommission）」の名称は、通信の秘密を定める基本法10条に由来する。基本法第10条審査会は、連邦の情報機関（連邦憲法擁護庁、軍事防諜局および連邦情報庁）の個別の監視措置（盗聴等）の許可のほか、情報機関による個人データの収集、加工および利用のプロセス全体の検討、個別の監視措置についての事後の当事者への通知の検討等を行う。委員は、4名であり、連邦議会議員である必要はない。

29)　*B. Huber*, BND-Gesetzreform-gelungen oder nachbesserungsbedürftig?, ZRP 2016, S. 162.

連邦内閣により、6年間の任期で任命される。独立委員会の会議は非公開で行われ、独立委員会は、6か月ごとに、活動を議会統制委員会[30]に報告する。

国外の外国人の通信情報の収集に係る連邦首相府の命令は、実施の前に、独立委員会に通知される。独立委員会は、命令の許容性および必要性を審査する。

(3) 論　点

このBND法の改正についてはさまざまな批判があるが、以下では、①通信の秘密の基本権との関係および②情報収集の量的制限について、学説上指摘されている論点を紹介する。

(a) 通信の秘密の基本権との関係　BNDが収集するのは国外で行われた通信情報であるが、これはドイツの領域に設置された受信機で受信され、記録されたものであるため、このBNDの活動に通信の秘密の基本権が適用されないか否かの問題がある。少なくとも、収集したデータの評価および利用は、ドイツ国内で行われる。

この問題について、前連邦憲法裁判所長官のパピア（Hans-Jürgen Papier）は、基本権の効力がドイツの領域にしか及ばないということは基本法に定められていない旨を指摘している。パピアは、したがって、ドイツの領域外においても基本法が定める基本権が効力を有することを前提としなければならないとしている[31]。また、欧州人権裁判所は、特定の要件のもとで、欧州人権条約が当該条約の適用地域外においても効力を有する旨の判決を下している[32]。これらを踏まえて、BNDによる国外の外国人の通信情報の収集を定める規定は、違憲の可能性があることが指摘されている[33]。

(b) 情報収集の量的制限　BNDがテロ対策等のために国外と国内との間の通信情報を収集する場合には、基本法第10条法の規定が適用され、監視する通信網の容量の20%までという範囲で行わなければならない（基本法第10条法10条4項）。これは、このような量的制限を設ければ、通信の秘密の基本権の侵害との関係で比例原則をみたすことになるとの考えによる[34]。

---

30) 「議会統制委員会（Parlamentarisches Kontrollgremium）」は、情報機関の活動全般を統制する。連邦政府は、議会統制委員会に対して情報機関の活動を包括的に報告することを義務づけられている。委員は、連邦議会議員9名である。

31) *Huber* (Anm. 29), S. 163.

32) EGMR, 7. 7. 2011-55721/07. この判決は、欧州人権条約の締約国は、原則として自国領域において条約上の義務を負うが、例外的に、領域外においても管轄権が及ぶ範囲において義務を負うとした。藤井京子「イラク占領下における英国部隊と文民の人権保護」名古屋商科大学論集58巻1号（2013年）162頁を参照。

33) *Huber* (Anm. 29), S. 163.

34) 通信情報の収集の量的制限は、1999年7月14日の連邦憲法裁判所の判決（1 BvR 2226/94, 1

他方で、BNDによる国外の外国人の通信情報の収集には、量的制限は定められなかった。このことについても、ドイツ人と外国人の扱いが異なることから、平等性原則（基本法3条）にかんがみた批判がある[35]。

Ⅲ　テロ危険人物の監視

テロ防止のための情報収集と並び、テロ危険人物の監視が現在大きく議論されている。これは、2015年にドイツが難民を寛容に受け入れる政策をとったことに起因して、複数のテロ事件が2016年に起きたことを受けた動きである[36]。

以下では、最初に、テロ危険人物と刑法典との関係を紹介し、ドイツで議論されている「危険人物」がどのような人物であるか、そして、連邦政府が新たに打ち出した「10項目のテロ対策」を紹介する。

1　テロ危険人物と刑法典との関係

(1)　テロの準備を処罰の対象とする刑法典の改正

1976年、ドイツの刑法典において、「テロ団体結成の罪」（129a条）（以下、本節で条文番号を掲げる場合には、刑法典の条項をさす）が定められた[37]。従来、ドイツの刑法典においては、既遂（Vollendung）の犯罪のほか、未遂（Versuch）の犯罪（22条）が処罰可能であったが、テロ団体結成の罪は、その特例として犯罪前の準備段階における行為の処罰を可能とするものであった。

しかし、イスラム教のテロ組織の場合には、その組織構造が分散型で、常に変化するという特徴があり、多くの自爆テロは、刑法典129a条に基づいて防止することができない[38]。テロ組織に属さず、単独で行われるテロ行為の準備を処

BvR 2420/95, 1 BvR 2437/95）を受けたものである。しかし、実際の通信においては、通信網の容量全部が使われるわけではないので、実際の通信量の20%を明らかに上回る通信情報が収集されている。*M. Lachenmann,* Das Ende des Rechtsstaates aufgrund der digitalen Überwachung durch die Geheimdienste?, DÖV 2016, S. 506.

35)　*Huber* (Anm. 29), S. 164.

36)　これらのテロ事件は、ドイツの難民政策に起因すると捉えられることもあるが、テロと難民は関係がないと考えるドイツ人が多い。テロリストが大量の難民に紛れて欧州に入ったことは事実であるが、テロリストがめざしているのは欧州諸国の価値観を揺るがすことであり、難民の動きを利用したものである。また、ドイツにおいて2016年に発生したテロ事件は5件、テロ未遂事件は1件、発覚したテロの計画は5件であった。„Die Grenzen der Observation“, FAZ 23. Dezember 2016, S. 2.

37)　Gesetz zur Änderung des Strafgesetzbuches, der Strafprozeßordnung, des Gerichtsverfassungsgesetzes, der Bundesrechtsanwaltsordnung und des Strafvollzugsgesetzes vom 18. August 1976 (BGBl. I S. 2181).

38)　2004年にマドリッド、2005年にロンドンにおいて、イスラム過激派による列車爆破テロ事件があった。

罰可能とするために、2009年に、刑法典に「国家にとって重大な暴力行為の準備罪（Vorbereitung einer schweren staatsgefährdenden Straftat）」（89a条）、「国家にとって重大な暴力行為を行うために〔テロ団体との〕関係をもつことの罪」（89b条）および「国家にとって重大な暴力行為の教唆の罪」（91条）が設けられた（2009年8月4日施行）[39]。89a条の罪の場合には6か月以上10年以下の自由刑、89b条および91条の場合には3年以下の自由刑または罰金が科される。

「国家にとって重大な暴力行為」は、生命に対する犯罪（殺人）または人身の自由に対する犯罪（誘拐もしくは人質）であって、国家の基盤や治安を損ない、ドイツ連邦共和国の憲法秩序を排除しようとするものと定義されている（89a条1項）。このような暴力行為の「準備」とは、たとえばテロ訓練への参加や武器の調達、テロ資金の収集、テロ行為を勧誘する動画のダウンロードである[40]。

この規定は人権を大きく侵害するおそれがあることから、連邦政府は、犯罪学中央研究所[41]とボーフム大学に上記の刑法典改正の評価を委託した。2012年に公表された評価報告書[42]は、法律施行から間もないため十分な評価ができないとしたうえで[43]、学説上指摘されている問題点として、①「国家にとって重大な暴力行為」の定義が曖昧であること、②「国家にとって重大な暴力行為の準備」により侵害される法益が具体的でないこと、③処罰は行為に対して向けられるべきであるが、行為者に対して向けられるようになること、④「国家にとって重大な暴力行為の準備」の捜査を可能とすることにより、警察の犯罪防止と刑事訴追の区分が曖昧となること、⑤「国家にとって重大な暴力行為の教唆」を処罰の対象とすることは、思想の自由に抵触するおそれがあること等を挙げている[44]。

(2) テロ危険人物

「危険人物（Gefährder）」とは警察の用語法であり[45]、「政治的な動機による重大犯罪（politisch motivierte Straftaten von erheblicher Bedeutung）」を犯すであろ

39) Gesetz zur Verfolgung der Vorbereitung von schweren staatsgefährdenden Gewalttaten vom 30. Juli 2009 (BGBl. I S. 2437). BT-DRUCKS 16/11735, S. 1f.

40) Ebd., S. 10.

41) 犯罪学中央研究所（Kriminologische Zentralstelle）は、ヘッセン州のヴィースバーデンに所在する連邦と州の刑事分野の研究・ドキュメントセンターである。

42) *Kriminologische Zentralstelle e. V. und Ruhr-Universität Bochum,* Evaluation des Gesetzes zur Verfolgung der Vorbereitung von schweren staatsgefährdenden Gewalttaten (GVVG), Endbericht, Stand: 14. August 2012.

43) BT-DRUCKS 16/11735, S. 2f.

44) Ebd., S. 44ff.

45) 「危険人物」は、法律で定義された言葉ではない。

うとの旨が、具体的な事実に基づき推定される者である。「政治的な動機による重大犯罪」は、特に、民主的法治国家に対して危害を与える内乱罪等であり、「国家にとって重大な暴力行為の準備罪」（89a 条）や「テロ団体結成の罪」（129a 条）も含まれる[46]。「政治的な動機」としては、イスラム教のような宗教のほか、右翼または左翼の思想がある。「危険人物」は、各州の内務省により指定される。

国際テロの防止および危険人物の監視において重要な役割を果たしているのは、2004 年に設置された共同テロ防止センター（Gemeinsames Terrorismusabwehrzentrum）である。共同テロ防止センターは、連邦および州の警察と情報機関の協力のためのプラットフォームであり、情報の交換、分析および評価を行う。共同テロ防止センターでは、個別の対応策が検討されるが、措置を実施するのは州警察である。2017 年 1 月 4 日現在、イスラム主義のテロ危険人物は、547 人とされている。このうち半数がドイツ国内に滞在し、そのうち 80 人が勾留されている[47]。

(3)　10 項目のテロ対策

現在、危険人物の監視の強化が議論されている背景には、2016 年 12 月 19 日にベルリンのクリスマス市で起きたテロ事件がある。この事件では、イスラム主義者であるチュニジア人が運転したトラックがクリスマス市で暴走し、12 人が死亡し、55 人が重軽傷を負った。犯人は逃走し、12 月 23 日にイタリアのミラノにおいて警察官に射殺された。

犯人のチュニジア人は、14 以上の偽名を使ってドイツ各地に潜伏し、難民のための給付を不正受給するなどして、テロ資金を集めていた。そのため、「国家にとって重大な暴力行為の準備罪」を理由とした起訴が検討され、2016 年 2 月 4 日から 11 月 2 日まで当局から監視されていた。しかし、具体的に危険なことを企てていることが証明できないとして監視措置は打ち切られた。多数の死傷者を出すテロ事件が起きたのは、その直後であった[48]。

この事件を受け、2017 年 1 月 10 日、デメジエール（Thomas de Maizière）連邦内務大臣とマース（Heiko Maas）連邦司法大臣は、10 項目のテロ対策を発表した[49]。その概要は、次のとおりである。

46）BT-DRUCKS 16/11369, S. 2. 例として挙げられる犯罪は、刑事訴訟法 100a 条 2 項に定められているもので、通信傍受の要件とされる犯罪である。
47）Ebd., S. 1.
48）„Berlin-Attentäter nutzen 14 Identitäten“, FR 6. Januar 2017, S. 5.
49）*Siehe* „Konsequenzen nach Anschlag in Berlin“, unter: 〈https://www.bundesregierung.de/

1. 身分を偽った難民申請者の移動の自由を一層厳しく制限する
2. テロ危険人物に対して退去強制を行うための勾留（Abschiebehaft）を 18 か月まで可能とする
3. 難民申請が却下された外国人であって、テロを犯すおそれのあるものの監視を強化する
4. テロ危険人物等に対して電子足輪の装着を義務づけ、その行動を監視する権限を連邦刑事庁に付与する
5. テロ犯の釈放後に、行動監視のために電子足輪の装着を可能とする
6. 出国のための勾留（Ausreisegewahrsam）の上限日数を 4 日から 10 日に引き上げる
7. テロ予防措置を強化する
8. 難民申請が却下された外国人の引き取りを拒否する出身国に対する支援を強化する
9. 飛行機の搭乗客のデータを収集するための立法を行う[50)]
10. EU 加盟国間のデータの交換を改善する

以下では、このうちのテロ危険人物に対する電子足輪の装着に関する立法（項目 4、5 と関連）（2）および出国義務を強化する立法（項目 1、2、6 と関連）（3）、この「10 項目」には含まれないが、テロ対策と位置づけられるビデオカメラの増設に関する立法（4）を紹介する。

2　テロ危険人物に対する電子足輪の装着に関する立法

電子足輪に関する法律は 2 つある。1 つは、テロ犯罪を理由とする自由刑を終えた者の釈放後の行動を監視するために、電子足輪の装着を命ずることを可能とするための刑法典の改正[51)]、もう 1 つは、テロ危険人物に対して電子足輪の装着の義務づけを可能とするための連邦刑事庁法の改正[52)]である。

Content/DE/Artikel/2017/01/2017-01-10-de-maiziere-maas-sicherheitspolitik-nach-berlinanschlag.html?nn=694676〉.

50） これは、EU 指令（EU）2016/681 を実施するものであり、次の法律が制定された（2017 年 6 月 10 日施行）。Gesetz zur Umsetzung der Richtlinie (EU) 2016/681 vom 6. Juni 2017 (BGBl. IS. 1484). 飛行機の搭乗客のデータを収集するのは、連邦刑事庁である。

51） Dreiundfünfzigstes Gesetz zur Änderung des Strafgesetzbuches-Ausweitung des Maßregelrechts bei extremistischen Straftätern vom 11. Juni 2017 (BGBl. I S. 1612)（2017 年 7 月 1 日施行）.

52） 前掲注 15）に掲げた法律と同一である。

(1) 刑法典の改正

ドイツにおいては、特定の犯罪を理由として6か月以上の自由刑を科される者について、刑の終了後に再犯のおそれがあると判断される場合には、裁判所は刑とあわせて行状監督（Führungsaufsicht）を命ずることができる（68条。以下、本目（(1)）で条番号を掲げる場合には、刑法典の条項をさす）。行状監督は、再犯を防止するために、刑務所から釈放された者を監視および指導する手段である[53]。裁判所は、行状監督として、一定の期間、特定の場所に行くことや特定の活動を行うことを禁止することができる（68b条）。

2011年1月1日に施行された刑法典の改正[54]により、裁判所は、行状監督として電子足輪の装着を命ずることもできるようになった。電子足輪の装着を命ずるための要件は、性犯罪等[55]を理由として3年以上の自由刑の刑期を満了したことであった。

2017年の改正により、要件とされる犯罪に、「国家にとって重大な暴力行為の準備罪」（89a条）、「テロ資金の収集・供与」（89c条）および「テロ団体の支援」（129a条5項1文）が加えられた。また、要件とされる刑期が3年から2年に短縮された。

(2) 連邦刑事庁法の改正

今回の連邦刑事庁法の改正（2018年5月25日施行）により、連邦刑事庁は、国際テロを犯すことが予想される危険人物に対して電子足輪の装着を義務づけることができるようになる（連邦刑事庁法56条）。電子足輪の装着を義務づけることができる要件は、①当該人物が、近い将来、具体的な方法で、国際テロを犯すであろうとの旨[56]が、具体的な事実に基づき推定されること、②その行動により、当該人物が国際テロを犯す具体的な蓋然性があることである。電子足輪の装着を義務づけるためには、裁判所の命令を要する。

実際にテロ危険人物を調査するのは州警察であることが多いため、各州は、それぞれの警察法を改正し、連邦刑事庁に準じた権限を州警察に与えることを予定

---

53) トーマス・ヴォルフ（吉田敏雄訳）「ドイツ刑法における行状監督」北園41巻4号（2006年）862頁を参照。

54) Gesetz zur Neuordnung des Rechts der Sicherungsverwahrung und zu begleitenden Regelungen vom 22. Dezember 2010 (BGBl. I S. 2300). 渡辺富久子「ドイツにおける保安監置をめぐる動向」外国の立法249号（2011年）60～61頁を参照。

55) 要件とされる犯罪は、刑法典66条3項1文に規定されているものである。66条3項は、過去に一度の自由刑を宣告されていた場合または過去に有罪判決もしくは自由剥奪がない場合において保安監置を命ずることができる旨の要件を定めている。

56) 国際テロを犯すことが予想される場合とは、刑法典129a条1項および2項に掲げられた犯罪（殺人、放火、核爆発等）を犯すことが予想される場合である。

している[57]。

この措置は、テロ危険人物に対するものであり、憲法学者等からの異論も多い。電子足輪の装着を義務づけるための要件の解釈は裁判所に委ねられているが、裁判所は、今後も抑制的な判断をすることが予想されている[58]。

3　出国義務を強化する立法

難民としてドイツに入国した者のなかに、少なからぬ数のイスラム原理主義者が紛れていることから、難民認定申請が却下された外国人に対する出国義務を強化する必要性が認識されていた。外国人は、難民認定申請が却下されると、示された期限までにみずから出国する義務を負うが、みずから出国しなければ退去強制の措置を受けることになる。なお、2017年1月末には、約21万人の出国義務を有する外国人がいた[59]。

このような事態に対処するために、連邦政府は、2017年3月16日、出国義務を強化する法案を連邦議会に提出した。法案は、同年5月18日に連邦議会で、6月2日に連邦参議院で可決された（2017年7月29日施行）[60]。立法の概要は、次のとおりである。

①テロ危険人物の監視を強化するため、テロを起こす危険がある外国人を退去強制のための勾留施設に収容することや（滞在法62条3項）、これらの外国人に対する電子足輪の装着の義務付け（滞在法56a条）が容易となる

②連邦移民難民庁は、難民申請者の身元や国籍を確認するために、携帯電話の引渡しを求める権限を得る（庇護法15条）

③出国のための勾留の上限日数は、4日から10日となる（滞在法62b条）。出国のための勾留施設[61]には、出国期限を過ぎた外国人であって、退去強制を免れようとすることが予期される行動をとった者が勾留される

57） „Länder wollen die Fußfessel“, SZ 3. Februar 2017, S. 5.

58） „Pingpong mit dem Verfassungsgericht“, SZ 2. Februar 2017, S. 5; „Ein bisschen Einigkeit“, Hbl 11. Januar 2017, S. 9.

59） BT-DRUCKS 18. 11546, S. 1.

60） Gesetz zur besseren Durchsetzung der Ausreisepflicht vom 20. Juli 2017 (BGBl. I S. 2780).

61） 出国のための勾留施設は、2015年の法改正（Gesetz zur Neubestimmung des Bleiberechts und der Aufenthaltsbeendigung vom 27. Juli 2015 (BGBl. I S. 1386)）によって、法律で定められた。2016年10月に、ハンブルク空港に最初の施設が設置された。*Siehe* „Erster Ausreisegewahrsam Deutschlands“, hamburg. de, unter: 〈http://www.hamburg.de/innenbehoerde/7208646/2016-10-21-bis-pm21-erster-ausreisegewahrsam-deutschlands/〉.

4　ビデオカメラの増設に関する立法

テロは、世間の耳目を集めるために、人の多い場所で行われることが多い。テロ犯罪の捜査を容易にし、市民の安心感を高めるために、ビデオカメラを増設することが多くの国民により望まれていた[62)]。ドイツにおいては、ビデオカメラによる監視は、データ保護規制が厳しいために困難であることが多かった[63)]。公共の場所におけるビデオカメラの増設を目的として、連邦データ保護法6b条が改正された（2017年5月5日施行）[64)]。改正の概要は、次のとおりである。

従来、連邦データ保護法6b条は、民間事業者が公衆の立入りスペースにビデオカメラを設置する場合の要件を定めている。ビデオカメラの設置は、警備のために必要な場合等、ビデオカメラ設置による正当な利益がある場合で、かつ、ビデオに映される者の保護すべき利益がビデオカメラ設置による利益を上回らない場合に可能である。当該の民間事業者は、両者の利益の比較衡量を行わなければならず、この比較衡量に際しては、各州のデータ保護オンブズマンの確認を受ける。データ保護オンブズマンの判断は、従来、ビデオカメラの設置について抑制的であることが多かった。

今回の改正により、特にスポーツ施設、集会施設、娯楽施設、商業施設または公園、公共交通施設におけるビデオ監視の場合には、施設の利用者の生命、健康または自由の保護がもっとも重要な利益とみなされるようになった。改正により、このような施設におけるビデオカメラの設置が容易になるとされ、増設が見込まれている[65)]。また、連邦政府は、指名手配中の人物の捜索を容易にするために、顔認識ソフトを使用することができるようにすることを検討している[66)]。

2007年1月6日付のフランクフルター・ルントシャウの記事は、ビデオカメラによる監視についての諸々の研究を紹介している[67)]。この記事によれば、ビデオカメラの設置により窃盗を減らすことはできるが、暴力行為はそれほど減らすことができない。ビデオカメラによる監視は、同時に照明を使用したり、警察

62）アンケート調査によれば、回答者の73%が警察官の増員を支持し、68%がビデオカメラによる監視の強化を支持した。„Augen des Gesetzes“, FAZ 27. Dezember 2016, S. 4.

63）„Auf Nummer sicher gehen“, FAZ 28. Dezember 2016, S. 4.

64）Videoüberwachungsverbesserungsgesetz vom 28. April 2017 (BGBl. I S. 968).

65）BT-DRUCKS 18/10941, S. 9.

66）*Siehe* „Rede des Bundesministers des Innern, Dr. Thomas de Maizière, zum Entwurf eines Videoüberwachungsverbesserungsgesetzes vor dem Deutschen Bundestag am 27. Januar 2017 in Berlin“, unter: 〈https://www.bundesregierung.de/Content/DE/Bulletin/2017/01/12-5-bmi-bt.html〉.

67）„Wirkt, aber wie?“, FR 6. Januar 2017, S. 2.

官や警備員を増やしたりすることにより、一層効果的となる。ただし、突発的な犯行や、自爆テロを防ぐことは困難であるとされている。

ビデオカメラの設置により安全が強化されるか、市民の基本権の侵害が強まるかについて、世論は割れている。与党政治家は安全を重視しているが、データ保護オンブズマンや法曹の実務家には慎重派が多い[68)]。

Ⅳ　おわりに

以上、ドイツにおけるテロ対策立法の具体例を情報収集のための立法とテロ危険人物の監視のための立法に分けて紹介した。多くのテロ対策のための措置においては、何ら犯罪視されていない。一般市民の情報も大量に収集されることとなり、この点は特に問題が大きい。

難民危機を受けた最近のテロ対策立法の傾向として、これまでのような刑事法の改正に加えて、外国人法の改正による退去強制の強化等も重要となっている。このように、テロ対策は、国境管理や難民政策ともあわせて行われるようになった。これに伴い、外国人の人権をいかに配慮するかという問題も生じている。

欧州においてはテロが増加する傾向にあるため、今後一層、安全強化のための施策が強化されるであろう。他方で、欧州司法裁判所や連邦憲法裁判所は、基本権への配慮を求め、不要な監視措置については否定的である。両者を両立させるための方策を見出せるか否か、今後の動きが注目される。

68)　„Überwachungskritiker unter Druck“, FR 28. Dezember 2016, S. 4.

各論Ⅰ

安全確保権限の相互協力的行使と情報共有の憲法的課題

上代庸平

Ⅰ　はじめに

世界的に頻発するテロリズムへの対策のため、各国においてはさまざまな制度の整備がなされている。わが国においても、改正テロ資金提供処罰法（2014年）や犯罪収益移転防止法（2007年）によりテロリズムへの資金の流入や役務の享受を規制するための制度整備が行われてきており、また、最近では組織犯罪処罰法の改正による「テロ等準備罪」の創設（2017年）もその例といえる。

テロ対策は、社会への被害と影響を抑えるために、まずはテロの未然防止を目的とするものであるべきである。一方で、テロの多くは組織的に準備・遂行されることから、テロ関連情報は、個人の行動や属性に関する情報に加え、人的関係性に関わることもまれではなく、テロを予防しようとする場合の国家による情報の取得や蓄積それ自体が、基本権への侵害を惹起しうるものでもある。

本稿は、テロ対策機関による情報の蓄積と分析が、国民の基本権に脅威となりうることにかんがみ、これに関する組織法的な制限のあり方を、ドイツの警察と情報機関の分離原則（Trennungsgebot zwischen Nachrichtendiensten und Polizei）とその近年における変容の過程を踏まえつつ、検討の対象とする。

Ⅱ　テロ対策のための制度整備の方向性――組織法的制限の必要性

1　安全確保権限の組織法的統制

一般に、社会における安全の確保のための国家の権限を法が基礎づけるとき、そこでは国民の基本権、特に個人の自由な領域への一定の介入を避けることはできない。それゆえ、市民生活における自由と安全の関係については、ドイツにおいても長く憲法・警察法のうえでの議論の対象となってきた。

テロ対策の立法・行政措置と基本権介入の可能性については、すでに多くの業績が蓄積されているが、立法と具体的な措置の間を埋める組織法的な制限についての検討はさほど盛んではない。組織法はたしかに立法による介入への制限や基本権介入の制限よりも優先度において劣りがちではあるが、伝統的なドイツ警察法の体系においては、警察の任務（Polizeiaufgaben）の手段として[1]、あるいは警察に関わる法原則への形式的適合性の担保として[2]、組織法的統制が語られてきている。日々生起する危険の脅威に対処するにあたって、立法による制限（または権限行使の正当化）を待っていては機動性を欠くことになり、あるいは、具体的な危険が生じてからでは遅いということもありうるであろう。そこで、既存の法や法原則のもとで、どのように安全確保権限の行使を整合化・合理化するかという視点から、組織法的統制の重要性が指摘されている[3]。

2　安全確保権限の統合指向性

国家の固有の任務である安全の確保は、今日においては高度な組織化を必要とするようになったことは事実である。2001 年の 9.11 テロ事件以降、各国においてはテロ対策を中心に、安全確保権限の組織化および統合が推し進められてきたと評価できる[4]。このように安全確保権限の行使が組織化と統合を指向する背景は、以下の 2 点に整理できる。

(1)　目的の自力調達可能性

第 1 に、安全確保権限の行使を正当化するための「目的」を獲得することの必要性である。テロリズム等の危険の多様化・分散化・潜在化の流れのなかで、国家は、社会の安全と国民の生命身体および自由を危険から保護するために、危険認識能力を高めようとする。この高められた危険認識能力によって認識された「危険」は、それ自体（より厳密にはその危険の防止）が安全確保権限行使の「目的」となり、かつ、安全確保権限の行使を法的に正当化する根拠となる[5]。ただ、

1)　*K. Weber,* Die Sicherung rechtsstaatlicher Standards im modernen Polizeirecht, 2010, S. 79f.
2)　*P. Basten,* Recht der Polizei, 2016, S. 175ff.
3)　たとえば、ラインラント・プファルツ州警察及び秩序機関法（RhPfPOG）1 条 8 項は、「警察は、前項までに規定するほか、他の官庁が危険の防止をなし得ず、又はそれが適時になし得ないことが明らかである限りにおいて、権限を行使することができる」と規定し、安全確保権限の行使についての組織法上の補完性を規定している。警察は、同法に規定される一般警察法上の法原則に服することが規定されていることから（RhPfPOG§1, 2)、安全確保権限を警察に補完的に行使させることによって、組織法上の安全確保権限の行使に関する整合性を確保しつつ制限を課しているものと理解される。Vgl. *C. Streiß,* Das Trennungsgebot zwischen Polizei und Nachrichtendiensten, 2011, S. 32f.
4)　ドイツにおいては、連邦に国際テロリズムの危険の防止に関する専属的立法権限を付与する基本法改正が行われ（基本法 73 条 1 項 9a 号)、連邦刑事庁（BKA）がみずから安全確保権限を統一的に行使できるようにするための組織法改正が行われた。井上典之「ドイツのテロ対策・予防のための法制度」論ジュリ 21 号（2017 年）57 頁以下。

この「目的」については、安全確保権限を行使する機関がみずからこれを調達しうる構造にある。すなわち、通常、権限行使を正当化する要素としての「目的」は、立法者意思や法の目的との関係における体系的解釈によって得られるものであるところ、警察法における「危険」は立法者による想定が及びえない範囲が存在することを前提とし、あるいは警察法解釈における「危険」は、伝統的には具体的危険を前提としつつ、その包摂範囲の変動可能性が想定されているからである。

たとえば、バイエルン州警察任務権限法（BayPAG）31条は、「警察は、……危険の防止、とりわけ犯罪行為の予防的制圧のため（2条1項）、個人の権利の保護のため（2条2項）……に必要なときは、個人データを収集することができる」と定めているが、「危険の防止」という文言の抽象性が際立つ。この文言のもとでは、極論すれば、ある対象について不十分な「危険」しか認められない場合であっても、警察が組織を挙げてこれをあげつらうことで、情報収集権限の前提である「危険」が存在するものとして、その権限行使の正当化理由としての「目的」を獲得できてしまう[6]。同条の「危険防止」の規範明確性については、州憲法裁判所も「規範の十分な明確性の要請は、法律上の構成要件を厳格な基準で規定することを常に立法者に義務づけるものではない。……警察の任務領域における生活事実関係の多様性は、個々の構成要件のメルクマールの精確な規定及び画定を不可能にしている……」[7]と説示し、立法段階での危険の想定の限界と「危険」概念の包摂範囲の変動可能性を認める判断を示していることが注目される[8]。

この枠組みにおいては、「潜在的な危険」は裁判所の審査における「具体的な危険」とはならないが、いったんその危険を顕在化させれば、「具体的な危険」、さらには「現在する危険」として目的の正当性と手段の比例性を根拠づけることが可能になる。言い換えれば、組織的・統合的に権限を行使すればするほど、その正当化理由の調達が可能になり、それによってさらに組織化と権限拡大が進行するという循環が生まれるわけである。こうして、安全確保権限はその目的の自力調達のための組織的・統合的行使が指向されることになる。

5）安全確保権限の行使に伴う基本権への介入については、その審査における正当化の段階で、必要性と適合性が審査される。z.B. BVerfGE 113, 348（387f.）.

6）この点に関する批判については、島田茂「ドイツ警察法における犯罪予防の目的と危険概念の関係」甲法49巻3＝4号（2009年）2頁以下を参照。

7）BayVerfGH Urteil v. 19. 10. 1994＝NVwZ 1996, 166（167）.

8）各州の警察法レベルではこのような解釈が広く実務に受け入れられているようである。比較的最近の同旨判例として ThürVerfGH, Urteil v. 21. 11. 2012＝LKV 2013, 74（75）.

(2) 手段選択の組織的・統合的行使による拡張可能性

第2に、実際に安全を確保するための「手段」の選択の幅を広げることの可能性である。国家は、認識された危険に対するもっとも合理的な手段をもってこれを防止し、社会の安全に対する脅威を抑制しようとする。この「合理的な手段」とは、警察法の基本原則である警察比例の原則に引きつけていえば、基本権への介入を最小限度に抑えつつ、認識された危険の防止を実現することのできる手段ということになるのだが[9]、この「合理的な手段」の可能性の審査は、安全確保権限の行使にあたる機関に一定の手段選択可能性が存在することを前提とする。この場合、認識された危険に対処するための手段については、その危険の認識の程度に対応して多種多様でありうるのであり、その意味で、この手段選択についても、安全確保権限の行使にあたる機関がみずからその選択可能性と手段選択の合理性を獲得しうる余地をもつことになる。つまり、国家が「危険」を重大なものと認識すればするほど重大な基本権介入を伴う手段を選択しうるであろうし、また、国家が安全確保権限の行使を抑制しさえすれば「安全」な状態が実現しうるのでもない以上、国家は安全確保のための権限行使にあたって、さまざまに存在する手段のなかから任意にその手段を選び、その選択の正当化理由さえもみずから調達することが可能なのである。

例として「全ての官庁は、危険防止に際しては相互に協力する。全ての官庁はとりわけ、他の官庁の任務の遂行のために必要であると認める内容を含む情報について、相互に通知しあうものとする。危険防止官庁及び警察官庁は、危険防止の枠内において統合ワーキンググループ（犯罪防止協議体）を組織するものとし、このグループには異なる分野及び任務範囲を持つ個人または組織であって犯罪防止に寄与しうるものを含めるものとする」と定めるヘッセン州公共安全秩序法（HSOG）1条6項がある。もちろん、同項は「総力戦」を規定するものではなく、実際上は州と地方自治体の警察機関の協力関係を構築するための根拠規定として用いられるにとどまるものだが[10]、州警察の要請により移民の移送を担当する

---

9) たとえば公共の安全のための屋外集会の録画・録音の手段選択について、「集会の様子の録画を可能にする授権は、狭義の比例性にも適合していなければならない。当該措置に起因する法律による基本権制限は、個人的法益と公的利益の適切な調整を実現する目的との関係において、全体としての釣り合いが取れていることを必要とする……」と説示した例がある。VerfGH Berln, Urteil v. 11. 4. 2014.＝NVwZ-RR 2014, 577 (581).

10) 同条の「犯罪防止協議会（Kriminalpräventionsrat）」は、本来はヘッセン州などでみられる自治体警察機関である。各州の警察法では、地方自治体の警察権限の行使にあたる機関を指定して「秩序機関（Ordnungsbehörde）としての任務を与えているが、この秩序機関としての権限に州が関与する場合には、地方自治の原則に基づいて法律の根拠が必要となる。Vgl. *J. Ziercke,* Neue Kooperationsformen auf Landesebene am Beispiel des Landesrates für Kriminalprävention in

州中級官庁と移民に関する事務を所管する自治体を警察機関の連絡調整のもとで相互協働させるための根拠規定となった例があるようであり[11]、必要に応じて手段の選択可能性を広げるための運用もなされうること、実際にそのような例が存在することは、着目に値する。

この枠組みを一般化すれば、刑事警察機関、情報機関、移民担当機関、地方自治体などは、それぞれ危険に対する対応手段を有しているが、単独では手段選択に関する柔軟性を欠くと認められる場合、あらかじめ法律によってこれらの有する手段選択の統合を規定し、これらをいずれも選択しうるメニューとしておくことが可能になる。言い換えれば、警察機関は危険防止の必要があるときに他の機関の協力を求め、関係機関をみずからの連絡調整のもとに組織化することで、実質的には警察による安全確保権限の行使に向けられた手段であっても、他機関による「ソフト」な措置をとることで、手段選択の合理性・比例性を保持することが可能になる。こうして、安全確保の手段の選択の可能性を広げるとともに比例性の確保にも適した手段の統合化が指向されることになるのである[12]。

3　統合的な安全確保権限のコントロール

安全確保権限の組織的・統合的行使によって「危険」の認識能力を高めることで目的を自己調達し、それによってさらに権限の拡大を図る循環は、観念的には成立しうるものの、それは無限定な警察機関の権限拡大を必然的に帰結するものではありえないことはもちろんである。

法律の文言が一定の定義づけをされている以上、いかに警察機関が権限の拡大を図ったとしても、行政に対する法律留保の限界に突き当たることになる。実際に、BayPAG11条は、警察がその権限を行使できる場合として「犯罪行為、秩序違反行為及び憲法敵対行為を防止し、又は阻止するために必要なとき」と規定したうえで、犯罪行為については「法に違反する行為であって、刑法の構成要件を実際に行ったもの」、憲法敵対行為については「ドイツ連邦共和国又はその諸州の憲法適合的な秩序を違憲な方法によって除去し若しくは変更することを目指す行為であって、犯罪行為及び秩序違反行為のいずれにもよらないもの」と定義

Schleswig-Holstein, in: R. Stober/R. Pitschas (Hrsg.), Vergesellschaftung polizeilicher Sicherheitsvorsorge und gewerbliche Kriminalprävention, 2001, S. 127 ff.

11)　*Zierke* (Anm. 10), S. 131.

12)　なお、連邦国境警備官庁による実力行使や平時における軍隊の治安出動については、基本法35条2項との関係で、憲法問題が別途存在する。この問題をめぐる議論状況については、松浦一夫『立憲主義と安全保障法制』(三和書籍・2016年) 389頁以下。

している。警察法全体の構造からみたとき、いかなる抽象化によったとしても、「危険」の概念1つに依拠して白紙委任の状況が生み出されることは想定しえないであろう[13)]。仮に過度の抽象化による権限留保の掘り崩しの危険が生じたとしても、法治国原理などの憲法原則や、警察法の一般原則がその限界づけとして機能することになる[14)]。

また、手段の選択において、警察機関がその要請によって他の機関を連絡調整のもとにおき、権限行使の警察化（Verpolizeilichung）を企図することができるとしても、最終的に法執行の権限の実行と、司法の統制のもとでの実力の行使をなしうるのはやはり警察機関に限られることから、実際には警察の隠れ蓑としてはこの協議体は機能しえない[15)]。HSOG 2条では警察権限の限界として、同法1条に規定される犯罪の抑止および制圧の枠における秩序と安全の防護以外の「他の危険防止は、一般行政事務である」と定めるほか、併せて「一般危険防止事務は、法律の根拠に基づいて州の行政機関の権限とされていない限りにおいて、ラントクライス及びゲマインデによって執行される」と規定しており、警察機関の権限が他の機関に侵食しないように規制している[16)]。

このように、組織法的な統制の観点からは、安全確保権限の統合・組織化指向性に対してはそれなりの備えがなされていること、そしてそれが実務上の運用においても実際に機能していることを見て取ることができる。個々の権限行使において、基本権介入が生じた場合には別途の法原則による統制が必要となろうし、また、上記の組織法的統制が、立法者による組織法の整備に依存することから、立法者に対する規範明確性の要請は適切に機能している必要がある。その意味で、組織法はあくまで立法と実際の権限行使の間をつなぐ存在にすぎないが、結局は実務上も法解釈上も、組織法的な統制に対する考慮を避けて通ることはできない。統合的・組織的行使を指向する傾向にある安全確保権限の統制について、組織法の問題がクローズアップされるのは、この点が原因となっているといえよう。

13）実際に、バイエルン州憲法裁判所はBayPAG31条の文言について「当該領域における特有の明確さによって、意味を理解することは不可能ではない」と指摘し、同法全体の法意からして、警察のデータ収集による制限の範囲や要件について「市民及び法律の適用に従事する警察職員にも認識しうる」としている。BayVerfGH, NVwZ 1996, 166 (167).

14）警察機関による情報収集について、警察比例原則や最終手段原則による制約を認める州憲法裁判所の判例がある。SachsAnhVerfG, Urteil v. 11. 11. 2014＝LKV 2015, 33 (38).

15）*R. Pitschas,* Polizeirecht im kooperativen Staat, DÖV 2002, S. 224f.

16）したがって、たとえば同州のフランクフルト市では、民間警備員の増強や市民の協力による監視カメラの設置などむしろ警察に頼らない公共安全の実現に取り組んでおり、逆に脱警察化（Entpolizeilichung）の傾向が指摘されている。*T. Tohidipur/L. Tuchscherer,* Die hessische Stadtpolizei, LKRZ 2013, 455f.

III　組織法的統制としての警察と情報機関の分離原則

1　警察と情報機関の分離原則の経緯と位置づけ

安全確保権限に対する組織法的な制限のなかで最も重要な警察組織法上の原則とされてきたのが、警察と情報機関の分離原則である。

この原則は、1949年に、西側地域の占領統治にあたっていた軍政府が発した「警察書簡（Polizeibrief）」に由来する[17)]。書簡によれば、「連邦政府は、……政府の転覆を企図して連邦政府に向けられる行為に関する情報を収集し、提供するための官庁を設置することが許される。この官庁は、警察の権限を有してはならない」。同書簡の趣旨は、戦前の政治警察である国家秘密警察（ゲシュタポ）や、後にゲシュタポを飲み込むかたちで設置されたSS国家保安本部（RSHA）のような抑圧的な体制の復元を防ぎ、民主的な法治国家として戦後のドイツが樹立することを促すことにあったと理解される[18)]。

この分離原則は、基本法に反映され、憲法上の原則となった。その根拠条文は基本法87条1項2文である。この規定は、「連邦法律により組織することのできるものは、……憲法擁護を目的として、及び刑事警察のために、必要資料を収集するための中央官庁（Zentralstellen）である」となっていた。ここで、「中央官庁」が複数形になっていることから、ここで定められる連邦の権限は、単一の官庁に集中されるべきものでなく、それぞれの権限を分有する官庁が設置されることが憲法上要請されると理解されるわけである[19)]。この原則に従って、連邦レベルでは警察機関として連邦刑事庁（BKA）、情報機関として連邦憲法擁護庁（BfV）および連邦情報庁（BND）ならびに軍事防諜局（MAD）が設置されており、各州レベルでもこれに準じて警察・秩序機関（州刑事庁など）と州憲法擁護庁が分けて設置されている。

2　警察と情報機関の分離原則の内容

この分離原則は制度上、機能・権限・組織および情報の分離として現れると理解される[20)]。

17）*K. Nehm,* Das nachrichtendienstrechtliche Trennungsgebot und die neue Sicherheitsarchitektur, NJW 2004, S. 3289f.
18）*Nehm* (Anm. 17), S. 3290.
19）*C. Gusy,* Die Zentralstellenkompetenz des Bundes, DVBl 1993, S. 1120f.
20）*Basten* (Anm. 2), S. 186f.

(1) 機能分離

機能分離とは、警察機関と情報機関の担う任務が、根拠法のうえで質的に区別されていることを意味する。たとえば連邦憲法擁護法3条1項は「連邦及び諸州の憲法擁護官庁の任務は、自由で民主的な基本秩序に反対し、連邦若しくはその一の州の存立若しくは安全を脅かし、又は連邦若しくはその一の州の憲法機関若しくはその構成員の活動に不法に介入することを目指す試み……に関し、とりわけ事件及び個人に関連する情報、通知及び文書から行う情報の収集と分析である」と規定しており、犯罪の予防や個人の権利の保護などの具体的な権限行使の契機が規定される警察法の規定とは明確に区別される。なお、同法1条には、連邦と各州の憲法擁護官庁の協力の目的として「連邦と諸州の安全」が規定されているが、この文言については同法4条で「連邦又はその一の州の安全に反する試みとは、政治的な目的又は目標に基づく個人または人的結合体の行動であって、連邦、州又はその構成機関の活動を著しく妨害することを企図するもの」と定義されており、これも警察法のように具体的な危険を前提としていない。すなわち、警察機関が具体的な法益侵害を契機として権限を行使するのに対して、情報機関はその前域（Vorfeld）を情報収集の対象としており、この点をもって機能的な区別と説明されている[21)]。

(2) 権限分離

権限分離とは、警察機関と情報機関が、その権限行使のうえでそれぞれ独立し、相互の連関をもたないことを意味する。たとえば連邦憲法擁護法8条3項は、「警察の権限及び（警察官の）指揮権限は、連邦憲法擁護庁には与えられない。また、連邦憲法擁護庁は、その権限に属しない措置のために、警察に対して官庁間援助を求めてはならない」と規定し、憲法擁護庁の権限を警察権限から切り離している。

この権限分離については、警察機関の権限が司法的統制を受けるのに対して、情報機関の権限は議会統制を受けることを根拠にその質的差異が説明されることがある。たしかに、連邦憲法擁護法8b条3項は、法律によって連邦議会に設置する統制委員会に対して連邦内務省が連邦憲法擁護庁の活動について報告することを求めているのに対して、警察法にはそのような規定はない。もっとも、この統制委員会は、情報機関の活動に関して、連邦政府が議会の信用を確保すること

---

21) *Basten* (Anm. 2), S. 187. ただし、バイエルン州憲法擁護法（BayVSG）3条のように、組織的犯罪の企図をも監視対象としている例もあり、実際に機能的な分化がどこまで徹底されているかは疑わしい面もある。この点については島田茂「ドイツ警察法における『犯罪の予防的制圧』の任務と権限」甲法47巻1号（2006年）92頁以下において詳細な検討がなされている。

を目的として1956年に設置された小委員会が発展したものであり、1950年に設置された連邦憲法擁護庁とは歩みを必ずしも同じくするものではない。また、このような制度がすべての州で制度化されているとは限らないことからも、統制の差異を権限分離のメルクマールとすべきではないと思われる[22)]。ただし、情報機関の活動を民主的に統制する仕組み自体は、政策論としては好ましい傾向であろう。

(3) 組織分離

組織の分離とは、警察機関と情報機関がそれぞれ別の根拠に基づく組織として設置され、相互の人員の交流をもたないことを意味する。連邦憲法擁護法2条1項は、「連邦憲法擁護庁は、警察官庁に編入されてはならない」と定めており、その組織の警察機関との区別を明文化している。これと同趣旨の規定は、連邦情報庁法1条1項にもみられる。

なお、ドイツの公務員の身分は、類似する専門教育を要する職種集団を意味するラウフバーン（Laufbahn）とよばれる任用制度によって採用時から厳格に決まっており、別階層および別種のラウフバーンに属する職との人事交流は、通常存在しない。したがって、たとえば刑事警察官のラウフバーンに属する者が情報機関に出向することはなく、逆もまた然りである[23)]。

(4) 情報分離

もっとも問題となるのが、情報の分離である。情報の分離とは、警察機関と情報機関がそれぞれ別個にその必要とする情報を収集および管理し、両機関の情報の混合や交換は禁止されることを意味する。

警察機関は危険の存在を前提として、特に犯罪の解明のために情報を収集する。それに対して情報機関が収集する情報は、危険を前提とするものではなく、それ自体は犯罪の解明のために必ずしも向けられたものではない。この両機関が情報を混合し、または制限のない交換を行うとき、情報機関にとっては、まったく意図されていない情報の結合による犯罪の嫌疑が発生しうることになるため、政治的情報を秘密裏に収集分析する際の情報源が損なわれることにもなりかねず、その任務に支障が生じるおそれがある[24)]。また、法律によってあえて組織分離が規定されているにもかかわらず、このようなかたちで情報を利用することは、情報機関を警察機関の内偵者の地位に貶めることにもなりかねない。警察機関から

---

22) *Nehm* (Anm. 17), S. 3292.

23) ただし、選考による管理職任用や、政治任用は例外である。たとえば、連邦警察（連邦国境警備隊）での警察官吏の身分を有する者が連邦情報庁長官に任用された例がある。

24) *Nehm* (Anm. 17), S. 3292.

みても、警察法における「危険」がある程度の抽象性を残さざるをえないとしても、危険の存在を前提としない情報を扱うことは法治国家的な警察権限の制限に抵触するという原理的な問題があることはもちろんだが[25]、実務的にみても、司法的統制に適しない断片的・誇張的な情報が混入しているおそれのある情報を取り扱うことが、はたして犯罪の予防と制圧を第1の使命とする警察の任務に適合しうるかという実際的な問題が指摘されうる[26]。

3 憲法上の「分離」の基準

分離原則の機能の一方で、組織化・潜行化する犯罪について、一定程度の情報に関する警察機関と情報機関との協力関係の構築が有効であることもまた事実であり、それだけに各州レベルの立法を瞥見した限りでも、この点の要求の程度にはばらつきがみられる[27]。

結局、ここでの問題は、情報の分離が、機関の任務の本質のみならず、国民の情報自己決定権にも直接かかわるものであるにもかかわらず、分離の程度や範囲が必ずしも明らかになっていないことに存する。そこで、以下では連邦憲法裁判所対テロデータ法判決の説示を参考にしつつ、この点に関する憲法上の要請の程度について検討する。

(1) 対テロデータと情報分離

対テロデータ（Antiterrordatei: ATD）とは、対テロデータ法（ATDG）に基づき、協力機関として参加する38の警察機関および情報機関が法律上の任務に基づいて収集する情報を、国際テロの防止および分析に役立てるために設けられる統合データベースである（ATDG 1条）[28]。協力機関は、国際テロの防止および分析に必要な限りで、刑法典に規定するテロ組織に所属する個人に関する収集情報、政治的・宗教的主張のために法に反する暴力的手段を用いるおそれのある個人に関する収集情報、およびそれらの個人に関係する収集情報を反テロデータに蓄積することとされている（ATDG 2条・3条）[29]。対テロデータの対象となる個

---

25) *Basten* (Anm. 2), S. 187f.

26) 植松健一「連邦刑事庁（BKA）・ラスター捜査・オンライン捜索（3・完）」島法53巻4号（2010年）102頁以下。

27) たとえばBayVSG25条は、バイエルン州憲法擁護庁の情報について、一定の要件のもとで検察・警察・財務当局および税務査察局に提供することを認めている。

28) ATDG 1条「①連邦刑事庁、連邦警察法58条1項に定める連邦の警察官庁、各州の刑事庁、連邦と各州の憲法擁護官庁、軍事防諜局、連邦情報庁及び税関刑事局（参加官庁）は、連邦刑事庁において、ドイツ連邦共和国に関係する国際テロの糾明及び防止のための各機関の法律上の任務を遂行するために、統合的に規準化された対テロ集中データを運用する」。

29) ATDG 2条「①参加官庁は、従前において収集していた、各機関に適用される法規範に則って警察

人の情報は、それぞれの官庁の根拠法令によって収集され、現存する情報であって国際テロに関連するものは、すべて対テロデータとしての蓄積の対象とされる(ATDG 3条)[30]。また、各機関の根拠法令に従う限りで、通信傍受の方法による収集情報の対テロデータとしての蓄積も認められる(ATDG 4条)[31]。対テロデータの使用については、参加機関は、基本データと拡張基本データを、国際テロの防止と糾明の任務の目的のために、原則として「自動化された手続のもとで」使用することができるとされたが(ATDG 5条)[32]、2条1項1文の規定は「自動化処理データ」に限定しており、たとえば各機関の内部においてセキュリティ・クリアランスが課されている情報については、至急の事態に限って共通使用を認めることを軸とした照会使用の要件が付され、目的拘束性の程度に差が設け

及び情報機関としての探索能力を用いて実際上の証拠となるものとして、

1. a) 刑法典129a条に定める国際的な活動を行うテロ組織、若しくは刑法典129b条1項1文と関連した129a条に定めるテロ組織であって、ドイツ連邦共和国との関係があるものに所属している個人に関するデータ、又は

 b) aに定める組織を支援する集団に所属し、若しくはこれに協力する個人に関するデータ

 ……

であって、ドイツ連邦共和国に関係する国際テロの糾明及び防止のために必要であるものを、3条1項に基づいて対テロデータに蓄積すべきことを義務づけられる。1文は、各協力官庁に適用される法規範に基づき、協力官庁が自動化して処理すべきデータについてのみ適用される」。

30) ATDG 3条「①対テロデータには、現存する限りで、以下のデータが蓄積される。

1 a) 2条1項1号から3号までに規定する個人の氏名、婚前名、別名、通称、名前の別つづり、性別、生年月日、出生地、出生国、現在及び過去の国籍、現在及び過去の住所、特別の身体的特徴、言語、方言、写真、2条に規定する分類の項目、他の法律の定めに反せず、当該個人を識別するために必要な限りにおいて、身分証明書の届出事項(基本データ)、

 b) 2条1項1号及び2号に定める個人及びそれと接触を有する個人であって、2条1項1号aに定める犯罪行為を計画し若しくは犯し、又は2条1項2号の規定する違法な暴力の行使、支援又は準備に関与しているであろうことが実際上の根拠から推測される者に関する以下の情報(拡張基本データ)

 ……

 cc) 金融口座情報

 ……

 gg) 民族的帰属

 hh) 宗教の所属についての項目、ただし、個別の事案において国際的テロリズムの解明もしくは対処に必要不可欠であるときに限る

 ii) ……刑法典129a条1項2項による犯罪行為の準備遂行に寄与しうる特別な能力、特に爆薬又は武器の製造若しくは取扱における知識並びに技能」

31) ATDG 4条「①特別な秘密保持の利益若しくは特別な保護に値する対象者の利益のために例外的に必要とされる限りにおいて、参加官庁は、3条1項1号bに掲げる拡張基本データの保存を、その一部若しくは全部について行わない、又は、2条に掲げる……各データの全部について、他の参加官庁が……データの蓄積を認識できず、かつ、蓄積されたデータへのアクセスをすることができない方法により入力することができる」。

32) ATDG 5条「①参加官庁は、国際的テロリズムの解明又は対処という各機関の任務遂行のために必要不可欠である限りにおいて、対テロデータファイルに蓄積されているデータを、自動化された手続において利用することができる」。

(後略)

られている（ATDG 5条・6条）[33]。なお、参加機関は、いずれもその根拠法に基づいて、警察機関の活動は司法統制に、情報機関の活動は議会統制に服するため、対テロデータそれ自体の使用統制については、ATDG には規定されていなかった。

(2) 連邦憲法裁判所 ATDG 判決

ATDG に基づく対テロデータの蓄積・収集について、情報自己決定権の侵害を原因として提起された憲法異議において、連邦憲法裁判所は、ATDG の一部違憲判決を下した[34]。本判決は、取得データの蓄積が情報自己決定権への介入となる場合の条件やその正当化に関する比例性・規範明確性に関する重要な判示を含むものであるが、この点についてはすでに邦語でも分析があるので[35]、本稿では分離原則に関する説示のみを取り上げることとする。

まず、情報の分離について、連邦憲法裁判所は一般論として以下のように説示し、これがデータ保護および情報自己決定権と結びつく憲法上の要請であると位置づける。

> 異なった治安当局にそれぞれ認められるデータ収集及びデータ処理権限は、個人関連データが問題となる限りにおいて、各治安当局に固有の任務に合致するように形成され、また、その任務に応じて限定される。……情報が、異なる治安当局の間で包括的に自由に交換されないことは、これらの官庁における事実に反した組織性の現れではなく、データ保護法上の目的拘束の原則によって、憲法上の基本的な前提とされ、かつ、憲法上意図されているものである。[36]

したがって、官庁間での情報交換がデータ保護に違背し情報自己決定権を侵害するかどうかは、官庁ごとに本来的に取り扱う情報の質的な差異の大きさに依拠することになる。なぜなら、「任務、権限及び任務遂行の方法が別種のものであればあるほど、データの交換がより強い重大性を持つ」ことになるからである[37]。連邦憲法裁判所は、両機関の担う権限の質的差異を以下のように示している。

33） ATDG 6条「②至急の事態において、クエリを設定した官庁は、アクセスしたデータを、5条2項1文にいう現在の危険の予防のために、国際的テロリズムの対処との関連において不可欠である場合に限り、利用することが許される」。

34） BVerfGE133, 277.

35） 入井凡乃「対テロデータファイル法による情報機関・警察の情報共有と情報自己決定権」自研 90巻6号（2014年）119頁、渡辺富久子「ドイツにおけるテロ防止のための情報収集」外国の立法 269号（2016年）24頁。

36） BVerfGE133, 277 (323).

37） BVerfGE133, 277 (323f.).

作戦的な任務遂行に向けられ、詳細な法的根拠によって規定されながら原則的に公開で活動する警察と、政治的情報及び提供のための前域段階での監視及び解明にその活動を限定され、従ってよりわずかにしか規定されていない法的根拠に依拠しながら基本的には秘密裏に行動する情報機関との間では、法秩序が異なる。[38)]

この基準に照らせば、警察と情報機関のデータの混合や連結は強い重大性をもつことになり、したがって憲法上の厳しい限界づけのもとにおかれることになる。こうして、警察と情報機関の間の情報分離は、厳格な組織法・権限法上の憲法原理として位置づけられることになる。

警察官庁と情報機関とのデータ交換を可能にする規律は、この法秩序の区別にかんがみ、憲法上の高度の要請に服することになる。その限りで、情報自己決定権から情報分離原則が導かれる。データ分離の制限は、例外的にのみ許容されうる。……情報機関と警察官庁とのデータ交換は、情報機関に向けられた条件と同程度に緩和された条件の下でも情報へのアクセスが正当化されるような、特に重要性の高い公共の利益に寄与するのでなければならない。このことは、規範として明白な法律上の規律の根拠において、十分に具体的で適切な介入閾値が示されることによって、確実になっていることを要する。[39)]

こうして、情報分離原則は情報自己決定権と結びつけられるが、情報分離原則は、その介入の重大性を計る基準として機能することが示されている。

異なる収集方法に由来するデータファイルに、情報機関のデータと警察官庁のデータが突合されることになるため、このことは特に重大である。……この介入の重大性に、国際テロの効果的な究明及び対処という、極めて重大な公共の利益が相対する。[40)]

……

緊急事例（ATDG 6 条）においては、基本データに加えて拡張基本データも開示データとしてアクセスされうることになるが……、とりわけそのような利用形態と結びつく情報機関と警察の情報分離原則の踰越のゆえに、介入の程度

38） BVerfGE133, 277 (328f.).
39） BVerfGE133, 277 (329).
40） BVerfGE133, 277 (353).

の特別な重大性が認められる[41]。

(3) 判決による情報分離原則の位置づけ

ATDG 判決が、情報自己決定権と情報分離原則とを結びつけたことについては、さまざまな評価がなされる。

情報分離原則を、警察と情報機関との間の情報交換を絶対的に禁止することの憲法原則であるとの理解からすれば、データの交換は「例外的にのみ」という制限がついてはいるものの、それは絶対的禁止が「相対化」されたことを意味することになる。この点において、情報分離原則は、法律によって形成される制度の規範明確性と比例原則に基づく過剰侵害禁止の拘束に服することを意味するにとどまる[42]。

ここで問題とされるのは、「国際テロ」の概念の規範明確性であり、あるいはATD の実際の運用上の基本権侵害的性格である。前者については、基本法 73 条 1 項 9a 号における議論[43]と共通するが、欧州理事会決定およびそれを受容した刑法典 129a 条の意味における「国際テロリズム」の概念と、ATDG 5 条の文言を同内容として解釈することの許容性が問題となる。基本法および刑法典における概念づけは、あくまで刑事警察機関の犯罪抑止機能に着目したものであるとすると、情報機関の危険の前域段階における収集情報を含みうる ATD についてこの概念づけを用いることがはたして規範明確性の要旨に合致しうるかとの疑問はたしかに成立しうるが、このような情報機関の警察化の危殆をはらむ解釈の許容性について、連邦憲法裁判所は沈黙しているという指摘である[44]。後者については、ATD の運用統計上、ATD の蓄積データのうち、67% が情報機関由来のものであるのに対して、利用データの 79% は警察の請求によるものであることから[45]、結局は「例外」は常態化しており、情報の共有によって生じる基本権侵害が重大であるにもかかわらず、その閾値が飛躍的に上昇しているのではないかとの指摘である[46]。ATD の利用が警察に偏っている結果、従来の情報分離原則が危惧してきた基本権侵害が常態化するとの懸念は、特に比例原則の運用においては深刻に考慮される余地があろう。

---

41) BVerfGE133, 277 (364). 括弧内引用者。
42) *C. Arzt,* Antiterrordatei verfassungsgemäß-Trennungsgebot tot?, NVwZ 2013, S. 1330.
43) 詳細については上代庸平「テロ対策権限の垂直的配分」大沢秀介 = 小山剛編『自由と安全』(尚学社・2009 年) 251 頁以下。
44) *Arzt* (Anm. 42), S. 1330.
45) Evaluierungsbericht, BT-Dr 17/12665 S. 5. 集計期間は 2008 年～2011 年の 3 年間。
46) *Arzt* (Anm. 42), S. 1329f.

一方、情報分離原則は組織分離・権限分離の結果として実現されるべきものとして相対的に捉える立場からは、警察と情報機関との間の情報交換が存在することが憲法上の「前提」とされたことになる。そのため、情報分離は、結局のところ情報利用における目的拘束を意味するにとどまると考えることになる[47]。安全の確保に関する行政が、相互の情報交換において情報分離原則の拘束のもとにあるとして、その原則は連邦憲法擁護法や連邦刑事庁法等の個別法の解釈においては情報の濫用禁止としてすでに制度化されていると考えれば、情報自己決定権への介入が例外的な場合にとどまるという連邦憲法裁判所の指摘は、たしかにその一類型を例示したものと捉えることもできる。その意味では、従来の法制度が情報分離の絶対的禁止を前提とするものではなく、基本権介入において抑制的であるべきであるという一般的な目的拘束の一場面として情報分離が存在するのだとすれば、今回の説示はその拘束の範囲と程度を明らかにした実務上の基準として理解されることになる[48]。

IV　警察と情報機関の分離原則と安全確保権限の組織化傾向

ATDG 判決をいかに理解するとしても、情報分離原則は憲法上の相対的禁止であり、その逸脱は規範明確性と比例原則による拘束に服するという理解は、いずれの立場からも共通する。以下では、このように理解される分離原則との関係性を踏まえ、ドイツにおけるテロ対策機関の組織化の傾向を紹介しておきたい。

1　ドイツの統合型テロリズム対策組織

ドイツにおいて、テロ対策をはじめとした安全確保のために、警察と情報機関の統合的な活動を目的として設置されている組織としては、統合テロリズム防止センター（Gemeinsames Terrorismusabwehrzentrum: GTAZ〔2004 年設置〕）、統合違法移民分析戦略センター（Gemeinsames Analyse-und Strategiezentrum illegale Migration: GASIM〔2006 年設置〕）、統合インターネットセンター（Gemeinsame Internet-Zentrum: GIZ〔2007 年設置〕）、国立サイバー防護センター（Nationale Cyber-Abwehrzentrum: NCAZ〔2011 年設置〕）、統合過激派・テロリズム対策センター（Gemeinsames Extremismus-und Terrorismusabwehrzentrum: GETZ〔2012 年

47） *T. Linke*, Rechtsfragen der Einrichtung und des Betriebs eines Nationalen Cyber-Abwehrzentrums als informelle institutionalisierte Sicherheitskooperation, DÖV 2015, S. 137.
48） *Linke* (Anm. 47), S. 137f.

設置]）などがある。

2　統合テロリズム防止センター（GTAZ）の設置をめぐって

これらの統合型組織は、設置がもっとも先行していたGTAZを範型として設置・運営されているが、GTAZの組織の概要は、以下の通りである。

(1)　組　　織

GTAZは、国際テロリズムおよび過激派の活動に関する官庁間の情報共有および評価分析に関する連絡調整を行い、内国安全のための措置に関する協力体制構築のインターフェースを提供することを目的として設置された。GTAZは独立の機関ではなく、参加官庁間の連絡調整を行う機能を担うにとどまるため、連邦内務大臣の法規命令を根拠として設置されている[49]。参加官庁は、連邦刑事庁・連邦憲法擁護庁・諸州刑事庁および憲法擁護庁、連邦情報庁、税関刑事局、連邦軍防諜部、連邦警察、連邦移民難民庁ならびに連邦最高検察庁の合計40官庁である[50]。GTAZは連邦刑事庁の主幹によって運営されており、各官庁からの派遣職員の数は、2016年現在で229名である。

(2)　任　　務

GTAZは情報機関部門（Nachrichtendienstlichen Informations-und Analysestelle: NIAS）と、警察部門（Polizeilichen Informations-und Analysestelle: PIAS）の2つの部門から構成される。この部門構成は職員の派遣元官庁を基準としている。ただし、GTAZは、情報の共有と評価分析に関する連絡調整を担う機関であるため、事案ごとにまたは過激派やテロ組織の継続的な情報収集や分析については、ワーキンググループがおかれ、日常的な情報交換が行われている。ワーキンググループにおいては、NIASおよびPIASいずれに属する職員も区別なく所属し、活動する。GTAZにおかれるワーキンググループは、統合企画管理部門に加え、2016年現在で、危機評価WG・情報共有実務WG・イスラムテロ分析WG・イスラムテロ関連人物分析WG・対過激派政策WG・多国間関係分析WG・警備企画WGと、研究部門としてインテリジェンスボード（政策研究センター）がある[51]。

49）*N.-F. Weisser,* Das Gemeinsame Terrorismusabwehrzentrum（GTAZ）-Rechtsprobleme, Rechtsform und Rechtsgrundlage, NVwZ 2011, S. 143.

50）連邦憲法擁護庁ウェブサイト〈https://www.verfassungsschutz.de/de/arbeitsfelder/af-islamismus-und-islamistischer-terrorismus/gemeinsames-terrorismusabwehrzentrum-gtaz/ [letzter Zugriff: 26. 06. 2017.]〉。

51）前掲注50）。

3　統合型組織の法的評価

GTAZは、統合型組織のプロトタイプであり、他の統合型組織と参加官庁においてもかなりの部分が共通する。そのため、これらの組織をめぐる法的問題については、もっぱらGTAZについて議論されてきた[52)]。ここではGTAZに関して提起された問題について瞥見しておく。

GTAZについては、設置当初より、警察と情報機関の分離原則に反するのではないかとの批判があった。実際に、その活動においても、情報機関と警察の双方から派遣された職員が同じように任務を行っており、その危惧に該当する点があることも否定できない。もっとも、上述したNIASとPIASの組織構成は、通常業務の上では組織・権限および情報の混淆を生じさせないことを目的とするものであり[53)]、GTAZの組織それ自体は機能および組織分離原則に反するものではない。また、GTAZは連絡調整機関であることから、みずから権限を行使するものではなく、そのため権限分離の原則にも抵触するものではない。

もっとも問題とされていたのが情報分離原則であるが、GTAZはみずからの権限を有しないことから、その内部における情報の共有や交換については、各参加官庁の根拠法の範囲内で行うこととされていた。したがって、通常の官庁間共助の枠組みに従った範囲で情報交換がなされることが基本であり、その枠内にとどまる限りでは、憲法上の問題は生じないと解されている[54)]。また、事案ごとの収集情報の交換・共有については、2006年のATDG成立後は同法に従ってATDへのアクセスをPIASとNIASで独立して行っており、それ以前はテロ対策法に従った官庁間の情報共有が行われていた。これらの法律については、憲法問題がさまざまに指摘されてきたところではあるが、上述のATDG判決の論理に即していえば、GTAZを通じた情報共有・蓄積自体は情報自己決定権への介入を構成しうるものの、それがATDGに明確に定められた要件のもとで、重大な公共的利益の実現という目的拘束に服して行われている限りにおいては、正当化されうると考えることになる[55)]。

このように、GTAZはみずからの権限をもたず、内部で部門に隔てられつつ、

52)　*Weisser* (Anm. 49), S. 142f.
53)　Ebd., S. 144.
54)　Ebd., S. 145.
55)　GTAZは独自の権限を有しないため、この目的拘束は、結局は情報機関と警察にそれぞれ向けられていることになり、GTAZ固有の問題とはならない。ただし、現在のATDへのデータの蓄積は実質的にはGTAZを通じて担われており、内部におけるNIASとPIASの分離の確実性は問題となりうると思われる。

参加官庁が情報共有を行うという巧妙な仕組みであり、これが憲法上の分離原則に反しないと捉えられたことから、後に続く各組織化はこれに倣ったかたちで行われることになっていった。GTAZ は、その任務の範囲、規模および参加官庁のどれをとっても、各統合組織のなかで筆頭格とされる存在であり、今後のドイツにおけるテロ対策権限の組織化の傾向のなかで、憲法による組織法的な統制を受けながらテロ対策・社会安全の実現の任務をいかなる形態で、どの程度までを統合して果たしていくかを考えるうえで、その設置の経緯と進路はなお注目を集める存在であるといえよう。

V　おわりに

本稿が得た結論は、以下のとおりである。

―安全確保権限に関する組織法的制限は、警察法や情報機関に関する法律の背後にある法原則と、実際の組織および任務の統一性を担保する観点から重要な位置を占める。

―危険の多様化を契機とする安全確保権限の組織化・統合化は、目的の自力調達と、対処手段の選択可能性の自己増殖とによって生ずるが、法律による権限留保などの組織法原則や、根拠法上の組織分離の明確化等の組織的統制によって対応しうる。

―連邦憲法裁判所 ATDG 判決以降、警察と情報機関の分離原則、特に情報分離原則については相対化の傾向がみられ、警察と情報機関との間の情報交換が存在することが憲法上の「前提」となっている。

―組織的統合を進めるドイツの安全確保機関の範型となったのは GTAZ であり、組織・権限および権限の分離原則に反しない組織設計がなされているほか、相対化された情報分離原則は、統合の傾向をさらに進行させる可能性がある。

ATDG 判決では、国際テロ防止のための制度形成の考慮要素として「効率性(Effektivität)」が繰り返し言及され、テロ防止という公共の利益の実現の必要性の認識がとみに高まっていることがうかがわれる[56)]。わが国においても、国際テロ対策における組織化・統合化の有用性は十分に認識されており、警察庁や公安調査庁、防衛省などの職員を配置した「国際テロ情報収集ユニット」の発足

56)　*D. Hürauf,* Das Neue Antiterrordateigesetz, NVwZ 2015, 180 (181f.).

(2015年12月8日)[57]は記憶に新しい。

従前は、機関の組織的権限行使の許容性それ自体が憲法問題とされたが、現在はテロ対策に対する機関の組織的権限行使が有効であることを前提として、その憲法的統制のあり方に論点が遷移してくることが指摘される[58]。本稿の得た結論は、その「所与の前提」としての組織法的統制の重要性の指摘にすぎない。その具体的な方向性については、今後の検討課題としたい。

57) ユニットが集めた情報を省庁横断で共有・分析するため、各省庁の局長級で構成する「国際テロ情報収集・集約幹事会」と「国際テロ情報集約室」も同日付で設置された。

58) *M. Dombert*, Am Beispiel der deutschen Sicherheitsarchitektur: Zum Grundrechtsschutz durch Organisation, DÖV 2014, S. 414 (416ff.).

各論 II

テロ防止のための情報収集・利用に対する司法的統制とその限界

——連邦刑事庁法（BKAG）一部違憲判決

石塚壮太郎

I　はじめに

ドイツ連邦憲法裁判所第一法廷は、2016年4月20日に、連邦刑事庁法（Bundeskriminalamtsgesetz）を一部違憲とする判決を下した[1)]。同判決は、360パラグラフにわたる長大なもので、担当裁判官のヨハネス・マージング（Johannes Masing）は、700頁以上の判決案を提出していたとされるのだから[2)]、力の入れようが見てとれる。もっとも、判決の主要部分はギリギリの5対3[3)]で決せられ、2人の裁判官（アイヒベルガー（M. Eichberger）とシュルッケビアー（W. Schluckebier））の反対意見がそれぞれ付されている。

本判決は、連邦憲法裁判所が「これまで個別の観点についてのみ下してきた判例を、整理された解釈論的構造へと集約」したとされる[4)]。連邦憲法裁判所はこれまで、国家による情報の収集について、国勢調査判決[5)]を初めとして多くの判決を下してきた。すでに日本で多くの紹介がなされているとおり、情報の収集だけではなく、その後の管理・利用に関しても、数々の判決が出されている。テロ対策法制との関係では、住居盗聴判決、通信傍受判決、ラスター捜査判決、オンライン捜索判決、通信履歴保存判決、テロ対策データベース判決などがある[6)]。

1）BVerfGE 141, 220. 渡辺富久子「ドイツ 連邦刑事庁のテロ調査権限に関する連邦憲法裁判決」外国の立法268-1号（2016年）10頁、本章【総論】146頁、さらに井上典之「ドイツのテロ対策・予防のための法制度」論ジュリ21号（2017年）55頁以下も参照。

2）*U. Buermeyer,* Analyse des Urteils zum BKA-Gesetz, heise online 29. April 2016, unter: 〈https://www.heise.de/newsticker/meldung/Analyse-des-Urteils-zum-BKA-Gesetz-Karlsruhe-am-Limit-3192480.html〉.

3）もう1人の反対は、2016年11月に退官したガイアー（R. Gaier）である。賛成した5人は大学教授、反対した3人はそのキャリアの大部分が裁判官である点も興味深い。他方、裁判官の推薦政党は、さほど影響がないように思われる。

4）*J.F. Lindner/J. Unterreitmeier,* Die „Karlsruher Republik“, DÖV 2017, S. 91; BVerfG, Pressemitteilung Nr. 19/2016 v. 20. 4. 2016.

5）BVerfGE 65, 1.

6）渡辺富久子「ドイツにおけるテロ防止のための情報収集」外国の立法269号（2016年）39頁。

この領域では、通信の秘密（基本法10条）や住居不可侵（同13条1項）、ならびに情報自己決定権（同1条1項と結びついた2条1項）や、――IT基本権またはコンピュータ基本権とよばれる――情報技術システムの秘匿性と十全性の保障に対する基本権（同1条1項と結びついた2条1項）が用いられてきた。

ドイツでは近時、同判決について多くの評釈や論考が出されているが、同判決を肯定的に捉えるものは少ない。違憲判決を基本権の勝利とみても、なおシニカルな見方をするもの、勝利のかたちに疑問を向けるもの[7]、あるいはこれを正面から否定するもの、根底から覆そうとするものなど、リアクションはさまざまであるが、色彩には乏しい[8]。この間、とりわけ2016年7月以降ドイツにおける治安情勢は悪化の一途をたどっており、そのような状況も、同判決に対する批判に力を与えている。状況の推移はひとまず措くとしても、なぜこのような評価にいたったのかを知るためには、判決の内容をまず把握する必要がある。本稿では、国勢調査判決以来発展してきた判例法理を、テロ対策データの取得・(再) 利用の文脈で集約した本判決を紹介し、そこで主に議論の対象となった論点について整理したうえで、若干の考察を行う。なお、紙幅の関係上、すべての論点を詳細に取り上げることはできない。また本稿では、秘密裏の措置それ自体およびデータの取得（C）よりも、データの利用および伝達（D）を中心に論じる。

II　連邦刑事庁法一部違憲判決

1　事実の概要

ドイツでは、伝統的に危険防止は州の事項とされてきた（基本法30条・70条）。

---

7)　*I. Spiecker genannt Döhmann*, Bundesverfassungsgericht kippt BKA-Gesetz: Ein Pyrrhus-Sieg der Freiheitsrechte?, Verfassungsblog 21. April 2016, unter: 〈http://verfassungsblog.de/bundesverfassungsgericht-kippt-bka-gesetz-ein-pyrrhus-sieg-der-freiheitsrechte/〉は、自由権が多大な犠牲を払って勝利を収めたことを副題「自由権のピュロス的勝利？」から示唆しているが、そもそもこの「自由と安全」という領域において何が勝利なのかは必ずしも明らかではない。この示唆からは、安全の枠内で自由を追求せざるをえない状況、自由の限りない縮減、そしてそれに対する机上の抵抗への諦観が垣間見える。

8)　政府関係者や実務家も不満を示している。連邦刑事庁長官のホルガー・ミュンヒ（Holger Münch）は、「どの権限も全体として違憲とはならなかった」としつつ、「重要なのは、介入手段が実用的でありつづけ、追加的な行政コストが保安官庁の事実上の麻痺を引き起こしてはならないことだ」と述べた。また、連邦内務大臣のトマス・デメジエール（Thomas de Maizière）は、対テロの戦いにおける鍵となる国際的パートナーとの情報交換は保持され、むしろ強化されなければならないとする。SPIEGEL ONLINE 20. April 2016, unter: 〈http://www.spiegel.de/politik/deutschland/bundesverfassungsgericht-karlsruhe-bremst-bka-gesetz-a-1088298.html〉.

また、ドイツには、18の警察官庁（連邦刑事庁、連邦警察および16の州警察）ならびに19の情報機関（連邦情報庁、軍事防諜局、連邦憲法擁護庁および16の州憲法擁護庁）があり、これらは部分的に重なり合った任務を有し、その権限の構造や射程もさまざまである[9)]。連邦憲法裁判所の判例では、原則として情報機関は、警察官庁とは、組織的・権限的・情報的に分離していなければならないとされている（本章【各論Ⅰ】167頁以下参照）。国際テロリズムの危険防止において、このような構造が非現実的であることが認識され、2006年の第1次連邦制改革（基本法改正）で、連邦と州の権限が再編され、基本法73条1項9a号が新設された。同条項に基づき、連邦刑事庁による国際テロリズムの危険の防止に関する2008年12月25日の法律[10)]が制定され、多くの秘密裏の措置が可能となった[11)]。たとえば、長期にわたる監視、通信傍受、住居監視およびオンライン捜索、ならびに他の国内および国外官庁へのそこで得られたデータの伝達などである。

同法による基本権侵害の疑いは早くから表明されていたが、秘密裏の諸措置を可能とする同法の諸条項およびデータの利用に関する諸条項に対し、弁護士、ジャーナリスト、医師および学士心理士（1 BvR 966/09）ならびに連邦議会議員（1 BvR 1140/09）によって、憲法異議が提起された。

2 判　旨

(1) 判　決

本判決は、連邦刑事庁法の一部を違憲無効とし（①・②）、一部の違憲を確認した（③）。違憲確認部分については、期限つきで新たな立法を求め、判決理由中で課された憲法上の要請のもとで有効とした（④）。

①連邦刑事庁法（以下「法」という）20h条1項1号c〔同項1号aまたはbで盗聴の対象となる者の接触人物または同伴者に対する盗聴〕は、基本法13条1項に違反し無効、

②法20v条6項5文〔犯罪行為の訴追や、犯罪行為の将来の訴追への備えのために必要不可欠な限りでデータが削除されないとする規定〕は、基本法1条1項と結びついた2条1項・10条1項・13条1項・19条4項〔基本権侵害の法的救

9) 2010年までのテロ対策の概要として、ハンス＝ゲオルク・マーセン「ドイツにおけるテロ対策の手法」警論63巻8号（2010年）72頁。それ以降も含め、本章【総論】参照。

10) 同法の翻訳として、戸田典子ほか訳「連邦刑事庁による国際テロリズムの危険の防止に関する2008年12月25日の法律（連邦法律広報第1部、3083頁）」外国の立法247号（2011年）65頁。

11) 同法の概要や制定の経緯につき、山口和人「ドイツの国際テロリズム対策法制の新たな展開」外国の立法247号（2011年）54頁参照。

済〕と結びついた各条項に違反し無効、

③法 14 条 1 項（1 文 2 号を除く）〔海外の官庁にデータを伝達する規定〕・20g 条 1 項から 3 項〔監視、写真・音声の記録、GPS ロガー［Peilsender］による追跡または秘密捜査官［V-Leute］の投入などによる住居内外での監視のための特別な手段の投入〕・20h 条〔住居内外の監視〕・20j 条〔ラスター捜査〕・20k 条〔情報技術システムへの侵入〕・20l 条〔電気通信の監視〕・20m 条 1 項および 3 項〔電気通信データの取得〕・20u 条 1 項および 2 項〔証言拒絶権を有する者の保護〕ならびに 20v 条 4 項 2 文〔証人や特定の人物保護のためのデータの利用〕・5 項 1 文から 4 文（3 文 2 号を除く）〔国内の他の官庁へのデータの伝達〕・6 項 3 文〔データ消去を記載した文書の廃棄〕は、判決理由に従い、基本法 1 条 1 項と結びついた 2 条 2 項・基本法 10 条 1 項・基本法 13 条 1 項および 3 項――基本法 1 条 1 項および 19 条 4 項とも結びついて――と一致しない、

④違憲が確認された規定については、遅くとも 2018 年 6 月 30 日の新規律までは、諸条件のもとで許容される。〔以下省略〕

(2)　判決理由

判決は、教科書的に書かれており[12)]、審査は、いわゆる三段階審査[13)]に沿ってなされている。あらかじめ判決理由全体の見取り図――なお A の事実、B の憲法異議申立ての許容性判断、E の判決後の法的処理は省略する――を述べておくと、C で権限審査（Ⅰ）、適合性・必要性審査（Ⅱ）、狭義の比例性審査（Ⅲ～Ⅵ）がなされる。Ⅲでは基本的な衡量図式、Ⅳでは具体的な要請のカタログ（7 項目）が明示され、Ⅴでは 1～3 項目までの当てはめが、Ⅵでは 4～7 項目までの当てはめが行われる。C では、監視・捜査措置それ自体と、それによるデータ取得が具体的に問題となるが、D では、取得されたデータの利用および伝達が問題となる。Ⅰで判断図式が示され、Ⅱでは連邦刑事庁自体のデータ利用、Ⅲでは他の国内官庁へのデータ伝達、Ⅳでは国外の諸機関へのデータ伝達について当てはめが行われる。

(a)　監視・捜査措置およびデータ取得の憲法適合性　　結論として、捜査・監視権限に対する憲法異議は、さまざまな観点で、理由があるとされる。

そこでまずは形式的・実質的正当化が問題となるが、同判決は、権限および法的根拠の存在、目的の正当性、適合性および必要性については、あっさりと認め

12)　*Buermeyer* (Anm. 2).
13)　松本和彦『基本権保障の憲法理論』（大阪大学出版会・2001 年）、小山剛『「憲法上の権利」の作法〔第 3 版〕』（尚学社・2016 年）。

ている（C. I, II）。

主戦場は、規範明確性・特定性と狭義の比例性であるが、本件では、とりわけ狭義の比例性から生じる、要請カタログが問題となった（C. III）。

まず一般論として、「限界づけは、主に狭義の比例性の諸要請から生じる。監視・捜査権限は、介入重大性の観点から比例的に形成されなければならない。潜在的な関係者の基本権への介入重大性と、国家の基本権保護義務とを調整するのは、立法者の任務である」とし、次に２つの対立する要素を挙げた。

> 一方では、「立法者は、諸規定により許可された措置の介入重大性を考慮しなければならない」。その際、立法者が考慮しなければならないのは、監視・捜査権限が、権限ごとにさまざまな方法で、人間の尊厳の保持にとって重要な私的領域の深くへと介入を可能とすること、そして情報技術の発展により監視措置の射程がますます拡大し、その執行が容易となり、人格プロフィールにまで結びつきうること、したがって監視措置が高められた介入重大性をもつことである。他方で、「立法者は、市民の基本権と法益の実効的な保護を確保しなければならない」。そこで考慮されなければならないのは、「憲法適合的秩序、連邦と州の存続と安全、ならびに個人の身体、生命および自由が、高い憲法上の重要性を有すること」、それらが「他の高い価値を有する憲法上の利益に比肩する憲法価値であること」、したがって「個人の生命、身体的完全性および自由を保護すること、とりわけ他者の違法な侵襲からの保護は、国家にとって義務づけられたものとされる」ことである。

そのうえで、諸措置それ自体と、それによりなされるデータの取得に関する、狭義の比例性から生じる７項目の要請が明示される（C. IV）。すなわち、①監視・捜査措置の重大性と、行われる犯罪行為の重大性や危険発生の蓋然性との比例的関係、②措置に対する裁判所命令等による事前のコントロール、③プライバシーの核心領域の保護、④包括的な人格プロファイリング等につながる全方位監視（Rundumüberwachung）の禁止、⑤職業上の秘密等の保護、⑥措置の透明性、措置に対する実効的権利保護や監督的統制（通知義務、照会権、実効的な制裁、連邦データ保護官等による監督、報告義務）、⑦データの削除義務である。

次に、Ⅳで定立された①～③の規範への当てはめが行われる（V）。

> 1. 法 20g 条 1～3 項は、部分的に違憲である。同条 1 項および 2 項は、住居外での監視を定めている（↔情報自己決定権）。①同条 1 項 2 号による措置は、

テロ犯罪と結びつけられているが、予測要件が十分な内容をもって形成されておらず、単なる経験則に基づく予測を排除していない。比例的でないかたちで広く定められており、狭義の比例性原則にも、特定性原則にも反する。②同項3号は、接触人物および同伴者をデータ取得の対象としているが、これは法20b条2項2号で限定された意味で解釈することにより、憲法と適合する。③法20g条3項は、住居内での措置を定めているが、その際の裁判官留保は、秘密捜査官が投入される際に限定されている。その他の場合には、連邦刑事庁自体によって命令されうる（延長には裁判所の命令が必要）が、そこで長期監視がなされる場合には、秘密裏の措置は、裁判所のような独立の官庁に留保されなければならない。そのような留保がなされていない点で、狭義の比例性に反する。④同条1項および2項は、私的生活形成の核心領域を保護する規定を含んでいない点でも、狭義の比例性の要請をみたさない。住居外であっても、核心領域に触れるような会話はなされる可能性があるからである。

2. 法20h条も、部分的に違憲である。同条は住居内の音響的・視覚的監視を含む（↔基本法13条1項〔住居不可侵〕）。①法20h条1項1号cにある、接触人物および同伴者に対する住居監視は、比例原則に反し、基本法13条1項および4項に違反する。②法20h条5項で定められた私的核心領域保護の規定も、基本法1条1項と結びついた13条1項の要請をみたさない。それによれば、核心領域に属する内容が捕捉されることが判明すると、聴取および監視は中止されるが、疑いがある場合には、自動式の記録が継続してもよいことになっており、その場合には、記録は裁判所に提出される。しかし、独立した機関による統制が求められるのは、中間事例において核心領域に触れる内容を除外する場合に限られない。③法20h条5項10文は、データ取得および消去を記録した文書を遅くとも作成した年の翌年末には廃棄するとしているが、この保管期間はデータ保護に対する統制の観点からして短すぎるため、違憲である。

3. 法20j条は、ラスター捜査を規定しているが、合憲である。

4. 法20k条は、情報技術システムへの侵入を定めるが（↔IT基本権）、一般的介入要件の観点からは、憲法適合的解釈が必要であり、私的生活形成の核心領域保護との関係では、憲法の要請をみたさない。①具体的危険の前域で情報技術システムへの侵入を可能とする、同条1項2文は、「その性質上具体的で時間的に近い事件がまだ認識可能でない場合でも、該当者の個人的行動が、そのような犯罪行為が見通せる将来になされるだろう具体的蓋然性が根拠づけられる場合には、侵入措置が許される」というように解釈されなければならない。②同条7項3文および4文は、連邦刑事庁のデータ保護受託者および連邦刑事庁職員に、核心領域に触れる内容がないか検査させるとするが、ここでは核心領域の保護のために、十分に独立した統制が規定されていない。統制は、基本的に外部の人間、すなわち保安任務を担っていない人間によってなされることが前提である。③同項5～7文は、法20h条5項10文と同じ理由で（上記（a）2.③）、違憲である。

5．法20l条は、部分的に違憲である。同条は、電気通信監視を定める（↔基本法10条1項〔通信の秘密〕）。①法20l条1項2号は、テロ犯罪を準備しているという想定を正当化する一定の事実がある者に対して、電気通信監視を拡張する。これは、法20g条1項2号におけるのと同様に（上記（a）1.①）、規範特定性に違反し、比例的でないかたちで広範である。②法20l条1項3号および4号は、刑事訴訟法103a条3項に準拠して憲法適合的に解釈すれば、特定性の要請をみたす。③法20l条3項は、措置の裁判官留保を定めるが、申立てに理由付記が定められていない点で違憲である。④同条6項10文は、法20h条5項10文と同じ理由で（上記（a）2.③）、違憲である。

6．法20m条1～3項は、法20l条と重なる限りで、違憲である。法20m条は、電気通信データの取得を定める（↔通信の秘密）。①同条1項2号は、テロ犯罪を準備しているという想定を正当化する一定の事実がある者に対して、電気通信データの取得を拡張する。これは、規範特定性に違反し、比例的でないかたちで広範である。②同項3号および4号は、刑事訴訟法103a条3項に準拠して憲法適合的に解釈すれば、特定性の要請をみたす。③法20m条3項は、それが準用する法20l条3項が違憲である（上記（a）5.③）。

次に、Ⅳで定立された④～⑦の規範への当てはめが行われる（Ⅵ）。

1．全方位監視の禁止（④）が法律に含まれていないことは、違憲ではない。

2．その活動が憲法上コミュニケーションの特別の秘匿性を前提とする職業集団およびその他の人的集団の保護の形成は、部分的に違憲である。法20u条は、証言拒絶権を有する者を保護する。憲法上維持しえないのは、弁護士とその依頼人との信任関係保護の形成である。立法者によってもたらされた刑事弁護人と他の信任関係にある弁護士との区別は、異なる保護の境界線規準として適合的ではない。監視措置は、刑事訴追のためではなく、危険防止に資するものであって、刑事弁護はここでは決定的ではないからである。

3．①監督的統制は、憲法的に十分に形成されていない。最長でたとえば2年を超えてはならないというような、一定間隔の義務的統制への十分な法律上の規準が欠けている。②その都度の監視措置を事の性質に即して審査することを可能にする包括的な記録化義務も欠けている。それが規定されている法20k

条3項や法20w条2項3文ですら、それが予測の根拠にも適用されるのかは不明確なままである。③さらに、監視権限の比例的形成にとって、議会や公衆への報告義務も欠けている。

4. 法20v条6項のデータの削除に関する規定も、部分的に違憲である。①削除記録の削除を規定した同項3文の文書の廃棄に関する非常に短い期限の命令は、違憲である。削除記録は後の追証可能性と統制に資する。②重要な犯罪の予防や将来の訴追の準備に必要な限りデータの消去を行わないとする同項5文も違憲である。これにより、授権がなされていない、一般的にしか書かれていない、新たな目的のために、データが保存されることになるからである。

(b) データの利用および伝達の憲法適合性　まず、D.Iでは基本的な判断枠組みが示され、規範定立がなされる。従来の判例と比べて説示に変化がみられる部分なので詳しくみていこう。

大原則は、これまでと同様に「国家により取得されたデータの再利用および伝達に対する諸要請が、目的拘束および目的変更の原則に準拠している」ことである。

しかし本判決は、新たに2段階の枠組みを設定する。第1に、「立法者は、一方では、データ取得を決定づけた目的の枠内でデータの再利用を規定することができる」。つまり、「立法者により、データの再利用が目的拘束の詳細な要請をみたすことが確保されれば、そのような規定は憲法上原則として許される」((i))。第2に、「立法者は、目的変更を許可することもできる。目的変更は、新たな目的のためのデータ利用への授権として、特別の憲法上の要請に服する」((ii))。具体的にみていこう。

(i)目的適合的なデータ再利用＝目的拘束の原則　「立法者は、……データの当初の目的の枠内でのデータの再利用として、データ利用を許可することができる。その点で、立法者は、データ取得を基礎づける正当化根拠に依拠することができ、したがって目的変更に対する憲法上の要請に服さない」(傍点筆者)。そのような利用がどこまで許されるかは、データ取得の官庁、目的および条件を規定している、その都度のデータ取得授権根拠に準拠している。したがって、当初の目的設定内での再利用が可能なのは、データ取得を取得したのと同一官庁による、同一の任務(たとえば、訴追か危険防止か)の枠内での、同一の法益の保護のためだけである。

しかし、「危険防止の領域における十分に具体化された危険状況、および刑事訴追の領域における十分な犯罪にかかわる嫌疑」といった要素は、「原則的に、同一官庁によるデータの再利用にとって新たに考慮されなければならない目的拘束に属さない」。「同一任務の遂行の際のそのようなデータの再利用が……単なる形跡となる端緒（Spurenansatz）として許される場合には」、……「官庁は、その限りで得られた知見を、同一の法益の保護のために、同一の任務設定の枠内で──単体で、あるいは官庁が有する他の情報と結びつけて──さらなる捜査への単なる出発点として利用できる」。「データ取得を決定づける任務や法益保護の要請への拘束により、形跡となる端緒としてのデータの利用も、……十分に具体的な捜査連関性を有する」。「それゆえ、目的拘束の確保にとって重要なのは、取得権限のある官庁が、その都度のデータ取得の規則が許容するのと、同一の任務領域で、同一の法益保護のために、同一の犯罪行為の訴追や予防のために、データを用いることである。これらの要件は、目的拘束の枠内でのデータの再利用を正統化するのに、必要的であり、原則的に十分でもある」。

「もっとも、目的拘束は、住居監視やオンライン捜索で得られたデータにもかかってくる。ここでは、データの再利用が目的に適合するのは、それが取得の前提条件に相当する重大な危険（dringende Gefahr）……か、個別事例における差し迫った危険（drohende Gefahr）に基づいても必要不可欠である場合だけである」。「重大なまたは個別事例における差し迫った危険と無関係の、単なる形跡となる端緒や捜査端緒としての知見の利用は」、許されない。

(ii)目的変更的なデータ再利用＝目的変更の原則　「立法者は、当初のデータ取得の目的とは異なる目的のために、データの再利用を許可することもできる（目的変更）。もっとも、立法者は、新たな利用の観点からも、データ取得の介入の重大性が考慮されるようにしなければならない」。

「新たな目的のためのデータの利用により、データ取得時に介入された基本権への新たな介入が生じる。したがって、目的変更は、データ取得で問題となった基本権にその都度照らして測られなければならない。それは、証明手段としての利用か捜査端緒としての利用かにかかわらず、取得目的とは異なる目的のためのデータのあらゆる種類の利用に当てはまる」。

「目的変更の授権は、その際、比例原則に照らして測られなければならない」。衡量の枠内で目的変更的なデータ再利用に与えられる重さは、「データ取得の介入の重大性に準拠している。特に介入強度が高い措置によって得られた情報は、とりわけ重要な目的のためにのみ利用されうる」。

以前の判例によれば、データの再利用は当初の目的設定と一致しないとされるが、それは、「仮想的なデータ新取得の規準によって具体化され、置き換えられた」(傍点筆者)。「それによれば、この訴訟で問題となっている措置のような、介入強度が高い監視・捜査措置から得られたデータにとって問題となるのは、憲法上の基準に照らして、変更された目的のために相応に重みのある手段によって、相応するデータが新たに取得されうるかどうかである(……。事の性質上この具体化は新しいものではない。BVerfGE 100, 313〈389 f.〉参照、さらにBVerfGE 130, 1〈34〉における仮想的な代替介入［Ersatzeingriff］も参照)」(傍点筆者)。「とはいえ、データ新取得の規準は、型どおり完結的に当てはまるものではなく、その他の観点の考慮を排除するものではない(……)。受取官庁が、差出官庁が権限を有する一定のデータ取得を、みずからの側でみずからの任務範囲を理由に行うことができないという事実は、データ交換と原理的に矛盾するものではない(……)。伝達規定の創設の際の簡略化や実用性の観点」を考慮することも可能である。いずれにせよ、「目的変更の前提条件は、データの新たな利用が、相応に重い手段によるデータの新取得を憲法上正当化しうる、同じような重さの法的保護または犯罪行為の解明に資することである」。

しかし、「目的変更の前提条件は、データ取得の前提条件とは、危険状況または犯罪にかかわる嫌疑の必要とされる具体化度合いの観点では、常に同じというわけではない」。とはいえ、「新たに正当化されるべき介入として、異なる目的のための利用への授権も、十分に特定された、固有の端緒を必要とする。憲法的に要請される、しかし通常十分であるのは、その点では、データ——それ自体からであれ、官庁の他の知見と結びついてであれ——から具体的な捜査端緒が生じることである」。「それによれば、立法者が——保安官庁のデータ利用との関係では——データの目的変更を原則として許可することができるのは、そこから個別事例において、相応に重い犯罪行為の解明や、その保護のために相応のデータ取得が許容されるような相応に重い法益に対する少なくとも中程度に重大な危険の防止のために、具体的な捜査端緒が存在する情報が問題となる場合である」。

「もっともここでも、住居監視や情報技術システムへの侵入から得られた情報には、異なることが当てはまる。この措置の特別の介入重大性からして、あらゆるデータの新たな利用は、データ取得それ自体の際と同様に、重大な危険(……)や、個別事例における十分具体的な危険(……)により正当化されなければならない」。

「目的変更の許容性に対するこれらの要請には、連邦憲法裁判所両法廷の長い判例を具体化する整理統合(Konsolidierung)が含まれている(……)。仮想的なデータ新取得の規準が厳格に適用されるのではなく、——要請されるべき危険状況の現実性を規定する——介入閾への視点から、以前の諸要請(……)

に対して、部分的にその基準が後退しており、このなかには、基準の先鋭化はなく、むしろ慎重な制限づけがある（……）。反対意見で支持されるように、それを超えて、相応に重い法益保護の要件を放棄したければ、憲法上のデータ保護の核心的要素としての目的拘束による限界づけ（……）は、――さらに同時に具体的な捜査端緒の前提条件が厳格すぎるとみなされれば――安全法にとって実務上無意味な（あるいはせいぜい住居監視とオンライン捜索から得られるデータに限定される）ものとなるだろう」。

次に、Ｉで定立された規範的枠組みに基づいて、連邦刑事庁自体のデータ利用に対して当てはめが行われる（Ⅱ）。

連邦刑事庁により取得されたデータのみずからによる利用を定めた、法 20v 条４項２文は、憲法上の要請をみたさず、違憲である。①同項２文１号で定められた、国際テロリズムの危険防止の任務遂行のためのデータの利用は、原則的に憲法の要請と一致するが、住居監視とオンライン捜索から得られたデータへの十分な限界づけが欠けている。同号は、細分化せずにすべてのデータにまでデータ利用を拡張し、住居監視およびオンライン捜索から得られたデータの再利用をも含んでいる点で、比例性に反するかたちで広範である。②さらに、証人保護のためのデータ利用を定めた、同項２文２号も、法５条および６条に基づく連邦刑事庁の任務への制約なき一般的な参照が、特定性をみたしておらず、違憲である。

次に、他の国内官庁へのデータ伝達についての当てはめが行われる（Ⅲ）。

他の官庁へのデータの伝達を定めた法 20v 条５項は、さまざまな規定との関係で違憲である。伝達権限は、その前提条件が仮想的なデータ新取得の規準との関連する諸要請をみたさない。①同項１文２号は、刑法典 129a 条１項および２項で挙げられた犯罪行為の予防のために一般的に伝達を許可している点で、比例性に反して広範である。たしかに、これは特に重い犯罪行為だけだが、法律がそれらの犯罪行為の予防のために一般的に伝達を許容する場合には、伝達端緒の具体化が欠けて、情報は、それが介入強度の高い措置に由来する場合でも、潜在的でしかない情報内容に基づき、形跡となる端緒として伝達されうる。他の保安官庁へのそのようなデータの伝達は目的変更であり、データから少なくとも、相応する犯罪行為の解明のための具体的な捜査端緒が生じる場合にのみ考慮に入れられる。②訴追のためのデータ伝達を定めた法20v条5項1文3号も、憲法と一致しない。同号は、データの伝達を、刑事訴訟法に基づいて一般的に情報請求の規準に結びつけ、それにより、同号2文で特に書かれていない、法20g条・20j条または20m条の介入強度の高い監視措置から得られるデータとも関連する。刑事訴訟法との接続により、とりわけ刑法典161条1項および2項の規定が関連する。しかし、この規定は、憲法上要請されるデータ伝達の限界を確保するものではない。刑法典161条1項は、むしろすべての種類の犯罪行為の訴追のためのデータ請求・伝達義務を定めている。同条2項の制約は、刑事訴訟における証明目的でのデータの利用にのみ関連するものである。③さらに、法20v条5項3号2文も、法20h条・20k条または20l条に基づく措置に得られたデータの利用に独自の要請を立てた点で、比例的ではない。同文は、もっとも重い刑が5年以上の自由刑となる犯罪を追及するための伝達を許容する。判例によれば、住居監視についても、情報技術システムへの侵入についても、重い刑が5年以上の自由刑となる犯罪を追及というのは十分ではない。したがって、仮想的なデータ新取得の基準をみたさない。そのほかに、視覚的な住居監視で得られたデータが刑事訴追官庁への伝達から排除されていない点も、憲法上非難される。基本法13条3項は、刑事訴追のためには音響的な住居監視の投入しか許していない。④憲法擁護庁と軍事保安局へのデータの伝達を許容する、法20v条5項3文1号も憲法上の要請と一致しない。実際上すべてのデータにとって、具体化する介入閾なしに任務遂行の一般的な支援のために伝達を許す規定は、比例的でないかたちで広範である。⑤法20v条5項3文1号と同様の規準で、連邦情報庁にデータ伝達を許す、同4文も憲法上の要請をみたさない。⑥すべての伝達権限につき、十分な監督的統制を確保する法律上の規定が欠けている（C. Ⅳ⑥の要請がここでも妥当する）。

最後に、国外の諸機関へのデータ伝達について当てはめが行われる（Ⅳ）。Ⅰで定立された規範が細分化され（①~④）、詳しい当てはめに入る（①~⑤）。

他国——EU構成国はここでは問題とならない——の公的機関へのデータの伝達を定める法14条1項1文1号および3号2文は、憲法上の要請を部分的にみたさない。他国の公的機関への人に関するデータの伝達は、国内機関への伝達と同様に、目的変更である。それは、データ取得の際に介入される基本権に照らしてその都度測られなければならない。外国への伝達にとっては、異なる法秩序や法観念の尊重から、独自の憲法的条件が妥当する。国外へのデータの伝達の際には、基本法の保障は、伝達後においてはもはやそれ自体としては適用されず、外国で妥当する基準が適用される。このことは国外への伝達と必ずしも矛盾するものではない。基本法は、前文等でドイツを国際共同体へ組み込んでいるし、ドイツの公権力を国際協力に向けている。ここに他国との付き合いが含まれるのは、その法秩序や法観念がドイツ国内の見方とは必ずしも一致しない場合でも同じである。したがって、一方では、データ保護法的保障の確保から伝達に限界が生じる。国内でのデータ取得や処理に関する基本法の限界は、保安官庁間の交換によって、その実体として、下回ってはならない。他方で、人権侵害が心配される場合には、受取国によるデータ利用の観点から限界が生じる。基本的な法治国家的諸原則が侵害されるおそれがある場合には、少なくともその国家へのデータ伝達は、必ず除外されなければならない。外国へのデータの伝達は、①十分に重要な目的に限定されなければならず、②受取国でのこのデータの法治国家的な取扱いが確認されなければならない。③実効的な国内での統制の確保が求められる。④諸要請は、ドイツ法において、規範明確性をもった基礎により、確保されなければならない。

法14条1項1文1号および3号ならびに2文は、これらの要請をみたさない。①同項1文1号は、連邦刑事庁に、一般的にみずからに課された任務の遂行のために、データ伝達を認めており、介入強度が高い措置から得られたデータが、仮想的なデータ新取得の規準に適合する目的のためにのみ伝達されうることを確保する基準が欠けている点で、目的変更の要請をみたさない。その権限は、十分に限界づけられておらず、比例的でない。②同項1文3号も、住居監視から得られたデータとの関係で、過度に広範である。重大な危険が存在する際にのみ伝達されうるというような限界づけが欠けている。③同項2文は、目的変更の要請をみたさない。この規定は、データ伝達が仮想的なデータ新取得の規準と結びついて、十分に重要な法益の保護に限定されることを確保していない。同規定は、どのような手段によって各データが取得されたのかを区別せずに、重大な犯罪行為の予防のために一般的に伝達を許容している。この敷居は、特に介入強度が高い措置から得られたデータの伝達を正当化しない。④さらに、同規定は、危険状況の具体度の観点からも問題がある。将来の犯罪行為ための「手がかり（Anhaltspunkt）」が存在する場合に、区別なくデータの伝達を授権し、重大な危険や個別事例における具体的な差し迫った危険を前提条件とせずに、住居監視やオンライン捜索から得られたデータの伝達を許容している。⑤そのほかにも、同項は、監督的統制の十分な規定や、伝達実務についての報告義務を欠いている点で、憲法上の要請をみたさない。

3　反対意見

反対意見は、アイヒベルガーとシュルッケビアーによってそれぞれ執筆された。2人の論調は、細かいところを除けば、一致している。

アイヒベルガーによれば、①法廷意見は、比例原則審査の段階で、立法者に危険状況やその予測的展開の評価に関する評価特権が与えられていることを十分に考慮しておらず、細かい要請を定立しすぎている、②広範な人々に影響を与えるような一般的データ収集が授権されているわけではない。責任が少ないまたはない人々が捜査を受ける場合には、特別の犠牲が、安全の公的保障のための市民の義務として要求される、③法20g条のうち明確でないために比例性を欠くとされた部分は、憲法適合的解釈が可能だった、④法20g条による措置は、典型的に私的生活の核心領域に侵入するものではなく、その保護を欠くため違憲というのには同意できない、⑤あるデータの取得とそのデータの伝達とでは介入の重大性は異なる。

シュルッケビアーによれば、①比例原則から生じる要請は行きすぎている、②法20g条2項により住居外で監視される人は公的空間にいるのだから、私的生活の核心領域保護は妥当しない、③独立機関による事前検査の要請は、危険防止の実効性に影響する、④仮想的なデータ新取得の基準は、住居監視や情報技術システムへの侵入には妥当するが、その他の措置には当てはまらない。国家が、犯罪行為につながる偶然手に入った別の知見がある場合に、そこからわざと目を逸らさなければならない（他の機関に伝達してはならない）という帰結は、受け入れ難い、⑤外国の公的機関へのデータ伝達に関する法14条は、憲法適合的解釈が可能であった。

III　いくつかの論点

本判決は、従来の判例法理の線上で、それを整理統合したものと捉えられている。もっとも、それは革新的な内容が含まれていなかったことを意味するものではない。ここでは、判旨の枠組みを整理するとともに、その内容にも触れていくことにしたい。

1　「私的生活形成の核心領域」に対する保護の拡張

本判決では、基本法13条1項、10条1項、1条1項と結びついた2条1項など、さまざまな基本権が問題となった。散発的に、どの基本権に抵触しているか、あるいは相互にどういう関係にあるかが語られるものの、それぞれの保護領域や基本権競合を整理するような細かい解釈論はあまりなく、むしろ憲法上の遺漏なきデータ保護が指向されていた。その意味では、「『メタ基本権』としてのデータ保護」[14]の構築がめざされたといっても過言ではない。

それがもっともわかりやすく表れるのは、私的生活形成の核心領域への保護である。おそらくは、この点について、関連するほとんどの基本権がさまざまな角度から保障を提供している[15]。本判決において革新的とされるのは、その保護が、公共空間での住居外の監視に対しても及ぶとされた点である。これは、たとえば、その種の会話が住居外でも行われうる、そしてそれが秘密裏の措置によって取得されうることを前提としている[16]。

この核心領域の拡張から、核心領域にかかわる要素を含みうる情報の評価・利用について、次の要請が出された。保安任務を負っていない、外部の人間によって構成された、独立の機関によって把握されたデータが精査され、保安官庁による利用の前に核心領域にかかわる情報が取り除かれるような法律上の規定がなければならない。この点は、多くの場合切迫するテロ犯罪の危険の性質およびその危険防止との関係で、シュルッケビアーの反対意見③で批判されている。

2　目的拘束および変更に関する新たな枠組み

これまで、連邦憲法裁判所は、データの取得時に限らず、その保存・管理・利用についても、基本権的な統制を及ぼしてきた。本件では、取得されたデータの再利用について新たな枠組みが構築された。

従来から、目的拘束および目的変更の原則は、データの再利用においてもっとも重要な要請であった。これは、データが取得された目的と同じ目的のためにしか、データは処理されない、そして目的が変更された場合には、データの利用は制限されるという要請である。国勢調査判決では、「自動データ処理の危険から、転送禁止および利用禁止による――官庁間の相互援助に対する――目的離反からの保護は、必要不可欠である」とされた[17]。ここでは、情報結合の危険性に焦

14)　*Lindner/Unterreitmeier* (Anm. 4), S. 91f.

15)　ラルフ・ポッシャー（松原光宏＝土屋武訳）「人間の尊厳と核心領域保護」比較法雑誌 46 巻 3 号（2012 年）125 頁以下参照。

16)　この点につき、判決は、担当裁判官であるマージングのフライブルク大学の同僚でもあるポッシャーの論文（*R. Poscher*, Menschenwürde und Kernbereichsschutz, JZ 2009, S. 271 f.）を引用している（Rn. 176）。同論文の翻訳として、ポッシャー・前掲注 15）119 頁。

17)　BVerfGE 65, 1 (46).

点が当たっており、当初の取得目的に適合する再利用も、自動データ処理を介して生じる危険の増大を考慮して、目的変更とされ、目的変更の原則に服していた。もっとも、テロ対策においては、情報の統合と結合が強く求められる。ここに大きなジレンマがある。本判決も、この点を慎重に考慮したことを告白している(Rn. 292)。

本判決は、一方で、当初の目的に適合するデータの再利用を、新たな基本権介入ではないとして目的変更の枠内から外し、目的拘束だけを課した。すなわち、「データ取得を決定づけたのと同一官庁により、同一の任務の枠内で、同一の法益の保護のために」データの再利用が行われる場合には、それは憲法上原則的に許容される[18)]。もっとも、具体的な危険状況や十分な犯罪にかかわる嫌疑の要件には、目的拘束はかからない。「形跡となる端緒(Spurenansatz)」があれば十分である。ただし例外として、住居監視やオンライン捜索で得られたデータが問題となる場合には、取得の前提条件に相当する重大な危険、または個別事例における差し迫った危険に基づいても必要不可欠である場合のみ、データの再利用が許される。

他方で、取得時の目的とは異なるデータの再利用については、新たな基本権介入が存在するとして、「仮想的なデータ新取得」という基準を立てた。この基準は、「相応するデータが憲法上の基準によれば、変更された目的のために相応に重みのある手段によって新たに取得されうるかどうか」を判定するものであり、「目的変更の前提条件は、データの新たな利用が、相応に重い手段によるデータの新取得を憲法上正当化しうる、同じような重さの法的保護または犯罪行為の解明に資すること」とされる。もっとも、「目的変更の前提条件は、データ取得の前提条件とは、危険状況または犯罪にかかわる嫌疑の必要とされる具体化度合の観点では、常に同じというわけではな」く、「具体的な捜査端緒」があればよいとされる。また、ここでも例外として、住居監視や情報技術システムへの侵入から得られたデータの新たな利用は、データ取得それ自体の際と同様に、重大な危険や、個別事例における十分具体的な危険により正当化されなければならないとされる。

18) すぐさま、どの程度内容上具体的に目的を法律上規定されなければならないかが問題となる。同意されうるのは、広く把握されすぎるような目的は正当化されないということだとされる。*D. Müllmann*, Zweckkonforme und zweckändernde Weiternutzung, NVwZ 2016, S. 1694.

3　若干の検討

紙幅の関係上、すべての論点にコメントすることはできないが、若干の検討を行う。

「仮想的なデータ新取得」は、目的変更を伴うデータの再利用につき、新たにデータを取得したものと仮想的にみなすことで、比例原則による拘束を再度かけようとする試みである。日本では、いわゆる「取得時中心主義」[19]が指摘されているところだが、取得時コントロールの有用性に理由があることを考えれば、仮想的なデータ新取得の規準は、その利点をデータの再利用時にも転用しようとする試みであるといえる（もっとも、連邦憲法裁判所は、慎重にも、端緒の具体度や危険の蓋然性の観点から再利用時の審査を緩めている。目的適合的再利用とあわせて、2段階の緩和が指摘できよう）。

次に、本判決に対する根源的な批判についてである。多くの批判的論考や評釈は、連邦憲法裁判所が設定した「自由と安全」の審査枠組みに同意したうえで、その行きすぎや、それがもたらしうる結果について、批判するものであった。しかし、ある論者は、テロに関するデータ保護については、従来の判例の論理がまったく有効ではないとする[20]。テロ犯罪は、従来の犯罪とは異なり、それゆえその枠組みで考えることはできないという。この見解は、そもそもすべての発端となった1983年の国勢調査判決当時、まだ情報は紙媒体で処理されており、最初のEメールがドイツで紹介されたのは1984年、ワールド・ワイド・ウェブの基礎が発展したのは1989年だとしたうえで、今日では、個人データの取扱いに対する人々の態度は異なっていることを指摘する。特に私企業により行われるデータの収集、またはそのデータの金銭的取引に対して、人々は無関心であるか、あるいはむしろ積極的に協力している。そのような情報化時代においては、特にセンシティブな情報を除き、むしろ個人データは、基本法14条（所有権）によ

---

19)　山本龍彦「警察による情報の収集・保存と憲法」警論63巻8号（2010年）112頁以下。ドイツの法状況は、同「監視捜査における情報取得行為の意味」法時87巻5号（2015年）62頁以下が指摘する「切断戦略」を具体化した模範像の1つである。山本は、「切断戦略」と「連続戦略」とを区別する。すなわち、ドイツにおいては、「警察による情報の保存・集積や利用・解析、廃棄手続等を明確かつ具体的に規律する法律が存在」するので、「情報取得場面のみを切り取ってその権利侵害性を考慮すること」ができるようになる（「切断戦略」）とするが、そのような規律がない日本の「現状の法制度下」では、「情報取得行為は、後の情報活動と明確に切断できるものではな」い（「連続戦略」）という。もっとも、日本における「連続戦略」も過渡的なものとみるべきで、本筋としてはそのような立法的規律を求めるべきであろう。ちなみに、「仮想的なデータの新取得」という基準は、「情報取得後」における情報の再利用（「切断」後の後ろの部分）においても、当初の情報取得とほぼ同等の基本権侵害を認める点で画期的である。

20)　*Lindner/Unterreitmeier* (Anm. 4), S. 93ff.

って保護されるものであり、そこには少なからぬ社会的義務（同条2項）が伴うとされる[21]。

私企業による情報収集と国家によるそれを同一視することは危険だが、こちらの方が憲法を用いて（記述的には）正確にデジタル監視社会の情報交流を描いている気がする。もっとも、それを認めてしまったら、人間の尊厳や個人の尊重が失われていく未来も一気にみえてくる[22]。

Ⅳ　おわりに

批判のなかには、人の生命・身体や国の存立という利益と密接にかかわるテロ対策領域において、そして現実には膨大な情報がすでに国家に収集・利用されている現状において、細かな規範的議論を展開することに対する疲れも見てとれる。結論としては、「大盗聴？ もちろん、連邦刑事庁は引き続き投入できる。……ビデオカメラによる住居の監視もだ。コンピュータハッキング？　結局カールスルーエ〔＝連邦憲法裁判所〕から異議はない」[23]。そうだとすると、これだけの裁判コストおよびその後の立法コスト[24]をかけて、場合によってはテロ事件発生の危険を増加させて[25]、テロ対策上のデータ取得・利用に関するゲームのルール（Spielregel）が少々基本権の有利になるように再設定（マイナーチェンジ）されただけなのだろうか。なおゲームのルールの一部には、根強い批判もある[26]。

どう足掻いても重苦しい問題であることに変わりはなく、連邦憲法裁判所の苦悩も容易に見てとれる。しかし、「マウスグレーか、クリフグレーか、はたまたストーングレーか（Mausgrau, felsgrau oder auch mal steingrau）」[27]という一見無意味な議論から抜け出せば、明るい未来が待っているわけでもない。何と戦っているのか、何が勝利なのかはわからなくても、ピュロス（前掲注7）参照）は戦う

21）この点、アイヒベルガーの反対意見は、基本法14条3項の損失補償を連想させる「特別の犠牲（Sonderopfer）」という語を用いている。

22）山本龍彦「ビッグデータ社会とプロファイリング」論ジュリ18号（2016年）34頁参照。

23）*Buermeyer* (Anm. 2).

24）その後の立法措置については、本章【総論】147頁参照。

25）両反対意見の出発点は、解釈論上は、民主的に正統化された立法者の形成の自由の尊重であるが、逆にそれが示唆し、暗に問うているのは、本判決が直接・間接の原因となってテロ事件発生が発生した場合、連邦憲法裁判所にはたして（政治的）責任がとれるのかという問題であるように思われる。もっとも、これは憲法規範それ自体だけではなく、その背後に控える憲法の規範力に関する裁判所の賢慮の問題とも結びついている。

26）規範明確性・特定性原則が、ここでは逆に法律をわかりづらくしているという指摘として、*W. Durner*, DVBl 2016, S. 784.

27）*Buermeyer* (Anm. 2).

ことをやめてはならない。本判決は、「基本権裁判所」[28]ともよばれるドイツ連邦憲法裁判所の戦いおよびその苦悩の記録でもある。本書第1章【各論Ⅱ】48頁は、手続保障においていまだ最適化が済んでいない――「あれもこれも」がなお可能な――アメリカの法状況を描写する。他方で、いったん最適化がすめば次に待っているのは、「あれかこれか」の二者択一であり、安全と自由相互の切り売りである。本判決を最適化の結果とみるか、あるいは安全と自由、どちらかの赤字とみるかについて、評価は分かれよう。まだ法的根拠の存在という最適化のための前段階で足踏みをしている日本との関係では、遠く離れた将来像の1つであるが、GPS捜査について「憲法、刑訴法の諸原則に適合する立法的な措置が講じられることが望ましい」とした判決[29]は、最適化への第一歩として注目される[30]。

28) 高田篤「ドイツ連邦憲法裁判所の『自己言及』」法時89巻5号（2017年）36頁以下参照。

29) 最大判平成29年3月15日裁時1672号1頁。ドイツの連邦刑事庁法違憲判決は、危険予防の行政警察活動が問題となる点で、司法警察活動が問題となるGPS捜査最高裁判決とは異なるが、連邦憲法裁判所は、情報の取得・利用につき、いずれも――比例原則審査中の衡量に違いは出るが――同じ枠組みで判断することになろう。

30) ただし、山本龍彦「GPS捜査違法判決というアポリア？」論ジュリ22号（2017年）155頁がいうように、「立法的措置の要請を、捜査手法の強制処分性とのみ連動させるべきではない」という指摘は非常に重要である。GPS判決が提起する問題を主にドイツ的観点から整理する優れた論考として、山田哲史「GPS捜査と憲法」法セミ752号（2017年）28頁以下。もっとも山田は、連邦刑事庁法違憲判決を引いて、連邦憲法裁判所の面従腹背的な積極的姿勢を否定的に評価している（同30頁）。

第4章

カナダ

総論

カナダにおけるテロ対策法制とその変容

各論 I

危険人物認証制度(Security Certificate) の「司法的」統制

――対テロ移民法制における手続的公正

各論 II

テロ関連表現物の規制

――カナダの例

カナダにおける9.11以降の主なテロ関連事件とテロ対策法制

年月日	内容
2001年11月1日	移民難民保護法の制定
2001年12月18日	2001年ATAの制定
2004年3月	イギリスを基盤にしたテロ集団を指揮し、資金提供をしていた嫌疑で1名を逮捕(ハージャ事件)
2004年5月6日	公共安全法の制定
2006年6月	首都オタワの連邦議会議事堂、トロント証券取引所などを標的とした爆弾テロ計画により、計18人(カナダ人またはカナダ在住者)が逮捕
2006年8月	企業幹部を狙った放火事件
2007年1月	爆弾テロ脅迫事件
2007年9月	オーストラリアでのテロ実行を計画していたカナダ在住モロッコ人を逮捕
2010年7月	カナダ軍新兵募集所爆破事件
2010年8月	連邦議会議事堂やモントリオールの交通機関の爆弾テロ計画でカナダ人3人が逮捕
2010年12月15日	刑法典の改正
2011年3月	アルカイーダ関連組織「アル・シャバーブ」に加わるためソマリアに渡航しようとしたカナダ人(25歳・ソマリア出身)を逮捕
2012年3月13日	安全なコミュニティ法(テロ被害者に対する司法的援助法)の制定
2013年1月	アルジェリア・イナメナスの天然ガス関連施設襲撃事件で、死亡した実行犯のうち2人がカナダ人
2013年4月	トロント周辺で旅客列車を脱線させるテロ計画をしたとして、カナダ在住の2人が逮捕
2013年4月25日	テロ防止法の制定
2013年6月19日	核テロ法の制定
2013年7月	ブリティッシュ・コロンビア州議会施設を標的とした爆弾テロ計画で、2人を逮捕
2013年12月	中国系男性が造船関連の機密を中国政府に提供
2014年6月19日	カナダ市民権強化法の制定
2014年10月	ケベック州モントリオール市郊外で、カナダ人が自動車で兵士2人を故意にはね、1人を死亡させる カナダ人が戦没者慰霊碑で兵士1人を射殺後、連邦議会議事堂内に侵入して銃を発砲
2015年4月23日	テロリストからのカナダ保護法の制定
2015年6月18日	2015年ATAの制定
2015年6月23日	テロリスト渡航防止法の制定
2016年8月10日	カナダ南東部・トロント南西のストラスロイにおいて、男性がタクシー内で爆弾を爆発させ射殺される
2017年1月29日	ケベック市のモスクにおける銃乱射事件

※年表中の法律は裁可日を記載。

総論

カナダにおけるテロ対策法制とその変容

手塚崇聡

Ⅰ　はじめに

2001 年アメリカで起きた 9.11 テロ事件は、隣国のカナダ人数十名を含む多くの命を奪い、カナダにとっても深刻な影響を与えた。そしてその直後、カナダ政府はこうしたテロに対処するために、2001 年に反テロ法[1]（Anti-terrorism Act: 以下「2001 年 ATA」という）などを制定した。しかしそうした政府の対応を尻目に、カナダ国内においてもテロ資金提供やテロ計画などの嫌疑で被疑者が逮捕される事件が、たびたび起こることとなった。そしてその都度カナダ政府は、テロ対策法制を改正するなどによって、テロ対策の強化を行ってきた。ただし、2014 年 10 月に立て続けに 2 つのテロ事件が発生し（後述）、カナダ政府は捜査権限の強化などを目的とした新たなテロ対策法制の導入を行った。それが 2015 年の反テロ法[2]（以下「2015 年 ATA」という）の制定をはじめとするテロ対策法制の改正である。なお、こうしたテロ対策法制の進展とは裏腹に、2017 年にもテロ事件が発生している[3]。

このように 9.11 以降カナダでは反テロ法が制定されたものの、その後のテロ事件などへの対処のために各種テロ対策法制が制定され、その後改正されるにいたっている。また 2014 年のテロ事件を受けて成立した 2015 年 ATA は、後述するように捜査権限などを強化し、カナダの安全を重視して制定されたものであるが、法学者からの批判も多くなされており、特に人権の制約となりうるかが問題とされている。そこで本稿では、まずカナダにおける 9.11 以降の法制度の変遷を概観し、2015 年以降の変革とその内容を検討することにより、カナダにおけるテロ対策の問題点を明らかにし、その若干の検討を行いたい。

1） *Anti-terrorism Act,* S.C. 2001, c. 41.
2） *Anti-terrorism Act,* 2015 S.C. 2015, c. 20.
3） ケベック市のモスクで 1 月 29 日夜に、6 人が死亡、8 人が負傷する銃乱射事件が発生した。トルドー（Justin P.T. Trudeau）首相はテロ行為であると位置づけた。「モスク乱射、テロと断定　2 容疑者を逮捕　カナダ、6 人死亡」2017 年 1 月 31 日付朝日新聞朝刊東京本社版 11 面。

II　カナダにおける9.11以降のテロ対策法制と裁判所の対応

1　9.11以降の政府と議会の対応

隣国で起きた9.11テロ事件を目のあたりにしたカナダ政府は、その後すぐに次のような対応を行った。すなわち、①乗客や荷物のスクリーニングを行う責任のある航空保安庁（Canadian Air Transport Security Agency）の設置、②テロ資金の検出に関する省庁間の情報共有レベルの拡大、③安全保障と公共安全を支援し国境の自由な人や物資の流れを監督するカナダ国境サービス庁（Canada Border Services Agency）の設置、④カナダの国土安全や防衛のために必要な軍事的支援の提携を可能にさせるカナダ司令部（Canada Command）の設置、後述する⑤2001年ATAの制定、⑥テロに関連する集団や個人を識別するメカニズムの創設などである[4)]。こうした対応のなかから、以下では、議会によって制定された9.11以降のテロ対策法制と、テロ対策の背景にある政府の戦略について概観するとともに、司法による対応を紹介する。

(1)　9.11直後のテロ対策法制

2001年に政府は、9.11テロ事件を受けて、3つの法案を議会に提案した。1つは2001年ATA（提案時は法案C-36）、そしてもう1つが航空法改正法（提案時は法案C-44）であり、最後の1つが公共安全法（提案時は法案C-17）[5)]である。ここでは、2001年ATAと公共安全法について、若干詳細に紹介していく。

(a)　包括的なテロ対策法制としての2001年ATA　9.11直後の2001年10月15日、2001年ATA法案が提案された。同法は186頁にも及ぶオムニバス法律であり、刑法典[6)]の改正によるテロ行為の定義化や新たな犯罪の創設をはじめ、さまざまな法律の制定および改正がなされた。

同法によって新たに制定されたのは情報保全法[7)]（Security of Information Act: SOIA）であり、改正されたのは、刑法典のほか、公共秘密法、カナダ証拠法[8)]、

4)　Public Safety Canada, *The Government of Canada's response to the terrorist attacks of 9/11, available at* 〈https://www.publicsafety.gc.ca/cnt/ntnl-scrt/cntr-trrrsm/sptmbr-11th/gvrnmnt-rspns-en.aspx〉.

5)　*Public Safety Act, 2002,* S.C. 2004, c. 15.

6)　*Criminal Code,* R.S.C., 1985, c. C-46.

7)　R.S.C., 1985, c. O-5. 同法は、公共秘密法（*Official Secrets Act,* S.C. 1939, c. 49.）を大幅に改正したものである。なお、SOIAの内容については、手塚崇聡「カナダにおける機密情報漏洩に対する規制と憲章上の自由」大沢秀介編『フラット化社会における自由と安全』（尚学社・2014年）158～173頁を参照願いたい。

8)　*Canada Evidence Act,* R.S.C., 1985, c. C-5.

犯罪の進行（マネーロンダリング）及びテロリストへの財政支援法[9]などである。2001年ATAは、政府が掲げる次のような目的を遂行するために制定された。つまり、①カナダにテロリストが入国することを防ぎ、テロ活動からカナダ人を保護すること、②テロリストを特定し、訴追し罰することができる手段を活性化すること、③カナダとアメリカの国境の安全を保ち経済的安全に貢献すること、④国際社会と協力してテロリストを司法に導き、暴力の根本的原因を解決することである[10]。2001年ATAは、「テロ行為」の定義やテロリスト団体の特定、さらにはテロ犯罪の明確化などを行った。特に「テロ行為」の定義については、まず主要な国際条約のもとで犯罪となるハイジャックや爆弾テロのようなテロ行為であり、カナダ国内外でなされた行為や、国家の安全を脅かすような政治的、宗教的、イデオロギー的な目的で行われるカナダ国内外の行為であり、意図的に特定の重大な危害を引き起こす行為を「テロ行為」とした[11]。また捜査権限などの強化も行われ、警察官（peace officer）が特定の人物について、テロ行為を犯そうとしていると疑うのに足りる合理的な理由があると判断した場合、令状なしにその逮捕権を認める「予防逮捕（preventive arrest）」が規定され、さらに、テロ犯罪に関連する情報保有者に対して、裁判官の面前での開示要求を可能とする「捜査尋問（investigative hearing）」が規定された。（同法における主な規定については、次頁の図表1を参照）。

2001年ATAは2001年12月18日に裁可を受けたが、同法145条において、裁可の日から3年以内に「法律の規定と運営に関する包括的な見直し」を行うために、議会において委員会での審議が必要であるとした。また両議院において延長が承認されない限り、「予防逮捕」と「捜査尋問」に関する規定は、2006年12月31日に失効するとされていた。そこで2004年12月9日以降審議が開始されたが、2007年2月になり、下院は159対124の投票で延長をしないことを決定し、当該条項は2007年3月1日に失効した。そこで2007年10月23日、政府はそれらを再度導入するために、法案S-3を提案したが審議のうえ廃案となった。ただしこれらの規定は、2013年のテロ防止法[12]（後述）において、再度導入されている。

9）*Proceeds of Crime* (*Money Laundering*) *and Terrorist Financing Act,* S.C. 2000, c. 17.
10）Department of Justice, *About the Anti-terrorism Act, available at* ⟨http://www.justice.gc.ca/eng/cj-jp/ns-sn/act-loi.html⟩.
11）特に刑法典の改正による犯罪の詳細については、富井幸雄『憲法と緊急事態法制』（日本評論社・2006年）180～184頁、同「カナダの対テロ対策」防衛法研究34号（2010年）77～106頁を参照。また、テロの定義等については、本章【各論Ⅱ】を参照。
12）*Combating Terrorism Act,* S.C. 2013, c. 9.

【図表1　2001年反テロ法の主な内容】

	内容
第1部　刑法典の改正	①包括的なテロ犯罪の創設 ②捜査尋問の創設 ③予防逮捕の創設 ④テロ集団に対する監視と識別権限の強化 　など
第2部　SOIAの制定（旧公共秘密法）	スパイ活動にかかわる罪と漏えいの罪の創設など
第3部　カナダ証拠法の改正	防衛や特定の公益に関する情報（センシティブ情報）の開示を禁止する権限を法務長官に付与
第4部　犯罪の進行（マネーロンダリング）及びテロリストへの財政支援法の改正	警察機関などへテロ行為への財政支援を予防阻止する権限などの強化と、資金取引報告分析センターへ資金取引阻止権限、CSISなどの捜査機関へその情報を開示する権限を付与
第5部　その他改正	情報アクセス法、人権法、CSIS法など
第6部　公的受給資格登録法の制定など	テロに関連した活動支援者への公的受給資格に認められた税の特権付与を禁止
第7部　調整、見直し、施行に関する規定	3年以内の見直し規定など

出典：司法省のウェブサイト〈http://www.justice.gc.ca/eng/cj-jp/ns-sn/act-loi.html〉、および富井・前掲注11）『憲法と緊急事態法制』173～184頁をもとに作成。

(b)　9.11への対応としての2002年公共安全法　　公共安全法は、既存の19法律を改正し、1975年に発効した生物及び毒物兵器禁止条約を実施するものとして議会に提案された。同法案は、航空環境安全提供のために航空保安局の権限を拡大し、また各大臣の権限を強化するなどを目的としたものであった。しかし、同法案に対しては大きな批判があり、下院での第一読会後以降、審議がなされなかった。その後2002年に、同法案は議会に再度提案（法案C-7）されることとなり、2004年5月6日に公共安全法として裁可を受けた。

同法は大きく分けて、①暫定命令（Interim Orders）、②データ共有、③乗客情報への連邦警察によるアクセス、④個人情報保護及び電子文書に関する法律[13)]（The Personal Information Protection and Electronic Documents Act: PIPEDA）の改正、⑤市民権移民省法[14)]と移民難民保護法[15)]の改正、⑥航空法[16)]の改正、⑦刑法典の改正、⑧爆発物法[17)]、⑨貿易管理法[18)]の改正、⑩国防、⑪エネルギー・インフラ、⑫マネーロンダリングなどを規定している[19)]。このうち特に重要な

13）S.C. 2000, c. 5.
14）*Department of Citizenship and Immigration Act,* S.C. 1994, c. 31.
15）*Immigration and Refugee Protection Act,* S.C. 2001, c. 27.
16）*Aeronautics Act,* R.S.C., 1985, c. A-2.
17）*Explosives Act,* R.S.C., 1985, c. E-17.
18）*Export and Import Permits Act,* R.S.C., 1985, c. E-19.
19）National Defence and the Canadian Armed Forces, *ARCHIVED-Highlights of the Public*

内容として、まず①暫定命令について同法は、環境、保健、運輸各大臣に対して、健康、安全、もしくは環境について、直接または間接的に、深刻な脅威もしくは重大なリスクがあると判断した場合に、暫定命令を発する権限を与えている。②データ共有に関しては、航空会社は事前旅客情報（Advanced Passenger Information）と乗客記録（Passenger Name Record）を国家安全保障などの目的のために、必要に応じてカナダ運輸省のほか、連邦警察（Royal Canadian Mounted Police: RCMP）、カナダ安全情報局（Canadian Security Intelligence Service: CSIS）に提供することが規定されている。③ PIPEDA の改正に関しては、本人の同意なく個人情報を法執行機関等に開示する許可を航空会社に与えている。また④市民権移民省法と移民難民保護法の改正に関しては、カナダ移民局に対して、移民関連の情報を共有するための明確な権限を与えている。さらに⑤航空法の改正に関しては、カナダから出発した航空機に搭乗した乗客情報を外国に提供することがあることなどを規定している。また⑥刑法典の改正により、テロが起こっている、または起こりうるという懸念を引き起こす可能性のある虚偽の情報を伝えるそれぞれの行為をテロ犯罪とした。

(2) その後のテロ対策法制の見直し

9.11 以降のテロ対策法制は、主に上記の 2001 年 ATA と 2002 年公共安全法に分類することができるが、その後各種の見直しがなされている。そこで、次にそれらの見直しを簡単に紹介していく。

(a) 2011 年刑法典の改正　2010 年には、刑法典 83.01 条 1.1 項の後に、第 1.2 項を追加し、刑法典が規定する「テロ行為」の定義のなかに、「自爆テロ (suicide bombing)」を含むものとする改正案（S-215）が提出され、2010 年 12 月 15 日に裁可された。これにより、自爆テロが明確に「テロ行為」とされることになった。同法は、自爆テロがテロリストの主要な手段となっていることにかんがみ、また 2004 年に連邦の非営利法人として設立されたカナダ自爆テロ対策法人（Canadians Against Suicide Bombing）による提案をもとに、2010 年 12 月に議会で全会一致によって可決されたものである。

(b) 2012 年安全なコミュニティ法　その後の 2011 年には、9 つの法律をまとめた法案（C-10）が法務大臣から下院に提出され、安全なコミュニティ法[20]として 2012 年 3 月 13 日に裁可を受けた。特に同法第 1 部では、テロの被害者に

Safety Act, 2002, available at 〈http://www.forces.gc.ca/en/news/article.page? doc=highlights-of-the-public-safety-act-2002/hnocfnla〉.

20) *Safe Streets and Communities Act,* S.C. 2012, c. 1.

対する特定の支援を目的としたテロ被害者支援法（Justice for Victims of Terrorism Act）が創設され、テロの被害者が刑法典のもとで処罰される行為またはその結果として被った被害や損害について、個人、組織またはテロ集団に訴訟を起こすことを可能にさせた。また一方で、テロの被害者に対して、テロ集団を支援する国についてカナダでの訴追を特定の場合に可能とさせた。また国家免除法[21]が改正され、テロを支援している、または現在支援していると信じるに足る合理的な理由がある場合であり、内閣が定めるリストに当該国が掲載されている場合に限り、当該国を国家免除の対象から外すことができることとなった。

(c)　2013年テロ防止法　その後、刑法典、カナダ証拠法、そしてSOIAの改正のための法案（S-7）が上院に提出され、2013年4月25日にテロ防止法として裁可を受けた。同法は刑法典、カナダ証拠法、SOIAを改正するものである[22]。特に刑法典については、7条2項を改正し、同83.01条1項a号が規定する「テロ行為」として、カナダ国外での航空機、空港、航空管制システムにかかわる作為または不作為を規定した。また、同法第2章に新たなテロ犯罪を導入し、特定のテロ犯罪を行う目的で、カナダから離れる、または離れようとすることを禁止した。さらに、故意にテロ犯罪者を匿った、または潜伏させた者に対する刑罰を重罰化した。そして、前述したように、2001年ATA制定後の2007年3月1日に失効した、テロ活動に関連する「予防逮捕」と「捜査尋問」を可能にする規定を復活させた。

(d)　2013年核テロ法　2012年3月27日には、「核物質の防護に関する条約」の改正と「核兵器禁止条約」の改正を国内的に実施するための刑法典の改正案（S-9）が提案され、2013年6月19日に核テロ法[23]として裁可された。同法は刑法典第2章に核テロに関する4つの新たな犯罪を創設した[24]。これらの新たな犯罪については、①身体的な危害または財産や環境に対する実質的な損害を与える意図をもって、核や放射性物質、またはそれらの装置を所持、使用するなどの行為、②人、政府機関、または国際機関に一定の作為や不作為を強制する意図をもって、核または放射性装置や施設などを使用するなどの行為、③核また

---

21)　*State Immunity Act,* R.S.C., 1985, c. S-18.

22)　Library of Parliament Research Publications, *Legislative Summary of Bill S-7: An Act to amend the Criminal Code, the Canada Evidence Act and the Security of Information Act, available at* 〈http://www.lop.parl.gc.ca/Content/LOP/LegislativeSummaries/41/1/s7-e.pdf〉.

23)　*Nuclear Terrorism Act,* S.C. 2013, c. 13.

24)　Library of Parliament Research Publications, *Legislative Summary of Bill S-9: An Act to amend the Criminal Code (Nuclear Terrorism Act), available at* 〈http://www.lop.parl.gc.ca/Content/LOP/LegislativeSummaries/41/1/s9-e.pdf〉.

は放射性物質などを取得したり、アクセス、管理する目的で連邦法のもとで起訴可能な罪を犯す行為、④上記の3つの犯罪のための脅迫行為をその対象とした。

(3) 出入国管理にかかわる法制度

直接的なテロ対策としての法制度ではないが、カナダでは上記のようなテロ対策法制のほかに、出入国管理にかかわる法制度の制定または改正がたびたび行われている。ここでは、テロ対策にかかわる2つの法律を紹介したい。

(a) 2001年移民難民保護法　2001年11月1日に2001年移民難民保護法が成立した。同法は、カナダへの入国、難民保護、取締り、移民難民部などに関する規定を置き、またカナダの安全保障に危険な者への国外退去命令を市民権移民省大臣が行うことができる安全保障認証手続を導入している[25)]。なお、21の部からなる移民難民保護規則[26)]が制定されており、具体的な出入国行政にかかわる規定が置かれている。

(b) 2014年カナダ市民権強化法　出入国管理の場面における法制として重要なもう1つの法律は、2014年6月19日に裁可されたカナダ市民権強化法[27)]であり、市民権法[28)]や連邦裁判所法[29)]、そして移民難民保護法を改正した[30)]。その主な点は、次のような点である。まず①カナダに帰化するための要件を改正したことである。その要件としての「カナダへの居住」とは、カナダに実際に居住していることを意味しており、その期間も明確に定められた。また②カナダの市民権の付与にあたっては、英語とフランス語の十分な能力、カナダや「市民としての責任と特権」に関する十分な知識を有するというように要件を拡大した。さらに、③カナダの市民権を取り消させる根拠として、新たに国家安全保障が設けられた。これまで市民権を取り消すことができる唯一の根拠としては、詐欺によるものだけであったが、同法では、無国籍になる場合を除いて、安全保障に関連する特定の犯罪（たとえば、反逆またはテロ）を犯した、またはカナダとの武力紛争においてその一員を務めた二重国籍者と推定される者をその対象とした[31)]。

---

25) Public Safety Canada, *Security certificates, available at* 〈https://www.publicsafety.gc.ca/cnt/ntnl-scrt/cntr-trrrsm/scrt-crtfcts-en.aspx〉.

26) *Immigration and Refugee Protection Regulations,* SOR/2002-227.

27) *Strengthening Canadian Citizenship Act,* S.C. 2014, c. 22. 同法については、山本健人「市民権取得と多文化国家カナダ」法論53巻1号（2017年）137頁、本章【各論Ⅰ】も参照。

28) *Citizenship Act,* R.S.C., 1985, c. C-29.

29) *Federal Courts Act,* R.S.C., 1985, c. F-7.

30) Library of Parliament Research Publications, *Legislative Summary of Bill C-6: An Act to amend the Citizenship Act and to make consequential amendments to another Act, available at* 〈http://www.lop.parl.gc.ca/Content/LOP/LegislativeSummaries/42/1/c6-e.pdf〉.

31) なお、2017年4月13日現在、市民権法における取消根拠を削除する法案が議会において議論され

2　政府のテロ対策戦略

以上のように、9.11以降、政府はさまざまなテロ対策立法を制定または改正してきたが、2011年に出された報告書は「テロに対する弾力性の構築（Building Resilience Against Terrorism）」と題して[32]、対テロ戦略として6つの原則を挙げる。つまり、①戦略の根底にある「弾力性の構築」、②テロの犯罪化、③法の支配の遵守、④協力とパートナーシップ、⑤慎重なかつ均衡した対応、⑥柔軟かつ前向きなアプローチであるとする。これらの原則は、テロに対するカナダの実務経験、つまり民主主義や法の支配、人権の尊重、さらには多元主義によって形作られたものであるとされる。特に①の「弾力性」のあるカナダを築くためには、過激なイデオロギーに耐えつつも、それに挑戦できる社会の育成が必要であるとし、カナダの利益をテロの脅威から守り、そうしたテロ攻撃の影響を緩和して、通常の生活に素早く復帰できるようにすることであるとされる。また一方で、③や⑤に関連して、そうしたテロ対策を重視しつつも、「権利と自由に関するカナダ憲章」[33]（以下「憲章」という）や国際人権法、人道法に含まれる権利を保護しなければならず、脅威に対する反応として過剰反応も過小反応もしてはならないことを強調している。

報告書によれば、こうした「弾力性の構築」という戦略を実現するために、4つの相互に関連する要素が必要であるとする。つまり、「予防（prevent）」、「発見（detect）」、「否定（deny）」、「対応（respond）」である。まず「予防」については、テロから個人を保護することが、また「発見」については、テロの脅威を引き起こす個人や組織の発見が、「否定」については、テロリストにその活動を行うための機会と手段を否定することが、最後に「対応」については、テロ活動に迅速かつ組織的かつ均衡した対応を行い、その影響を緩和することが重要であるとされる。これらの要素の関連性については次頁の図表2のとおりである。

3　テロ対策法制にかかわる裁判所の対応

9.11以降のテロ対策として、政府と議会の行ってきた内容はこれまでみてき

ているところである。

32）Public Safety Canada, *Building Resilience Against Terrorism: Canada's Counter-terrorism Strategy, available at* 〈https://www.publicsafety.gc.ca/cnt/rsrcs/pblctns/rslnc-gnst-trrrsm/rslnc-gnst-trrrsm-eng.pdf〉.

33）*Charter of human rights and freedoms,* Part 1 of the Constitution Act, 1982, being Schedule B to the Canada Act, 1982 (U.K.), 1982, c11.

【図表2　4つの要素の概念図】

カナダのテロ対策戦略の枠組み

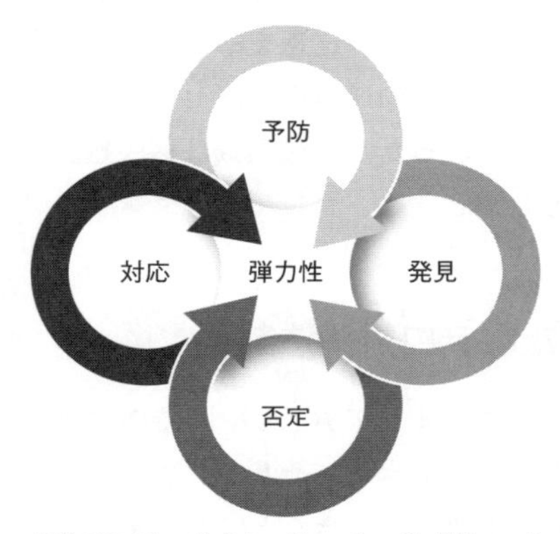

目的
カナダ、カナダ市民、そしてカナダの利益を保護するために、国内の、または国際的なテロに対抗するため

原則
1. 弾力性の構築
2. テロの犯罪化
3. 法の支配の遵守
4. 協力とパートナーシップ
5. 慎重なかつ均衡した対応
6. 柔軟かつ前向きなアプローチ

出典：Public Safety Canada, *Building Resilience Against Terrorism: Canada's Counter-terrorism Strategy, available at* 〈https://www.publicsafety.gc.ca/cnt/rsrcs/pblctns/rslnc-gnst-trrrsm/rslnc-gnst-trrrsm-eng.pdf〉, at 14.

たとおりであるが、政府の戦略においても言及されているように、テロ対策は憲章上保障される人権と均衡するものでなければならない。ここで、上記のテロ対策法制について、憲章上の人権規定との関係で問題となった事例は、2001年ATAにかかわるものと出入国管理にかかわるものに分類できるが、ここではそれらをごく簡単に紹介しよう[34)]。

まず2001年ATAの合憲性が争われたのは、2012年のハージャ事件[35)]である。同事件の被告であるハージャ（Mohammad Momin Khawaja）は、2001年ATAによって改正された刑法典83.18条（テロ行為への参加）と83.19条（テロ行為への援助）の罪で逮捕され「テロ行為」を定義する刑法典83.01条が広範かつ漠然としたものか、また「動機」という精神的要素を含んでいる同法は憲章に反するかが争われたが、オンタリオ上訴裁判所は、同法の「テロ行為」は曖昧かつ広範ではないとしたものの、後者の「動機」条項については違憲と判断した。

一方で、出入国管理にかかわるものとしては、2002年のスレッシュ事件[36)]、2007年のシャルカウィ事件[37)]、2014年のハーカット事件[38)]が挙げられる。スレッシュ事件は、テロ集団への資金援助の嫌疑により強制送還を命じられた事件

34）なお、テロ対策法制にかかわる裁判所の判断については、手塚崇聡「カナダにおける近年のテロ対策と統制」椙山女学園大学研究論集42号（2011年）59～72頁を参照願いたい。

35）*R. v. Khawaja,* [2012] 3 S.C.R. 555.

36）*Suresh v. Canada* (*Minister of Citizenship and Immigration*), [2002] 1 S.C.R. 3.

37）*Charkaoui v. Canada* (*Citizenship and Immigration*), [2007] 1 S.C.R. 350.

38）*Canada* (*Citizenship and Immigration*) *v. Harkat,* [2014] 2 S.C.R. 33.

であるが、最高裁は同嫌疑を受けたスレッシュ（Manickavasagam Suresh）の強制送還を合憲と判断している。しかしその後のシャルカウィ事件は、テロ活動に関与（テロ集団の活動に参加、資金援助）した嫌疑により強制送還を命じられた事件であるが、最高裁はスレッシュ事件を覆し、拷問国への送還を違憲とした。ただしハーカット事件では、同じく強制送還が問題となったが、最高裁は移民難民保護法による安全保障認証手続は合憲であるとした。

Ⅲ　2014年10月テロ事件と新たなテロ対策法制

以上のように、9.11以降のテロ対策は、主に2001年ATAや同時期に制定された公共安全法を中心として、法制化が進められてきた。そして、さまざまなテロ事件に対処するために、近年では見直しが進められてきたところである。しかし2014年10月、そうしたテロ対策をさらに急速に推し進めることになるテロ事件が発生し、この事件によって、政府は新たなテロ対策法制を導入することになる。そこで以下では、このテロ事件とそれに対処するための政府関係者の見解を踏まえつつ、2015年以降に制定されたテロ対策法制とその問題を検討したい[39)]。

1　2014年10月の2つのテロ事件

2014年10月、カナダでは立て続けに2つのテロ事件が起きている。1つは、20日に起こった兵士殺害事件であり、もう1つはその2日後に起きた連邦議会議事堂襲撃事件である。前者は、「イスラム国」（ISIS）を支持していたマルタン・クーチュールルーロー（Martin Couture-Rouleau）が、モントリオール郊外のスーパーマーケットの駐車場で兵士2名をはねた末に、警察によって射殺された事件である。また連邦議会議事堂襲撃事件は、ケベック州出身でオタワに住むカナダ人のマイケル・ゼハフビボー（Michael Zehaf-Bibeau）が、戦没者記念碑の警備兵を射殺して連邦議会議事堂に侵入して銃を乱射し、警察に射殺された事件である。なお、これらの事件の直前、ハーパー（Stephen J. Harper）前首相はシリア空爆参加決定を行っていたが、ISISによるカナダ政府に対する批判や、イスラム教徒に対するアメリカやカナダなど、連合諸国の国民への攻撃を促す扇動などがなされたこともあり、政府がテロ警戒レベルを引き上げていたところで

39）2014年のテロ事件の影響を受け、新たなテロ対策法制が制定されたこととその問題の指摘については、Craig Forcese and Kent Roach, *False Security: The Radicalization of Canadian Anti-terrorism* (Toronto: Irwin Law, 2015) at 1-19.

の事件であった。

2　政府の対応としての2015年ATA

これらの事件は、カナダの市民にとっても非常に大きな衝撃を与えたが、何より政府にとっては、セキュリティを強化しているはずの連邦議会議事堂でテロ事件が発生したということが非常に衝撃的なことであった。そしてテロ事件からわずか3か月後に、政府は2015年ATAを議会に提案することになる。政府関係者らは、2015年ATAの制定にあたって、次のような発言を行っている[40)]。まず当時の公共安全および緊急事態対処大臣であったスティーブン・ブレイニー（Steven Blaney）は、「2015年ATAは、市民的自由を保護しつつ、ジハードテロの脅威を予防、発見、否定、対応するために必要な追加的な手段を警察力に提供する。安全なきところに自由はなく、政府はこれらの基準が両方を保護するのに有益であることを自覚している」との見解を示した。一方で、当時のCSIS長官であったミシェル・コウロンベ（Michel Coulombe）は、「もはや応答を熟慮する時間の余裕はない。新たな措置は、この進化する脅威環境に不可欠である」とし、また同じく当時のRCMP長官であったボブ・ポールソン（Bob Paulson）は、「RCMPなどの警察組織に与えられた新たな規定は、カナダ人の安全を確保するために可能な限り早く対応する機会と新たな権限を与えている」としている。このように、政府関係者は2015年ATAを制定するにあたり、カナダの安全を重視し、迅速な対応を行う必要性を主張した。そして当時の政権を握っていた保守党は、下院に法案（C-51）を提案し、2015年1月30日には第一読会が開始されている。そして2015年ATAは、下院で賛成183票、反対96票、また上院で賛成44票、反対28票で成立し、6月18日に裁可を受けている。

3　2015年反テロ法とその他のテロ対策法制

このように、2015年ATAは2015年に立て続けに起こった衝撃的な事件をきっかけとして成立したが、この2015年ATAはどのような内容を定めたものなのであろうか。そこで、次に同法の内容を紹介するが、その問題を明らかにするため、特に重要な規定については、脚注にて条文を掲載のうえで紹介を行う。

(1)　2015年ATAの内容

2015年ATAは2001年ATAと同様に、刑法典などの改正や新たな法律の

---

40)　Government of Canada, *Harper Government welcomes the Royal Assent of the Anti-terrorism Act, 2015, available at* 〈http://news.gc.ca/web/article-en.do?nid=988629〉.

創設を行ったものであり、改正されたのは、刑法典、CSIS 法[41]、移民難民保護法であり、創設された法律は、カナダ情報共有保全法（Security of Canada Information Sharing Act）、航空安全法（Secure Air Travel Act）である。

2015年ATAは3つの基本方針によって構成されている。それは①テロの推進の禁止、②テロリスト勧誘の防止、③テロリストの陰謀の破壊と計画された攻撃の防止である。まず①については、「声明の伝達（communicating statements）」によるテロ犯罪遂行の唱導または促進を犯罪化し[42]、また裁判所による目撃者等の保護の規定を導入した。また②については、「カナダの安全を損なう活動」に対する政府機関内の情報共有の奨励・促進、その原則や政府機関内での情報の開示について規定[43]し、また公共安全および緊急事態対処大臣による安全の脅威となる者のリストの作成、その人物に対する「必要かつ合理的な執行」を行う権限、情報の収集と開示等について、さらに、裁判所による令状に基づくテロリスト・プロパガンダに関する出版物等の押収[44]を規定した。最後に③については、「テロが実行されるであろうという合理的な理由に基づく確信」がある場合に、州裁判所に訴追請求状を提出可能とし[45]、令状なしの逮捕および拘禁を可能とした[46]。また一方でCSIS法の改正によって、CSISは「カナダの安全保障に対する脅威を構成すると信じるに足りる相当の理由がある場合」にカナダ国内外で、「必要な措置」をとることができるとし[47]、また同法が定める令状があれ

41） *Canadian Security Intelligence Service Act,* R.S.C., 1985, c. C-23.

42） 刑法典83. 221条1項は次のように規定する。「この法律中の犯罪以外で、声明の伝達（communicating statements）により、テロ犯罪が遂行されることを知りながら、もしくはそれらの犯罪が遂行されるか無思慮のまま（being reckless）、そのような伝達の結果として、故意にテロ犯罪の遂行を唱導または促進した者は、起訴犯罪の罪となり5年以内の拘禁刑に処する」。

43） カナダ情報共有保全法3条は次のように規定する。「この法律の目的は、カナダの安全を損なう活動に対してカナダを保護するために、カナダ政府機関の間の情報の共有を奨励し促進することである」。

44） 刑法典83. 222条1項は次のように規定する。「裁判官は、裁判所の管轄内の施設で販売、または出版物、すなわち流通が継続されているその複製について、宣誓に基づき提供された情報により、それがテロリスト・プロパガンダであると信じるに足りる合理的な理由があることを認めた場合、その複製の押収を許可する令状を発行することができる」。

45） 刑法典83. 3条2項は次のように規定する。「第1項に従うことを条件として、警察官は次の各号に掲げる理由がある場合、州裁判所に訴追請求状を提出する（lay an information）ことができる。(a)テロ活動が実行されるだろう（may）と確信する合理的な理由がある、(b)人に条件を課す誓約の賦課、または逮捕が、テロ活動の実行を防ぐ可能性がある（likely）と嫌疑をかける合理的な理由がある」。

46） 刑法典83. 3条4項は次のように規定する。「第2項及び3項の規定にもかかわらず、第6項による州裁判所裁判官に訴えを提起するために、次の各号の条件を備える場合、警察は令状なく逮捕し勾留することができる。(a)次のいずれかの場合、(i)第2項a号及びb号に規定される訴追請求の理由が存在するが、緊急事態を理由に、第2項に基づく訴追請求が実行できない場合、(ii)訴追請求状が第2項のもとで提出、及び召喚状が発行された場合、(b)警察官が、被疑者の勾留がテロ行為を防ぐ可能性がある（likely）と嫌疑をかける合理的な理由があると判断した場合」。

47） CSIS法12条1項は次のように規定する。「特定の活動がカナダの安全保障に対する脅威を構成すると信じるに足りる相当の理由がある場合、CSISはその措置を軽減するために、カナダの内外にお

【図表3　2015年ATAの概要】

基本方針	対策	改正・創設法	主な条文
テロの推進の禁止	テロ遂行の唱導や促進の犯罪化	刑法典の改正	83.221条
	証人保護	刑法典の改正	486.7条
テロリスト勧誘の防止	効果的かつ責任ある情報共有	カナダ情報共有保全法の創設	3条・4条・5条
	乗客の保護	航空安全法	8条・9条・10～14条
	テロリスト・プロパガンダの犯罪化と押収	刑法典の改正	83.222条
テロの陰謀の破壊と計画された攻撃の防止	予防力の強化（令状なしの逮捕・予防的な拘禁の強化など）	刑法典の改正	83.3条2項、83.3条4項
	CSISの措置権限	CSIS法の改正	12条
	移民手続における機密情報の使用と保護	移民難民保護法の改正	77条2項、79.1条、83条1項、85.4条など

ば、憲章に違反する措置をとることが可能[48)]であるとした。さらに、移民難民保護法のもとで、裁判所に対する証拠の提出や、情報の開示が国家の安全を害するような場合、大臣が裁判所に証拠の開示請求を求めることを可能とし、特別弁護人への情報提供などを定めている（これらの点については、図表3を参照）。

(2)　その他のテロ関連法制

これまでみてきたように、2015年ATAは2014年10月の2つのテロ事件を契機として提案されたものであるが、それ以外にも、まさにテロ事件が発生する前後に議論となっていた法案と、2015年ATAとほぼ同時期に制定された法律がある。これらについて、簡単に紹介する。

(a)　2015年テロリストからのカナダ保護法　2014年10月の事件の前後に議論が始まった法案（C-44）が、2015年テロリストからのカナダ保護法[49)]である。同法案は、2014年10月27日に下院に提案され、2015年4月23日に裁可を受けている。同法は、CSIS法や情報アクセス法[50)]、さらには前述のカナダ市民権強化法が改正されたが、特にCSISの権限を強化するための法律である。同法による改正のうち、CSISの権限強化に関しては、①テロの脅威の調査、カナダ国内の外国情報の収集、安全評価の提供を行う権限の明確化および強化、②令状による調査、③国内機関間の協力、④外国諜報機関との協力、⑤人的資源の保護

いて必要な措置をとることができる」。

48)　CSIS法12条3項は次のように規定する。「CSISは、21.1条のもとで発行された令状により、カナダの安全保障に対する脅威を軽減する措置を行う権限が同局に与えられている場合を除いて、権利と自由に関するカナダ憲章によって保障される権利と自由に反する、またはその他の法に違反するような、それらの措置を行ってはならない」。

49)　*Protection of Canada from Terrorists Act,* S.C. 2015, c. 9.

50)　*Access to Information Act,* R.S.C., 1985, c. A-1.

などが規定されている[51)]。

(b) 2015年テロリスト渡航防止法　2014年10月のテロ事件を受けて制定された法律として、3つ目に重要な法律は、2015年6月23日に裁可されたテロリスト渡航防止法（Prevention of Terrorist Travel Act）[52)]である。同法は特に、刑法典2条に定義されるテロ犯罪を未然に防止する必要から、またはカナダもしくは外国の安全保障のために、パスポートオーダー[53)]に基づき公共安全及び緊急事態対処大臣がパスポートを取り消すことができることとした。

4　2015年以降のテロ対策法制とその問題

以上のように2014年10月のテロ事件を受けて、政府は3つの法制度を制定した。ここで問題となるのは、それらの法律に内在する憲法上の問題と、9.11以降なされた法改正の変遷との関係において、どのような問題をはらんでいるのかという問題であろう。そこで最後に、これらの問題について、特に批判の多い2015年ATAを対象として若干の検討を行いたい。

(1)　2015年ATAの意義と憲法上の問題

2015年ATAの意義とその憲法上の問題点を明らかにするために、ここでは①刑法典の改正、② CSISの権限強化と情報共有に焦点を当てて、検討を行いたい。

(a) 2015年ATAの意義①――刑法典の改正　まず2015年ATAは刑法典の条文を改正したが、その重要な意義は、「テロリスト・プロパガンダの犯罪化と押収」（83.221条および83.222条）と「令状なしの逮捕及び予防的な拘禁の強化」（83.3条2項・4項）であろう。

まず前者については、テロの推進とテロへの勧誘を防止するために、多くの伝達行為に関して規制がなされている。この点で、まずカナダの憲章2条[54)]において保障される表現の自由との関係が問題となる。同条の保障対象である表現とは、暴力やそうした表現以外の「意味を伝えまたは伝えようとする」行為である

51） Library of Parliament Research Publications, *Legislative Summary of Bill C-44: An Act to amend the Canadian Security Intelligence Service Act and other Acts, available at* 〈http://www.lop.parl.gc.ca/Content/LOP/LegislativeSummaries/41/2/c44-e.pdf〉.

52） *Prevention of Terrorist Travel Act,* S.C. 2015, c. 36, s. 42.

53） *Canadian Passport Order,* SI/81-86.

54） 憲章2条b号は次のように規定する。「すべての人は以下の基本的諸自由を有する。(b)思想、信条、意見及び表現の自由（これにはプレス及び他のコミュニケーションメディアの自由を含む）」。なお、本稿において参照する憲章条文はすべて、初宿正典＝辻村みよ子編『新解説 世界憲法集〔第4版〕』（三省堂・2017年）を参照した。

とされ[55)]、児童ポルノ、売春の勧誘、ヘイトスピーチ、虚偽の表現なども含まれるとされる。ただし憲章には、1条[56)]による制限規定があり、憲章2条で保障される表現の自由の制限については、裁判所においてその制限の合理性などが審査されうる。つまり、「テロリスト・プロパガンダの犯罪化」については、憲章2条が保障する表現の自由を制限するものであるが、それが憲章1条によって許容される制限かどうかが問題となるであろう（この点については、本章【各論Ⅱ】を参照）。さらにその表現物の押収については、8条[57)]が保障する合理的な捜査と押収との関係が問題となる。2015年ATA上の規定は令状に基づく押収を認めているが、こうした規制については、合理的な押収であるか[58)]の判断によるであろう。

一方で後者の「令状なしの逮捕及び予防的な拘禁の強化」については、刑法典の改正により、警察官が、テロが実行されるであろうという合理的な理由に基づく確信があり、緊急事態である等の場合には、令状なしの逮捕が可能、また警察官が、その拘禁がテロ行為の予防のために必要であると考える合理的な理由がある場合に拘禁が可能となった。この点は、2013年テロ対策法で規定されていた「will」との表記から「may」に改正され、合理的な理由の判断要素が緩和されている。この点で、憲章7条[59)]が保障する基本的正義の原則との関係が問題となるが、令状なしの逮捕については、それが合理的な理由といえるかによる判断[60)]によるであろうし、予防的な拘禁については、恣意的なものか否かによる判断[61)]によるであろう。

---

55) *Irwin Toy Ltd. v. Quebec,* [1989] 1 S.C.R. 927.

56) 憲章1条は次のように規定する。「カナダの権利及び自由の憲章がその中で保障する権利及び自由は、法によって定められた、自由で民主的な社会において正当化されるものと証明されうるような合理的な制限にのみ服する」。

57) 憲章8条は次のように規定する。「すべての人は、不合理な捜索及び押収に対して保護される権利を有する」。

58) 令状なしの捜索の場合の合理性の判断については、①法律によって権限づけられている場合、②その法律が合理的である場合、そして③その捜索が合理的手法によって行われた場合、その捜索は合理的であるとされる。*R. v. Collins,* [1987] 1 S.C.R. 265. また、財産権だけではなく個人のプライバシーに対する合理的期待まで保障するものとされる。*Hunter et al. v. Southam Inc.,* [1984] 2 S.C.R. 145.

59) 憲章7条は、次のように規定する。「すべての人は、生命、自由及び身体の安全性並びにそれらを基本的な正義の諸原則に合致した形でなければ剥奪されないという権利を有する」。

60) 令状なしの逮捕の場合、そこに合理的な理由が必要とされるのは、憲章の精神と一致するとされる。*R. v. Feeney,* [1997] 2 S.C.R. 13.

61) 恣意性の判断にあたっては、①捜査の文脈において客観的かつ合理的に必要であるか、②その行使について明示的または黙示的な基準が存在しないか、③警察官の行為が法律によって権限づけられ、または合法的な目的のためになされたものであるかを判断するものとされている。*Hufskey v. R.,* [1988] 1 S.C.R. 621.

(b) 2015年ATAの意義②——CSISの権限強化と情報共有の強化と保護　2015年ATAは上記のような刑法典のほかに、CSIS法などの改正により、「CSISの権限強化」(CSIS法12条)や「情報共有の強化と保護」(カナダ情報共有保全法3条・4条・5条)を行っている。

まず前者の権限強化については、令状に基づく措置が新設された。つまり、裁判官からの令状に基づき、CSISは「カナダの安全保障に対する脅威を軽減する国内外の措置」をとることが可能となった。CSIS法12条2項[62)]によれば、「合理的で比例性の確保された」措置であり、同法が定める令状があれば憲章に違反する措置をとることもできるとされる。なお、改正前までは、CSISの主たる任務は安全保障の脅威にかかわる情報収集と政府機関への情報の提供のみであり、こうした「国内外の措置」をとる権限は与えられていなかった。この点で憲法上問題となるのは、まず令状に基づく措置の権限が不明確であり、憲章7条との関係で、曖昧性または漠然性が問題となるであろう。さらに憲章違反の令状については、憲章違反の防止ではなく、その違反を許可するために令状を与えることに対する批判があるが[63)]、憲章上の権利を制限するためには、憲章1条に規定されるように、少なくとも「法で定められた制限」であることが必要であろう。なお、安全情報審査委員会(The Security Intelligence Review Committee: SIRC)による監視の不十分[64)]も指摘されている。

一方で後者の「情報共有の強化と保護」については、「カナダの安全を損なう活動」に対する政府機関内の情報共有を促進するものであり、17の政府機関間での情報共有を認めている。この点については、当然その情報共有自体の危険性が問題とされる。

Ⅳ　おわりに

以上本稿では、9.11直後に制定された2001年ATA以降のテロ対策法制の変遷を追いながら、2014年10月のテロ事件に影響を受けた大きな変容として

62) CSIS法12条2項は次のように規定する。「第1項の措置は、脅威や措置の性質、そしてその脅威を軽減するその他の手段の合理的な利用可能性を考慮して、その状況下で合理的で比例性の確保されたものでなければならない」。

63) The Canadian Bar Association, *Bill C-51, Anti-terrorism Act, 2015 Executive Summary, available at* 〈http://iclmg.ca/wp-content/uploads/sites/37/2015/03/15-15-eng-Executive-Summary.pdf〉.

64) Craig Forcese and Kent Roach, *Canada's Antiterror Gamble, available at* 〈http://www.nytimes.com/2015/03/12/opinion/canadas-antiterror-gamble.html?_r=2〉.

2015年ATAを取り上げ、その変容の内容と問題について検討を行った。そして、2015年ATAによる変容については、テロリスト・プロパガンダの規制と警察機関や諜報機関の権限拡大を取り上げ、それらについて、憲法上の問題点についての指摘を行った。しかし、いまだ同法には問題も多く指摘されているところであり[65]、さらに政府内においても同法の改正の必要性などが指摘されているところである。2017年10月に起きたテロ事件に対する対応もそうであるが、今後の政府による対応については、少なくとも憲法上の問題点を踏まえたうえでなされる必要があるであろう。

65) *Ibid.* また、同書では各種のテロ対策法制について、改正するべき内容まで詳細に明示されている。*Ibid.*, at 512-520.

各論Ⅰ

危険人物認証制度(Security Certificate)の「司法的」統制
――対テロ移民法制における手続的公正

山本健人

Ⅰ　はじめに

本稿は、カナダの包括的移民法である「移民難民保護法[1)](Immigration and Refugee Protection Act: IRPA)」にテロ対策の一環として組み込まれている「危険人物認証制度(Security Certificate)[2)]」に対するカナダ連邦最高裁判決を検討することで、「国家安全保障」が問題となる「例外的状況」において「手続的公正(procedural fairness)」がいかなる仕方で確保されているかを紹介する。ここで中心的検討対象とするのは、危険人物認証制度に関する連邦最高裁の「三部作[3)]」とよばれる2007年のシャルカウィⅠ判決[4)]、2008年のシャルカウィⅡ判決[5)]、そして2014年のハーカット判決[6)]である。この「三部作」を通して、連邦最高裁は、以下で挙げるようにカナダ憲章[7)]上のいくつかの権利と抵触しうる危険人物認証制度の憲法適合性を包括的に審査しており、その中心的論点は当該制度における手続的公正の確保であった。本稿では、危険人物認証制度に関する憲法上の論点を紙幅の許す限り、包括的に紹介・検討するが、上記の点にかんがみ、特に手続的公正の観点に焦点を当てることとしたい[8)]。なお、危険人物認

1)　*Immigration and Refugee Protection Act*, S.C. 2001, c 27.

2)　当制度については、「安全保障認証」と訳出される場合が多い。原語に忠実な翻訳であるが、制度の内実は、カナダの安全保障を確保するために、安全保障にとって危険な人物(非国籍者)を認証するものであるため、本稿では制度の実態を重視し、「危険人物認証」と訳出している。

3)　Graham Hudson, “As Good as it Gets?: Security, Asylum, and the Rule of Law after the Certificate Trilogy” (2016) 52 Osgoode Hall L.J. 905, at 909.

4)　*Charkaoui v. Canada*, [2007] 1 S.C.R. 350 [Charkaoui I].

5)　*Charkaoui v. Canada*, [2008] 2 S.C.R. 326 [Charkaoui II].

6)　*Canada v. Harkat*, [2014] 2 S.C.R. 33 [Harkat].

7)　Canadian Charter of Rights and Freedoms, Part I of the Constitution Act 1982. 以下、本稿では「憲章」と「憲法」を互換的に用いる。

8)　「国家安全保障」が問題となるような「例外的」文脈における手続的公正の確保は、「個人の自由よりも国家の安全が優先されがちな緊急時においても、個人の権利や自由を基本的価値とする立憲主義を担保する装置」ともいわれる。今井健太郎「対テロ戦争における手続的デュー・プロセスの承認とその展開の基盤」ソシオサイエンス21号(2015年)109頁注1。

証制度が「国家安全保障」にかかわるという例外的文脈に属すると同時に、同制度が刑事法上のものではなく、移民法（行政法）上のものである点には注意が必要である。つまり、同制度の仕組みには、刑事法上確立されたさまざまな手続保障が完全なかたちでは適用されないのである。よって、「テロとの戦い」のなかでももっとも脆弱な保護しか与えられない、移民法によるテロ対策の文脈で、いかなる保護が可能かを検討することには、保障の最低限を考えるうえで意義があるといえるだろう[9)]。

以下では、そもそも「危険人物認証制度」とはいかなる制度であるかを紹介し、憲法上の問題点を指摘したうえで、連邦最高裁の「三部作」において、各問題点がいかなるかたちで議論され、連邦議会がどのような仕方でそれに応答したのかを検討する。この際に、あらかじめ断っておきたいのは、次のⅡで紹介する「危険人物認証制度」はシャルカウィⅠ判決以前の危険人物認証制度である点である。本稿での議論を先取りすると、シャルカウィⅠ判決を受けて、危険人物認証制度の手続的側面が憲法違反であると判断され、その後、連邦議会によって、制度の修正が行われている。したがって、現行制度については、Ⅴ1を参照していただきたい。

Ⅱ　IRPA下での初期危険人物認証制度

1　IRPAの概要

IRPAは、2001年に制定されたカナダにおける包括的な移民法である。このIRPAを実施する主な機関が、市民権移民省（Citizenship and Immigration Canada: CIC）であり、市民権移民大臣に多くの権限が与えられている。もっともIRPAに関する権限は、部分的に公共安全及び緊急事態対処大臣、雇用及び社会開発大臣にも与えられている（IRPA, s. 4 (2), 4 (2.1)）。また、2005年にはカナダ国境管理庁（Canada Border Services Agency: CBSA）が誕生し、公共安全及び緊急事態対処大臣のもとにおかれている。したがって、現在ではIRPAの実施機関はCICとCBSAであり、CBSAはなかでもカナダに入国しようとする人や物の安全性の調査や諜報活動等、国境の安全を保つことを主要な任務としている。

IRPAは全5部（と導入部分）から構成されている。導入部分では、当法律の

9)　この点に関する指摘は数多く存在するが、邦語でかつカナダに言及するものとして、ベンジャミン・J・グールド（小西暁和訳）「刑罰を用いない統制」比較法学47巻3号（2014年）225頁以下を参照。

略称や当法律で使用する語句の定義、当法律の目的等が規定されている。第1部と第2部はそれぞれ「カナダへの移民」と「難民保護」と題されており、関連する行政手続が定められている。IRPAの規定の大部分はこの部分に該当するため、第1部はさらに10の、第2部は3つの編（Division）に区分されている。第3部は、「取締り（Enforcement）」であり、移民に関連する犯罪を定義し、罰則を科している。そして、第4部は、移民と難民の地位に関する独立裁決機関（independent tribunal）である移民難民審査委員会（Immigration and Refugee Board of Canada: IRB）を設置し、その権限を定めている。第5部は経過規定等である。

2 IRPA下での初期危険人物認証制度

危険人物認証制度は、第1部の第9編（Division 9）に規定されている仕組みである[10)]。この仕組み自体は、1978年の当時のカナダ移民法で最初に導入されたものであるが、本稿では現行移民法であるIRPA下の仕組みに焦点を当てる。ハドソン（Graham Hudson）によれば、この仕組みの概要は、広く秘密証拠（secret evidence）に基づいてカナダの安全保障にとっての脅威を疑われた非市民を無期限に拘禁することを許し、拷問等の危険に直面する退去強制を容易にする、というものである[11)]。具体的なプロセスは以下のとおりである。まず、市民権移民大臣、公共安全及び緊急事態対処大臣が、ある非市民（named person: 以下「対象者」という）がカナダの安全保障にとって脅威であると認定し、その証明書に署名する（旧IRPA77条(1)）。この時、対象者がカナダの安全保障にとって脅威であるという情報の大半は、カナダ安全情報局（Canadian Security Intelligence Service: CSIS）[12)]によってもたらされる。CICのほかに上述したCBSAや連邦警察（Royal Canadian Mounted Police: RCMP）からの情報提供の場合もありうる。

そして、危険人物認証への署名が行われると、当該認証が合理的（reasonable）であるか、連邦裁判所（Federal Court）の指定裁判官（designated judge）[13)]によって決定される（旧IRPA80条）。この決定に際して、対象者には、自身の危

10） 以下、シャルカウィ判決以前のIRPAの条文については、「旧IRPA」として、現行の条文については「IRPA」として、本文中の括弧内に条文を記す。ただし、IRPAの改正は頻繁に行われている。

11） Hudson, *supra* note 3, at 907.

12） 当機関は、CSIS法に基づき設置されているカナダのインテリジェンス機関である。なお当組織についての詳細は、富井幸雄『憲法と緊急事態法制』（日本評論社・2006年）262頁以下を参照。*See, Canadian Security Intelligence Service Act*, R.S.C. 1985, c. C-23.

13） なお、指定裁判官とは、連邦裁判所の首席裁判官ないし、首席裁判官に指名された裁判官をさす（IRPA76条）。

険人物認証に関する証拠のサマリーが与えられ、聴聞の機会を保障されるが、大臣らが危険人物認証の根拠とした証拠を開示することが国家安全保障あるいは特定の人物の安全にとって脅威となると主張した場合、当該証拠は対象者とその弁護士には開示されない（旧IRPA78条)。危険人物認証が合理的であると判断されると、対象者が「入国拒否事由（inadmissible)」に該当する決定的な証拠となり、さらなる聴聞や調査の必要なく、控訴も不可能な退去強制命令となる。さらに「退去前危険評価（Pre-Removal Risk Assessment)」手続[14)]による保護も受けることができない（旧IPRA81条)。

なお、対象者が永住者（permanent resident）の場合、旧IRPA77条(1)に基づき、両大臣によって危険人物認証への署名が行われた後、両大臣により別途、逮捕及び拘禁令状（a warrant for the arrest and detention）が発給されると、逮捕・拘禁され、その後48時間以内に、指定裁判官によって拘禁の妥当性、拘禁継続の必要性が審査される（旧IRPA82条(1)・83条(1))。また、危険人物認証が合理的であると判断されるまで、少なくとも6か月ごとに、拘禁継続の必要性が再審査される（旧IRPA83条(2))。他方、外国人（foreign national）の場合は、自動的に逮捕・拘禁され、危険人物認証の合理性が指定裁判官によって判断された後、120日以内に拘禁の妥当性、拘禁継続の必要性が審査される（旧IRP82条(2)・84条(2))。したがって、外国人の場合、認証の合理性が判断されるまで、拘禁の妥当性を争うことができない。また、大臣らは、対象者からの申請に基づいて、彼らがカナダから去るのであれば拘禁を解除することができる。さらに、指定裁判官は、合理的時間内に退去強制を行うことが困難であり、かつ、国家安全保障あるいはある人物に対する脅威とならない場合、条件を付して対象者を保釈することができる（旧IPRA84条)。

3　憲法上の問題点

危険人物認証制度に関する憲法上の問題点を、ある程度要約すると以下の6点になるだろう。まず、①大臣が危険人物認証の根拠とした証拠の開示が「カナダの国家安全保障及び特定の人物にとって脅威」となる場合（大臣が証拠の機密性を主張した場合)、当証拠に関する審理は対象者およびその弁護士を排除したインカメラ審理で行われ、かつ、対象者に与えられるサマリーにも機密証拠が含まれないため、対象者およびその弁護士は当該証拠にアクセスできないという点があ

14)　退去前危険評価手続とは、IRPA112条に規定されており、退去強制後に拷問、異常な刑罰、迫害などを受ける可能性があるかを審査し、その危険があれば退去強制を延期または中止する手続をさす。

る。つまり、対象者はみずからがいかなる嫌疑をかけられているか具体的に知ることができないまま、認証の不合理性を主張しなければならないのである。次に、②指定裁判官による危険人物認証に関する判断は独立公平な司法プロセスといえるか、という問題点がある。言い換えると、制度上、指定裁判官が危険人物認証の合理性を独立公平に判断することができるか、という問題である。また、③永住者と外国人の間での危険人物認証後の取扱いを区別している点も問題となる。さらに、④危険人物認証に基づく長期あるいは退去強制が可能となるまでという期間の不確定な拘禁に関する問題もある。以上4点については、シャルカウィI判決によって、包括的に憲法適合性が審査されている。同制度の問題点は上記のものにとどまらず、⑤危険人物認証の根拠となる情報を提供する主な機関であるCSISの統制も問題となる。この点については、シャルカウィII判決（2008年）において、CSISの情報保存と開示に関する原則が判断されている。このほか、⑥危険人物認証制度の根拠となる情報に伝聞証拠を含むことはできるか、という問題もある。なお、シャルカウィI判決を受けて、連邦議会は危険人物認証制度を修正しており、この修正された危険人物認証制度および⑥の問題点については、ハーカット判決において、包括的に憲法適合性の判断が行われた。

以下では、シャルカウィI判決、シャルカウィII判決、ハーカット判決をそれぞれ検討していく。

III　シャルカウィI判決――危険人物認証制度の包括的憲法適合性

シャルカウィI判決[15)]の事実概要は以下のとおりである。モロッコ出身でカナダの永住者の地位を有するシャルカウィ（Adil Charkaoui）と、シリア出身で難民としての地位を有するが永住者ではないハーカット（Mohanmed Harkat）、アルジェリア出身で同じく難民としての地位を有するが永住者ではないアルムレイ（Hassan Almerei）の3人がテロに関与したとの容疑をかけられ、危険人物認証制度の対象者となった。シャルカウィは2003年、ハーカットは2002年、アルムレイは2001年から拘禁されており、ハーカットは2005年に、アルムレイは2001年にそれぞれの危険人物認証は合理的と判断されたが、シャルカウィの認証の合理性については、いまだ判断されていなかった。彼らは、危険人物認証制度が憲法違反であるとの主張を行った。

15)　Charkaoui I, *supra* note 4. なお、IIIにおける当判決の該当箇所は本文中にパラグラフ番号を記す。

シャルカウィⅠ判決は全員一致の判決となり、マクラクリン（Beverley McLachlin）首席裁判官によって、法廷意見が執筆された。

1　国家安全保障の文脈と基本的正義の原理

(1)　憲章７条による手続的保障（paras. 12-27）

まず、危険人物認証制度の手続的公正が問題となる。これは、「何人も、生命、自由および身体の安全の権利を有し、基本的正義（fundamental justice）の原理に基づかなければ、これらの権利は奪われない」と規定し、手続的公正の確保において中心的な役割を果たす憲章７条の問題となる[16)]。憲章７条の審査は、制限されているものが「生命、自由、および身体の安全の権利」に含まれているか、そして、その制限が「基本的正義の原理」に反しているか、の２段階である。

この点については、そもそも最終的に退去強制に結びつく場面で憲章７条が適用されるかという問題が存在する[17)]。連邦最高裁は、チアレリ判決において、たしかに、「移民法におけるもっとも基本的な原理は、非市民はカナダに入国し、滞在する無制限（unqualified）の権利を有する者ではない」と述べて、退去強制を行うことが憲章７条に関する権利を制限することはないと判断しており[18)]、政府側は本件においてもこの点を強調する。しかし、その趣旨は、退去強制それ自体については憲章７条は関係しない、ということであり、危険人物認証制度を含む退去強制に関連する手続や、拷問国への退去強制などが問題となる場合[19)]には、憲章７条が関係する。この点に関連して、スチュアート（Hamish Stewart）は、憲章７条との関連性は、問題となっている法律が刑事法か否かに関係なく、生命・自由・安全の権利が奪われているかどうかであると述べている[20)]。したがって、危険人物認証制度の手続は憲章７条によって審査される。

16)　ただし、憲章７条は手続的統制の文脈に限られず、実体的統制の文脈でも機能する。憲章７条一般については、富井幸雄「カナダ憲法における包括的基本権」法学新報122巻7=8号（2016年）139頁、移民法と憲章７条に関しては、山本健人「カナダにおける移民法の憲法的統制をめぐる近時の動向」慶應義塾大学大学院法学研究科論文集57号（2017年）283頁を参照。また、憲章７条と国家安全保障の関係については、*See,* Kent Roach, “Section 7 of the Charter and National Security: Rights Protection and Proportionality versus Deference and Status” (2012) 42 Ottawa L.R. 337.

17)　なお、シン判決において、憲章７条のいう「何人」は難民申請者を含みカナダに存在する者およびカナダ法に従っている者を意味すると判断されているため、外国人であってもその適用対象となる。*Singh v. Canada,* [1985] 1 S.C.R. 177.

18)　*Canada v. Chiarelli,* [1992] 1 S.C.R. 711, at 733-735.

19)　シャルカウィⅠ判決と拷問国への退去強制との関係については、手塚崇聡「カナダにおける近年のテロ対策とその統制」椙山女学園大学研究論集42号（2011年）68頁を参照。

20)　Hamish Stewart, “Is Indefinite Detention of Terrorist Suspects Really Constitutional?” (2005), 54 U.N.B. L.J. 235, at 242; *See also,* Hamish Stewart, *Fundamental justice* (Toronto:

そして、危険人物認証制度は対象者を拘禁し、場合によっては拷問国への退去強制をも可能にするため、明らかに「生命、自由、および身体の安全の権利」にかかわる。したがって、主要な問題は、その制限が、基本的正義の原理に基づくか否かである。関連して本件では、国家安全保障に関する行政的拘禁の文脈という要素が基本的正義の原理を考慮する際にどのような影響を与えるかも問題となる。先例によると、この文脈においては、開示されていない証拠に基づくことも可能だが、「ある決定によって個人の生命に重大な影響がある場合、それに応じた……手続的保護[21]」が必要である[22]。危険人物認証制度は個人の生命に重大な影響を与えるので、完全な証拠開示こそ要請されないものの、手続的公正を確保しなくてもよいというわけでもないのである。

(2) 関連する基本的正義の原理（paras. 28-31）

それでは、いかなる手続的公正が確保されていれば、基本的正義の原理に基づいて「生命、自由、および身体の安全の権利」が剝奪されることになるのだろうか。本件に関連するのは、政府が長期間にわたって人々を拘禁する前に、その決定が公正な司法プロセスに従うべきである、ということである。より具体的にいえば、A 聴聞の権利が確保されていること、B 判断を行う裁判官が独立公正であること、C 裁判官による判断が事実と法に基づいていること、そして、D 自身に提起されている事件について告知される権利と、その事件について応答する権利が保障されていること、の４点である。

危険人物認証制度の手続は聴聞の機会を含んでいるので、まず、A 聴聞の権利が確保されていることはみたす。また、B についてもみたすが、C と D についてはみたさないため、危険人物認証制度の手続は憲章７条の権利を基本的正義の原理に基づかないかたちで制限している。

2 「指定裁判官」の合憲性

(1) 裁判官の独立性と公正さ（paras. 32-47）

裁判官が独立しており、公平であることは、事実としてそうであるだけでは不十分であり、裁判官が独立し公平であるようにみえることも要請される。危険人物認証制度に関する手続は指定裁判官によって行われる。ここでは指定裁判官が、

Irwin Law, 2012).

21) *Suresh v. Canada,* [2002] 1 S.C.R. 3, para. 118.

22) また、「実際の状況が、刑事手続に接近している、あるいは、その類似であるとき、裁判所による厳しい監視に値する」というドゥグニ判決の一節も引用されている。*Dehghani v. Canada,* [1993] 1 S.C.R. 1053, at 1077.

行政（政府）側からも対象者側からも独立し、公正さを担保されていることが要請される。まず、政府側との関係であるが、旧IRPA80条は、指定裁判官に対して、危険人物認証の「合理性」を判断することを要求しており、これは、行政法の文脈において、「合理性の基準（standard of reasonableness）」による審査を行うことを意味する。つまり、大臣らの判断に代置する方法で審査を行うことまでは要請しないが、判断過程を審査する合理性の基準を使うことを要求しているので、その判断が完全に敬譲的なものになるわけではない。よって、このことは、裁判官は政府側の陣営なのではないか、という懸念を減少させる。

次に、政府が機密情報である主張を行うと、その証拠は原告に開示されず、当該機密情報を扱う際には、インカメラ審理が行われ、対象者もその代理人もその場に居合わせることができないことから、そうした状況で対象者の利益を考慮可能なのが指定裁判官のみとなることによって、指定裁判官が対象者に肩入れするのではないか、という懸念がある。この点については、危険人物認証制度は、指定裁判官に独立した司法的方法（judicial fashion）――つまり、合理性の基準を用いた審査――を行うことを要求しているので、この要求に従っている限り、指定裁判官が対象者側であると批判することはできない。

よって、危険人物認証制度の審査手続において、指定裁判官は独立しており、公正である。

(2) 裁判官による判断が事実と法に基づいているか（paras. 48-52）

裁判官がいかにして事実を収集するかについて、２つの司法システムが存在する。その１つが、糺問主義（Inquisitorial systems）であり、裁判官が職権により独立公平な方法で証拠を収集することを引き受けることを意味する。いま１つが、当事者対抗主義（adversarial systems）であり、訴訟当事者の提示する関連する証拠に基づいて判断を行う司法システムである。カナダの司法システムは基本的には当事者対抗主義であるが、例外的に糺問主義に類する仕組みもある。しかし、危険人物認証制度の手続はどちらの司法システムの観点からみても、裁判官が十分な事実に基づいて判断をすることを妨げる。糺問主義に基づけば、指定裁判官には、証拠を収集する独立公平な権限が与えられておらず、当事者対抗主義に基づいたとしても、対象者側に十分な証拠が告知されていないので、彼らは適切な反対証拠を提示することが不可能となる。結果として、指定裁判官は、一部の証拠にのみ基づいて判断しなければならない。

さらに、対象者側に証拠開示が制限されていることから、彼らは、証拠に基づいた法的な反論を提示できず、証拠に基づいた法的議論をすることもできないため、指定裁判官は、十分に法に基づくこともできない。

(3) 自身に提起されている事件について告知される権利と、その事件について応答する権利（paras. 53-65）

対象者は、証拠へのアクセスの制限から、自身の事件について完全に告知されることも、十分な反論をすることもできない。かつ、制度的に機密証拠を扱う場合には、インカメラ審理になり、対象者側がその審理から排除されるため、反論および反対尋問の機会を奪われている。

よって、指定裁判官による危険人物認証に関する判断は独立公平な司法プロセスということはできず、基本的正義の原理に反するかたちで、生命、自由、身体の安全に関する権利が制限されている。

3 機密証拠開示のオルタナティブ（paras. 66-87）

以上の検討に基づき、危険人物認証制度の手続は憲章7条の権利を制限していると判断する。しかし、カナダの違憲審査は、憲章上の権利の制限が認められた後、当該権利の制限が、憲章1条[23)]のもとで正当化可能かを審査する。この憲章1条による審査はオークス・テストとよばれるかたちで定式化されており、それは、①法の一般的目的の重要性、②目的と手段の合理的関連性、③権利制約の最小性、④目的の重要性と手段の効果との比例性（狭義の比例性）を審査する各段階から構成されている[24)]。

本件の場合、IRPA 上の危険人物認証制度の目的は国家安全保障であるので、目的の重要性の審査をクリアし、さらに、同制度は国家安全保障にとって脅威となる対象者を拘禁し、退去強制するものであるため、目的と手段の合理的関連性の審査もクリアする。しかし、危険人物認証制度には、より制限的でないオルタナティブが存在するので、最小限の制約とはならないのである。

オルタナティブな制度はいくつか存在するが[25)]、導入を推奨するのが、危険

23) 憲章1条は、「『権利及び自由に関するカナダ憲章』は、法で定められ、自由で民主的な社会において明確に正当化することができる合理的制約にのみ服することを条件に、この憲章で規定する権利及び自由を保障する」と規定する。

24) 詳細については、松井茂記『カナダの憲法』（岩波書店・2012年）156頁以下、佐々木雅寿「カナダ憲法における比例原則の展開」北法63巻2号（2012年）654頁参照。

25) 本文中で述べる特別弁護士制度のほかに検討されているものの1つが、かつてカナダ移民法のなかに組み込まれていた情報機関審査委員会（Security Intelligence Review Committee: SIRC）による危険人物認証の監視である。SIRC は現職の連邦議員ではない、枢密院メンバーのうち、2～5名で構成され、主に CSIS の活動を監視する。1985年移民法においては、大臣が危険人物認証を行った後、その判断に関する報告書を SIRC に提出し、SIRC によってその合理性が審査されていた。このとき、SIRC は対象者への聴聞を行うとともに、可能な限り当該レポートを対象者に開示することになっていたのである。*See, Immigration Act,* R.S.C. 1985, c. I-2, s. 39-40.

人物認証制度と類似の仕組みを有するイギリスで導入されている特別弁護士（special advocate）制度である。これは、クリアランスを受けた特別弁護士が、対象者とその弁護士に代わって機密情報にアクセスし、インカメラ審理に立ち会うというものである。特別弁護士制度を導入することで、インカメラ審理において対象者の利益を代理する者が参加可能であり、かつ、対象者側にも機密証拠にアクセスすることが可能な人物が存在することになるので、現行の危険人物認証制度よりも対象者の権利は制限されないのである（後に連邦議会はこの制度の導入を選択する）。よって、最小限の制約テストをクリアしないので、当該制度による憲章７条の権利制約は、憲章１条のもとで正当化されず違憲である。

以上が、シャルカウィＩ判決で検討された手続的公正の確保に関する連邦最高裁の判断である。もっとも、シャルカウィＩ判決では、手続的側面以外の論点も検討されている。以下、その点についても簡潔に紹介しておく。

４　その他の論点

(1)　永住者と外国人の区別の恣意性（paras. 88-93）

まず、危険人物認証制度が両大臣の署名後のプロセスについて、永住者と外国人の間で区別している点についてである。この点については、恣意的な拘禁を禁止する憲章９条[26)]および逮捕および勾留される際の権利を保障する憲章 10 条(c)[27)]との関係で問題となる。この点についての判断を要約すると以下のようになる。危険人物認証によってカナダの国家安全保障にとって脅威であると認定された対象者は、永住者であるか、外国人であるかによって、その危険性のレベルに差があるわけではないから、その区別は恣意的であり、憲章９条の権利を制約し、かつ、外国人は危険人物認証の合理性が判断された後の 120 日以内でなければ、その拘禁について裁判所で審査されることもないから、憲章 10 条(c)の権利も制約している。そして、少なくとも永住者に適用されるプロセスがより制限的でないオルタナティブとなり、憲章１条の最小限の制約テストをクリアすることもできないので違憲である。

(2)　不確定な長期間の拘禁および厳しい保釈条件の合憲性（paras. 95-128）

次は、危険人物認証制度に基づく期間が不確定な長期間の拘禁および厳しい保釈条件に関してである。この点に関しては、憲章７条および残虐かつ異常な処

26)　憲章９条は、「何人も、恣意的に勾留または拘禁されることのない権利を有する」と規定する。
27)　憲章 10 条(c)は、逮捕・拘留に際して「拘留の有効性を人身保護令状によって決定される権利、及び、拘留が違法な場合に釈放される権利」を保障する。

遇または刑罰を禁止する憲章12条[28)]との関係が問題となる。まず、長期の拘禁それ自体については、憲章上の権利を制約するものでないことを確認したうえで、本件では、往々にして遅延する退去強制までの期間という不確定な期間の拘禁という点が問題であるが、その不確定な拘禁は以下の要素を適切に考慮している限りにおいて合憲であるとする。その要素は、a. 拘禁の理由、b. 拘禁の長さ、c. 退去強制の遅延の原因、d. 将来的に予想される拘禁の長さ、e. 拘禁に対するオルタナティブである[29)]。

5 小　括

シャルカウィⅠ判決によって、危険人物認証制度に関する手続は、主として、適切な証拠開示が行われていないこと、インカメラ審理において対象者の利益を代理する者が参加できないことを理由に対象者の憲章7条の権利を制約し、憲章1条のもとで正当化することができないとされた。連邦最高裁は当時の危険人物認証制度では、「国家安全保障」が問題となる「例外的状況」を考慮してもなお、手続的公正の確保が不十分であるとの判断を下したのである。

また、永住者と外国人の間に区別を設けることも、憲章9条および同10条(c)の権利を制約し、憲章1条のもとで正当化できないと判断した。よって、以上2点は違憲無効となるが、連邦最高裁は連邦議会に修正の機会を与えるため、当判決の効力を1年間中断すると判断した。また、ハーカットとアルムレイの危険人物認証の合理性は1年後に失効し、新たな制度のもとで再審査されるべきで

28) 憲章12条は、「何人も残虐かつ異常な処遇または刑罰を受けることのない権利を有する」と規定する。

29) a. 拘禁の理由とは、危険人物認証の対象となった理由である、安全保障に対する脅威ないし特定の人物の安全に対する脅威が存在し続けていることをさす。b. 拘禁の長さは、一般に拘禁が長くなるに従って、テロ組織と関わりがある場合でも、時間とともに当該組織とコミュニケートする手段が減少するため、「切迫した危険」は減少すること、また、時間とともに政府が収集できる証拠が増えるので、時とともに政府の証明する責任が重くなることを考慮することを意味する。c. 退去強制の遅延の原因については、遅延の原因が政府側にあるのか、原告側にあるのかを考慮することである。d. 将来的に予測される拘禁の長さとは、退去強制手続までに長期間の拘禁が予想される場合および、退去強制までの時間が予想できない場合、保釈する可能性が上がることを意味する。e. 拘禁に対するオルタナティブとは、ハーカットやシャルカウィに課せられた厳しい条件での保釈は、個人の自由を深刻に制限するが、拘禁よりはましであるので、オルタナティブになりうるし、厳しい条件での保釈については、その条件の緩和がオルタナティブになりうる、ということである。

なお、シャルカウィの保釈条件は以下のようなものであった。①保釈金50,000カナダドル、②午前8時から午後8時30分までの外出制限、③モントリオールのアイランド地区（Island of Montreal）の外に出ることの禁止、④電子的ブレスレット（GPS内臓）による監視、⑤令状なしにいつでも彼の邸宅を捜査することが可能であること、⑥邸宅に備え付けの1つの電話機を除いて、携帯電話、パソコン、FAXなどあらゆる電子的コミュニケーション装置の使用禁止、⑦パスポート剝奪等、である。*See, Charkaoui (Re)*, 2005 FC 248.

あるとした。

シャルカウィⅠ判決を受けて、違憲と判断された点について、連邦議会は2008年のIRPA改正（Bill C-3）[30]によって、修正を行っているが、この修正内容については、後ほど確認するとして、次に、危険人物認証制度の根拠となる証拠の大半を提供するCSISに関する連邦最高裁の判断をみておこう。

Ⅳ　シャルカウィⅡ判決
——情報機関の情報保存と開示に関する原則

本件は、シャルカウィが自身の危険人物認証の合理性判断等に際して、その根拠となった証拠の開示を要求したところ、当該情報を収集していたCSISが内部ポリシーに基づき、当該証拠を破棄していたため、開示が不可能であったことが争われた事例である[31]。したがって、危険人物認証制度に関する手続の包括的憲法適合性が争われたシャルカウィⅠ判決とは別の事件であり、本件の主要な争点は、CSISに課せられる情報保存と情報開示に関する義務とその範囲である。

なお、本件も全員一致の判決となっており、ルベル（Louis LeBel）裁判官とフィッシュ（Morris J. Fish）裁判官により法廷意見が執筆された。

1　情報機関の情報保存原則（paras. 20-46）

まず、情報保存に関する原則についてである。本件において問題となったシャルカウィが請求した証拠は、2002年の1月31日と2月2日に行われたCSIS職員によるシャルカウィに対する取調べ（interviews）のサマリーに関する完全な記録である。しかし、当該記録は、OPS-217とよばれるCSISの内部ポリシーによって、報告書あるいはサマリーの作成後、制度的に破棄すること（systematically destroyed）となっていた。したがって、CSISが情報保存義務を負うか否かが争点となった。

CSISは、RCMPを中心とする法執行機関（警察組織）とは区別される情報機関であるため、法執行機関に適用される情報保存義務は課せられないとする見解があるが[32]、国家安全保障が問題となる場合においては、CSISとRCMPは協

30）*Amend the Immigration and Refugee Protection Act* (*certificate and special advocate*) *and to make a consequential amendment to another Act*, S.C. 2008.

31）Charkaoui II, *supra* note 5. なお、本節における当判決の該当箇所は本文中にパラグラフ番号を記す。

32）Report of the Special Committee of the Senate on the Canadian Security Intelligence

力関係にあり、たびたびCSISからRCMPへの情報提供が行われている。こうした領域における、情報機関と警察組織の区別の相対化が起こっているため、CSISが警察組織の負う情報保存義務を何ら課せられないとはいえない。

また、CSIS法12条は、「厳格に必要な限り捜索その他の方法で、合理的見地から、カナダの安全保障やそれに関連する者への脅威を含んでいると疑われる活動に関する情報や機密情報（intelligence）を収集し、分析し、保存し、カナダ政府に対して報告と助言を行う」ことをCSISの職務としている。CSISによる情報収集および分析は、何らかの市民の自由を制限するような方法で行うことが許されるが、それは、国家安全保障という目的の観点からコントロールされ、必要以上の権限を与えられてはならないのである。内部ポリシーOPS-217は、情報収集の際に作成したメモ（operational note）を、報告書を作成した後で制度的に破棄するものであるが、CSIS法12条は、情報の破壊に関して規定しておらず、むしろ、情報の保存を要請しているため、OPS-217はCSIS法12条の誤った解釈の産物である。

さらに、メモの存在は、危険人物認証に関する大臣の判断およびその合理性を判断する指定裁判官の判断を助けることになる。メモは、危険人物認証の根拠となったCSISの作成する報告書の真実性に関する判断を容易にするものでもあり、また、CSISの職員が証人になる場合、彼ら自身の記憶を思い起こすことにもなるため、むしろ、メモの破棄は指定裁判官の判断の妨げになるともいえる。よって、情報の保存は義務である、と結論づける[33]。

2　情報開示原則（paras. 47-64）

次に、CSISの情報開示義務について判断する。この点については、刑事法上の証拠開示原則が「国家安全保障に関わる行政手続による拘禁」である危険人物認証制度にも適用されるか、が問題となる。刑事法上の原則に従えば、被告人の防御に関するあらゆる証拠が被告人の弁護士に開示されるべき、ということになり、これは憲章7条の基本的正義の原理の内容となっている[34]。証拠が十分に

Service, *Delicate Balance: A Security Intelligence Service in a Democratic Society* (Ottawa: Minister of Supply and Services Canada, November 1983). なお、CSISが設置される以前は、RCMPが国家安全保障に関する情報を収集していたが、CSISの設置により、RCMPは国家安全保障に関する情報収集をやめている。ただし、警察活動に関する情報収集はRCMPが継続して行っている。

33）法廷意見は、このような結論を下した後に、情報保存義務の範囲について述べるが、プライバシーの観点などの考慮要素を挙げるにとどまり、具体的な限界を示すにはいたっていない。

34）*R. v. Stinchcombe,* [1991] 3 S.C.R. 326; *R v. La,* [1997] 2 S.C.R. 451.

開示されなければ、被告人が完全に応答することができないからである。

ある判決において、この原則は行政上の事件には適用されないと判断されているが[35)]、シャルカウィⅠ判決で述べたように、憲章7条の適用は、法領域で区分されるわけではなく、生命、自由および身体の安全の権利制限の有無によって決まるので、本件において、この原則がまったく適用されないとはいえない。

したがって、危険人物認証制度に関する手続において、刑事法上の情報開示義務が適用され、CSISは危険人物認証の対象者に関するすべての情報を大臣に開示する義務を負い、大臣は指定裁判官にすべての情報を開示する責任を負う。ただし、国家安全保障にかかわる機密証拠を含むすべての証拠を対象者およびその弁護士に常に開示しなければならないわけではなく、その開示の範囲は指定裁判官の判断に委ねられる（この点については、ハーカット判決でも触れる）。そして、こうした情報開示の原則は憲章7条を反映したCSIS法12条によって支えられる。

3 小　括

以上のように、危険人物認証制度に関する手続において、CSISには完全にではないが、情報の保存と開示に関する刑事法上の原則が適用されると判断された。機能的には、CSISは対象者に関するすべての情報を、保存し、大臣に対して開示しなければならないことを意味する[36)]。このような判断は、危険人物認証の判断根拠および、その合理性審査の基礎となる証拠の「量」と「質」を一定程度確保することで、手続的公正の確保を補完するものとえるだろう。

Ⅴ　ハーカット判決――修正後の危険人物認証制度の包括的憲法適合性

1　修正された危険人物認証制度

シャルカウィⅠ判決を受けて、危険人物認証制度に関する手続は連邦議会で修正された[37)]。その主な修正点は、特別弁護士（special advocate）の導入と、永住者と外国人の間の区別の廃止である。永住者と外国人の間の区別については、外国人に対する120日拘禁ルールが廃止され、従来永住者に適用されていたル

35)　*May v. Ferndale Institution,* [2005] 3 S.C.R. 809.
36)　なお、情報機関による情報収集と司法的に扱われる証拠の関係について詳しくは、*See,* Kent Roach, “When Secret Intelligence Becomes Evidence: Some Implications of Khadr and Charkaoui” (2009) 47 S.C.L.R. (2d) 147.
37)　Bill C-3, *supra* note 30.

ールに統一された（IRPA 81条・82条）。したがって、永住者も外国人も区別されることなく、同様のプロセスがとられる。

もっとも重要な修正点が、特別弁護士の導入である（IRPA 85条）。特別弁護士の選定は、まず、法務大臣によって特別弁護士として活動が可能な機密情報を扱うに足る弁護士（security-cleared private lawyers）のリストを作成し、公表する（IRPA 85条(1)）[38]。このリストに基づき、裁判官（presiding judge）[39]あるいは移民難民審査委員会（IRB）のメンバーが、実際に活動する特別弁護士を任命する[40]。こうして任命された特別弁護士は、危険人物認証制度に関する手続において、対象者およびその代理人に開示されない機密情報にアクセスすることが可能であり、従来の仕組みでは対象者の利益を代表する者が排除されていたインカメラ審理にも立ち会うことができる（IRPA 85.1条(1)）。また、大臣が情報の機密性を主張する場合、当該情報の開示可能性を争うことができ、秘密証拠として用いられる場合、当該証拠の信用性や妥当性、判断のなかでどの程度の重みをもって扱うべきか、について争うことが可能である（IRPA 85.1条(2)）。その一方で、特別弁護士がいったん機密情報にアクセスした後は、原則として対象者とその代理人を含む他者とのコミュニケーションをとることを禁止される。ただし、裁判官がコミュニケーションをとることを許可すれば、コミュニケーションをとることが可能となる（IRPA 85.4条(2)）[41]。

なお、現行の危険人物認証制度については、2015年の反テロ法[42]によって、若干の修正が行われている。まず、反テロ法導入以前は、大臣は危険人物認証の根拠となった関連するすべての証拠を指定裁判官に提出しなければならなかったが、改正後は、「危険人物認証における入国拒否事由の原因に関連する」証拠に縮減された（IRPA 77条(2)）。また、対象者に公開されたサマリーに含まれない機密証拠について、特別弁護士は開示請求が可能であるが、このさらなる機密証拠開示に対して、当該機密証拠が、「対象者に対して合理的に通知できない場合」、

38） なお、現在このリストに登録されているのは、22名である。*See,* Department of Justice online, “List of Persons Who May Act as Special Advocates”, *available at* ⟨http://www.justice.gc.ca/eng/fund-fina/jsp-sjp/list-liste.html⟩.

39） この “presiding judge” が誰をさすのかは定かでないが、指定裁判官であると推測される。*See,* Department of Justice online, “Security certificates”, *available at* ⟨https://www.publicsafety.gc.ca/cnt/ntnl-scrt/cntr-trrrsm/scrt-crtfcts-en.aspx⟩.

40） *See,* Department of Justice online, “Special Advocates Program”, *available at* ⟨http://www.justice.gc.ca/eng/fund-fina/jsp-sjp/sa-es.html⟩.

41） なお、指定裁判官には、特別弁護士にコミュニケーションをとること許可した場合、コミュニケーションを行った他者に対して、その後のコミュニケーションを制限する権限が与えられている（IRPA85.4条(3)）。

42） *Anti-terrorism Act, 2015,* S.C. 2015, c 20.

特別弁護士への証拠のコピーを免除することで、大臣が対抗できるようにする規定も組み込まれた（IRPA 83 条(1)(c. 2)）。

2 その憲法適合性

(1) ハーカット判決の概要

さて、以上のような修正が行われた危険人物認証制度に対して包括的にその憲法適合性が再び争われたのが、2014 年のハーカット判決[43]である。シャルカウィ I 判決後、シャルカウィとアルムレイの危険人物認証は「不合理」と判断されたものの、ハーカットについては、「合理的」と判断されたため、彼に残された道は、再び、危険人物認証制度が憲章に違反しているとの主張を行うことのみであった。

修正後の危険人物認証制度の手続を憲章 7 条の観点から抽象的に判断した部分については全員一致の判決となり、マクラクリン首席裁判官によって法廷意見が執筆された。本件の具体的な争点は、①対象者本人が自身に関する事件の合理的に十分な情報を得られているか、②導入された特別弁護士は、その役割を果たすために十分な権限と資質を有しているか、③伝聞証拠は利用可能か、の 3 点である。

(2) 対象者への情報開示は十分か（paras. 49-66）

この点については、シャルカウィ II 判決同様、刑事法上の原則との関係が問題となる。刑事法上の原則に従えば、被告人はクラス特権（class of privilege）[44]によって保護された情報を除いて、検事のもつすべての情報を受け取る権利を有するが、国家安全保障の文脈においては、完全な情報開示原則との間で緊張関係が生じる。この緊張関係は、裁判官が、あるセンシティブ情報（sensitive information）を開示することによって得られる公益が開示しないことによって得られる公益に勝るのであれば、開示を命じることができる、とするカナダ証拠法 38.06 条(2)[45]によって調整されている。

ハーカットは、危険人物認証制度は証拠開示に関するこのような衡量的な仕組みを採用していないので、憲章 7 条に違反すると主張するが、この主張は受け

43) Harkat, *supra* note 6. なお、本節における当判決の該当箇所は本文中にパラグラフ番号を記す。

44) これは、コモンロー上認められてきた、ある特定の関係で発生するやり取りの秘密を保障するものであり、たとえば弁護士と依頼者の間の秘匿特権（Solicitor-Client Privilege）がこれに含まれる。*See,* Steve Coughlam, *Criminal Procedure* 2ed (Toronto; Irwin Law, 2012) at 234-237.

45) *Canada Evidence Act,* R.S.C., 1985, c. C-5, s. 38. 06 (2). なお、同条項は「国家安全保障特権」(National Security Privilege) ともよばれる、証拠開示原則の例外規定である。*See,* Coughlam, *ibid.* at 237-240.

入れられない。憲章7条が保障するのは、「公正な手続」であって「情報開示に関する衡量アプローチではない」からである。

もっとも、危険人物認証制度が憲章7条に適合的であるためには、対象者に対して「要約されていない最低限の情報開示」が必要である。すなわち、対象者は「合理的な情報保有者（reasonably informed）」にならなければならない。ここで対象者が合理的な情報を保有している、とは対象者が「自身の弁護士に対して意味のある指示（meaningful instructions）を、特別弁護士に対して意味のあるガイダンスと情報（meaningful guidance and information）を与えることを可能とするのに十分な情報開示を受けている」ことをさす[46)]。なお、実際に対象者が合理的な情報保有者となるために十分な情報の程度については、指定裁判官がケースバイケースで判断することとなる。この点、対象者が合理的な情報保有者となるために必須な情報が国家安全保障に関わるため情報の開示が困難な機密情報である場合の対処についてIRPAが沈黙していることが問題となるが、このような折り合いのつかない場合において、大臣がそれでも情報を機密にしたければ、証拠を取り下げるべきである。危険人物認証制度は、対象者が「合理的な情報保持者」となるように解釈する必要がある。上述のような場合に証拠が取り下げられないとき、「指定裁判官は当該認証を無効としなければならない」[47)]。

また、機密性に関する過剰な要求は、危険人物認証制度の「脆弱な均衡（fragile equilibrium）」を脅かし、「意図的に過剰な要求は対象者の公正な手続き、あるいは……司法システムのインテグリティを損なう」ため、大臣が過度に機密性を強調することは避けるべきである。裁判官は大臣らによって行われる過剰な機密性に関する主張に対する「管理者（gatekeeper）」として位置づけられる。

(3)　特別弁護士の権限は十分か（paras. 67-73）

上述したように、特別弁護士は、原則として機密情報にアクセスした後、対象者およびその弁護士とコミュニケーションをとることができない。こうした構造から、特別弁護士は、機密情報にアクセスできるとしても、対象者の利益を十分に代理できないと主張される。しかし、この点の違憲性はIRPA85.4条(2)が、指定裁判官にケースバイケースでコミュニケーションを行うことを許可する権限

46)　すなわち、連邦議会が選択したように、国家機密に該当する情報をカテゴリカルに非公開とすることが容認されるものの、対象者が合理的な情報保有者となるために当該情報が必須のものである場合には開示しなければならない、ということになる。

47)　明言されてはいないが、この説示は、危険人物認証制度に憲法適合的解釈を施したものと解されよう。なお、*Charkaoui (Re)*, 2009 FC 1030において、指定裁判官の証拠開示の命令に対して、大臣は証拠を取り下げることを選択している。

を付与していることで救われている。すなわち、コミュニケーションの制限は「絶対的ではない」のである。もちろんこのような仕組みは通常の弁護士と依頼者の関係と比べると不十分であるが、そもそも憲章7条は「完全な手続（perfect process）」を保障していない。

たしかに、危険人物認証制度は、指定裁判官に対して意図しない機密情報の漏洩リスクを最小化することを要求しているが、これと同時に、指定裁判官は「有能でセキュリティ・クリアランスを通過した」――当該ケースにおいて公開してよいものと機密にしなければならないものを区別する能力を持った――特別弁護士に対して「相当の自由（significant latitude）」を与えるべきでもある[48]。

指定裁判官は、以上のような特別弁護士に相当の自由を与える「リベラルなアプローチ」をとるべきであり、このような自由の付与が拒否されるのは、「大臣が……有害な開示の危険を証明した」場合に限られるべきである。

(4) 伝聞証拠は利用可能か（paras. 74-76）

IRPA83条(1)(h)は、指定裁判官が「信用可能で、適切である」と判断した全ての証拠を危険人物認証が合理的であるかを判断する根拠とすることができると規定しているので、「伝聞証拠（hearsay evidence）」もそこに含むことが可能である[49]。しかし、このことは憲章7条の権利を制約しない。当裁判所は、「証拠規則は、不変の基本的正義の原理として憲法化されていない」ことを認識しているのである[50]。伝聞証拠に関する規則は、憲章7条の保障する公正な手続を方向付ける手段として、信用できない証拠として排除することができるということ

---

48) 実際の運用としても指定裁判官は「大半のケース」でコミュニケーションの許可を与えているのである。Hudson, *supra* note 3, at 921, *see also, Harkat* (*Re*), 2010 FC 1242, para. 139.
　なお、当判決ではCSISの情報源に対して特別弁護士が反対尋問をすることができるか、という点も論点として提起されている。法廷意見は、国際的な視野をもちテロの未然防止を主目的として情報を収集する情報機関の情報源は、狭い範囲で刑事裁判に利用することを前提として情報が取集される警察機関の情報源とは異なり、コモンロー上の「クラス特権」――ポリス特権（police informer privilege）――に該当しないと判断している。もっとも、情報機関の情報源についても、「国家安全保障あるいは特定の人物の安全にとって脅威となる」場合は情報を機密にすることのできるIRPAの制度上の保護が存在するため、この観点から保護される。その一方で、IRPA 85.2条(c)は指定裁判官が許可する限りで、特別弁護士は対象者の利益を保護するために必要なあらゆる権限を行使できるとしているので、指定裁判官は情報源への反対尋問が必要な場合はこれを認めることができる。しかし、法廷意見は、特別弁護士による非公開審理とはいえ反対尋問を認めることは情報提供者に萎縮効果を与え、以後の情報提供を妨げるとして、これを認めるのは「最後の手段」であるとしている（paras. 78-90）。なお、アベッラ（Rosalie Silberman Abella）裁判官とクロムウェル（Thomas Albert Cromwell）裁判官による一部反対意見は、国家安全保障の観点から情報源を秘匿することを重視し、情報機関の情報源もクラス特権に含めるべきであるとする（paras. 113-138）。

49) さらに、危険人物認証制度における伝聞証拠には、国外の情報機関の報告書等、特別弁護士によって人的情報源への反対尋問の機会を確保することが不可能な場合も存在する。

50) *R v. L.* (*D. O.*), [1993] 4 S.C.R. 419, at 453.

を単に意味するのである。

そして、この点について、IRPA83条(1)(j)は指定裁判官に、彼らが信用できないと判断した証拠および、明確に対象者に対する偏見に基づいている証拠を排除する権限を与えている。

(5) 結論(para. 77, 110-112)

完全な情報開示や公開裁判などと比較すると、「完全な手続」ではないが、特別弁護士の制度を導入した危険人物認証制度が憲章7条の保障する「公正な手続」に反するとまではいえない。ただし、提示される申立てや証拠の性質によっては、当該制度固有の制限によって不公正な手続となるケースが現れる可能性がある。このような観点から、指定裁判官は当該ケースにおける手続が全体的に公正な手続であるかを判断し、場合によっては適切な救済を与える責任をもち続けなければならない[51)]。

VI 手続的公正の確保手段の整理

以上、カナダの包括的移民法であるIRPAにテロ対策の一環として組み込まれている、危険人物認証制度に関する連邦最高裁の「三部作」――およびそれに対する連邦議会の対応――を可能な限り包括的に紹介してきた。最後に、上述の文脈に限定されるものの、「国家安全保障」という人権保障が極端に制限される「例外的状況」において、いかなる仕方で手続的公正の確保が可能かを整理しておくこととしたい。

まず、機密証拠の開示という観点については、①機密情報について開示可能な特別弁護士を導入することで、情報開示と国家機密の緊張関係を調整し、保有する証拠の不均衡を可能な限り解消することで、手続的公正の確保に資している。また、②対象者が「合理的な情報保有者」となるために必要な情報は開示されなければならない。さらに、③当該手続の根拠となる証拠の提供者であるCSISにも完全ではないながらも、情報保存と開示に関する義務を課すことで、判断根拠となる証拠の「量」と「質」を担保している。

---

51) なお、本判決では、危険人物認証制度が抽象的に合憲とされたとしても、ハーカットに与えられた手続が公正なものではない、という点も主張されている(paras. 78-109)。具体的には、①CSISの情報源への反対尋問が認められなかった(この点については、前掲注48)を参照)、②証拠に含まれている傍受された会話の排除が認められなかった、③国外の情報機関から得た情報の信用性等の確認において大臣らが誠実に義務を果たしていない、という3点であるが、法廷意見はすべての主張を退けて、ハーカットに与えられた手続は「公正な」ものであるとし、危険人物認証が合理的であるとした指定裁判官の判断を是認している。

次に、大臣（行政）の権限が強大になりすぎることの歯止めとしては、何よりも、④危険人物認証の合理性を指定裁判官によって事後的に判断する仕組みが導入されていることが挙げられる。さらに、⑤情報開示や証拠の排除、特別弁護士と対象者とのコミュニケーションの可否などの決定を指定裁判官の権限とすることで、行政権の恣意的な行使を「司法的」に防ぎ、手続的公正を保障している。この「司法的」な統制は、危険人物認証制度の合憲性を維持するのに大きな役割を果たしており、「国家安全保障」の文脈における手続的公正の確保にとって重要な仕組みであるといえよう。

加えて、ハドソンは、危険人物認証制度は、裁判所、議会、行政およびその他の法的アクターが、手続的公正に関する憲法原則を注意深く作動させる限り――「リベラルなアプローチ」を続ける限り――において、運用可能と連邦最高裁は認識しているという[52)]。すなわち、⑥「国家安全保障」に関する制度であったとしても、その制度の運用において、各国家機関および法的アクターが手続的公正の確保を意識することも重視されるのである。

Ⅶ　おわりに

「テロとの戦い」は、テロ対策を効果的に行うため行政権を拡大させ、さまざまなテロ予防政策――本稿で検討してきた移民法を用いたテロ対策もその一環である――が実施される「予防国家」を必然的に導いてきた[53)]。本稿で検討してきた危険人物認証制度に限れば、カナダでは、テロ予防という「国家安全保障」が問題となる「例外的状況」においても、手続的公正を確保するためにさまざまな仕組みが導入されている。これは、連邦議会によって、「国家安全保障」が問題となる領域の行政権が拡大強化される一方で、連邦裁判所の裁判官による行政権の「司法的な」統制を可能にする仕組み等さまざまな手法を組み込むことで、手続的公正を確保し、法の支配のなかでテロ予防を行っていると評価できよう[54)]。さらに、この手続的公正の確保が不十分であれば――あるいは制度上確保されていても、その運用において不十分であれば――、連邦最高裁によって違憲と判断される。シャルカウィⅠ判決において、主に手続的公正の確保という観

52)　Hudson, *supra* note 3, at 921.

53)　大林啓吾「戦争権限」論ジュリ 21 号（2017 年）24～25 頁。グールド・前掲注 9）等参照。

54)　この点に関連し、国家安全保障の文脈において、「三権それぞれが果たすべき役割という視点」の必要性を指摘するものとして、横大道聡「アメリカにおける国家安全保障に関する秘密保全法制について」比較憲法研究 27 号（2015 年）23 頁参照。

点から危険人物認証制度を部分的に違憲と判断し、ハーカット判決において、立法府の修正した当該制度の憲法適合性を（再）審査し「完全な手続」とはいえないが「公正な手続」であるので合憲である、と判断したカナダ連邦最高裁の取組みは「自由と安全の調和」を行った画期的なものであったといえるだろう[55)]。

55）なお、各国テロ対策法制に関する最新の法制度や判例等の情報を整理して示すという本書のコンセプトとの関係から、危険人物認証制度に関する論点として重要であるものの取り扱っていないものがある。1つ目は、そもそも移民法を用いて、市民権を有する者には適用されない生命・自由の制限を課すことが市民権による差別になるのではないか、という問題である。2つ目が、実際の退去強制命令の場面での広範な行政裁量に関する問題である。移民法のプロセスにおいては、拷問国への退去強制は、原則として禁止されているが、現実にはこの原則が守られていない、との指摘がある。この2つの問題は、テロ対策にも関係するが、移民法あるいは市民権法に関する論点を多く含むので、別の機会に検討することとしたい。さしあたり、1つ目の問題点については、柳井健一「『国家の構成員ではないこと』と『権利保障』の可能性」錦田愛子編『移民／難民のシティズンシップ』（有信堂・2016年）200頁以下、岩切大地「イギリス貴族院のA判決に関する一考察」総合政策論集6巻1号（2007年）169頁を参照していただきたい。

各論Ⅱ

テロ関連表現物の規制
——カナダの例

小谷順子

Ⅰ　はじめに

本稿では、近年のカナダのテロ対策立法のうち、テロを肯定的に描写する表現に関する禁止規定に焦点を当てる。テロを肯定的に描写する表現のうち、特にインターネット上で拡散されるテロ扇動・推奨プロパガンダについては、2017年5月のG7首脳会合で発表された声明でも、これに対処する必要性が示されている[1)]。こうした表現については、過去にさかのぼると、2005年9月の国連安全保障理事会において、テロの扇動行為の禁止等に関する1624号決議が採択されているほか、それに先立つ同年5月には、テロ防止に関する欧州評議会条約において、テロ犯罪の実行を公然と呼びかける表現を禁止することが求められており、欧州等ではこうした表現を規制する立法が導入されるにいたっている[2)]。

これらの国際規範が求めるのは、第1には、テロの実行を直接的に扇動する言動を禁止する国内法制の創設であるが、本稿で注目するのは、これらの国際規範が求める、具体的なテロの実行を直接的に扇動するものではない表現への対処という側面である。つまり、たとえば特定の聴衆に向けて具体的なテロ行為の実行（たとえば鉄道の駅舎の爆破）を直接扇動する表現にとどまらず、不特定多数に向けてテロ一般を宣伝、正当化、または賛美するにとどまる表現についても対処する必要があると説いている点である。こうした表現は、従来、表現の自由の保障に照らして規制を避けてきた表現であることから、注意が必要となる。

カナダでは、2001年の反テロ法（Anti-terrorism Act）[3)]による刑法典の改正で、テロ行為の実行を指示することが禁止されたが、さらに、2015年6月の反テロ法（2015年ATA）[4)]による刑法典の改正で、テロ犯罪一般の実行を唱導または促

1）G7 Taormina Statement on the Fight Against Terrorism and Violent Extremism（「テロ及び暴力的過激主義との闘いに関するG7タオルミーナ声明」(2017年5月).
2）詳しくは、第5章【各論Ⅱ】を参照。
3）*Anti-terrorism Act,* S.C. 2001, c. 41.
4）*Anti-terrorism Act 2015,* S.C. 2015, c. 20.

進する表現が禁止されるとともに、テロを宣伝する表現物を没収または削除する制度が導入された。具体的な規定内容については、Ⅲ以下で紹介するが、2015年の法改正によって、たとえば、ある者が、不特定多数に向けて抽象的にテロの実行を呼びかける内容の動画を作成し、これをインターネット上で発信し、これを受けて他の者が当該動画をさらに拡散させた場合、動画の作成者と拡散者の双方が訴追の対象となりうるとともに、さらに、当該動画が削除される可能性も生じることになった。なお、これらの規定については、後述のとおり、表現の自由の保障との整合性に関して疑義が唱えられるとともに、テロ防止の効果を有するかという点についても疑義が唱えられていることにも留意が必要である。

本稿では、こうした、従来の犯罪扇動表現規制の要件を必ずしもみたさない表現規制に焦点を当てる。以下、まず、2005年の国連安保理決議と2017年のG7首脳会議声明の内容を紹介したうえで（Ⅱ）、カナダにおいてテロの肯定的描写表現に適用されうる従来の刑法典規定を紹介し（Ⅲ）、さらに、2015年法の刑法典改正に伴う新規定の内容を紹介する（Ⅳ）。なお、イギリスにおける同様の規制については、本書第５章【各論Ⅱ】を参照されたい。

Ⅱ　国際社会の対応とカナダの対応

1　国連安全保障理事会の対応

2005年9月14日に採択された国連安保理決議1624号は、その主文において、すべての加盟国に対し、「テロ行為の実行の扇動を法律で禁止すること」に加えて「かかる行為を防止すること」等を求めるとともに、「過激思想及び不寛容を動機とするテロ行為の扇動に対処」することを求める[5)]。このように、同決議の主文は、テロの実行行為を扇動する表現行為への法的対処を求めるにとどまり、より広くテロの実行行為を正当化したり美化したりする表現行為への法規制を明示的に求めるものではない。

しかし、同決議の前文では、あらゆるテロの実行行為を、「平和と安全に対する最も深刻な脅威のひとつとして極めて強く非難」したうえで、さらに、テロを引き起こす可能性のある表現行為の問題に目を転じ、「テロ行為の扇動を極めて強く非難」するとともに、「さらなるテロ行為を引き起こす可能性のあるテロ行

5)　国連安保理決議1624号（2005年）の日本語訳は、外務省の仮訳による。強調の点は筆者による。

為の正当化又は美化行為を否定」すると宣言する。そこでは、表現の自由の保障の重要性を指摘しつつも、テロを扇動する言動の規制を求める理由として、「過激思想及び不寛容を動機とするテロの扇動」が「人権の享受に対する深刻かつ高まる危険を招き、全加盟国の社会的経済的発展を脅かし、世界の安定と繁栄を妨げ」ることにつながると述べたうえで、「生命の権利を擁護するために、国際法に則り、国内及び国際レベルで全ての必要かつ適切な措置をとる必要性」があると説く。

2　テロ及び暴力的過激主義との闘いに関するG7タオルミーナ声明

近年では、インターネット上に氾濫するテロ関連の表現物への対処が問題となっているが、2017年5月、イギリスのマンチェスター市のコンサート会場におけるテロ事件の発生を受けてG7首脳会合で発表された「テロ及び暴力的過激主義との闘いに関するG7タオルミーナ声明」では、インターネット上のテロ関連の表現発信に対処する決意が表明された。そこでは、テロリストがテロ目的でインターネットを悪用していると指摘したうえで、通信業界やソーシャル・メディア企業に対し、テロ関連の内容に対処する取組みを強化するよう呼びかけるとともに、産業界に対し、暴力を扇動する内容を自動的に検知する技術の改善・開発を奨励するなど、各業界の対応を呼びかけている。そのうえで、表現の自由の原則を尊重しつつも、テロおよび暴力的過激主義者によるインターネット上でのリクルート活動や、暴力へとつながる過激化や扇動を支持するプロパガンダに対抗する決意を宣言している。

3　カナダの状況

2015年のカナダの法改正では、テロの実行を唱導または推進する表現の禁止を導入したうえで、さらに、インターネット上のテロ宣伝表現物の流通にも適用されうる、押収および削除命令の制度を導入したことが注目に値する。なお、前者の規制は、第5章【各論Ⅱ】で取り上げるイギリスの例にみられるようなテロを美化する表現までをも禁止するものとは異なるが、それでもなお、この法改正によって、従来よりも抽象的かつ広汎なテロ肯定の表現が規制対象に取り込まれることになった。以下、テロを肯定的に描写する表現に適用されうるカナダの従来の刑法典規定を確認したうえで、2015年法の刑法典改正に伴う新しい規定の内容を紹介し、さらに新規定に対する評価を紹介する。

III　カナダ連邦刑法典におけるテロを扇動・唱導・推奨・肯定する表現の規制

1　従前の規定

2015年の法改正の内容を紹介する前に、まず、テロの実行を呼びかける表現や憎悪を扇動する表現に適用されうる従前の刑法典上の規定を確認したい。以下に示すとおり、従前の刑法典規定も、テロや憎悪を扇動したり助言したりする表現を規制対象に広汎に取り込んでいる[6]。

(1)　犯罪の実行の助言の禁止（刑法典22条）

従来、カナダの刑法典では、犯罪の実行を助言する（counsel）ことを禁止してきており、これはテロ犯罪の実行を助言した場合にも適用されうる。助言禁止を規定するのは、刑法典22条1項であり、ある者が他者に対して犯罪を実行するよう助言し、当該他者が後に当該犯罪を実行した場合に、助言者も罰せられる。ここでいう助言には、推奨、教唆、および扇動が含まれる（同3項）。

ここで留意すべきは、助言がきわめて広汎な概念であるという点である[7]。第1に、助言の対象となる犯罪は、特に限定されていない（22条1項、464条）。第2に、助言された犯罪が、助言された手法とは異なる手法で実行されたとしても、罰せられる（22条1項）。第3に、助言された犯罪とは異なる犯罪が実行されたとしても、助言者が、自己の助言の結果としてそれらの犯罪が実行される可能性が高いことを知っていたまたは知っているべきであった場合には、助言された犯罪以外の犯罪についても罰せられる（同条2項）。第4に、たとえ助言された犯罪が実行されなかったとしても、助言者が、意図的または犯罪が実行されるであろうことを知りながら助言したときは罰せられる（464条）。

(2)　扇動の禁止（刑法典59〜61条）

刑法典59条から61条は、政府の変革のための実力行使を扇動する意図をもって言葉または文書を発信することを禁止しており、これらの規定も、テロを通した政府変革の実現を扇動する表現にも適用されうる。扇動の意図については、刑法典59条に規定されている。それによると、カナダ国内の政府の変革を達成するために有形力を用いるべきであると教示または唱導する意図をもって、扇動

6)　Craig Forcese and Kent Roach, *False Security: The Radicalization of Canadian Anti-Terrorism* (Toronto: Irwin Law, 2015), pp. 330-331.
7)　*Ibid.* at 330. 第1から第4の指摘は、いずれも当該書籍による。

的な言葉を発した場合または扇動的な名誉毀損表現物を出版したもしくは流通させた場合は、扇動の意図が存在したと推定される。一方、これらの条件をみたさない場合であっても、扇動罪は成立しうることが同条に明記されている。

もっとも、被疑者および被告人が主張しうる抗弁も明示されており、それによると、(a)女王の施策が誤導または誤解によるものであることを指摘する誠実な意図で発信された場合、(b)連邦もしくは州の政府、憲法もしくは議会またはカナダにおける正義の執行に関する瑕疵もしくは欠点を指摘する誠実な意図で発信された場合、(c)カナダの政府に関する事項の変更を合法的手段で生じさせる誠実な意図で発信された場合、または、(d)カナダにおける異なる階級間の敵意または反感の感情を生み出すまたは生み出す傾向にある事柄を排除する目的をもってそれを指摘する誠実な意図で発信された場合は、扇動罪は適用されない。

法定刑は、14 年以下の自由刑である。

(3)　ジェノサイド（集団殺害）の唱導の禁止（刑法典 318 条）

刑法典 318 条は、ジェノサイド（集団殺害）を唱導または促進することを禁止しており、当該規定も、特定の人種や宗教の集団に対するテロを呼びかける表現に適用されうる。刑法典 318 条によると、ジェノサイドとは、肌の色、人種、宗教、国家もしくは民族的出自、年齢、性別、性的志向、または精神的もしくは身体的障害によって識別される特定集団の全体または一部分を滅ぼすことを意図して、その特定集団に属する者を殺害等するよう唱導または促進する行為をさす。同条に基づく手続には、司法長官の同意を要する。法定刑は、5 年以下の自由刑である。

(4)　憎悪宣伝（ヘイト・プロパガンダ）の禁止（刑法典 319 条）

刑法典 319 条 1 項および同条 2 項は、憎悪宣伝（ヘイト・プロパガンダ）を禁止しており、両規定も特定集団に対する憎悪に基づくテロを扇動または促進する表現に適用されうる。

刑法典 319 条 1 項は、公共の場において、その憎悪扇動が平和の破壊をもたらす可能性が高い状況下で、特定集団に対する憎悪を扇動することを禁止する。特定集団の定義は、刑法典 318 条と同一である。なお、次に示す同条 2 項は、被疑者・被告人の主張しうる抗弁が明示されているのに対し、1 項にはそのような規定は存在しない点に留意が必要である。また、1 項に基づく手続には、司法長官の同意は規定されていない。1 項の法定刑は、2 年以下の自由刑または略式手続による刑罰である。

刑法典 319 条 2 項は、私的な会話以外において、特定集団に対する憎悪を意図的に促進することを禁止する。同項については、3項で、被疑者および被告人が主張しうる抗弁が明示されており、それによると、(a)伝達された意見が真実であることを証明した場合、(b)宗教上の題材に関する意見または宗教上の文書に記された信仰に基づく意見を、誠意をもって表明した者または議論を通して確立することを試みた場合、(c)公共の関心事である題材に関連した意見で、公共の利益に役立つ議論であり、発言者がそれを真実であると信じるに足る合理的な理由があった場合、または、(d)カナダ内の特定集団に対する憎悪感情を生み出すまたは生み出す傾向のある事柄を、その除去を目的として指摘することを誠実に意図していた場合は、同項は適用されない。2項に基づく手続には、司法長官の同意を要する。

なお、後述（Ⅳ1）のとおり、刑法典319条2項については、1990年の連邦最高裁判決で表現の自由の保障には反しないと判断されている[8)]。

2　2001年以降のテロ対策法制で設けられた諸規定

(1)　テロ行為の実行の指示の禁止（刑法典83.22条、2001年の法改正で導入）

2001年の法改正による刑法典83.22条は、テロ行為を実行するよう他者に直接的または間接的に指示する（instruct）ことを禁止する（1項）。同条は、(a)テロ行為が実際に実行されたか否か、(b)指示の受け手が特定の者であったか否か、(c)指示の送り手が受け手の身元を知っていたか否か、(d)当該行為がテロ行為であることを指示の受け手が知っていたか否か、にかかわらず適用される（2項）。同条の法定刑は終身刑である。

なお、注意点として、本条の規制対象となるのは、「テロ行為」（terrorist activity（テロリスト活動））の実行の指示であるが、後述（Ⅳ）の刑法典83.221条、83.222条、および83.223条の規制対象となるのは、「テロ行為」ではなく「テロ犯罪」（terrorism offences）に関する表現である。両用語の定義の差異については、次の図表1を参照されたい。

【図表1　カナダ刑法典の「テロ行為」と「テロ犯罪」の定義】

(1) テロ行為（terrorist activity（テロリスト活動））

「テロ行為」（terrorist activity（テロリスト活動））という用語の定義は、刑法典2条において、同83.01条1項の定義を準用すると規定されている。83.01条1項によると、テロ行為は、次のように定義される。

(a)　カナダの国内または国外で実行された作為または不作為で、カナダで実行されたのであれば

8)　*R. v. Keegstra*, [1990] 3 S.C.R. 697.

テロ対策のための諸条約を実効化する法律上の犯罪に該当するもの、または、

(b) カナダの国内または国外における作為または不作為で、次の(i)と(ii)の双方をみたすもの。

(i) (A) 全体としてまたは部分的に政治、宗教、またはイデオロギー上の目的または大義のためになされており、かつ、

(B) 全体としてまたは部分的に、経済的安全を含む安全面に関して公衆または公衆の一部を威嚇する意図をもってなされており、または、個人、政府、または国内もしくは国際組織に何らかの行為をさせるまたはさせない意図をもってなされており（公衆、個人、政府、または組織の所在は、カナダ国内または国外のいずれかを問わない）、かつ、

(ii) 意図的に行われた次のいずれかの作為または不作為。

(A) 暴力の行使によって個人に死または重大な身体上の害を生じさせること

(B) 個人の生命を危険にさらすこと

(C) 公衆の全体または一部の健康または安全に対する重大な危険を生じさせること

(D) (A)から(C)に挙げられた行為または害悪の発生につながる可能性の高い、実質的な財産損害（財産は公有、私有を問わない）を生じさせること

(E) 公有、私有を問わない重要なサービス、施設、またはシステムに対し重大な干渉または混乱を生じさせること。ただし、労働に関する唱導、抗議、異議、または休業で、(A)から(C)の行為または害悪の発生を意図しないものは除く。

また、同条1項では、上記の作為または不作為の共同謀議、未遂または脅迫、および、上記の作為または不作為の事後共犯または助言（counselling）についてもテロ行為に含まれると規定するが、一方で、軍事対立等に伴う行為や軍隊の公式任務に伴う行為等については、テロ行為には含まれないと規定する。さらに、表現の自由や信教の自由の保障との整合性を保つため、83.01条1.1項では、政治的、宗教的、またはイデオロギー的な思想、信念、または意見の表現は、テロ行為の定義に含まれないと規定しつつ、当該規定の作為または不作為の条件をみたす場合は除くと規定する。

(2) テロ犯罪（terrorism offence（テロリズム犯罪））

「テロ犯罪」という用語の定義は、刑法典2条で規定されており、それによると、下記(a)から(d)のいずれかに該当する行為が「テロ犯罪」とされる。

(a) 刑法典83.02条から83.04条または83.18条から83.23条において規定された犯罪（注）

(b) テロ組織の利益のために、テロ組織に向けて、またはテロ集団に関連して実行された、刑法典または他の制定法で規定された訴追可能な犯罪、

(c) 刑法典または他の制定法で規定された訴追可能な犯罪であり、かつ、当該作為または不作為が「テロ行為（terrorist activity）」（刑法典83.01条1項で定義）の要件をみたす場合、

(d) 上記(a)、(b)、または(c)で言及されたいずれかの犯罪の共謀、実行の試み、またはこれらの犯罪に関連する事後的幇助等である。

（注：テロへの経済的支援、テロ集団の活動への参加およびそれを目的とした出国、テロ行為の助長およびそれを目的とした出国、テロ集団のための犯罪実行およびそれを目的とした出国、テロ活動に該当する犯罪の実行のための出国、テロ集団のための活動の実行の指示、テロ活動の実行の指示、テロ犯罪の実行の唱導または促進、押収令状、コンピュータ・システム管理者への命令、テロ行為を実行した者の蔵匿）

(2) 2015年の刑法典改正

これまでみてきた従前の諸規定だけでも、テロ犯罪の実行を扇動、助言、または指示する表現が禁止されるとともに、人種や宗教に起因する憎悪をあおることを通してテロを唱導する表現も禁止されてきたといえる。こうした従前の法制度を前提に、2015年の刑法典改正では、従前の規定では対処することのできなかった表現をターゲットにしたということができる。そのため、表現の自由の保障

に反するとの指摘もあることから、次のⅣでは、カナダの表現の自由の保障構造を確認したうえで、2015年の法改正に伴う具体的な規定を紹介する。

Ⅳ　2015年の刑法典改正によるテロ唱導の禁止とテロ宣伝の犯罪化

1　カナダにおける表現の自由の保障

2015年の刑法典改正による新規定については、後述のとおり、さまざまな側面に関して表現の自由との整合性への異議が唱えられていることから、具体的な規定内容を紹介する前に、カナダの憲法上の表現の自由の保障の構造を確認しておきたい。

カナダにおける表現の自由の保障は、1982年施行のカナダ憲法の第1部「権利及び自由に関するカナダ憲章」2条b項に規定されているが、同時に、同憲章1条は、表現の自由を含むすべての権利と自由が「自由な民主主義社会において明白に正当化しうる、法律に規定された合理的な制限」に服することを規定する[9)]。これらの憲法規定のもと、連邦最高裁は、表現規制立法の合憲性審査の際に、まず、憎悪宣伝等を含むほぼあらゆる表現を表現の自由の保障の射程内に位置づける。この段階で表現の自由の保障範囲から除外されるのは、暴力を通した意見表明または暴力行使の警告などのように、自己実現、民主的討議、および真実発見と衝突する手法または場所でなされた限定的な表現にとどまる。そして、連邦最高裁は、表現の自由の保障範囲内に入る表現を規制する立法については、いったんそれが憲章2条b項を侵害するものと位置づける。そのうえで、連邦最高裁は、当該規制立法が憲章1条のもとで正当化できるかどうかについての審査を行う。そこでは、(a)規制目的が重要であるか、(b)規制目的と規制手段とのあいだに合理的な関係性があるか、(c)自由の制約は最小限にとどまるか、(d)自由の制約と規制利益との均衡がとれているかが審査される[10)]。なお、規制文言が曖昧である場合や、規制対象が過度に広汎である場合も、違憲と判断される。

すでに紹介した刑法典の諸規定のうち、319条2項の憎悪宣伝規制については、表現の自由の保障に反するとの指摘もあるが、今述べた審査を経て、1990年の連邦最高裁のキーグストラ判決で合憲と判断されている[11)]。

---

9)　*Canadian Charter of Rights and Freedoms,* Part I of the Constitution Act, 1982, §§1, 2(b).
10)　*R. v. Oakes,* [1986] 1 S.C.R. 103.

2　テロ犯罪の実行の唱導または促進の禁止（刑法典 83.221 条）

(1)　概　　要

2015 年の法改正で新設された刑法典 83.221 条は、テロ犯罪の実行を唱導または促進することを禁止する。同条を新設した目的は、具体的な犯罪行為の内容（例：鉄道駅舎の爆破）に言及することが要件となる刑法典 22 条の助言犯規定の適用対象にはならない表現行為、すなわち、テロ犯罪一般の実行を他者に推奨する行為を規制することであったとされる[12)]。これは、テロ組織が刑法の限界を意識して、違法性の生じないような一般化されたかたちでテロを推奨してきたことを踏まえ、こうした表現行為を取り締まることを可能にするための改正であったとされる[13)]。

現行刑法典 83.221 条が禁止するのは、ある言明を伝達することによって、その結果としてテロ犯罪が実行されるであろうことを知りながらまたはテロ犯罪が実行されるか否かについて無思慮でありながら、「テロ犯罪一般（terrorism offences in general)」の実行を故意に唱導または促進する行為である。なお、「テロ犯罪一般」という用語は定義されておらず、そのことが、後述のとおり批判の対象となっている。一方、同条の「伝達する」および「言明」という用語の定義については、憎悪宣伝を禁止する前述の刑法典 319 条の定義が準用される。それによると、「伝達する」には、電話、放送、または他の聴覚もしくは視覚的手段によって伝達する行為も含まれ、「言明」には、話された、書かれた、または電子的、電磁的、もしくは他の方法で記録された言葉、および、ジェスチャー、サイン、または他の可視的な表現が含まれる。本条に基づく手続には、司法長官の同意を要する。本条違反の罰則は、5 年以下の自由刑である。

(2)　刑法典 83.221 条の問題点

(a)　公安及び国家安全常任委員会の報告書による評価　刑法典 83.221 条の規定

---

11)　連邦最高裁は、キーグストラ事件（*R. v. Keegstra,* [1990] 3 S.C.R. 697）において、刑法典 319 条の立法目的（憎悪宣伝を受ける集団を保護すること、平等な多文化主義社会における調和を増進すること）は重要であると述べたうえで、当該立法目的と規制手段（憎悪宣伝の禁止）との間には、明らかに合理的な関係が認められると述べ、さらに、人種差別表現の害悪の拡大を防止するために他のさまざまな防止手段に加えて憎悪の宣伝に刑事罰を科すという手段を採用することは十分に合理的であると述べ、また、憎悪の宣伝は表現の自由の保障の価値との関係が希薄であり、真実の発見、個人の発展の促進、健全な民主主義の推進を求めるカナダの理念にほぼ貢献しないとも述べて、刑法典 319 条 2 項は憲章 1 条によって正当化されると判決した。

12)　House of Commons, Report of the Standing Committee on Public Safety and National Security, "*Protecting Canadians and their Rights: A New Road Map for Canada's National Security,* May 2017 [Report of the Standing Committee], at 24.

13)　*Ibid.*

内容については、表現の自由の保障との関係で、強い批判が寄せられている。2017年5月に連邦議会に提出された公安及び国家安全常任委員会の報告書（「カナダ人とその権利を守る――カナダの国家安全保障のための新たなロードマップ」）に同条の評価結果が掲載されているが、掲載されているのは批判的見解のみであり、現行法の文言をそのまま肯定する見解は見当たらない[14]。

同報告書に掲載された批判として、まず、「テロ犯罪一般」という文言に含まれる犯罪が定義されていないことを踏まえ、これを定義すべきであるとする指摘がある[15]。また、テロ犯罪の手続への司法長官の同意に加えて、同条の適用範囲に関するガイドラインを作成すべきであるとも指摘される[16]。なお、一般に、公訴手続等を開始する際に司法長官等の同意を必要とする制度は、慎重な制度運用を図るために設けられるものであるが、他方で、恣意的な運用のおそれや、司法長官がその規制分野に精通していない場合に制度意義が十分に発揮されないおそれがあることから、それを前提とした指摘であろう。

他の批判として、文言の曖昧性、過度の広汎性、および表現の自由への不合理な制約性ゆえに、本条は違憲であるとの指摘も掲載されている[17]。たとえば、本条に規定されるような言明に対する処罰が許されるのは、言明と害悪発生リスクとの間に緊密な因果関係が存在する場合に限られるはずであるにもかかわらず、現行規定のもとでは、ジャーナリストがテロリストの言明を報道するといったような正当な表現行為に対して刑罰が科されるおそれがあると批判される。さらに、憎悪宣伝の禁止規定に設けられた抗弁規定（前述の刑法典319条3項）に匹敵するものが、本条には規定されていないことについても疑念が示されている[18]。さらに、本条以外のテロ対策の規定、すなわち、テロ組織の活動への参加の推奨を禁止する規定（刑法典81.18条）やテロ組織のための活動の遂行の指示を禁止する規定（同81.21条）ではなぜ不十分であるのかが明らかでないといった指摘も掲載されている[19]。

---

14) *Ibid.* at 24-25.

15) *Ibid.* (citing SECU, Evidence, 1st Session, 42nd Parliament, 13 Feb. 2017 (David Matas, Senior Legal Counsel, B'nai Brith Canada)).

16) *Ibid.*

17) *Ibid.* at 25 (citing SECU, Evidence, 1st Session, 42nd Parliament, 19 Oct. 2016 (Tom Henheffer), speaking notes; SECU, Evidence, 1st Session, 42nd Parliament, 20 Oct. 2016 (Dominique Peschard), speaking notes; and SECU, Evidence, 1st Session, 42nd Parliament, 21 Oct. 2016 (Michael Karanicolas, Senior Legal Officer, Centre for Law and Democracy), speaking notes).

18) *Ibid.* at 25 (citing SECU, Evidence, 1st Session, 42nd Parliament, 13 Feb. 2017 (David Matas)).

19) *Ibid.* at 25 (citing Craig Forcese and Kent Roach, *Righting Security: A Contextual and*

(b) その他の指摘　テロ対策立法に詳しいフォーシース（Craig Forcese）教授とローチ（Kent Roach）教授の共著では、さらに次の批判がなされている[20]。まず、刑法典83.221条のもとでは、テロ行為の実行が実際に生じることを求める故意、意図、または目的の存在が要件とされておらず、表現者が単に「誰かがテロ犯罪を実行するかもしれない」という可能性を認識していれば十分とされることから、適用範囲が無制限に拡大されうると指摘される。さらに、連邦最高裁が合憲と判断した憎悪表現規制は、憎悪を「意図的」に促進する表現を規制するものであるが、本条は、テロ行為が実行されるであろうことを「知りながら」なされる程度の表現を規制しており、射程が格段に広いとも指摘される。

さらに、従前の刑法典のテロに関連する表現の規制は、いずれも暴力と密接に関連した表現活動の規制であったため、そもそも憲章2条b項の表現の自由の保障範囲に入らない表現の規制であったが、本条は「テロ犯罪一般」という広汎かつ新規の概念に関する表現規制であって、即座の暴力または暴力の警告とは密接に結びついてはいないため、憲章2条b項の保障範囲に入る表現が規制対象に取り込まれていると指摘される。そして、本条の対象となるような、単なる過激化の賛美やイデオロギー表明のような表現について、連邦最高裁が憲章2条b項の対象外であると示唆したことはないと指摘する。そのうえで、テロ行為およびテロ犯罪の防止という本条の規制目的は重要であるが、当該目的と表現規制との関連性が希薄であるうえ、テロ防止のためには表現規制よりも有効な選択肢が存在し、さらに、他の刑法典規定の活用も可能であり、総合的にみると、テロリスト活動との因果関係の希薄な表現を大量に規制対象に取り込んでおり、過度に広汎であると指摘する。

3　テロ宣伝表現物の没収と削除（刑法典83.222条・83.223条）

(1)　概　　要

2015年の刑法典改正では、新たに、テロを宣伝する表現物（テロリスト・プロパガンダ）を押収または没収することを可能にする83.222条と、当該表現物をコンピュータ・ネットワーク上から削除するよう管理者に命じることを可能にする83.223条が創設された。「テロ宣伝」の定義は、刑法典83.222条8項で規定されており、それによると、「テロ犯罪一般」（terrorism offences in general）の

Critical Analysis and Response to Canada's 2016 National Security Green Paper, Oct. 2016, 29-30).

20)　Forcese and Roach, *supra* note 6, at 336-348.

実行を唱導もしくは促進する文書、印、視覚的提示、もしくは音声録音、または、何らかのテロ犯罪の実行を助言する同様の表現物であると規定される。両条は、テロ宣伝の表現物を排除する手続を定める規定であるが、これについても、後述のとおり、「テロ宣伝」の定義のなかの「テロ犯罪一般」という概念が定義されていない点が批判されている。以下、両条の没収と削除の手続をみていく。

(2)　テロ宣伝表現物の押収または没収（刑法典 83.222 条）

刑法典 83.222 条は、裁判官に対し、裁判所の管轄内において販売または頒布のために保有されている表現物がテロ宣伝に該当すると信じるに足る合理的な理由がある場合に、当該表現物を押収する令状を発行する権限を付与する（1 項）。当該表現物の所有者および作者は、没収命令が発せられることに反対する旨を裁判所において主張することができる（3 項）。

裁判所は、蓋然性の衡量を行った結果、当該表現物がテロ宣伝に該当すると確信した場合は、当該表現物の没収を命じることができる（4 項）。本条に基づく手続には、司法長官の同意を要する（7 項）。

(3)　コンピュータ・システムの管理者に対する命令（刑法典 83.223 条）

一方、刑法典 83.223 条 1 項は、裁判官に対し、裁判所の管轄内においてテロ宣伝表現物またはその電子データがコンピュータに保存されていて公衆にアクセス可能な状態に置かれていると信じるに足る合理的な理由がある場合に、次の権限を付与する。すなわち、裁判官が、コンピュータ・システムの管理者に対し、(a)テロ宣伝表現物の電子コピーの提出を命じる権限、(b)テロ宣伝表現物がコンピュータ・システム上で公衆によるアクセスが可能な状態に置かれないための措置を講じるよう命じる権限、(c)テロ宣伝表現物を掲示した者を特定するために必要な情報の提供を命じる権限である。当該表現物を掲示した者は、削除命令が発せられることに反対する旨を裁判所において主張することができる（同条 3 項）。

裁判所は、蓋然性の衡量を行った結果、テロ宣伝表現物またはその電子データが公衆によるアクセスが可能な状態に置かれていると確信した場合、コンピュータ・システムの管理者に対してその削除を命じることができる（同条 5 項）。本条に基づく手続には、司法長官の同意を要する（同条 9 項）。

(4)　刑法典 83.222 条および 83.223 条の評価

刑法典 83.222 条と 83.223 条についても、公安及び国家安全常任委員会の報告書において評価されているが、刑法典 83.221 条の場合と異なり、批判的見解も用語の定義に疑義を呈する程度にとどまっているうえ、現行規定をそのまま肯定する見解も掲載されている[21]。まず、肯定的な見解として、両規定は、表現の自由の保障と、生命の権利および人間の安全の保障との間の均衡がとれているとの指摘がある[22]。一方、批判的な見解として、両規定も、刑法典83.221条の場合と同様に「テロ犯罪一般」という文言が不明確であるゆえ、過度に広汎であるとの指摘がある[23]。また、対象となる表現物の定義を改正し、テロ犯罪の実行を助言または指示する内容の表現物に限定すべきであるとも指摘される[24]。

刑法典83.221条を批判するフォーシース教授とローチ教授も、インターネット上の動画を中心とした情報交換が新たなテロリストの勧誘やテロ実行の推奨に悪用されている現状を踏まえ、本制度が表現者に弁明の機会を付与したうえで裁判所に削除命令の権限を付与する制度であることを肯定的に評価したうえで、このような裁判所命令に基づくテロ宣伝表現物の削除という施策の方針そのものには反対しないと述べつつ、定義されていない「テロ犯罪一般」という文言を含む「テロ宣伝」の定義には異議を唱えている[25]。

V テロ関連の表現物を犯罪化することの効果への疑問

テロに関する表現の規制に関しては、表現の自由の保障との整合性を保つことが必要であり、そのためには、表現規制が実際にテロ防止という規制目的にどれだけ寄与するのかを慎重に見極める必要がある。この点につき、フォーシース教授とローチ教授は、その共著のなかで、表現物とテロの実行との関連性について、経験的および社会学的観点から詳しい検証を行っている[26]。両教授は、まず、思想の過激化（radicalization）と暴力的テロ行為の実行意思との関係性が希薄であると指摘したうえで、単なる思想面のみの過激化と暴力に訴える過激化とを区別すべきであると説く。そして、暴力に訴える過激化にいたる者についても、単純な類型化はできないと指摘する。そのうえで、インターネットが暴力的過激化の一助になっていることを認めつつも、インターネット上の過激化表現物を強硬

21） *Report of the Standing Committee, supra* note 12, at 25-26.

22） *Ibid.* at 26 (citing SECU, Evidence, 1st Session, 42nd Parliament, 8 Feb. 2017 (Noah Shack)).

23） *Ibid.* at 25 (citing SECU, Evidence, 1st Session, 42nd Parliament, 21 Oct. 2016 (Michael Karanicolas), speaking notes).

24） *Ibid.* at 26 (citing Canadian Bar Association, Bill C-51, Anti-terrorism Act, 2015, Mar. 2015, brief, 14 Feb. 2017).

25） Forcese and Roach, *supra* note 6, at 348-349.

26） Craig Forcese and Kent Roach, “Criminalizing Terrorist Babble: Canada’s Dubious New Terrorist Speech Crime” (2015) 53 Alberta L. Rev. 35, at 38-50.

に犯罪化することは、テロ防止には逆効果となる可能性もあると述べる。つまり、カナダにおいては、テロ関連表現物の公表行為を犯罪化して表現者を収監したとしても、収監したことによって表現者の非過激化につながるかどうか明らかでなく、逆に刑務所内で過激化が進む例も多いというのである。

さらに、両教授は、インターネット上に流通する過激化表現物を減らすために、インターネット事業者の協力を得ることも可能であると述べつつも、こうした手法は透明性に欠けるうえ、私企業に委ねた場合に適切なかたちで表現の自由が確保されるのかどうかが定かでないことに懸念を示す。さらに、捜査の能力や効率という観点からは、むしろ過激派ウェブサイトが公表されていた方が、そのサイトへのアクセスを追跡することなどを通して、単独犯を把握・追跡することができるとも指摘する。そして、両教授は、過激化表現物の需要を減らすための方策としては、統一的かつ強制的なプログラムではなく、地域社会の信頼の厚い人物を通した反暴力の伝達や民主的な統合の推進などの方策の方が効果的であるとも指摘する。

Ⅵ　おわりに

ソーシャル・メディアの急速な普及を背景に、インターネット上でのテロの勧誘や推奨の問題は、各国において、テロ行為の実行に結びつきうる喫緊の課題となっている。こうしたなか、本稿でみてきたとおり、カナダでは、従前の刑法典規定でもテロや憎悪を扇動、推進、および助言する表現行為を幅広く規制してきたが、2015年の法改正によって、さらに規制対象を拡大し、テロの実行行為との因果関係がより希薄な、テロ犯罪を唱導および促進する表現も規制対象に取り込んだほか（刑法典83.221条）、テロ宣伝表現物をインターネットを含む表現市場から排除するための新たな制度も設けた（同83.222条・83.223条）。

これらの新しい規定のうち、特にテロ犯罪の実行の唱導と促進を禁止する刑法典83.221条の規定については、その文言の不備を指摘する見解も多いが、Ⅴで紹介したとおり、そもそもこうした規制手法については、規制目的の達成に役立たないとする指摘があることにも留意すべきであろう。カナダの社会状況と法制度を前提とした前述のフォーシース教授とローチ教授の指摘は、必ずしも日本には妥当しない指摘も含むかもしれないが、表現規制である以上は、それがテロ防止に寄与しないという事態は許されないのであって、慎重に見極めることが必要である。

テロを防止して社会の安全を確保することは国家の重要な目標であるが、自由で民主的な社会においては、社会の安全の確保と個人の自由の確保とが両立されなければならない[27)]。そのため、テロ関連表現物を規制する法制度については、そのすべての側面および段階において、慎重な対応が求められる。この点で、カナダの刑法典では、テロ関連表現物に関する規制については、詳細な規定を設けるだけでなく、これらの条文に基づく刑事手続を開始する際に、司法長官の同意を要するとする制度を設けている。また、2015年の法改正以来、表現規制規定については、政府がきわめて抑制的に運用していることが読み取れる。さらに、連邦議会も、委員会を通してテロ対策法制全体の規定内容や運用状況についての詳細な検証を行い、憲法上の権利や自由の保障との整合性を保つ努力をしている。カナダのテロ関連表現物の規制を評価する際には、こうした諸側面における慎重さにも注目する必要があろう。

【付記】 本研究は、一部、公益財団法人村田学術振興財団研究助成の助成を受けて実施した。

27) *Report of the Standing Committee, supra* note 12, at 1.

第5章

イギリス

総論

イギリスにおけるテロ対策法制とその変容

各論Ⅰ

テロ対策権限に対する新たな統制方法？
――イギリスにおける独立審査官制度

各論Ⅱ

テロを奨励する表現等の規制
――イギリスの例

イギリスにおける9.11以降の主なテロ関連事件とテロ対策法制

年月日	内容
2000年7月20日	「2000年テロリズム法」制定
2001年9月11日	アメリカ同時多発テロ事件発生
2001年12月14日	「2001年反テロリズム・犯罪・安全保障法」制定
2004年12月16日	貴族院A事件判決
2005年3月11日	「2005年テロリズム防止法」制定
2005年7月7日	ロンドン同時多発テロ事件
2005年7月21日	ロンドン爆破テロ計画の容疑者逮捕
2006年3月30日	「2006年テロリズム法」制定
2006年8月9日	液体爆弾テロ計画の容疑者逮捕
2007年6月30日	グラスゴー空港テロ事件
2008年11月26日	「2008年テロリズム対策法」制定
2010年1月27日	最高裁アフメド事件判決
2010年12月16日	「2010年テロリスト資産凍結等法」制定
2011年12月14日	「2011年テロリズム防止調査措置法」制定
2012年5月1日	「2012年自由保護法」制定
2013年5月22日	リー・リグビー陸軍兵士殺害事件
2014年8月29日	シリア情勢を受け、テロ脅威レベルが「深刻」に引き上げられる
2015年2月12日	「2015年テロリズム対策安全保障法」制定
2016年6月17日	ジョー・コックス庶民院議員殺害事件
2017年3月22日	ウェストミンスター襲撃テロ事件
2017年5月22日	マンチェスター・アリーナ爆発テロ事件
2017年6月3日	ロンドン橋・バラマーケット襲撃テロ事件
2017年6月19日	フィンスベリーパーク・モスク襲撃テロ事件

総論

イギリスにおけるテロ対策法制とその変容

岩切大地

I　はじめに

イギリスにおけるテロ対策法制は、事件や状況の変化に対応しながら拡大を続け、全体として複雑な法制度となっていると指摘される[1)]。そこでまず、テロ対策法制を一定程度規定したと考えられるテロ事件と立法例を時系列に沿って追い、その後にテロ対策法制の内容の概要を得ることとしたい。

II　テロリズムの動向とテロ対策法制

1　テロ対策法制の背景

テロという現象の歴史を追うことそれ自体、「テロ」の定義にかかわる問題を生じさせるため、困難な作業である。そこで現在のイギリスにおけるテロ対策法制の柱となる2000年テロリズム法（Terrorism Act 2000: 以下「2000年法」という）の前身となる法律が制定された背景から確認していきたい[2)]。

始まりは1974年11月21日バーミンガムで発生したパブ爆破事件である。その８日後に1974年テロ防止（一時条項）法（Prevention of Terrorism (Temporary Provisions) Act）が制定された。事件の背景には1970年代から激しさを増した北アイルランド紛争（The Troubles）がある。北アイルランドでは、自治政府が廃止された1973年に北アイルランド（緊急条項）法（Northern Ireland (Emergency Provisions) Act 1973）によってテロ対策が実施されていたが、バーミ

1)「イギリスは、2000年『テロリズム法』を制定し、その後、次々と起こる事件あるいは状況の変化に対応して次第に広範な権限を付加し……、全体として複雑かつ広範な反テロ法制を作り上げてきた」と指摘されている。梅川正美＝倉持孝司「イギリスにおける安全保障とテロ対策」梅川正美編『比較安全保障』（成文堂・2013年）84頁。

2) 以下では主要なテロ事件と立法の動向を単純化してリンクさせているが、立法にはさまざまな背景があることについては多言を要しない。各法律の制定背景等については、岡久・後掲注9）その他に詳しい。

ンガム爆破事件はテロ対策法制をイギリス全土に拡大させるきっかけとなった[3)]。

その後北アイルランド紛争は1998年聖金曜日合意（Good Friday Agreement）により一応の目途をみることになる。しかしテロ法制について審査・勧告を行ったロイド報告書は、北アイルランドや国際テロの事例が減少しているとしても、テロ攻撃で使用される物質も変化している等[4)]を理由としてテロ対策法制の恒久化を勧告し、これを受けて政府は2000年法を制定させた。

その後、テロ法制の増加につながるのは2001年9月11日のアメリカ同時多発テロ事件である。これに対応するために12月14日に2001年反テロリズム・犯罪・安全保障法（Anti-Terrorism, Crime and Security Act 2001: 以下「2001年法」という）が制定された。この法律の一部は2005年テロリズム防止法（Prevention of Terrorism Act 2005: 以下「2005年法」という）に引き継がれることになる。またアメリカ同時多発テロを受けて国連では安保理決議1337号が採択されたが、これは各国に対してテロリストへの資産凍結の措置を要請するものであったところ、イギリスはこれを行政命令によって実施した。なおその後、裁判所による違法判決を受けて、2010年にテロリスト資産凍結等法（Terrorism Asset-Freezing etc. Act 2010: 以下「2010年法」という）により法律化されることになる。

2001年法において想定されていたテロとは国際テロであり、外国からもたらされるというイメージがもたれていたところ、2005年7月7日のロンドン同時多発テロ事件および7月21日テロ計画事件により国内育ちのテロ実行犯に対する対処の必要性が認識され、2006年テロリズム法（Terrorism Act 2006: 以下「2006年法」という）が制定されるにいたった。2008年にもテロリズム対策法（Counter-Terrorism Act 2008: 以下「2008年法」という）によってテロ対策法制はさらに強化されている。

さて2010年の総選挙の結果、保守党と自由民主党の連立政権が誕生したが、連立政権はテロ対策法制による人権制約の緩和を連立協定のなかに掲げていた。このような方針で制定された法律として、2005年法を廃止した2011年テロ防

---

3) これ以前のテロ対策立法の前身となる1939年暴力行為防止（暫定規定）法（Prevention of Violence (Temporary Provisions) Act 1939）や北アイルランドに対する1922-43年行政機関（特別権限）法（Civil Authorities (Special Powers) Acts 1922-1943）については、LK Donohue, 'Temporary Permanence: The Constitutional Entrenchment of Emergency Legislation' (1999) 1 Stanford J LS 35参照。2000年以前の動向として、清水隆雄「英国のテロ対策法」防衛法研究26号（2002年）85～98頁、岡久慶「Ⅳ テロ対策2イギリス」国立国会図書館調査及び立法考査局編『主要国における緊急事態への対処』（2003年）86～88頁、江島晶子「テロリズムと人権」東社59巻1号（2007年）38～39頁参照。

4) 報告書はここでオウム真理教の例を援用している。Lord Lloyd of Berwick, *Inquiry into Legislation Against Terrorism* (Cm 3420, 1996), para 5. 13.

【図表1　JTAC「脅威レベル」の変遷（「国際テロからの脅威」）

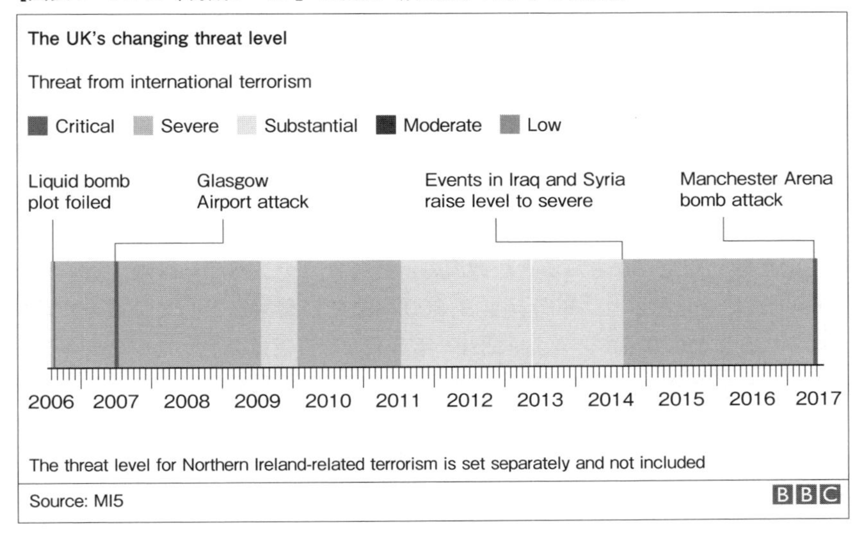

止調査措置法（Terrorism Prevention and Investigation Measures Act 2011: 以下「2011年法」という）、テロ対策権限を緩和した2012年自由保護法（Protection of Freedom Act 2012: 以下「2012年法」という）がある。

その後、シリア情勢は帰国した外国人戦闘員の問題を生じさせた。さらに2013年5月のイスラム過激派によるリグビー（Lee Rigby）陸軍兵士の殺害事件や、2016年6月の極右過激派によるコックス（Jo Cox）庶民院議員の殺害事件は、過激思想の問題も認識させた。このような背景で2015年テロリズム対策安全保障法（Counter-Terrorism and Security Act 2015: 以下「2015年法」という）が制定されている。

2　テロリズムの「脅威レベル」

なおテロの状況に関しては、2003年に省庁間で設置された合同テロ分析センター（Joint Terrorism Analysis Centre: JTAC）が2006年8月グラスゴー空港テロ事件以降に「脅威レベル（Threat Level）」を公表している。JTACは保安部（Security Service: MI5）本部に置かれ、16の政府機関の代表者から構成される独立機関であり、国内外のテロ情報の分析を行う。通常であればJTACが脅威レベルの変更を決定し内務大臣に公表を勧告する。

脅威レベルには全部で5段階あり、低い順に「低い（Low）」「緩やか（Moderate)」「相当（Substantial)」「深刻（Severe)」「危険（Critical)」のうちの1つが、「国際テロからの脅威」「北アイルランドにおける北アイルランド関連テロからの脅威」「ブリテンにおける北アイルランド関連テロからの脅威」の3分野それぞれに対して設定される。「国際テロからの脅威」については、2017年5月22日以前では、2014年8月にシリア関連の脅威が高まったとして「深刻」に引き上げられていたところであった。これまでの日数は、「低い」と「緩やか」が0日、「相当」が1,331日間、「深刻」が2,610日間、「危険」は8日間であった[5]。「危険」認定がなされると、政府の計画では「テンペラー計画（Operation Temperer)」が発動され、軍の兵士3,800名までが警察官として警戒のために出動されることになる[6]。なお、2017年5月22日夜に発生したマンチェスター・アリーナ爆発テロ事件では、翌朝のJTAC会合では脅威レベルの引き上げは決定されなかったが、その後の警察の捜査により実行犯の背後に組織がある可能性があることが判明し「さらなるテロ攻撃が切迫している」と認定されたことにより、同23日夜に最大レベルに引き上げられたとのことである[7]。同26日午後に脅威レベルは「深刻」へと引き下げられた。

「北アイルランドにおける北アイルランド関連テロからの脅威」および「ブリテンにおける北アイルランド関連テロからの脅威」は、前者については2010年9月に公表されて以来「深刻」レベルが続いている。後者は公表時には「相当」レベルであり、その後2012年10月に「緩やか」レベルに引き下げられたものの、2016年5月からは「相当」に再び引き上げられた[8]。

III　テロ対策法制の内容

以下ではイギリスにおけるテロ対策法制につき、分野ごとにそれぞれの内容と変容の経緯を概観する[9]。

5）BBC News, 'Reality Check: How terrorism threat levels work' (24 May 2017). なお前頁の図表1もこの記事による。

6）軍と警察との関係については、梅川＝倉持・前掲注1）参照。

7）Alan Travis and Ewen MacAskill, 'Critical threat level: who made the decision and what does it mean?' The Guardian (24 May 2017).

8）反主流派レパブリカンがセムッテクス爆弾を入手したとの情報に基づく判断であるという。Alan Travis and Henry McDonald, 'Republican dissident terror threat level raised in Britain' The Guardian (11 May 2016).

9）テロ対策法制の概観として、江島晶子「イギリスにおけるテロ対策法制と人権」論ジュリ21号(2017) ほか参照。岡久慶「イギリスの2011年テロリズム防止及び調査措置法」外国の立法267号(2016年) 58〜59頁には詳細な一覧表がある。

1　刑事法

イギリスのテロ対策では刑事法が中心であるべきだという考え方は政府においても一応とられている[10]。2000年法の前身となる1974年テロリズム防止（一時条項）法では、特別の刑事手続とテロ団体指定に加えて、排除命令が定められていた。排除命令とはブリテンないしイギリスからの退去を命ずる行政措置である。時限立法だったこの法律は各種の改正を経て更新され続けてきたが、2000年法において恒久法化されるに際して排除命令制度は削除された。2000年法は、テロ犯罪の定義、テロ団体指定、テロリスト資産に関する犯罪類型と刑事事件における没収、テロ犯罪捜査に関する警察権限の付与、テロ犯罪容疑者に対する刑事手続など、主に刑事法の観点からなる法律である（もっとも、テロ団体指定は大臣が指定するものであり、これを基礎として各種刑事罰が科されることになる）。なお、この法律では「テロリズム罪」のようなものが設けられているわけではなく、テロリズム概念は特別手続を発動させるための要件とみてよいだろう。2000年法で設けられた犯罪には、テロリスト団体加入等（11条以下）、テロリスト財産支援等（15条以下）、武器訓練罪その他（54条以下）がある。

その後、幅広い行為がテロ対策立法によって犯罪化されていく。もっとも顕著なのが2006年法である。この法律は、テロ称揚行為を含むテロを直接・間接的に促進する言論の処罰（1条以下）、テロ準備行為罪等（5条以下）、核施設関係の罪（9条以下）などをテロ関係犯罪に加えたほか、2000年法における一定の犯罪を厳罰化している（13条以下）。その後2008年法は、一般の犯罪に対する量刑判断においてテロ目的でなされたという事実を刑罰加重の考慮事由とすることができるとし（30条以下）、また没収制度を強化した（34条以下）。

刑事手続に関して、起訴前勾留期間はテロ法制の変遷を直接に反映するように変動してきた。通常の刑事手続では起訴前勾留期間は4日であるところ、2000年法は当初は7日と規定していた。しかし2003年刑事裁判法（Criminal Justice Act 2003）306条により14日に延長され、2006年法により28日に延長された。ちなみに政府は2005年に90日を、2008年には42日を提案したものの、議会で否決されている。起訴前勾留期間は結局、政権交代後に2012年法により14日へと縮減された。

2000年法における警察による捜査権限は、もはや犯罪への捜査に限られず、

10)「訴追が、第1にも第2にも第3にも、テロ容疑者を扱う場合に政府が優先するアプローチです」（HC Deb 21 Feb 2008, vol 472, col 561（Tony McNulty））。

むしろ広く情報収集という性質をもっている。その象徴的な権限がテロリストとの合理的疑いなしに行う停止・捜索（stop and search）である（44条以下）。欧州人権裁判所ギラン判決がこれら規定を欧州人権条約8条に違反すると判断したことを受け[11]、2012年法はこれら規定を削除し、警察官による停止・捜索の権限を制限した[12]。その結果、例外的な場合を除いて停止・捜索の権限はテロリストであるという合理的な疑いがある場合のみ実施されることとなった（2000年法47A条）[13]。

もう1つ、2000年法における警察権限の特徴として、国境における検査がある（2000年法附則7)。「港湾権限（port power)」ともよばれるこの権限は、テロリストであるとの合理的疑いなしに通行人を停止させ、場合によって一定時間拘束することを可能とする。2014年の法律によって微修正されながらも一貫して用いられている権限である。

さらに、2008年法が刑事手続に加えたものは、刑事法のなかでも特殊な制度である。まず起訴後の取調べ（2008年法第2部）である。これは、起訴後に裁判所の許可によって48時間まで（更新可）取調べを認めるものであるが、判決前開示制度や当事者主義との衝突のおそれが指摘されている[14]。次に、刑罰を科された者に対して通知義務（notification requirements）を課す制度である。テロ法制違反またはテロ関連犯罪により1年以上服役した16歳を超える者に対して量刑に応じた一定の期間（10年以上の刑罰で30年、5～10年の刑罰で15年、その他および16、17歳の少年に対して10年）課されるものであり、義務内容には氏名・住所等のほか出国・帰国等の報告を定期的に行うことが含まれる[15]。

11） *Gillan v UK* [2010] ECHR 28. ギラン判決の後、旧44条以下は救済命令（Terrorism Act 2000 (Remedial) Order 2011, SI 2011/631、1998年人権法（Human Rights Act 1998）10条の救済命令による）により2011年3月に廃止され、その時導入された新制度が47A条へ引き継がれた。

12） もっともこの法律は、緊急の必要があれば大臣が命令によって起訴前勾留を28日間に延長する権限を認め、また上級警察官の許可のもと一定地域で14日間以内で合理的疑いなく停止・捜索ができるとしている。なお2012年法を、「そのタイトルの勇ましさにふさわしくない、弱気な法律」と批判するものとしてキース・ユーイング（岩切大地訳）「イギリスにおける連立政権の下での市民的自由」倉持孝司＝小松浩編『憲法のいま』（敬文堂・2015年）39頁参照。

13） なおその他、1984年警察・刑事証拠法（Police and Criminal Evidence Act 1984）1条、1994年刑事裁判・公共秩序法（Criminal Justice and Public Order Act 1994）60条も停止・捜索の権限を規定している。

14） C Walker, *Blackstone's Guide to The Anti-Terrorism Legislation* (3rd edn, Oxford University Press, 2014), 191.

15） 「改悛または更生を証明する機会のない、カフカ的な世界がこのように生じた」と批判されている。Walker (2014) n 14, 239. 判例には、性犯罪との違いがあるとして、この制度が欧州人権条約8条の権利を侵害しないとするものがある。*R (Irfan) v Secretary of State for the Home Department* [2012] EWHC 840 (Admin).

2　行政拘束

裁判なしにテロ容疑者を収容する制度は、北アイルランドにおける1970年代以降の累次のテロ対策立法に置かれていたが[16)]、2000年法はこれを廃止したところであった。

しかし2001年法第4部の規定が導入したのは、実質的には裁判にかけることなくテロ容疑者を無期限に拘束することができる制度である。これは移民難民法制を用いたものである。退去強制をもし行えば送還先の国において拷問等を受けるおそれがある場合には国外退去できないというのが欧州人権裁判所チャハル判決の判示したところであるが[17)]、2001年法第4部はこのような者に対する無期限収容を規定したのである。政府としては欧州人権条約の権利からの免脱（デロゲーション）を前提としてかかる措置が許容されるとの立場であったが、2004年の貴族院A判決はこの免脱が違法であるとして、2001年法第4部の規定の条約違反を宣言した[18)]。この判断のなかには、テロ対策として実施される拘束が外国人に対してのみなされる点の平等違反の認定も含まれていた。

そこで政府は2005年法の制定によって判決に対応した。2005年法が導入した「管理命令（control orders)」制度は、実質的には自宅軟禁制度である[19)]。管理命令とは、テロリスト容疑者に対して大臣が発出する命令であり、これにより夜間外出禁止、移動・通信制限、居住地指定等の義務を課すことができる[20)]。対象者はテロリストと合理的に疑われるすべての者であり、国籍は問わない。

しかし連立政権は管理命令制度を廃止し、新たに2011年法により「テロ防止調査措置（TPIMs)」制度を導入した。連立政権によればこの制度は、管理命令制度と比較して穏健な規制である。管理命令制度との違いは、テロリストと合理的に信じられる者についてなされ、新たなテロリズム関与の証拠が生じない限り2年の有効期限の後更新が不可である点にある[21)]。しかしいわゆる「イスラム国」（ISIS）の台頭という状況を受けて制定された2015年法は、TPIMsによっ

16）ただし1975年以降は用いられていない。AW Bradley, KD Ewing and CJ Knight, *Constitutional and Administrative Law* (16th edn, 2014), 552.

17）*Chahal v UK* [1996] ECHR 54.

18）*A v Secretary of State for the Home Department* [2004] UKHL 56. 岩切大地「イギリス貴族院のA判決に関する一考察」東北文化学園大学総合政策学部紀要 6巻1号（2007年）169頁。

19）江島晶子「『安全と自由』の議論における裁判所の役割」法論 81巻 2=3号（2009年）参照。

20）電子タグの装着、住居の指定と外出禁止、電話による報告、住居への訪問者の制限、等であり、その一覧表については江島・前掲注19）66頁参照。管理命令は合計で52件出された。D Anderson, *Control Orders in 2011* (2012), [1. 1].

21）岡久・前掲注9）参照。

て課される義務内容を再度強化させた[22]。そのうち特に論争的なのは管理命令制度では可能であった強制移住の義務の再導入であった[23]。

3　経済制裁

2000年法においてはテロ資金援助等の罪で有罪とされた者に対する没収が置かれていたのみならず、新たな制度としてテロ資金と疑われるものに対する差押えと没収の制度が置かれていた。当初は国境における差押えを規定するものであったが、これを改廃した2001年法はこの権限を強化した。2001年法では、テロ目的で使用されるか、テロ指定団体の資金であるか、またはテロにより得られた資金の差押えが48時間まで、裁判所の許可により3か月の延長（合計2年）まで認められ、その後警察の申請に基づき裁判所の判断（蓋然性の基準）によって没収することができる[24]。

国連安保理決議の履行というかたちで行われる資産凍結も、2001年アメリカ同時多発テロを受けて実施されている。安保理決議1267号（対タリバン・アルカイーダ、1999年）は1946年国連法（United Nations Act 1946）に基づく政令により、安保理決議1337号等（対テロ組織、2001年）はこれを実施するEU法の履行というかたちで1972年欧州諸共同体法（European Communities Act 1972）に基づく規則（その後1946年法に基づく政令）により実施されていた。しかしこれら命令が対象者の認定基準につき行政裁量を大幅に認めていた点や司法救済を規定していなかった点で授権立法に違反し権限踰越であると判断した2010年の最高裁アフメド判決を受け[25]、政府は安保理決議1337号系列に関する措置の内容を暫定的に法律化した後[26]、2010年法を制定させた[27]。

22）2015年法について、岡久慶「イギリスの2015年対テロリズム及び安全保障法」外国の立法265号（2015年）参照。

23）これについては独立審査官の審査・勧告を経て導入されたという経緯がある。この時の報告書は政府は公表していない。D Anderson, *Terrorism Prevention and Investigation Measures in 2014* (2015), [3. 15] ff. なおテロ防止調査措置は2016年11月30日の時点で7件発出されており、すべてに居住指定義務が課せられている。HM Government, *Transparency Report 2017: Disruptive and Investigatory Powers* (Cm 9420, 2017), 22.

24）2001年から2007年までに差し押さえられた金額は約50万ポンドだったという。Clive Walker, *Terrorism and the Law* (Oxford University Press, 2011), 402.

25）*Ahmed v HM Treasury* [2010] UKSC 2.

26）2010年テロリスト資産凍結（暫定規定）法（Terrorist Asset Freezing (Temporary Provisions) Act 2010）が制定された。

27）安保理決議1267号（その後1988号、1989号（2011年））の実施はEU規則の履行というかたちでISIL (Da'esh) and Al-Qaida (Asset Freezing) Regulations 2011 SI 2011/2742等により実施された。2016年9月10日時点で2010年法では21の指定により9,000ポンドが、国連の制度では34口座で660万ポンドが資産凍結の対象となっている。*Transparency Report,* 20.

なお2001年法および2008年法にも資産凍結制度が置かれているが、これらはテロ対策目的では用いられてきていなかったと指摘されている[28]。これら法律に基づく資産凍結制度については、2017年警察活動・犯罪法（Policing and Crime Act 2017）によってその違反行為に対する刑罰が重くされたほか、違反行為に対して財務大臣が制裁金を課すことができることとされた。

4　国外排除・出国制限

2001年法が試みた外国人テロ容疑者の国外退去または収容は2005年法の措置に置き換えられたが、他方で外国人テロ容疑者に対する措置として国外に排除する手法もとられ続けている。

まず、2014年移民法（Immigration Act 2014）は市民権剝奪を認める法律である[29]。この法律によって改正された1981年イギリス国籍法（British Nationality Act 1981）は、当初は二重国籍の者に対してのみに市民権剝奪を許容していたが、2014年の法律の改正によって、帰化により国籍取得した、「イギリスの死活的な利益に対して深刻な悪影響を与えた者」に対して、仮に無国籍になる可能性があるとしても市民権を剝奪できることとなった（40条4A項）。

また退去強制もテロ対策として用いられている。2001年法による無期限拘束の対象となった者のような状況にある者については、送還後に受入国において被退去強制者を拷問にかけない旨の国家間協定による保証のうえで退去強制を実施するという手法（Deportation with Assurances：外交的保証付き退去強制）がとられている[30]。また、海外にいる外国人については、その者に対して入国禁止命令（exclusion orders）を国王大権に基づき行使することができる[31]。

28）2001年法に基づく資産凍結措置としては2008年にアイスランド銀行に対して行った命令（Landsbanki Freezing Order 2008, SI 2008/2668、なお佐藤潤一「テロ対策法の人権制限」大阪産業大学論集人文・社会科学編9号（2010年）92頁参照）、審問会によりリトビネンコ殺害事件の実行犯と認定された者に対する命令（Andrey Lugovoy and Dmitri Kovtun Freezing Order 2016, SI 2016/67）があり、2008年法に基づく資産凍結措置にはイラン核不拡散に関する命令がある（Financial Restrictions (Iran) Order 2012, SI 2012/2904、なおSI 2013/162により廃止された）。

29）岡久慶「立法情報 イギリス2014年移民法」外国の立法260-2号（2014年）参照。政府によれば無国籍にする場合も「その者が他国の市民権を取得（再取得）でき、無国籍状態を回避できれば」国籍剝奪を行うとしている。2015年には5名が対象となったが（*Transparency Report,* 26）、無国籍になる国籍剝奪の権限は2016年4月までには行使されていない。D Anderson, *Citizenship Removal Resulting in Statelessness* (2016), [1. 9].

30）岩切大地「イギリスのDWA（外交的保証付きの国外退去）政策について」大沢秀介編『フラット化社会における自由と安全』（尚学社・2014年）参照。これまでに12名がDWAにより退去強制されたという。*Transparency Report,* 27.

31）Home Office, *Exclusion from the UK* (Version 1. 0, 2017). 2015年には26名が対象となった。*Transparency Report,* 24.

シリア情勢が提起した問題の1つは外国人戦闘員の問題である。これに対処すべく、もともと国王大権を用いてパスポート発行の撤回・拒否が可能であったのに加え[32]、2015年法はテロ関連目的での出国が疑われる者に対するパスポート等の押収を認めた[33]。また2015年法はテロリズム目的で渡航した者に対する一時排除命令（temporary exclusion orders）の制度を導入した[34]。

その他出国制限に関しては、テロ関連犯罪で服役した者に対して課される通知義務のなかに出国通知義務が含まれるほか（2008年法52条）、裁判所によって個別に海外渡航制限命令が課されることもある（58条）。またTPIMsにおいて移動制限が課されうる。さらに2017年警察活動・犯罪法はテロ関連犯罪につき通常逮捕された後に保釈された者について、海外渡航禁止等の保釈条件に違反する行為を処罰するほか、無効な外国パスポートの没収ができることとした。

5 「防止」措置

テロ対策の一環として、人々がテロリストになることあるいは過激思想への対策が2005年以降強化されている。2006年法1条3項によるテロ称揚禁止規定もその一例として捉えてよいだろう。

政府は対テロ戦略「CONTEST」を2006年に公表したが、これは4つのPで表される柱、すなわち追跡（Pursue）、防止（Prevent）、防護（Protect）および準備（Prepare）から成り立つものとされている[35]。このうち「防止」とは「個人が過激化するのに対処する」政策であり、2006年には「問題への対処、支援の改革：不平等や差別など、過激化につながりうるイギリスや海外における構造的な問題の対応」、「テロを促進する者や他者をテロリストにするよう助長する者の阻止：過激主義者や他者を過激化する者が活動する環境の改革」「思想の戦いへの参加：過激主義者が暴力の使用を正当化すると信じるイデオロギーへの挑戦、主にこれら思想が暴力を正当化することに抗おうとしているムスリムを支援することによって」が具体的内容とされていた[36]。2009年の第2次「防止」政策ではさらに「非暴力的過激思想」への対処や「イギリス的価値」の保護、また地域・地方政府省の実施する地域統合政策との統合といった内容が組み込まれるこ

32） 安全保障を理由とするパスポート撤回・拒否の国王大権は2013年に6回、2014年に24回、2015年に23回行使された。*Transparency Report*, 23.

33） この権限は2015年12月までに24回行使された。*Transparency Report*, 24.

34） 政府によれば2017年2月現在まだこの権限は行使されていない。*Transparency Report*, 25.

35） 岡久慶「英国の対国際テロリズム戦略」外国の立法241号（2009年）参照。

36） HM Government, *Countering International Terrorism: The United Kingdom's Strategy* (Cm 6888, 2006), 1-2.

ととなったが、ムスリム・コミュニティへの敵視を生み、また「よいムスリム」の価値観を強制し、さらには本当に過激な集団に対する助成の例もあったとして批判された[37)]。その結果連立政権において第3次「防止」政策が策定され、「イデオロギーへの対抗」「テロに誘引されることからの防止」「多機関との連携」がうたわれ、テロ対策としての焦点は「脱過激化」に向けられ、社会統合政策はテロ対策の外に置かれた[38)]。

その後、これら政策の法制化が進んでいくことになる[39)]。「防止」政策のなかでもテロへの誘引のおそれのある個人に対してケアを実施する政策は、「チャンネル」施策として実施されていたところ、2015年法36条以下により法律の根拠を与えられた。またこの法律は、社会のさまざまな組織に対し、一般的義務としてではあるが、人々がテロに陥らないよう防止する必要性について適切に配慮すべき義務が課せられ（26条、ただし未施行）、さらに内務大臣は一般的指針を与え（29条）、「防止」義務の不履行と認めた場合には指示を与え（30条、ただし未施行）、指示の実施について監督することができることとされた（31条、ただし未施行）。政府はとりわけ大学における過激化対策の必要性を強調していたが、強い反発を受け、法案審議の段階で大学における表現の自由への配慮に関する規定を挿入する修正案に同意した（31条）。

「防止」政策に対する懸念はその他の場面においても表明されている。政府は2015年以降、過激思想に対処する法律案（過激思想対策法案（Counter-Extremism Bill））の提出を試みてきたが、反発が強く、実現しなかった。2015年法のなかに含まれる規定の一部も未施行のままである。

なお、イスラム過激派テロが生んだ「イスラム嫌い」への対応として、2001年法が宗教的憎悪を加重事由としたほか、2006年人種的・宗教的憎悪法（Racial and Religious Hatred Act 2006）が制定されている[40)]。また警察の「対テロインターネット照会部（Counter Terrorism Internet Referral Unit）」が通信サービス提供者に対してテロ促進的または過激化を促すインターネット情報（2006年法3条）の削除を要請するしくみが作られている。

37） House of Commons Communities and Local Government Committee, *Preventing Violent Extremism* (HC 65, 2009).

38） MS Elshimi, *De-Radicalisation in the UK Prevent Strategy: Security, Identity and Religion* (Routledge, 2017), ch 5.

39） 河本志朗「若者の過激化を防げ」治安フォーラム21巻5号（2015年）31頁参照。

40） 2006年人種的・宗教的憎悪法は、1986年公共秩序法（Public Order Act 1986）を改正し、人種的・宗教的憎悪をあおることを処罰の対象としている。村上玲「イギリスにおける人権④」倉持＝小松編・前掲注12）参照。

6　調査権限

情報機関、警察その他の公的機関によって行われる調査権限もテロ対策のために用いられる。代表的には2000年調査権限規制法（Regulation of Investigatory Powers Act 2000）に基づき、通信傍受、通信データの取得、直接監視（directed surveillance）・侵害的監視（intrusive surveillance）・秘密人的情報源（covert human intelligence sources）といった監視活動が可能であり、内容によっては大臣の令状または上級職員の許可により情報機関や警察のみならずその他の公的機関も実施することができるものであった[41)]。また警察や情報機関についてはさらに所有物干渉（property interference）を行うことができる[42)]。しかしスノーデン事件や引き続く訴訟を通して情報機関がかなり大幅な活動をしていたことが明らかとなり[43)]、（政府によればこれらの活動は既存の法律において授権されていたと説明しているとはいえ[44)]）これらの法的根拠を明確にして抑制メカニズムを置くべく、2016年調査権限法（Investigatory Powers Act 2016）が制定された。特徴的なのは、情報機関による大量調査権限（bulk powers）や警察と情報機関による機器侵入調査を実行させるためには大臣・警察本部長の令状のみならず、裁判官（司法委員（Judicial Commissioners））による承認が必要とされていること（ダブル・ロック方式）である。

なお、2006年EUデータ保存指令はプロバイダに対して最大で2年の通信履歴保存を義務づけるための措置を各国に求め[45)]、イギリスは2009年の規則によりこれを履行して1年の保存義務を課していたが[46)]、2014年EU裁判所判決により2006年指令が無効とされたことを受け[47)]、イギリスは2014年デー

41）横山潔「イギリス『調査権限規制法』の成立」外国の立法214号（2002年）、丸橋昌太郎「行動監視捜査の規制」信州大学法学論集22号（2013年）参照。ただし公的機関の人的情報源利用には司法の許可が必要であり、また指定監視についても2012年法により司法許可が必要とされた。

42）警察については1997年警察法（Police Act 1997）第3部、情報機関については1994年情報機関法（Intelligence Services Act 1994）5条が根拠である。

43）個別令状ではなく「テーマ別」令状を通信傍受のために発行していたこと、海外サーバとの通信に対して大量傍受（bulk interception）を行っていたこと、機器侵入（equipment interference）を行っていたこと、通信データの大量取得を行っていたこと、個人データセットを大量取得していたことである。

44）政府によれば、前掲注43）のそれぞれの活動について、前二者は2000年調査権限規制法、後三者は1994年情報機関法、1984年電気通信法（Telecommunications Act 1984）、1994年情報機関法および1989年保安部法（Security Service Act 1989）であるとしている。HM Government, *Operational Case for Bulk Powers* (2016), 8.

45）Directive 2006/24/EC.

46）2009年データ保存（EC指令）規則（Data Retention (EC Directive) Regulation 2009, SI 2009/859）。

タ保存・調査権限法（Data Retention and Investigatory Powers Act 2014）という時限立法の制定により、大臣の通知によってプロバイダに対し1年の通信履歴保存を求めることができることとした[48]。これは2016年法にも引き継がれている[49]。

7　非開示証拠手続

なお、通信傍受によって得られた情報は裁判所において証拠として提示できない。これは法律上の要請であるが、証拠として開示することにより情報機関等による調査方法が明らかになるのを防ぐためであるといわれている。これに関して裁判所における機密情報の扱いが問題となる。イギリスでは機密情報につき非開示証拠手続（Closed Material Procedure）が導入されている。これは政府と相手方当事者が争う事件において、相手方に対しクリアランスを経た特別弁護人（Special Advocate）を付けたうえで、非開示証拠につき「特別弁護人による閲覧と吟味は認めるものの、相手方当事者の関与を外した、イン・カメラ審理」である[50]。当初は出入国管理に関する事件を対象に1997年特別移民不服審判所法（Special Immigration Appeals Commission Act 1997）によって導入されたが、一連のテロ対策法制のなかでも、2000年法による団体指定、2001年法による拘束、2005年法や2011年法による管理命令またはTPIMsの許可・上訴手続で用いられることとされ、さらに2013年司法・安全保障法（Justice and Security act 2013）により民事事件においても利用が可能とされた[51]。

Ⅳ　おわりに

イギリスにおける主要なテロ対策法制の内容は本稿末の図表2のとおりである。2000年法はアドホックではなく一貫したテロ対策の法体系を与えようとした試

47）Cases C-293/12 and C-594/12 *Digital Rights Ireland*, EU: C: 2014: 238.

48）今岡直子「イギリスにおけるデータ保全及び調査権限法の制定」外国の立法264号（2015年）参照。

49）なお2016年12月のワトソン事件EU裁判所裁定（Cases C-203/15 and C-698/15 EU: C: 2016: 572）は、対象を特定せずに無条件に通信履歴の保存を義務づける2014年法をEU法違反とした。

50）本法の制定過程や非開示証拠手続の問題全般について、上田健介「民事・行政訴訟における機密情報の取扱いをめぐるイギリス法の展開」近畿大学法科大学院論集10号（2014年）125頁。またJ・マッケルダウニー（梅川正美＝倉持孝司訳）「イギリスの非常事態対処権限における人権と法の支配」梅川編・前掲注1）93頁以下参照。

51）本法の立法過程の詳細は、上田・前掲注50）参照。

みであるといえるのに対して、その後の立法は発生した事件へのパッチワーク的な反応であるとの評価もある[52)]。とりわけ2015年法は、いわゆるイスラム国運動に対する「脊髄反射的」な対応であるとも批判されている[53)]。2017年6月までに立て続けに発生したテロ事件を受けて、選挙期間中に首相は1998年人権法（Human Rights Act 1998）の見直しに言及したが、このような情景は2001年以降しばしばみられるおなじみの状況である。

また、テロの未然防止と情報収集の必要性は、対テロ権限の大幅な強力化と拡大につながっている。しかしイギリスのテロ対策法制において特徴的なのは、権限の拡大と引き換えに監督機関ないし手続を設けていることである。その一例が本章【各論Ⅰ】の独立審査官制度である。もちろんその制度が権限拡大の歯止めとなったり恣意的な権限行使の防止に役立ったりするかの判断には詳細な分析が必要であるが、透明性を確保し論点を公の議論のなかに提示しようとする制度的な姿勢は、テロ対策法制にとって最小限度の要件といえるだろう。

【付記1】 「防止」政策に関して、2015年法29条に基づき策定された一般的指針および大学向け指針が違法であるとの主張を退けた判決が2017年7月26日に出された。*Butt v Secretary of State for the Home Department* [2017] EWHC 1930 (Admin).

【付記2】 本稿は科学研究費（課題番号15H03292および16K16990）の助成による研究成果の一部である。

52) Eric Metcalfe, 'Terror, Reason and Rights' in Esther D Reed and Michael Dumper, *Civil Liberties, National Security and Prospects for Consensus: Legal, Philosophical and Religious Perspectives* (Cambridge University Press, 2012), 163.
53) ユーイング・前掲注12) 45頁。

【図表2　主要なテロ対策立法の内容】

2000年法

テロリズムについての規定を制定し、ならびに一定の犯罪の訴追および刑罰、平和の保護および秩序の維持に関する北アイルランドへの暫定規定を制定する法律				
部	題名	条文	内容	主要な改正等
1	序	1～2条	テロの定義、廃止される法律	
2	指定団体	3～13条	指定、指定解除、上訴、関連犯罪	
3	テロリスト財産	14～31条	関連犯罪、没収、差押え	24～31条：2001年法により削除
4	テロリスト捜査	32～39条、附則5～6A	非常警戒地域の設定、令状による捜索、金融機関に対する情報開示義務、預金監視命令	
5	テロリズム対策権限	40～53条、附則6B～8	令状によらない逮捕、停止・捜索、駐車禁止、港湾における検査、勾留の条件	47条：合理的疑いのない停止・捜索の削除（2012年法） 附則8：起訴前勾留期間（2003年法（14日）、2006年法（28日）、2012年法（14日））
6	雑則	54～64条、附則8A	テロリスト犯罪、海外におけるテロ促進の罪、爆破・財産犯の国外犯、その他の犯罪の国外犯	
7	北アイルランド	65～113条、附則9～13	一定犯罪の手続、逮捕・捜索、雑則、指定団体、第7部の効力	
8	一般	114～131条、附則14	警察権限、一定の犯罪の訴追に対する検察局長官の同意、解釈規定等	

2001年法

2000年テロリズム法を改正し、テロリズムおよび安全保障に関する追加的規定を制定し、資産凍結について規定し、移民難民についての規定を制定し、刑法と犯罪予防および法執行のための権限を修正または拡大し、病原体および毒物の管理についての規定を制定し、通信データの保存について規定し、欧州連合条約第6部の履行について規定し、ならびにその他関連事項に関する法律				
部	題名	条文	内容	主要な改正等
1	テロリスト財産	1～3条、附則1、2	差押え、留置、没収につき2000年法の改正	
2	凍結命令	4～16条、附則3	イギリス国民に対する資産凍結命令、手続、その他	
3	情報開示	17～20条、附則4	外国捜査機関への情報提供、収税部門からの情報提供	
4	移民難民	21～36条	外国人テロリスト容疑者の拘束、難民条約の解釈、移民難民上訴審判所、指紋採取にかかる移民難民法制の改正	21～32条：無期限勾留、2005年法により削除
5	人種・宗教	37～42条	1986年公共秩序法における人種憎悪犯罪の厳罰化、1998年犯罪・秩序違反法における人種的加重犯罪に宗教的動機を追加	
6	大量破壊兵器	43～57条	1974年生物兵器法、1996年化学兵器法の改正、核兵器に関する罪、大量破壊兵器に関する国外犯	
7	病原体・毒物の安全管理	58～75条、附則5、6	一定の危険物の使用についての通知、警察による指示・立入調査	

8	原子力産業の安全管理	76～81 条	原子力について情報開示の禁止、大臣の規則制定権	
9	航空の安全管理	82～88 条	1982 年航空安全法の改正	
10	警察権限	89～101 条、附則 7	指紋採取、写真撮影、頭部を覆うものを外させるなど本人確認のための権限につき、2000 年法附則 8 および警察・刑事証拠法の改正、1987 年防衛省警察法の改正による軍人に対する犯罪対処への権限拡大	
11	通信データの保存	102～107 条	2 年の通信データ保存の義務づけ	2009 年データ保存規則により実質的に廃止、2016 年法により削除
12	贈収賄・汚職	108～110 条	贈収賄罪の国外犯	
13	雑則	111～121 条	EU 第 3 の柱の命令制定権（2002 年 7 月まで）、危険物を用いた犯罪、国外活動に関する 1994 年情報機関法 7 条に GCHQ を追加、2000 年法改正により情報不提供の罪の導入、港湾における捜索に関する 2000 年法附則 7 の改正	
14	補遺	122～129 条、附則 8	本法の審査委員会の立ち上げ、その他	

2005 年法

テロリズム関連行為に関与した者に対して、かかる行為へのさらなる関与を防止または制限する目的で義務を課す命令について規定し、かかる命令に対する上訴およびその他の手続に関する規定を制定し、ならびに関連事項のための法律

部	題名	条文	内容	主要な改正等
1	（なし）	1～16 条、附則	管理命令、上訴および司法手続、その他	2011 年法により廃止

2006 年法

テロリズムに関連する目的で実行され、または実行されうる行為にかかる犯罪についての規定を制定し、1994 年情報機関法および 2000 年調査権限規制法を改正し、ならびにその他関連事項に関する法律

部	題名	条文	内容	主要な改正等
1	犯罪	1～20 条、附則 1	テロの奨励等、テロの準備・訓練、放射線機器に関する犯罪等、量刑の加重、テロ関連事件に対する予備審理、検察局長官による訴追の同意	
2	雑則	21～35 条、附則 2	団体指定、28 日の起訴前勾留期間、全家屋捜索令状に関する 2000 年法改正、調査権限に関する法改正	
3	補遺	36～39 条、附則 3	テロリズム法制の審査、その他	

2008 年法

テロリズム対策およびその他の目的で情報を収集および共有する権限を追加的に付与し、テロリスト容疑者の拘束および尋問ならびにテロリスト犯罪の訴追および刑罰に関する追加的規定を制定し、かかる犯罪で有罪判決を受けた者に通知義務を課し、テロリストによる資金集め、資金洗浄その他一定の活動に対処するための追加的権限を付与し、大蔵委員会による一定の決定に対する審査および審査手続の中またはこれに関する証拠に関して規定し、「テロリズム」の定義を改正し、テロリスト犯罪、管理命令およびテロリスト資産の没収に関する規定を改正し、一定のガス施設の警察活動費用の回復について規定し、北アイルランドにおける特別代理人の任命に関する規定を改正し、ならびにその他関

連事項に関する法律				
部	題名	条文	内容	主要な改正等
1	情報収集・共有権限	1～21条	文書押収、管理命令における指紋等の採取、刑事手続における指紋等の採取、情報機関への情報開示	1～9条：文書押収は未施行
2	テロ容疑者に対する起訴後の取調べ	22～27条	起訴後取調べの手続、取調べの録音、行為規範の発出、対象犯罪	2012年施行
3	公判開始とテロ犯罪への刑罰	28～39条	裁判所の管轄、テロ関連犯罪の認定と刑の加重、テロ関連犯罪の資金没収	
4	通知義務	40～61条、附則4～6	通知義務の課される対象となる犯罪、通知義務の内容、期間、通知義務違反への処罰	2009年施行
5	テロリスト資産と資金洗浄	62条、附則7	財務大臣による金融機関に対する指示権	
6	資産制限手続	63～73条	資産制限命令に対する司法審査、特別代理人手続の採用、傍受証拠の使用	
7	雑則	74～91条	審問における傍受証拠の使用、テロの定義（人種）、軍に関する情報等についての犯罪、管理命令、財産の差押え・没収に関する手続の改正、ガス施設の警察活動の費用	管理命令の部分は2011年法により削除
8	補遺	92～201条	定義規定等	

2010年法

テロ行為に関与している、または関与したと信じられる、またはそのように疑われる一定の者に対して、またはそのような者に関して、経済的な制約を課す規定を制定し、2008年テロ対策法附則7を改正し、およびその他関連事項に関する法律				
部	題名	条文	内容	主要な改正等
1	テロリスト資産凍結	1～47条	指定の手続、指定の効果、義務の除外と許可制、情報開示要求権	
2	テロリストによる資金調達、資金洗浄等	48～52条	2008年法附則7の改正	
3	補遺	53～56条	適用範囲、施行、その他	

2011年法

管理命令を廃止し、およびテロリズム防止調査措置の規定を制定する法律				
部	題名	条文	内容	主要な改正等
1	（なし）	1～31条	管理命令の廃止とテロ防止調査措置の導入、2年の限定、司法審査、通知前の警察との協議、通知の継続的審査、テロ防止調査措置通知内容の変更、上訴と司法手続、その他の保護規定、義務違反に対する刑事罰、強化版テロ防止調査措置、その他	

2012年法

一定の証拠資料の廃棄、保管、使用その他規制について規定し、児童に関する生体情報の一定の収集について合意およびその他条件を義務づけ、監視カメラシステムに関する行為規範ならびに監視カメラ監督官の任命および役割を規定し、2000年調査権限規制法における一定の許可ならびに通知につい

て司法承認手続を規定し、土地に放置された自動車について規定し、テロリスト容疑者の最大拘束期間を改正し、一定の停止および捜索の権限を廃止して関連する行為規範を制定し、履歴審査局の設置および独立保護局の廃止のための規定を含む脆弱な集団の保護および犯罪履歴に関して規定し、廃止された一定の犯罪について有罪判決および警告の記録を除外し、公的機関が保有するデータセットの開示および公表について規定しかつ情報の自由および情報監督官に関するその他規定を制定し、搾取のための人身取引およびストーキングについて規定し、一定の規定を廃止し、ならびにその他関連事項に関する法律				
部	題名	条文	内容	主要な改正等
1	生体情報の規制	1～28条	生体情報の保管と廃棄（PACEほか改正）、生体情報資料保管・使用監督官（Commissioner for the Retention and Use of Biometric Material）の設置、	
2	調査権限の規制	29～38条	監視カメラ監督官（Surveillance Camera Commissioner）による行為規範制定、自治体による通信データ取得および指定監視・密行人的情報源使用についての司法許可	
3	不相当な強制措置からの財産の保護	39～56条	大臣による各種立入権限の見直しと命令によるその廃止の授権、行為規範の制定、車両の撤去	
4	テロリズム対策権限	57～63条	起訴前勾留期間を14日間に変更、停止・捜索権限の縮小、2000年法47A条の新設	
5	弱者保護・犯罪記録等	64～101J条	児童等「弱者」に関係する職業についての犯罪履歴記録制度の縮小、履歴審査局（Disclosure and Barring Service）の設置、かつて同性愛犯罪で処罰された者の犯罪履歴の削除	
6	情報の自由・データ保護	102～108条	公衆によるデータ利用権を拡大するための2000年情報自由法、1998年データ保護法の改正	
7	雑則・一般規定	109～121条	人身取引、ストーキングに関する規定等	

2015年法

テロリズムに関する規定を制定し、通信データの保存に関する規定、空、海、鉄道運輸に関する情報、輸送許可および安全に関する規定、ならびに帰化認定交付拒否に関する特別移民上訴委員会による再審査に関する規定を制定し、ならびにその他関連事項に関する法律				
部	題名	条文	内容	主要な改正等
1	海外渡航一時制限	1～15条	旅券等の押収、一時排除命令、帰国許可、帰国許可後の義務、関連犯罪	
2	テロ防止調査措置	16～20条	強制移住、移動制限、武器・爆発物に関する措置、会合に関する措置	
3	データ保存	21条	関連インターネットデータの保存	
4	航空・船舶・鉄道	22～25条	旅客輸送許可制度その他	
5	テロ誘引の危険性	26～41条	特定機関の一般的義務、大臣の指針策定権限、大臣の指令制定権限、大学の表現の自由への配慮規定、テロ誘引の危険のある者に対するサポート	指令制定権限、大学に関する規定は未施行
6	2000年法改正等	42～43条	テロリストの要求に応ずる支払いに対する保険金支払いの禁止等	
7	雑則・一般規定	44～53条		

各論Ⅰ

テロ対策権限に対する新たな統制方法？
――イギリスにおける独立審査官制度

岩切大地

Ⅰ　はじめに

本章【総論】で述べたように、イギリスのテロ対策法制は拡大の一途をたどっている。しかしそのなかでも規範として意識されているのが比例性であり、テロ対策権限は事態の深刻さに応じたやむをえない特別の対応として位置づけられている。さらに広範な権限に対してはその濫用の防止のための監督的な機構が備わっていなければならないと理解されている。そのために、事前の手続として裁判所ないし裁判官が関与することのほか、事後的な審査として政府から独立した機関が法執行状況や法律のあり方を審査し報告する仕組みがしばしば採用される。そこで本稿では、後者の一例として、テロ法制に関する独立審査官制度を取り上げつつ、その審査報告書という観点からイギリスにおける現在のテロ対策法制の一局面を切り取ってみたい（なお法律の略称は本章【総論】のとおりとする）。

Ⅱ　独立審査官制度とは

1　独立審査官制度の概要

テロ対策法制独立審査官（Independent Reviewer of Terrorism Legislation: 以下「独立審査官」という）の制度は、イギリスにおけるテロ対策法制の特徴の１つである[1)]。この制度は、1970年代に始まる北アイルランド・テロ対策法制に対する審査官が政府から任命されたことに始まる。独立審査官の業務内容は、おおむね、テロ対策立法の内容と執行状況の審査を行い、これを政府に提出することであり、政府はこの報告書を（公表を控える箇所を削除したうえで）議会に提出する。現在はこの地位に法律の根拠も与えられ、法律上定められた事項およびその他の

1）　ただしオーストラリアでは国家安全保障立法独立監視官（Independent National Security Legislations Monitor）が置かれている。

事項の審査を担っている。なお審査のための調査権限について法律上の規定はないが、独立審査官の累次の報告書において政府資料に対する無制限のアクセスが許されていることが明記されている。

任期3年の非常勤職であり、公募の後クリアランス等の審査を経て内務大臣が任命する。最近担当者の変更があり、2011年から6年間務めたデイビッド・アンダーソン（David Anderson）弁護士が退任した後、2017年3月からはマックス・ヒル（Max Hill）弁護士が就任している[2)]。

独立審査官の歴史は1977年に始まる[3)]。年次更新されてきた1974年テロ防止（暫定規定）法に対する立法後審査として、1977年にシャックルトン卿（Lord Shackleton）が「テロ対策立法の継続的な必要性を受け入れつつ、特に立法の有効性と国民の自由に対する効果という点について、1974年、1976年テロ防止法の執行を評価する」ことを命ぜられ、翌年に報告書を提出した。その後、1983年ジェリコ卿（Earl Jellicoe）による報告書、1984年にサー・ジョージ・ベイカー（Sir George Baker）による報告書が続いた。ジェリコ報告書ではテロ対策法制の年次更新において実質的な審議がないことが批判され年次更新制度の廃止が勧告されたが、これに対する政府の応答はむしろ独立審査官による審査を毎年行うこととするというものであった。これ以降、1984～1985年にはサー・シリル・フィリップス（Sir Cyril Philips）が、1986～1992年はコルヴィル卿（Viscount Colville）が、1993～2000年にはローウィ（Rowe QC）弁護士が審査を務めてきた。次に任命されたのは自由民主党庶民院議員を務めてきたカーライル卿（Lord Carlile）である。彼は2001年9月11日の午前という、アメリカ同時多発テロ発生の直前に任命され、2010年まで約9年間この業務に携わった[4)]。

2　独立審査官の審査対象事項の変容

独立審査官が正式に法律で位置づけられたのは2006年法36条によってである。2006年の段階では、制定法上の審査対象事項として挙げられていたのは

2）独立審査官のウェブサイト〈https://terrorismlegislationreviewer.independent.gov.uk/〉が審査官報告書をはじめとするさまざまな情報を公開しているほか、ツイッター（@terrorwatchdog）を通した情報発信が行われている。

3）以下の記述は D. Anderson, ‘The Independent Review of Terrorism Law’ [2014] PL 403, 404-7による。

4）近年は北アイルランドテロ対策法制の独立審査官も務めている。なお、ガーディアン紙には、彼がMI6前局長と共同で所有する政策コンサルティング会社から報酬を得ていたというスキャンダラスな記事が掲載されている。H. Davies, ‘Former reviewer of anti-terror laws co-owns firm with ex-MI6 chief’ The Guardian (3 Nov 2015).

2000年法と2006年法第1部の審査である。この事項については、2009年に、特に2000年テロリズム法による逮捕後48時間以上の勾留の審査を行うよう明示された[5)]。

そして2010年法が制定された際、同法31条に基づき、同法の執行状況についての年次報告を提出しなければならないこととなった。さらに連立政権時代になると、2011年法20条に基づきテロ防止調査措置制度（TPIMs）を審査し年次報告書を提出する業務も付け加えられた。

保守党政権時代にも審査事項は拡大し、2015年法44条により、2001年法第1・2部、2008年法および2015年法第1部についての審査の年次報告書を提出する業務が加わった。また2015年法による改正は、（2000年法・2006年法の審査を除いて）年次報告義務を解除することで独立審査官の審査・報告業務遂行に柔軟性を加えた[6)]。

以上のような年次報告書の作成のほかに、法律によって審査と報告書の提出が求められることがある。具体的には、2014年移民法における国籍剝奪の権限の行使を審査し報告書を提出すること（66条、制定後1年とその後3年ごと）等がある。また、2014年データ管理調査権限法（Data Retention and Investigatory Powers Act 2014）7条により、2015年3月までに調査権限に関する報告書を首相に提出しなければならない旨規定された。

さらに、法律の規定はないが単発の報告書の作成が、政府から求められる場合もあれば、独立審査官が（審査範囲内で）自発的にテーマ設定をして行う場合もある。前者のように政府の要請で行われる例としては、大量情報収集権限（Bulk Power）についての報告書（2016年）があり、また同じく政府の要請で行っている「外交的保証付き退去強制」に関する報告書（未公刊）がある[7)]。後者の例としては、訪英したローマ教皇ベネディクト16世（当時）の暗殺計画の疑いで一斉逮捕を行った「ガード作戦」についての報告書（2011年）がある[8)]。

前任者アンダーソン弁護士が刊行した報告書は下記のとおりである。図表1か

5）2009年検死官・裁判法（Coroners and Justice Act 2009）117条による。

6）2000年法は「主要なテロ対策立法」であるため年次報告義務を維持した、というのが政府の説明である。Explanatory Notes to the Counter-Terrorism and Security Act 2016, [240].

7）ウェブサイトによれば、前任者は2016年までの公刊をめざしているとのことであったが、未公刊である。2017年に政府へ提出されたものの、政府はまだ公表していないとのことであるが、最近、その内容についての報道がなされた。R Mendick, ‘Exclusive: More than 40 convicted terrerists have used human rights laws to remain in UK’ The Telegragh (24 June 2017).

8）なお、アンダーソン氏は退任後、2017年6月までに発生した4つのテロ事件に関する保安部・警察における内部検証につき、その監督とそれに関する報告書の提出を内務大臣から依頼された（2017年6月28日付）。報告書は同年10月までに提出することとなっている。

【図表1　アンダーソン独立審査官による報告書一覧】

報告書名	公表時期	審査事項
ガード作戦報告書	2011年3月	2010年9月17日「ガード作戦」における逮捕権限の審査
2010年のテロ法制	2011年7月	2000年法、2006年法第1部の審査
2010-11年のテロ資産凍結（第1次）	2011年12月	2010年法の審査
2011年の管理命令	2012年3月	2005年法管理命令の審査
2011年のテロ法制	2012年6月	2000年法、2006年法第1部の審査
2011-12年のテロ資産凍結（第2次）	2012年12月	2010年法の審査
2012年のテロ防止調査措置（第1次）	2013年3月	2011年法テロ防止調査措置の審査
2012年のテロ法制	2013年7月	2000年法、2006年法第1部の審査
2012-13年のテロ資産凍結（第3次）	2013年12月	2010年法の審査
2013年のテロ防止調査措置（第2次）	2014年3月	2011年法テロ防止調査措置の審査
2013年のテロ法制	2014年7月	2000年法、2006年法第1部の審査
2014年のテロ防止調査措置（第3次）	2015年3月	2011年法テロ防止調査措置の審査
2013-14年のテロ資産凍結（第4次）	2015年3月	2010年法の審査
信頼の問題―調査権限審査報告	2015年6月	2014年データ保管調査権限法に基づく通信傍受権限についての審査
2014年のテロ法制	2015年9月	2000年法、2006年法第1部の審査
無国籍になる国籍剝奪	2016年4月	2014年移民法による審査
大量調査権限に関する審査報告書	2016年8月	政府の依頼による、2016年調査権限法案における大量調査権限に関する審査
2015年のテロ法制	2016年12月	2000年法、2006年法第1部の審査

らもうかがえるように、主に独立審査官による審査対象は3つである。すなわち第1に主要な審査対象事項であるテロ法制（『○○年のテロ法制』）であり、これはテロ法制の刑事的側面である。第2に資産凍結であり、第3はテロ防止調査措置制度についてである。

Ⅲ　独立審査官報告書の一例 ――『2015年のテロ法制』

以下では独立審査官の『2015年のテロ法制』の内容を紹介しつつ、現在のテロ対策法制の一局面を切り取ってみよう。この報告書の構成は、第1章「序章」、第2章「脅威の概況」、第3章「テロ対策機構」、第4章「テロの定義」、第5章「指定団体」、第6章「停止・捜索」、第7章「港湾・国境管理」、第8章「逮捕・勾留」、第9章「刑事手続」、第10章「勧告」、第11章「結論」となっており、付録としてゲストチャプター「外国人戦闘員とイギリスのテロ対策法制」が付けられている（以下、丸括弧内はパラグラフ数）。

1　独立審査官の調査方法

第1章「序章」では2015年の法改正や調査方法等について述べている。報告書は独立審査官制度の役割として1984年当時の内務大臣が述べた、「テロに関する制定法上の権限行使の使い方に着目」して「その使い方の定形の変化が議会の注意を引く必要があるか否かを検討する」という言葉を引用し[9)]、独立審査官制度の不可欠な要素として①政府からの完全な独立、②秘密文書や安全保障関係職員への制限なきアクセス、③独立審査官から提出された報告書を議会に提示する政府の制定法上の義務、を挙げている（1. 3-4)。なお2016年には報告書作成作業のためにクライブ・ウォーカー（Clive Walker）名誉教授、アリソン・キルパトリック（Alison Kilpatrick）弁護士、ハシ・モハメド（Hashi Mohamed）弁護士がクリアランスを経て、これらからなる作業チームを編成したことが記されている（1. 6)。

なお、報告書作成にあたり用いた資料として、内務省が公表する関連する統計、北アイルランド政府の統計、北アイルランド警察の統計を紹介し[10)]、また政府が近年テロ対策権限につき『防止・調査権限透明性報告書』において年次報告していることにも言及している[11)]。

調査方法についてはかつての報告書に説明があり、それによれば上級裁判官、情報機関幹部、公務員、監督機関職員、検察官、あらゆる職位の警察官、港湾において停止された者、テロ容疑者、受刑者、資産凍結対象者、行政命令を受けている者との非公式の面談、NGO職員、学者、法律家等との面談やツイッターでのやり取り、モスク、地域団体、法医療担当者、「防止」政策担当者への聞き取り、安全保障関係会議や大学等での講演、警察テロ対策ユニット、刑事施設、地域団体、港湾等への訪問、および議員や大臣との面談等が挙げられている[12)]。

9）HL Deb 18 Mar 1981, vol 449 col 405 (Lord Elton).

10）それぞれの最新のものとして、Home Office, *Operation of police powers under the Terrorism Act 2000 and subsequent legislation: Arrests, outcomes, and stop and search, Great Britain, quarterly update to December 2016* (HOSB 04/17, Mar. 2017); Northern Ireland Office, *Northern Ireland Terrorism Legislation: Annual Statistics 2015/16* (Nov. 2016); Police Service of Northern Ireland, *Police Recorded Security Situation Statistics, Annual Report covering the period 1st April 2016-31st March 2017* (May 2017).

11）最新のものとしてHM Government, *Transparency Report 2017: Disruptive and Investigatory Powers* (Cm 9420, Feb 2017).

12）*Terrorism Acts in 2013,* [1. 11-2].

2　テロの「脅威レベル」

第2章「脅威の概況」は、全世界の状況を概観したうえで、イギリスへのイスラム過激派テロ、北アイルランド関係テロ、その他のテロからの脅威の順に述べられている。

イギリスにおけるイスラム過激派のテロの概況について、2015年にはテロ事件による死亡・負傷の事例はないものの「脅威レベル」が2014年8月以来「深刻」になっており、イスラム過激派の指示ではなくその触発を受けてなされるテロの危険があると述べている。今後の法的な論点として挙げるのが、若者を過激化する者の処遇と帰国した外国人戦闘員の処遇である（2. 5-12)。北アイルランドの脅威レベルは「深刻」、ブリテンにおける北アイルランド関連テロは2016年5月に「相当」に引き上げられたことが言及されているが、北アイルランドでは警察等への攻撃が一定程度続けられているとのことである（2. 13)。そして報告書が次に挙げるのが極右勢力（extreme rights wing）からの脅威である。報告書は、政府もこれらを「テロ」と位置づけているとして、テロ対策法制がムスリムのみに向けられているという考え方を否定している（2. 27)。

3　テロ対策機構の概要

第3章「対テロ機構」はテロ対策にあたる諸機関を扱っている。その内容を過去の報告書をみながら確認すると、政府におけるテロ対策の中心機構は内務省の安全保障・テロ対策局（Office for Security and Counter-Terrorism: OSCT）であり、これがテロ対策戦略の責任を有し政府の諸機関の調整を行う。これは2007年に対テロ・情報局から再編され、職員500名は外務省や情報機関での経験を有するという[13)]。次に情報機関のなかでも安全保障の脅威からイギリスを保護する目的をもつのが保安部（MI5）であり、毎月数百の情報が警察、情報部、政府通信本部、保安部による通信傍受、人的情報源、一般公衆等から寄せられているという[14)]。警察においては、イングランド・ウェイルズ全体のテロ対策にあたるのがテロ対策ネットワークである[15)]。このテロ対策ネットワークの警察活

13)　*Terrorism Acts in 2011,* [2. 33].

14)　情報各機関に対しては全体で24億6,900万ポンドが配分され、各機関への内訳は示されていないが保安部において15年度は64％を国際テロ対策に用い、人員は15年3月の時点で保安部4,037名、秘密情報部2,479名、政府通信本部5,564名となっており、2010年度からの比較で予算25％、人員は7.1％の増加を示しているが、今後も増加が計画されているという（3. 14)。

15)　そのなかには、ロンドン警視庁内に2006年に改組され設置されている、全国のテロ対策を指導するテロ対策司令部（OS 15 Counter Terrorism Command)、4地域に置かれ捜査員、情報分析員お

動を調整するのが、2015年4月から警察本部長協会（Association of Chief Police Officers）に代わって設置された警察本部長会議（National Police Chief's Council）の一部であるテロ対策調整委員会（Counter-Terrorism Coordination Committee）であり、国家テロ対策警察活動諸本部（National Counter Terrorism Policing Headquarters）を通して行うことになっている。

欧州との関係では、イギリスはリスボン条約における警察・刑事司法分野の120項目を2013年7月にオプトアウトする決定をしたものの、欧州逮捕令状、第2世代シェンゲン情報システム、欧州刑事警察機構および欧州司法機構にはオプトバックしたところである。報告書はEU離脱について触れ、ブレグジットはテロが国境を越えるという事実を変えるわけではないため、これら制度へのアクセスや情報共有などEU法制度の基準に適合する必要があることを指摘している（3. 17-20）。

4 「テロ」の定義

第4章「テロの定義」について、独立審査官は「テロ」の定義を厳格にするよう主張してきたところであった。テロの定義は2000年法1条でなされている。これによれば、テロとは「一定の行為の使用又はその脅迫（use or threat of action）」である。このうち一定の「行為」とは「第2項で規定する行為」すなわち「(a)人身に対する重大な暴力をもたらすこと、(b)財産に重大な被害をもたらすこと、(c)その行為を実行する個人以外の個人の生命を危険にさらすこと、(d)公衆又は公衆の一部の健康又は安全に重大な危険を生じさせること、又は(e)電子システムを妨害又は破壊することを真に意図して行為すること」を指し、「使用又は脅迫」とは「政府又は国際機関に影響を与え若しくは公衆又は公衆の一部を脅迫するよう意図され」（1項b号）かつ「政治的、宗教的、人種的又はイデオロギー的主張を提示する目的でなされる」（1項c号）ものをさす。これに加えて、火器または爆発物の使用または脅迫の場合には、1項b号の要件は不要とされる（3項）。

この定義の広範性は最高裁も問題として指摘しているところであるが[16)]、独

よびMI5と協働する職員が配置されるテロ対策部隊（Counter Terrorism Units）、そしてその他の6地域に置かれ情報収集を行うテロ対策情報部隊（Counter Terrorism Intelligence Units）がある。予算・人員については、警察のテロ対策ネットワークに対する予算は2016年度は5億9,400万ポンドから6億7,000万ポンドへ増額し、人員も8,500名を擁しているという（3. 10）。

16) *R v Gul* [2013] UKSC 64. ガザを攻撃するイスラエルに反撃する行為も「テロ」に該当するか否かが争点となったところ、最高裁は定義の広範性を問題としつつ、争点に対しては肯定の判断を示している。

立審査官も、通常人ならテロリストとよばないが法律の対象にはなりうる者からのテロ対策法制権限に対する信頼を失わせ、またジャーナリスト等への萎縮効果を生じさせるとして批判してきた[17]。そこで独立審査官の累次の勧告は、1項b号の要件を「政府等を強制、強要又は阻害する意図」に変更し、3項の規定を削除し、そしてこの定義に連動する他の法律における「テロ行為」や「テロ関連行為」の対象を限定するべきである、とするものだった(4.2)。

この点、独立審査官は2015年にみられた2つの動向を歓迎している。第1に2015年法20条による2011年法改正によって、テロ防止調査措置の対象となる「テロ関連行為」者の範囲が限定されたことであり[18]、第2に控訴院ミランダ判決が2000年法におけるテロの定義のうち2項aおよびb号を主観的要素と解釈したことである[19]。この判決による解釈の結果、政治的・宗教的動機で行うジャーナリストの活動等は排除されることになるであろうとしつつ、報告書はこのような解釈的対応にも限界があると指摘している(4.7)。

5　団体指定制度

第5章「指定団体」では、2000年法第2部におけるテロ団体指定制度が扱われる[20]。テロ団体の指定は、大臣が当該団体につきテロに関与していると「信じる」場合に、命令によって同法附則2のリストに追加することによってなされる(3条4項)。テロの関与とは「テロ行為の実行・参加、テロの準備、テロの助長・促進、又はその他のテロ関与」を意味し(5項)、さらに「テロの助長・促進」には「テロ行為の実行・準備を違法に賛美する行為」も含まれる(5A項[21])。

---

17) *Terrorism Acts in 2013,* para 4.22. しばしば引かれるのは、宗教的・政治的理由により子供へのワクチン投与に反対する記事のブログ掲載もテロに該当しうる、という独立審査官の問題提起である。

18) 2011年法3条はテロ防止調査措置の発出に5つの条件(条件A~E)を定め、そのうち条件Aは対象者が「テロ関連行為」に関与したことを大臣が合理的に信ずること、としている。当初の4条は、「テロ関連行為」を定義し、テロ行為の実行、準備または教唆(a号)、テロ行為の実行、準備または教唆を容易にし、または容易にすることを意図した行為(b号)、テロ行為の実行、準備または教唆を助長し、または助長することを意図した行為(c号)に続いて、d号として「aからc号」に関与している者に支援または援助を与える者を含んでいた。2015年法はd号を改正し、「a号」関与者への支援者のみを対象とした。

19) *R (Miranda) v Secretary of State for the Home Department* [2016] EWCA Civ 6, [53]-[54].

20) 政府の資料によれば、2000年法によって指定されている団体は71団体であり、その他14団体として2000年法以前に指定されていた北アイルランド関係の団体がある。Home Office, *Proscribed Terrorist Organisations* (last update 3 May 2017). 直近では2016年12月に人種主義ネオナチ団体である「国民行動(National Action)」が指定されたが、これは極右団体が指定された初めての例である。

21) 2006年法により挿入された条項である。

政府によれば、制定法上の要件をみたした場合でも、大臣が裁量的に一定事項（当該団体の活動の性質と規模、当該団体のイギリスへの具体的脅威、国際社会のテロとの戦いを支援する必要性、など）を考慮することができるとしている[22]。なお、指定のための命令は議会に提出され、各議院の否決決議があれば取り消される（123条）。指定されると、当該団体への加入[23]、支援および加入者・支援者であるようなことを表示する衣服の着用には刑事罰が科される（11～13条）。

報告書は指定解除の基準と手続に関して問題点を指摘する[24]。まず、命令が制定され団体指定がなされると、法律上はその後の審査を要しない。この点、内務省安全保障・テロ対策局内に設置される指定作業部会（Proscription Working Group）が1年ごとに指定の見直しを行うこととされていたが、独立審査官によれば2014年にこの手続が廃止されたという（5. 16）。そもそも判例が定期的な審査を要請していたにもかかわらずであったのだが[25]、政府としては法律上の指定解除手続で足りるとの立場のようである。これに対し独立審査官は、もはや要件をみたさない団体を指定し続けることは法の支配に反するのみならず、無実の同じエスニシティの市民を危険にさらし、人道支援団体の活動を阻害すると批判している（5. 13）。

そこで指定解除手続をみておくと、まず「当該団体又は当該団体指定に影響を受ける者」が指定解除の申請を内務大臣に行い、これが拒否されると指定団体上訴委員会（Proscribed Organisations Appeal Commission）に上訴でき[26]、さらに控訴院に法律問題を上訴することができる（4条・5条）。報告書はこの手続の迅速さ、解除の裁量権の排除、申請拒否の場合の理由の開示、費用の抑制を勧告している（5. 18）。独立審査官によれば14団体はもはや指定の要件をみたしていないのに指定されたままだという[27]（5. 24）。

---

22) *Transparency Report,* 28.

23) 法文上、「加入の際に当該団体が指定されていなかったことを示す」ことができれば抗弁となっているが、立証責任の転換を図るかのような条文について裁判所は証拠提示責任のみを課したものとして解釈しなおした（1998年人権法3条の適合的解釈）。*Attorney General's Reference No 4 of 2002* [2004] UKHL 43.

24) その他、指定の手順として制定法上の要件と裁量的考慮事由の検討の後に、第3段階として権利・自由への影響の考慮を置くべきである（*Terrorism Acts in 2011,* [4. 34]）、議院決議に先立って一定の議員には秘密情報を開示すべきである（*Terrorism Acts in 2015,* [5. 2]）といった勧告も行っているが、政府はこれを受け入れていない。

25) *Secretary of State for the Home Department v Lord Alton of Liverpool* [2008] EWCA Civ 443.

26) 2000年法附則3に詳細な規定がある。パネルのうち少なくとも1人は裁判官である必要がある。

27) なお最近指定解除された例としては国際シーク青年連盟（International Sikh Youth Federation）がある。大臣は解除申請を拒否したものの、指定解除委員会の上訴では争わなかったようであり、独立審査官はこの姿勢も批判している（5. 20）。

6 テロリスト財産

2015年の報告書では扱われていないが、過去の報告書ではテロリスト財産(2000年法第2部)が扱われている。条文を確認すると、15条はテロ目的の資金集め・提供を、16条はテロ目的での資金の使用・所持を、17条はテロ目的の資金集めの仕組みに参加する行為を、そして18条はテロ財産の資金洗浄を処罰対象とし、22条で長期14年の刑罰が定められている。63条はこれらを国外犯としつつ、21ZA条以下は国家犯罪対策庁(National Crime Agency)に情報提供をした場合には処罰しないこととしている[28)]。19条は15〜18条の行為を知った者に情報提供義務を課し、20A条は金融機関等の義務を課し、23条は刑事事件におけるテロリスト財産の没収を定める[29)]。

独立審査官によれば、そもそもこれら規定に関する統計が作られていないものの、限られた資料で検討するに、ブリテンでは2008〜12年に4名のみが起訴され、有罪判決を受けたのは3名であったという[30)]。独立審査官は、使用例が少ないのは2006年法5条のテロ準備行為罪に解消しうるからであるという検察官の意見や、犯罪収益没収制度へと単一化するべきだという意見を記すのみで、これ以上の特段の言及はその後の報告書からなくなった。

7 テロリスト捜査

2000年法第4部に相当するこの項目も、2015年分報告書では扱われていない。過去の報告書においては、「テロ行為の実行・準備・教唆又はその他テロリスト犯罪への調査、テロ目的でなされたと見られる行為の調査、および指定団体の資金源や将来の団体指定に関する調査」を含むと定義されるテロリスト捜査(2000年法32条)として、非常警戒地域の設定(33〜36条)、情報収集権限(37〜38A条、附則6〜6A)、情報不開示の罪および捜査妨害的な情報提供の罪(38B条・39条)への言及がある。

非常警戒地域(cordon)の設定はコモンロー上の権限の補完と位置づけられ、

28) この枝番号条文は、1972年欧州諸共同体法に基づいて制定された規則(Terrorism Act 2000 and Proceeds of Crime Act 2002 (Amendment) Regulation 2007, SI 2007/3398)による改正で挿入された。

29) 23B条は没収対象となる財産の性質を考慮しなければならないとするが、この点について独立審査官は他者を過激思想に染める目的で使用された家の没収が申し立てられた事例があったことを紹介している(*Terrorism Acts in 2011*, para 5. 7)。紹介された事件で家の没収は命ぜられなかった(BBC News, 'Police fail to seize terror inmate Munir Farooqi's home' (23 May 2014))。

30) *Terrorism Acts in 2012*, [6. 4].

調査のために「警察」と書かれたテープで囲うなどした地域について司法の許可なく14日（延長すれば計28日）の期間で立入りを禁止することができる[31)]。かつての報告書ではそもそもテロ事件のための非常警戒地域の設定という権限が必要か（銃を持った男がいたとして、なぜそれがすぐにテロ目的をもつと判断できるのか）、要するにテロは特別だという発想のみに基づいているのではないか、という指摘を行っていた[32)]。

情報収集権限について独立審査官は非常に簡単にしか扱っていない。しかしたとえば2000年法附則5では特定の犯罪のためではなく「テロリスト捜査」のために、「特定家屋令状」に加えて「全家屋令状」の発行を求めることができ[33)]、さらに押収も隠匿のおそれがある場合のみならず内容物を調査するためにも可能であり[34)]、しかもジャーナリスト保有情報や法曹秘匿情報については前者のみ偶然押収された場合の保管が禁止され、これら保護された情報については当事者審尋を経ず裁判官の提出命令によって取得が可能であるなど、強い捜査権限が認められている[35)]。附則6、附則6Aでは顧客情報開示命令、口座監督命令の発出が定められており、附則5の令状や提出命令と同様、発行の基準は捜査にとって望ましいと「認めた」場合である。これら権限に関する政府の統計や説明は「ひどく弱い」と評価されており、独立審査官は資料がないためこれら権限の必要性は判断できないと述べるにとどまっている[36)]。

情報不開示の罪について、現実にはジャーナリスト、法律家、医者に対してこれが適用されてはいないと指摘するにとどまり、むしろ広く市民からの情報提供を促進する程度の意味があるとしつつ、しかしマイノリティ集団からは情報開示を迫られる圧力を感じるとの声があったことを紹介している。問題はあろうがこ

31） 設定の要件は権限ある者が「便宜」と考える場合であるが、この要件は必要性・比例性をみたさないとの指摘がある。C. Walker, *Blackstone's Guide to The Anti-Terrorism Legislation* (3rd edn, Oxford University Press, 2014), 125. なお実務上は不審な荷物の調査、爆発発生後や一連の逮捕の後処理のために用いられるものであり、2011年度にはブリテンで32回、北アイルランドでは87回の設定があったという。北アイルランドで回数が多いことについて、非主流派リパブリカンの手法に偽の脅迫電話をするというものがあるからだというのが独立審査官の指摘である。*Terrorism Acts in 2012,* [7. 7].

32） *Terrorism Act in 2010,* [6. 22].

33） 2006年法26条により追加。

34） 2001年刑事司法・警察法（Criminal Justice and Police Act 2001）50条以下で追加。

35） その他通常の刑事手続との違いから附則5権限を分析するものとしてWalker (2014) n (31), 126-33.

36） *Terrorism Acts in 2012,* [7. 10]. 政府文書では、全家屋令状について、控えめに用いるようにしており、またこれに頼る前に広範な捜査によって目的達成できることがほとんどであると説明されている。Home Office, *Memorandum to the Home Affairs Committee: Post-Legislative Scrutiny of the Terrorism Act 2006* (Cm 8186, 2011), [16].

の罪が法律に存在すること自体がテロへの寛容な見逃しを許さない社会の姿勢を示すものとして、過剰に使われない限りよろしい、というのが独立審査官の結論である[37)]。

8　停止・捜索

第6章「停止・捜索（stop and search)」の対象となるのは、2000年法43条、43A条、および47A条の権限である。43条は、警察官がある者を「テロリストと合理的に疑う」場合に「その者がテロリストである証拠になる物を所持しているか否かを発見するために」個人に対して停止と捜索を行うことができるとし、43A条は車両と同乗者の停止と捜索を規定する[38)]。これに対して47A条の場合の停止・捜索は容疑なくして発動できる権限である。上級警察官（本部長等）が「テロ行為が発生すると合理的に疑う」場合に一定の地域を最大14日間指定し、その範囲内で警察官による停止・捜索を可能とする制度である[39)]。

47A条の前身となる2000年法44～47条は2012年法によって削除されたが、背景には人権条項違反とした2010年の欧州人権裁判所ギラン判決がある[40)]。旧44-47条は、上級警察官の許可のもと、最大28日までテロに使用するための物品を所持しているとの合理的な疑いなしに停止・捜索を可能とするものであった。ギラン判決は、この権限行使の濫用に対する歯止め規定がなく、条約8条の権利に対する「法に従った」制約ではないと判示している。この権限はロンドンでは2001年から2009年まで継続的に行使可能となっており、2008年度には25万回行使されたように広範に使われたのみならず[41)]、人種差別的であるとの指摘もなされており[42)]、さらには2011年暴動の背景にあったとも指摘されていた[43)]。

47A条の権限は、政府がその使用はごく例外的な場合に限ると強調していることもあって実施例はない。ただし北アイルランドでは2013年5月に一度使用例があり、その際は70名が対象となった[44)]。

---

37)　*Terrorism Acts in 2012,* [7. 17].
38)　その他、1984年警察・刑事証拠法や1971年薬物乱用法でも停止と捜索の権限が規定されている。
39)　ちなみに1994年刑事裁判・公共秩序法60条も、24時間の合理的疑いなしの停止と捜索の権限を定めている。
40)　*Gillan v UK* [2010] ECHR 28.
41)　Walker (2014) n (31), 195-6.
42)　Equality and Human Rights Commission, *Stop and Think: A critical review of the use of stop and search powers in England and Wales* (2010).
43)　Riots Communities and Victims Panel, *After the Riots* (2012), 106. Pat Strickland, 'Stop and Search' House of Commons Library Standard Note SN/HA/3878 (2014), 6.

他方で、43条の実施事例について内務省が公表しているのはロンドン警視庁における統計である。2015年には520名が停止・捜索の対象となり、内57名（11%）が逮捕された[45]。その他、報告書は独自の調査を示しており、それによれば2015年のロンドン以外の権限行使について、交通警察16件（3）、大マンチェスター15件（0）、南ヨークシャー2件（0）、西ミッドランド24件（3）、西ヨークシャー7件（0）であった（括弧内は逮捕件数）。

かつて報告書は、旧44条以下の権限を廃止したことが他の停止・捜索権限の行使へと流れてはいかなかったことを指摘していた[46]。近年のテロ法制以外の停止・捜索の件数は約39万件となっている[47]。

9　港湾検査

第7章「港湾・国境管理」では、独立審査官がみずから「累次の報告書における中心的課題」と位置づけた、2000年法附則7の権限が扱われている。附則7の港湾権限（port powers）とは、港湾・国境において警察官その他（入国管理官、税関検査官）が出国・入国する通行人に対して行う停止・質問・拘束の権限である。対象者がテロリストであるように思われるか否かを決定するために行使されるが、テロリストであるとの疑いは要しない（附則7第2条4項）。質問には回答の義務がある（5条）。またこれらの付随的権限として生体情報の取得、携帯電話の内容の消去・ダウンロードも可能である（附則8）。停止・質問のために必要があれば通行人の搭乗を停止して拘束することが可能であるが、6時間を超えてはならず（6A条[48]）、さらに最初の1時間とその後2時間ごとに上級職員が拘束の必要性を審査しなければならず、法律家との連絡の機会も与えなければならない（附則8第20K条・20L条）。検査対象となる所持品は、検査のためなら7日間保管され、あるいは刑事訴追その他の判断材料として必要な限りで保管され（附則7第11条）、電子データのコピーの保管も所有者がテロリストであるか否か

44） Northern Ireland Office, *Northern Ireland Terrorism Legislation: Annual Statistics 2013/14* (2014), 9.

45） なお統計では自主回答ベースのエスニシティ内訳も付されており、白人30%、アジア系27%、黒人13%、中国人その他10%、混合または回答なしが20%だった。この区分は2001年国勢調査をもとにしているため、より詳細な2011年国勢調査の項目に合わせるべきであるという批判も独立調査官は行っている。*The Terrorism Acts in 2012,* [1. 26].

46） *Terrorism Acts in 2011,* [8. 26].

47） Home Office, *Police powers and procedures, England and Wales, year ending 31 March 2016* (HOSB 15/16, 2016).

48） 2014年反社会的行為・犯罪・警察活動法（Anti-social Behaviour, Crime and Policing Act 2014）によって、従来の9時間から改正された。その他の枝番号条文もこの法律の改正によって挿入されたもの。

を決定する等の限りで可能とされている[49]（11A条）。

2015年には約28,000名が停止の対象となり[50]、このうち1時間以上の拘束を受けたのは約1,800名である。またダウンロードの対象となった機器は約4,300台であり、対象者は1,677名であった。また検査の結果58名が逮捕され、現金差押えは318件であり、情報機関への報告は10,000ファイルに上っている。エスニシティ別では、1時間以下の検査を受けた者のうち白人は33%、黒人6%、アジア系28%、その他21%、混合または回答なしが12%であり、拘束を受けた者の内訳はそれぞれ12%、8%、36%、26%、18%であった（7.9-17）。

エスニシティに関して人種差別的な運用との指摘があるところ[51]、独立審査官はその考え方を否定している。その根拠として、人種や宗教等のみを指標とすることなくテロの脅威を背景にして選別するよう行為規範が定められていること[52]、多くの選別はインテリジェンス情報に基づいてなされること、を挙げている（7. 19-21）。

独立審査官は附則7権限自体の有用性を否定はしていない。しかし独立審査官は4点について特に検討を行っている。すなわち合理的疑いなしに拘束等されること、センシティブ情報の保護、電子データ取得の明確かつ比例的なルールの必要性、強制的にさせた回答を刑事訴訟の証拠から排除すべきこと、の諸論点である。第1の合理的疑いの基準に関しては、政府は現在のシリア・イラクからの脅威にかんがみると当該地域からの渡航者の検査においてテロリストの初期発見のためには必要であり[53]、判例も傍論でしかこの点には触れていないと回答したという[54]。第2に、特にジャーナリストの保有する情報に対する保護に関して判例はその保護規定が不足しているとして事前の司法審査が必要であると指摘しているのに対し[55]、政府は警察官が当該情報をジャーナリスト情報と合理的に信じる場合には検査しないとの立場で応答することで判例に従わなかった、と独立審査官は批判している。とはいえ政府の内部指針ではジャーナリスト情報

49） なお保管された情報は情報機関へ提供することが2008年法19条により可能である。

50） なおここ数年で1年に約10,000名ずつ減少している。2009年度には87,218名だった。

51） たとえばLiberty, 'Schedule 7' 〈https://www.liberty-human-rights.org.uk/human-rights/countering-terrorism/schedule-7〉。

52） Home Office, *Examining Officers and Review Officers under Schedule 7 to the Terrorism Act 2000 Code of Practice* (2015) [19].

53） HL Deb 11 Dec 2013, vol 750, cols 813 (Lord Taylor).

54） *Beghal v DPP* [2015] UKSC 49.

55） *Miranda*, [114]. 判例は通常の刑事手続における令状発行や2000年法附則5のテロ捜査手続における令状発行も特別な保護が置かれていることと対照的であると述べている。

の検査は附則7以外の手段（裁判所による提出命令の発出など）もありうることを強調しているということも独立審査官は付記している（7. 27）。第3に独立審査官はダウンロードした情報の保管に関するルールの不明確性を指摘してきた[56)]。現在、警察においては警察情報取扱規定（Management of Police Information）により保管が決定されれば最小で6年間保管するとされているが、独立審査官の勧告に対して政府は今後検討すると応答している。第4の点については、政府も証拠採用を禁止する旨を明確にするために立法が望ましいとしていることを紹介している。

その他、独立審査官は附則7権限がテロ目的以外に使われていることを示唆する警察の報告書の存在を紹介しつつ、スパイや核拡散対策に使うことは目的外使用であり違法であると指摘している（7. 53）。また実務では附則7権限を行使する前段階として、その権限の行使が必要であるか否かを決定するために通行人に対してランダムに「スクリーニング質問」を行っており、2、3分で終わる場合もあれば通行人に同行を求める場合もある。これについての統計は警察においてとられていない。独立審査官はこれが人種等のみを根拠として行われるべきではなく、短時間かつ明確な限度のもとで行われるべく法制化するべきであると指摘している（7. 33）。

以上のように独立審査官は附則7権限の有用性を認めたうえでの指摘を行っているのであるが、そもそもの有用性ないし役割の見直しが必要であるとの指摘もある。たとえば合理的疑いの基準を置かず、権限濫用の監督制度が不足する以上、この権限は最大でも1時間以内で終わる本人確認のためのものに位置づけるべきであるという指摘があり[57)]、また国際テロのために出国する者が増えている現在この権限の使用例が減少しているという事実が、この制度が有効性を失っている事実を示しているという指摘がある[58)]。

10　逮捕・勾留

第8章「逮捕と勾留」は、2000年法におけるテロ対策目的での逮捕（41条）・勾留（附則8）が対象である。

41条はテロリストであるとの合理的疑いがある場合に警察官が無令状で逮捕できると定めている。無令状逮捕は通常の刑事手続でも用いられているのである

56）*Terrorism Acts in 2012,* [10. 77].
57）Walker (2014) n (31), 209.
58）S O'Breirne, 'Case Comment: Beghal v. DPP [2015] UKSC 49' UKSC Blog (2015) 〈http://ukscblog.com/case-comment-beghal-v-dpp-2015-uksc-49/〉.

が[59]、テロ対策法制では逮捕する警察官において具体的な犯罪を念頭に入れる必要がなく、逮捕時に被疑者に逮捕の根拠を示しても理由を示す必要がない[60]。なおこの場合の「テロリスト」とは「2000年法11条、12条、15～18条および56～63条に違反した者」または「テロ行為の実行・準備・教唆に関わっている、または関わった者」である(40条)。逮捕の嫌疑が広範であることについて、41条逮捕の目的は証拠収集と並んでインテリジェンス情報の取得にもあるのではないかと指摘されており、仮に後者のみが目的となれば欧州人権条約5条に違反することになりうるとの批判がある[61]。

41条逮捕の実例をみてみると、ブリテンでは2015年には55件であった。他方でテロ関係犯罪につきテロ対策法制以外による逮捕の例は280件にのぼる[62]。つまりテロ関係逮捕のうち80%が通常逮捕で行われているわけであるが[63]、2003～2007年には41条逮捕が90%を占めていたことからすれば、近年の傾向は対照的である。独立審査官によれば、別件の使用が広がっていること、通常逮捕しか使えない2006年法違反のように事前の処罰規定が用いられていること、が理由であろうとしている[64]。なお北アイルランドで41条逮捕された者は2015年度で149名だった(8. 2-6)。

41条逮捕には2000年法附則8による勾留が続く。通常の刑事手続であれば逮捕後24時間経過後は警察署長の許可が必要となり、逮捕後36時間の経過後には裁判所令状による許可が必要となり、72時間の経過後には再度令状が必要となるが、起訴前の勾留は最大でも96時間以内に限定される。またこの間、警察保釈も可能である[65]。これに対してテロ法制においては、逮捕後48時間までは警察による勾留が認められ、48時間の経過後には継続勾留令状(warrant of further detention)によって最大7日間の勾留が認められ、その後も再度の継続勾留令状による勾留ができるが、起訴前勾留は全体で14日間までに限定される(附則8第29～36条)。警察保釈は認められない。

ブリテンで2015年に41条逮捕された55名のうち、25%は48時間以内に

---

59) 1984年警察刑事証拠法(Police and Criminal Evidence Act 1984: PACE)24条。P. Hungerford-Welch, *Criminal Procedure and Sentencing* (8th edn, Routledge, 2014), 7.
60) Walker (2014) n (31), 160.
61) Walker (2014) n (31), 161.
62) 「テロ関係犯罪」は内務省の統計において用いられている用語であり、「テロ対策法制の規定する犯罪とテロに関連すると思われるその他の犯罪」をさす。
63) 「テロ関係逮捕」とは、「逮捕の時点または捜査段階において、容疑者がテロに関与していると警察官が疑う場合」の逮捕をさす。
64) *The Terrorism Acts in 2014* (2015), [7. 6].
65) PACE ss 41-43. Hungerford-Welch n (58), 12-13.

釈放され、93%は1週間以内に釈放されたが、残りの7%にあたる4名のうち3名は1週間以上勾留され、1名は14日間勾留されたと報告されている（8.7）。北アイルランドでは、41条逮捕された149名のうち、92%は48時間以内に釈放、62%は1日以内に釈放されており、1週間を超えて勾留されたものはいなかった、と報告書は記している（8.11）。

独立審査官は、14日間の勾留は必要であり、また他方でこれ以上拡大するという選択肢は放棄すべきでないにしても不要であるという立場を示している。特にテロ発生以前に逮捕する必要があり、テロ計画が複雑で地理的に分散しており、調査すべき電子情報が膨大であり、警察保釈が認められていないことから、逮捕後の捜査が時間に迫られているという事情を明らかにしている（8.9）。さらに警察保釈を導入すべきであるというのは独立審査官の累次の報告書で勧告されている。

起訴件数は、ブリテンでは2015年にテロ関連逮捕された者のうち83名であるが[66]、北アイルランドでは起訴率が低く、2015年度には18名（12%）にとどまる。報告書は北アイルランドの起訴率の低さについて逮捕権限濫用のおそれを指摘している（8.16）。

11　刑事手続

第9章「刑事手続」では、有罪判決率、起訴後取調べ、テロ関連犯罪、過激化対策等が扱われている。

ブリテンにおいて2015年の起訴でもっとも多い主要罪状は、テロ対策法制のなかでは2006年法5条「テロ準備行為」であり（2001年以来の起訴の主要罪状の22%）[67]、テロ対策法制以外の罪状での起訴でもっとも多いのが詐欺共謀であるという。2015年に判決が出されたテロ関係犯罪事件は56件であり、49件が有罪（88%）、7件が無罪判決だった[68]。なお近年の傾向として有罪の訴答が増えているという。刑務所には2015年までに143名のテロ関係犯罪により服役す

66）内訳は、テロ関連法の罪状で起訴されたのは45名、2000年法附則7違反は7名、その他の法律によるのが32名である。

67）内務省統計によると、2016年では2006年法5条テロ準備行為罪が21件、同2条テロ文書配布罪が10件、2000年法15条以下テロ資金援助罪が9件、同58条テロ行為に資する情報収集罪が8件、同附則7違反5件、2006年法1条テロ助長罪が3件、2000年法11条以下禁止団体加入罪が2件、その他の合計64件である。HOSB 04/17, table A. 05a.

68）2016年では、62件の刑事事件のうち、無罪判決8件であり、有罪判決54件のうち6件はテロ法制以外の犯罪（1883年爆発物法違反や殺人罪）、テロ法制による有罪判決48件のうち20件はテロ準備行為罪である。HOSB 04/17, table C. 03.

る受刑者がおり、内務省統計によればこれとは別に25名の過激派受刑者がいる[69)]。なお独立審査官も言及しているが、法務省が2016年11月に発表した刑務所改革計画において過激派処遇対策も扱っている[70)]。

北アイルランドについては、2014年度に41条逮捕された227名のうち35名が130の罪状により起訴されており、うち22名は34件の2000年法違反（指定団体加入（11条）、指定団体指揮（56条）、テロ関連情報収集（58条）、テロ関連情報保有（57条）、武器訓練（54条））を、8名は2006年法または2008年法違反（テロ行為準備（2006年法5条）、通知義務違反（2008年法54条））を、その他は殺人罪等を問われた、という情報を提示している。しかしこれらのうち公判開始までいたったのは2名であり、独立審査官は北アイルランドでのテロ関連刑事事件の訴訟運営のまずさを示唆している。

なお、国外犯の起訴には法務総裁の許可が必要であるが（2000年法117条、2006年法19条）、2015年には40名の訴追についてかかる許可がなされており、ここにはシリア内戦の影響があると独立審査官は記している（9. 20）。

次に2015年に下された刑事裁判（31件）の主要例が紹介されている。その多くは「イスラム国」（ISIS）またはシリア関係であるという。重い刑が科された事例として、14歳イギリス国籍少年がオーストラリアのジハーディストとともにメルボルンでのテロを計画した事件で終身刑（最低拘禁期間6年）が、ロンドンで爆破テロを計画した者に終身刑が科されたことが特記されている。また刑事裁判とテロ対策のあり方について、独立審査官も「極度の報道制限」と表現したインシダル事件での報道規制に代表される[71)]、「秘密裁判」との批判について言及し、被告人もすべての証拠を聞き、また陪審員がすべての証拠に依拠して判断できるためかかる批判はあたらない、と述べている（9. 26）。他方で、2000年代に陪審なしの刑事裁判制度をテロ対策として導入しようとした試みが回避されつつテロに対応してきたことを「刑事裁判システムが公平な裁判の原則を損なうことなく9.11テロ事件以降の挑戦に適応してきた」ものと称賛している（9. 27）。

とはいえテロ法制は刑事手続の例外も生じさせている。その大きな例として起訴後の取調べ（2008年法第2部）がある。報告書によればこれまでに2件の捜査

69） 正確には「国内過激派／分離主義者」と表記され、イギリス国内で発生した団体に属し、しばしば単一論点について犯罪を通してみずからの主張を実現させようとする者、と定義されている。Home Office, *User guide to: Operation of police powers under the Terrorism Act 2000 and subsequent legislation: Arrests, outcomes, and stop and search, Great Britain, quarterly update to December 2016* (2017), 18.

70） Ministry of Justice, *Prison Safety and Reform* (Cm 9350, 2016), 52.

71） *Guardian v R and Incedal* [2016] EWCA Crim 11.

において用いられたといい、たとえば非テロ法制によって起訴された後に共犯者が逮捕され、起訴後にテロと起訴事実との関係が取り調べられた（9. 29-31）。

また2008年法40条によって導入された、服役後の通知義務（notification）制度について報告書はその使用状況に触れていないが、通知義務に違反して国外逃亡したがハンガリー・ルーマニアの国境で拘束され、欧州逮捕令状制度により送還後に通知義務違反で有罪判決を受けた事例のみ紹介している（9. 24）。

量刑について、独立審査官は2006年法5条違反について量刑基準が制定される動きが始まったことを特記している。テロ準備行為罪を規定する同条では、量刑が最大で終身刑と幅が広いことが指摘されており、控訴院判決は量刑基準を設定しつつ量刑委員会（Sentencing Council）が量刑を設定すべきであると示唆していた[72]。独立審査官によれば量刑委員会による基準案の意見公募が2017年5月に開始する予定であるという（9. 35）。

その他、テロ法制の処罰規定によるNGOやジャーナリスト等へ影響も指摘されている。国際NGOは海外の指定団体と接触する必要もあり、これによって訴追されるおそれがあるのみならず、銀行からの融資も受けられないおそれがあるといった問題であるが[73]、独立審査官が勧告していた政府とNGOとの対話が実施されており、その結果指針文書も策定されるにいたったことを歓迎しつつ、それはわずかな保護しか与えないという。ジャーナリストに関しては2001年法によって挿入された2000年法38B条が問題になりうるという。同条はテロ実行の防止に役立つと知りながら情報を警察に提供しないことを処罰する情報不開示の罪の規定である。これまで同条は主にテロ実行犯の家族に対して適用されジャーナリストへの適用例はないものの、独立審査官は自己検閲や取材への影響等があるという関係者の声を紹介する。さらに過激化矯正（de-radicalisation）にあたる者に対する同様の影響も指摘する。とはいえ、独立審査官はこれらを法的に除外することは適切ではなく、検察の指針において表現の自由等への最大の尊重が置かれていることで足りるとの立場を示している（9. 41）。

12　過激化対策問題・外国人戦闘員問題

第9章の最後には過激化対策と外国人戦闘員の問題が言及されている。2016年7月に有罪判決が示されたチョードリー事件について、被告人が著名な過激思想唱導者であり2002年から2015年までに検察に対して10回以上の判断要

72） *R v Kahar* [2016] EWCA Crim 568, [27], [181].
73） *Terrorism Acts in 2013,* [9. 25-33].

請があったものの、そのうち2006年の無許可デモと2016年のISISへの支援奨励行為違反（2000年法12条）によってのみ法が対処したにとどまったことにつき、過激化対策について法制度が十分ではないのではないかという見解があることを紹介しつつ、しかし独立審査官は既存の法の修正で対応できると主張している。この点、政府は2016年度議会において過激化対策のための行政命令制度を導入しようと試みたところであったが、結局廃案となった。外国人戦闘員の問題に関しても、帰国者がテロ攻撃を計画するのみならず、共同体を過激化するという問題が指摘されている。この問題については本報告書の付録2ゲストチャプターとして添付された、独立審査官特別顧問を務めるウォーカー教授の報告書で扱われている。

そこで本報告書ゲストチャプター「外国人戦闘員とテロ対策法制」の概要をみておきたい。ここでは外国人戦闘員の対応について刑事手続とそれ以外とで分類して考察している（以下、丸括弧内は頁数）。

刑事手続については外国人戦闘員の問題のための法改正は特段になされておらず、逮捕権限や出入国の際の附則7権限で対応しているという。有罪とされた主要例として、出国を予定していた被告人や帰国後に第三者の出国を支援した被告人に対しては2006年法5条を、資金等援助をした被告人には2000年法17条を適用したことが紹介されている。また2015年法42条によりテロ団体へ身代金を支払うことが違法とされたことも触れられている。イラク・シリア関係の行為を行った350名のうち24%のみしか起訴されていないことの理由については、1つは統計上の問題で情報機関が認定した事例は必ずしも検察の手続に移行していないこと、もう1つは証拠収集が困難であること[74)]、があるという。

検討を要する事項として2件が挙げられている。第1に、非指定団体でシリア政府やISISと戦っている軍事組織に参加することは2000年法1条の「テロ」に該当しうるが、その訴追は「公益」に適ったものといえるかという問題について、訴追を決定する検察および法務総裁において「公益」基準を明確化すべきであると指摘されている（113）。第2に、ISISが少年の関心を呼ぼうとしているのに対応して少年がテロ法制によって逮捕・有罪判決を受ける事例が増えているが、そもそも少年がテロの「政治的目的」をもつことができるのか、さらには教育より収監が望ましいのか、さらにはテロ対策法制において児童の権利が認められていないのではないかと指摘されている（115）。

74） なお2015年重大犯罪法（Serious Crime Act 2015）17条は2006年法5条、6条を国外犯に含めたため、実行行為の認定が容易になるだろうとされている（110）。

刑事手続以外の対策として7つが示されている。それによれば、第1に2015年法1条によるパスポート等の検査・保管の権限（2015年に24回）、第2に国王大権に基づくパスポートの没収[75]（2015年に23回）である。第3に2015年8月に保護者に向けて発行された指針は、保護者が16歳未満の子供のパスポートを失効させる手続を公表した。第4に2015年法が導入した一時排除命令が用いられうるが、この命令はまだ行使されていない[76]。第5に国籍剝奪制度がある[77]。第6に2008年法によって導入された通知命令（附則4）や海外渡航制限命令（附則5）の制度がある[78]。第7にテロ防止調査措置に基づく一定地域内からの移動禁止命令や旅券等の提出命令がある[79]。報告書は旅券関係の権限が錯綜しており、テロ防止調査措置の活用を提言している（123）。

次に報告書が外国人戦闘員に対する立法措置として検討するのが、テロ対策戦略「CONTEST」における「防止」政策の主要プログラムである「チャンネル」を立法化した2015年法第5部第2章である。チャンネルは2007年から試験的に導入され、2012年にはイングランド・ウェイルズで実施されているプログラムであり、自治体、警察、学校、社会福祉士、保護観察官等の多機関連携で構成される委員会を通して「テロへの誘引に対して脆弱な人々」に対して合意に基づき対人的な支援を行うものである[80]。報告書によれば2015年度に7,052件の報告がチャンネル委員会に報告され、そのうち551件は外国人戦闘員関係で

75） なお2014年反社会的行為・犯罪・警察活動法附則8によりパスポートの検査・保管が導入されたことが付記されている。

76） この制度は当初、外国人戦闘員の国外追放という趣旨で提案されたが、その後は再入国規制という趣旨に変わったところ（J Blackbourn and C Walker, ‘Interdiction and Indoctrination: The Counter-Terrorism and Security Act 2015’ (2016) 79 MLR 840, 856）、それでもなお戦闘地域からの帰国ルートの複雑さやテロ行為の国外拡散といった実効性の問題があるため、報告書はこの制度は外国との協力や過激思想除去プログラム制度の充実とともに用いられるべきであるとしている（121）。

77） 外国人戦闘員の文脈では、帰国を防止するために彼らが国外に滞在しているときに国籍剝奪がなされる例が増加していると述べられている（122）。

78） 通知命令は海外でイギリスのテロ関連犯罪に該当する罪を犯した者に対して裁判所によって課され、その効果としては2008年法40条通知義務と同様の義務が課される。海外渡航命令は、同じく同法40条通知義務が課されている者に対して裁判所により出される海外渡航禁止処分である。報告書はこの執行状況について特に言及していない。

79） 報告書によれば警察や情報機関にとってこの措置は国内テロリストに対して課されるべき費用のかかる措置であるためあまり使われていない。報告書はシリアから帰国したテロ計画者に対して一度用いられた例を挙げている（122）。

80） 岡久慶「英国の対国際テロリズム戦略」外国の立法241号（2009年）、同「イギリスの2015年対テロリズム及び安全保障法」外国の立法265号（2015年）8～9頁、河本志朗「若者の過激化を防げ」治安フォーラム21巻5号（2015年）参照。HM Government, *Channel Duty Guidance: Protecting vulnerable people from being drawn into terrorism: Statutory guidance for Channel panel members and partners of local panels* (2015).

あったという。報告書は、帰国者に対しても敵対的な措置を講ずるよりチャンネルの方が社会への再統合を促すうえで適しているとしている（126）。

外国人戦闘員たる、またはそのおそれがある少年に対しては、家庭裁判所が少年保護手続を用いて海外渡航を防止した例が50件あったとされている。高等法院家庭部はコモンロー上の監護権を用いて、あるいは1989年少年法の規定を用いて、これら権限を行使しているとのことである。しかし、この手続では社会福祉が警察活動化すること、警察としても情報を得られなくなること、さらには家族法とテロ対策法制が混同してしまうおそれが指摘されている（128）。

最後に外国人戦闘員対策として紹介されているのは、ドローンによる殺害である。イギリスは2015年8月にこれを行ったが、その際に首相が根拠として挙げたのはイギリスの対テロ戦略だったのに対し、国連への報告ではこれに加えてイラクとの集団的自衛権を挙げていた。議会の合同人権委員会が法的な説明を求めており[81]、政府の回答はこれから出されるだろうとされている（128）。

Ⅳ　おわりに――独立審査官制度の意義

以上、イギリスのテロ対策法制の現状と独立審査官の役割についての一局面を描写すべく、2015年報告書の内容を遂語的に追った。さしあたり次のことが指摘できる。イギリスのテロ対策を刑事法中心か行政措置中心かという観点からみた場合、イギリスのテロ対策法制はたしかに前者が中心となっているということができるだろう。しかしテロ対策のための刑事法制にも、従来は特別権限として時限的に導入されたものが恒久化するなど、特別な権限が導入されてきている。特にテロ対策はテロが発生する前に対処する必要性が高いので、警察権限がとりわけ情報収集という面で大幅に拡大されるという傾向がみられる。また行政的義務に違反した場合に刑事罰が科されるとしても、その前提となるもともとの行政処分決定プロセスのなかにテロ対策に由来する要請が入り込んでいる。

81）Joint Committee on Human Rights, *The Government's policy on the use of drones for targeted killing* (HC 574, HL 141, 2015-16). 争点の1つは集団的自衛権か否かというよりは、紛争地域外でドローン攻撃を行うという政策につき、どのような法が適用されるのかという問題であった。政府は常に戦時国際法が適用されるとしているが、これは非国家間紛争では紛争地域への攻撃に限るとする政府の立場と矛盾しないか、さらにはテロ対策が武力行使と混同してしまうのではないか、という問題である。これに対する政府の回答は「はぐらかし」として批判された。Joint Committee on Human Rights, *The Government's policy on the use of drones for targeted killing: Government Response to the Committee's Second Report of Session 2015-16* (HC 747, HL 49, 2016-17).

このような特別権限の代償として置かれる制度の1つが独立審査官制度である。もっとも独立審査官による審査は、一般的に事後的に行われるものであり、個別の権利制限の要件となる安全弁（safeguard）にはなりえない。しかし報告書が政府と議会に提出されることで法改正が期待できるのみならず[82)]、政府外の者が執行状況を中からみることによって一定程度の客観的透明性の実現が期待できよう。独立審査官の民主的正当性も、議会の各種委員会での証言や報告書その他の活動の一般公開によって補完されよう。独立審査官の審査範囲の一定程度の拡大は、このような観点から評価されるべきであろう。

他方で、現在の制度は独立審査官個人の熱意・能力と内務省の任意によって支えられているにすぎない。そこで独立審査官に補佐機構を置くことや法律上の調査権限を与えることが学説からは提案されている[83)]。後者に関しては、独立審査官の非公式性あるいは審査業務の柔軟性にかかわり、ひいてはこの制度の現在の効果をどのように評価すべきかにもかかわってこよう。

【付記1】　脱稿後DWAに関する報告書が2017年7月20日に公表された。D Anderson with C Walker, *Deportation with Assurances* (Cm 9462, 2017).

【付記2】　本稿は科学研究費（課題番号15H03292および16K16990）の助成による研究成果の一部である。

82)　前々任者による勾留手続に関する勧告事例を扱った研究によれば、独立審査官の勧告は「無視できる」ほどに法改正に影響力がなかったという。J. Blackbourn, 'Evaluating the Independent Reviewer of Terrorism Legislation' (2014) 67 Parliamentary Affairs 955. 他方で前任者は独立審査官だけではなく議会の各種委員会や司法判決などのさまざまなチャンネルを通しての影響力があることを指摘している。Anderson n (3), 416-420.

83)　Walker (2014) n 31, 343. またJ Blackbourn, 'Independent reviewers as alternative: an empirical study from Australia and the United kingdom' in FF Davis et al (eds), *Critical Debates on Counter-Terrorism Judicial Review* (cambridge University Press, 2014) は政府の応答義務を規定するよう提案している。

各論Ⅱ

テロを奨励する表現等の規制
――イギリスの例

小谷順子

Ⅰ　はじめに

本稿では、近年のイギリスのテロ対策法制のうち、2006年に導入されたテロの実行を奨励する言明の公表を禁止する規定と、テロの実行を奨励する言明やテロに役立つ情報の頒布を禁止する規定に焦点を当てる。

本書第４章【各論Ⅱ】で述べたとおり、テロに関連する表現のうち、特にインターネット上でテロを扇動・推奨する表現については、2017年５月のG7首脳会合で発表された「テロ及び暴力的過激主義との闘いに関するG7タオルミーナ宣言」において、これに対処する必要性が説かれている。もっとも、テロを扇動または推奨する表現への対処の必要性は、より以前から認識されており、2005年９月の国連安保理において、テロの扇動行為の禁止等に関する1624号決議が採択されているほか、それに先立つ同年５月には、テロ防止に関する欧州評議会条約において、テロを宣伝、賛美、または推進する表現を禁止することが求められている。

2005年の安保理決議や欧州評議会条約は、テロの実行を直接的に扇動する言動を禁止する国内法の整備を求めるが、それと同時に、テロを美化するなどして間接的にテロを奨励する表現への対処の必要性も説く。本稿で紹介するイギリスの立法は、後者のタイプの表現を規制対象に取り込んでおり、そのため、表現の自由の保障との関係では、規定の内容や実際の運用に関して十分な慎重さが求められる。一方、今日、インターネット上で流通するテロ肯定表現への対処が喫緊の課題とされるところ、イギリスでは、2006年の法改正によって、インターネット上のテロ関連の表現物を押収または削除するための制度も導入している。

本稿では、以下、まず、2005年の国連安保理決議と欧州評議会条約の内容を紹介したうえで（Ⅱ）、イギリスの立法におけるテロ関連の表現規制の具体的な内容を紹介する（Ⅲ）。なお、カナダにおける同様の規制については、本書第４章【各論Ⅱ】を参照されたい。

II　国際社会の対応とイギリスの対応

1　国連安保理の対応

本書第４章【各論Ⅱ】でも述べたとおり、2005 年９月に採択された国連安保理決議 1624 号は、その主文でテロの実行行為を扇動する表現行為への法的対処を求めるとともに、その前文において、「テロ行為の扇動」も「極めて強く非難」し、さらに、「さらなるテロ行為を引き起こす可能性のあるテロ行為の正当化又は美化行為」についても否定する旨を宣言する[1]。そこでは、表現の自由の保障の重要性を指摘しつつも、テロを扇動する言動の規制を求める理由として、「過激思想及び不寛容を動機とするテロ行為の扇動」が「人権の享受に対する深刻かつ高まる危険を招き、全加盟国の社会的経済的発展を脅かし、世界の安定と繁栄を妨げ」ることにつながると述べたうえで、「生命の権利を擁護するために、国際法に則り、国内及び国際レベルで全ての必要かつ適切な措置をとる必要性」があると説く。

2　欧州評議会および欧州人権裁判所の対応

(1)　テロ防止に関する欧州評議会条約

一方、国連安保理決議に先立つ 2005 年５月、欧州評議会では、テロ防止に関する欧州評議会条約を採択した[2]。同条約５条は、加盟国に対し、違法かつ故意になされた「テロ犯罪の実行の公然挑発」を刑事犯罪として禁止することを要請する。同条の定義によると、テロ犯罪の実行の公然挑発とは、テロ犯罪の実行を扇動する意図をもって、あるメッセージを公衆に配信することまたは他の方法によって公衆が入手可能な状態にすることであり、その言動が直接的にテロ犯罪を唱導するか否かを問わず、１つ以上のテロ犯罪が実行されうる危険を生じさせることである。

(2)　欧州人権裁判所の判決

こうした国際的な規範を背景に、欧州人権裁判所は、9.11 テロ事件を許容（condone）する内容の風刺画を描いた作家等に対するフランスの国内裁判所の有罪判決について、表現の自由の保障に反しないとする判断を下している[3]。こ

---

1)　国連安保理決議 1624 号（2005）の日本語訳は外務省の仮訳による。強調の点は筆者による。
2)　Council of Europe Convention on the Prevention of Terrorism, May 16, 2005, 16. V. 2005.
3)　*Leroy v France* App no 36109/03 (ECHR, 2008).

の事件は、2001年の9.11テロ事件直後の9月13日付のバスク地方の週刊紙に、崩壊するビルの絵に添えて「我々が皆、夢に見ていたこと、ハマスが実現した」と記した風刺画が掲載されたことに端を発するものである。当該風刺画の作者と週刊紙の刊行責任者が、プレスの自由に関する1881年7月29日法24条に基づき、テロリズムを許容した罪およびその共犯で起訴された事件で、フランスの軽罪裁判所は、両名を有罪と判断して罰金刑を言い渡し、控訴院もこの判決を支持した。これを受け、欧州人権裁判所は、本件有罪判決がヨーロッパ人権条約の表現の自由の保障と整合するのかどうかについての判断を求められた。

この事件において、2008年、欧州人権裁判所は、まず、本件有罪判決が表現の自由の保障に介入するものであることを確認しつつも、その介入は、制定法を根拠としたものであるうえ、テロとの戦いの繊細な性格等に照らすと、公共の安全、無秩序状態の防止、および犯罪の防止という合法的な目的を追求していると述べた。そして、本件風刺画は、同時多発テロに伴う国際的な混乱の発生を背景に、アメリカの帝国主義を単に批判するだけでなく、その暴力的な破壊を支持して美化するものであり、さらに、風刺画に添えられた文言の性格、テロ直後というタイミング、1,500ユーロの罰金という比較的軽微な処罰、およびテロに関して独自の政治的繊細さを有する地域における出版であったという事実等に照らし、当該有罪判決は不均衡なものではないと判断した。

3 イギリスの対応

イギリスでは、テロ防止に関する欧州評議会条約5条の要求する「テロ犯罪の実行の公然挑発」の規制を国内法化するため、既存の犯罪扇動表現や憎悪扇動表現（ヘイトスピーチ）の禁止規定の狭間を埋めるかたちで、2006年テロリズム法の1条でテロを推奨する表現の禁止を導入したうえで、2条でテロ表現物の頒布の禁止を導入した4)。以下、これらの規定の具体的な内容をみていく。

III テロ関連表現物に関する規制（2006年テロリズム法）

1 テロを奨励する言明の禁止（2006年テロリズム法1条）

2006年テロリズム法は、「テロの奨励（encouragement of terrorism）」と題す

4) Explanatory Notes to Terrorism Act 2000, para 20 (s 1).

る1条で、テロを直接的または間接的に奨励または誘引する言明を禁止する[5)]。以下で紹介するとおり、1条はきわめて詳細な文言の規定であるが、規制対象が狭義に限定されているわけではなく、同条の規制対象に取り込まれる表現は広汎にわたる。そして、(2) で述べるとおり、禁止される言明の例示として、特にテロを美化する言明が挙げられていることが注目される。以下、1条の具体的な規定内容をみていく。

(1) テロを奨励する言明の禁止

1条は、「テロ行為 (acts of terrorism)」または「条約犯罪 (Convention offences)」の実行、準備、または教唆の直接的または間接的な奨励または誘引であることがその名宛人である公衆の一部またはすべての者によって理解されるであろう言明について、これを公表することまたは他者がそのような言明の公表を行う原因となることを禁止する (1項・2項)。1条違反が成立しうるのは、当該言明が公表される時点で、(i)その言明によって公衆がテロ行為または条約犯罪を実行、準備、または教唆するよう直接的または間接的に奨励されるまたは誘引されることを意図していた場合、または、(ii)その言明によって公衆がテロ行為または条約犯罪を実行、準備、または教唆するよう直接的または間接的に奨励されるまたは誘引されることについて無思慮であった場合である (2項)。

同条の「テロ行為」、「条約犯罪」、「公衆」および「言明」という用語は、20条で定義されている。それによると、「テロ行為」とは、2000年テロリズム法1条で定義される「テロ (terrorism (テロリズム))」を目的としてなされる活動一切を意味する (次頁の図表1参照)。一方、「条約犯罪」は、2006年テロリズム法別表で規定される爆発物に関する犯罪をさす。次に、「言明」には、音または画像で構成されるものを含むあらゆる描写が含まれる。1条違反の法定刑は、7年以下の自由刑、罰金、またはその双方である。

(2) テロ奨励言明の具体例——テロを美化する表現

1条では、さらに、同条違反となりうる表現としてテロを美化する表現が例示されている。すなわち、同条違反の言明に含まれるものとして、(a)過去、将来、または一般論のいずれであるかにかかわらず、テロ行為または条約犯罪の実行または準備を美化するものであり、かつ、(b)その内容が現状下において公衆の一部によって模倣されるべき行為として美化されていると公衆の一部らが推論することが合理的に期待される言明が挙げられている (3項)。ここにいう「美化 (glor-

---

5) Terrorism Act 2006, s 1.

【図表1 「テロ」の定義（2000年テロリズム法1条）】

第1項　本法において「テロ」とは、次の(a)から(c)のすべてを満たす活動（action）の遂行（use）または警告を指す。
(a)　第2項の(a)から(e)のいずれかに該当する活動の遂行または警告であり、
(b)　政府もしくは国際的政府組織に影響を与えるまたは公衆もしくは公衆の一部を威嚇することを目的としており、かつ、
(c)　政治的、宗教的、人種的、またはイデオロギー的大義の促進を目的としているもの。
第2項　活動とは下記の(a)から(e)のいずれかの要素に該当するものを指す。
(a)　人に対する重大な暴力を伴う
(b)　財産に対する重大な損害を伴う
(c)　本活動を遂行する者以外の者の生命を危険にさらす
(d)　公衆または公衆の一部に対する健康上または安全上の重大な危険を生じさせる
(e)　電子システムに重大に干渉するまたはそれを重大に混乱させることを目的としている
第3項　第2項に該当する活動の遂行または警告のうち、火器または爆発物を用いるものは、第1項(b)を満たすか否かにかかわらず、テロリズムである。
第4項　本条において、
(a)　活動は、英国の外における活動も含む。
(b)　人または財産は、どこに存在しているかにかかわらず、あらゆる人または財産を指す。
(c)　公衆は、英国以外の国家の公衆も含む。
(d)　政府は、英国、英国の一部、または英国以外の国家の政府を指す。
第5項　本法におけるテロ目的のためになされる活動には、禁止された組織の利益のためになされる活動も含む。

ify)」には、あらゆる形態の賛美（praise）または祝賀（celebration）が含まれる（20条）。

つまり、仮に2005年7月7日のロンドン地下鉄爆弾テロを美化する言明が発信されたとして、その言明に接した公衆の一部が、ロンドンの交通網に重大な妨害を生じさせる行為を模倣すべきであると推論することが合理的に期待されるのであれば、当該言明は「テロの奨励」に該当する[6)]。なお、ここでは、単に過去のテロ行為を美化するメッセージが伝達されるだけでなく、当該行為が将来的に模倣されるべきであるとするメッセージが伝達される必要がある[7)]。

(3)　考慮要素

1条では、さらに、同条違反の該当性を判断する際に考慮すべき要素と考慮しない要素とを規定している。第1に、考慮すべき要素として、同条のもと、ある言明がどのように理解されるのか、また、公衆の一部がある言明から何を推論することが合理的に期待されるのかという点を判断する際には、(a)当該言明の全体としての内容と、(b)公表の状況および方法を考慮すべきであるとされる（4項）。

---

6)　Explanatory Notes to Terrorism Act 2006, para 24 (s 1(3)).
7)　Report on the Operation in 2010 of the Terrorism Act 2000 and of Part 1 of the Terrorism Act 2006, para 10. 6 (David Anderson, Q. C., July 2011) [hereinafter "*Terrorism Acts in 2010*"].

第２に、考慮しない要素として、(a)当該言明が、１つ以上の特定のテロ行為または条約犯罪の実行、準備、または教唆に関連づけられるかどうか、(b)実際に誰かがその言明によってそのような行為または犯罪を実行、準備、または教唆するよう推奨または誘引されたかどうかが挙げられている（5項）。つまり、問題とされる言明が犯罪の実行に結びつかなかった場合であっても、処罰対象となりうる[8)]。

(4)　被疑者・被告人の抗弁

１条では、さらに、同条違反の疑いのある言明が、直接的または間接的にテロ行為または条約犯罪の実行、準備、または教唆を奨励または誘引することを意図していたことが証明されていない場合について、抗弁となりうる主張を挙げている（6条）。それによると、(a)当該言明が自己の見解を表明したものではなかったことまたは自己の支持を与えたものでもなかったこと、および、(b)言明の公表の状況を総合的にみて、当該言明が自己の見解を表明しておらず、自己の支持を与えてもいなかったことが明らかであることを証明することができれば、有罪とはならない。この規定は、たとえばニュース報道等に対して適用することを意図しているとされる[9)]。なお、ここでいう支持を与えるという概念については、後述のとおり、３条でインターネット上の表現物に関して独自の規定を設けていることに留意が必要である。

2　テロ表現物の頒布の禁止（2006年テロリズム法２条）

今みたように、2006年テロリズム法１条は、主に、テロを奨励する言明の原作者が自己の言明を公表する行為を禁止することを想定した規定である[10)]。これに対し、２条は、テロに従事することを奨励したりテロに役立つ情報を提供したりする「テロ表現物（terrorist publication（テロリスト公表物））」を頒布（dissemination）する行為を禁止する。１条と同様に、２条も詳細な文言の規定であるが、適用対象となる表現物の範囲が狭く絞られているわけではなく、広汎な表現が規制対象に取り込まれている。以下、２条の具体的な規制内容をみていく。

(1)　テロ表現物の頒布の禁止

２条で頒布の禁止されるテロ表現物とは、(a)テロ行為の実行、準備、または教唆の直接的または間接的な奨励または誘引であるということがその受け手または受け手になりうる者によって理解されるであろう表現物、または、(b)テロ行為の

8)　Explanatory Notes to Terrorism Act 2006, para 26 (s 1 (5)). *See also* David Anderson, *Terrorism Acts in 2014* (2015) [hereinafter "*Terrorism Acts in 2014*"].
9)　Explanatory Notes to Terrorism Act 2006, para 27 (s 1 (6)).
10)　*Terrorism Acts in 2010,* n (7) para 10.7.

実行または準備に有益であり、かつ、主に有益となるために発信されたと受け手によって理解されるであろう表現物である（3項）。ここでのテロ行為には、具体的に特定されたテロ行為だけでなく、抽象的なテロ行為一般も含まれる（7条）。また、本条のもとでは、たとえば、ある出版物の一部がテロ表現物の定義をみたすのであれば、当該出版物全体がテロ表現物として取り扱われることとなり、出版物全体が後述の3条に基づく押収等の対象となりうる[11)]。

テロ表現物の頒布とは、テロ表現物を、(a)配布または流布すること、(b)付与、販売、もしくは貸与すること、(c)販売もしくは貸与すると申し出ること、(d)他者が入手する、読む、聞く、もしくは見ることを可能とするためのサービスを提供すること、(e)その内容を電子的に送ること、または、(f)上記(a)~(e)の行為に用いられることを視野に入れて保持することを意味する（2項）。同条は、紙媒体のテロ表現物を店舗で販売する行為にも適用されうるし、インターネット上で電子媒体の表現物を販売する行為にも適用されうるほか、図書館が書籍等の表現物を貸与する行為や、チラシやパンフレット等を頒布する行為にも適用されうる[12)]。

2条違反が成立するための主観的要素として、まず、行為者が、テロ表現物の頒布を行う時点において、(a)テロ行為の実行、準備、または教唆の直接的または間接的な奨励または誘引となることを意図していたこと、(b)そのような行為の実行または準備の支援の提供となることを意図していたこと、または、(c)自己の行為が上記(a)または(b)の効果を有するか否かに関して無思慮であったことが求められる（1項）。

2条違反の法定刑は、7年以下の自由刑、罰金、またはその双方である。

(2) テロ表現物の具体例――テロを美化する表現

1条の場合と同様に、2条も、同条違反に含まれる表現の具体例として、テロの美化表現を明示している。すなわち、(a)過去、将来、または一般論のいずれであるかにかかわらず、テロ行為または条約犯罪の実行または準備を美化するものであり、かつ、(b)その内容がその状況下において受け手によって模倣されるべき行為として美化されていることが合理的に期待される言明については、同条違反の行為に含まれるとされる（4項）。

(3) テロ表現物該当性を判断する際の考慮要素

テロ表現物該当性を判断するに際しては、(a)問題とされる頒布行為のなされた時点の状況下で判断しなければならず、また、(b)表現物全体の内容と頒布行為の

11) Explanatory Notes, para 32, to Terrorism Act, 2006, c. 11, §2(3).
12) Explanatory Notes to Terrorism Act 2006, para 31 (s 2(2)).

なされた状況とを考慮しなければならない（5項）。したがって、表現物を取り扱った書店等の性格などを考慮することができる[13]。一方、本条のもとでは、当該表現物が実際にテロ行為の実行、準備または教唆を奨励または誘引したのかどうか、また、実際にテロ行為の実行または準備に有益であったのかどうかは、問われない（8項）。

(4) 被告人の抗弁

同条違反の疑いのある頒布行為について、テロを奨励することまたはテロに有益となることを意図していたことが証明されていない場合には、テロ表現物が自己の見解を表明しておらず、自己の支持を得てもいないことを証明することができれば、罪にならない（9項）。なお、この点については、次の3で紹介するインターネット上の表現物に関する3条に留意が必要である。

3 インターネット上の活動への適用（2006年テロリズム法3条）

3条では、インターネット上におけるテロ奨励言明（1条）またはテロ表現物（2条）に該当する表現物（以下、1条と2条の表現物の総称として「テロ関連表現物」という）に関する取扱いを定める。3条によると、テロ関連表現物がインターネット上で発信または頒布された場合は、公衆によるアクセスを不可能とするための措置を2日以内[14]に講じるよう警察官が警告を発することができるとされており、合理的な理由なしに当該警告への対応を怠った関係者については、当該表現物の内容に支持を表明したものとみなされる（1～3項）。

これまでみてきた1条と2条のもとでは、テロ関連表現物については、それが自己の見解を表明するものではなく、自己の支持を与えたものでもないことを証明することができれば、罪にならない。一方、3条の規定は、インターネット上のテロ関連表現物について、それを積極的に発信した者でなくとも、3条に基づく警告に従わずに公開を続けた者については、1条または2条のもとで当該表現物に支持を表明したものとみなすものである。

13) Explanatory Notes to Terrorism Act 2006, para 33 (s 2(4)).
14) 土曜、日曜、および祝日を除く平日の2日間である（9項）。

Ⅳ　2006年テロリズム法のテロ関連表現物の規制に対する評価

1　表現の自由の保障との関係

(1)　従前の法規制との関係

テロ関連表現物の規制は、2006年の法改正によって創設されたものであるが、従前の法制度も、テロに関する一定の表現を規制対象に取り込んでいた[15]。たとえば、テロに限定されない一般的な刑事法のうち、1861年人に対する犯罪法4条は、人を殺すよう教唆、奨励、または説得することを禁止する[16]。一方、1986年公共秩序法18条は、人種的憎悪をかきたてる意図または人種的憎悪がかきたてられる可能性が高い状況下で、脅迫的、罵倒的、もしくは侮辱的な言葉もしくは行動を用いること、または脅迫的、罵倒的、もしくは侮辱的な文書を掲示することを禁止する[17]。さらに、同法は、人種的憎悪をかきたてる文書または動画等を公表または頒布することも禁止するほか、そのような表現物を公表または頒布する目的で所持することも禁止する[18]。

一方、テロに特化した従前の法律では、2000年テロリズム法59条以下が国外におけるテロの扇動を禁止するほか、同57条はテロ行為の実行、準備、または教唆に関連する目的のために文書等を所有することを禁止し、同58条Aはテロ行為の実行または準備に有益な情報の収集または所有を禁止する[19]。

(2)　表現の自由の保障のもとでの慎重な運用の必要性

2006年テロリスト法によるテロ関連表現物の規制は、こうした従前の法規制の隙間を埋めるかたちで設けられたことになる。しかし、広汎な表現を規制対象に取り込んでいるため、後述のとおり、表現の自由の保障との整合性について批判も寄せられており[20]、こうした批判を背景に、政府は、これらの規定を慎重

15)　Craig Forcese and Kent Roach, ‘Criminalizing Terrorist Babble: Canada’s Dubious New Terrorist Speech Crime’ (2015) 53 Alberta LR 35, 60-66. *See also* S. Chehani Ekaratne, ‘Redundant Restriction: The U.K.’s Offense of Glorifying Terrorism’ (2010) 23 Harvard Human Rights Journal 205, at 208-217.

16)　Offences Against the Person Act 1861, s 4.　なお、イギリスには統一化された刑法典が存在せず、個別分野ごとの刑事法が存在する。本法も、名称は独特であるが、一般的な刑法典の1つである。

17)　Public Order Act 1986, s 18.

18)　Public Order Act 1986, ss 19-23.

19)　Terrorism Act 2000, ss 57, 58A, 59-61.

20)　成典化された憲法を有しないイギリスにおける表現の自由は、長らくコモンロー上の権利として位置づけられていたにすぎなかったが、1998年の人権法の制定によって、欧州人権条約10条の表現の自由の保障を国内法上の権利として取り込み、明文上の権利となっている。なお、欧州人権条約は、欧州連合（EU）ではなく欧州評議会（CoE）の条約であるため、イギリスのEU離脱は欧州人権条

に運用しているようである。そこで、以下、2006年テロリズム法1条および2条の運用状況と評価をみていく。

2　2006年テロリズム法1条および2条の運用状況

(1)　1条の運用状況

1条の運用状況に関する内務省の統計によると、法施行から2016年12月までの期間に、1条を主要な訴因とする訴追は9件あり、有罪判決は4件ある[21]。検察庁の公式サイトには、主要な有罪事例が掲載されている[22]。それによると、たとえば、7.7テロ事件と9.11テロ事件を美化する内容とテロの実行を奨励する内容の数百通の手紙を発送した行為で有罪となった被告人の事件（2008年）[23]、講演を通してテロを奨励した行為で有罪となった被告人2名の事件（2014年）[24]、ツイッターとインスタグラムを通してジハードを呼びかける内容の大量のメッセージを発信した被告人の事件（2015年）[25]、イスラム過激派の活動を称賛したうえでテロの実行を奨励する内容の電子メールを多数送信した被告人の事件（2015年）[26]、テロ組織の活動を美化したうえでテロ行為の実行を奨励する内容の約250通のメッセージを複数のツイッターのアカウントから発信した被告人の事件（2016年）[27]などがある。

(2)　2条の運用状況

2条は、1条よりも頻繁に用いられているようである。内務省の統計によると、2016年12月までの期間に、2条を主要な訴因とする訴追は計37件、有罪判決は計23件ある[28]。検察庁の公表する近年の主要な有罪事例としては、ツイッター等を通してテロ組織の宣伝を拡散させた被告人の事件（2016年）[29]、フェイ

約からの離脱を意味するものではない。

21)　*See* Home Office, Operation of police power under the Terrorism Act 2000, quarterly update to December 2016 (2017): data tables. 他の条文を主要な訴因とする事件を含めると件数は増える。

22)　検察庁の公式サイト〈https://www.cps.gov.uk/publications/prosecution/ctd.html〉に掲載された2006年テロリズム法施行以来の主要な事例による。

23)　*R v Malcolm Hodges* (2008).

24)　*R v Ibrahim Hassan & Shah Hussain* (2014). 両者は、ユーチューブでアルカイーダの宣伝を頒布したことで2条違反でも有罪となっている。

25)　*R v Alaa Esayed* (2015).

26)　*R v Malcolm Hodges* (2015). なお、本件被告人は、2008年の事件（前掲注23））の被告人と同一人物である。

27)　*R v Mohammed Moshin Ameen* (2016).

28)　*See* United Kingdom Home Office, Operation of police powers under the Terrorism Act 2000, quarterly update to December 2016: data tables.

29)　*R v Zafreen Khadam* (2016).

スブックを通してテロ組織の活動を美化する内容の記事のリンクを拡散させた被告人の事件（2015年）[30]、暴力的ジハードを呼びかける内容の書籍を収監中の男性に送付した被告人の事件（2015年）[31]、ツイッターを通して暴力的テロを奨励する複数の映画を拡散させた被告人の事件（2015年）[32]、フェイスブック等を通して暴力的活動を奨励する内容のテロ組織の動画を拡散させた被告人の事件（2015年）[33]などがある。

3　2006年テロリズム法1条および2条の評価

(1)　独立審査官の報告書による評価

本章【各論Ⅰ】で紹介したとおり、2006年テロリズム法36条は、2000年テロリズム法全体および2006年テロリズム法第1部に関する総合的な審査を定期的に実施すべき旨を規定しており、当該規定に基づき、独立審査官による審査が実施され、その詳細な報告書が毎年公表されている。そこで、以下、最近の独立審査官の報告書に掲載された2006年テロリズム法1条および2条関連の評価内容をみていく。

まず、いずれの年の報告書においても、特にテロ奨励言明を禁止する1条に関しては、その制定過程において表現の自由の保障との関係で強い疑義が唱えられたという事実が明記されている[34]。そのうえで、2013年版の報告書では、テロの定義に対する懸念が紹介されている[35]。そこでは、元CIA職員のエドワード・スノーデン（Edward J. Snowden）から機密暴露データを譲り受けたジャーナリストの配偶者が2000年テロリズム法に基づき空港で身柄を拘束された事件を紹介したうえで、テロの定義を慎重に見極めないと、ジャーナリストの告発記事等までもが1条および2条の適用対象となるおそれがあり、正当な表現活動に対する萎縮効果を生じさせうると指摘している。たしかに、法律上のテロの定義（前掲図表1参照）に該当するすべての行為を、1条と2条の「テロ行為」（テロを目的とした行為）の解釈にもあてはめた場合、必ずしも暴力的ではない反政府的な活動なども「テロ行為」に該当することになる[36]。そして、そうした幅広

30）*R v Hassan Munir* (2015).
31）*R v Usman Choudhary* (2015).
32）*R v Abdul Miah* (2015).
33）*R v Mohammed Kahar* (2015).
34）*See, e g,* David Anderson, *Terrorism Acts in 2015* (2016) [hereinafter "*Terrorism Acts in 2015*"].
35）Anderson, *Terrorism Acts in 2013* (2014).
36）テロリズムの定義という点に関連して、2013年の最高裁判決（*R v Gul* [2013] UKSC 64）に言

い「テロ行為」に関連する表現を規制対象に取り込んでいる1条と2条がもたらす表現の自由に対する委縮効果は、深刻なものとなりうる。

この点に関連して、翌2014年版の報告書では、2006年テロリズム法の制定以来、表現の自由の保障に照らし、1条と2条等については慎重に運用してきているとする検察庁の見解を紹介している[37)]。そこでは、検察庁の見解として、「過激化犯罪の刑事訴追に際する共通の筋道は、個人もしくは集団に対して、その人種もしくは宗教に基づき、殺す、負傷させる、または過激な暴力の警告によって身体の安全に関する重大な不安をもたらし、他者にも同様の行動をとることを催促するという明白な意思の存在であ」り、実際に有罪判決が得られた事案ではこの条件がみたされているとする見解を紹介している。さらに、報告書では、両条に基づく訴追は単純ではないとする内務省の見解も紹介している[38)]。

一方、2015年版の報告書では、現場の検察官の意向を紹介するかたちで、1条に関して、公表された言明だけでなく私的な言明についても規制対象とするために改正を行う可能性と、1条と2条の双方に関して、複雑な規定内容を単純化して陪審への説示を容易にするために改正を行う可能性を指摘している[39)]。ただし、この指摘については、独立審査官が現時点で支持するものではないとも明言されていることに留意が必要である。

(2) 小　括

2006年テロリズム法1条のテロ奨励言明の禁止規定は、抽象的なテロ行為一般を不特定多数に向けて奨励する言明にも適用されうるし、実際にテロ行為が実行されなかった場合でも適用されうるほか、一触即発で暴力的反応が引き起こされるであろう言明ではなかった場合にも適用されうる。独立審査官の報告書でも示されてきたとおり、こうした広汎な表現規制については、規制が表現の自由の保障と抵触する懸念が拭えないことを、ここで改めて指摘しておきたい[40)]。

及しておきたい。この事件は、アルカイーダおよびタリバン等の武装集団によるチェチェンの軍事施設およびイラク国内等の多国籍部隊に対する攻撃を撮影した動画等を頒布したとして2条違反で有罪判決を受けた者が、国家以外の武装組織による他国軍および多国籍軍に対する攻撃は2000年法のテロリズムの定義に該当しないと主張して上告した事件であるが、最高裁は、テロリズムの定義を限定的に解釈すべきとする根拠がないこと、アルカイーダとタリバンの活動は国連決議でもテロリズムとして言及されていることなどを理由に、上告人の訴えを退けている。

37) *Terrorism Acts in 2014,* n (8) para 9.9.

38) *Terrorism Acts in 2015,* n (34) para 9.50.

39) *Terrorism Acts in 2015,* n (34), at para 9.50.

40) *See eg,* Eric Barendt, 'Freedom of Expression in the United Kingdom under the Human Rights Act 1998' [2008] NZLR 243, 249.

Ⅴ　おわりに

本稿でみてきたとおり、2005年のテロ防止に関する欧州評議会条約による「テロ犯罪の実行の公然挑発」の国内法化の要請を受け、イギリスでは、2006年テロリズム法1条でテロを奨励する言明を公表することを禁止するとともに、2条でテロを奨励する言明やテロに役立つ表現物を頒布することも禁止し、さらに3条でインターネット上のテロ表現物を排除するための制度も設けたが、これらの規定については表現の自由との整合性をめぐる懸念がある。

もっとも、近年、イギリス国内では、市民を巻き込むテロ事件が頻繁に発生しており、テロ防止のための効果的な対策を講じることが、現実かつ喫緊の課題となっている。そうしたなか、イギリス政府は、個人の権利と自由の保障を維持しながらも、テロ防止策を講じて社会の安全を確保するという、難しいかじ取りを求められている。本稿で紹介したとおり、イギリスでは、これまで、2006年テロリズム法1条と2条をきわめて抑制的に運用したうえで、両条を含むテロリズム法の運用状況などの情報を積極的に公表してきた。さらに、独立調査官による定期的な調査を通して、テロ対策法制全体の妥当性を丁寧に検討したうえで、課題点などを誠実に検証してきた。今後、イギリス国内でテロの発生がさらに続いた場合、本稿で紹介した規定内容と運用状況が変わる可能性もある。一定の自由の制約がやむをえないほどにテロの脅威が迫っているという状況において、なおも個人の権利と自由の確保を維持するために、イギリスがどのように対応していくのか、今後も注目していく必要がある。

【付記】　本研究は、一部、公益財団法人村田学術振興財団研究助成の助成を受けて実施した。

第6章

イタリア

総論

イタリアにおけるテロ対策法制とその変容

各論

通信等の傍受
——イタリアにおける法制の展開と課題

イタリアにおける9.11以降の主なテロ関連事件とテロ対策法制

年月日	内容
2001年10月18日	2001年緊急法律命令第374号制定:国際テロに対する緊急措置
2001年12月12日	2001年法律第438号により、上記命令を修正とともに法律転換
2002年3月19日	極左テロ組織「(新)赤い旅団」、マルコ・ビアジ(モデナ大学教授)を殺害
2002年8月25日	極左テロ組織「赤い旅団」元メンバー、フランスで逮捕されイタリアに移送
2003年11月12日	イラク南部ナシリヤのイタリア軍警察本部で自爆テロ、イタリア人18名死亡
2005年5月3日	フォンターナ広場爆破事件(1969年、17名死亡)の3被告の無罪確定
2005年7月7日・21日	ロンドン同時多発テロ事件
2005年7月27日	2005年緊急法律命令第144号制定:国際テロに対する緊急措置
2005年7月30日	2005年法律第155号により、上記命令を修正とともに法律転換
2005年9月22日	イタリアで逮捕・起訴されたロンドン同時多発テロ事件(同年7月21日)の実行犯(1名)をイギリスに引渡し
2007年8月1日	2007年法律第124号制定:情報機関の再編
2008年6月30日	中道右派政権、通信等の傍受に関する法改正案を下院に提出
2009年10月12日	イタリア北部ミラノ郊外における爆破テロ事件で、2名重軽傷
2010年12月23日	イタリア中部ローマのスイス大使館・チリ大使館に小包爆弾、2名重軽傷、過激派組織「非公式無政府主義者連盟」が犯行声明
2011年7月29日	北部同盟、テロ容疑者に共感を示す発言をした所属欧州議会議員を処分
2011年12月9日	ローマの徴税公社に小包爆弾、1名重傷、「非公式無政府主義者連盟」が犯行声明
2014年12月23日	中道左派政権、通信等の傍受見直しを含む刑事法改正案を下院に提出
2015年2月18日	2015年緊急法律命令第7号制定:テロに対する緊急措置および軍の国外任務等
2015年4月15日	2015年法律第43号により、上記命令を修正とともに法律転換
2016年3月16日	イタリア南部サレルノ近郊で、パリ同時多発テロ事件の実行犯等の身分証偽造に関与した容疑によりアルジェリア国籍の男を逮捕
2016年7月19日	2016年法律第153号制定:テロに対する措置および関係国際条約の批准
2016年12月23日	ミラノ郊外で、ベルリン・クリスマス市におけるテロ事件の実行犯を射殺(同人は、2011年にイタリアに渡航し、放火等の罪で収監された後、2015年にドイツ入国、2016年に上記事件を実行)

※計画・準備段階で容疑者が逮捕等されたテロ関連事件は多数に上るため割愛したが、近年の事例としては、次のようなものがある。①2015年4月24日：テロ計画容疑で、アルカイーダ系のパキスタン人等9名を逮捕、②2016年8月1日：イタリア北部ベルガモの空港襲撃を計画したパキスタン人を国外退去措置、③2016年8月3日：武装勢力に加わるため、シリア渡航を準備していたシリア人を逮捕。

総論
イタリアにおけるテロ対策法制とその変容

芦田　淳

Ⅰ　はじめに

イタリアのテロ法制は、国内テロを背景に1970年代から本格化し、9.11同時多発テロ事件以降は、国際テロへの対応を念頭に、2001年および2005年に主要な法改正が行われた。そして、2015年以降、テロの新たな国際化を念頭に、大規模な法改正が行われている。ただし、2005年までのイタリアにおけるテロ対策法制に関しては、わが国においても、数は少ないが優れた先行研究が存在する。そのため、本稿では、2005年以前のテロ対策法制の要点を主として当該研究[1)]に基づいて確認し、その後、2015年以降のテロ対策法制を詳細に検討することとしたい。

Ⅱ　1970年代の法制

イタリアにおけるテロ対策法制は、1960年代末から1980年代初頭にかけての極右・極左による激しい政治的テロの経験と、マフィアの組織犯罪に対してとられた「例外的措置」の蓄積が背景にある。イタリアにおける最初の本格的なテロ対策立法である1978年緊急法律命令第59号[2)]も、1978年の極左テロ組織「赤い旅団」によるモーロ（Aldo Moro）元首相の誘拐・殺害事件を端緒とするものであった。続く1979年緊急法律命令第625号[3)]は、多様な形態のテロ活動

1)　鈴木桂樹「イタリアにおける安全保障とテロ対策」梅川正美編『比較安全保障』（成文堂・2013年）171頁および高橋利安「イタリアのテロ対策立法について」森英樹編『現代憲法における安全』（日本評論社・2009年）481頁を参照した。また、本稿全編にわたり、刑法典および刑事訴訟法典の翻訳に関しては、法務大臣官房司法法制調査部編『イタリア刑法典』（法曹会・1978年）および法務大臣官房司法法制調査部編『イタリア刑事訴訟法典』（法曹会・1998年）を参照した。

2)　D.L. 21 marzo 1978, n. 59, Norme penali e processuali per la prevenzione e la repressione di gravi reati. D.L. convertito con modificazioni dalla L. 18 maggio 1978, n. 191. なお、緊急法律命令は、緊急の必要がある非常の場合に、政府の制定する、法律と同等の効力を有する命令である。ただし、公布後60日以内に、議会によって法律に転換されなければ、効力を失う。

3)　D.L. 15 dicembre 1979, n. 625, Misure urgenti per la tutela dell’ordine democratico e della

に対処することを可能にする刑事法上の措置を規定している。主な内容としては、①テロ目的結社罪[4)]の導入（刑法典[5)]270条の2）、②テロ目的加害罪の導入、③テロ行為または民主的秩序を破壊する目的で遂行された犯罪に対する刑の加重、④テロ犯罪の自首者、中止未遂者、捜査への協力者等、いわゆる「改悛者」に対する刑の減免措置等が定められている。ここでの特徴は、テロ犯罪に対する厳罰主義と改悛者への刑の軽減措置を併用している点である。

III 2001年改正

9.11同時多発テロ事件は、それまでのもっぱら国内テロを対象としてきたテロ法制から、国際テロへの対応を中心とするテロ法制整備が中道右派政権により進められる転換点となった。

まず制定されたのが、2001年緊急法律命令第374号[6)]である。同命令により、テロに関する刑法典改正については、①国際テロ規定が挿入され、②テロ結社罪に対する幇助罪が新設された。他方、テロ犯罪にかかわる警察の捜査権強化を目的とした刑事訴訟法典[7)]改正としては、③従来は薬物犯罪捜査に限定されてきた警察による秘匿捜査のテロ犯罪への適用、④従来はマフィア犯罪捜査に限定されてきた通信等の予防的傍受の同様の適用、⑤マフィア犯罪に対する捜査手続特例（身体的自由の制限、財産調査、財物差押えおよび没収等）の同様の適用等が盛り込まれた。ここでの特徴は、マフィア捜査等に限定的に使われてきた捜査手法の適用をテロ犯罪に拡大した点である。

IV 2005年改正

続いて、2005年のロンドン同時多発テロを契機とし、欧州理事会採択「テロとの闘いに関する枠組決定」[8)]（2002年）の国内実施法でもある2005年緊急法

sicurezza pubblica. D.L. convertito con modificazioni dalla L. 6 febbraio 1980, n. 15.

4）民主的秩序を破壊する目的で暴力行為を行うことを主唱する結社を発起し、創設し、組織し、指導すること、または当該結社に加入することをさす。

5）R.D.19 ottobre 1930 n. 1398, Approvazione del testo definitivo del Codice penale.

6）D.L.18 ottobre 2001, n. 374, Disposizioni urgenti per contrastare il terrorismo internazionale. D.L. convertito con modificazioni dalla L. 15 dicembre 2001, n. 438.

7）D.P.R. 22 settembre 1988, n. 447, Approvazione del codice di procedura penale.

8）Decisione Quadro del Consiglio del 13 giugno 2002 sulla lotta contro il terrorismo (2002/475/GAI).

律命令第144号[9]（以下「2005年命令」という）が制定されている。その主な内容は、テロ目的行為の定義を置いたことのほか、①国際テロを目的とした人員調達罪[10]（刑法典270条の4）の新設、②国際テロを目的とした訓練に対する罪[11]（刑法典270条の5）の新設、さらに、テロ犯罪捜査およびテロ予防のための措置として、③身元確認のための警察の捜査権限の拡大、④捜査目的の優遇措置としての協力者への滞在許可発給、⑤マフィア捜査に限定されていた被拘留者との面談の拡大、⑥テロ防止を目的とする外国人の国外退去、⑦通話・通信データの保存、⑧通信傍受活動の強化、⑨テロ対策組織の強化等が定められている。

V　2015年改正

近年のテロの特色として、①実行主体が個人または小規模な集団で、ヨーロッパで生まれ育った者も多く、社会に溶け込んでいて判別が容易でないこと、②インターネット等を介して情報を得るとともに、時に外部のテロ組織（たとえば、アルカイーダや「イスラム国」（ISIS））とつながりをもち、国内でテロ犯罪を引き起こしたり、国外で戦闘行為に参加するといった点が指摘できよう[12]。こうした特色を踏まえ、2015年1月のシャルリ・エブド襲撃事件等を契機として、中道左派政権により、2015年緊急法律命令第7号[13]が制定され、その後、2015年法律第43号により修正を伴って法律に転換された。以下、法律転換を経た当該緊急法律命令を「2015年命令」とし、原則として条項ごとに、その内容を従来の法制と比較しながら概観する[14]。なお、2015年命令は、5章26条からなる

9)　D.L. 27 luglio 2005, n. 144, Misure urgenti per il contrasto del terrorismo internazionale. D.L. convertito con modificazioni dalla L. 31 luglio 2005, n. 155.

10)　外国の国家、国際機関または国際機構を対象としたもので、テロ目的で暴力行為または不可欠な公共サービスの怠業を実施するために人員を調達することを処罰の対象とした。

11)　他の国家、国際機関または国際機構を対象としたもので、テロ目的で暴力行為または不可欠な公共サービスの怠業を実施するために、爆発物、火器、その他の武器、有害もしくは危険な化学もしくは生物物質ならびに他のすべての技術もしくは手段を準備または使用等の訓練を行うことと、訓練を受けることを処罰の対象とした。

12)　たとえば、Franco Roberti e Lamberto Giannini, *Manuale dell'antiterrorismo-Evoluzione normativa e nuovi strumenti investigative,* Roma: Laurus, 2016, pp. 81-83を参照。

13)　D.L. 18 febbraio 2015, n. 7, Misure urgenti per il contrasto del terrorismo, anche di matrice internazionale, nonché proroga delle missioni internazionali delle Forze armate e di polizia, iniziative di cooperazione allo sviluppo e sostegno ai processi di ricostruzione e partecipazione alle iniziative delle Organizzazioni internazionali per il consolidamento dei processi di pace e di stabilizzazione. D.L. convertito con modificazioni dalla L. 17 aprile 2015, n. 43.

14)　2015年命令の解釈にあたっては、Roberti e Giannini, *op. cit.* のほか、Roberto E. Kostoris e Francesco Viganò (a cura di), *Il nuovo "pacchetto" antiterrorismo,* Torino: Giappichelli, 2015およびServizio Studi della Camera dei deputati, *Dossier n. 278/3 (A. C. 2893-A: Misure*

が、軍および警察の国外任務等を定めている部分もあるため、テロ対策に関連するのは、1条から10条および20条である。

1　刑法規定を中心とした見直し

(1)　国際テロを目的とした犯罪規定の拡大

2015年命令は、国際的なものを含むテロ犯罪に関する刑法規定の見直しを行っている。2005年命令は、テロの前兆と思われるすべての行為を処罰しようとするものであったが、刑法典270条の5で訓練を実施した者と訓練を受けた者双方を処罰の対象とする一方、同270条の4では処罰の対象を人員調達した者に限定し、応募者は処罰されないという不均衡を生じていた。そこで、この不均衡を改めるべく、2015年命令は、270条の4に第2項を設け、テロ目的で暴力行為を行うために応募した者に対しても、5年以上8年以下の懲役とした。この規定により、国外に渡航して戦闘行為に参加するいわゆる「外国人戦闘員」が処罰されることになる。また、テロ目的の行為の遂行のための出国について組織し、資金供与しまたは宣伝した者も、5年以上8年以下の懲役と定め(270条の4の1)、組織面および金銭面で当該戦闘員を援助する者も処罰する規定を挿入した。

270条の5に対しても、「自己訓練(autoaddestramento)」という新たな犯罪の事例を加えた。ここで主に想定されているのは、国際的なテロ組織とは距離を置き、インターネットを用いて、たとえば爆発物を製造するための知識や技術を習得するような「単独テロリスト」である[15)]。新たな同条は、火器もしくは爆発物を使用する技術に関する訓練またはテロ目的の暴力行為を行う訓練を自発的に受けた後で、テロ目的の暴力行為の実行を一義的に目的とした行為を行った者についても、5年以上10年以下の懲役により処罰すると規定している。なお、改正以前から、自己訓練のような場合を270条の5に基づいて処罰できるかについては議論があり、破棄院[16)]は自己訓練を行った者も処罰できるとの解釈を示していた[17)]。また、訓練を実施した者および訓練を受けた者に関しては、テ

---

urgenti per il contrasto del terrorismo, proroga delle missioni internazionali e iniziative di cooperazione allo sviluppo), 24 marzo 2015を参照した。

15)　実際の例としては、2009年10月12日、正規の滞在許可をもつミラノ在住のリビア移民が、ミラノのサンタ・バルバラ兵舎の入口で、自身の準備した爆発物を爆発させた事件が挙げられる。ただし、被害は、犯人自身が重傷を負う程度にとどまった。

16)　破棄院は、民事・刑事事件を管轄する最終審である。

17)　たとえば、2014年破棄院刑事第1部判決第4433号(Sent. Corte Cass. Pen., sez. 1, 6 novembre 2013, n. 4433)を参照。

ロ活動を行うための知識を習得することが犯罪の構成要件であったのに対して、自己訓練の場合、習得した知識により、テロ目的の行為を行うことを犯罪の構成要件としている。さらに、同条に関しては、訓練または教育する者の行為が情報機器またはデータ通信を介して行われた場合に、刑罰を加重するものとしている。

このほか、テロ目的結社罪、破壊的結社・テロ目的結社参加への幇助罪、国際テロを目的とした人員調達罪、国際テロを目的とした出国組織罪、国際テロを目的とした訓練罪に関して有罪とされた場合に、未成年者を巻き込んだときは、親権の喪失という付加罪が設けられている。

(2) 武器および爆発物の管理強化

まず、2013年EU規則第98号[18]を踏まえ、刑法典に新たな2つの違法行為を加えている（678条の2・679条の2）。当該規則は、爆発物の違法な製造に使用される疑いがあり同規則の付表で特定された一定の物質および混合物の流通にかかる義務および制約を定めており、合法で自由に売買できる物質を用いて爆発物を製造する可能性を大きく制限しようとするものであった。そのため、新たな刑法典の規定も、爆発物等の市場への流入および使用の規律を目的としている。まず、678条の2は、正当な理由なく、2013年EU規則第98号により爆発物の前駆体（precursori）と定められた物質および混合物を国内に持ち込み、所持し、使用しまたは第三者の使用できる状態に置いた者は、最長18か月の拘役および最高1,000ユーロの科料により処罰すると規定した。他方、679条の2は、爆発物の前駆体の窃盗または紛失を当局に報告しなかった場合、最長12か月の拘役または最高371ユーロの科料により処罰することとした。

刑法典以外にも、次のような規定を設けている。合法的に当該前駆体を取り扱いながら、当局に疑わしい取引を報告しなかった販売業者に対しては、1,000ユーロ以上5,000ユーロ以下の過料を課す。販売業者は、内務省が武器、弾薬および爆発物に関する情報を即時に収集できるように、販売に関する情報およびデータを電子的な方法で県警察に時宜を得て報告しなければならない[19]。当該情報を報告する方法および間隔は、内務省令に委ねられている。

また、2010年立法命令[20]第8号[21]（2008年EC指令第43号の実施ならびに

18） Regolamento (UE) n. 98/2013 del Parlamento europeo e del Consiglio, del 15 gennaio 2013, relativo all'immissione sul mercato e all'uso di precursori di esplosivi.

19） 従来は、後述する1931年勅令第773号に基づき、販売業者には月ごとに所轄の警察に報告する義務が課せられていたが、方法に関しては特に定められていなかった。

20） 法律によって与えられた一定の原則および指針のもとに、政府が制定する法律と同等の効力を有する命令である。

21） D. Lgs. 25 gennaio 2010, n. 8, Attuazione della direttiva 2008/43/CE, relativa all'istituzione,

1993年EEC指令第15号に基づく民事利用の爆発物の同定および追跡システムの創設）を、①民事利用の爆発物を製造している企業が内務省のデータ収集システムを利用するかは任意とすること（従来は、当該システム利用が義務づけられていた）、②製造から販売まで完全に追跡が可能となるように、他企業と共同で設ける場合も含め、すべての企業に当該爆発物についてのデータ収集システムを設けるよう義務づけること、③損傷または事故もしくは故意による破壊から収集データを保護するとともに、データ収集システムの効果を定期的に確認するよう企業に義務づけることを目的として改正している。①から③の企業に対する義務は、2015年命令の転換法律の施行日から効力を発し、国家予算に新たな負担をもたらさない。

1931年勅令第773号（公安に関する統一法）[22]に対して、①所定の数量[23]を超える長銃および短銃の荷積み人に対しても治安当局に届け出ること、②製造、国内への持ち込み、輸出または商売、製造もしくは販売の目的での収集に関する県警察本部長の許可を有する者はこの届出義務を免除される旨を定めるための改正を行っている。違反に対しては、刑法典697条を適用し、最長12か月の拘役または最高371ユーロの科料により処罰する。これは、武器の不法所持と荷積人の届出義務違反を同等に扱うものである。一部の例外を除いて、当該荷積人による届出は、2015年11月4日までに行われなければならない。

1992年法律第157号（野生定温動物の保護および狩猟に関する規定）[24]に対して、一般的な規律の例外として、特定の武器（半自動火器等）を狩猟用として認めない旨の改正を行っている。あわせて、狩猟用から除外された武器の所持に関する経過規定も定められている。

2　インターネットを介したテロ宣伝等への対応策

まず、刑法典および刑事訴訟法典の改正を行っている。①テロ犯罪の教唆および賛美が情報機器およびデータ通信を介して行われた場合、刑罰を加重する。これは、インターネットの使用がテロ集団の宣伝、勧誘および支援の目的からみて重要であることを考慮したものである。②出国に必要な書類を偽造したものを保持している場合に対する刑罰を引き上げ、当該偽造書類の作成、保持または使用

a norma della direttiva 93/15/CEE, di un sistema di identificazione e tracciabilità degli esplosivi per uso civile.

22) R.D. 18 giugno 1931, n. 773. Testo unico delle leggi di pubblica sicurezza.

23) 長銃の場合は6挺以上、短銃の場合は16挺以上である。

24) L. 11 febbraio 1992, n. 157, Norme per la protezione della fauna selvatica omeoterma e per il prelievo venatorio.

に対して、現行犯逮捕を義務づけた。③裁判上の証拠の採用に関連して、いかなる場合でも、公開されていないものも含め、国外で保存された文書および情報データの取得が認められるとした。ただし、当該文書等の取得は、正当な所有者の同意に基づくこととする。

次に、刑事訴訟法典の実施規定である1989年立法命令第271号[25]226条を改正して、①情報技術またはデータ通信技術を用いて行われたテロ犯罪の捜査に関しても、通信等の予防的傍受を認めることとし、②傍受を承認した共和国検事正は、当該傍受が認められた重大犯罪の予防活動の継続のために不可欠な場合、概括的な調書の作成後にデータの破棄を定めている一般的な規定の例外として、トラフィックデータを含み、通信内容を除く、取得したデータの最大24か月間の保存に同意することとした[26]。

また、郵便・通信警察[27]には、秘匿捜査を含む司法警察の捜査遂行の支援等を目的として、テロ犯罪の実行に用いられるインターネット・サイトのブラック・リストの常時更新が義務づけられた。テロに関して危険なサイトの特定は、捜査面のみならず、予防・抑止の観点からも重要な意味を帯びている。インターネット・プロバイダに対しては、司法当局の要求に基づいて、可能であれば郵便・通信警察を介して、インターネットに公開されたテロ犯罪に関するサイトの遮断および違法コンテンツを除去する義務が導入された[28]。命令のプロバイダによる履行は、通知から48時間以内に行われなければならず、履行されない場合には、インターネット・ドメインへのアクセスが禁止される。ただし、第三者に属するプラットフォーム上にユーザおよびゲストにより作成されたコンテンツの場合、サイトの遮断はできず、違法なコンテンツを除去するにとどまる。また、技術的に可能であれば、違法行為に関係のないコンテンツのユーザによる利用は

25） D. Lgs. 28 luglio 1989, n. 271, Norme di attuazione, di coordinamento e transitorie del codice di procedura penale.

26） このほか、通信等の予防的傍受を承認した検察官に当該傍受を要約した調書を提出する期限を、翻訳が必要な場合には5日から10日に倍増している。

27） 国家警察に設けられ、郵便にかかる不正行為および情報犯罪に対応する機関である。

28） ただし、こうした措置は、憲法21条の保障する出版の自由にかんがみ、1948年法律第47号（L. 8 febbraio 1948, n. 47, Disposizioni sulla stampa.）5条に基づいて正式に登録された電子的な新聞および出版物に対しては、適用することができない。Camera dei Deputati, Disegno di Legge, n. 2893 (XVII Legislatura), p. 8. なお、電子的なものに限らず新聞および定期刊行物は、その出版地を管轄する裁判所の書記課（cancelleria）で登録されることになっている。その趣旨に関しては、当該新聞等の存在を法的に明らかにすることに加え、客観的に最小限度の法に定められた要件を備えているかを統制することであると説明されている。Ministero della Giustizia, Scheda pratica-Giornali e periodici-Registrazione 〈https://www.giustizia.it/giustizia/it/mg_3_4_2.page?tab=d〉.

保障されなければならない。内務省には、ブラック・リストと適用された遮断および除去の措置に関して、警察の活動ならびに秩序および治安の状況に関する年次報告書の適切な章において、報告する義務が課されている。

3　司法協力者に関する規定のテロ犯罪への拡張

1975年法律第354号（刑務所制度等に関する規則）[29]4条の2を改正し、1998年立法命令第286号（移民に関する統一法）[30]12条1項および3項に規定する「同命令の規定に違反して、イタリア国内への外国人の入国を推進した者、組織した者及び資金提供した者並びに当該入国を実質的に措置した者又はイタリア国土への不法入国をもたらすその他の行為を行った者」についても、司法と協力した場合に、刑務所における便宜を享受できるようにした。

また、1991年緊急法律命令第8号（恐喝目的の誘拐ならびに司法協力者の保護および刑罰上の取扱い等に関する新たな規定）[31]のうち、司法協力者を保護する特別手段の許可の提案に関する11条、司法協力による保全拘置の取消しまたは代替に関する16条の8、司法協力者に対する利益（仮釈放等）の適用に関する16条の9に対して、テロ目的の犯罪については、新設された国家マフィアおよびテロ対策検察官（324頁以下参照）が決定に関与するよう改正している。

4　テロに対する予防措置の強化等

まず、テロ関連犯罪に対して予防措置を強化する目的で、2011年立法命令第159号（マフィア対策法典）[32]の一部改正を次のとおり行った。なお、同法典によれば、対人的な予防措置とは、特別な監視を行うものであり、さらに必要に応じて、住所以外の一定のコムーネ（基礎自治体）もしくは県への滞在を禁止するか、または住所たるコムーネへの滞在を義務づけるものである。また、財産に対する予防措置の手段には、財産調査、財物差押えおよび没収がある。①司法当局によ

29）L. 26 luglio 1975, n. 354, Norme sull'ordinamento penitenziario e sulla esecuzione delle misure privative e limitative della libertà.

30）D.Lgs. 25 luglio 1998, n. 286, Testo unico delle disposizioni concernenti la disciplina dell'immigrazione e norme sulla condizione dello straniero.

31）D.L. 15 gennaio 1991, n. 8, Nuove norme in materia di sequestri di persona a scopo di estorsione e per la protezione dei testimoni di giustizia, nonché per la protezione e il trattamento sanzionatorio di coloro che collaborano con la giustizia. D.L. convertito con modificazioni dalla L. 15 marzo 1991, n. 82.

32）D.Lgs. 6 settembre 2011, n. 159, Codice delle leggi antimafia e delle misure di prevenzione, nonché nuove disposizioni in materia di documentazione antimafia, a norma degli articoli 1 e 2 della legge 13 agosto 2010, n. 136.

り適用される対人的な予防措置の対象者として、テロ組織支援のために国外の紛争に参加するための準備行為を行う者を加える（4条）。②県警察本部長は、緊急の必要がある場合に限り、特別監視措置および滞在義務づけの適用が措置の対象者の住む地区を管轄する裁判所に申請されると同時に、パスポートの一時的な回収およびその他の人格的同一性を証明する文書の出国目的での効力停止を命じることができる（9条）。この措置は、決定から96時間以内に裁判所長官により追認されなければ、効力を失う。③財産に対する予防措置の提案権を、国家マフィアおよびテロ対策検察官にも認める（17条）。④一連のテロ犯罪に対しても、確定した予防措置の適用中（および当該措置の終了から3年以内）に行った場合、刑罰の3分の1から2分の1の加重を行う（71条）。⑤パスポートの回収またはその他の人格的同一性を証明する文書の出国目的での効力停止による出国禁止の違反に対しては、1年以上5年以下の懲役により処罰する（75条の2）。

また、移民に関する統一法の一部改正により、国の秩序および安全のために国外退去を命じる県長官[33]の権限を、テロ目的の犯罪やテロ組織支援のために国外の紛争に参加するための準備活動を行う外国人にも及ぼしている。

5　国土管理のための軍の人員の使用

2015年命令は、2008年緊急法律命令第92号（公共の安全に関する緊急措置）[34] 7条の2の1項に規定する計画を2015年6月30日まで延長した。当該計画は、警察とともに国土の管理のために軍の人員を、県長官の指揮により最大3,000名使用することを定めるものである[35]。また、その規模は、テロを予防し、かつ、対抗することが特に必要であることを考慮して1,800名増員されている。さらに、南部カンパーニア州の諸県において、環境犯罪にかかる安全および監視にかかわる活動に従事することを理由として、上述の3,000名のうち200名を下回らない数の人員については、2015年12月31日まで期間を延長する。この人員は、2015年6月30日以降、公共の秩序および安全にかかる全国的な必要性と両立する限りにおいて、かつ、現行法で利用可能な財源の範囲内で300名まで増員することができる。

33）県長官は内務省に属し、県の領域で中央政府を代表する。その任務は、地方行政機関の統制、公共の秩序の保護、公共の安全の管理である。

34）D.L. 23 maggio 2008, n. 92, Misure urgenti in materia di sicurezza pubblica. D.L. convertito con modificazioni dalla L. 24 luglio 2008, n. 125.

35）軍の人員の使用にかかる同様の措置は、2015年緊急法律命令第185号（D.L. 25 novembre 2015, n. 185, Misure urgenti per interventi nel territorio. D.L. convertito con modificazioni dalla L. 22 gennaio 2016, n. 9. 各領域における措置のための緊急手段）等、その後もみられる。

このほか、国土の監視および国際テロへの対抗のために、より多くの人員を利用できるよう、国防省警察が、4年間、軍において志願兵として活動する練習生の徴募のために、2010年に公募した試験の合格者から選抜する150名の練習生の採用を2015年4月15日に繰り上げることを認めている。また、テロ予防に関連して、2015年9月30日までに、地中海の監視と治安にかかる空海軍の配置の強化のために、約4,045万ユーロの支出を認めている。さらに、この規定に関しては、政府が、状況の進展および採用された方策について、権限を有する議会委員会に2015年6月15日までに報告することが定められた。

6 捜査のための滞在許可・面談

2005年命令は、テロ目的の犯罪等に関して、警察活動、捜査および訴訟の各段階で、司法機関に協力した外国人の国内滞在が必要な場合に、当該外国人に特別な滞在許可（期間は1年間で、更新可能）を発給できる旨を規定していた。この規定を改正し、国際犯罪を目的としてなされた犯罪もその対象とした。さらに、（2016年1月31日まで）暫定的に、情報機関[36)]が、国際テロ目的の犯罪を予防するために情報を得ることを目的として、拘留されている者と面談を行うことができるようにした。この捜査目的の面談に関しては、ローマ控訴院[37)]に対応する法院検察長官と国家マフィアおよびテロ対策検察官にあらかじめ通知されなければならず、面談の終了時には、共和国の安全に関する議会委員会（Copasir）[38)]にも報告することとする。情報機関の人員は、犯罪を構成する事実を同機関の長に申告し、情報機関の長は、遅滞なく首相に通知する。情報機関の長は、犯罪の遂行に関して得られた証拠要素を司法警察機関に提出する義務を負うが、情報機関の設置目的の追及に密接に関係する場合は提出を遅らせることができる。面談は、予防を目的としたものであるため、そこで得られた要素は、刑事手続において証拠として用いることはできない。

また、1975年法律第354号（刑務所制度等に関する規則）を改正し、テロ目的

36） ここでは、国外情報・安全庁および国内情報・安全庁をさす。いずれも、2007年法律第124号（L. 3 agosto 2007, n. 124, Sistema di informazione per la sicurezza della Repubblica e nuova disciplina del segreto.）（以下「2007年法」という）による情報機関の改組により設置された機関である。前者は、国外からの脅威に対して国家の独立、統合および安全を防衛するために有益なすべての情報を収集し、処理する任務を有する。これに対して、後者の任務は、国家内の安全および民主的制度を、あらゆる脅威、あらゆる破壊活動およびあらゆる形態の犯罪行為またはテロ行為から防衛するために有益な情報の収集および処理である。

37） 控訴院は、民事・刑事事件に関して、地方裁判所からの上訴を扱う第二審である。

38） 2007年法により設置された常設の両院合同委員会で、情報機関の監視を担当している。

の犯罪に対して、国家マフィアおよびテロ対策検察官が承認なく拘留者との捜査目的の面談を行うことができると規定した。これは、従来、マフィア型結社および犯罪結社による犯罪に対して、国家マフィア対策検察官に認められていた権限を拡大するものである。

7　個人データ保護法典の改正

(1)　データ保存期間の延長

2005年命令は、2003年立法命令第196号（個人データ保護法典）[39]を一部改正し、プロバイダに対して、犯罪の立証および抑止を目的として、応答のない呼出しを含む通話のトラフィックデータは2年間、通信のトラフィックデータ（通信内容は除く）は6か月間、保存することを義務づけた。テロ犯罪にかかわる場合、それぞれの保存期間は2倍となる。その後、2008年には、通信のトラフィックデータ（通信内容は除く）の保存期間は1年間、応答のない呼出しのデータの保存期間は30日間と改められた。2015年命令は、テロ犯罪の立証および抑止のため、こうした個人データ保護法典の例外として、通話および通信のトラフィックデータ（いずれも通信内容は除く）ならびに応答のない呼出しに関するデータを2017年6月30日まで保存することをプロバイダに義務づけた。この結果、通信のトラフィックデータおよび応答のない呼出しのデータ保存期間が延長されている。

(2)　公安目的によるデータ処理

主に関係者の保護に関する規定を適用せずに公安目的の処理を行うことのできる範囲を拡大するために、個人データ保護法典53条を改正している。その内容は、①「公安目的（finalità di polizia）のデータ処理」とは、犯罪の予防および抑止のために刑事訴訟法典に基づいて行われる、犯罪の予防、公共の秩序および安全の保護ならびに司法警察という警察の任務の行使に直接結び付く個人データの処理と定義すること、②法律、規則[40]または事前に所管の議会委員会に通知を行い内務大臣が定めた命令に基づく公安目的のデータ処理であり、かつ、治安担当部局のデータ処理センター（CED）、警察またはその他の公的主体が法律または規則に基づいた権限の行使として当該データ処理を行う場合、関係者への事前通知、データ処理の中止事由といった個人データ保護法典の規定を適用しないことができること等である。なお、53条の改正は、法律のほか、規則も根拠にし

39)　D. Lgs. 30 giugno 2003, n. 196, Codice in materia di protezione dei dati personali.
40)　規則（regolamento）は、原則として、法律より効力の劣る立法である。

て、公安目的で警察および治安当局がデータを取得することを認める同法典54条とも平仄が合っている。

8　情報機関の人員の保護等

情報機関（国外情報・安全庁、国内情報・安全庁および安全保障情報局[41]）の人員の職務上および訴訟上の保護のため、次の規定を導入している。①秘匿捜査にかかる刑事手続における証言の場で、従来の司法警察の職員等（刑事訴訟法典497条）に加え、情報機関の人員にも捜査中と同様に身分を秘匿することを認める。さらに、次の②～⑤の情報機関の人員に有利な職務上および訴訟上の規定が、2018年1月31日までの期限を付けて定められている。②情報機関の人員は、厳格な制約のもと、法律で犯罪と定められている行為を行うことが認められているが、一連のテロ目的の犯罪[42]に関しても認められることとする。③情報機関の施設および人員を保護する軍の人員にも、予防のための警察権能とともに治安にかかわる公務員としての職位を与える。④機関の活動中になされた犯罪に関して、情報機関の人員の秘匿された身分について、当該人員を起訴する司法当局に対して機密の連絡を行うことにより、刑事訴訟手続の文書において当該身分を使用することができる。⑤司法当局は、情報機関の長の要求に基づいて、国家の治安または安全を保護するために情報機関の職員の身分を秘密にしておく必要がある場合に、当該職員が秘匿された身分により刑事手続において証言することを認める。

加えて、国外情報・安全庁は、国の政治的・軍事的・経済的・科学的・産業的利益を守るために、もっぱら国外を対象とした電子的な捜査も介した情報活動を行う任務を委ねられている。電子的な捜査に関して、首相は、毎月、共和国の安全に関する議会委員会に報告を行う。

9　テロ対策のための新たな検察官等の設置

（1）　権能および組織等

2015年命令は、従来の国家マフィア対策検察官に、マフィア対策の権能に比べれば縮小したかたちでテロ対策に関する捜査の調整等の権能を付与して「国家

41）　安全保障情報局は、2007年法で首相府に設置され、情報機関相互の調整、情報機関、軍および警察等からの情報の集約等を行う機関である。

42）　具体的には、破壊的結社への参加、破壊的結社・テロ目的結社参加への幇助、国際テロを目的とした人員調達、国際テロを目的とした出国の組織、国際テロを目的とした訓練、国家の国際的人格および内部的人格に対する犯罪の教唆、武装集団への参加、テロ犯罪または人道に対する犯罪の教唆または賛美である。

マフィアおよびテロ対策検察官」（以下「国家検察官」という）とし、その関連組織についても規定している。

権能に関しては、次のとおりである。①どの検察庁が事件を担当すべきか争いがある場合、控訴院に対応する法院検察長官か、関係する検察庁が異なる控訴院の管轄地域に属していれば、破棄院に対応する法院検察長官が、事件を担当すべき検察庁を指定する。テロ犯罪に関してこの指定が行われる場合、控訴院に対応する法院検察長官が指定を行うときは国家検察官に結果を通知することとし、破棄院に対応する法院検察長官が指定を行うときは国家検察官と事前に協議することとする。②国家検察官は、犯罪情報の登録簿、予防措置の登録簿および地方検察に設置されるデータベースにアクセスできる。③国家検察官は、テロ目的の犯罪捜査において、捜査を目的とした命令により、警察の中央機関および2以上の県にまたがる機関を利用することができる。④国家検察官に対しては、テロ目的の犯罪に関する外国からの司法共助要請および外国への司法共助要請の写しを送付しなければならない。

組織に関しては、まず、破棄院に対応する法院検察庁のなかに、「国家マフィア対策部」に代わり「国家マフィア及びテロ対策部」を設置する。同対策部は、1名の国家検察官と2名の国家マフィアおよびテロ対策検察官補佐（以下「国家検察官補佐」という）という3名の司法官により指導される。この3名およびその代理人として同対策部で司法官の職務を果たすためには、10年以上の検察官経験に加え、特別な適性、組織能力および組織犯罪・テロ犯罪に関する訴訟の取扱い経験が求められている。国家検察官および国家検察官補佐の任期は4年、再任は1回のみ可能である。

このほか、国家検察官の設置に伴い、イタリア銀行の金融情報部（UIF）は、テロにかかわる資金洗浄または資金供与の疑いがある取引に関する情報を、マフィア対策捜査部（DIA）および財務警察の金融警察特殊部隊に加えて、国家検察官にも報告する[43)]。

(2)　経過規定

経過規定としては、①国家検察官の任務は、2015年命令の転換法律の施行日に、国家マフィア対策検察官から引き継がれると規定し、同対策部のトップの継続性を保障している。②司法官の職務を規律する2006年立法命令第160号[44)]

43)　なお、2015年命令により、内務省のテロ対策戦略分析小委員会も、イタリア銀行の金融情報部から、テロにかかわる資金洗浄および資金供与が行われている具体的な異常にかかる分析および調査の結果を受け取ることができるとされた。

44)　D.Lgs. 5 aprile 2006, n. 160, Nuova disciplina dell'accesso in magistratura, nonché in

（以下「2006 年命令」という）を改正し、国家検察官補佐の全国的調整に関する準指導的な職務を規定している[45]。③国家検察官補佐就任の要件（16～20 年の司法官としての職務経験）および基準を規定している[46]。④ 2015 年命令の施行日以降、現行法令上の「国家マフィア対策検察官」を「国家マフィア及びテロ対策検察官」に、「国家マフィア対策部（Direzione nazionale antimafia）」を「国家マフィアおよびテロ対策部」に読み替える。⑤ 2015 年命令以前に任命された国家マフィア対策検察官補佐は、2015 年命令の転換法律の施行日から 6 か月を超えない範囲で、司法職高等評議会が新たな指名を行うまでその職にとどまる。⑥事前に司法職高等評議会の意見を聴き、司法大臣命令により、2 名の国家検察官補佐のポストを設けることを考慮して、国家マフィアおよびテロ対策部の組織を決定する。ただし、同対策部の設置は、司法官の組織的配置全体の見直しをもたらすものではない。

VI　2016 年改正

2016 年法律第 153 号[47]（以下「2016 年法」という）は、まず、テロへの対抗およびその予防を目的とした 5 件の国際条約を批准するものである。その国際条約とは、テロ防止に関する欧州評議会条約（2005 年）、同条約追加議定書（2015 年）、核によるテロ行為の防止に関する国際条約（2005 年）、テロ防止に関するヨーロッパ条約改正議定書（2003 年）、犯罪収益の資金洗浄、捜索、差押え及び没収並びにテロ資金供与に関するヨーロッパ条約（2005 年）である。

また、2016 年法は、刑法典を改正して、国家の内部的人格および国際的人格に対する犯罪のなかに、テロに関する新たな不法行為を加えている。①テロ目的

materia di progressione economica e di funzioni dei magistrati, a norma dell'articolo 1, comma 1, lettera a), della legge 25 luglio 2005, n. 150.

45）　2006 年命令は、国家マフィア対策検察官の全国的調整に関する指導的な役割についてはすでに定めていた。

46）　前掲注 45）と同様、2006 年命令は、国家マフィア対策検察官就任の要件として、20～24 年の司法官としての職務経験をすでに定めていた。

47）　L. 28 luglio 2016, n. 153, Norme per il contrasto al terrorismo, nonché ratifica ed esecuzione: a) della Convenzione del Consiglio d'Europa per la prevenzione del terrorismo, fatta a Varsavia il 16 maggio 2005; b) della Convenzione internazionale per la soppressione di atti di terrorismo nucleare, fatta a New York il 14 settembre 2005; c) del Protocollo di Emendamento alla Convenzione europea per la repressione del terrorismo, fatto a Strasburgo il 15 maggio 2003; d) della Convenzione del Consiglio d'Europa sul riciclaggio, la ricerca, il sequestro e la confisca dei proventi di reato e sul finanziamento del terrorismo, fatta a Varsavia il 16 maggio 2005; e) del Protocollo addizionale alla Convenzione del Consiglio d'Europa per la prevenzione del terrorismo, fatto a Riga il 22 ottobre 2015.

の行為への資金供与に対して、7年以上15年以下の懲役により処罰する（270条の5の1）。ただし、情報機関の人員は、この犯罪に該当する活動を行うことを認められる。②テロ目的の行為への資金供与を防ぐために差し押さえられた財物および金銭の窃取等を行った者は、2年以上6年以下の懲役、3,000ユーロ以上15,000ユーロ以下の罰金により処罰する（270条の5の2）。③核によるテロ行為に対して、15年以上の懲役により処罰する（280条の3）。加えて、④刑法典で定めるテロ目的の犯罪で有罪または司法取引（当事者の請求に基づく刑の適用）の場合に、犯罪を行うのに用いられたかもしくは用いられるはずであった物または当該犯罪の代価、成果もしくは利益をなす物の没収を義務づけている（270条の6）。行えない場合は、同等の物の没収を行う。

Ⅶ　おわりに

以上みてきたとおり、2015年命令および2016年法は、従来のテロ法制を基に、近年の国際テロの特色を踏まえて、刑法典をはじめとした関係法令の拡充・発展等、テロ対策の強化を図っている。なかでも、大規模な改正であった2015年命令に関しては、次の3点の特色が挙げられる。①テロ犯罪を予防するための措置が重視されており、テロ犯罪につながる広義の準備行為に対する処罰強化、爆発物・武器の管理強化、テロ宣伝の抑制、予防措置の強化、県長官による軍の人員の使用、拘留者との面談、公安目的のデータ処理等、ほぼすべての措置が予防目的に関連している。②テロ犯罪の立証および抑止という観点から通信等のデータ保存期間を延長し、インターネット上のテロ犯罪にかかわるサイトの遮断や違法コンテンツの削除を定めるなど、現在の情報環境を反映したテロ犯罪への対応が強化されている。③テロ犯罪捜査の調整をはじめ、司法協力者の取扱い等にも関与するなど、新設の国家マフィアおよびテロ対策検察官に当該捜査にかかわる権限を集約している。

【付記】　本稿の意見にわたる部分は、筆者の私見である。

各論

通信等の傍受

――イタリアにおける法制の展開と課題

芦田　淳

Ⅰ　はじめに

本稿では、テロ対策の重要な手段であり、近年も見直しが議論されている通信等の傍受法制を取り上げる。イタリアにおいて、当該傍受は、司法的傍受と予防的傍受の２種類に区分できる。両者は請求および承認の主体が異なり、司法的傍受の場合は、傍受によって得た情報を訴訟で証拠として提出できるが、予防的傍受の場合は、傍受の成果を訴訟で提出することができないという差異もある。テロ対策法制という観点からは、とりわけ後者に関して、総論でも指摘したとおり、テロ等に対する予防手段として適用対象や請求主体の拡大が進んでいる。また、たとえば司法的傍受の実施対象数をみても、年間約13.3万件（2015年）[1]と非常に活発である。以下では、まず、通信の自由を定めた憲法との関係を憲法裁判所の判決を参照しながら確認し、続いて、傍受にかかる法制度の概要について述べる。なかでも、予防的傍受に関しては、テロ対策法制との関連に留意しながら、その経緯と現状を詳細に検討する。最後に、近年の法改正の動向についても触れ、総括する。

Ⅱ　憲法的観点からみた通信等の傍受

共和国憲法15条１項は、信書および他のすべての形態の通信の自由および秘密は侵すことができないとし、同条２項は、こうした通信の自由および秘密に対する制限は、法律の定める保障を伴い、司法当局[2]の理由を付した令状によってのみ行うことを認めている。

この法律と司法による二重の留保は、通信の自由および秘密が、人格権ととも

1）その内訳は、電話傍受114,555件、会話傍受14,636件、その他3,558件となっている。Ministero della Giustizia, *Relazione del Ministero sull'amministrazione della giustizia nell'anno 2016,* Roma: Ministero della Giustizia, 2017, p. 470.

2）ここでいう司法当局には、裁判官および検察官が含まれる。

に、犯罪の立証と抑止という国家の要請と結び付いていることを示している。そして、通信の自由等を制限するにあたり司法官が理由を付すことは、通信傍受に際して最低限必要な要件を示すものであり、いわば保障を保障するものとして、重視されている。学説においても、15条に規定する司法に対する留保は絶対的なものであり、13条（人身の自由）および14条（住居の不可侵性）に規定するように司法当局の承認なしに警察が措置することを解釈により可能にする推論はできないと考えるのが優勢である[3)]。

ただし、憲法裁判所は、当初、異なる発想を認めていた。1968年判決第100号[4)]において、通信の自由の制約に関して司法当局の措置の必要性は認めながらも、行政職員が裁量的なものではなく、「純粋に手続的なもので、もっぱら司法官の措置を求めるための」措置であれば行うことは可能と考えた。

しかし、1973年判決第34号[5)]において、憲法裁判所は、通信の秘密に関する権利の制限は警察機関に委ねるのではなく、司法官の直接の監督のもとで行われなければならず、司法官は、その判断に際して、憲法上保護された2つの利益を調和させ、犯罪の効果的な抑止を保障しなければならないとはいえ、通信の秘密に関する権利が均衡を失して損なわれてはならないと判示している。

その後の憲法裁判所の判決によれば、いかなる場合でも保障されなければならない点として、①通信の秘密と犯罪の抑止の必要性という対照的な2つの利益を均衡させ、前者が過度に損なわれないようにしなければならないこと、②司法の側に具体的で重大な必要性が存在すること、③取調べ手段が捜査について確実な結果を得ることを可能にすると判断するための根拠のある理由が存在すること、④秘密の制限を課す期間があらかじめ特定されていること、⑤秘密にする権利の制限を認める措置の正当性が管理されていること、⑥傍受の結果が秘密にされること、⑦問題となっている告訴にとって重要な事項のみに限定して用いられること、⑧会話の主体の身分ならびに会話の場所および時間といった外部データが保護されること、⑨異なる訴訟手続において傍受結果の使用を例外なく制限することが挙げられる[6)]。

---

3) Raffaele Bifulco, Alfonso Celotto, Marco Olivetti (a cura di), *Commentario alla Costituzione,* Torino: UTET giuridica, 2006, p. 367.

4) Sent. Corte cost. 2 luglio 1968, n. 100.

5) Sent. Corte cost. 4 aprile 1973, n. 34. この判決において、憲法裁判所は、提訴された電話通信の傍受を定める旧刑事訴訟法典の規定について合憲と判断した。

6) Paola Balducci, Intercettazioni, Sabino Cassese (diretto da), *Dizionario di diritto pubblico,* Milano: Giuffrè, 2006, p. 3165.

III 傍受にかかる法制度

1 司法的傍受

上述した憲法規定に加え、刑法典[7]は、他者の通信等の内容を不法に認識し漏示すること等を罰している。こうした通信の自由等の保障にかんがみ、刑事訴訟法典[8]が、要件と方式の両面で司法的傍受に制約を設けている[9]。通信の傍受は、旧刑事訴訟法典を改正する1955年法律第517号[10]によって定められ（同法典226条4項)、犯罪防止にかかる1974年法律第98号[11]により規定が拡充され（同法典226条の2～226条の5)、その後、1988年に新たな刑事訴訟法典が制定されたことにより、以下のような規定内容となっている（同法典266～271条)。

まず、傍受の前提条件として、犯罪の重大な兆候があること、および捜査の続行のために傍受が絶対に不可欠であることが挙げられている。このほか、逃亡者の探索を容易にするために必要な場合も傍受が認められる。また、刑事訴訟法典は、「無期懲役刑または5年を超える懲役刑が定められている故意の罪」をはじめ、傍受が認められる犯罪の類型を限定的に列挙しており、後年、「奴隷状態に陥れること等を目的とした未成年者に対する誘惑」等がそこに追加されている[12]。また、イタリアでは、通信機器を介さない直接的な会話に対する傍受も認められている。ただし、住居等における会話を傍受する場合、そこで犯罪行為が行われていると判断するに足る理由が根拠とともに示されなければならない。その際、通信の自由等と同様、重大犯罪の立証という公共の利益にかんがみ、憲

---

7) R.D. 19 ottobre 1930 n. 1398, Approvazione del testo definitivo del Codice penale. 以下、刑法典の翻訳に関しては、法務大臣官房司法法制調査部編『イタリア刑法典』（法曹会・1978年）を参照した。

8) D.P.R. 22 settembre 1988, n. 447, Approvazione del codice di procedura penale. 以下、刑事訴訟法典の翻訳に関しては、法務大臣官房司法法制調査部編『イタリア刑事訴訟法典』（法曹会・1998年）を参照した。

9) 司法的傍受に関する邦語文献として、堀川里江「イタリアの通信・会話傍受の制度概要及び運用実態について」警論67巻4号（2014年）2～10頁および芦田淳「[海外法律情報] イタリア―通信傍受（盗聴）法制の見直し」ジュリ1399号（2010年）53頁等がある。

10) L. 18 giugno 1955, n. 517, Modificazioni al Codice di procedura penale.

11) L. 8 aprile 1974, n. 98, Tutela della riservatezza e della libertà e segretezza delle comunicazioni. 同法に関しては、森下忠『イタリア刑法研究序説』（法律文化社・1985年）187～192頁を参照。

12) そのほか、5年以上の懲役刑が定められている公務に関する犯罪、麻薬または向精神薬に関する犯罪、武器または爆発物に関する犯罪、密輸入の犯罪、電話利用による名誉棄損・脅迫・高利貸・市場操作等、児童ポルノの配信・公開、有害食料品の販売、知的財産または工業製品の識別番号の偽造・使用、商業の執行における詐害等、迫害行為となっている。

法で定める住居の不可侵性には反しないと解されている。

傍受の実施については、検察官が請求し、予備捜査担当裁判官が発する命令が必要である。しかし、遅延が捜査に重大な支障を及ぼすと認めるに足る理由がある緊急の場合には、検察官の命令により傍受を実施することもできる。ただし、検察官は、24時間以内に予備捜査担当裁判官に当該命令を通知し、裁判官は、検察官の命令から48時間以内に当該命令追認の可否を決定しなければならない。追認されなかった場合は、傍受を続行することはできず、それまでの傍受の記録を証拠として使用することもできない。傍受の期間は15日を超えることができないが、先述の前提条件が存続している限りにおいて、引き続き15日の延長が認められる。刑事訴訟法典は、傍受期間にこれ以上の制限を設けておらず、規定上、予備捜査の期間（最長2年間）すべてに実施することも可能である。傍受は検察官または司法警察員により行われ、録音されるとともに調書が作成される。当該録音等は、速やかに検察官に送付され、実施後5日以内に事務局に寄託される。あわせて、当事者の弁護人に速やかに通知することとし、弁護人は録音等を検討し、その複製作成を求めることができる。裁判官は、当事者の指摘に基づいて関連性がないと認められる通信以外を採用し、使用が禁止される録音等の排除の措置をとる。

以上に加え、1993年には、情報システムまたはデータ通信システムによる通信の傍受が、上述した類型の犯罪および情報技術を用いた犯罪について認められた[13]ほか、2007年には情報機関に属する任務の通信を傍受によって取得した場合の規定が設けられる[14]などした。

2　予防的傍受

(1)　1978年緊急法律命令

予防的傍受は、イタリアにおける最初のテロ対策立法ともいうべき1978年緊急法律命令第59号[15]9条により、旧刑事訴訟法典226条の6（電話による通信ま

13) L. 23 dicembre 1993, n. 547, Modificazioni ed integrazioni alle norme del codice penale e del codice di procedura penale in tema di criminalità informatica.

14) L. 3 agosto 2007, n. 124, Sistema di informazione per la sicurezza della Repubblica e nuova disciplina del segreto.

15) D.L. 21 marzo 1978, n. 59, Norme penali e processuali per la prevenzione e la repressione di gravi reati. D.L. convertito con modificazioni dalla L. 18 maggio 1978, n. 191. 同命令に関しては、森下・前掲注11）を参照。なお、緊急法律命令とは、緊急の必要がある非常の場合に、政府の制定する、法律と同等の効力を有する命令である。ただし、公布後60日以内に、議会によって法律に転換されなければ、効力を失う。

たは会話の予防的傍受）において、初めて導入された。この時点での当該傍受の概要は、次のとおりである。まず、傍受の前提として、いわゆる重大犯罪[16)]に関する捜査のために必要である場合は、電話による通信または会話の傍受が認められるとした。傍受の請求は、内務大臣、またはその委任に基づき、県警察本部長、国防省警察（Carabinieri）の司令官、財務警察の司令官またはその他の部隊の幹部により行われる。これに対して、傍受活動が実施される場所の共和国検事正により、傍受の承認が行われる。傍受は、司法的傍受について認められた方法を遵守して実施され、傍受の成果は、捜査の継続の目的でのみ使用でき、訴訟手続においてはいかなる価値ももたない。傍受記録は、傍受を承認した共和国検事正に送られなければならない。

(2)　1989年立法命令等

その後、根拠規定は、1988年に新たな刑事訴訟法典が制定されたことに伴い、同法典の実施等について定めた1989年立法命令第271号[17)]（以下「1989年命令」という）226条（予防的な電話の傍受）で規定されることになった。ただし、このときの規定は、「1982年10月12日法律第726号により修正を伴って法律に転換された1982年9月6日の緊急法律命令第629号[18)]1条8項に規定する電話傍受に関して、廃止された〔刑事訴訟〕法典226条の6の規定は遵守され続ける」とするものであった。この1982年の命令は、マフィア犯罪に対する緊急対策立法であり、引用された1条8項は、マフィア犯罪の予防等を任務とするマフィア対策上級委員（Alto commissario）に、予防的電話傍受の権限を与えるものであった。そのため、予防的傍受が1989年命令226条を根拠とすること自体は現在と同じであるが、対象はマフィア犯罪捜査に限られることとなり、内容は現行規定と異なるものであった。さらに、1989年命令とは別に、マフィア犯罪対策を定めた1992年緊急法律命令第306号[19)]は、刑事訴訟法典51条3項の2に規定する犯罪（マフィア型結社等を指しており、詳細はⅣ参照）の防止または情報収集のために必要な場合、予防的傍受を可能にした。

16）条文上は刑事訴訟法典165条の3の1項に規定する犯罪とされ、具体的には火災を生じさせる行為、公共輸送の安全に対する侵犯、殺人といった犯罪も含まれており、その対象範囲は広かった。

17）D.Lgs. 28 luglio 1989, n. 271, Norme di attuazione, di coordinamento e transitorie del codice di procedura penale. 立法命令とは、法律によって与えられた一定の原則および指針のもとに、政府が制定する法律と同等の効力を有する命令である。

18）D.L. 6 settembre 1982, n. 629, Misure urgenti per il coordinamento della lotta contro la delinquenza mafiosa. D.L. convertito con modificazioni dalla L. 12 ottobre 1982, n. 726.

19）D.L. 8 giugno 1992, n. 306, Modifiche urgenti al nuovo codice di procedura penale e provvedimenti di contrasto alla criminalità mafiosa. D. L. convertito con modificazioni dalla L. 7 agosto 1992, n. 356.

【図表1　2001年時点における予防的傍受の対象となる犯罪】

根拠規定	対象となる犯罪類型
刑事訴訟法典407条2項a4号に規定する犯罪	テロまたは憲法体制の転覆を目的とする犯罪で、かつ、法律により短期5年以上長期10年以上の懲役による処罰が規定されたもの
	刑法典270条3項（破壊的結社への加入）に規定する犯罪
	刑法典306条2項（武装集団への加入）に規定する犯罪
刑事訴訟法典51条3項の2に規定する犯罪[21]	刑法典416条の2（マフィア型結社）および同630条（強盗または身代金目的誘拐）に規定する犯罪（未遂を含む）
	刑法典416条の2に規定された状態を利用して行われた犯罪または同条に規定された結社の活動を容易にするために行われた犯罪
	1990年大統領令第309号[22]74条（麻薬または向精神薬の不法取引を目的とした結社）に規定する犯罪
	1973年大統領令第43号[23]291条の4（国外で加工されたたばこの密輸入を目的とした犯罪結社）に規定する犯罪

(3)　2001年緊急法律命令

1989年命令の規定を、テロおよび破壊活動を目的とする犯罪も対象とするかたちで全面的に改めたのが、2001年緊急法律命令第374号[20]（以下「2001年命令」という）5条による改正である。2001年命令は、同年9月のアメリカ同時多発テロ事件を受けて、国際テロに対する緊急立法として制定されたものであり、その5条は、1989年命令226条をほぼ現行どおり、次のように改正した。まず、傍受の前提として、刑事訴訟法典407条2項a4号および51条3項の2に規定する犯罪の防止のために情報を得る必要がある場合、対象者の通信および会話について、電子的手段で行われるものを含め、その傍受を共和国検事正に請求することができるとした。そのほか、電気通信の管理者が保有する他の有益な情報の取得も可能である。この時点での対象となる犯罪は図表1のとおりであり、テロおよび破壊活動を目的とする犯罪と、マフィア型結社および犯罪結社による犯罪が主な対象とされていた。

傍受の請求は、内務大臣、ならびにその委任に基づいて、国家警察、国防省警

20）D.L. 18 ottobre 2001, n. 374, Disposizioni urgenti per contrastare il terrorismo internazionale. D.L. convertito con modificazioni dalla L. 15 dicembre 2001, n. 438. 同命令に関しては、高橋利安「イタリアのテロ対策立法について」森英樹編『現代憲法における安全』（日本評論社・2009年）497～498頁を参照。

21）なお、IIで述べた1992年の段階では、1973年大統領令第43号291条の4に規定する犯罪は含まれていなかった。

22）D.P.R. 9 ottobre 1990, n. 309, Testo unico delle leggi in materia di disciplina degli stupefacenti e sostanze psicotrope, prevenzione, cura e riabilitazione dei relativi stati di tossicodipendenza.

23）D.P.R. 23 gennaio 1973, n. 43, Approvazione del testo unico delle disposizioni legislative in materia doganale.

【図表2　2003年以降に追加された予防的傍受の対象となる犯罪】

改正根拠	追加された犯罪類型
2003年法律第228号25) (6条1項b)	刑法典416条6項（奴隷状態への謀致、奴隷の売買および取引を目的とする犯罪目的結社）、600条（奴隷状態への謀致）、601条（奴隷の売買および取引）、602条（奴隷の譲渡および取得）に規定する犯罪（未遂を含む）
2009年法律第99号26) (15条4項)	刑法典473条（知的財産または工業製品の識別番号の偽造および使用）および同474条（虚偽の記号を有する製品の輸入および取引）に規定する犯罪を行う目的で実現される同416条（犯罪目的結社）に規定する犯罪（未遂を含む）
2010年法律第136号27) (11条1項)	2006年立法命令第152号28)260条（廃棄物の不正取引にかかる組織的活動）に規定する犯罪
2012年法律第172号29) (5条1項a)	刑法典416条7項（いずれも未成年者によるか、または未成年者を対象とした売春、ポルノ（興行、配信・公開、保持）、買春ツアー、性的暴行、性行為、わいせつ行為、奴隷状態に陥れること等を目的とした誘惑等を目的とする犯罪目的結社）に規定する犯罪（未遂を含む）
2015年法律第19号30) (2条1項)	刑法典416条の3（マフィア型結社による選挙収賄）に規定する犯罪（未遂を含む）
2017年緊急法律命令第13号31)（18条3項）	1998年立法命令第286号32)12条3項（不法入国の組織・支援等）および3項の3（売春等を目的とした不法入国）に規定する犯罪のいずれかを行う目的で実現される刑法典416条（犯罪目的結社）に規定する犯罪（未遂を含む）

察および財務警察の中央機関24)または2以上の県にまたがる機関の責任者、県警察本部長、国防省警察および財務警察の県の最高責任者により行われる。これに対して、権限を有する共和国検事正により、予防活動を正当化する捜査要因が存在し、必要と判断される場合には、最長40日間の期間を定め、傍受が承認される。権限を有するのは、傍受される主体の存在する地区、または当該地区が限定できない場合は予防の必要が生じている地区いずれかの裁判所に対応する共和国検事正である。期間については、傍受せざるをえない理由について必要な資料

24)　テロ活動に関する場合、国家警察の国家テロ対策部（Servizio Centrale Antiterrorismo)、国防省警察の特殊作戦部隊（Raggruppamento operativo speciale）等が考えられる。

25)　L. 11 agosto 2003, n. 228, Misure contro la tratta di persone.

26)　L. 23 luglio 2009, n. 99, Disposizioni per lo sviluppo e l'internazionalizzazione delle imprese, nonché in materia di energia.

27)　L. 13 agosto 2010, n. 136, Piano straordinario contro le mafie, nonché delega al Governo in materia di normativa antimafia.

28)　D.Lgs. 3 aprile 2006, n. 152, Norme in materia ambientale.

29)　L. 1 ottobre 2012, n. 172, Ratifica ed esecuzione della Convenzione del Consiglio d'Europa per la protezione dei minori contro lo sfruttamento e l'abuso sessuale, fatta a Lanzarote il 25 ottobre 2007, nonché norme di adeguamento dell'ordinamento interno.

30)　L. 23 febbraio 2015, n. 19, Divieto di concessione dei benefici ai condannati per il delitto di cui all'articolo 416-ter del codice penale.

31)　D.L. 17 febbraio 2017, n. 13, Disposizioni urgenti per l'accelerazione dei procedimenti in materia di protezione internazionale, nonché per il contrasto dell'immigrazione illegale. D.L. convertito con modificazioni dalla L. 13 aprile 2017, n. 46.

32)　D.Lgs. 25 luglio 1998, n. 286, Testo unico delle disposizioni concernenti la disciplina dell'immigrazione e norme sulla condizione dello straniero.

を示し、理由を付した命令により、さらに20日間延長することができる。理論的には、承認を受け、かつ、延長が認められる限り、無期限に続けることができる。

なお、予防的傍受の認められる対象は、前頁の図表2のとおり、刑事訴訟法典51条3項の2の改正を通して、組織犯罪を中心に拡大を続けている。

(4)　2005年緊急法律命令

続いて、2001年命令に続く国際テロ対策立法である2005年緊急法律命令[33]第144号4条は、傍受の請求者にかかる見直しを行い、テロ活動または憲法秩序破壊活動の防止のために予防的傍受が不可欠だとみなされる場合、首相が、当該傍受の実施承認を求めるよう、内務省および国防省の情報機関の長に委任できる規定が導入された。承認は、傍受される主体の存在する地区、または当該地区が限定できない場合は予防の必要が生じている地区いずれかの控訴院に対応する法院検察長官が行う。

(5)　2015年緊急法律命令

最後に、本章【総論】でも取り上げた2015年緊急法律命令第7号[34]は、予防的傍受の範囲を拡大した。同命令は、1989年命令226条を改正して、①情報技術またはデータ通信技術を用いて行われたテロ犯罪の捜査に関しても予防的傍受を認めることとし、②当該傍受が認められた重大犯罪の予防活動の継続のために不可欠な場合、トラフィックデータを含み、通信内容を除く、取得したデータの最大24か月間の保存が認められる。この規定は、一般的な規定が、傍受した内容を要約した調書と記録媒体を所定の期間内に権限を有する検察官（当該傍受を承認した検察官）に寄託し、当該検察官は、行われた傍受が承認された内容であることが確認されれば、記録媒体と調書の破棄を定めているのに比べて、重要な例外をなしている。また、この規定は、イスラム原理主義者のサイト等の影響を受けて形成され情報を入手した小規模な聖戦主義グループ（jihadisti）の活動を抑制することを目的としたものである[35]。

33）D.L. 27 luglio 2005, n. 144, Misure urgenti per il contrasto del terrorismo internazionale. D.L. convertito con modificazioni dalla L. 31 luglio 2005, n. 155. 同命令に関しては、高橋・前掲注20）502頁を参照。

34）D.L. 18 febbraio 2015, n. 7, Misure urgenti per il contrasto del terrorismo, anche di matrice internazionale, nonché proroga delle missioni internazionali delle Forze armate e di polizia, iniziative di cooperazione allo sviluppo e sostegno ai processi di ricostruzione e partecipazione alle iniziative delle Organizzazioni internazionali per il consolidamento dei processi di pace e di stabilizzazione. D.L. convertito con modificazioni dalla L. 17 aprile 2015, n. 43.

35）Franco Roberti e Lamberto Giannini, *Manuale dell'antiterrorismo-Evoluzione normativa e nuovi strumenti investigative*, Roma: Laurus, 2016, p. 91.

Ⅳ　通信等の傍受に関する法改正案

1　第16立法期（2008～2013年）における改正案

2008年、中道右派政権は、プライバシー保護等のため、通信等の司法的傍受に対する制限を厳格にすることをめざす法案を提出した。同法案は、下院で2009年6月に可決され、2010年6月に上院で修正を伴って可決されたものの、下院での再可決にはいたらなかった。傍受内容の流出が問題となるなどの国内事情の一方、スキャンダルの多いベルルスコーニ（Silvio Berlusconi）首相（当時）を擁護するための法案との批判もなされ、同法案は、政治的な争点の1つとなった。法案の要点は、①傍受の前提条件の厳格化（前提条件として、通信の使用が捜査対象者の名義で行われているか、または現に当該対象者が通信を使用していることを加える等）、②傍受期間の制限（当該期間は30日間とし、延長も含めて最長75日間とする。2回目以降の延長に関しては、新しい要素が見つかった場合等に限定する）、③傍受の実行に関する見直し（もっぱら捜査に関係しない事実、状況および人物に関する会話にかかる反訳の禁止等）、④調書および記録媒体の保存の厳格化、⑤傍受対象の拡大（形態としては映像等、犯罪類型としてはストーキングの追加）、⑥傍受結果を他の訴訟手続で使用できる例外の追加である[36)]。

2　第17立法期（2013年～）における改正案

2013年以降の中道左派政権でも、通信等の傍受に関する法改正が模索されている。2014年12月の政府提出法案は、刑法典および刑事訴訟法典の改正を行うとともに、刑事制度および刑務所制度の改革を政府に委任[37)]するものである。2015年9月に下院で可決後、2017年3月には修正を伴い上院で可決された。

この法案のうち、政府に対して刑事制度の改革を委任した条項において、通信等の傍受の見直しを行うに際しての原則と指針が規定されている。当該原則等[38)]は、①憲法15条と一致するよう、通信等（特に、依頼者との間における弁護人

36）以上の要点は、上院での修正を反映した下院提出法案第1415-B号に基づくものである。Servizio Studi della Camera dei deputati, *Dossier n. 28/6* (*Intercettazioni telefoniche, telematiche e ambientali A.C. 1415-B Schede di lettura e riferimenti normativi*), 16 giugno 2010.

37）政府は、委任を受け、立法命令により措置を行うこととされている。

38）以下の内容は、上院での修正を反映した下院提出法案第4368号に基づくものである。Servizio Studi della Camera dei deputati, *Dossier n. 551* (*Modifiche al codice penale, al codice di procedura penale e all'ordinamento penitenziario A.C. 4368-Schede di lettura*), 22 marzo 2017.

の通信）の秘密を保障するための規定を行うこと／そのために、傍受結果を犯罪予防のために使用する方法に関する規定や、訴訟当事者間の意見の相違に際して、審理で用いられる傍受記録の選択について手続上正確な確認が行われる規定を設けること／また、訴訟手続に偶然巻き込まれた者の通信等の秘密の保護や、刑事裁判の目的からは重要でない通信の秘密の保護に特に配慮すること、②もっぱら他者の社会的評価を損なう目的で、欺罔的手段により傍受された会話の内容を流布したことに対する、４年以下の懲役により処罰される新たな犯罪類型を定めること、③行政に対する公務員の重大犯罪に関する訴訟手続において傍受を用いる条件の簡素化を定めること、である。上院の審議では、④出版の自由および市民の情報に対する権利の保護にかかわる欧州人権裁判所判決で採用された決定および原則に配慮すること、⑤いわゆる「トロイの木馬」型の情報傍受プログラム（マルウェア）を使用した傍受に関する原則を設けることが付け加えられた。

Ⅴ　おわりに

以上みてきたとおり、先行して導入された司法的傍受が検察官による請求を裁判官が承認する構造であるのに対し、予防的傍受は捜査機関による請求を検察官が承認する構造となっている。また、司法的傍受が予防的傍受に比べて幅広い犯罪類型に適用され、より厳格な前提条件が定められているのに対して、予防的傍受はテロ犯罪およびマフィア型結社をはじめとした組織犯罪に限定して適用されるため、傍受の前提条件や期間についてより緩やかな規定が設けられている。さらに、予防的傍受に関しては、主要なテロ対策立法において常に規定が設けられ、近年では国際テロへの対応をめざし、犯罪類型等の適用対象や請求主体など規定の拡充が図られてきた。さまざまな技術を用いて、テロの危険があると考えられる主体を監視できることは、捜査機関にとって有用な捜査手段である一方、たとえば無期限の傍受期間延長が理論的には可能である点など、通信の秘密の保護との間で緊張をはらむ規定も存在する。こうした通信等の傍受法制に対して、憲法裁判決においては、これまで、「通信の秘密」と「犯罪の効果的な抑止」という２つの利益の均衡点が模索されてきた。また、主に司法的傍受を対象とした近年の法改正案は、傍受の運用を厳格化しようとする傾向があり、通信の秘密の保護を強化する側面が共通してうかがえるところである。

【付記】　本稿の意見にわたる部分は、筆者の私見である。

第7章

オーストラリア

総論
オーストラリアにおける
テロ対策法制とその変容

各論
海上密航者収容措置の変容
——国境管理の意義の多様性

オーストラリアにおける9.11以降の主なテロ関連事件とテロ対策法制

年月日	内容
2002年7月5日 (以下、法律は裁可日)	2002年反テロ法制定 テロ行為・テロ組織などの定義を1995年刑法典に盛り込む。 2002年通信傍受法改正法制定 テロ行為を傍受による捜査の対象に追加。
2002年10月21日	2002年刑法典規則改正 アルカイーダおよび関連組織をテロ組織として指定。
2002年11月	イスラエル大使館爆破の謀議の疑いで逮捕、起訴。反テロ法以前の刑法典により有罪。
2003年7月22日	2003年安全保障情報局法改正法制定 ASIOによる取調べ、勾留権限を認める(時限措置)。
2003年10月	テロ準備行為による初の摘発。
2003年12月	2002年反テロ法違反で初の逮捕者。
2004年3月10日	2004年刑法典改正法制定 テロ組織指定の際、下院野党党首への説明を義務づけ。
2004年11月	テロ資金規制法違反による初の訴追。テロ資金の受領については無罪、不正パスポート所持で有罪に。
2004年12月14日	2004年通信傍受法改正法制定 電子メールなど蓄積通信を傍受可能に(時限措置)。
2005年11月8日	シドニーおよびメルボルンでの大規模なテロ準備行為で17名が摘発。宗教指導者ベンブリカが唱導したとされる。
2005年12月14日	2005年反テロ法制定 テロ組織にテロ行為の実行を唱導する組織が追加。 行動制限仮処分および予防拘禁命令の新設。
2006年5月3日	2006年通信傍受法改正法制定 2004年改正法の内容を恒久化。
2006年8月	初の行動制限仮処分。
2008年9月10日	2003年9月頃からジハード(聖戦)の方法を記した書籍によりテロ活動を唱導したとして起訴された被告人に有罪の評決。
2009年8月	シドニーの陸軍訓練施設を狙ったテロ計画が発覚し、4名が逮捕。無罪となった被告人は2017年6月に人質事件を起こす。
2010年11月24日	2010年安全保障立法改正法制定 警察官による令状なしでの建物への緊急立入権限を認める。
2014年9月24日	メルボルンの警察署の外で、警察官が18歳の少年に襲撃される。
2014年12月15日	シドニーのカフェに銃を所持した男が立てこもり、翌日、警察官が突入し、犯人および人質2名が死亡した。
2015年10月2日	ニューサウスウエールズ州のパラマッタ警察本部の外で、警察職員が15歳の少年に刺殺される。
2015年12月11日	2015年市民法改正法制定 テロ活動に関与した二重国籍者からの国籍剥奪を規定。
2016年9月5日	ISISがオンライン雑誌上で、オペラ・ハウスなど象徴的な場所でのオーストラリア人殺害を呼びかけ。
2016年12月7日	2016年刑法典改正法制定 リスクの高いテロリストの刑期終了後の拘束が可能に。

総論
オーストラリアにおけるテロ対策法制とその変容

岡田順太

Ⅰ　はじめに

オーストラリアは、アメリカ主導のテロとの戦いに参戦し、アフガニスタンやイラクへの派兵を行っている[1)]。そのため、過激派組織「イスラム国」(ISIS) から攻撃対象国に挙げられており、また、ISIS に参加するオーストラリア人も存在している。そうしたこともあって、オーストラリアは、テロ事件が起きるリスクを抱えた国家ということができ[2)]、また現実に ISIS に関連するテロ事件もしばしば起きている。そのため、もともと移民国家であったオーストラリアにおいても、イスラム諸国からの移民は国内の治安に少なからぬ影響を与えており、独自のテロ対策を漸次的に強化しつつある。

ただ、欧米に比べると、わが国ではあまりこれらオーストラリアでのテロ事件に関心が向けられないし、そのテロ対策の動向や法制度に関する情報量が圧倒的に少ないように思われる。

本稿では、オーストラリアのテロ事件の動向やテロ対策法制について概観し、その特徴や今後の展望について若干の考察を行いたい。

Ⅱ　オーストラリアにおける近時のテロ事件

1　近時の ISIS 関連テロの動向

オーストラリアにおいて、近時でもっとも大きなテロ攻撃とされるのが 1978 年にシドニーのヒルトンホテルで起きた英連邦首脳会議爆破事件であるとされるほど、基本的にオーストラリアは国内でのテロに脅かされることはなかったとい

1)　オーストラリアがアメリカとの関係を強めていく傾向は、第一次世界大戦後に顕著である。宮田峯一『濠州聯邦』(紘文社・1942 年) 343～346 頁。
2)　本稿ではサイバーテロについては扱わないが、参考としてクリストファー・ベッグス (岡田好史訳)「オーストラリアにおけるサイバーテロ」専法 106 号 (2009 年) 275 頁を挙げておく。

われる[3)]。しかし、最近ではISISに影響を受けたと思われる殺傷事件が一定の頻度で起きており、多数の死傷者を出す事件にいたってはいないものの治安上の課題となっている[4)]。

2016年、アメリカ9.11同時多発テロから15年となるのを契機として、ISISが9月5日に刊行したオンライン雑誌"Rumiyah"において、支持者たちにシドニーのオペラ・ハウスを含むオーストラリアの象徴的な場所でオーストラリア人を刺すなどして殺害するよう呼びかけ、オーストラリア国内でのローンウルフ型テロを煽った[5)]。これに対しては、日本の外務省も邦人に対する注意喚起を行っている[6)]。結局、大きなテロ事件は発生しなかったが、同年9月8日に自動車用燃料缶を所持していた18歳の少年がオペラ・ハウスのそばで拘束されている[7)]。もっとも、警備員にみずからISISから攻撃指示を受けていると述べていたため、裁判所は翌日精神鑑定を受けさせる命令を出している。

9月10日には、シドニーの公園で、バングラデシュ系の22歳、イーサス・カーン（Ihsas Khan）が面識のない男性をナイフで刺し逮捕される事件が発生する。取調べにおいて、カーンはアフガニスタンとイラクでの戦争によりオーストラリアを憎んでいたと供述している。当局は、カーンがISISに影響を受けていたと発表した。ちなみに、カーンは2013年に自宅近くの民家の玄関先に掲げられていた国旗を破壊したとして逮捕されているが、精神状態を理由として収監を免れていた。

2015年10月2日には、ニューサウスウエールズ州のパラマッタ警察本部の外で、警察職員カーティス・チェン（Curtis Cheng）が、イラン出身の15歳、ファルハド・ジャバール（Farhad Jabar）により殺害される事件が発生している。

---

3) Fergal Davis, Nicola McGarrity & George Williams, *Australia* 650, in Kent Roach (ed.), Comparative Counter-Terrorism Law (Cambridge University Press, 2015).

4) 報道によると、2017年4月6日夜から7日朝にかけて、キャンベラ近郊クエンベヤン（Queanbeyan）において、パキスタン系の男性が刃物で切りつけられ死亡、ほかに3人の男性が別の場所でけがをさせられる事件が発生し、警察は16歳と15歳の少年を殺人容疑で逮捕した。警察によると、事件はISISと関連するテロ事件の可能性があるという。なお、本稿におけるウェブ情報は2017年4月30日現在のものである。Rachel Olding & Megan Levy, *Two Teenagers Arrested after Fatal Stabbing at Queanbeyan Service Station,* Sydney Morning Herald (April 7, 2017), *available at* 〈http://www.smh.com.au/nsw/service-station-worker-fatally-stabbed-in-queanbeyan-police-hunt-for-two-teenagers-20170406-gvfkat.html〉.

5) Robin Wright, *The Hand of ISIS at Ohio State,* The New Yorker (Nov. 26, 2016).

6) 外務省「オーストラリア：ISILによるオーストラリアにおけるテロの呼びかけに伴う注意喚起」（2016年9月7日発出、2017年4月3日失効）〈http://www.anzen.mofa.go.jp/info/pcspotinfo_2016C245.html〉。

7) *Man Charged with Terrorism after "Islamic State-Inspired" Stabbing in Sydney,* Belfast Telegraph Online (Sep. 11, 2016).

その際、ジャバールも警察官によって射殺された。母親によれば、以前からより大きなテロ攻撃を行うと公言していたといい[8)]、ISISに傾倒していたとされるが、これはシドニー西部にある強硬なスンニ派集団（Ahlus Sunnah Wal Jamaah）によって経営されている書店において感化されたためといわれている。

2014年にも警察官が襲撃される事件が発生している。9月24日、メルボルンのエンデバーヒルズ警察署の外で2人の警察官が18歳のアフガン系難民ヌーマン・ハイダー（Numan Haider）に襲撃されたが、ハイダーは射殺された。ハイダーのフェイスブックのプロフィール写真には、ISISの旗を持った姿が写っていた。

また、同年12月15日から16日にかけて発生したシドニーでの立てこもり事件は、大きく報じられた。イランからの政治亡命者であるマン・モニス（Man Monis）が銃を所持して、シドニーのリントカフェに立てこもったが、警察が突入した際にモニスと人質2名が死亡している。過激な宗派に染まり、ISISに忠誠を誓っていたとされるが、いまだ具体的な組織のつながりは見出されていない[9)]。

2　テロ計画・未遂事件

他方で、未然に防がれたテロ事件はこの2年ほどで11件が公になっている[10)]。非常に多くのテロ計画・テロ事件を事前に防いでいる点が興味深い。もっとも、以下に簡潔に列挙するが、必ずしもこれらすべてがISISに関係するわけではない。

① 2014年12月から2016年3月にかけてシドニーの政府庁舎に対する謀略が企図された可能性があり、20歳の男と15歳の少年が逮捕され、そのほかにも3名の男が逮捕された[11)]。

② 2014年9月、シドニーとブリスベンでの襲撃準備が発覚し、大規模な捜査が行われ、22歳のオマルジャン・アザーリ（Omarjan Azari）が拘束された[12)]。

8）The Advertiser (Australia) (Oct. 14, 2016), p. 6.

9）Stephen Johnson, *Spy Boss Backs Away from Controversial Claim There's 'Absolutely No Link' between Muslim Refugees and Terrorism in Australia,* MailOnline (May 31, 2017).

10）Megan Palin, *The Other 'Imminent' Terror Attacks Australia Narrowly Escaped,* news.com. au (Dec. 23, 2016), *available at* 〈http://www.news.com.au/national/crime/the-11-imminent-terror-attacks-australia-narrowly-escaped/news-story/86fc734df0963e21fe038c0eecce7d80〉.

11）Matt Siegel, *Australian Police Charge Five over Plot to Attack Government Buildings,* Reuters (Dec. 10, 2015), *available at* 〈http://www.reuters.com/article/us-australia-arrests-idUSKBN0TS31120151210〉.

12）Sophia Phan, Amy McNeilage & Megan Levy, *Live: Anti-Terrorism Raids across Sydney*

オーストラリア出身のISISメンバーが帰国後、市民を誘拐・斬首する様子を撮影しようと計画していたとされる。

③ 2015年2月、シドニーでナイフを使った襲撃計画が未然に防がれ、24歳のオマール・アルクトビ（Omar al-Kutobi）と25歳のモハンマド・キアド（Mohammad Kiad）の2名が拘束された[13)]。

④ 2015年4月、警察主催のアンザック記念日式典において警察官をナイフで殺傷しようとする襲撃計画が未然に防がれ、19歳の男セヴデット・ベシーム（Sevdet Besim）が逮捕された。テロ行為を計画したとして懲役10年となった[14)]。

⑤ 2015年5月、メルボルンでの母の日行事で爆破計画が防がれた。17歳の少年がテロ攻撃を計画したとして有罪となった[15)]。

⑥ 2016年1月から2月にかけて、シドニー・パラマッタのショッピングセンターを銃器で襲撃する計画が防がれ、22歳のタラル・アラメディーン（Talal Alameddine）と24歳のラファト・アラメディーン（Rafat Alameddine）が逮捕された[16)]。

⑦ 2016年4月、シドニーでアンザック記念日に向け、銃器を入手し、記念行事の隊列を爆破しようとする16歳の少年による計画が防がれた[17)]。

⑧ 2016年5月、18歳の男タミム・カジャ（Tamim Khaja）が銃器または爆弾で攻撃すべく対象施設を偵察していたところを逮捕された[18)]。

---

and Brisbane, Sydney Morning Herald (Sep. 18, 2014), *available at* ⟨http://www.smh.com.au/national/live-antiterrorism-raids-across-sydney-and-brisbane-20140917-3fzkq⟩.

13) Ean Higgins, Dan Box & Paul Maley, *Two Men Arrested in NSW over 'Public Beheading' Plot,* The Australian (Feb. 11, 2015), *available at* ⟨http://www.theaustralian.com.au/in-depth/terror/two-men-arrested-in-nsw-over-public-beheading-plot/news-story/4572bbcce098e279012cbe3ad490d113⟩.

14) Sarah Farnsworth, *Anzac Day Terror Plot: Melbourne Teen Sevdet Besim Pleads Guilty to Planning Act of Terrorism,* ABC News (Australia) (June 30, 2016), *available at* ⟨http://www.abc.net.au/news/2016-06-30/sevdet-besim-pleads-guilty-anzac-day-terror-plot/7557574⟩.

15) John Silvester, *Melbourne Teen Arrested over Alleged 'Mother's Day Massacre',* The Age (May 10, 2015), *available at* ⟨http://www.theage.com.au/victoria/melbourne-teen-arrested-over-alleged-mothers-day-massacre-20150509-ggxuv0.html⟩.

16) Ava Benny-Morrison, *Police Return to Merrylands House in Search for Parramatta Shooting Weapon,* Sydney Morning Herald (Oct. 7, 2015), *available at* ⟨http://www.smh.com.au/nsw/police-return-to-merrylands-house-in-search-for-parramatta-shooting-weapon-20151007-gk3fjc.html⟩.

17) *Anzac Day Terror Plot: Teen 'Wanted Gun to Destroy Celebrations of the Kafir',* news.com. au (May 3, 2016), *available at* ⟨http://www.news.com.au/national/nsw-act/anzac-day-terror-plot-teen-wanted-gun-to-destroy-celebrations-of-the-kafir/news-story/d533731652fbc215f9a4e7c023474616⟩.

18) Laura Banks & Tamim Khaja, *Police Claim Terror Accused Wanted Automatic Weapon to Cause 'Mass Casualties' in Planned Attack,* The Daily Telegraph (May 18, 2016),

⑨ 2016年6月、ソーシャルメディアで警察官殺害をほのめかしていた17歳の少年がシドニーでのテロ攻撃を計画していたとして逮捕された[19]。うつ病およびアスペルガー症と診断されており、テロ組織とのつながりは見出されていない。

⑩ 2016年8月、メルボルンで手製爆弾による小規模な車の爆破があったがけが人はいなかった[20]。

⑪ 2016年10月、16歳の少年2人がシドニーでテロ行為のためにナイフを購入したとして拘束された[21]。

このほか、時期はさかのぼるが、2005年11月8日には、大規模なテロ準備行為が摘発されている。それによると、17名の容疑者がシドニーおよびメルボルンにおいてテロ行為の準備およびテロ組織への加入をしたとして逮捕され（後に22名となる）、武器、化学薬品、実験器材、コンピュータなどが押収された[22]。この容疑者らは、イスラム組織「アル・スンナ・アル・ジャマア連盟」内の過激な小グループに属し、ウサマ・ビンラディン（Osama bin Laden）を信奉していた。原子炉等を対象にしたテロを企てたとみられている。そのうちの1人、宗教指導者であるアブドゥル・ナセル・ベンブリカ（Abudul Nacer Benbrika）は、テロ組織の指導者および構成員になった罪で逮捕され、現在収監中であるがジハード主義者の拡大に重要な影響を与えているとされる。この事件の容疑者であるアブ・マンスール（Abu Mansur）ことエツィット・ラード（Ezzit Raad）は、2016年にISISの兵士としてシリアでの戦闘で死亡した。なお、前記のISISプロパガンダ誌“Rumiyah”が、オーストラリアでのテロを呼びかけたのは、ラードの死が契機となっている[23]。

---

available at 〈http://www.dailytelegraph.com.au/news/nsw/tamim-khaja-police-claim-terror-accused-wanted-automatic-weapon-to-cause-mass-casualties-in-planned-attack/news-story/c1d1e8579cb216bedeb8c4e455af957e〉.

19） Jessica Kidd, *Sydney Teen Terror Accused Threatened to Carry Out Mass Stabbing, Court Hears,* ABC News（Australia）（June 16, 2016）, *available at* 〈http://www.abc.net.au/news/2016-06-16/sydney-teen-accused-of-planning-mass-stabbing/7518270〉.

20） *Home Made Bomb Explodes In Melbourne,* Gold 104. 3（Radio）（Aug. 12, 2016）, *available at* 〈http://www.gold1043.com.au/newsroom/home-made-bomb-explodes-in-melbourne〉.

21） Rebecca Wright & Sandi Sidhu, *Australia Links Teens Charged with Terror Act to ISIS,* CNN（Oct. 13, 2016）, *available at* 〈http://edition.cnn.com/2016/10/13/asia/australia-teens-isis/〉.

22） 藤野秀彦「イスラム過激派テロリストに係る過激化の現状と対策」警論59巻12号（2006年）38～39頁。

23） Dan Oakes & Suzanne Dredge, *Australian Jihadi Convicted over Melbourne Terror Plot Reportedly Killed Fighting for Islamic State,* ABC News（Australia）（Sep. 7, 2016）, *available at* 〈http://www.abc.net.au/news/2016-09-06/australian-convicted-over-melbourne-terror-plot-killed-reports/7818744〉.

3　テロ事件とテロ対策

多数の死傷者を出したテロ事件としては、1996年4月28日、タスマニア島のポート・アーサーで起きた無差別発砲事件がある。この事件により、死者35人、負傷者15人を出した。日本人の被害者はいなかったが、日本でも大きく報道されている[24)]。28歳の犯人は人質をとって立てこもり、建物に火をつけて火だるまになって出てきたところを拘束された。裁判により、終身刑の判決を受けている。

オーストラリアは、国土が広く、野生生物による農作物への被害が大きいことから、元来、銃所持に対する姿勢は寛大であったが、この事件を契機に銃に対する規制が強化され、それまで州の権限であった銃規制が連邦レベルに改められた[25)]。オーストラリアは伝統的に州権が強いのであるが、こうしたテロ事件を契機として、徐々に連邦政府が強いテロ対策権限を獲得するようになるという一般的な動向を忘れてはならない。

さらに、オーストラリアにおける対テロ対策法制の進展において影響を与えたのは、アメリカにおける9.11同時多発テロである。その際、連邦だけでも60以上の立法がされたという[26)]。しかも、その重点は事後的な対処ではなく、テロ行為の発生を未然に防ぐのに有効なものが志向されている[27)]。このほか、2002年のバリ島爆弾テロ事件など隣国インドネシアで起きたテロ事件による影響も無視できない。

なお、直近の動向として、2015年12月、テロ活動に関与した二重国籍者からの国籍剝奪を認める法律が成立したこと[28)]、および、2016年12月、テロ関連犯罪を行った者のうち地域社会に容認しがたい危険をもたらすと裁判官が判断した者について、刑期終了後も拘束を認める刑法典改正法が成立したことを挙げておく[29)]。

---

24)　1996年4月29日～5月1日付朝日新聞。
25)　1996年11月22日付朝日新聞。
26)　George Williams, *The Legal Legacy of the "War on Terror"*, 12 Macquarie Law Journal 3, 6-7 (2013).
27)　Davis *et al.*, *supra* note 3, at 650-651. *See also* Phillip Ruddock, *Law as a Preventative Weapon Against Terrorism* 4, in Andrew Lynch, Edwina Macdonald and George Williams (eds.), Law and Liberty in the War on Terror (Federation Press, 2007).
28)　2015年12月5日付読売新聞。
29)　芦田淳「【オーストラリア】テロリスト対策に係る刑法典等の改正」外国の立法270-2号（2017年）36頁。宗教指導者ベンブリカとともにテロの共謀罪で有罪となった者たちが刑期を終えて釈放され、ISISとともに戦うために出国したことが新たな脅威として問題視されていた。Nino Bucci & Michael Bachelard, *Terror Plotters Linked to IS Released after Minimum Sentences,*

Ⅲ　テロ対策に関連する国家機構

以下、簡潔に連邦政府においてテロ対策を担う機関を概観する。

まず、首相（Prime Minister）は、オーストラリア政府における対テロ政策調整の主導的役割を担う。首相・内閣府（Department of the Prime Minister and Cabinet）は、情報機関や州政府、準州政府と協働してオーストラリアの対テロ政策を調整する役割を担う。また、国家安全保障次官委員会（Secretaries Committee on National Security）および内閣安全保障委員会（National Security Committee of Cabinet）、オーストラリア・ニュージーランド対テロ委員会（Australia-New Zealand Counter-Terrorism Committee: ANZCTC）の事務局を務める。首相へのテロ対策に関する助言も行う。

首相と並んで重要な役割を果たすのが司法長官（Attorney-General）である。司法長官は内閣の国家安全保障委員会および他の閣僚の支援を受け、国家安全保障問題の実施調整の責任を負う。司法省（Attorney-General's Department）は、国家安全保障および危機管理対応の調整および立法的助言の提供を行う。

安全保障情報局（Australian Security Intelligence Organization: ASIO）は、司法長官のもとに置かれる国家安全保障に関する情報機関である。主要な役割は、情報の収集とオーストラリアの安全保障上の脅威となる活動および状況について政府に警告を与えるための情報提供である。職員数は約1800名で、対テロ、防諜活動を担っている。難民認定においても保安上の支障がないか調査を行うなど、その役割はかなり広い。

機密情報局（Australian Secret Intelligence Service: ASIS）は、外務大臣の所管する海外での諜報活動を行う機関である。

連邦警察（Australian Federal Police）は、国内のテロ犯罪の捜査、在外要員の派遣と警備業務、首都における地域警察活動を行う。警備業務としては外国公館や政府機関に対する警衛、主要空港における対テロの初動対応を行う。なお、警察活動は州が担うのが基本であり、連邦警察の前身組織であるコモンウェルス警察の設立は1917年であるが、その権限も左翼や反戦運動家などを対象としたものに限られていた。これが大きく変化するのが1978年のシドニーヒルトンの爆破事件であり、翌年の連邦警察設置の契機となった[30]。

Despite Fears, The Age (May 3, 2015), *available at* 〈http://www.theage.com.au/victoria/terror-plotters-linked-to-is-released-after-minimum-sentences-despite-fears-20150503-1myxbq.html〉.

30)　Australian Federal Police, The First Thirty Years 178-180 (Commonwealth of Australia,

その他、外務通商省（Department of Foreign Affairs and Trade）、国防軍（Australian Defence Force）、保健省（Department of Health）、出入国・国境管理省（Department of Immigration and Border Protection）、国土交通開発省（Department of Infrastructure and Regional Development）、調査分析局（Office of National Assessments）などが連邦組織としてテロ対策に関連する。

Ⅳ　テロリズムの定義

オーストラリア連邦刑法典では、「テロ行為（terrorist act）」について、次の２つの意図によって行われる行為またはその行為のおそれのあるものをいうとしている[31)]。１つ目は、政治的、宗教的またはイデオロギー的な主義主張を推し進めようとする意図、２つ目は、脅迫によって政府に強要したり、影響を与えたりし、または大衆もしくは大衆の一部を脅かす意図である。そして、そうした意図をもって次に掲げる危害をひき起こすことが要件となる。

(a)　人に対する物理的な危害であって深刻な危害となるもの
(b)　財産に対する深刻な危害となるもの
(c)　人を死にいたらしめるもの
(d)　当該行為者を除く人の生命を危険にさらすもの
(e)　公衆またはその一部の健康または安全（safety）に対する深刻なリスクを生じるもの
(f)　以下に掲げるシステムその他の電子システムに重大な影響を与え、深刻な障害を起こし、または、破壊するもの
　(i)　情報システム
　(ii)　通信システム
　(iii)　金融システム
　(iv)　重要（essential）な政府サービスの配送に用いられるシステム
　(v)　重要な公共事業のため、または、それにより用いられるシステム
　(vi)　交通システムのため、または、それにより用いられるシステム

ただし、(a)当該行為が唱導、抵抗、抗議、または団体行動であり、(b)(i)人に対する物理的危害となる深刻な危害を引き起こす意図、(ii)人を死にいたらしめる

2009).
31)　Criminal Code Act 1995 (Cth) s100. 1 (1)-(3). 制定および改正の経緯については、梅田久枝「オーストラリアのテロリズム対策」外国の立法 228 号（2006 年）194～197 頁、吉本紀「【オーストラリア】国の保安に関する諸法の改正」外国の立法 261-2 号（2014 年）20 頁。

意図、(iii)当該行為者を除く人の生命を危険にさらす意図、または、(iv)公衆または公衆の一部の健康もしくは安全に対する深刻なリスクを生じさせる意図を含まない行為は、除外される。

この定義は、2002年反テロ法により規定された。これについて、シドニー大学のベン・ソウル（Ben Saul）教授は、「実際のところ、オーストラリアの法律上のテロリズムの定義は、あらゆる国の国内法のうちでもっとも厳格に定義づけられ、人権に配慮した定義の部類に入っている」と評する32)。もっとも、この評価は一般的に共有されたものではなく33)、「行為のおそれ」を削除することや、「危害」を人的危害に限定すること、「政治的、宗教的又はイデオロギー的な主義主張」の要素を削除することなどの提案が小政党や市民団体から出されているが、政府は何ら対応していない34)。ちなみに、国連人権委員会からも「テロ行為」が不明確であるとの批判がなされており、「明白なテロ攻撃に該当する攻撃に対する適用に限定することを保証すべき」との勧告を受けている35)。

V　刑法および刑事訴訟

1　連邦刑法典の規定

現行の連邦刑法典では、テロリズムに関係する活動が広範に刑罰の対象となっており、大きく5つのカテゴリーに分けられる。

1つ目が、「テロ行為となる犯罪」であり、最高で終身刑に処せられる36)。

2つ目が、刑法典第101節に規定されたテロ行為（101.1条）に対する「予備（preparatry）罪」であり、具体的には、①テロ行為に結びつく訓練の提供または参加、②テロ行為に結びつく物品の取得、③テロ行為を推進するような文書の収集または作成が該当する37)。故意をもって行われたものについては、最大で25年ないし15年の懲役、単に突発的に行われたものについては、最大で15年な

32)　*Council of Australian Governments Review of Counter-Terrorism Legislation* 2 (Dec. 4, 2012).

33)　George Syrota, *The Definition of "Terrorist Act" in Part 5. 3 of the Commonwealth Criminal Code,* 33 (2) Univ. of Western Australia Law Review 307, 348 (2007).

34)　Davis *et al., supra* note 3, at 652-653.

35)　UNHRC, *Concluding Observations: Australia, 95th sess.,* UN Doc. CCPR/C/AUS/CO/5 [11] (May 7, 2009).

36)　Criminal Code Act 1995 (Cth) s101. 1.

37)　Criminal Code Act 1995 (Cth) ss101. 2, 101. 4 and 101. 5.

いし10年の懲役が科せられる。さらに、上記に該当しない「その他のテロ行為の準備又は計画」も犯罪とする包括（catch-all）規定が置かれており、最高で終身刑に処せられる[38)]。

3つ目が、人的・金銭的資源がテロ組織に流れないようにするために設けられた犯罪類型である。これにより、テロ組織（terrorist organization）の構成員に直接活動を指示し、構成員となり、構成員を勧誘し、構成員に訓練を提供しもしくは構成員から訓練を受け、金銭的支援を構成員に提供しもしくは構成員から提供を受け、支援もしくは便宜を供与し、組織を形成することが犯罪となる[39)]。団体への関与の形態により、最大25年、15年、10年、3年の懲役が科される。

この場合の「テロ組織」に該当するかどうかについては、2つの判断方法がある。1つは、刑事裁判においてテロ組織へのかかわりで訴追された際に、陪審によって判断される場合である。この場合の「テロ組織」については、「直接又は間接的に、テロ行為に関与し、準備し、計画し、実施を支援し、又は、助長する組織」との定義に該当するかどうか判断される[40)]。もう1つは、総督（Governor-General）の命令によって制定された団体リストに掲載される場合である。リストに掲載されると、当該団体のテロ組織性について、裁判において確定証拠として扱われる。指定にあたっては、司法長官がASIOおよび司法省の補佐を受けて実質的な決定を行っている。現在、20団体がリストに掲載されている[41)]。

4つ目が、テロ資金規制に関するものである[42)]。最高で終身刑が科される。

5つ目が、元々あった治安妨害罪の「暴力の扇動」についてテロ犯罪として適用するものであるが、これについては異論がある。同罪は、オーストラリア憲法や政府を実力や暴力をもって転覆するよう扇動し、または、議会選挙の妨害を扇動した者について、7年の懲役に処せられると規定する[43)]。

2　刑事訴訟の特例

テロ行為に対する刑事裁判であっても、憲法上の要請により陪審裁判を行う必要が生じるなど、通常の刑事裁判とほぼ同様の手続をとるが、以下の点で差異が

38) Criminal Code Act 1995 (Cth) s101. 6.
39) Criminal Code Act 1995 (Cth) s102. 2-8.
40) Criminal Code Act 1995 (Cth) s102. 1 (1).
41) 〈https://www.nationalsecurity.gov.au/Listedterroristorganisations/Pages/default.aspx〉
42) Criminal Code Act 1995 (Cth) div. 103 and the Charter of the United Nations Act 1945 (Cth).
43) Criminal Code Act 1995 (Cth) s80. 2.

ある[44]。

①刑法典102.8条による結社罪を除き、例外的にテロ犯罪で訴追された者は保釈を認められない[45]。

②ビデオリンク方式による証言が認められる[46]。

③裁判所は、被告人の公正な裁判を受ける権利に実質的に不利にはたらくことのないようにしながら、特定の犯罪の裁判において、証拠として外国政府の資料を提示することを検察官に認めなければならない。

Ⅵ　捜査権限

1　警察機関

もともとオーストラリアにおいては、特に重大犯罪に対して、広範な捜査権限を警察が有しており、9.11後にテロ犯罪の捜査に対する捜査権限を拡大する立法に驚きはなかったと評されている[47]。たとえば、1979年通信傍受法では、「重大な」テロ犯罪について、通信傍受令状が被疑者だけでなく、その者に「通話しそうな（likely to communicate）」者についても同様に発行しうるものとされる[48]。

また、警察は、おとり（undercover）捜査または泳がせ（controlled）捜査の権限も有しており[49]、テロ組織の活動に関する情報を潜入して取得するために、しばしばそうした捜査が行われている。たとえば、ベンブリカの刑事裁判においては[50]、被告人らに化学薬品を売ることを提案し、爆弾としての使い方を説明した覆面捜査員からの証言が、訴訟における重要な部分であった。

令状主義に関しては、2005年の反テロ法が、令状なしの捜査を認めていた。それによると、①公共の場所（Commonwealth Place）に所在する者が、テロ行為に関与したであろう、関与しているであろう、または、まさに関与するであろうと、警察官が合理的に疑う（reasonably suspect）場合、②主務大臣がテロ行為

44） 吉本紀「【オーストラリア】メタデータ保全法」外国の立法263-2号（2015年）20頁も参照。
45） Crimes Act 1914 (Cth) s15AA.
46） Crimes Act 1914 (Cth) Part IAE.
47） Davis *et al.*, *supra* note 3, at 660-661.
48） Telecommunications (Interception and Access) Act 1979 (Cth) s5D, amended by the Telecommunications (Interception) Act 2006 (Cth).
49） Crimes Act 1914 (Cth) Part IAB.
50） R v Benbrika and Ors [2009] VSC 21, 34-37 (Bongiorno J.).

の発生を防ぐのに役立つか、発生したテロ行為に対応するのに役立つと考えて指定した区域に人がいる場合、令状なしで当該者、その財産、車の捜査をすることができるとされていた[51)]。これがさらに2010年安全保障立法改正法で緊急時における建物への立入りが可能になった[52)]。警察官は、人の生命、健康または安全に対する深刻かつ切迫した脅威が存在する場合、テロ犯罪に結びつく物品の使用を防ぐために令状なしで建物に入ることができる。また、当該建物について、何者かの健康または安全を守るためにそのようにすることが必要であると警察官が考える合理的な理由により疑いをもつか、「深刻又は緊急」の状況において、警察官は他の物品の差押えをする権限を有する[53)]。

また、起訴なしに警察官によって勾留されうる期間が、テロ犯罪の場合は異なってくる。通常の犯罪の場合は12時間であるが、テロ犯罪の場合は最大で倍の24時間となっている[54)]。

2　情報機関

ASIOは、連邦裁判官または治安判事によって発行された令状により、テロ攻撃を防止するための情報を収集するために、取調べ、および、限定された条件での勾留をすることができる[55)]。これは、2003年ASIO法改正法により認められた権限である。勾留は連続した7日間まで、取調べのみの場合は最大24時間、通訳を介する場合は48時間まで可能である。16歳未満の子どもにはASIOによる取調べも勾留もできない。また、司法長官の定めるガイドラインに従い権限行使をしなければならない[56)]。なお、この権限は2018年9月7日までの時限措置である（34ZZ条）。

取調べまたは拘留を受ける者は、弁護士との接見交通権が保障され、また、ASIOまたは連邦警察に関する不服申立てを、情報・安全保障監察総監（Inspector-General of Intelligence and Security）または連邦オンブズマンに対していつでも行うことができる。

令状の対象者となっている者に対しては、①令状の許す範囲での質問に答えな

51）Crimes Act 1914 (Cth) Part IAA, Div. 3A.
52）National Security Legislation Amendment Act 2010 (Cth).
53）Crimes Act 1914 (Cth) s3UEA.
54）Crimes Act 1914 (Cth) ss23DB and 23DF.
55）Australian Security Intelligence Organization Act 1979 (Cth), into which was introduced new Part III div 3 by the Australian Security and Intelligence Organization Amendment (Terrorism) Act 2003 (Cth).
56）〈https://www.asio.gov.au/attorney-generals-guidelines.html〉

ければならないこと、②パスポートを引き渡すこと、③許可なくオーストラリアを離れないこと、④令状の有効期間内には、許可なく他人に対して、ASIOによって取調べまたは勾留を受けていることを伝えてはならないこと、⑤令状の失効後2年間は、許可なく他人に対して、令状執行に関する情報を伝えてはならないことの義務が課せられている。これに反する場合は、5年以下の懲役となる。

3 行動制限仮処分および予防拘禁

連邦警察官は、司法長官の同意に基づき、裁判所に対して行動制限仮処分(interim control order)を出すよう申請することができる[57)]。この制度は、2005年反テロ法により導入された。

刑法典104.4条(1)(c)によれば、裁判所は、①仮処分が実質的にテロ行為の防止に役立つか、②仮処分対象者が指定テロ組織への訓練を提供し、訓練を受け、または、訓練に参加したか、③対象者が外国において敵対行為に関与したか、④対象者がテロリズム、テロ組織またはテロ行為に関係する違法行為によりオーストラリアで有罪とされたか、⑤対象者がオーストラリアで行えば禁止されるテロ行為となる行為によって外国において有罪とされたか、⑥仮処分がテロ行為の支援または便宜の供与を防止するか、⑦対象者が外国における敵対行為への参加に対する支援の提供その他の便宜を供与したか、との諸要素を考量する必要がある。

また、104.4条(1)(d)により、当該仮処分が①テロ行為から大衆を保護し、または②テロ行為への支援の提供もしくは便宜供与を防止し、③外国における敵対行為への参加に対する支援の提供もしくは便宜供与を防止する目的で、対象者に課せられる義務、禁止および制限のそれぞれが合理的に必要で、かつ合理的に適切かつ相応しいか、との諸要素を考量する必要がある。なお、ここでいう「テロ行為」は、既述のとおり、テロ行為のみならずそのおそれをも含む広範な定義となっている。

仮処分が出されると、①特定の地域に立ち入ったり、オーストラリアから離れたりすること、②特定の人物と連絡をしたり、一緒になったりすること、③特定の記事・論文を所有したり、使ったりすること、④仕事を含む、特定の活動を行うこと、⑤インターネットを含む、特定の技術に触れることが、禁じられる。また、①毎日特定の時間に建物内に所在すること、②追跡器具を装着すること、③特定の時間と場所で報告をすること、④写真撮影を認めることが、要求される。

57) Criminal Code Act 1995 (Cth) Div. 104, amended by Anti-Terrorism Act (No. 2) 2005 (Cth).

仮処分は、名宛人に告知されるまで効力をもたず、12か月を超えて継続してはならない。命令違反には、最高5年の懲役が科せられる。16歳未満の者に仮処分は出せない。また、18歳未満の場合は最大で3か月に期間設定が限定される。

さらに、警察は、差し迫ったテロ攻撃のおそれがあるか、テロ攻撃が起きた直後に限り、予防拘禁命令（preventative detention order）に基づき、人々を拘束することができる[58)]。連邦法に基づき拘束できるのは、最大で48時間であるが、州法や準州法では最大14日の拘束ができるとしている。連邦と州の法律が重複して適用される場合は、最大14日の規定が優先するとされる。

4　行動制限仮処分をめぐる司法判断――トーマス事件

ここで、刑法典104条に対する司法判断として、行動制限仮処分の有効性が争われた2007年のトーマス事件を概観する[59)]。申立人であるジョセフ・T. トーマス（Joseph Terrence Thomas）は1973年生まれでオーストラリアの市民権をもっている。結婚する際、イスラム教へ改宗をしている。2001年にパキスタンとアフガニスタンへ旅行に行き、アフガニスタンで銃火器と爆弾の使用方法についての補助的軍事訓練を受けたとされる。連邦警察によると、アフガニスタンの訓練キャンプにおいて、トーマスがアルカイーダから訓練を受け、数回アルカイーダの指導者であるウサマ・ビンラディンを見たり、話を聞いたりし、9.11同時多発テロの後、アフガニスタンでアメリカと戦うタリバン政府軍に参加しようと企てたという。そして、アルカイーダから資金援助を受けたとして訴追され、懲役5年の判決を受けた。しかし、トーマスは取り調べのためパキスタン当局に一定期間拘束され、その間、脅迫され、物理的・心理的虐待を受けていた。そこにオーストラリア政府職員は直接関与していなかったものの、自白当時は違法な扱いの影響下にあったとして、ビクトリア州最高裁（Court of Appeal of the Supreme Court of Victoria）は、原審の有罪判決を破棄した[60)]。ところが、連邦警察からの申請によりモウブレイ治安判事（Graham Mowbray FM）が刑法典104.4条に基づく仮処分をトーマスに出し、これが初めての適用例となった。仮処分は深夜0時から午前5時まで自宅（または警察に通知した場所）において待機をし、週に3回警察に報告をする義務を課し、通信機器の利用（自宅の電話1台、携帯電話1台、インターネット・プロバイダ1社のみ）を制限し、許可なくオース

58） Criminal Code Act 1995 (Cth) Div. 105.
59） Thomas v Mowbray [2007] HCA 33.
60） R v Thomas [2006] VSCA 165.

トラリアから出国することを禁止する内容であった。

これに対して、トーマスは、刑法典104条の有効性を争い連邦最高裁に上訴した。連邦最高裁は、5対2の評決で同条の有効性を支持した。争点は大枠として、同条が憲法上授権された権限による立法か[61)]、また、憲法上の権力分立を侵害しないかという点であったが、連邦最高裁は、同条が防衛権限（defence power）によって容認しうるとし[62)]、また、憲法第3章によって要求される権力分立を侵害しないと判示した。

防衛権限については、外国による侵略や国外勢力による脅威から防衛することに限定するべきなどとする主張を退け[63)]、テロ行為から公衆を守る立法の根拠となるとしている[64)]。

また、裁判所による仮処分権限を認める条項が、憲法上の三権分立、特に第3章で規定する司法府の権限に反して、連邦裁判所に司法権外の権限を与えるものではないか、また、連邦裁判所の設置とその裁判権を定める第3章に反するかたちで連邦裁判所による司法権の行使を認める趣旨ではないかという点が争われたが[65)]、多数意見はいずれも憲法の規定に反しないとしている[66)]。

Ⅶ　おわりに――若干の考察

1　オーストラリアにおけるテロの背景事情

オーストラリアにおけるイスラム教徒のテロ事件は、1915年1月1日に起きたブロークン・ヒル銃乱射事件にさかのぼる。これは、当時の英領アフガニスタンからの移住者グール・ムハンマド（Gool Mohamed）とオーストラリア生まれ

61）なお、連邦の権限として州から付託された事項かという点も一応の争点となっている。憲法51条37号では、連邦議会の立法権の事項として州の付託が挙げられている。これに関して、対テロ法51条の仮処分が付託外の事項であるとする個別意見がある。Thomas v Mowbray [2007] HCA 33 [455].

62）*Id.* at [6], [132]-[148], [268], [444]. 個別意見では補足的に外交権限（external affairs power）に依拠するものもある。*See id.* at [6], [9], [149]-[153].

63）*Id.* at [6]-[7], [135]-[141], [250]-[251], [434]-[438], [583], [585], [611].

64）判例では、国家を破壊や攻撃から守る暗示の権限が存在することが示されており、ここでいう広い意味での防衛権限もそこに位置づけられる。Australian Communist Party v Commonwealth [1951] HCA 5, Burns v Ransley [1949] HCA 45, and R v Sharkey [1949] HCA 46.

65）*See also* Kable v The Director of Public Prosecutions for New South Wales [1996] HCA 24.

66）Thomas v Mowbray [2007] HCA 33 [32], [126], [600], [651]. キルビー判事（Kirby J.）は、両争点について違憲との見解を示す（*id.* at [360]-[361], [371]）。また、ヘイン判事（Hayne J.）は、第1点目において違憲性があるとして、第2点目は検討する必要がないとの見解を示す（*id.* at [406], [517]-[518]）。

のムラー・アブドゥラ（Mulla Abdulla）がオスマン帝国の旗を掲げて銃を乱射し、4名が死亡、7名が負傷した事件であり、オーストラリア初のテロ事件と称される[67)]。当時、イギリスは連合国として、同盟国側のオスマン帝国と第一次世界大戦を戦っていたことから政治的動機がうかがえるようにも思える。今日的にはホームグローン型のテロともよべるだろう。ただ、犯人たちは事件前に職を失っていたり、近所の子供たちから石を投げられていたりと、日常生活において不満を募らせていた様子がうかがえる。そうしたなかで大義名分としての第一次世界大戦が怒りのエネルギーを銃乱射に結びつけたとも考えられ、そのようなテロを生み出す背景的事情は現在の事件においても共通するものがあるのではなかろうか。白豪主義から多文化主義への転換を遂げた現在にあっても、ISISに共鳴する者たちを生みだしテロの温床となる要因は何かを考える際に[68)]、ブロークン・ヒル事件を改めて参照する意義は今なお存在するのだろう。

2　テロ対策法制の展開と憲法の役割

オーストラリアのテロ対策法制の特徴は、広く網をかけて、テロを未然に防ぐ点にある。テロの定義などは、イギリスにおける反テロ法と共通する基礎を有しているが[69)]、テロ行為そのものだけでなく、そのおそれのある行為も広く規制対象とし、「最近の特徴としては、援助、扇動、要員募集、訓練をも対象とすることが挙げられ」[70)]、訓練そのものだけでなくその便宜供与までもが対象となっている。また、それらの計画段階においても刑罰が科せられ、さらに、テロ組織への参加行為も処罰対象となり、ほぼ構成要件としての限定性がない包括的（catch-all）規定となっている。これが、捜査の着手を早めて多くの事件を未然に防ぐことにつながっている点は否めない。ただ、実際はイスラム過激思想団体やその構成員を具体的に念頭に置きながら制度を構築しているようにも思われ[71)]、過剰な規制が現実にどの程度行われているのかは、さらなる検証が必要となろう。その意味で、法文を額面どおりに受けとることは早計のおそれがある。

---

67)　Damien Murphy, *Broken Hill, New Year's Day, 1915 Was Australia's First Terrorist Attack,* Sydney Morning Herald (Nov. 1, 2014), *available at* 〈http://www.smh.com.au/nsw/broken-hill-new-years-day-1915-was-australias-first-terrorist-attack-20141014-115weh.html〉.

68)　2017年5月31日付朝日新聞。

69)　2000年テロリズム法などイギリスにおける一連のテロ対策法制の整備について、渡井理佳子「イギリスにおけるテロ対策法制」大沢秀介＝小山剛編『市民生活の自由と安全』（成文堂・2006年）82～88頁。その後の動きについては、本書第5章【総論】を参照。

70)　吉本・前掲注31）21頁。

71)　その意味で、ネッド・ケリー時代のならず者に対処する「市民権剝奪法（Act of Attainder）」の発想に近いのかもしれない。

ただ、実際の運用が限定的だとしても、この手の広範かつ漠然性のある立法には憲法上の疑義が生じると考えるのは当然である。特に人権問題となることは避けられないはずで、そうしたテロ対策法制整備を抑止する憲法の役割は機能していないのかと思うだろう。

だが、前述のトーマス事件での争点が、人権問題ではなく、もっぱら三権分立や司法権の限界に関する判断にとどまったことを想起してほしい。これがオーストラリア憲法の特徴の一端を表しており、連邦最高裁には、憲法解釈を含む争訟事件の第一次的裁判権が与えられているが（連邦憲法76条)、そもそも憲法典に権利章典（人権規定）が置かれていないため、憲法訴訟としては三権や連邦と州との権限分配や各権限の限界に関する判断が主なものとなる。権利章典が置かれなかったのは、民族的少数者と先住民族を排除するためであったり、市民的権利はコモンローと民主的な政治制度により守られるとの確信が存在したりする一方で[72)]、司法権の拡大への懸念が大きいことが要因ともいわれる[73)]。

イギリスの植民地でありながら、地理的要因も手伝ってヨーロッパ人権法や国際機関の諸勧告の影響を受けず、立憲主義国家でありながら、コモンローによる黙示の権限や議会に対する信頼が強く、連邦国家でありながら、アメリカとは異なり司法権の役割が局限され、州権主義が依然健在であるという法体系が発展してきているのである。リベラルな労働党を軸にした二大政党制により絶妙な政権交代が繰り返されてきたという政治事情も、そうした法体系の形成に資するものとなっているのかもしれない[74)]。

そうした独特の法体系にあっても、なお「オーストラリアのテロ対策はその性格を変えた」と評するものもあり[75)]、他の立憲主義諸国のテロ対策法制と比較して、その特異性を強調してもしすぎることはなかろう。

3　日本に与える示唆

わが国において、オーストラリア法——特に憲法——の研究が他国に比べてあまり活発ではないのは、そうした独特の法体系が背景にあると思われる。たしかに、普遍的な人権保障の理論的示唆をオーストラリアの憲法判例から得ることは

72)　山田邦夫「オーストラリアの憲法事情」国立国会図書館調査及び立法考査局編『諸外国の憲法事情3』（国立国会図書館・2003年）120頁。
73)　平松紘編『現代オーストラリア法』（敬文堂・2007年）12頁。
74)　労働党ほかの政党の特質について、ドン・アトキン＝ブライアン・ジンクス（宮崎正壽訳）『オーストラリアの政治制度』（勁草書房・1987年）233頁以下。また、近時の政党事情として、杉田弘也「オーストラリア型二党制の終焉」オーストラリア研究25号（2012年）56頁。
75)　梅田・前掲注31）194頁。

難しいかもしれない。だが、テロ対策法制整備の面では「先進国」といえ、その実用的・実践的な制度の構造や実際の運用状況を知ることには意義があると考える。州レベルでの人権保障は別途検討する余地があるが、テロ対策という極限状態だからこそ「市民生活の自由と安全」に関して得られる知見は決して少なくないと思われる。

ところで、安全保障面に目を向けると、2010年の日豪物品役務相互提供協定（ACSA）締結[76]、これに伴う改正自衛隊法（平成24年法律第100号）によるオーストラリア軍への物品役務提供規定の新設（84条の5・100条の8・100条の9）など、共同対処の体制を強化しており、オーストラリアはアメリカに並ぶ「準同盟国」の地位にあると評される[77]。そして、オーストラリアは、アメリカとの有志連合に参加し、オーストラリア空軍によるISISへの空爆も行っている。これがさらにテロ行為を誘発する危険性を高めていることはいうまでもない。そうした観点からも、オーストラリアのテロ対策に注視する必要性は以前にも増して高まっているのではないだろうか。

76） 防衛省防衛研究所編『東アジア戦略概観2013』（成隆出版・2013年）86～96頁、笹本浩「日豪間の安全保障協力の円滑化」立法と調査315号（2011年）3頁、冨田圭一郎「オーストラリア・ラッド政権の国防戦略と日豪安全保障協力」レファレンス707号（2009年）115頁など参照。

77） 防衛省防衛研究所編『東アジア戦略概観2016』（アーバン・コネクションズ・2016年）183～195頁〔石原雄介〕。

各論
海上密航者収容措置の変容
――国境管理の意義の多様性

岡田順太

Ⅰ　はじめに

近時、オーストラリアにおける「難民対策」が国際的に非難されている。主にインドネシアから船でオーストラリアに保護を求める難民申請希望者を一切上陸させず、近隣のナウル諸島やパプアニューギニアの施設に移送し、劣悪な環境に長期間収容しているのである。この点、地中海を渡り保護を求める「難民」に対して寛容なEU諸国の姿勢とは極めて対照的である。何年にもわたり拘束されている事例も多く、絶望した収容者が自殺を図ったり、暴動を起こすこともある[1)]。

本稿では、こうした対策の背景と法制度、関連する判例などを紹介し、これをナショナリズムと関連づける言説を検討し、世界有数の「難民受入国」オーストラリアの虚実について簡潔に考察する。大陸と列島との違いはあるが、海に国境線を置く点で共通するわが国との対比において、国境管理の意義を改めて考察してみたい。

Ⅱ　近時の難民対策の展開

1　船舶による不法入国者の増加と「移民枠」

オーストラリアでは例年、移民の受入れを計画的に行っており、2017年度は19万人の受入れ枠を設定している[2)]。難民保護の枠組みはこれとは別に設けら

1）NHKでもBS1でオーストラリアで製作されたドキュメンタリーが紹介されている。「オーストラリア難民“絶望”収容所」（2016年11月23日放送）。なお、本稿におけるウェブ上の情報は、2017年5月31日現在のものである〈http://www6.nhk.or.jp/wdoc/backnumber/detail/index.html?pid=161123〉。
2）Department of Immigration and Border Protection, *Fact Sheet: 2017-18 Migration Programme planning levels, available at* 〈https://www.border.gov.au/about/corporate/information/fact-sheets/20planning〉.

れており[3)]、難民条約に基づく国内法的措置として、移民法では「保護ビザ(protection visa)」を制度化している[4)]。この保護ビザによる難民といわゆる「第三国定住」をあわせて、例年約15,000人の受入れ枠が設定されている。

1990年代、「保護ビザ」を求めて不法入国する者が増え始めたが、難民条約上、審査中は送還できないため収容者が増加し、また、難民と認定されれば「保護ビザ」を発給して永住を認めざるをえない。また、そうした方法で難民認定がなされる分、第三国定住の枠が縮小されることになり、「列を飛び越える者」の存在は、移民政策上の課題となっていた[5)]。申請者の多くは中東出身者で、インドネシアの密航業者の手配によりオーストラリア領土のクリスマス島に上陸するのであるが、船の沈没事件も発生している。

2　強制収容制度と判例の展開

(1)　Lim判決

1992年、キーティング (Paul J. Keating) 政権は、難民認定を求めて船でオーストラリアに入国しようとする者に対する強制収容を立法化する提案を初めて行った[6)]。そのような強制収容 (mandatory immigration detention) を認める移民法の規定に対しては[7)]、憲法第3章によって裁判所に与えられた権限を侵害するとして訴訟が提起されている[8)]。しかし、このLim判決において連邦最高裁は、収容者を解放する命令を裁判所が出せないとする規定は無効であるとしたものの、裁判所外の機関が刑罰を科す制度ではない点で、強制収容は憲法51条19号に基づく外国人に対する立法権限に含まれ、第3章に反しないと判示した。

なお、当初の制度は、収容上限が273日と定められており[9)]、理論的には被収容者がオーストラリア国外への退去を求めれば解放されるものであった[10)]。

---

3)　移民法85条では、事前に一会計年度で特定のビザの付与数を定める権限を主務大臣に与えている。浅川晃広『オーストラリア移民法解説』(日本評論社・2016年) 38〜43頁。

4)　Migration Act 1958 (Cth).

5)　浅川・前掲注3) 168頁。

6)　Eve Lester, *25 Years of Mandatory Detention-from 'Interim Measure' to Immovable Policy,* The Guardian (5 May 2017), *available at* ⟨https://www.theguardian.com/commentisfree/2017/may/05/25-years-of-mandatory-detention-from-interim-measure-to-immovable-policy⟩.

7)　Migration Act 1958 (Cth) ss. 54L, 54N or 54R (repealed).

8)　Chu Kheng Lim v Minister for Immigration Local Government and Ethnic Affairs [1992] HCA 64 (8 Dec. 1992).

9)　Migration Act 1958 (Cth) s. 54Q (1) (repealed).

10)　Peter Prince, *The High Court and Indefinite Detention: Towards a National Bill of Rights?,* Parliamentary Library Current Issue Brief 5 (16 Nov. 2004).

また、上記Lim判決でも、収容権限は国外追放と入国管理のために、適切に適用され、合理的に必要と認められる範囲を超えてはならないとの個別意見が示されている[11]。

その後、収容上限が撤廃されて無期限の収容も可能となったが、2003年のAl Masri判決で連邦裁判所合議法廷（控訴審）は、収容権限についてLim判決での個別意見に即して限定的に解釈している[12]。被収容者のアルマスリ（Akrem Ouda Mohammad Al Masri）は、難民申請を拒否された無国籍者で、オーストラリアからの退去にあたって近隣諸国から入国許可が得られなかったのであるが、裁判所は、このような被退去者に出国先もなく、合理的に予想しうる時期において真に退去の見通しないし見込みがない場合、収容を継続することは合理的に必要とみられないし、むしろ深刻な違法性の問題が生じるとする[13]。というのも、国外退去の真の見込みがないならば、収容は退去目的と「希薄」な関連性しか有さず、実質的な刑罰としての性質を帯びることになるからである[14]。

(2) Al-Kateb判決

ところが、連邦最高裁は2004年にAl Masri判決と同種の事件において、4対3の僅差ではあるが無期限の強制収容を認める判断を示している[15]。

アルカテブ（Ahmed Al-Kateb）は、クウェートで生まれたが、両親はパレスチナ人であった。このため、クウェートでの市民権を得られず、また、パレスチナ政府が不在であることから無国籍者となった。2000年12月に定住地を求めてオーストラリアに船で上陸したが、パスポートもビザも所持していなかった彼は移民法に基づき強制収容される。

2002年6月、アルカテブはオーストラリアを出国したいと申し出る。ただ、3年にわたる収容と保護ビザの発給拒否を受けていたが、彼を引き受ける国も存在していなかった。そこで、人身保護令状を求めて提訴した。

連邦最高裁では2つの論点が争われた。第1が、収容権限を根拠づける移民法196条の解釈であり、第2が無期限の収容が憲法第3章の司法権侵害に該当するかという問題である。

第1点について、多数意見では、移民法の規定に解釈の余地はないとし、ビ

11） Lim, [1992] HCA 64 [32]-[34] (Brennan, Deane and Dawson JJ.).
12） Minister for Immigration & Multicultural & Indigenous Affairs v Al Masri [2003] FCAFC 70 (15 Apr. 2003).
13） Al Masri, [2003] FCAFC 70 [71].
14） Al Masri, [2003] FCAFC 70 [74].
15） Al-Kateb v Godwin [2004] HCA 37 (6 Aug. 2004).

ザが発給されるかオーストラリアから移送されるまで収容が継続するとの見解が示されている[16)]。このことは、アルカテブを死ぬまで収容してもかまわないとの意味になる。これに対して少数意見には、現実に移送される見込みがあることが移民法196条の前提であり、アルカテブの事例には適用の誤りがあるとの判断が示されている[17)]。

第2点について、多数意見は憲法判断を行わず、収容は行政権の行使であって、刑罰ではないとする。少数意見は収容と懲役との間に明確な線引きはできないなどとして憲法判断を行っているが[18)]、いずれも結論は合憲としている。

アルカテブ自身は2003年に解放されており、短期の暫定ビザ（bridging visa）を発給された後、オーストラリアの永住権を取得するにいたっている。

(3) Al Khafaji判決

イラク国籍のアルカファジ（Abbas Mohammad Hasan Al Khafaji）は、1980年に家族とともにシリアに渡り、2000年1月にオーストラリアに上陸し、強制収容された。オーストラリア移民省は、アルカファジが彼の政治的意見によりイラクで迫害される十分理由のあるおそれのあることを認めた。しかし、シリア政府が彼をイラクに送還する危険性なく保護を与えうると思われるとの理由で保護ビザの発給を拒否した。難民不服審判所（Refugee Review Tribunal）は、2000年11月にこの判断を支持した。2001年2月には大臣による裁量的発給も拒否され[19)]、アルカファジはシリアへ戻りたいとの意向を示すようになる。

2002年9月、いまだ収容中のアルカファジは、人身保護令状を求めて提訴した。この事件はAl Kateb事件とあわせて最高裁で審理されることになり、同様の結論にいたった[20)]。なお、アルカファジは再度難民申請をし、2005年に難民不服審判所による難民認定を受けている[21)]。

(4) Behrooz判決

ベルーズ（Mahran Behrooz）は、オーストラリア南部に設置されたウーメラ入国審査手続収容所（Woomera Immigration Reception and Processing Centre）[22)]に

---

16) Al-Kateb, [2004] HCA 37 [33] (McHugh J.).
17) Al-Kateb, [2004] HCA 37 [98] (dissented by Gleeson C. J.).
18) Al-Kateb, [2004] HCA 37 [135] (dissented by Gummow J.).
19) Migration Act of 1958 (Cth) s. 417.
20) Minister for Immigration and Multicultural and Indigenous Affairs v Al Khafaji [2004] HCA 38 (6 Aug. 2004).
21) Amnesty International, *The Impact of Indefinite Detention: The Case to Change Australia's Mandatory Detention Regime* 12 (2005), *available at* ⟨https://www.amnesty.org/en/documents/asa12/001/2005/en/⟩.
22) 1999年から2003年まで設置されていた。*See* James Jupp, From White Australia to Woomera:

収容されていたが、他の２名の収容者とともに脱走し、移民法 197A 条違反で逮捕された[23)]。ベルーズは、当時で約 12 か月収容されていたが、入国管理のための収容といえるような性質ではないほどに粗雑または非人道的な状況にあったと述べ、この収容は合法なものとはいえず、彼の脱走行為は移民法違反ではないと主張した。

裁判の争点として、移民法は粗暴または非人道的状況での収容を認めているのか、また、粗暴な状況での収容は刑罰であって、法令違反に対する司法権行使の結果の場合を除き、有効に正当化できないかどうかが挙げられた。

これに対して、連邦最高裁は、ベルーズが入国管理上の収容に置かれており、そこから離脱する権利はないとしつつ、被告人が示す耐え難い状況の証拠は抗弁にならないなどとして、被告人の上告を退けた[24)]。また、収容状況いかんによって、入国管理用の収容施設に拘束する権限の保持および行使を無効にするものではないとも述べる[25)]。

少数意見においては、国際人権規約Ｂ規約に言及し、同規約７条の拷問または残虐な取扱いの禁止などを挙げつつ、連邦議会が規定する入国管理上の収容は同規約に沿って行われるべき旨を述べるものもあるが[26)]、多数意見は国内法的な文理解釈にとどまる姿勢を示している。

(5) 原告 M61/2010 号および M69/2010 号判決

オーストラリア移民法では、主権が及ぶ領土概念とは異なる「移民ゾーン (migration zone)」を設定している。その趣旨は、「現実的に人が滞在する物理的領域において、外国人の出入国管理を実施しようとするものである」[27)]。たとえ密航者が領海内で収容されたとしても、出入国管理の審査権の及ぶ範囲ではないので、被収容者はビザ申請をすることすらできない。ただ、当初は主に無人領土が除外指定されており、領土全体がほぼ移民ゾーンとなっていた。

ところが、2001 年８月に起きたタンパ号事件を契機として、当時のハワード政権は、密航者をオーストラリアに上陸させず、他国で難民審査を行う「パシフィック・ソリューション」を採用し、あわせて法改正[28)]によりクリスマス島な

The Story of Australian Immigration (2007, 2nd ed., Cambridge University Press).

23) 違反者には最大５年の懲役が科せられる。

24) Behrooz v Secretary of the Department of Immigration and Multicultural and Indigenous Affairs [2004] HCA 36 (6 Aug. 2004) [22] (Gleeson C. J.).

25) Behrooz, [2004] HCA 36 [223] (Callinan J.).

26) Behrooz, [2004] HCA 36 [129] (Kirby J.).

27) 浅川・前掲注 3) 30 頁。

28) Migration Amendment (Excision from Migration Zone) Act 2001.

どを「除外領土（excised territory）」として移民ゾーンから除外した[29]。これにより、クリスマス島に密航者が上陸しても、原則としてビザ申請ができないようにしたのである[30]。このために通常の難民認定審査手続を受けられなかったスリランカ人が提起した訴訟において、最高裁は全員一致の判断で、当該措置が公正な手続を欠くなどとして違法であると断じた[31]。もっとも、本判決においても、除外領土への不法上陸者を別異取扱いすること自体は違法とされていない。なお、2013年には、オーストラリア大陸全体を除外領土にする法改正が行われている[32]。

3　主権国境作戦（Operation Sovereign Borders）の実施

(1)　パシフィック・ソリューションの廃止と密航者の急増

いわゆる「パシフィック・ソリューション」は、移民法198A条に基づき、海上密航者のナウルおよびパプアニューギニアへの移送を可能にする措置を含んでいたが[33]、2007年の政権交代でラッド（Kevin M. Rudd）政権が誕生すると移送措置を停止することになった。しかし、こうした緩和措置が密航者の増加を招き、2010年の総選挙で労働党の議席を大幅に減らす要因となる。結局、2012年、ギラード（Julia E. Gillard）政権は法改正[34]とともに、再びナウルとパプアニューギニアへの移送を再開するようになる。

2013年9月に「船を止める」を選挙公約としていたアボット（Anthony J. Abbott）政権は、早々に海上からの密航者を一切入国させないという「主権国境作戦（Operation Sovereign Borders）」を開始した。作戦は関連する機関の連携により実施されるが、司令官は国防軍の将官が充てられている。

密航者数は2013年の20,000人をピークとし、図表1で示すように[35]、

29）タンパ号事件は、約400人の密航者を救助したノルウェー船がオーストラリア政府からクリスマス島への入港を拒否された事件。外交問題にまで発展したが、最終的にナウルが受け入れ、難民認定手続が行われることになった。詳しい経緯は、浅川晃広「オーストラリアの移民政策と不法入国者問題」外務省調査月報2003-1号（2003年）19～22頁。

30）ただし、収容は可能である（移民法189条3項）。なお、そうした密航者も実際は移民法46A条2項に基づく主務大臣の裁量により、事実上、保護ビザの付与が可能であった。

31）Plaintiff M61/2010E v Commonwealth of Australia and Plaintiff M69 of 2010 v Commonwealth of Australia [2010] HCA 41 (11 Nov 2010).

32）Migration Amendment (Unauthorised Maritime Arrivals and Other Measures) Act 2013.

33）Migration Act of 1958 (Cth) s. 198A (repealed).

34）Migration Legislation Amendment (Regional Processing and Other Measures) Act 2012. 当初はマレーシアへの移送を企図していたが、最高裁により難民条約に批准していない国への移送は移民法の要件をみたさないとの判断がなされ断念した経緯がある。Plaintiff M70/2011 v Minister for Immigration and Citizenship and Plaintiff M106 of 2011 v Minister for Immigration and Citizenship [2011] HCA 32 (31 Aug. 2011).

【図表1　海上密航者・移送施設収容者数】

	海上密航者数	収容者総数
2014	889人	1,930人
2015	0人	1,459人
2016	0人	1,246人

2015年1月以降は一例もなく推移している。政府のウェブページでは[36]、海上からの密航者が絶対にオーストラリアに入国できないことを強調しており、取締りとあいまって一定の効果が生じていると思われる。また、施設の運営を民間業者に行わせ、その劣悪で非人道的な環境が問題視されているが、むしろそれにより海上からの密航をやめさせようとする宣伝効果もあるとされる[37]。こうした収容政策に対して、国連難民高等弁務官をはじめ[38]、各種国際機関やNGOからの非難が相次いでいる[39]。また、2016年4月にパプアニューギニアの最高裁が、当該施設における収容を憲法違反とし、パプアニューギニア政府とオーストラリア政府に対し、収容者のすみやかな解放を命じているが[40]、ダットン（Peter Dutton）移民大臣は「オーストラリア政府は裁判の当事者ではない」などとし、政策に変更はない旨を述べている[41]。

(2)　原告S156/2013号判決

連邦最高裁は、このような移民法198AB条および198AD条に基づく移送および審査手続ならびにパプアニューギニアを地域審査手続国（regional processing country）に移民大臣が指定したことについて、全員一致で有効であるとしている[42]。198AB条は地域審査手続国を指定する大臣の権限を規定し、また、198AD条は船舶による密航者をオーストラリアから直ちに地域審査手続国に移

35)　Department of Immigration and Border Protection, *Operation Sovereign Borders Monthly Update, available at* 〈http://newsroom.border.gov.au/channels/Operation-Sovereign-Borders〉.

36)　〈http://www.osb.border.gov.au/en/Outside-Australia〉

37)　Rebecca Hamilton, *Australia's Refugee Policy Is A Crime Against Humanity, Foreign Policy* (23 Feb. 2017), *available at* 〈http://foreignpolicy.com/2017/02/23/australias-refugee-policy-may-be-officially-a-crime-against-humanity/〉.

38)　UNHCR Regional Representation Canberra, *UNHCR monitoring visit to Manus Island, Papua New Guinea* (26 Nov. 2013), UNHCR Regional Representation Canberra, *UNHCR monitoring visit to the Republic of Nauru* (26 Nov. 2013).

39)　Ben Doherty in Sydney and Patrick Kingsley, *Refugee camp company in Australia 'liable for crimes against humanity',* The Guardian (25 July 2016), *available at* 〈https://www.theguardian.com/australia-news/2016/jul/25/ferrovial-staff-risk-prosecution-for-managing-australian-detention-camps〉.

40)　Namah v. Pato [2016] PGSC 13 (26 April 2016).

41)　Ben Doherty, Helen Davidson and Paul Karp, *Papua New Guinea Court Rules Detention of Asylum Seekers on Manus Island illegal* (26 April 2016), *available at* 〈https://www.theguardian.com/australia-news/2016/apr/26/papua-new-guinea-court-rules-detention-asylum-seekers-manus-unconstitutional〉.

42)　Plaintiff S156/2013 v Minister for Immigration and Border Protection [2014] HCA 22 (18 June 2014).

送すべきと規定するが、原告はそうした権限は憲法上授権されていないと主張する。これに対し、最高裁は全員一致で、憲法51条19号による外国人に対する立法権限から移民法の規定を合憲であるとする。また、大臣による移送国指定および移送命令も有効であるとした。さらに、198AB条が規定する事項の考慮不尽の主張も退けている。

(3) 原告M68/2015判決

また、連邦最高裁は、ナウル地域審査手続収容所に関して、国外での収容に関する行政協定の有効性も認めている[43)]。それによると、連邦政府の資金拠出および関与を含めた、移送・収容措置を構築する連邦政府とナウル政府との間での合意文書は、行政権を授権する憲法61条および移民法198AHA条により正当化されるという。

なお、本件の最高裁への提訴が2015年5月14日に行われたが、政府は、これを受けて移送・収容措置に法律上の根拠を与えるため、法案を議会に提出し6月30日から施行させた[44)]。

(4) 原告S99/2016判決

もっとも、限定的ではあるが収容者の待遇に関して、司法的救済が図られた裁判例もある。

ナウルの収容施設で病気により意識をなくした状態で強姦され妊娠した若いアフリカ出身の女性が起こした訴訟において、連邦裁判所は、過失による不法行為（negligence）法の適用を認め、移民大臣が彼女に安全と合法的な堕胎を提供すべく合理的な対応をするための保護義務があると判示した[45)]。

ただし、ナウルにおいて十分な医療施設がないことから、パプアニューギニアに移送することが考えられるが、大臣は同地において堕胎が刑事罰の対象となることから、そうした義務があることを否定した。これに対して裁判所は、当該刑法の規定はすでに死文化しているとして、大臣の主張を退ける。そのうえで、当該女性が精神的に不安定なことから、神経科、精神科、麻酔科、産婦人科の専門医が揃っている体制でなければ安全に堕胎をすることはできないとし、合理的な通常人が大臣の地位にあればパプアニューギニアで手術を受けさせることはないだろうとして、これを禁止する。明確にオーストラリアに移送するようにとの判

---

43) Plaintiff M68-2015 v Minister for Immigration and Border Protection [2016] HCA 1 (3 Feb. 2016).

44) 浅川・前掲注3) 179〜180頁。

45) Plaintiff S99/2016 v Minister for Immigration and Border Protection [2016] FCA 483 (6 May 2016) (Bromberg J.).

決ではないが、十分な医療環境のもとで堕胎をさせることが移民大臣の義務であると命じた判決の意義は大きい[46]。

III　おわりに――若干の考察

1　ナショナリズムの発露としての国境管理

オーストラリアへの海上密航者数は、他国と比較してさほど多いものではない。たしかに、2013年に約20,000人という記録を残しているが、ヨーロッパに向けて恒常的に多数の密航者が渡ってくる地中海とは、やや事情が異なる。

国内の不法滞在者の方が圧倒的に多いと思われるのに対して、なぜここまで過剰な対応をとるのかという点について、「偏執的国家主義（paranoid nationalism)」の表れであるとの意見も存在する[47]。これについては、海上密航者を「海からの主権侵害者」という象徴的存在とみて、グローバリズムによって相対化する国家主権行使を誇示する数少ない手段としての国境管理を利用しているとの指摘もある[48]。実際、飛行機による密航者やすでに国内にいる不法滞在者のような「国境を越えてしまった者」については、ナウルやパプアニューギニアへの移送が行われない。

2　旧日本軍の残像と海上密航者

これにより想起されるのが、オーストラリアのナショナル・アイデンティティ形成に果たす「外的脅威」の役割である。キャンベラにある戦争記念館（War Memorial）の展示を見ると、日本人が考える以上に旧日本軍が大きく扱われており、その存在感に驚かされる。特に、1942年5月31日に日本海軍が行ったシドニー湾での攻撃は、引き上げられた特殊潜航艇の展示とともに音と映像による再現がされており、見る者を圧倒する。これは、オーストラリアにとって第二次世界大戦が日本の侵略から国家を守った戦争であるとの言説と密接に結び付いている。そして、第一次世界大戦におけるガリポリ上陸作戦から生まれたアンザッ

46）もっとも、医療上の理由があっても居住権やビザ申請を制限する権限を広く認めるのが連邦最高裁の立場である。近時の判決として、Plaintiff M96A/2016 v Commonwealth of Australia [2017] HCA 16 (3 May 2017) 参照。

47）Catriona Elder, *Imaging Borders/Policing Borders: Australia, Asylum Seekers and the Oceans of the Asia Pacific,* 15 Pacific and American Studies (University of Tokyo) 27-46 (2015).

48）飯笹佐代子「豪州の『対ボートピープル戦争』」21世紀東アジア社会学7号（2015年）46頁。

ク神話と同様に[49]、旧日本軍との戦闘がオーストラリアン・ナショナル・アイデンティティ形成の一要素となっているのである。それら各種記念行事や記念碑を通じて、国家を守った英雄に敬意を表し、アイデンティティを形成していくうえで、国外にある脅威の存在が欠かせない[50]。

そして、「こうした日本の脅威の言説は、テロなどの外部からの脅威として再解釈され、過去の戦争の記憶は、現在のクニを守る行為に継承されて、すべてのオーストラリア人が共有すべき価値が再生産されている。……戦争の記憶を共有することによる一体感の創出は、オーストラリアのような、ナショナル・アイデンティティを渇望する社会の特性であると論じることもできよう」[51]。

実際のところ、海上からの密航者に、旧日本軍の特殊潜航艇の記憶を重ねているのかは定かでないが、国際的な非難を浴びながらも、ことさら海上密航者を徹底して排除する態度を理解するうえで、現実的な安全への脅威だけでなく、歴史的文化的な要素も無視しえない。海上の国境管理には、治安維持やテロ対策以上の「至高の（sovereign)」目的があるようにも思われる。

3　内国移動の自由と「国境」

ただ、そうした「記憶」やナショナリズムのみで海上密航者への対応を説明するのは、やや一面的にすぎるようにも思われる。というのも、パシフィック・ソリューションを端緒とする国外への移送政策は政権交代にもかかわらず長期にわたって行われており、右傾化によるナショナリズムの台頭といった状況変化では説明がつかない。また、たしかに制度的には鉄壁の守りを築きつつも、実際は移民大臣の裁量による保護ビザの発給が行われた事例を散見することから、海上密航者に対する難民認定の状況を仔細に検討する必要があると思われる。仮に排外主義的な意味でナショナリズムを用いるならば、運用段階における難民認定の説明が困難となるからである。

そうした点を含めて、国境管理の全体像を明らかにすることは、執筆者の能力と紙幅の限界を超えるので避けたいが、ここでは連邦憲法 92 条の存在に着目してみたい。同条によれば、州際の通商および交通は、陸送によると海上輸送によ

49）川上代里子「第一次世界大戦とオーストラリア」的場哲朗編『第一次世界大戦と現代』（丸善プラネット・2016 年）277～284 頁。

50）しかしながら、アンザック神話で描かれるのは白豪主義的な兵士像であり、実際に従軍した先住民兵士の存在は、1990 年代以降の多文化主義の確立まで光が当てられなかった。津田博司『戦争の記憶とイギリス帝国』（刀水書房・2012 年）182～183 頁。

51）鎌田真弓「オーストラリアン・アイデンティティと戦争の記憶」早稲田大学オーストラリア研究所編『オーストラリア研究―多文化社会日本への提言』（オセアニア出版社・2009 年）181～182 頁。

るとを問わず、「絶対に自由である（shall be absolutely free）」とされる。

第二次世界大戦中、列車で移動する際、政府の許可を得なければならないとされていたところ、婚約者に会いに行くために無許可でシドニーからパースへと移動を行った女性が起訴された事件において、連邦最高裁は当該移動規制が憲法92条で保障される権利を侵害し、違憲となると判示している[52)]。そこでは、規制の目的が公共の安全や国家防衛であったとしても抗弁とならず、それが戦時であっても権利保障が優越するとされている。それは、現在の「テロとの戦い」という準戦時状態であっても同様であろう[53)]。

この内国移動の自由の絶対性が、国境の内と外という意識を強固にしている面は否めない。それが、一歩でも国境をまたがせまいとする方針の誘因となり、移民ゾーンの縮減や海上密航者の移送・収容という政策として結実し、結果的に国外からの侵入者を拒絶する絶対性へとつながっている可能性が考えられる。あくまでも仮説ではあるが、そのような視点を加えると、国境管理の本来的な目的以上に、冷徹なまでの憲法への忠実性を見出しうる。

オーストラリアが計画的に難民を受け入れている一方で、非人道的な海上密航者の収容措置を講じているのは、EU諸国と対照的である。だが、その二面性の一端が法の支配とその厳格な執行にあるのだとしたら、単純に非人道的との非難を浴びせるだけでは問題解決に結び付かない。そこで、国家の記憶や国民意識とは異なる、憲法構造にこそ問題が潜んでいないかを探る意義は大きいし、同じ海に囲まれた日本との国境管理に対する姿勢と体制の差異もみえてこよう。ただ、現時点では、日本におけるオーストラリア憲法研究の蓄積が少ないこともあり、これ以上の分析は他日に期したい。

52） Gratwick v Johnson [1945] HCA 7 (30 May 1945).
53） Helen Irving, Five Things to Know about the Australian Constitution 79 (Cambridge University Press, 2004).

第8章

日本

総論
日本におけるテロ対策法制とその変容
各論Ⅰ
わが国のテロ対策の現状と今後の展開
各論Ⅱ
ムスリムに対する監視・情報収集

日本における9.11以降の主なテロ関連事件とテロ対策法制

年月	内容
2001年11月	テロ対策特別措置法の制定 テロリストによる爆弾使用の防止に関する国際条約の締結に伴う関係法律の整備に関する法律の制定 テロリストによる爆弾使用の防止に関する国際条約の締結
2002年6月	テロ資金提供処罰法(公衆等脅迫目的の犯罪行為のための資金の提供等の処罰に関する法律)の制定 テロリズムに対する資金供与の防止に関する国際条約の締結
2003年6月	武力攻撃事態対処法(武力攻撃事態等及び存立危機事態における我が国の平和と独立並びに国及び国民の安全の確保に関する法律・有事法制3法のひとつ)の制定
2004年6月	国民保護法(武力攻撃事態等における国民の保護のための措置に関する法律)の制定
2004年10月	イラクにおける邦人人質殺害事件
2005年3月	関税定率法等の一部を改正する法律の成立(輸入禁制品の追加と税関職員の質問検査に関する規定の整備等が目的)
2006年5月	出入国管理及び難民認定法の改正(テロリストの入国阻止対策が目的)
2007年8月	核によるテロリズムの行為の防止に関する国際条約の締結
2007年11月	テロ対策特別措置法の失効
2008年1月	補給支援特別措置法の制定
2010年1月	補給支援特別措置法の失効
2010年10月	公安情報(日本国内のムスリムの監視情報)流出事件
2012年6月	原子炉等規制法(「核原料物質、核燃料物質及び原子炉の規制に関する法律」)の改正
2012年7月	ASEAN各国と連携したテロ関連ウェブサイト共有データベースの運用開始
2013年12月	特定秘密の保護に関する法律の制定 犯罪収益移転防止法(「犯罪による収益の移転防止に関する法律」)の改正
2014年11月	サイバーセキュリティ基本法の制定 テロ資金提供処罰法の改正 国際テロリスト財産凍結法(国際連合安全保障理事会決議第1267号等を踏まえ我が国が実施する国際テロリストの財産の凍結等に関する特別措置法)の制定
2015年2月	シリアにおける邦人殺害テロ事件
2015年6月	警察庁国際テロ対策強化要綱の策定
2015年10月	国際連合安全保障理事会決議第1267号等及び国際テロリスト財産凍結法4条に基づく国際テロリストの指定(国家公安委員会告示第36号)
2016年3月	小型無人機等飛行禁止法(国会議事堂、内閣総理大臣官邸その他の国の重要な施設等、外国公館等及び原子力事業所の周辺地域の上空における小型無人機等の飛行の禁止に関する法律)の制定
2017年5月	国際連合安全保障理事会決議第1267号等及び国際テロリスト財産凍結法3条に基づく国際テロリストの指定(国家公安委員会告示第24号)
2017年6月	組織的犯罪処罰法(組織的な犯罪の処罰及び犯罪収益の規制等に関する法律)の改正

総論

日本におけるテロ対策法制とその変容

大沢秀介

I　はじめに

1　本稿の対象

日本におけるテロ対策法制については、『市民生活の自由と安全――各国のテロ対策法制』（成文堂・2006年）のなかで、河村憲明警察政策研究センター教授（当時）によって、2006（平成18）年までのわが国のテロ対策に関して詳細な内容が公にされている[1)]。その論考では、法令ばかりではなく、警察の対処方針なども含めた綿密な紹介がなされている。それらのテロ対策は、基本的には今日まで引き継がれている[2)]。そこで、本稿では、2006（平成18）年以後のテロの未然防止策のなかでの法令の変容についてみていくことにしたい。

2　テロ対策法制の整備の遅れとその方向性

(1)　法整備の遅れの理由

わが国のテロ対策法制の特色として、その整備の遅れがしばしば指摘されてきた。もっとも、わが国においても2008（平成20）年のサミット開催にあわせて政府部内で国際テロへの対応強化のために、包括的なテロ対策基本法の制定が検討された。当時の新聞報道によれば[3)]、同法の検討はテロの未然防止を目的として、「テロ組織やテロリストと認定した組織と人物に対して、①一定期間の拘束、②国外への強制退去、③家宅捜索、④通信傍受などの強制捜査権を行使すること

1)　河村憲明「日本におけるテロ対策法制」大沢秀介＝小山剛編『市民生活の自由と安全』（成文堂・2006年）271頁。

2)　わが国のテロ対策の基本は、2004（平成16）年12月に国際組織犯罪・国際テロ対策推進本部が公表した「テロの未然防止に関する行動計画」に始まり、2008（平成20）年12月の「犯罪に強い社会の実現のための行動計画2008」（犯罪対策閣僚会議決定）、2013（平成25）年12月の「『世界一安全な日本』創造戦略」（閣議決定）と展開している。詳細は、本章【各論I】参照。

3)　「〈テロ対策基本法〉政府が策定に着手へ 拘束や盗聴など柱に」2006年1月7日付毎日新聞〈http://www.asyura2.com/0601/senkyo18/msg/415.html〉。

を想定」していた。また、テロの定義として「集団が政治的な目的で計画的に国民を狙って行う暴力行為」とする案などが考えられていた。この法律の趣旨は、アメリカの愛国者法[4)]やイギリスのテロ対策法制なみの強い権限を捜査当局に与えようとするものであったが、結局法律として制定されることはなかった。

その後、テロリズムを未然に規制する包括的な内容を有する法律は、わが国に存在しない状況が続いている。包括的な法律の制定が困難な理由としては、少なくとも3つほど考えられる。第1に、2017年3月のロンドンのウェストミンスター襲撃テロ事件など、ヨーロッパを中心に頻発する個人ないし集団により発生した国際テロが、現在までのところわが国にはみられないことである。第2に、国際テロがイスラム過激思想に影響を受けた個人ないし団体によるテロ行為であるとすれば、わが国における「外国人ムスリムが約10万人、日本人ムスリムが約1万人、あわせて約11万人」[5)]とその人口数が少なく、欧米で最近みられる国内生まれのテロリスト、いわゆるホームグローン・テロリストの行為によって事件が引き起こされる可能性が低いという認識である。第3に、本格的な包括的で単一のテロ法を構築すべきであるという世論[6)]の支持が、強くみられないという状況である。

(2) 法整備の必要性

もっとも、いま述べたことは、今後その必要性に対する認識が高まる可能性を否定するものではない[7)]。たしかに、これまでのわが国でみられたテロ行為は、国際テロと区別して認識されてきたが、その両者に結びつきがないわけではない。特にオウム真理教による事件は、猛毒の化学兵器であるサリンを用いた大量殺人テロ行為であり、その後の国際テロリズムにおけるテロ行為の方法に大きな影響を与えている。また、わが国でもイスラムの過激思想に影響を受けた事件として、北大生が「イスラム国」(ISIS) に戦闘員として渡航しようとしたために、私戦予備・陰謀罪が適用された事件も発生している[8)]。また、2020 (平成32) 年の東

4) アメリカの愛国者法については、大沢秀介「アメリカ合衆国におけるテロ対策法制」大沢＝小山編・前掲注1) 1頁。愛国者法の翻訳については、平野美恵子＝土屋恵司＝中川かおり訳「米国愛国者法(反テロ法) (上)(下)」外国の立法214号 (2002年) 16頁、215号 (2002年) 1頁。

5) 店田廣文「世界と日本のムスリム人口 2011年」人間科学研究26巻1号 (2013年) 32頁。

6) イギリスでは、2005年のロンドン同時多発テロ事件が起きた当初は国民は比較的冷静であったが、自爆テロ事件の実行犯がイギリス国籍のイスラム教徒であることが発表されると大きな衝撃が広がり、2006年テロリズム法の制定につながった。岡久慶「英国2006年テロリズム法」外国の立法228号 (2006年) 92頁。

7) この間の事情については、河村・前掲注1) 272頁。

8) それを受けて、国際テロ予防の議論を急ぐ必要があると指摘されてきた「『日本人戦闘員』どう防ぐ 私戦予備・陰謀罪適用に賛否 規制、法整備が急務」産経ニュース (2014年11月3日) 〈https://www.sankei.com/affairs/news/141103/afr1411030005-n1.html〉。

京オリンピック・パラリンピック競技大会開催時には、訪日外国人数は3,000万人以上に上ると予測されており、今後国際テロを引き起こす可能性のある外国人の入国の可能性や国際テロの思想と国民との接触の機会が増大する可能性は高い。

その際に、考慮を要する点として2つ挙げられる。第1に、国際「テロ攻撃は、国際の平和と安全に対する脅威とはなりえても、武力行使にはなりえない」[9)]から、武力攻撃対処事態に対する対応と異なり、テロ行為に対しては「テロリストは犯罪者として刑事法に基づいて処罰される」[10)]ということである。また、テロの未然防止に対する包括的な法律を作る場合には、あまりに広範囲なテロの定義[11)]は回避されるべきということである。たとえば、イギリスは、2000年のテロリズム法（Terrorism Act 2000 (c. 11)）で、あらゆるタイプのテロリズムに対応しようとして、テロリズムに関する広範な定義を採用したが[12)]、しかし、それはあまりに広範すぎ[13)]、その結果として本来的に犯罪として処罰されるべきテロリストの人権を過度に侵害するおそれが生じている。

(3) わが国の法律におけるテロリズムの定義

わが国では、これまで3つの法律でテロリズムの定義が示されたとされる。まず、武力攻撃事態等対処法22条の緊急対処事態の定義がテロの定義を意味すると解する理解[14)]がみられる。しかし、同条の緊急対処事態の定義は、「武力攻撃の手段に準ずる手段を用いて多数の人を殺傷する行為が発生した事態又は当該行為が発生する明白な危険が切迫していると認められるに至った事態（後日対処基本方針において武力攻撃事態であることの認定が行われることとなる事態を含む）」とされている。緊急対処事態は、武力攻撃対処事態との関係で定義づけられており、テロリズムの定義とみることは困難と思われる。

次に、最近改正された「公衆等脅迫目的の犯罪行為のための資金等の提供等の処罰に関する法律」（以下「テロ資金提供処罰法」という）に関連して、入管法の理

9） 片山善雄『テロリズムと現代の安全保障』（亜紀書房・2016年）118頁。
10） 片山・前掲注9）184頁。
11） テロリズムの各国における定義の多様性については、清水隆雄「テロリズムの定義」レファ55号（2005年）38頁。
12） 岡久慶訳「英国2006年テロリズム法」外国の立法229号（2006年）43頁。なお岡久・前掲注6）84～85頁参照。
13） フランスでは、1992年の刑法典の全面改正に際して、テロ犯罪の法定化が行われ、テロ犯罪について「威嚇又は恐怖によって公の秩序に重大な混乱を生じさせることを目的とする個人的又は集団的企てと意図的に関連する犯罪行為」と定義し、それに該当する具体的な行為を421-1条以下で挙げている。高山直也「フランスのテロリズム対策」外国の立法228号（2006年）116頁。
14） 松尾庄一「テロの未然防止に関する主要各国と我が国の法制」警察政策学会資料90号（2016年）30頁。

解などでは、「公衆等脅迫目的の犯罪行為」がテロ行為の意味として解されているようである[15]。ただし、この定義がテロリズムの定義として必要かつ十分なものであるかについては疑問も存在する。この法律は、テロリズムに対する資金供与の防止に関する国際条約（テロリズム資金供与防止条約）の国内法化のための法律として2002（平成14）年に制定されたものであり、当初から条約の範囲を超えて規制しようとするものであると批判されていたことに留意すべきであろう[16]。

最後に、特定秘密保護法12条2項1号にテロリズムに関する定義として、「政治上その他の主義主張に基づき、国家若しくは他人にこれを強要し、又は社会に不安若しくは恐怖を与える目的で人を殺傷し、又は重要な施設その他の物を破壊するための活動をいう」が掲げられている。この定義については、「政治上」から「与える目的で」までを目的と理解し、殺傷と破壊を行為類型として、この法律でのテロリズムの定義を狭く理解する立場[17]と、「政治上その他の主義主張に基づき」を目的と読み、行為類型として「国家若しくは他人にこれを強要」するための活動、「社会に不安若しくは恐怖を与える目的で人を殺傷」するための活動、「重要な施設その他の物を破壊」するための活動の3つを挙げて、テロリズムの定義を広く解する立場がある[18]。この両者の理解のうち、いずれが正しいと判断することは困難である。それは同法の定義が「それ自体文意不鮮明」[19]であり、後者のように広く解釈することも可能であるという余地もあるからである[20]。

15） 出入国管理及び難民認定法24条3号の2にいう「公衆等脅迫目的の犯罪行為」は、「通常、いわゆる『テロ行為』と観念されるものをすべて含んでいる」とされる。出入国管理法令研究会編『注解・判例 出入国管理実務六法〔平成29年版〕』（日本加除出版・2016年）83頁。

16） 日本弁護士連合会「『公衆等脅迫目的の犯罪行為のための資金の提供等の処罰に関する法律（案）』に対する意見書」（2002年4月20日）。

17） 森担当大臣は、国会の答弁でこの立場をとっている。第185回国会衆議院国家安全保障特別委員会議録第14号（2013年11月15日）24頁。同様な立場として、宇都宮健児＝堀敏明＝足立昌勝＝林克明『秘密保護法』（集英社・2014年）48～51頁。

18） 原田宏二＝清水勉＝青木理「秘密保護法は公安警察の隠れ蓑だ」世界851号（2014年）149頁〔清水勉〕。世界851号（2014年）149頁。

19） 山内敏弘「特定秘密保護法の批判的検討」独協93号（2014年）15～17頁。

20） 実際、法案成立直後の2013年12月11日に石破茂自民党幹事長が、そのオフィシャルブログで「単なる絶叫戦術はテロ行為とその本質においてあまり変わらない」と発言し、絶叫デモもテロリズムと広く解した〈http://ishiba-shigeru.cocolog-nifty.com/blog/2013/11/post-18a0.html〉。

II　CONTEST の概念

1　わが国のテロ対策法制に対する基本的検討枠組み

このようにテロリズムの定義の困難性などから、テロを未然に防止するための包括的な法律が存在しないという状況のなかで、わが国の現行テロリズム対策法制の内容を知るためには、テロの未然防止に必要とされる諸側面にかかわる法令をいくつかの側面に分けて検討することが求められる。この点に関して、テロ対策の基本的枠組みとして国際的に評価されているのは、イギリスの CONTEST である。CONTEST とは、COuNter-TErroriSm sTrategy（反テロリズム戦略）の大文字部分を取り出したものである[21)]。その戦略の内容は、4 つの P で始まる言葉、すなわち Pursue、Prevent、Protect、Prepare によって示されている[22)]。CONTEST の概念は、テロの実行犯を事前に拘束、逮捕、起訴し（Pursue)、地域コミュニティとの連携や外交政策などによる青少年層への過激な思想の浸透を阻止し（Prevent)、テロリストの攻撃から重要なインフラ施設を保護するとともに国境管理を厳格にし（Protect)、テロリストによる攻撃からの回復力を高める（Prepare）というものである。CONTEST は、テロリズムについて短期および長期的に事前に予防するべき点を明確にしたうえで、組織的な対応策も織り込むかたちでテロリズムによる攻撃に対する一連の政策的対応を系列的に示すものであり、国際的に高く評価されている。ただし、それは移民が多数国内に居住し、コミュニティを形成しているというイギリスを含めたヨーロッパさらにアメリカの現状を反映したものであり、わが国のテロ対策の基本的枠組みとして参照に値するものの、若干の修正が必要となる[23)]。

そこで、まずわが国のテロの未然防止対策として、2013（平成 25）年の「『世界一安全な日本』創造戦略について」[24)]をみてみることにする。そこでは、テロ

21)　Nicole Magney, *CONTEST, Prevent, and the Lessons of UK Counterterrorism Policy*, Geo. Sec. Stud. Rev. (May 16, 2016), *available at* 〈http://georgetownsecuritystudiesreview.org/2016/05/16/contest-prevent-and-the-lessons-of-uk-counterterrorism-policy/〉.

22)　4 つの P の意味については、以下の文献を参照した。HM Government, *CONTEST: The United Kingdom's Strategy for Countering Terrorism*, 6 (July 2011): Paul Jonathan Smith, *Counterterrorism in the United Kingdom: Module II: Policy Response*, (Center for Homeland Defense and Security Dept. of National Security Affairs Naval Postgraduate School), *available at* 〈https://www.chds.us/coursefiles/comp/lectures/comp_CT_in_the_UK_mod02_ss_stryln/script.pdf〉.

23)　CONTEST のなかには、Prevent のように長期的な観点からのテロ防止策も存在し、それは本稿の関心の対象外に近いからである。

24)　「『世界一安全な日本』創造戦略について」2013 年 12 月 10 日付閣議決定〈http://www.kantei.

に強い社会を実現するためのテロ対策として、①原子力発電所等の重要施設の警戒警護および対処能力の強化、②水際対策（空港・港湾における水際危機管理の強化など）、③テロの手段を封じ込める対策の強化、④情報収集機能とカウンター・インテリジェンス機能の強化、⑤国際連携を通じたテロの脅威等への対処、⑥大量破壊兵器等の国境を越える脅威に対する対策の強化、⑦北朝鮮による日本人拉致容疑事案等への対応が挙げられている。さらに、それらの各項目について、3つから7つの小項目が付されている。たとえば、②の水際対策の項目には、以下の5つの小項目が付されている。i）空港・港湾における水際危機管理の強化、ii）厳格な出入国管理および査証審査の徹底、iii）海上および海上からのテロ活動の未然防止、iv）海上警備・湾岸警備の強化、v）改正SOLAS条約を踏まえた港湾および船舶の保安対策の推進である。

もっとも、「『世界一安全な日本』創造戦略」はテロ対策全般に関する対策を掲げており、特にテロ対策法制との関係で絞り込んだかたちでは行われていない。そこで、本稿ではCONTESTの概念、わが国のこれまでのテロ対策の変遷の経緯の2つを踏まえ、それらを補正するかたちで基本的枠組みを考えることにしたい。具体的には、①出入国管理の強化、航空保安対策、テロリストの攻撃からの重要インフラ施設の保護、生物化学兵器の安全管理などの保護の側面、②テロ資金対策、テロに関連する情報収集・分析などのテロリストの追及にかかわる側面について、これまでの政府のテロの未然防止対策の現状[25]を踏まえつつ、2006（平成18）年以後のテロ対策法制の変容について、以下みていくことにしたい。

2　テロ対策法制の保護の側面

(1)　出入国管理の強化

(a)　入国審査関係　　外国人テロリストによるテロ行為を事前に防止するうえでまず重要となるのは、テロリストが日本へ入国・在留することを未然に防止することと、一定期間わが国に滞在する外国人に日常の社会システムのなかでその身分関係・居住関係を立証させることである。

入管行政に関する主要な法令である出入国管理及び難民認定法（以下「入管法」という）は、これまで政府のさまざまな外国人政策との関係で改正が行われてきた。そのなかで、入国審査に関しては、2006（平成18）年5月にテロの未然防止

go.jp/jp/kakugikettei/2013/__icsFiles/afieldfile/2013/12/09/h251210_1.pdf〉。
25）内閣官房「主なテロの未然防止対策の現状」（2016年7月11日）1頁以下〈http://www.kantei.go.jp/jp/singi/sosikihanzai/kettei/20160711taisaku_genjo.pdf〉。

のために「指紋等の個人識別情報の提供」「乗員・乗客の事前報告義務」を義務づけることなどの規定の整備が行われた[26]。それを受けて、2007（平成19）年11月20日より入国審査時において16歳以上の外国人（特別永住者等を除く）に指紋および顔写真の個人識別情報の提供が義務化された（6条3項、同施行規則5条7項）[27]。そして、個人識別情報の提供が義務づけられている外国人が、指紋または顔写真の提供を拒否した場合は、日本への入国は許可されず、日本からの退去命令を受けることになった（7条4項・10条）。また、テロリスト等の入国に関しては、すでに2007（平成19）年2月よりわが国に入る船舶または航空機の長に対し、入管当局への乗員・乗客情報の事前報告が義務づけられている（57条）。なお、2005（平成17）年の入管法の改正により、テロの未然防止対策の観点から旅券等の確認義務が航空会社等の運送業者に課されていたが（56条の2）、乗員上陸の許可を受けた外国人についても、乗員上陸許可書に加えて、旅券または乗員手帳を携帯することが義務づけられた（23条1項4号）。

次に、滞在外国人の身分関係・居住関係の確認については、2009（平成21）年に外国人登録法が廃止されたことが注目される。これにより、在留管理の機能を入管法に一元化することをねらいとする[28]、中長期在留者を対象にして法務大臣が在留管理に必要な情報を継続的に把握する制度を構築する新しい在留管理制度が導入され（19条の3以下）、2012（平成24）年から施行された。この制度の導入によって、在留管理に必要な情報を継続的かつ正確に把握できることになった[29]。この制度は、中長期在留者に基本的身分取得的事項や住居地等を記載した在留カードを交付し、そのカードが口座の開設、携帯電話の契約などの社会生活のあらゆる場面で使用されることによって情報を把握しようとするものである。入管法は、それを偽変造等した者（24条3号の5）、虚偽の住居地等の届出をした者または在留カードの提示義務違反者等（75条の2）を制度の根幹を揺るがすものとして、退去強制対象としている。

(b)　出国確認関係　出国確認については、2004（平成16）年の政府の「テロの未然防止に関する行動計画」を踏まえて2006（平成18）年に行われた改正で、退去強制について定める入管法24条に3号の2、3号の3が新設された。3号

26）出入国管理法令研究会編・前掲注15）2頁。

27）法務省入国管理局「新しい入国審査手続（個人識別情報の提供義務化）の概要について」（2017年）〈http://www.moj.go.jp/content/000001941.pdf〉。

28）出入国管理法令研究会編・前掲注15）51頁。

29）この新しい制度については、以下の文献参照。黒木忠正『改訂 はじめての入管法』（日本加除出版・2012年）。

の２は、テロ資金提供処罰法１条の公衆等脅迫目的の犯罪行為、同予備行為または実行を容易にする行為を行うおそれがあると認める相当な理由があると法務大臣が認定した者を退去強制の対象とし、外務大臣、警察庁長官、公安調査庁長官および海上保安庁長官の意見を聴かなければならないとする（24条の2）。さらに、必要に応じて前記４機関以外の関係行政機関に対して、外国人テロリストに関する情報提供等の協力を求めることができるとされる（61条の8）。ところで、24条３号の２が上陸拒否事由ではなく退去強制事由とされているのは、「わが国の領域内で発見された外国人テロリスト等について、国家として、これを収容したうえ、確実に本邦外に送還することができるようにするため」[30]であるとされる。なお、法務大臣による外国人テロリストの認定は、「認定自体が外国人の権利ないし法律上の地位に直接影響を及ぼすものとは認められないので、行政処分」ではない[31]とされている。同条３号の３は、国際約束、具体的には国連憲章25条により「加盟国に特定の個人の入国・通過防止措置を義務付ける安保理決議の規定」によりわが国への入国を防止すべきとされている者を、強制退去の対象とするものである。

(c)　**航空保安対策**　　航空保安対策としては、ハイジャック防止対策、空港における保安対策の２つに分けることができる。ハイジャック防止対策としては、2007（平成19）年３月以後国際民間航空機関（ICAO）から締約国に対して通知された「液体物の機内持込制限に関するガイドライン」に基づき、国際線客室内への液体持込制限が導入された。また、最近の報道[32]によれば、アメリカ国土安全保障省は中東など８か国の航空機会社９社に対して、携帯電話より大きい電子機器の機内持ち込みを禁じる措置を一時とり、イギリス政府も追随したが、日本政府にはそのような動きはみられなかった。なお、国土安全保障省は、ヨーロッパからのアメリカ向け国際便について、客室内でのほとんどの電子機器の持ち込み禁止措置をとる意向といわれたが[33]、それは実施されなかった。

空港における保安対策については、2009（平成21）年４月１日から航空法47

30）出入国管理法令研究会編・前掲注15）88頁。

31）出入国管理法令研究会編・前掲注15）83頁。

32）Michael McLaughlin, Andy Campbell, Willa Frej「トランプ政権、ノートPCなどの電子機器の機内持ち込みを禁止」Huffington Post（2017年3月21日）〈http://www.huffingtonpost.jp/2017/03/21/electoronics-ban_n_15533842.html〉。しかし、最近のニュースによれば持ち込み禁止令は解除されたようである。Natasha Lomas「アメリカ、ノートPC持ち込み禁止令を完全解除――イギリスは禁令維持」TechCrunch Japan（2017年7月21日）〈http://jp.techcrunch.com/2017/07/21/20170720us-lifts-laptop-ban-for-all-remaining-airlines-and-airportsncidrss/〉。

33）Kim Hielmgaard and Doug Stanglin, *In-cafin fan on laptopson Europe-U.S. flights seems ineuitafle,* USA TODAY（May 12, 2017）〈https://www.usatoday.com/story/.../europe....

条の2に基づき、空港の設置者は空港保安管理規程を定め、国土交通省の省令に従って国土交通大臣に届け出なければならないとされた。具体的には航空法施行規則92条が保安上の基準を定めている。また、空港法15条は、国管理空港における航空旅客もしくは航空貨物の空港機能施設事業または航空機給油施設の建設者および管理者の指定を行うとされる。

なお、航空貨物のセキュリティ関係についてもアメリカの要請により2012（平成24）年に導入された新Known Shipper／Regulated Agent制度が、2014（平成26）年から全世界向けの国際旅客便を対象に完全施行された。この制度は、「航空貨物のセキュリティレベルを維持し物流の円滑化を図るため、航空貨物について荷主から航空機搭載までの過程を一貫して保護することを定めた」ICAOの国際標準に基づき制定された保安対策制度であるが、経済界には民間の負担が重すぎるとの批判もみられる[34]。

(2) 重要インフラ施設の保護

(a) 港湾におけるセキュリティ　海運の分野でのセキュリティに関しては、2001年のアメリカ同時多発テロを受けて2002年に改正されたSOLAS条約（海上における人命の安全のための国際条約）を受け、2004（平成16）年4月に「国際航海船舶及び国際港湾施設の保安の確保等に関する法律」（以下「国際船舶・港湾保安法」という）が制定され[35]、2008（平成20）年に同法に基づく埠頭保安規程および水域保安規程が承認された。国際船舶・港湾保安法は、国際航海船舶および国際港湾施設の所有者が保安確保のために必要な措置をとることによって未然に危害行為の防止を図ることを目的とする（1条）。

(b) 公共交通機関　次に、公共交通機関については、「いったんテロの標的になれば無差別かつ大規模な被害を生じ、その影響は甚大である」[36]ことが広く認識されている。たとえば、ロンドンの同時爆発テロ事件は、通勤時間帯にソフトターゲットであるターミナル駅に近い場所で、通勤客を無差別に攻撃する自爆テロのかたちで行われたものであり、経済的、社会的混乱を招き多くの死傷者を生んだ[37]。また、わが国でも地下鉄サリン事件ばかりではなく、2015（平成27）年7月の新幹線焼身自殺事件などがみられた。現在、2020（平成32）年の東京オ

---

laptop-taflet-fan-flights-us/101587360/〉

34） 日本経済団体連合会「わが国航空貨物のセキュリティ対策に関する意見」（2014年4月15日）。

35） 松本宏之「日本の港湾に関するセキュリティ対策」海事交通研究63号（2014年）43頁。

36） 寺西香澄「主要国における公共交通機関のテロ対策」レファ652号（2005年）78頁。なお、同「主要国における公共交通機関のテロ対策」レファ665号（2006年）99頁も参照のこと。

37） 総務省消防庁「資料 ロンドンテロの教訓について」（2006年6月30日）3頁〈https://www.fdma.go.jp/html/data/tuchi1806/pdf/180630-2siryou3.pdf〉。

リンピック・パラリンピック競技大会に向けて公共交通機関、特に新幹線のテロ対策が課題とされてきているが、現在の対策は駅構内や列車内における警戒強化にとどまっている[38]。また、駅構内における警戒では監視カメラによるモニタリングが行われているが[39]、列車内における監視カメラのモニタリングは客室内ではプライバシーの保護のために行われていない。この点で、手荷物検査や警察犬による駅構内パトロールが行われているイギリスやアメリカとは異なっている[40]。

(c)　**核セキュリティ**　　幸いにわが国の原子力発電所は、これまでテロリストの標的にならず原発テロは発生してこなかった[41]。しかし、原発テロが発生した場合には発電所自体がダーティ・ボムとなり大きな脅威を示すことは、すでに福島第一原発事故によって明らかである。これまでの原発のテロ対策は、「核物質の不法移転及び原子力施設又は核物質の輸送への妨害破壊行為に対する防護」（核物質防護）にとどまっていたが、最近ではこれらに加えて「放射性物質の盗取及びその関連施設又は放射性物資の輸送への妨害破壊行為、さらには規制上必要な管理の外にある核物質及び放射性物質にまで広がった」。そのため、それらの防護概念は核セキュリティとよばれる[42]。この核セキュリティの概念は、核物質およびその他の放射性物質の防護と原子力施設および関連施設の犯罪行為・違反行為からの防護の２つに分けられる。

核物質の防護については、すでに1987年の核物質の防護に関する条約が、締約国に対して、国際輸送中の核物質について防護措置を義務づけるとともに（同条約３条）、核物質の窃取等の行為を犯罪として処罰するように義務づけていたが（同条約７条）[43]、さらに2005年７月に条約の改正案が採択され、①防護措置の対象を国際輸送中の核物質（同条約３条）に加えて国内の核物質および原子力施設に拡大し（新２条のA）、また②犯罪とすべき行為として国内法で処罰すべき対象を、新たに法律に基づく権限なしに行う核物質の移動および原子力施設に対する不法な行為にまで拡大した。この条約の改正は2016年５月に発効した。

38）　国土交通省「鉄道のテロ対策」〈http://www.mlit.go.jp/tetudo/tetudo_tk1_000007.html〉。

39）　もっとも、監視カメラの設置の効果については、ソフトターゲットを狙った自爆テロの場合には、あまり抑止効果はないという見解も存在する。*See* Alois Stutzer & Michael Zehnder, *Is Camera Surveillance an Effective Measure of Counterterrorism?* 24 Defence & Peace Economics 1 (2013).

40）　Jamie Schram, Gillian Kleiman & Rebecca Harshbarger, *De Blasio, Bratton address ISIS subway threat,* N.Y. Post (Sept. 25, 2014), *available at* 〈http://nypost.com/2014/09/25/de-blasio-bratton-address-isis-subway-threat/〉.

41）　佐藤暁「核テロの脅威について考える」科学83巻5号（2013年）553頁。

42）　原子力委員会「核セキュリティの確保に対する基本的考え方」（2011年9月5日）〈http://www.aec.go.jp/jicst/NC/senmon/bougo/siryo/bougo25/ssiryo1.pdf〉。

43）　中野かおり「核物質防護体制の強化に向けた取組」立法と調査354号（2014年）94頁。

わが国は、このような状況に対し、①については原子炉等規制法等によって対応したが、②については対応してこなかった。そこで、2014（平成26）年2月に「放射線を発散させて人の生命等に危険を生じさせる行為等の処罰に関する法律」（以下「放射線発散処罰法」という）を改正することとし、改正法が2014（平成26）年に成立した。同改正は、追加される処罰対象として、特定核燃料物質をみだりに輸出入する行為については7年以下の懲役としてその未遂も罰することとし（6条）、また放射性物質発散につながる特定核燃料物質や原子力施設に対する行為等により人の生命等に害を加えることを告知した脅迫による強要行為を、5年以下の懲役に処することとした（7条）[44)]。

次に、原子力施設の防護であるが、原子力施設を標的とするテロは、わが国というより諸外国で頻発してきた[45)]。原発へのテロの方法は、航空機によるテロと爆弾テロである。航空機テロは、9.11テロ事件の標的として原発が当初考えられていたことから[46)]、その対処が問題とされてきた。そこで、2012（平成24）年6月に核原料物質、核燃料物質及び原子炉の規制に関する法律（以下「原子炉等規制法」という）を改正し、2013（平成25）年7月に原子力規制委員会は実用発電用原子炉にかかる新規制基準を定め、原子炉建屋への故意による大型航空機の衝突その他のテロリズムという重大事故による原子炉格納容器の破損による放射性物質の異常な放出に対処するために、特定重大事故等対処設備[47)]を工場等に設置することを義務づけた[48)]。一方、爆弾テロの場合にはいわば地上からのテロとなるが、原子炉等規制法に基づく主な防護措置として防護区域および周辺防護区域が設定されるとともに、警察の遊撃手が所内に配備されるなど警備が厳しくなっている[49)]。ただ、原子力発電所の防衛上もっとも重要な周辺防護区域における警備にあたっているのが、アメリカと異なり、「規制要件に適合するだけの能力も責任もない民間の警備員である」ことが問題視されている[50)]。

原発テロ対策として今後さらに検討されるべき問題として、個人の信頼性確認

44） 中野・前掲注43）96頁。
45） 佐藤・前掲注41）556～557頁。
46） 佐藤・前掲注41）557頁。
47） 実用発電用原子炉及びその附属施設の位置、構造及び設備の基準に関する規則（以下「実用炉規則」という）2条2項12号。
48） 実用炉規則42条。
49） 原子力安全・保安院原子力防災課「平成17年改正原子炉等規制法の施行状況について」（2010年4月26日）5頁。
50） 佐藤・前掲注41）554～555頁。アメリカの場合には、「警備員の視力や聴力、身体能力など心身の適性、武器取扱いの技量、テロリストとの戦闘をイメージした防衛計画の策定に関する要件が」詳細に規制要件として定められ、すべての個々の事業者の責任範囲として義務づけられているとされる。

制度の導入がある。諸外国の原発爆発テロ事件では、多くの事例で内通者による情報漏えいや妨害工作などがみられた[51]。IAEA の勧告文書（INFCIRC/225 Rev. 4 および Rev. 5）は、核物質および原子力施設におけるセキュリティ・クリアランス（個人の信頼性確保の確認すなわち身元確認調査）の採用を勧告した。この点に関連し、わが国では原子炉等規制法 68 条の 2 で核物質防護対策の強化の一環として、原子力事業に関係する特定核物質保護にかかる秘密保持義務が定められ、秘密情報管理に関する法整備が一部行われた。しかし、このような対策では不十分であるとして、アメリカでみられるようなセキュリティ・クリアランス[52]が必要であるとする声も強い[53]。ただ、セキュリティ・クリアランス制度の導入を法令上規定するには、その適用対象者の範囲に加えて、審査項目、実施主体などの点で多くの実務上の課題があるほか、特に指紋採取と犯罪歴のチェックが欠かせないため、プライバシー権との調整という観点からも問題が指摘されている[54]。

(d)　ドローン規制　重要施設をテロから未然に防止するための施策として、重要施設の上空をドローンが飛行することを規制する「国会議事堂、内閣総理大臣官邸その他の国の重要な施設等、外国公館等および原子力事業所の周辺地域の上空における小型無人機等の飛行の禁止に関する法律」（以下「ドローン規制法」という）が、2016（平成 28）年 3 月 17 日に衆議院本会議で可決・成立した。ドローンについては、2015（平成 27）年 4 月に官邸屋上で発見された後、同年 7 月に航空法が改正され、ドローンを含む無人航空機の飛行に関して、飛行の禁止区域、飛行の方法などの基本的なルールが定められたが、さらにテロ対策強化のためドローン規制法が制定された。同法は、国会議事堂、内閣総理大臣官邸、皇居、政党事務所、原子力事業所などの対象施設の周辺地域の上空における飛行を原則禁止し（8 条 1 項）、違反した場合には罰則を科すものである（11 条）。また、警察官は、対象施設に対する危険を未然に防止するために必要な措置を命じることができるとされている（9 条 1 項）。

(e)　放射性物質、生物剤、化学剤に対する防護措置　NBC テロとは、核物質、生物剤、化学剤の英訳の頭文字をとってよばれるものであるが、このうち核物質保護については原子炉等規制法により従来から規制されているので、ここでは最

51）　中野・前掲注 43）100 頁。
52）　田邉朋行＝稲村智昌「米国原子力事業における秘密情報管理と我が国への示唆」社会技術研究論文集 6 号（2009 年）27～28 頁。
53）　田邉＝稲村・前掲注 52）26 頁。
54）　中野・前掲注 43）99～101 頁。

近法令上で動きのみられる放射性同位元素と病原微生物との関係について、述べておく。

放射性同位元素に対する防護措置については、2011年のIAEAの勧告、2012（平成24）年の原子力委員会の決定を受けて[55]、放射性同位元素に対する防護措置を義務づけるために「放射性同位元素等による放射線障害の防止に関する法律」の一部改正案が、2017（平成29）年2月に閣議決定された。その目的は、危険性の高い放射性同位元素の取扱事業者に対して防護措置を義務づけ、テロ対策を充実・強化しようとすることにある。具体的な防護措置としては、たとえば監視カメラの設置、警備員の配置、管理者の選任等が法案の概要では挙げられている[56]。

病原微生物等については、2001年にアメリカで発生した炭疽菌テロによって実際に生じた生物テロへの対応が検討されてきたが[57]、その結果2007（平成19）年6月に「感染症の予防及び感染症の患者に対する医療に関する法律」が一部改正され、生物テロに使用されるおそれのある病原体を第1種病原体から第4種病原体までに分類し、その分類に応じて所持や輸入の禁止、許可、届出、基準の遵守等の規制がなされている[58]。ちなみに、第1種病原体として所持が禁止されているのは、エボラウィルスなど6つの病原体である[59]。

3 テロリストの追及の側面

実行犯の追及にかかわるテロリストの拘束、逮捕、起訴という一連のプロセスのなかで、テロの事前発生防止という観点から重要なものとしてテロ関連情報の収集・分析ということが挙げられる。実際、警察庁の「国際テロ対策強化要綱」（2015（平成27）年6月）は、テロに対する重要課題として最初に情報収集・分析を挙げ、テロの脅威にかかる情報収集・分析を周到に行うことが必要であると強調する[60]。本稿でも情報収集・分析の観点から、テロ資金対策、特定秘密保護法、サイバーテロ対策についてみていく。

55） 原子力規制庁「放射性同位元素に対する防護措置について（核セキュリティに関する検討会報告書）」（2016年6月15日）。
56） 法律案の詳細については、原子力委員会のウェブページを参照のこと。
57） 杉山綾子「病原体管理体制の確立と結核予防法の廃止」立法と調査260号（2006年）23頁。
58） 詳細は厚生労働省の以下のウェブページを参照のこと〈https://www.mhlw.go.jp/file/06-Seisakujouhou-10900000-Kenkokyoku/hyou/50521-1.pdf〉。
59） より詳細な1種から4種の分類基準および規制の内容については、三木朗「改正感染症法に基づく病原体等の管理体制の確立について」モダンメディア53巻8号（2007年）195頁。
60） 警察庁「警察庁国際テロ対策強化要綱」（2015年6月）5頁〈https://www.npa.go.jp/keibi/biki/youkou/honbun.pdf〉。

(1) テロ資金対策

テロ資金対策は、一見テロ関連情報の収集という側面とは直接的な関連性がないようにもみえるが、実際には重要な情報収集につながる。それは、現代における国際テロリスト組織やテロ行為の実態が組織の拡散化とテロリストのローンウルフ化、ホームグローン化によって特色づけられるという状況のなかで、テロリストやテロ組織の把握がますます困難になっており、その点でテロ資金に関する情報を把握することは、テロリスト組織の運営や資金提供者がだれかを掌握し、だれを捜査対象にするか絞り込むことを可能とするからである[61)]。

テロ資金対策に関する最近の立法は、大きな変容をみせている。具体的には、2014（平成26）年に成立したテロ資金提供処罰法一部改正、「国際連合安全保障理事会決議第1267号等を踏まえ我が国が実施する国際テロリストの財産の凍結等に関する特別措置法」（以下「国際テロリスト財産凍結法」という）、「犯罪による収益の移転防止に関する法律」（以下「犯罪収益移転防止法」という）のいわゆるテロ三法の成立が挙げられる[62)]。

テロ資金提供処罰法は、テロリズムに対する資金供与の防止に関する国際条約（1999年12月採択、以下「テロ資金供与防止条約」という）および安保理決議1373号の国内法化のための法案として2002（平成14）年に成立した。テロ資金供与防止条約は、国際テロ行為の数と重大性がテロリストの得る資金に依存していることから、テロ企図者、協力者等への資金供与を明確に犯罪とし、処罰の対象とするものである。同条約の特色は、「テロ行為実行前の準備行為とも言える資金提供・収集自体を犯罪化し、そうした行為の実行者を処罰することによりテロ行為を防止しようとする点にある」[63)]。その後1989年のアルシュ・サミット経済宣言に基づき設立された国際政府機関である金融活動作業部会（Financial Action Task Force: FATF）から、わが国のテロ資金に対する国内対策について、①物質的支援の提供・収集が犯罪化されていない、②テロ協力者による資金等の収集、間接的な提供・収集が犯罪化されていないとの指摘があり、それらの批判に応えるために2014（平成26）年にテロ資金提供処罰法の一部改正が行われた。その改正点は、資金に加えて、資金以外の土地、建物、物品、役務その他の利益を提

61） 内藤浩文「犯罪収益移転防止法の一部改正と今後の犯罪収益対策について」警論64巻9号（2011年）10頁。

62） 外務省「テロ資金対策」（2017年4月28日）〈http://www.mofa.go.jp/mofaj/gaiko/terro/kyoryoku_05.html〉。

63） そのため、テロ資金提供処罰法に対しては、テロ資金供与防止条約の範囲を超えた処罰であり、また犯罪とされる行為の構成要件が不明確であるとの批判が存在した。日本弁護士連合会・前掲注16）。

供・収集した場合にも処罰の対象とし（2条1項）、またテロ協力者による資金等の収集、間接的な提供・収集も犯罪としたことである（3～5条）[64]。

国際テロリスト財産凍結法は、テロリストの財産凍結を求める国連安保理決議1267号（1999年）およびその後継決議1333号（2000年）、1373号（2001年）などへの対応として、外国為替及び外国貿易法（以下「外為法」という）に基づき対外取引のみを対象に、それまで財産凍結措置をとってきたわが国に対して、FATFが2008年にテロリストの財産凍結等の措置を求める特別勧告Ⅲについて、わが国が一部履行にとどまっているとの評価を下し改善を求めたことに対して、それに対応すべく成立したものである[65]。具体的には、国連安保理決議1267号およびその後継決議に基づき安保理制裁委員会が指定するテロリスト、および国連安保理決議1373号に基づき各国（わが国の場合には国家公安委員会）により独自に指定された旨公告されたテロリスト（3条・4条）に対して、①金銭、有価証券、貴金属等、土地、建物、自動車その他これらに類する財産として政令で定める規制対象財産の取引を許可対象として原則禁止とするものである。規制対象取引は、贈与、貸付け、売却代金の支払い、預貯金の払出しなどである（9条）。そして、②指定された旨公告されたテロリストを相手方とする取引を禁止する（15条）。違反者に対しては、まず情報の提供や指導・助言を行ったり、違反をしないように命令したりしたうえで（21条・22条）、なお命令に違反する場合には処罰の対象となる（30条3号）点で、テロ資金提供処罰法とは異なり直罰とはされていない。

犯罪収益移転防止法は、2007（平成19）年3月に初めて制定されたもので、マネーロンダリングに利用されるおそれのある一定の事業者を特定事業者と規定したうえ、特定事業者が一定の取引を行う際に顧客等の本人特定事項を確認すること、業務において顧客がマネーロンダリングを行っている疑いがあると認める場合には、『疑わしい取引』として行政庁に届出を行うことなどを義務づけるものであった[66]。その後、FATFの第3次対日相互審査で顧客管理に関する勧告が不履行の状況にあるとの評価を受けたため、2011（平成23）年4月に第1次改正犯罪収益移転防止法が成立した[67]。しかし、この改正に対してなお顧客管理

64） 押田努「外為法を補完するテロ防止関連の新規二法」CISTEC Journal 160号（2015年）47頁。

65） 松下和彦「国際テロリスト財産凍結法の概要（国際連合安全保障理事会決議第1267号等を踏まえ我が国が実施する国際テロリストの財産の凍結等に関する特別措置法）」ひろば68巻4号（2015年）30頁。

66） 内藤浩文「犯罪収益移転防止法の一部改正と今後の犯罪収益対策について」警論64巻9号（2011年）3頁。

67） 改正の内容は、「特定事業者に対し、一定の取引に際して、顧客の本人特定事項の確認に加えて、顧

として不十分であるとして、2014年6月にFATFがわが国のマネーロンダリング対策等に対して懸念を示す声明を発表したことを受けて、このままではわが国の金融機関の取引がFATFの勧告に基づく国際標準に適合しないとして支障が生じる可能性などを考慮して、さらに再度犯罪収益移転防止法の一部改正が行われた。主な改正点は、疑わしい取引か否かの判断方法を主務省令でマネーロンダリングに悪用されるリスクに応じて定め、銀行等はそれに基づき取引ごとのリスクに応じて顧客管理を実施することを求めたこと、銀行等が外国の銀行等と為替取引を継続的にまたは反復して行うことを内容とするコルレス契約を締結する際には、相手方がマネーロンダリング対策を適切に行っているか否かを確認するように求めたこと、取引時の厳格な確認義務の明示を求めたことなどであった[68)]。

前述したテロ資金提供処罰法、犯罪収益移転防止法、国際テロリスト財産凍結法も、テロ資金の流れを押さえることによって、テロ組織やテロリストの情報収集につなげようとする側面を有していたが、さらにこの関連で特定秘密保護法が重要となる[69)]。

(2) 特定秘密保護法

特定秘密保護法は、「我が国及び国民の安全の確保に資する」目的のために、わが国の安全保障上、特に秘匿することの必要な情報について、特定秘密の指定、解除、特定秘密の漏えいを防止するための適正評価や罰則を定める法律である(1条)。ここでいう特定秘密とは、防衛に関する事項、外交に関する事項、特定有害活動の防止に関する事項、テロリズムの防止に関する事項についての情報であって、非公知のもののうち、その漏えいがわが国の安全保障に著しい支障を与えるおそれがあるため、特に秘匿が必要なものである(2条)。特定秘密とされる期間は5年とされ、延長しても原則として30年を超えることができないとされる。そして、特定秘密の要件を欠くにいたったときは、行政機関の長は指定を解

客が自然人であれば取引を行う目的および職業、法人であれば取引を行う目的、事業内容および実質的支配者の本人特定事項の確認を義務づける」とともに、「マネー・ローンダリングのリスクの高い一定の取引」を行うに際し、資産、収入の状況の確認を義務づけることなどであった。内藤・前掲注66) 7頁。

68) 堀内勇世「本人確認等に係る犯収法の2014年改正」金融システムの諸問題(大和総研、2015年1月15日)〈http://www.dir.co.jp/research/report/law-research/financial/20150115_009341.pdf〉参照。

69) より直接的に情報を収集するものとして、通信傍受法が考えられるが、衆議院予算委員会で金田勝年法務大臣は組織犯罪処罰法の改正で新設されるテロ等準備罪は通信傍受の対象犯罪にはなっていないとした。「【衆院予算委員会】『テロ等準備罪』通信傍受法の対象外 金田勝年法相」産経ニュース(2017年2月2日)〈http://www.sankei.com/politics/news/170202/plt1702020008-n1.html〉。

除しなければならないとされる（4条）。特定秘密の漏えいを防止するために設けられたのが、適正評価制度である。適正評価制度では、特定秘密の業務を行う行政機関の職員または当該行政機関との契約に基づき特定秘密の提供を受ける適合事業者の従業者が、特定秘密の業務を行うときに（12条1項）、特定秘密を漏らすおそれの有無を判断するという制度である。具体的な評価対象事項は、以下の事項すなわち特定有害事項およびテロリズムとの関係に関する事項、犯罪および懲戒の経歴、情報の取扱いにかかる非違の経歴、精神疾患、飲酒についての節度、信用状態その他の経済的状況（12条2項1～7号）である。罰則としては、特定秘密を取り扱う公務員や特定秘密の提供を受けて特定秘密の業務を取り扱う契約業者の従業者等が特定秘密を漏らしたときには、10年以下の懲役に処するとされる（23条1項）。

特定秘密保護法については、その成立の背景[70)]、立法事実の存在の有無、秘密指定の適切さや指定期間の長期化、国民の知る権利、プライバシー権、メディアの報道の自由などの憲法上の権利に対する侵害[71)]などをめぐって議論がなされているが[72)]、ここでは特定秘密とされるテロリズムに関する事項について、もう少しみておくことにする。まず、特定秘密保護法は12条2項1号で前述のように、テロリズムについて解釈の微妙な定義を示したうえで、別表4号でテロリズムの防止に関する事項として、(イ)テロリズムによる被害の発生もしくは拡大の防止のための措置またはこれに関する計画もしくは研究、(ロ)テロリズムの防止に関し収集した国民の生命および身体の保護に関する重要な情報または外国の政府もしくは国際機関からの情報、(ハ)(ロ)に掲げる情報の収集整理またはその能力、(ニ)テロリズムの防止の用に供する暗号を挙げる。さらに(イ)は4つの細目に分かれている。また(ロ)は3つの細目に分かれているので[73)]、細目単位でいうと

70) 三木由希子「特定秘密保護法」自治総研438号（2015年）1～9頁。

71) 清水雅彦「憲法の諸原理を否定する秘密保護法」同ほか『秘密保護法は何をねらうか』（高文研・2013年）53頁以下。

72) これらの問題に対する政府の姿勢については、内閣官房特定秘密保護法施行準備室「特定秘密の保護に関する法律Q & A」（2013年12月27日）〈http://www.cas.go.jp/jp/tokuteihimitsu/qa.pdf〉参照。

73) (イ)は、a【テロリズムの防止のための措置又はこれに関する計画若しくは研究】について、(a)緊急事態への対処にかかる部隊の戦術、(b)重要施設、要人等に対する警戒警備、(c)サイバー攻撃の防止とb【テロリズムの防止のために外国の政府等と協力して実施する措置又はこれに関する計画若しくは研究のうち、当該外国の政府等において特定秘密保護法の規定により行政機関が特定秘密を保護するために講ずることとされる措置に相当する措置が講じられるもの】の4細目からなる。また(ロ)は、a【電波情報、画像情報その他情報収集手段を用いて収集したもの（(b)に掲げるものを除く。)】、b【外国の政府等から提供された情報（当該外国の政府等において特定秘密保護法の規定により行政機関が特定秘密を保護するために講ずることとされる措置に相当する措置が講じられるものに限る。)】、c【a又はbを分析して得られた情報】の3細目からなる。

9つになる。

この特定秘密保護法におけるテロリズム防止に関する事項で、奇異に感じられるのは、原発関係の情報が特定秘密とされていないことである[74]。その理由として政府が挙げているのは、「原発自体は民間企業のものである」ということである。もっとも、原発警備に関する情報は特定秘密になりうるとしている[75]。このような原発関係の情報を原発それ自体の情報と原発警備の情報に分けることが明白な欺瞞である[76]とまで言い切れるか否かは即断できないが、両者の区別は情報という観点からみた場合にはかなり困難であろう。そして、原発が重要なインフラとしてテロリズムの対象となる可能性が高く、そのため多くの外国では原発関係者に対するセキュリティ・クリアランスが行われていることを考えると[77]、原発関係の情報を特定秘密として、特定秘密保護法の適正評価制度を適用していくことが考えられるべきであろう。

(3) サイバーセキュリティ基本法

サイバー攻撃については、当初個人による愉快犯的見方もあったが、次第にその重大な影響が認識されるようになった。そこで、サイバー攻撃に強力に対処するために、2014(平成26)年11月にサイバーセキュリティ基本法が成立し、さらに2016(平成28)年4月に日本年金機構に対するサイバー攻撃と情報漏えいが起こったために、独立法人等も対象として取り込むために同法が一部改正された[78]。

サイバーセキュリティ基本法は、サイバー攻撃に対処するにあたってサイバーセキュリティという概念を導入したうえで、その基本理念に基づく施策を明らかにし、国、地方公共団体の責務を明らかにしようとするものである(1条)。同法は、サイバーセキュリティを「情報の漏えい、滅失又は毀損の防止その他の当該情報の安全管理のために必要な措置並びに情報システム及び情報通信ネットワークの安全性および信頼性の確保のために必要な措置……が講じられ、その状態が

74) 原子力規制庁は原子力規制委員会が保有する核物質防護に関する情報、核不拡散に関する情報、その他テロリズムの防止に関する情報は、特定秘密指定の要件をみたさないため、特定秘密に指定しないとする。原子力規制庁「原子力規制委員会の特定秘密保護法への対応について」(2014年12月8日)〈https://www.nsr.go.jp/data/000086589.pdf〉1～2頁。

75) 山内・前掲注19) 16～17頁。

76) 山内・前掲注19) 17頁。

77) 総合資源エネルギー調査会 原子力安全・保安部会原子力防災小委員会「原子力施設における内部脅威への対応について」(2005年6月)〈http://www.meti.go.jp/committee/materials/downloadfiles/g50627a50j.pdf〉5～6頁参照。

78) 「続発する新たなテロ『サイバー攻撃』有事の『危機感』共有を」産経ニュース(2016年2月7日)〈http://www.sankei.com/column/news/160207/clm1602070004-n1.html〉。

適切に維持管理されていること」（2条）と定義し、国、地方公共団体、重要社会基盤事業者、サイバー関連事業者、教育研究機関の努力義務を定めている（4~7条）。そして、政府はサイバーセキュリティ戦略を策定し（12条）、基本的施策を総合的かつ効果的に推進するため、内閣に、サイバーセキュリティ戦略本部を置くとされる（24条）。その後、2015（平成27）年1月9日に内閣官房組織令により内閣官房に「内閣サイバーセキュリティセンター（NISC）」が設置された。

テロリズム対策の観点から注目されるのは、このサイバー攻撃が情報通信、電力、金融などの重要インフラに対してテロ行為の手段として用いられることをいかに事前に防止するかということである。それは、重要インフラにサイバーテロが行われるとき、その経済的損害、社会的混乱、政治的不安定の大きさが著しいからである。さらに「電力供給システムや化学工場の制御システム、交通・航空管制システムなどの重要インフラに攻撃が行われた場合は、死傷者が出る事態に発展しかねない」からである。また、最近では潜伏型サイバーテロの脅威が指摘されている。潜伏型サイバーテロとは、「コンピュータシステム内に長期間にわたって潜伏・影響をおよぼし、多大な被害をもたらすサイバー攻撃を利用したテロリズムであり、その特徴はシステムへの侵入・潜伏・攻撃準備の段階において探知をすることが難しく、影響を受けている期間、影響の範囲、今後起きる被害の大きさの予測が難しいことである」[79)]と指摘されている。そこで、民間の調査機関から「攻撃者が使用するコンピューターへのアクセスなどサイバー攻撃者に関するより深い情報収集を可能とするための法制を検討すべきである」という提言[80)]もなされている。ただ、サイバーセキュリティ基本法は、その点で基本理念として「情報の自由な流通の確保が、これを通じた表現の自由の享有、イノベーションの創出、経済社会の活力の向上等にとって重要である」ことを挙げ（3条1項）、6条で「重要社会基盤事業者は、基本理念にのっとり、そのサービスを安定的かつ適切に提供するため、サイバーセキュリティの重要性に関する関心と理解を深め、自主的かつ積極的にサイバーセキュリティの確保に努めるとともに、国又は地方公共団体が実施するサイバーセキュリティに関する施策に協力するよう努めるものとする」とその責務を明らかにするとともに、14条で「国は、重要社会基盤事業者等におけるサイバーセキュリティに関し、基準の策定、演習及び訓練、情報の共有その他の自主的な取組の促進その他の必要な施策を講ずる

79） 土屋大洋ほか「潜伏型サイバー・テロに備えよ」日経・CSISバーチャル・シンクタンク（2016年10月21日）3頁〈http://www.csis-nikkei.com/doc/第2回サイバー提言.pdf〉。
80） 土屋ほか・前掲注79）1~2頁。

ものとする」と定めている[81]。その方針は、2017（平成29）年に制定された「重要インフラの情報セキュリティ対策に係る第4次行動計画（案）」の段階でも基本的に変化はみられない[82]。

III　おわりに――わが国のテロ対策法制の特色と課題

1　CONTESTの概念からみたわが国のテロ対策法制の特色

いままで述べてきたことを踏まえ、わが国のテロ対策法制の特色を前述のCONTESTの概念との関係でみてみると、Protectおよび Pursueという点ではテロ法制が整い、さらにそれが強化される傾向がみられる[83]。他方、Preventおよび Prepareという点からは、なお不十分のように思われる。

Prevent、すなわち地域コミュニティとの連携は、警察関係者によって官民連携しての「日本型テロ対策」として強くその必要性が指摘され[84]、三重県などでは「テロ対策三重パートナーシップ」として展開されているが[85]、その地域コミュニティの連携のあり方は、青少年層への過激思想の浸透を阻止するという点で十分とは必ずしもいえない。たとえば、現在いわゆる外国人集住地域に住む2世の子どもたちへの対応が問題とされているが、そこでは過激思想の浸透が生じやすい可能性もある。それを防ぐかたちでの地域コミュニティとの連携をどのように図っていくのかは、なお大きな課題として残っている。その点で、コミュニティとの協力や教育を通して、暴力的過激思想の影響を阻止しようとするねらいをもつ[86]アメリカ国土安全保障省の対暴力的過激思想活動（Countering Violent Extremism: CVE）[87]が注目される。また、外交政策の面でわが国は、そのテ

81）これまでの重要インフラに対するサイバーセキュリティ政策については、内閣サイバーセキュリティセンター（NISC）「重要インフラ等に係るサイバーセキュリティ政策の概要」（2016年4月）〈http://www.meti.go.jp/committee/sankoushin/shojo/kappuhanbai/pdf/014_04_00.pdf〉を参照のこと。

82）〈https://www.nisc.go.jp/active/infra/pdf/pubcom_ap4_abst.pdf〉

83）この点で本稿では触れなかったが、通信傍受法の改正や共謀罪の新設、さらに旅館業法に基づく規制などが注目される。これらの点については、本章【各論Ⅰ】参照のこと。

84）河本志朗「日本のテロ対策」（2016年5月9日）〈http://fpcj.jp/wp/wp-content/uploads/2016/05/afcde917d182d76180bd4c06aebf1718.pdf〉。

85）詳細は、三重県警察ウェブページ内の「官民一体の日本型テロ対策の推進について」〈https://www.police.pref.mie.jp/information/tero_pa-tona.html〉参照のこと。

86）「トランプ政権、暴力思想対策をイスラム過激主義に特化へ」ニューズウィーク日本語版（2017年2月2日）〈http://www.newsweekjapan.jp/stories/world/2017/02/post-6867.php〉。

87）CVEは、コミュニティに資源を提供することによって、地方におけるテロ防止策を構築維持するとともに、オンラインでメッセージを流す暴力的過激主義者に対抗する物語を用いるように促し、それ

ロ対策の３本柱の１つとして、「過激主義を生み出さない社会の構築支援」を挙げているが[88]、そこでは若者の失業対策、教育支援、人的交流など間接な施策にとどまっており、Prevent の掲げる過激思想の浸透の阻止に直接役立つかは不透明なところが多い。

次に、イギリスの CONTEST 2015 年版によれば、Prepare の部分は、緊急時対応および原状回復能力の確保を中心としている。緊急時対応は、パリ同時多発テロ事件のように複数のテロリスト・グループが、ソフトターゲットを対象に殺傷行為を繰り返すような事態に対する対応であり、イギリスでは迅速な対応のための予算措置等がとられた。また原状回復能力とは、生物テロを含めてテロの被害者の救助と通信手段の確保であり、イギリスではそのための大規模な訓練がなされている[89]。わが国の場合にも、この Prepare の部分に関しては、「武力攻撃事態等における国民の保護のための措置に関する法律」（以下「国民保護法」という）が存在する。国民保護法は、「大規模テロの際に、迅速に住民の避難を行うなど、国、県市町村、住民などが協力して、住民を守るための仕組み」[90]を定めているからである。具体的には同法第４章で石油コンビナート等への大規模テロ発生時などの緊急対処事態[91]への対処を定めている。ただ、そこではパリ同時多発テロ事件のような場合は含まれず、また緊急事態への対処が国、都道府県、市町村の３段階となっており、さらに炭疽菌などの化学物質を用いた NBC テロ事件のように迅速な対応を要求される場合に、国民保護法に基づく保護措置は国による事態認定前には実施できないため（同法 104 条参照）、最初の対応を行う市町村による適切な判断と対応が可能かが今後問題となろう[92]。

らによって暴力的過激主義を根絶することを目的とするとされる。Department of Homeland Security, *Countering Violent Extremism* (Jan. 19, 2017), *available at* 〈https://www.dhs.gov/countering-violent-extremism〉.

88） 外務省「わが国の国際テロ対策」(2017 年１月 23 日)〈http://www.mofa.go.jp/mofaj/gaiko/terro/taisaku_0506.html〉。

89） HM Government, *CONTEST The United Kingdom's Strategy for Countering Terrorism: Annual Report for 2015* (July 20, 2016), 22-23, *available at* 〈https://www.gov.uk/government/uploads/system/uploads/attachment_data/file/539684/55469_Cm_9310_PRINT_v0.11.pdf〉.

90） 総務省消防庁国民保護室「国民保護のしくみ」２頁〈https://www.city.komatsu.lg.jp/secure/4032/ 国民保護のしくみ .pdf〉。なお、国民保護法１条ないし４条参照のこと。

91） 緊急対処事態としては、原子力事業所などの破壊、石油コンビナート、可燃性ガス貯蔵施設などの爆破、危険物積載船などへの攻撃、大規模集客施設、ターミナル駅などの爆破、ダーティボムなどの爆発、生物剤の大量散布、化学剤の大量散布、航空機などによる自爆テロがあげられる。参照、内閣府国民保護ポータルサイト「緊急事態対処とは」〈http://www.kokuminhogo.go.jp/arekore/kinkyutaisho.html〉。

92） 井上忠雄「自治体のテロ対策と住民の対応」季刊消防防災の科学 87 号（2007 年）〈http://www.isad.or.jp/cgi-bin/hp/index.cgi?ac1=IB17&ac2=87winter&ac3=4693&Page=hpd_view〉。

2　今後の変容の方向性

これまでわが国のテロ対策法制の変容についてみてきた。本来的には、本稿はテロ対策法制の変容を語るべきものであるが、なお最後に今後のテロ対策法制の変容の方向性について若干述べておきたい。すでにCONTESTの概念との関係で述べたように、わが国のテロ対策法制は分野ごとにその内実にかなりの相違が存在する。たとえば、テロ資金規制をめぐる法制度は、近年その充実ぶりが目立っている。その背景には、国際的な圧力がかなり作用していることがあると思われる。このような観点からいえば、今後のテロ対策法制は、テロの未然防止に関する国際的な水準に適合するかたちで変容していく可能性があるように思われる[93)]。たとえば、原発におけるセキュリティ・クリアランス制度の導入は、すでに各国が行っているところであり、わが国でも東電福島第一原発事故の経験を踏まえて、導入が検討される必要があろう。次に、テロ対策法制の変容の方向性として、1つの包括的なテロリズム法が制定される場合はもちろん、現状のようにかなり多くの法律によってテロ対策法制が構築されている場合においても、さらに求められているのは、テロ対策法制を統一的に運用する組織である。現在、国際テロの情報収集・分析等について関係省庁間の連携が強化されているが[94)]、なおその他のテロ対策については各省庁の縦割り的対応を中心としている。また、垂直的分業としてなされる国と地方のテロ発生時の連携が十分にとれるかも懸念される。したがって、この点においても新たな組織的対応が今後求められているといえよう。

93)　なお、共謀罪がテロ対策に不可欠であるという主張がみられるが、共謀罪は原理的にはテロ対策に限定されるものではないと思われるので、ここでは考察の対象から外してある。この点については、「政府の『治安対策戦略』　テロ対策計画『共謀罪』触れず」2017年3月19日付東京新聞参照。

94)　国際組織犯罪等・国際テロ対策推進本部「パリにおける連続テロ事案等を受けたテロ対策の強化・加速化に向けた主な取組」(2016年7月11日)〈http://www.kantei.go.jp/jp/singi/sosikihanzai/kettei/20160711pari_torikumi.pdf〉。

各論Ⅰ
わが国のテロ対策の現状と今後の展開

辻　貴則

Ⅰ　はじめに

2001（平成13）年に発生した9.11アメリカ同時多発テロ事件（以下「9.11テロ事件」という）により、日本人24名を含む3,000人以上が犠牲となったところ、わが国においても、この事件はこれまでのテロ対策を大きく前進させる契機となり、テロの未然防止にこれまで以上に焦点が当てられ、その後、諸施策が進められてきた。

他方、欧米では、プロイセンの政治家・人文学者フンボルト（Humboldt）の「安全なくして自由なし」という言葉、あるいは「安全のなかの自由の法理」を背景に、テロ発生は甚大な人的物的被害をもたらし、自由な秩序が大きな脅威に直面することになるとの認識を踏まえて、未然防止の必要性がきわめて強いことから、テロ対策強化の方向が打ち出され、今日にいたっている。以下特に断らない限り、本稿でテロ対策という場合、もっぱら未然防止対策をさすこととする。

それでは、わが国にとってのテロの脅威をどのように考えるべきか。

近年では、2013（平成25）年１月、アルジェリア東部のイナメナスにおいて、ガスプラントが襲撃され、日本人10人が死亡する事件が発生した[1)]。また、2015（平成27）年１月には、シリアにおいて、「イスラム国」（ISIS）により日本人２人が拘束され、殺害される事件が発生した。さらに、2016（平成28）年７月には、バングラデシュ・ダッカにおいて、レストランに対する襲撃事件が発生し、日本人７人が死亡している[2)]。また、ISISは、オンライン機関紙「ダービク」において、日本や日本人をテロの標的として繰り返し名指ししている。実際、バングラデシュの襲撃事件では、被害者が「私は日本人です。撃たないで」[3)]と主張したにもかかわらず殺害されている。このほかにも、日本人の死者は出てい

1）　全体では、40人が死亡した。
2）　全体では、イタリア人９人等あわせて20人が死亡した。
3）　2016年７月３日付産経新聞参照。

ないものの、2015（平成27）年11月には、フランス・パリにおける同時多発テロ事件[4]が、翌2016（平成28）年3月には、ベルギー・ブリュッセルにおける連続テロ事件[5]が発生しており、いずれもISISを名乗る者が犯行声明を発出している。

こうした日本人が犠牲となる事件の発生に加えて、ISIS関係者と連絡をとっていると称する者や、インターネット上でISISへの支持を表明する者が日本国内に存在していることにかんがみると、わが国に対するテロの脅威はまさに現実のものになっているといえ、よりいっそうの対策を進めていくことが必要である。本稿においては、9.11テロ事件以降の政府および警察の取組みと、テロ資金対策を中心とした法制面での対応について述べることを通じて、本書各章に収められた諸論稿の欧米をはじめとする諸外国に関する法制についての状況の紹介と相まって、今後のわが国のテロ対策はどうあるべきかの「見える化」をめざしたい[6]。

II　テロ対策についての視座

1　「安全のなかの自由の法理」の受容

(1)　「安全のなかの自由の法理」の意味

先のフンボルトの言葉、あるいは「安全のなかの自由の法理」は、安全は自由の条件であり、自由は安全の目的として重要であることを意味している。欧米では、9.11テロ事件を念頭に、テロ対策が安全のために必要な規制として強化されるなかで、自由対安全について議論がなされた。しかしながら、当該法理は安全のための規制による自由の犠牲の許容という論理にとどまるものでなく、自由の重要性を前提としたうえで、市民生活における自由と安全の緊張関係を表現したものでもあった[7][8]。

---

4)　劇場やレストラン等複数の場所が狙われたもので、事件全体で130人が死亡、351人が負傷した。

5)　空港および地下鉄において爆発物が使用され、32人が死亡、日本人2人を含む340人が負傷した。

6)　わが国のテロ対策において、一般的に権限として何が足りないのかについては、すでに警察庁在籍者の執筆による複数の文献がある（河村憲明「日本におけるテロ対策法制」大沢秀介＝小山剛編『市民生活の自由と安全』（成文堂・2006年）271頁以下、大石吉彦「我が国の総合的なテロ対策」警察政策10巻（2008年）130頁、村田隆「我が国における国際テロ対策の現状」（大沢秀介＝小山剛編『自由と安全』（尚学社・2009年）59頁以下など）が、本稿を執筆することとしたのは、新たな情勢の変化とそれに対応した施策について触れ、2001（平成13）年以降に創出された施策あるいは権限を明確にできれば、テロ情勢がさらに激化していく過程で、どのような権限が必要なのかの判断に資すると考えたためである。

7)　ペーター・J・テッティンガー（小山剛訳）「安全の中の自由」警論55巻11号（2002年）158～159頁、同「現代の立憲国家における警察による公共の安全の維持」警察政策5巻2号（2003年）

ドイツのフライブルク大学法学部ラルフ・ポッシャー（Ralf Poscher）教授の言を借りれば、「自由主義社会において、安全法制は特有なアンビバレンス（両面価値）」、すなわち、「安全法制は自由と法益の保護に貢献するものでありながら、それが強化されすぎたり濫用されたりすると、逆に自由や法益を脅かしかねない」ことによって特徴づけられ、「そのようなアンビバレンスを自覚した安全法制」たる「より成熟した安全法制という難問にきちんと向き合」わなければならないのである[9)10)]。

(2) わが国での当該法理の適用

わが国では、2003（平成15）年9月、刑法犯認知件数が2002（平成14）年に戦後最高に達するという治安の危機的状況のもと、内閣総理大臣が主宰する犯罪対策閣僚会議が設けられ、同年12月、「犯罪に強い社会の実現のための行動計画」（以下「行動計画2003」という）が策定された。行動計画2003の序文に、フンボルトの「安全なくして自由なし」という言葉が引かれ、犯罪対策として各種施策が推進されることとなった。行動計画2003では、テロ対策については、その中心的役割を緊急テロ対策本部等における取組みに委ねることとし、同本部等との連携を密にしていくこととしているが、行動計画2003でいう犯罪対策には、詳細は触れないものの、本来的にはテロ対策を含むこととしており、その意味で、フンボルトの言葉についてもテロ対策を含む、犯罪対策全般に適用される整理となっている。

この自由と安全の関係について、藤原静雄中央大学教授（行政法）は、「安全と自由のバランスは、事前（犯罪予防）と事後（発生後の対応）のバランスと重なっているところがあり、特に、予防のための措置は安全を向上させ、国民が安心して自由に行動できる範囲を広げる一方で、当然、その性質上、犯罪発生後の措置に比べてより広い範囲の国民の自由に対する一定の制約を伴う可能性がある」[11)]

12～13頁、32頁参照。

8) 自由と安全の関係については、土井真一「憲法と安全」警論62巻11号（2009年）141～142頁参照。なお、「自由と安全の緊張関係」で表現しているのは、両者の関係が単に「自由と安全のトレード・オフ」にとどまるものではないということでもある。松元雅和「テロと戦う論理と倫理」論ジュリ21号（2017年）35頁参照。

9) 2013（平成25）年3月14日に行われた警察政策研究センター、当研究会等の共催による警察政策フォーラム「ICT社会の自由と安全―通信の秘密を考える」におけるポッシャー教授の基調講演「より成熟した安全法に向けて」警論66巻12号（2013年）48～49頁。

10) 本文で引いたポッシャー教授の議論は、同教授の従前の議論で松元・前掲注8）も収められている論究ジュリスト21号の特集に含まれる、高田篤「非常事態とは何か」11～12頁で引用されているものやラルフ・ポッシャー（松原光宏＝土屋武訳）「タブーとしての人間の尊厳」比較法雑誌46巻4号（2013年）115頁［初出、2004年］からダイナミックに発展したもののように思われる。

11) 藤原静雄「これからの安全・安心研究会提言とその意義」警察政策16巻（2014年）5頁。

と述べている。これを前提に、法制度を含む対策を考える必要があるとするならば、テロの未然防止のための施策は、一定の自由の制約を伴うことがあることを念頭に講ずることになる。

2　テロ対策のモデル

(1)　テロ対策についてのモデル

テロ対策について松本光弘氏が提示しているモデル[12)]を、自由と安全の関係を踏まえ、紹介すると、次のとおりである。

1つ目は、「犯罪取締りモデル」で、テロ行為を犯罪と捉え、犯罪の捜査や刑事訴追という事後の刑事司法システムの枠組みで対処するものであり、英国をはじめ多くの国において採用されている考え方である。とりわけアメリカは、9.11 テロ事件前には、厳格な刑事司法手続を採用していた。

2つ目は、「対テロ戦争モデル」であり、テロを自由な民主主義への災厄、文明への脅威と捉え、国内の刑事司法システムであれば必要とされる手続保障や人権保障を不要とし、テロへの対応については、軍事的手段や諜報収集が前面に出てくるというものである。9.11 テロ事件後、アメリカは厳格な刑事司法手続から転換し、「テロとの戦争」を主張し、軍や諜報機関を前面に出して対応しているところである。こうなると、安全のための自由の制約が真正面から出てくることになる。アメリカ以外は、このモデルを採用することとしていないが、それは、ヨーロッパ各国は、犯罪取締りモデルといっても、司法傍受以外に行政傍受を認めているなど、柔軟性を有していたからでないかと考えられる。

3つ目は、「拡張取締りモデル」であり、「犯罪取締りモデル」と「対テロ戦争モデル」の中間に位置するものである。犯罪捜査機関と諜報機関等が協力・融合し、犯罪取締りと戦争遂行の中間に位置した対処を行うもので、自由と安全の関係のなかで、9.11 テロ事件以前とまったく変化がないということではなく、ヨーロッパ各国の多くは、こちらをたどったものとみられる。

(2)　テロ対策モデルからみたわが国の現状

わが国では、戦後、犯罪取締りモデルによりテロ対策を実施してきたところであるが、9.11 テロ事件以前に大きくわが国の治安を揺るがした、戦後最大のテロ事件である 1995（平成 7）年 3 月 20 日発生の地下鉄サリン事件をはじめとするオウム真理教による一連の事態に対しても、その対処は、事後の刑事司法シス

12)　松本光弘「国際テロ対策の手法と組織」関根謙一ほか編『講座警察法 第 3 巻』（立花書房・2014 年）595～599 頁。

テムの枠組みで完結した[13]。法制度では、サリン等による人身被害の防止に関する法律（平成7年法律第78号）[14]や無差別大量殺人行為を行った団体の規制に関する法律（平成11年法律第147号）[15]、あるいは警察法の一部を改正する法律（平成8年法律第57号）[16]の制定はあったものの、既存の法体系を大きく変えるという意味での法令の制定はなかった。つまり、犯罪取締りモデルから変化することはなかったのである。

また、その犯罪取締りモデルであっても、ヨーロッパ各国で認められているような行政傍受やテロリストと疑われる者等の予防拘束といったことが認められていないことから、いわば厳格な犯罪取締りモデルといったところかもしれない。

III　これまでのわが国のテロ対策

1　政府一体となった取組み

(1)　計画による対応

(a)　行動計画2003　　前述のとおり、2003（平成15）年12月、行動計画2003が策定されたが、テロ対策については、緊急テロ対策本部等に委ねられている。

緊急テロ対策本部は、9.11テロ事件直後の2001（平成13）年10月8日、総合的かつ効果的な緊急テロ対策を強力に推進するため閣議決定により設けられ[17]、同日の第1回会合で、国民の安全確保のための警戒警備体制の強化、外国に在留する邦人の安全の確保と退避の支援等の7項目を内容とする一連の緊急対応措置が決定されている。

(b)　テロの未然防止に関する行動計画　　9.11テロ事件後は、緊急テロ対策本部等が決定した施策に基づき、各種未然防止対策を推進していた。しかし、2003（平成15）年12月、国連安保理アルカイーダ制裁委員会から制裁対象として指定されているフランス人リオネル・デュモン（Lionel Dumont）が他人名義のパスポートを使用して不法にわが国への入国と出国を繰り返していたことが判明したこともあり、2004（平成16）年6月の犯罪対策閣僚会議において、内閣官房長官

13）　松本・前掲注12）594頁参照。
14）　露木康浩「サリン等による人身被害の防止に関する法律について」警論48巻6号（1995年）参照。
15）　松本・前掲注12）604頁注56参照。
16）　露木康浩「警察法の一部を改正する法律について」警論49巻7号（1996年）1頁および荻野徹「警察法の一部を改正する法律の制定の背景等について」同16頁参照。
17）　本部長は内閣総理大臣、副本部長は内閣官房長官、本部員は他のすべての国務大臣とされた。

から「テロ対策について、その運用面、法制面の両面にわたって不断の見直しを行う必要がある」旨の発言がなされた。これを受け、同年8月の閣議決定により「国際組織犯罪等対策推進本部」を「国際組織犯罪等・国際テロ対策推進本部」(以下「推進本部」という) に改組し、9月の会合において、テロの未然防止対策の不十分な点を洗い出し、改善の方向性について年内を目途に取りまとめ、期限を切って問題の解消を図ることで合意した。そして、12月10日、推進本部において「テロの未然防止に関する行動計画」(以下「テロ防止行動計画」という) が決定された。

テロ防止行動計画第3「今後速やかに講ずべきテロの未然防止対策」は、6本の柱から構成されており、その1番目に「テロリストを入国させないための対策の強化」が記され、その施策の1つとして、APIS (事前旅客情報システム)[18]が記されている。これは、警察庁、法務省および財務省の有するデータベースを連携させることにより実現するもので、省庁横断的なシステムの構築を図ったという意味できわめて象徴的かつ画期的なものであった。その他6本の柱の詳細については、他の文献でも触れられている[19]ことから割愛するが、これら6本の柱のなかに掲げられた具体的な施策16項目については、2009 (平成21) 年8月までに、すべての項目が実施されている[20]。

このほか、テロ防止行動計画第4「今後検討を継続すべきテロの未然防止対策」として「テロの未然防止対策に係る基本方針等に関する法制」等3項目が掲げられているが、これについては後ほど述べる。

(c) 犯罪に強い社会の実現のための行動計画2008　2008 (平成20) 年12月には、犯罪対策閣僚会議において、「犯罪に強い社会の実現のための行動計画2008」(以下「行動計画2008」という) が策定された。行動計画2008は、行動計画2003を引き継ぎ、今後5年間を目途に、犯罪をさらに減少させ、国民の治安に対する不安感を解消し、真の治安再生を実現することを目標としている。これまでは、緊急テロ対策本部や推進本部が実施してきたテロ対策についても行動計画2008に盛り込むこととなり、犯罪対策として全般的な一覧性を有することとな

18) Advance Passenger Information System の略。航空機で来日する旅客および乗員に関する情報と関係省庁が保有する要注意人物等にかかる情報を入国前に照合するシステムである。このシステムに関する議論について、Kiyoshi Kawai, *FLYING THE DANGEROUS SKIES: POSSIBLE IMPLICATIONS OF THE U.S. ADVANCE PASSENGER INFORMATION SYSTEM (APIS) FOR JAPAN'S OWN APIS*, USJP Occasional Paper 04-05, Program on U.S.-Japan Relations, Harvard University 参照。

19) 河本志朗「日本のテロ未然防止における課題」警察政策学会資料90号 (2016年) 20頁参照。

20) 河本・前掲注19) 22頁参照。

った。

これにより、テロ対策の要諦については、テロ防止行動計画から行動計画2008に引き継がれ、また、前述のとおり、犯罪対策閣僚会議は内閣総理大臣の主宰であり、内閣官房長官を本部長とする推進本部より上位の会議体であることからも、テロ対策の重要性は従前よりも高まってきていると整理することが可能と思われる。

ところで、行動計画2008は、一覧性の確保と他の大・中項目の施策に関連する小項目の再掲という仕組みをとっており、「他の施策と連動して犯罪対策としての効果を上げることまで踏まえて、各施策の企画立案とその実現を図ることにつながることになる。……マネー・ローンダリング対策が犯罪組織等反社会的勢力への対策とテロの脅威等への対処の両方に位置付けられ、再掲され……施策の対象とする犯罪勢力が異なるとしても、多角的活用が可能な手段方法があれば、それを活用することを促す契機になる」[21)]とされる。しかしながら、テロ対策への活用が可能な手段方法がみえてきたとしても、あくまで犯罪取締りモデルの枠内であって、手続保障と人権保障のある、厳格な刑事司法手続に従うということに注意しなければならない。

また、テロ防止行動計画では、テロの未然防止に焦点を絞って記載されていたが、行動計画2008ではそれよりも幅広い対策について記載されている。そして、新たな項目として、「サイバーテロ対策・サイバーインテリジェンス対策」「大量破壊兵器の拡散等国境を越える脅威に対する対策の強化」「北朝鮮による日本人拉致容疑事案等への対応」が追加されている。

(d)「世界一安全な日本」創造戦略　行動計画2008に基づく各種の施策を進めた結果、刑法犯認知件数は大幅に減少したが、テロ情勢については、2013（平成25）年1月には在アルジェリア邦人に対するテロ事件、同年4月にはアメリカでのスポーツイベントにおける爆弾テロ事件[22)]等が発生するなど厳しい状況が続いている。そうした情勢を背景に、同年12月、「『世界一安全な日本』創造戦略」（以下「創造戦略」という）は策定された。

創造戦略の冒頭には、2020（平成32）年東京オリンピック・パラリンピック競技大会を見据え、この開催を視野に入れた犯罪対策のあり方が述べられている。また、テロ対策等を講じ、良好な治安を確保することは開催の成功の前提であり、

21）河合潔「『犯罪対策』の推進」大沢秀介＝佐久間修＝荻野徹編『社会の安全と法』（立花書房・2013年）198～200頁。
22）ボストンで開催中であったマラソン大会のゴール付近において発生した爆弾テロ事件。3人が死亡、200人以上が負傷した。

推進本部等における成果も踏まえつつ各種対策を講じていくこととされている。

具体的な対策としては、官民一体となったテロに強い社会の実現や原子力発電所等に対するテロ対策の強化、マネーロンダリング[23]対策等を通じたテロの手段を封じ込める対策の強化や国際連携の強化等が掲げられている。

(2) 個別の事件への対応

(a) 邦人殺害テロ事件等を受けたテロ対策の強化 2015（平成27）年1月および2月に発生したシリアにおける邦人殺害テロ事件や同年3月に発生したチュニジアにおけるテロ事件[24]等を受け、国内外における邦人の安全確保に向け、各種テロ対策のいっそうの徹底・強化を図るとともに、以下に掲げる対策を喫緊の課題として推進するものとして、同年5月、「邦人殺害テロ事件等を受けたテロ対策の強化について」が推進本部により決定された。

このなかでもっとも注目されるものは、「国際テロ情報収集ユニット」（以下「ユニット」という）の新設に関する記載である。イスラム過激派組織の動向等のテロ情勢に関する情報収集を目的としており、2015（平成27）年12月、外務省内に設置されている。

このほか、海外における邦人の安全の確保として、滞在する者への情報発信や渡航する者への注意喚起の強化等を行うとともに、引き続き水際対策の強化や官民一体となったテロ対策の推進等も喫緊の課題として行うこととしている。

(b) パリにおける連続テロ事案、バングラデシュにおけるテロ事案を受けた対応

2015（平成27）年から2016（同28）年にかけてのパリにおける連続テロ事案やバングラデシュにおけるテロ事案を受けて、それぞれ推進本部により強化策が示されている。

パリにおける事案では、劇場やレストランといったソフトターゲットが狙われたことから、2015（平成27）年12月4日、「パリにおける連続テロ事案等を受けたテロ対策の強化・加速化等について」を推進本部決定し、施設管理者との連携、必要な警戒警備体制の構築、効果的な装備資機材の導入等により、ソフトターゲットに対する警戒を強化することとしている。

また、バングラデシュにおけるテロ事案の後には、再度海外における邦人の安全確保を強化することが求められており、加えて、国内外における情報収集・分析の強化としてユニットの体制・能力の強化が求められている。

23） 犯罪によって得た収益を、その出所や真の所有者がわからないようにして、捜査機関による収益の発見や検挙を逃れようとする行為。

24） 首都チュニスのバルドー国立博物館において発生した、武装グループが観光客を人質にして立てこもった事件。日本人3人を含む22人が死亡し、日本人3人を含む42人が負傷した。

2　警察における取組み

(1)　外事情報部の設置

9.11 テロ事件以降のテロ情勢の国際的な緊迫化を受けて、警察庁においても、各種テロ対策を講じてきたところであるが、組織面での改正としてもっとも大きなものは、警察法を改正し、2004（平成 16）年４月、外事情報部を設置したことであろう。これは、日本国内でのテロ等の未然防止を図るため、国内外における情報収集・分析力の強化やテロ等の発生時における迅速・的確な対処能力の強化を目的としたものである。

また、国際テロ対策室を国際テロリズム対策課に格上げし、国際テロ関連情報の情報収集・分析機能の強化も図ることとしている。

(2)　テロ対策推進要綱の制定

外事情報部の設置に引き続き、2004（平成 16）年８月には、警察が当面推進すべき諸対策を取りまとめた「テロ対策推進要綱」（以下「推進要綱」という）が策定された。

推進要綱には、警察が独自に行う対策に限らず、他省庁の所掌に属する対策も含まれている。実際、前述のテロ防止行動計画は、推進要綱が制定された後の同年 12 月に制定されているが、テロ防止行動計画には推進要綱の内容のかなりの部分が反映されている[25)]。

具体的には、未然防止対策として水際対策の強化、テロ関連情報の収集・分析等の強化、重要施設の警戒警備等の徹底、危機管理機能の強化等が掲げられている。また、緊急事態発生時の対処能力の強化についても掲げられている。

(3)　警察庁国際テロ対策強化要綱

シリアにおける邦人殺害テロ事件等の厳しいテロ情勢を踏まえ、2015（平成 27）年６月、2020（平成 32）年東京オリンピック・パラリンピック競技大会の開催を見据えて、テロ対策を強力に推進するために今後重点的に取り組むべき事項を取りまとめた「警察庁国際テロ対策強化要綱」（以下「強化要綱」という）が策定された。

政府においては、前述のとおり、同年５月、推進本部により「邦人殺害テロ事件等を受けたテロ対策の強化について」が決定されているが、強化要綱は、政府における検討の内容を踏まえつつ、特に、警察として取り組むべき施策をまとめたものである。

---

25)　河本・前掲注 19) 21 頁参照。

強化要綱にまとめられた主な取組内容としては、国際テロリズム緊急展開班（TRT-2[26)]）の活動基盤の強化、国内におけるテロ等発生時の事態対処能力の強化、科学技術の活用の強化、関係機関・民間との連携の強化等が挙げられる。

(4)　パリにおける同時多発テロ事件を踏まえた対応

パリでの同時多発テロ事件を受けて、政府においては前述のとおり強化策を示しているが、警察庁においても、同日（2015（平成27）年12月4日）、都道府県警察に対し、有事即応態勢の確立、テロの未然防止の要諦である情報収集、水際対策の徹底、爆発物の原料となりうる化学物質の取扱事業者への働きかけやソフトターゲット対策、重要防護施設対策、違法な銃器への対策等各種テロ対策の強化を指示している。

(5)　インターネット・オシントセンター

強化要綱にも記載されていたが、テロ対策等におけるインターネット上の情報収集・分析の重要性がこれまで以上に増していることから、2016（平成28）年4月、警察庁警備局に「インターネット・オシントセンター[27)]」を設置している。

3　政府と警察の相互の取組みの関係

行動計画2003や行動計画2008、また、テロ防止行動計画といった政府の計画については、警察の施策に限ることなく、全省庁の施策が総合的に行われることに意味がある。また、こうした政府の計画をいっそう推進するために、警察は治安対策の実施推進に中心的な役割を果たすべき観点から、警察におけるプログラムを策定・実施していくことが位置づけられる[28)]。

テロ防止行動計画と推進要綱については、時期の前後はあるもののこの関係にあり、シリアにおける邦人殺害テロ事件を受けて政府（推進本部）において策定された「邦人殺害テロ事件等を受けたテロ対策の強化について」と警察庁が策定した強化要綱も同様の関係であるといえる。また、パリにおける同時多発テロ事件を受けては、同日に政府と警察での取組みがそれぞれ示されており、まさに両者が連動している。

今後も両者の計画が相互に相乗・補完効果を発揮できるようなかたちで推進していく必要がある。

---

26)　Terrorism Response Team-Tactical Wing for Overseasの略。

27)　当該センターの名称の「オシント」とは、インターネット等の公開されている情報を利用した情報活動をいう。

28)　河合潔「『治安再生に向けた7つの重点』について」警論59巻11号（2006年）92～93頁参照。

Ⅳ　テロ対策法制の流れ

1　テロ資金対策

(1)　概　　要

まず、テロ対策法制で、体系的に整備が進んでいるテロ資金対策から述べることとするが、これについては、情勢に応じて国際的な枠組みが設定されて、これを受けて国内における法整備が進められていくという面があり、この後、順に、それぞれについて述べることとしたい（本章【総論】も参照）。

(2)　テロ資金対策に関する国際的な取組み

(a)　テロ資金供与防止条約の締結、国連安保理決議の採択　　テロの実行のためには、要員の訓練や武器調達等のための資金が必要となることから、テロ資金対策はテロの未然防止のためにきわめて効果的な方策である。

そして、テロ資金対策は、9.11 テロ事件の後格段に進展したと思われるが、まず、9.11 テロ事件直後に実現した世界的なテロ資金対策について述べる。

テロリズムに対する資金供与の防止に関する国際条約（以下「テロ資金供与防止条約」という）は、テロリストへの資金の流れを絶つことでテロの防止を目指している。9.11 テロ事件後、同条約を採択する国が相次ぎ、2002（平成 14）年 4 月に発効している。同条約では、一定のテロ行為を行うために使用される資金を提供しまたは収集する行為を犯罪とすることを定めたほか、テロ資金提供行為等の防止のため、金融機関が顧客の本人確認や犯罪から生じた疑いのある取引を当局へ届け出ることなどが示されている。

また、国連安保理決議 1373 号は、テロ資金供与防止条約と同様、テロ行為に対する資金提供や受領行為の犯罪化を国連加盟国に求めたことに加え、テロ行為の関係者の資産の迅速な凍結も加盟国に求めている。同決議は 9.11 テロ事件から間もない 2001（平成 13）年 9 月 28 日に国連で採択されている。

(b)　FATF による特別勧告　　1990（平成 2）年に薬物犯罪を前提犯罪とするマネーロンダリング対策の強化のために金融機関による顧客の本人確認や疑わしい取引の当局宛報告等に関する「40 の勧告」が FATF[29]によって策定された。その後、1996（平成 8）年に、この FATF 勧告が薬物犯罪のみならず重大犯罪に伴う犯罪収益についても対象とされている。

---

29)　Financial Action Task Force（金融活動作業部会）の略。マネー・ロンダリング対策やテロ資金供与対策に関する国際協力を推進するために設置されている政府間会合のことである。

また、テロ対策の関連でいえば、9.11テロ事件を受けて、2001（平成13）年10月、テロ資金に関する「8の特別勧告」を追加的に採択し、テロ資金供与の犯罪化や、テロリストにかかわる資産の凍結措置等が設けられた。さらに、2004（平成16）年には、テロ資金対策に国境を越える資金の物理的移転を防止するための措置に関する項目が追加され、「9の特別勧告」となっている。FATFの枠組みにおいてもテロ資金対策は、世界的に進められているところである。

(3) テロ資金対策に関する国内の取組み

(a) 公衆等脅迫目的の犯罪行為のための資金等の提供等の処罰に関する法律（平成14年法律第67号。以下「テロ資金提供処罰法」という）の制定　前述のとおり、テロ資金供与防止条約の締結や国連安保理決議の採択、また、FATFの特別勧告において同条約や同決議の履行が強く求められている状況下でわが国としても国際的な要請に応えるため、テロ資金提供処罰法を2002（平成14）年6月に制定した。

同法はその1条において、「公衆等脅迫目的の犯罪行為」を定義した後、2条において資金提供行為の処罰を、3条において、資金収集行為の処罰をそれぞれ規定している。

なお、同法の制定を踏まえ、所要の手続の後、テロ資金供与防止条約はわが国においても効力を生じ施行されている。

また、同法の附則により、「組織的な犯罪の処罰及び犯罪収益の規制等に関する法律」（組織的犯罪処罰法）を改正して、提供または収集された資金等を犯罪収益とし、組織的犯罪処罰法の適用対象とされているが、この点については後ほど言及することとする。

その後、2014（平成26）年には、FATFの指摘を受けてテロ資金提供処罰法の改正がなされている[30)]。

(b) 外国為替及び外国貿易法の一部を改正する法律（平成14年法律第34号）　国連安保理決議1373号やFATFの特別勧告によりテロリストに対する資産凍結等の措置が求められているが、2002（平成14）年、外国為替及び外国貿易法（以下「外為法」という）を改正し、同法上の非居住者であるテロリストがわが国の金融機関の預金口座からの預金の引き出しや移転、外国にいるテロリストに対するわが国からの送金等が許可を受けない限りできなくなった。

しかし、この措置は、対外取引のみを対象とするため、国内における居住者間

30） 改正の詳細については、本章【総論】386～387頁参照。

の取引等に対する規制は存在しない状況のままであった。

(c)　**国際テロリスト財産凍結法**[31)]　　2007（平成19）年から2008（同20）年にかけて行われたFATFによる第3次対日相互審査においてなされた指摘[32)]を踏まえ、国際テロリスト財産凍結法は、2014（平成26）年11月に制定されたが、国連安保理決議に基づき、国際テロリストを公告したうえで、同人らが贈与等を受ける行為の制限や同人らの所持する財産の一部の仮領置等を行うこととした。同法の制定により、外為法の規制の及んでいない部分について国際テロリストの財産を凍結できる仕組みが整備された。

ところで、前述のテロ防止行動計画において、今後検討を継続すべきテロの未然防止対策について、テロリスト等の資産凍結の強化という項目が設けられており、国内における居住者間の取引に関する資産凍結等の規制のあり方について結論を得ることとされていたが、国際テロリスト財産凍結法の施行により、この項目の趣旨はみたされたこととなる。

加えて、テロ防止行動計画においては、テロリストおよびテロ団体の指定制度についても今後検討を継続すべきとされていた。この点に関しても、外為法や国際テロリスト財産凍結法により、指定されたテロリストについて資産の凍結が可能となった。たしかに、一部の欧米の国では、テロ団体そのものを非合法化し、そうした団体への加入や支援を禁止しており、わが国においてはそこまでの措置は講じていないものの資産の凍結や入国阻止について一定の制度を設けていることからも、テロ防止行動計画が求める措置についてはおおむね達成されたものと評価してよいものと考える。

2　テロリストに関する情報収集・追跡調査

(1)　概　　要

テロの未然防止には、テロリストに関する情報収集や追跡調査がきわめて重要である。イギリス、フランス、ドイツにおいては行政傍受が認められており[33)]、アメリカにおいても一定の要件をみたした場合には行政傍受が認められている一方、わが国においては特定の犯罪について司法傍受が認められているのみである。こうしたなか、警察等における情報収集等については、顧客に対する本人確認や疑わしい取引の届出等の仕組みを中心にして行っているが、この本人確認の制度

---

31)　正式名称は、「国際連合安全保障理事会決議第1267号等を踏まえ我が国が実施する国際テロリストの財産の凍結等に関する特別措置法」（平成26年法律第124号）。

32)　指摘の詳細については、本書第8章【総論】387頁参照。

33)　警察庁「平成28年警察白書」31～33頁参照。

自体基本的に未整備であったものを、自由と安全の緊張関係のなかで、少しずつ着実に構築されてきた結果であることは忘れてはならない。

以下、ここでは、わが国において設けられている制度について述べる。

(2) 各種法制

(a) 金融機関等による顧客等の本人確認等及び預金口座等の不正な利用の防止に関する法律（平成14年法律第32号。以下「本人確認法」という） テロ資金供与防止条約において、金融機関等の顧客等の身元確認義務、金融機関等の取引記録の保存義務等について所要の措置を講ずることとされていることを受け、2002（平成14）年4月、本人確認法が制定された。

同法は、金融機関等に対して、顧客等の本人特定事項を確認し、本人確認記録を作成・保存すること、また、顧客等との取引記録を作成・保存することを義務づけしている。同法により、金融機関等の窓口における一般的な牽制の効果があり、また、犯罪の証拠の確実な保全につながることから、テロ資金の提供やマネーロンダリングへの抑止力となることが期待されている。

(b) 組織的犯罪処罰法（平成11年法律第136号） 前述のとおり、1990（平成2）年に、FATFにより「40の勧告」が制定され、わが国においては、1991（同3）年10月、「国際的な協力の下に規制薬物に係る不正行為を助長する行為等の防止を図るための麻薬及び向精神薬取締法等の特例等に関する法律」（以下「麻薬特例法」という）が成立した。同法により、金融機関等による薬物犯罪にかかる疑わしい取引の届出、マネーロンダリングの犯罪化が実施されることとなった。

その後、1996（平成8）年のFATF勧告を受けて、1999（同11）年8月、組織的犯罪処罰法が成立した。麻薬特例法では、前提犯罪は薬物犯罪に限定されていたが、組織的犯罪処罰法で、前提犯罪を一定の重大犯罪に拡大し、刑法犯および特別法あわせて200以上の犯罪が前提犯罪と規定された。また、金融監督庁へFIU機能が付与され、疑わしい取引に関する情報の受理、分析、提供を行うことができることとされた。

また、2002（平成14）年のテロ資金提供処罰法の附則により、組織的犯罪処罰法が改正され、テロ資金提供処罰法に規定する資金提供罪・同収集罪が組織的犯罪処罰法における前提犯罪と定義され、提供され、または収集された資金等が「犯罪収益」とされた。これにより疑わしい取引の届出対象も拡大されている。

(c) 犯罪による収益の移転防止に関する法律（平成19年法律第22号） FATFは、2003（平成15）年6月に、40の勧告を改定し、顧客の本人確認、疑わしい取引の届出等の対象となる事業者の範囲について、従来の金融機関から拡大することを各国に求めている。

こうしたことを踏まえ、2007（平成19）年に、組織的犯罪処罰法と本人確認法を基本とした「犯罪による収益の移転防止に関する法律」（以下「犯罪収益移転防止法」という）が制定された。同法により、本人確認義務や疑わしい取引の届出義務等が非金融機関にも適用され、また、FIU機能が金融庁から国家公安委員会・警察庁に移管された。

この犯罪収益移転防止法、そして、前述した本人確認法や組織的犯罪処罰法については、組織犯罪対策を目的として制定されたものであって、それは、たとえば、犯罪収益移転防止法については、警察庁内において、組織犯罪対策を所掌する刑事局組織犯罪対策部が所管していることからもわかる。そして、前述したように、テロ対策に活用する場合、犯罪取締りモデルとして、厳格な刑事司法手続に従うこととなる。

なお、前述した国際テロリスト財産凍結法も警察庁が所管しているが、同法はもっぱら国際テロリストの財産凍結に関する規制を行うものであることから、警備局が所管している。

(d)　旅館業法施行規則の改正等　外国人宿泊客に対する本人確認の強化という点では、旅館業法施行規則の改正も非常に意義深い。テロ防止行動計画において、「旅館業者に対して宿泊者名簿の作成は義務づけられているが、国籍や旅券番号は記載事項とはされておらず、本人確認義務は課されていなかった。厚生労働省は、宿泊者名簿の記載事項に外国人宿泊客の国籍および旅券番号を追加することを内容とする旅館業法施行規則の改正を行うとともに通達を発出し、旅館業者に対し、外国人宿泊客の旅券の写しを取るように強力に指導する」旨の記載がなされた。これを受け、厚生労働省は、2005（平成17）年に旅館業法施行規則の改正等を行い、上記の趣旨は達成されたところである。

(e)　犯罪捜査のための通信傍受に関する法律（平成11年法律第137号）　前述のとおり、わが国では、一定の犯罪・要件について司法傍受が認められている。

これは、「犯罪捜査のための通信傍受に関する法律」（以下「通信傍受法」という）に基づき行われている。同法は、1999（平成11）年に制定されたが、対象犯罪は、薬物犯罪、銃器犯罪等４罪種に限定されており、また、手続面でも通信事業者等の立会いが義務づけられ、多数の捜査員を事業者施設に派遣する必要があるなど負担の大きいものであった。

そこで、2016（平成28）年に通信傍受法が改正され、一定の組織性要件が必要であるが、殺人、略取・誘拐、特殊詐欺等の詐欺等も対象犯罪とされた。また、手続面でも、暗号技術を活用してより合理的に行われるようになり、負担軽減にもつながるものと思われる。

改正法の施行は2019（平成31）年の見込みだが、テロ対策にどのような効果があるか注視したい。

(3)　今後の制度のあり方

情報収集等にあたっては、相手の動きを知ることはもちろん重要であるが、同様に相手にこちらの動きを知られないことも重要である。

捜査対象者の車両にGPS端末を取り付ける捜査の違法性が争われた最大判平成29年3月15日（裁時1672号1頁）において、「GPS捜査は、容疑者らに知られずに行うのでなければ意味がなく、事前の令状提示を行うことは想定できない」旨が示されており、相手に知られずに警察が捜査を行うことの重要性が述べられている。このことは犯罪捜査に限ったことではなく、テロ関連情報の収集にあたってもこちらの動きを相手に知られることが絶対にあってはならない。

本人確認は情報収集において非常に重要な手段であるが、相手の同意を得たうえでしか行えないことなので、その点は弱点である。したがって、諸外国の取組みも参考に幅広い制度について検討を行う必要がある。

3　テロ対策基本法

これまでは個々具体的な法律について述べたが、テロ対策の理念等を掲げた基本法を制定すべきではないかとの議論が9.11テロ事件直後からなされている。

たとえば、2004（平成16）年のテロ防止行動計画においては、前述のとおり、今後検討を継続すべきテロの未然防止対策の1つとして、「テロの未然防止対策にかかる基本方針等に関する法制」という項目が設けられており、テロの未然防止の重要性や、これに関する国の基本的な姿勢、関係機関や国民の責務等に関して規定することなどを目的としたテロの未然防止に関する法律案について、関係省庁間で検討のうえ、すみやかに結論を得ることとされている。

また、2006（平成18）年1月13日付の読売新聞朝刊社説で、テロ対策基本法の制定は国際社会の一員としての責務であるとして、包括的な法律の必要性が主張されるなど、当時は基本法の制定に向けた機運が高まっており、政府においても検討が進められていたところと報じられた。

最近でも、国会においてテロ対策法制について議論されることがあるが、その必要性だけでなく、人権侵害への懸念も踏まえつつ情勢の変化に応じて関係省庁において必要な検討が行われていくべきものであろう。

4　テロ発生時の対処法制

テロが発生したときに対処するための法制としては、「武力攻撃事態等及び存立危機事態における我が国の平和と独立並びに国及び国民の安全の確保に関する法律」（平成15年法律第79号。以下「武力攻撃事態対処法」という）や「武力攻撃事態等における国民の保護のための措置に関する法律」（平成16年法律第112号。以下「国民保護法」という）が挙げられる。これらの法律は、テロ対処のみを対象とした法律というよりは、武力攻撃への対処を基本としており、テロへの対処については、武力攻撃への対処を一部準用するというかたちで規定している。また、あくまでもテロ発生後の対処法制であり、いわゆる未然防止法制ではないことから、本稿では簡単な紹介にとどめたい。

まず、武力攻撃事態対処法においては、対処すべき事態として、武力攻撃事態、武力攻撃予測事態、存立危機事態および緊急対処事態が定義されており、このうち緊急対処事態において、大規模テロを想定している。同法では、これらの事態への対処に関する基本理念や対処のための手続、たとえば、事態認定の手続等について定められている。

また、国民保護法においては、政府は国民の保護に関する基本指針を作成すること、地方公共団体等は国民の保護に関する計画を作成することとされている。そして、事態認定がなされた場合においては、関係機関が連携のうえ、警報の発令、住民の避難、保健衛生の確保、被害の復旧に関する措置等国民の保護のための措置を推進することとされている。

V　今後のテロ対策のあり方

1　情勢の変化に即した対応の必要性

わが国においてこれまで行政傍受や予防拘束が認められていない理由としては、第二次世界大戦以前のように警察や軍が強大な力をもつことに対して抵抗感があったこと、また、こうした対策をとらなくてもペルー日本国大使公邸占拠事件、オウム真理教による地下鉄サリン事件に適切に対応できたことが挙げられる[34]。とりわけ、オウム真理教による一連の事件については、先に述べた松本氏の指摘

34)　Philip B. Heymann, Terrorism, Freedom, And Security: Winning Without War 124 (2003).

のとおり、かろうじて犯罪取締りモデルで対応しており、その後、わが国における9.11テロ事件後の対応としてテロ防止行動計画に記述された施策については、多くが刑事司法手続として、一応の完成にいたっているといってよい。

今後の問題は、東京オリンピック・パラリンピック競技大会への対応をどう進めていくか、そして、その後、テロ標的としてわが国のプレゼンスが上がった場合における対応をどうしていくかである。

昨今の厳しいテロ情勢の背景の1つに、テロリストの急進化（radicalisation）があるが、これについて、フランスのトゥールーズ第1大学キャピタルのフランソワ・デュー（François Dieu）教授が、急進化する過程は、内向型が大半で、周囲の人にわからないように社会のなかに溶け込んで行われ、また、インターネット、ソーシャルネットワークを通じて短期間で急進化していくと分析しているのが注目される[35)]。いうまでもなく、こうした者に対する情報収集は容易ではない。また、公共政策調査会の板橋功研究センター長は、近年のテロはソフトターゲットを対象に行われることが多く、鉄道施設や大規模集客施設、特にここ最近では、国際空港や有名な観光地といった多くの国籍の外国人が集まる場所が狙われていると指摘している[36)]。こうした場所は、誰でも簡単に入り、利用できる場所であることから、警備する側にとっては非常に難しく、こうした点でも、事前に情報収集を行い、あらかじめ対策をとっておくことの重要性が認められる。

こうした情勢下においても、犯罪取締りモデルのなかでも必要とされる対策を少しずつでも進めていく必要があるが、仮にステージを変えた対策が求められることとなるとすれば、それは、拡張取締りモデルのなかで事前探査を可能とする対策であろう。今後も、リアルタイムで変貌する実態の把握とそれへの対応に関する不断の検討が必要とされる。

2　現行の法制度と警察のあり方

(1)　現行の法制度の完成度の評価

大石吉彦氏は、北海道洞爺湖サミットの直前の時期において、諸外国にあって

35)　2017（平成29）年2月14日に行われた警察政策研究センター等の共催によるフォーラム「国際テロ対策の推進—フランスにおけるテロ対策に学ぶ」警論70巻6号（2017年）106頁。このフォーラムは、2015（平成27）年9月18日に行われた警察政策研究センター、本書の母体となった「市民生活の自由と安全」研究会等の共催による警察政策フォーラム「変容する国際テロ情勢への対応—『伊勢志摩サミット』に向けて」警論69巻1号（2016年）4頁におけるデュー教授の基調講演のフォローアップの意味をも有している。なお、ファラッド・コスロカヴァール（池村俊郎＝山田寛訳）『世界はなぜ過激化するのか？』（藤原書店・2016年）参照。

36)　「東京2020のセキュリティを考える(下)」警論70巻3号（2017年）77〜78頁。

わが国にない制度として、テロリストおよびテロ団体の指定制度やテロリスト等による国内での取引の規制制度、通信傍受・郵便物の開披等情報収集の機能強化に資する制度、通信記録の保存等追及可能性を高めるための制度、刑事免責・潜入捜査等各種捜査手続にかかる制度、内部からの破壊工作や情報漏えいを未然に防止するための内部脅威対策にかかる制度等を挙げている[37)]。

現在までに、本人確認等の法制やテロ資金法制が大きく進歩したほかは、大石氏が指摘した制度に関しては、テロリスト等による国内での取引規制とテロリスト等の指定制度が一定程度は実施されているものの、すべてが実施されているわけではない。また、テロ対策基本法については、現時点でも制定にはいたっていない。

(2) 警察の民主的統制

警察に対する民主的統制については、警察法における制度整備と制度実施における実質化の努力が行われてきたが、警察に対して権限を与えることを考える際には、この警察の民主的統制が確実に行われていることが手続的担保となる[38)]。

そのためには、公安委員会の管理を十分に受けること、法的に許される範囲内でできる限り情報を公開するなどさまざまな方法を通じて、多くの人々の意見を聞き、市民との対話を重ねていくことが必要である[39)]。

3 とりあえずの結論

以上のように、9.11テロ事件後のテロ対策として、自由と安全の緊張関係のなか、犯罪取締りモデルの枠内ではあるが、本人確認等の法制、テロ資金法制は大きく進んだ。しかし、その後も、テロ情勢は大きく変化しており、2020(平成32)年東京オリンピック・パラリンピック競技大会への対応を考えると、今後とも、所要のテロ対策を少しずつでも進めていく必要がある。

ここで想起されるのは、2016(平成28)年の通信傍受法改正を含む新たな刑事司法制度にかかる国会の審議状況をみても、警察への権限付与には人権侵害にもつながりかねないとの意見が根強く存在することである。そうである以上、権限整備とあわせて、警察に対する民主的統制の存在の認識が共有されるよう努めることが重要となる。

とすれば、警察に対する民主的統制の手続的担保のもとで、いわば柔らかな犯

---

37) 大石・前掲注6) 144～145頁参照。
38) 河合潔「警察の民主的統制という仕組みの現在とその課題」安藤忠夫＝國松孝次＝佐藤英彦編『警察の進路』(東京法令出版・2008年) 650頁参照。
39) 田村正博「新しい警察幹部の在り方」(立花書房・2013年) 23頁参照。

罪取締りモデルとして、刑事司法システムにのっとりながらも、ヨーロッパ各国の制度に倣った、事前探査にもつながるような新たな制度や対策を構築していかなければならない。そして、情勢の変化により、ステージを変え、モデル変更の必要性が生じた場合にはじめて、国民のテロに対する考え方等も勘案し、自由と安全の緊張関係を踏まえながら、拡張取締りモデルへの展開が俎上に載せられることになろう。

Ⅵ　おわりに

わが国のテロ対策に関し、来し方について述べ、そして、今後、どうあるべきかについて述べてきた。2020（平成32）年東京オリンピック・パラリンピック競技大会の開催で、国際的プレゼンスが向上したなかでのテロ対策はさらに複雑度および困難度が増すことはいうまでもない。こうした情勢においては、ステージを変え、また、テロ対策基本法のように基礎から積み上げることをも厭わず、ポッシャー教授の「成熟した安全法制」に向き合うべく、制度や対策の構築を進めるべきことが必定であろう[40)]。本稿がその一里塚となることを希望して筆を擱くこととする。

【付記】　本稿の執筆にあたっては、河合潔氏（警察政策研究センター所長）にさまざまな示唆をいただいた。ここに、氏名を記して謝意を表したい。なお、本稿中意見にわたる部分は、筆者の属する組織としての見解ではなく、私見である。

40）　組織犯罪処罰法の改正に関連して、2017年4月7日付日本経済新聞朝刊で、編集委員の坂口祐一氏は、「テロ対策に本気で取り組むのであれば、テロ対策基本法を制定するなどしてまずテロを定義することから始め……欧米が整備している法制度や情報収集の手法が日本にも必要か否かを国民に問い、議論を深めなくてはならない。捜査機関へのチェックのあり方なども当然、大きな課題になる」と述べている。

各論Ⅱ
ムスリムに対する監視・情報収集

小林祐紀

Ⅰ　はじめに

2001年9月11日のアメリカ同時多発テロ以降、イスラム過激派によるテロ事件は欧米各国で発生しているが、とりわけ2005年7月7日のロンドン同時多発テロを契機に、いわゆる「ホームグローン・テロリスト[1)]」による事件が増加している。2005年以前に発生したイスラム過激派によるテロ事件は、一般に「テロリスト」としてイメージされる、偽造旅券や査証の不正取得によってイスラム諸国から不正入国した者による犯行であった。これに対して、ロンドンの事件では、4人の自爆テロ犯のうち、3人がイスラム諸国からイギリスに移民したムスリムの第2世代の若者で、彼らはイギリスで生まれ、イギリスで育ち、もちろんイギリス市民であったのである。このようなホームグローン・テロリストによる事件として、シャルリ・エブド襲撃事件（2015年1月)、パリ同時多発テロ（2015年10月)、ブリュッセル連続テロ（2016年3月)、ダッカ人質襲撃テロ(2016年7月）などは記憶に新しい。

ホームグローン・テロリストによる事件の多発を受けて日本においても、法執行機関としての警察において過激化の実態を解明し、的確に防ぐことの重要性が認識されるようになってきた。そして、法執行機関として可能なムスリムの過激化防止策の重要なポイントとして、警察庁長官官房参事官（当時）の松本裕之氏によって次のことが示されていた[2)]。第1に、法執行機関とムスリム社会、またはムスリム個人との相互理解を確立し、相互信頼関係を強化すること。第2に、ムスリム社会の歴史と特徴に対する十分な配慮をすべきであること。第3に、ムスリムの過激化対策を考えるうえでは「fairであること」。この「fairであること」とは、ムスリムに対し、単に彼らがムスリムであることのみを理由にして

1)　ホームグローン・テロリストとは、「欧米圏の非イスラム圏先進諸国で普通に居住してきた者が、何らかの影響で過激化し、居住している国内で、あるいはイスラム過激化が標的としている国の権益を狙って国際テロを起こすテロリスト」と定義する。
2)　松本裕之「ムスリムの過激化対策を考える」警論65巻7号（2012年）94頁。

彼らの人権に対して制約的な政策をとることは許されないことを意味するとされる。第4に、ムスリム過激化防止策について2つの目的の適切なバランスを図ることが重要であること。具体的には、①無垢なムスリムが過激化すること自体を防止するという目的と、②テロ攻撃を敢行しようとしている者を発見するという目的とのバランスである。第5に、法執行機関がムスリム社会に対する一方的な情報収集に陥ることを避け、相互の情報交換に重点を置くことである[3)]。これらの各要素は法執行機関がムスリム社会と信頼関係を構築し、行きすぎたテロ対策による市民の自由の制約にならないための工夫として評価できよう。

しかし、日本におけるイスラム過激派によるテロ対策の実態がこれとは大きく異なるものであったことが、2010(平成22)年10月に生じた公安情報流出事件によって明らかになった。これはファイル交換ソフトWinnyを通じて警視庁外事三課の資料が流出したものであるが、この資料は2001(平成13)年9月11日のアメリカ同時多発テロ以降、2008(平成20)年頃までに国内のムスリムを網羅的かつ継続的に監視し、履歴書形式で綿密に記録し、データベース化していたことを示すものであった。これにより個人情報の流出の被害を受けたムスリムやその家族らが、国と東京都を相手に国家賠償請求訴訟を提起したのである。

時をほぼ同じくして、アメリカでもニューヨーク市警(以下「NYPD」という)がニューヨーク州とニュージャージー州に住むすべてのムスリムとムスリム・コミュニティを対象に、包括的で大規模な監視プログラムを実施していたことが2011年8月のAP通信の調査報道[4)]で明らかとなった。この報道を受けて、それぞれの州に住むムスリムやムスリム団体はニューヨーク市などを相手に訴訟を提起したのである。

本稿は、偶然にも同時期に露顕した日本とアメリカの法執行機関によるムスリムに対する監視プログラムの存在とその類似性を念頭に置きつつ、ムスリムに対する監視や情報収集活動に対する司法判断の比較検討を行い、日本のテロ対策に伴う情報収集活動に対する示唆を得ることを目的とする。

II　日本におけるムスリム捜査事件

本章では、日本の警察組織が、国内のムスリムを網羅的かつ継続的に監視していたことが明らかになったことに端を発したムスリム捜査事件[5)]につき、その概

3)　松本・前掲注2) 121～124頁。
4)　〈http://www.ap-org/Index/Ap-In-The-News/NYPD〉

要を明らかにしつつ、下級審での判示内容とその問題点を指摘することにしたい。

1 事実の概要

本件は、警察庁および警視庁が日本に在住するムスリムの国籍、氏名、生年月日、住所等を横断的・網羅的・機械的・体系的に収集する作業を行っていたことが、2010年10月にファイル交換ソフトWinnyを通じて警察の内部情報（114点のデータ）が流出した[6]ことで明らかとなり、これにより個人情報の流出の被害を受けたムスリムやその家族らが、国と東京都を相手に国家賠償請求訴訟を提起した事件である。警察が収集した当該情報のなかには、ムスリムである原告の「モスクへの出入状況」などの詳細な個人情報[7]が含まれていた。本件における争点[8]は、①モスクの監視などが憲法上の信教の自由等を侵害したこと、②個人情報保護等に違反する態様で個人情報を収集、保管および利用したこと、③情報管理上の注意義務違反等により個人情報をインターネット上に流出させたうえ、適切な損害拡大防止措置を講じなかったことである[9]。

2 東京地裁判決

東京地裁[10]は、原告らの個人情報が流出したことについて東京都の責任のみを認め、警察による個人情報の収集、保管、利用は合憲であると判断した。以下、憲法上の論点のみについて取り上げることにする。

---

5) 本件を扱うものとして、小島慎司「警察によるイスラム教徒の個人情報の収集・保管・利用の合憲性」平成26年度重判解（2015年）16～17頁、渡辺康行「『ムスリム捜査事件』の憲法学的考察」阪本昌成先生古稀記念『自由の法理』（成文堂・2015年）937頁以下、中林暁生「警察によるイスラム教徒の監視、及び、同教徒の個人情報の収集、保管、利用の合憲性」セレクト2015［1］（2016年）9頁などがある。

6) 流出資料の問題を扱うものとして、青木理＝梓澤和幸＝河崎健一郎編『国家と情報』（現代書館・2011年）がある。

7) 原告らほか数名について、履歴書形式の書面データに、国籍、出生地、氏名、性別、生年月日（年齢）、現住所、勤務先および使用車両が記載されていた。また、「入国在留関係」「住所歴学歴職歴」「身体特徴」「家族交友関係」「容疑」「対応状況及び方針」などの項目に記載がなされていたのである。

8) 本件は、警察による監視活動、情報流出が憲法に違反するか否かの問題のほかに次のような動きもあった。出版社「第三書館」がこの流出書類をほぼそのままのかたちで出版することが明らかになり、被害者が当該出版物の差止めを求める仮処分申立てを行った。この申立ては認容されたが、出版社は出版を継続した。また、警察は資料が公安当局のものであることを明確には認めなかったので、被害者が情報流出について、被疑者不詳のまま地方公務員法34条1項の守秘義務違反を理由として刑事告訴した。

9) 東京地裁および後記の東京高裁では、情報流出について警視庁の情報管理上の注意義務違反を肯定し、原告17人に各々550万円という損害賠償を認める判決が出ている。なお、最高裁は2016年5月31日付で原告全員の上告を棄却している。

10) 東京地判平成26年1月15日判時2215号30頁。後記の高裁判決は地裁判決をもとにして若干の加除修正を行ったにすぎないため、主として検討すべき対象は地裁判決ということになる。

(1) 信教の自由

まず、警察によって行われた情報収集活動が信教の自由（憲法20条1項）に反しないかについて、東京地裁は次の3つの理由に基づき、これを否定した。

(a) 権利制約を認める要件としての国家による「強制の要素」　東京地裁は、「信教の自由が侵害されたといい得るためには、国家による宗教を理由とする法的又は事実上の不利益な取扱い又は強制・禁止・制限といった強制の要素が存在することが必要である」（傍点筆者）とし、本件情報収集活動の態様は、「あくまで任意の情報収集活動であり、それ自体が原告らに対して宗教を理由とする不利益な取扱いを強いたり、宗教的に何らかの強制・禁止・制限を加えたりするものではない」と位置づけたのである。

(b) 制約目的の直接性の否定（情報収集活動の必要性）　もっとも、原告らが警察官を見た時期が本件流出事件前であった可能性も否定できず、「原告らは、警視庁及び警察庁が、テロ対策の名目の下に、一般のムスリムの情報ばかりを収集しており、本件情報収集活動はテロ活動防止のために必要な情報収集ではなく[11)]、信教の自由に対する圧迫・干渉に当たる旨主張するので、憲法の保障する精神的自由の一つとしての信教の自由の重要性にかんがみ、念のため、この点についても判断を加える」とした。

そして、「日本国内において国際テロが発生する危険が十分に存在するという状況、ひとたび国際テロが発生した場合の被害の重大さ、その秘匿性に伴う早期発見ひいては発生防止の困難さに照らせば、本件モスク把握活動を含む本件情報収集活動によってモスクに通う者の実態を把握することは、……国際テロの発生を未然に防止するために必要な活動である」とした。したがって、「イスラム過激派による国際テロを事前に察知してこれを未然に防ぐことにより、一般市民に被害が発生することを防止するという目的によるもの」であって、「イスラム教徒の精神的・宗教的側面に容かいする意図によるものではない」と指摘した。

(c) 信教の自由に対する影響　本件モスク把握活動は、捜査員がみずからモスクに赴いて、原告らのモスクへの出入状況という外部から容易に認識することができる外形的行為を記録したにとどまるもので、当該記録にあたり、強制にわたるような行為がなされていないことから、「信教の自由に対する影響は、それが存在するとしても、せいぜい警察官がモスク付近ないしその内部に立ち入ることに伴い嫌悪感を抱くこととなったというにとどまる」ので、強制・禁止・制限に

---

11) 本件における監視（情報収集）活動が実際にテロの予防に役立っていることを示す証拠は、政府からもちろん1つも提出されていない。

該当するようなものは存在しなかったとしたのである。

(2) 平等原則

次に、警察による本件情報収集活動がムスリムを狙い撃ちにしたものであることから平等原則（憲法14条1項）に反するのではないかについて、東京地裁は次の理由から、これを否定した。

(a) **別異取扱いの肯定**　東京地裁は、「警察は、実態把握の対象とするか否かを、少なくとも第一次的にはイスラム教徒であるか否かという点に着目して決して」いることから、「信教に着目した取扱いの区別をしていたこと自体は否めない」とした。

(b) **別異取扱いの正当性**　憲法14条1項「後段が、『信条』による差別が許されない旨を特に明記していることや、憲法の保障する精神的自由の一つとしての信教の自由の重要性にかんがみると、宗教に着目した取扱いの区別に合理的な理由があるか否かについては、慎重に検討することが必要である」と指摘した。そのうえで、前述した「信教の自由」に関する（b）や（c）での説示を考慮すれば、「その取扱いの区別は、合理的な根拠を有するものであり、同項に違反するものではない」と判示したのである。

3 東京高裁判決

前述の東京地裁判決を受けて、原告と被告はともに判決を不服として控訴した。第二審の東京高裁[12)]は、基本的には原判決を踏襲し、地裁同様に原告らの個人情報が流出したことについては東京都の責任を認めたものの、警察による個人情報の収集、保管、利用に関する違法性を認めない判断を下した。東京高裁判決は原判決をもとにして若干の加除修正を行ったにすぎないものの、地裁とは（結論は同じであっても）表現が異なる点やその射程を限定する記述もあるため、その点に限って確認しておくことにする。

東京高裁は本件情報収集活動について、「任意の情報収集であり、それ自体が原告らに対して信教を理由とする不利益な取扱いを強いたり、宗教的に何らかの強制・禁止・制限を加えたりするものではない」と位置づけた。そのうえで、捜

12）東京高判平成27年4月14日（判例集未登載）。第二審では、第一審での主張に加えて、2つの主張が追加された。1つ目は、情報通信技術の発展で情報のデータベース化が容易になり、警察による個人情報の収集の局面のみならず、保管・利用の局面において憲法上の問題として検討する必要があるという主張である。2つ目は、国連の2つの委員会（自由権規約委員会・人種差別撤廃委員会）による勧告に基づき、ムスリムを狙い撃ちにした監視が許されないことが世界標準であるという主張である。

査員が直接モスクへ赴いて「原告らのモスクへの出入状況という外部から認識することができる外形的行為を記録した」こと自体は「宗教に対する強制等の効果を有するものではない」と判示した。

さらに、本件情報収集活動は「個人の信仰を推知しようとする目的のもとに行われたものではない」ことから、警察によるモスク把握活動等の信教の自由に対する影響は、「せいぜい警察官がモスク付近ないしその内部に立ち入ることに伴い不快感、嫌悪感を抱くといった事実上のものにとどまる」とした。以上の内容を踏まえて、本件情報収集活動につき、「仮にこれによって原告らの一部の信仰活動に影響を及ぼしたとしても、国際テロの防止ために必要やむをえない措置であり」、憲法に反しないと結論づけたのである。

なお、東京高裁は前記の内容に加えて、「以上は、本件個人データを収集した当時の状況を踏まえたものであり、本件情報収集活動が、実際にテロ防止目的にどの程度有効であるかは、それを継続する限り検討されなければならず、同様な情報収集活動であれば、以後も常に許容されるとは解されてはならない」と判示している。

4 下級審の意義と問題点

日本におけるムスリム捜査事件をめぐる下級審の意義と問題点について若干言及しておくことにする。

(1) 意　義

まず、本件をめぐる下級審の判断の意義としては、第1に、流出した資料が警視庁公安部外事三課の資料であることを裁判所が認定したことである。第2に、情報流出に伴う警視庁（東京都）の賠償責任を認め、原告1人あたり550万円の損害賠償を認めたことである[13)]。第3に、法執行機関による情報収集活動の限定化を図ったことである。東京高裁は、テロ対策を目的とすれば、本件のような情報収集活動が常に無条件で認められるわけではなく、当該活動を継続する以上は「テロ防止目的にどの程度有効であるか」を検討することが法執行機関に求められることを指摘したのである。

(2) 問題点

本件をめぐる下級審の判断の問題点としては次の2点が指摘できる。まず、第1に、ムスリムを狙い撃ちにした情報収集自体の違憲性を認めなかったこと

---

13) 原告17名と遅延損害金で約1億円の賠償金が認められたことになる。

である。この点は、警察組織によるムスリム監視・情報収集活動を信教の自由や平等原則との観点から違憲と判断した後述のアメリカの2つの事件と対照的である。以下、本件情報収集活動を合憲とした下級審の論理構成のどこに問題があったのかを考えていくことにしたい。

(a) **信教の自由**　憲法20条1項で保障される信教の自由には、信仰の自由、宗教的行為の自由、宗教的結社の自由が含まれるとされる。本件情報収集活動との関係では、警察がモスクを監視したり、立ち入ったりすることによって、①モスクで礼拝するという宗教的行為が妨げられたということと、②内心における信仰が推知されるということが、問題となると考えられる[14]。下級審は①について、信教の自由が侵害されたといいうるためには、国家による「強制の要素」が必要であるとし、本件において強制の要素は存在しないとした。②についても、本件情報収集活動の目的が「個人の信仰を推知しようとする目的」によるものではなく、「イスラム過激派による国際テロを事前に察知してこれを未然に防ぐことにより、一般市民に被害が発生することを防止するという目的」であるから、「イスラム教徒の精神的・宗教的側面に容かいする意図」はないとした。

このように、本件の下級審は信教の自由が侵害されたと認定するためには「強制の要素」と制約目的の直接性が必要であることを示しているが、こうした考えは現代社会においておよそ観念しえない「侵害事例」を前提にしており妥当とはいえない。というのも、戦前や戦後初期ならまだしも、現代において国家が宗教を理由とした（直接的な）不利益取扱い、または強制・禁止・制限を行うことは観念しづらいからである。にもかかわらず、こうしたきわめて限定的な侵害事例から権利を保護することに当該規定の意義があるとするならば、現行憲法は人権保障とは程遠いものとなってしまう。

また、本件ではムスリムが集い、礼拝を行うモスクのみを公安警察が継続的に監視し、出入りを仔細に把握していたことにかんがみれば、信教の自由の侵害があったことは否定できない。本件情報収集活動にいかなる意図があるとしても、結果としては「信仰の熱心さの度合いを測る」[15]ものとなっていることからも信教の自由が侵害されたと評価できよう。

(b) **平等原則**　憲法14条1項は人種、信条、性別、社会的身分または門地により差別されないという平等原則を定めているが、本件情報収集活動との関係では、ムスリムを狙い撃ちにしたものであるから同項後段列挙事由の「信条」によ

14） 渡辺・前掲注5）942頁。
15） 同前944頁。

る差別に該当するかが問題となる。下級審は、後段列挙事由に特別な意味を認めないとしてきた先例とは異なり、「宗教に着目した取扱いの区別に合理的な理由があるか否かについては、慎重に検討することが必要である」(傍点筆者)としており、この点は評価することができる。しかし、下級審は「ムスリム」ということに着目して別異取扱いを行うことの合理性ではなく、情報収集活動それ自体の必要性や相当性を検討しており、「別異取扱いの正当化論証と権利制約の正当化論証とを混同している」[16]という批判が当てはまることになる。つまり、本件情報収集活動の「目的」(国際テロの発生の未然防止)とムスリムのみを情報収集活動の対象としたことの「区別」との関連性について検討がなされなかったことを意味する。

こうした下級審の論理構成の問題とは別に、そもそもムスリムであることにのみ着目した別異取扱い自体がもつ差別性の問題も存在する。原告側は、法執行機関による情報収集プログラムの策定および執行それ自体により、法執行機関内部で差別や偏見が醸成され、それに伴いムスリムが不合理に取り扱われ、結果として社会に差別的メッセージが発せられることになると主張していたのである。下級審はこうした主張を「証拠がない」と斥けたが、平等問題における「差別的偏見」の立証が難しいことにかんがみれば、こうした観点(差別的メッセージの有無)を審査の際に取り込む必要性は認められるといえよう。

下級審の判断の問題点の2つ目として、個人情報のデータベース化自体が問題であるとの指摘に対して十分な検討を行わなかったことが指摘できる。本件の端緒となった公安情報流出による個人データの流出で露顕したように、憲法13条で保障されるプライバシーの観点からは情報の「収集」の場面だけではなく、「保管・利用」の場面をも視野に入れて検討される必要がある[17]。この点、下級審は「捜査機関等による個人情報の収集、保管、管理、利用について、収集の局面のみならず、保管等の局面に関し、これまでとは異なる視点で憲法上の問題として検討する必要があるという見解は、情報通信技術の発展に伴う状況の変化に応じた憲法上の問題点を提起している点で傾聴に値する」としつつも、「このような情報の継続的収集、保管、分析、利用を一体のものとみて、それによる個人の私生活上の自由への影響を検討すべき」として同条違反を否定したのである。

以上にみてきたように、日本におけるムスリム捜査事件をめぐる裁判において、下級審はいずれも信教の自由や平等原則、さらにはプライバシーの侵害を否定し、

16) 同前949頁。
17) 山本龍彦「警察による情報の収集・保存と憲法」警論63巻8号(2010年)111頁。

単に個人情報が流出したことによる損害の賠償をもって事件の解決を図ったのである。しかし、テロ対策とはいえ無制限に認められるわけではない以上、人権保障の観点からいかに法執行機関の活動を統制すべきかを考える必要がある。そこで、偶然にも日本と同時期に法執行機関によるムスリムに対する監視・情報収集が明らかとなったアメリカの状況をみることで、日本のテロ対策に伴う情報収集活動に対する示唆を得ることにしたい。それは外国法の輸入や参照という単純なものではなく、「世界のどこよりもアルカイーダの照準となっている」[18]といわれるニューヨーク市で発生したムスリム捜査事件とそれに対する司法による統制は、「テロ対策」が優先され、人権保障が後退する国にとって参考にすべきものがあると考えられるからである。

III　アメリカにおけるムスリム捜査事件

本稿では、アメリカのNYPDがニューヨーク州とニュージャージー州に住むすべてのムスリムを対象に、包括的かつ大規模な監視プログラムを実施していることが明らかとなったことを端緒として、ムスリムやムスリム団体がニューヨーク市を相手どり訴訟を提起した2つの事件を素材に、両事件の司法判断とその後のNYPDの捜査への影響について分析・検討を行うことにする。

1　ハッサン事件（Hassan v. City of New York）

2011年8月、AP通信のマット・アパゾー（Matt Apuzzo）とジョセフ・ゴールドスタイン（Joseph Goldstein）らによる調査報道[19]により、2002年以降、NYPDがニューヨーク州とニュージャージー州に住むすべてのムスリムとムスリム・コミュニティを対象に、包括的かつ無差別な監視プログラムを実施していることが明らかになった。具体的には、警察がスパイ（mosque crawlers）を雇いモスク内の会話を報告させたり、レイカーズ（rakers）とよばれる潜入捜査員が大学やカフェでムスリムの個人情報やコミュニティとの結びつきを記録したりしていたのである。NYPDによる監視・情報収集の対象には犯罪とは無関係の多

18)　この発言は、NYPDの署長だったレイモンド・ケリー（Raymond Kelly）が2011年のニューヨーク市議会の公安委員会（Committee on Public Safety）における公聴会でしたものである。*Oversight-Safety in NYC Ten Years After 9-11: Hearing Before Comm. On Pub. Safety*, 2011 N.Y. City Council 9, 21 (Oct. 6, 2011) [*hereinafter N.Y.C. Public Safety Hearing*] (statement of Raymond Kelly, Comm'r of the New York City Police Department).

19)　AP通信による調査報道については、〈http://www.ap.org/Index/Ap-In-The-News/NYPD〉を参照。この調査報道は2012年度のピューリッツァー賞（Pulitzer Prize）を受賞している。

数のムスリム市民が含まれていた。

本件は各州に住むムスリム6人、ムスリム2団体など[20]が、信教の自由（修正1条）や平等保護（修正14条）が侵害されたとして、市などを相手どり、監視記録の抹消、宗教に基づく監視活動の差止命令、経済的損失等への損害賠償を求めて訴訟を提起した事件である。

(1) 連邦地裁判決

連邦地裁[21]は、次のように述べて、当事者適格（standing）を欠く[22]ことを理由に原告らの訴えを棄却したのである[23]。連邦地裁は、「原告の主張する損失はNYPDの内部文書をAP通信が無許可で公開したことから生じたものであって、その損失を当該監視活動に帰すことはできない」[24]とした。つまり、原告らに対するNYPDの監視活動そのものにより権利侵害が直接に生じているわけではないということである。

また、「宗教を理由とした不当な差別であると主張するためには、被告が差別的目的をもって監視活動を行っていたことを証明しなければならないが、原告はこのことを証明していない」[25]とし、「警察はムスリム・コミュニティを監視することなしに、ムスリムのテロリストによる活動を監視することはできない」[26]と述べ、監視活動の必要性を指摘したのである。さらに、AP通信が記事にした後、警察による監視活動がムスリム・コミュニティに悪影響を与えたとしても、その目的はムスリムに対する差別ではなく、「法を遵守する一般のムスリムのなかに潜むムスリム・テロリストを見つけることにある」[27]として、NYPDの差別的動機を否定したのである。

(2) 連邦高裁判決

これに対して、連邦高裁[28]は、次のように述べて一審判決を覆し、さらなる審査を尽くさせるため事件を原審に差し戻す判決を下したのである。まず、連邦高裁は一審で否定された当事者適格について、「時代遅れで、偏見に基づく考え方を永続させ、あるいは、政治的コミュニティへの参加に値しないと冷遇された

---

20) 原告にはそのほかに、モスクを運営する団体、ムスリムが経営する企業、ラトガース大学（Rutgers University）の学生団体が含まれている。
21) Hassan v. City of New York, 2014 WL 654604 (not reported in F. Supp. 3d (2014)).
22) Federal Rule of Civil Procedure 12(b)(1), 12(b)(6).
23) 連邦地裁の判決内容は、東京地裁の判決と類似点が多い。
24) 2014 WL 654604, at 4.
25) 2014 WL 654604, at 6.
26) 2014 WL 654604, at 7.
27) *Id.*
28) Hassan v. City of New York, 804 F.3d 277 (2015).

集団の人たちに烙印を押すことで、差別的な取扱いは、それ自体が深刻な精神的損害を生じさせることになる」[29)]として認めた。また、「差別を受けない人々はこのことをきわめて安直に軽視してきたことを歴史は物語っている。差別的な取扱いがもたらす現実的で識別可能な被害から目を背けることは後で必ず後悔することになる」[30)]と述べ、差別的に取り扱われること自体が損害であるとして認めたのである。

次に、平等保護について、「捜査の『動機』は違憲判断の要件ではない」[31)]として、一審とは異なる判断を示した。連邦高裁は、監視される側が監視活動の動機を立証することは不可能に近いこと、「『意図（intent)』とはある人の行動が『意図的』か『偶発的』かを分けるが、『動機（motivation)』とは『ある人の行動が意図的であるとして、何故それを行ったのか』を問うものである」[32)]と、「動機」と「意図」を区別したうえで、NYPDによる本件捜査が「意図的」に特定の宗教を区別して取り扱ってさえいれば違憲の疑いが生じるとした。

そして、平等保護のもとで宗教に基づく別異取扱いのため厳格審査を適用するのが適切であるとしたうえで[33)]、本件での別異取扱いを正当化する立証責任は政府にあると指摘した。連邦高裁は、「人種とは異なり、宗教的属性は変更可能であるけれども、人々はみずからの信仰を変更させられることを要求されるべきではない」[34)]という見解に同意するとの立場から、ニューヨーク市に対して、すべてのムスリムを監視するプログラムがテロの予防に役立つとする論拠とそれを裏付ける証拠を具体的に示すことを求めたのである。以上のことから、連邦高裁はさらなる審査を尽くさせるため事件を原審に差し戻す判決を下したのである。

最後に、連邦高裁は次の一節を引用して、安全保障が問題になった場合でも同じ厳格な基準を適用すべきであると警告したのである[35)]。

> 本件で外見上起きていることは新しいものではない。我々はこれまでにも同じような道を歩んできた。赤狩り（Red Scare）の時代のユダヤ系アメリカ人、公民権運動の時代のアフリカ系アメリカ人、そして第二次世界大戦の時代の日系アメリカ人たちは、すぐに頭に浮かぶ事例である。後に考えれば明確にわか

---

29) *Id.* at 290.
30) *Id.* at 291.
31) *Id.* at 297.
32) *Id.* at 297.
33) *Id.* at 298-305.
34) *Id.* at 302.
35) *Id.* at 309.

ることをなぜ前もって考えることができないのか、ということに思いをめぐらせるかどうかは我々次第である。「忠誠は心や精神の問題であって、人種や信条や肌の色の問題ではない」。*Ex Parte Mitsuye Endo,* 323 U.S. 283 (1944)[36)]

2　ラザ事件（Raza v. City of New York）

ハッサン事件同様に、AP通信の調査報道でNYPDによるムスリム監視・情報収集が行われていたことが明らかとなったことを契機として、ムスリム個人、モスク運営団体、ムスリム関連団体などが原告となり、ニューヨーク市らを相手に訴訟を提起した事件[37)]である。事実関係や法的主張は前述のハッサン事件とほぼ同じものである。

ラザ事件は2013年6月に連邦地裁に訴訟が提起されたが、ハッサン事件とは異なり、2016年1月に関係当事者間で和解にいたったのである。当事者が和解にいたった背景には、2014年2月にニューヨークの新市長にビル・デブラシオ（Bill de Blasio）が就任したことを契機に、ラザ事件とハンチュー事件[38)]の弁護団がニューヨーク市の新たな顧問弁護士に対して、和解の可能性について議論する会合を提案し、2014年4月に会合が開かれ、引き続き議論することの同意がされたという経緯がある[39)]。

当事者の和解の内容[40)]は次のようなものである。第1に、人種、宗教または

36）本件は第二次世界大戦中の法を遵守し、忠誠を誓っている日系アメリカ人の拘束を違憲と判断した事件である。

37）Raza v. City of New York, 998 F. Supp. 2d 70 (2013).

38）ラザ事件と関連して、ハンチュー事件（Handschu v. Special Services Division）が2013年4月に提起された。このハンチュー事件とは、もともとは1971年にNYPDが政治活動団体を監視していたことが表現の自由などを侵害するとして、ハンチュー（Handschu）を原告とする集団訴訟（class action）が提起された事件である。1985年に、この訴訟の和解内容としてハンチュー・ガイドライン（Handschu Guidelines）が策定され、NYPDに対して表現活動に対する監視捜査などを禁止したほか、さまざまな手続的な規制が定められたのである。このガイドラインは、2001年9月11日のアメリカ同時多発テロを受けて、NYPDの要請により2003年に緩和されることとなった。2013年4月に提起された訴訟は、AP通信による報道を受けて、当時のハンチュー事件の原告らがNYPDのムスリム監視活動は2003年に改訂したガイドラインに違反するものであるとして、NYPDを相手どり、監視プログラムの停止と、当該ガイドラインの改訂（NYPD内部に監督機関を新設することを内容とする）を求める訴えを起こしたものである。

39）Hina Shamsi, *Landmark Settlement in Challenge to NYPD Surveillance of New York Muslims: What You Need to Know* (Jan. 7, 2016), *available at* 〈https://www.aclu.org/blog/speak-freely/landmark-settlement-challenge-nypd-surveillance-new-york-muslims-what-you-need〉.

40）和解条項に関するQ＆Aや担当弁護士の解説記事については、〈https://www.aclu.org/cases/

民族性（ethnicity）が主たる動機的要素となる捜査の禁止である。本件情報収集活動のように、ムスリムのみを対象とした監視や情報収集は当然認められないということになる。第2に、NYPDが政治的、宗教的活動に対して予備的捜査（preliminary investigation）を行う際には、起こりうる違法な活動に関する明確で、かつ事実に基づく情報を事前に求めることである。「ムスリム＝（潜在的な）テロリスト」として、犯罪にまったく無関係な者をも監視の対象に含めることは認められず、あらかじめ違法な活動に関与していると嫌疑をかける根拠となる情報を示すことを法執行機関に求めることになる。第3に、宗教的礼拝や政治的集会のような憲法上保障された活動に対して捜査技術が与えうる影響について考慮することをNYPDに求めることである。第4に、覆面捜査官や秘密情報提供者をNYPDが利用する場面を、より制限的でない方法により、適宜に、かつ効果的な手段で合理的に取得しえないという場合に限定すること。第5に、あらかじめ時間に制限を設け、かつ継続的な捜査に6か月ごとの審査を課すことで無期限の捜査が行われないようにすることである。第6に、すべての安全対策が遵守され、政治的・宗教的活動に向けられた捜査をチェックする機能を保証するための権限や義務を負った市民代表者（civilian representative）をNYPDに設けることである。この「市民代表者」は市長により任命され、任期を5年とする。そして、この市民代表者は、あらゆる侵害事例を記録し、署長に対して報告しなければならない。また、署長はこの報告を受けて、侵害事例を捜査し、市民代表者に報告しなければならない。さらに、侵害事例が組織的なものによる場合には、市民の代表者は当該事項を直接にハンチュー事件の担当裁判官に報告しなければならない。第7に、NYPDのウェブサイトから、これまでのNYPDのムスリムに対する包括的監視の理論的支柱となった、信頼に値せず、非科学的なレポートである“*Radicalization in the West*”[41)]を削除することである。

---

raza-v-city-new-yorklegal-challenge-nypd-muslim-surveillance-program〉を参照。なお、和解の際にニューヨーク市は本件情報収集活動につき不当な点があったことを認めてはいないが、200万ドルの弁護士費用を支払うことに同意した。*See,* Adam Goldman, *NYPD settles lawsuits over Muslim monitoring,* The Wash. Post, Jan. 7, 2016.

41）Mitchell D. Silber & Arvin Bhatt, *Senior Intelligence Analysts, NYPD Intelligence Division, “Radicalization in the West: The Homegrown Threat”* (2007). このレポートは、平穏なムスリムがイスラム過激派になるまでには4つの段階があり、さまざまな出来事をきっかけにベルトコンベアのように過激派へと流されていくという考え方が示されている。第1の段階は、前過激化（Pre-Radicalization）とよばれ、みずからの出身母国の民族性を強く維持している集団のなかで生活してきた者は、その手段が彼らにとってイデオロギー上の聖域としての役割を果たすために過激主義に対して脆弱であるというものである。第2の段階は、自己規定（Self-Identification）とよばれ、経済的、社会的、政治的または個人的な理由により、サラフィ主義（原理主義的なイスラム思想）の影響を受けることが特徴というものである。第3の段階は、教化（Indoctrination）とよばれ、サラフィ

3　両事件の検討

アメリカにおけるムスリム捜査活動は日本におけるそれと監視・情報収集の内容においてほぼ同じものであったといえる[42]。しかし、同じ情報収集活動にもかかわらず、それによって憲法で保護される権利を侵害されたとしてムスリムらが原告となって提起した訴訟に対する司法判断は、日本とアメリカを比較すると両者には大きな隔たりがある。ハッサン事件やラザ事件の司法判断にどのような意義があったのかについて若干の検討を加えることにする。

まず、ハッサン事件の意義としては、その連邦高裁判決において、ムスリムへの監視・情報収集活動に対する歯止めとなる要素が示された。第1に、ムスリムを差別的に取り扱うこと自体が問題で、ムスリムに対して損害を生じさせており、こうした差別は「劣等の烙印」を押すことになると指摘したことである。第2に、法執行機関による捜査の「動機」は違憲判断の要件ではないとし、「動機・意図峻別論」を採用し、意図を重視する判断を行ったことである。これは、当該情報収集活動をなぜ行ったのかにかかわる「動機」(差別的な動機) を重視するのではなく (立証することは困難)、ムスリムだけを対象としたのが偶然ではなかった場合には「意図」をもって別異取扱いを行っていることになり違憲の疑いが生じることを意味する。第3に、当該情報収集活動を正当化するための立証責任は公権力側が負うことを明確に示したことである。日本のムスリム捜査事件の東京高裁判決が「本件情報収集活動が、実際にテロ防止目的にどの程度有効であるかは、それを継続する限り検討されなければならず、同様な情報収集活動であれば、以後も常に許容されるとは解されてはならない」と法執行機関に警告を発したにとどまるものではなく、本件訴訟において監視プログラムがテロの予防に有益であるとするプロセスと裏付ける具体的な証拠を示すよう求め、それが示されていないことを指摘したところにハッサン事件の意義があるといえよう。

次に、ラザ事件の意義としては、NYPD の監視プログラムによる権利侵害に基づく民事訴訟にもかかわらず、結果として法執行機関のテロ対策の重要な捜査手法に改善を迫り、合意形成がなされたことである。裁判を通じて、ニューヨー

主義思想を盲目的に信奉し、疑問をもたなくなる段階で、精神的指導者 (spiritual sanctioner) とよぶべき人物が過激化に役割を果たすものである。最後の第4の段階は、聖戦主義化 (Jihadization) とよばれ、みずからを輝かしいイスラムの戦士であり、ジハードに参加しなければならないと考えるようになる段階であり、過激化の最終段階 (テロ攻撃の準備の開始) であるとされる。

42)　この点につき、日本の警察が監視プログラムについて、場合によっては収集した情報そのものについて、NYPD と情報共有ないし意見交換をしていたのではないかと指摘するものもある。井桁大介「『テロとアメリカ』最前線」世界 883 号 (2016 年) 209 頁。

ク市がみずからの行きすぎを認め、再発防止に必要な改革を進めたことが評価されるべき点であろう。再発防止に向けてNYPDによるテロ対策のための捜査活動を制限する要素を合意内容に盛り込んだだけではなく、9.11以降の過激派対策としてのテロ対策について法執行機関に広い裁量を与える根拠となっていたレポートを撤回したことは非常に重要なことである[43]。このレポートの内容は、すでに触れたように平穏なムスリムがイスラム過激派になるまでには4つの段階があり、さまざまな出来事をきっかけにベルトコンベアのように過激派へと流されていくという考え方を示したものであるが、ここで注意しなければならないのは、過激化のプロセスに入ることは4つの段階を必ず経てテロリストになることを意味するわけではないということである。このレポートの特徴は「操作主義化（operationalization）」[44]するところにあると指摘されるように[45]、NYPDによるムスリム監視プログラムはこのレポートのいわば論理的産物であったのである[46]。このレポートが撤回されることにより、NYPDによるムスリム監視プログラムを含む過激化対策は根本的に見直されることになる。

Ⅳ　おわりに

2005年のロンドン同時多発テロ以降に顕著になったホームグローン・テロリストによる事件を受けて、世界各国で過激化の実態解明、事前の予防の重要性を踏まえ、さまざまな対策が行われていた。そのようななか、ムスリムに対する法執行機関による監視・情報収集活動が行われていることが明るみになり、その手法の問題性ゆえに非難の声が高まったのである。本稿では、過激化対策のために行われたムスリムに対する監視・情報収集活動に関して、日本とアメリカで生じ

43）NYPDの監視プログラムを支えてきた*"Radicalization in the West"*に科学的根拠が乏しいことは指摘されてきた。代表的なものとして、Faiza Patel, Brennan Ctr. for Justice, Rethinking Radicalization (2011), *available at* 〈http://brennan.3cdn.net/f737600b433d98d25e_6pm6beukt.pdf.〉を参照。

44）操作主義とは、直接的に測定できないが、他の現象によってその存在が示される現象を測定するために定義する手続のことを意味する。

45）Eric Lane, *On Madison, Muslims, and The New York City Police Department,* 40 Hofstra L. Rev. 689, 705 (2012).

46）このレポートでは過激化のプロセスが前景化していることを次のように指摘している。「かつて我々が危険な兆候の現れの起点として、テロリスト集団が攻撃を計画する段階と定義してきたが、今日において我々はより早い地点に焦点を移している。その地点とは、潜在的なテロリストやその集団が過激化のプロセスを通して進展し始める段階なのである。このプロセスの蓄積がテロ攻撃なのである」。このような記述からは、過激化がいつ、どの段階で始まるのかがわからない以上、あらゆる時点において過激化となりうる対象（本件においてはムスリム）を継続的に監視する必要性が導出されるのである。

た事件の司法判断について比較検討を行ってきた。本稿がアメリカを比較の対象としたのは、「世界のどこよりもアルカイーダの照準となっている」ニューヨーク市において、裁判所が事件をどのように解決し、それによって捜査活動にどのような改善がもたらされたのかを検討することは、テロ対策（安全）と人権（自由）を日本で考える際に得られる示唆が大きいと思慮したからである。

ラザ事件の和解を経て、その内容がNYPDの捜査にどのような影響を与えたかは現段階では明らかではない。和解について、テロ対策と諜報活動を担当するNYPDの副署長であるジョン・ミラー（John Miller）は「この和解によって捜査員はいかなる捜査上の能力も失わない」と述べ、また署長のウィリアム・ブラットン（William Bratton）も「既存のNYPDの活動をハンチュー・ガイドライン（Handschu Guidelines）に組み込むことは機密情報収集や諜報活動を行う際の最良の方法を維持することを容易にする」と述べ、捜査活動が妨げられるという評価を行っているわけではない。また、合意の1つであった「市民代表者」についてニューヨーク市長であるビル・デブラシオが連邦裁判所の裁判官を経験したスティーブン・ロビンソン（Stephen Robinson）を任命したのが2017年3月だったこともあり、和解によって創設されることになった機関については今後の動向に注目したい。

世界中でテロが相次ぎ、それらのテロの犯人はイスラム教徒であり、テロ行為についてもイスラム教の思想的影響があるとされ、さらにモスクでテロ組織への勧誘が行われたというケースもあったということが明らかになるにつれ、私たちの社会に「イスラム」に対する強い警戒心を生じさせることになる。そして、そうした警戒心から、「テロ防止のためにイスラム教徒全員の監視が必要だ」という考えが出てくるのも理解できないことではない[47)]。実際に、前述の東京地裁・高裁はいずれも権利制約の正当化根拠としてテロ対策を掲げたし、NYPDの過激化対策を支えたレポートはそうした趣旨で書かれていた。イスラム過激派によるテロ対策の実務においては、こうした直感に任せたムスリムの狙い撃ちが必要なのではなく、「ムスリムである市民とともにテロと闘うこと、そしてムスリム・コミュニティとの関係性を構築する」[48)]ことの重要性を認識し、それを実行することが求められるといえる（本章【総論】392頁以下参照）。

47） 木村草太「法律家に必要なこと―イスラム教徒情報収集事件を素材に」月報司法書士507号（2014年）8頁。

48） これはニューヨーク市長のビル・デブラシオがラザ事件の和解に際して発言したことである。この発言は、日本における過激化防止策を考える際の重要なポイントを指摘した松本裕之氏の指摘（本稿冒頭）とも符合するところである。

第9章

国際・EU

テロリズムと国際法
――テロ被疑者に対する致死力の行使にかかる問題を中心に

EU におけるテロ対策法制

テロリズムと国際法
――テロ被疑者に対する致死力の行使にかかる問題を中心に

熊谷　卓

Ⅰ　はじめに

周知のように、テロリズムが、国際社会の喫緊の課題として世界大で認識されるようになって久しい。かかるような認識の契機となったのが、2001年9月11日、国際テロ組織アルカイーダが、アメリカにおいて引き起こした同時多発テロ事件（以下「9.11事件」という）[1]であることに異論はないだろう。

なお、2017年2月28日の施政方針演説において同年1月に就任したトランプ（Donald J. Trump）米大統領は、「過激なイスラムのテロリズムから我が国を守るために、我々は強力な手段を採用している。司法省のデータによるならば、9.11事件以来、テロリズム関連の犯罪で有罪となった者の大半は国外からやって来た。我々は〔2013年4月15日、爆弾テロがあった〕ボストン、〔2015年12月2日、銃乱射事件があった〕カリフォルニア州サン・バーナディーノ(San Bernardino)、ペンタゴン、そしてなんといっても世界貿易センターで国土が攻撃されるのを目撃した。……我々は、この国の安全を保ち、我々に害をもたらす者たちを国外にとどめおくため、間もなく新たな手段に着手する。公約の通り、国防総省に対し、『イスラム国』（ISIS）……を破壊し、滅ぼすための計画の策定を命じたところなのである」[2]と主張しているように、従前の２つの政権（ブッシュおよびオバマ大統領）以上にハードな措置を選択していくことが、就任後最初の施政方針演説のためか、その表現にある種の誇張性があるにしても、予想

1）2001年10月7日、アメリカは国連安保理に宛てた書簡を発出したが、そこでは9.11事件について、それが武力攻撃に該当するとし、それに対して国連憲章51条に規定された固有の個別的および集団的自衛権を行使するにいたったと述べている（Letter dated 7 October 2001 from the Permanent Representative of the United States of America to the United Nations addressed to the President of the Security Council, U.N. Doc. S/2001/946）。

2）Remarks by President Trump in Joint Address to Congress (Feb. 28, 2017), *available at* 〈https://www.whitehouse.gov/the-press-office/2017/02/28/remarks-president-trump-joint-address-congress〉. もっとも、対処する相手方として名指しされているのは、ブッシュ（George Walker Bush）およびオバマ（Barack H. Obama）政権時におけるアルカイーダではなく、「イスラム国」（ISIS）となっているという相違はある。

されるところではある。

ところで、テロリズムへの対処を目的としてなされてきた手法には一定の幅がある[3)]。もっとも、実行されてきた手法の１つとして、テロリストと疑われた者（以下「テロ被疑者」という）の生命を正規の司法手続を経ずに剝奪するという手法も散見された[4)]。そのなかには、「……致死力が、事前に特定された個人またはその集団に対して、行為者によって、一定の予謀をもって意図的かつ故意に使用された（intentionally and deliberately used, with a degree of pre-meditation）」[5)]ということができる事例もあったものと考えられる。

たしかに、テロ対策に責任を有する者ならば、テロ被疑者に致死力を投入することが有益だろうと真摯に考究することはあながち否定できないであろう。この種の職責を有する者が、このような手法を採用するとの決断にいたる典型例は、テロ被疑者が、テロ行為を規制する気概に欠けるかまたは規制する能力を有さな

3）その手法の１つが、テロリズムそれ自体を規制対象とする条約によるテロ行為者個人の刑事責任の追及やその他の措置（具体的には、禁止される行為の国内刑事立法上の犯罪化、個別の事件における刑事裁判管轄権の設定、被疑者・被告人の引渡しまたは訴追、個別事件の捜査・訴追に関する国際的協力などを締約国に求める）である。本稿末尾の図表１にみるように1963年から2014年までの間、テロ行為者の刑事責任の追及やその他の措置を規定する普遍的な（多数国間）条約として16本の条約が採択されてきた（そして、それらのうちには改正を受けたものもある）。

なお、これらの条約（議定書）は、(1)国際交通および海洋の安全にかかわる条約（①、②、③、⑦、⑧、⑨、⑭、⑮、⑯）、(2)人の保護にかかわる条約（④、⑤）、(3)テロ行為の手段として実行されれば、甚大な被害が予見される核物質にかかわる条約（⑥、⑬）および(4)より一般的なテロ行為の手段にかかわる条約（⑩、⑪、⑫）に大きく分類することができる。酒井啓亘ほか『国際法』（有斐閣・2012年）655頁。

4）かかる手法が使われた事例の１つとして国際テロ組織アルカイーダの創設者であり、9.11事件の首謀者として国際手配されていたウサマ・ビンラディン（Osama Bin Laden）の殺害を挙げることができよう。

2011年５月２日、パキスタン・イスラマバード郊外アボッタバードの潜伏先の邸宅を急襲した米海軍特殊作戦部隊（SEALs）の銃撃によってビンラディンは側近２名とともに殺害された。ヘリコプター２機で邸宅の敷地内に到着した作戦部隊は、二手に分かれて捜索を開始した後、１つのチームが邸宅１階で銃を所持していた側近２名を射殺した。その後、同チームが、ビンラディンを発見し、一緒にいた妻が隊員に向かって抵抗したものの、妻は足を撃たれ、その後ビンラディンが射殺された。

殺害時、同人は、妻と同様に武装していなかった。米大統領報道官は、「捕捉が可能ならば、その用意もあった」と述べ、殺害のみを想定していたことは否定した。

本作戦について、パキスタンのギラニ（Gillani）首相は５月９日夜、同国議会で演説し、それがパキスタンの承認を受けない単独行動主義的な行為であり、同国主権の侵害行為に該当すると述べ、厳しく批判する一方、同国がビンラディンをかくまっていたとの疑惑については、ばかげていると一蹴している。「ビンラディン容疑者：米軍、パキスタンで殺害 大統領『正義は達成』」2011年５月２日付毎日新聞大阪版夕刊１面、「ビンラディン容疑者殺害：丸腰、米『現場判断で殺害』」2011年５月５日付毎日新聞東京版朝刊１面、「ビンラディン容疑者殺害：パキスタン首相、『主権侵害』米を批判 関係は継続」2011年５月10日付毎日新聞東京版朝刊８面。

5）P. Alston “Report of the Special Rapporteur on Extrajudicial, Summary or Arbitrary Executions: Addendum: Study on targeted killings” [*hereinafter* Alston Report], U.N. Doc. A/HRC/14/24/Add. 6 (May 28, 2010) para 9. いうまでもなくこのような手法は、正規の司法手続を経て科された死刑判決の執行とは異なるものである。

い他国の領域に所在しているために捕捉（lay their hand on）しがたい場合といってよいだろう[6]。もっとも、人の生命の剝奪はその生命が帯同する至高性のゆえに容易には認められないものでもある。そこで、本稿においては、テロ被疑者に対する国家による致死力の行使の位置づけについて国際法（ただし、後述のように、国際法の一部門を形成する国際人権法）[7]の立場から考察を加えることにしたい。

なお、テロ被疑者に対する致死力の行使の国際法上の合法性については、一方で、致死力の行使がテロ被疑者の生命権を侵害していなかったかという次元から、他方で、テロ被疑者が他国の領域内に所在していた場合に致死力の行使がなされた場合において、かかるような致死力の行使が当該他国の領土保全の尊重に関する義務に反していなかったかという2つの次元から扱われなければならないが[8]、本稿においては前者の次元に限定して検討を行う。そして、このように検討の対象を限定したとしても、国家による致死力の行使をめぐっては、まず、仮にテロ被疑者が脅威ももたらさない状況下、その者を逮捕する代わりに故意に殺害したのだとすると、それは国際人権法に抵触する超司法的処刑とならないだろうか[9]との論点（刑事司法または法執行パラダイム上の論点）、次いで、生命の剝奪をより広く許容する国際人道法（武力紛争法）が適用されるべき法規範だと仮定しても、当該殺害行為が国際人道法の適用される「武力紛争」状態における行動だったといえるだろうかという論点[10]や、武力紛争の存在が肯定され、その意味で適用法規が国際人道法であったとしても、殺害されたテロ被疑者に対する攻撃が許容されるものだったのだろうかという論点[11]（武力紛争または敵対行為パラダイム上の

6）*See* D. Kretzmer, "Use of Lethal Force against Suspected Terrorists," *in* A.M.S. de Frías, K. Samuel and N. White (eds.), *Counter-Terrorism: International Law and Practice* (Oxford University Press, 2012), p. 618.

7）かかるような類型の行為についてアメリカの国内法（憲法）上の問題として検討する論考として、富井幸雄「Targeted Killing の合憲性(下)」首法 54 巻 2 号（2014 年）71 頁、三宅裕一郎「アメリカ合衆国による『標的殺害（targeted killing)』をめぐる憲法問題・序説」三重法経 145 号（2015 年）1 頁を参照。

8）*See* Kretzmer, *supra* note 6, p. 619; N. Melzer, *Targeted Killing in International Law* (Oxford University Press, 2008), pp. 75-76.

9）2002 年 11 月 3 日、イエメンにおいて米中央情報局（CIA）の武装した無人機プレデター（Predator）から発射されたミサイルによって、米海軍軍艦コール（Cole）爆破事件（2000 年 10 月 7 日、イエメンのアデン港に停泊中に発生）の被疑者であったアルカイーダの幹部 アリ・カエド・センヤン・アルハリティ（Ali Qaed Senyan al-Harithi）が殺害された際、アムネスティ・インターナショナルは同人の殺害をして超司法的処刑だったと指摘した（"Yemen/USA: Government must not sanction extra-judicial executions" (Nov. 8, 2002), *available at* 〈http://www.amnesty.org/en/library/info/AMR51/168/2002/en〉）。本件については、新井京教授が詳細な検討を加えている（新井京「『新しい戦争』と武力紛争法」国際問題 587 号（2009 年）6 頁以下）。

10）同前 6 頁。

11）同前 8 頁。

論点）等、多岐にわたる論点が提起される。

もっとも、本稿においては紙幅上の制約もあるため国際人権法の側面について検討することとし、国際人道法上の検討[12)]については対象外とする。したがって、本稿が想定する場面は、武力紛争時ではない、いわゆる平時、一国家の領域内で発生する[13)]、テロ被疑者を対象とした致死力の行使ということになる。

以下、検討の道筋を示すとすれば、以下のIIにおいて、生命権の国際人権法上の位置づけを確認し、III・IVにおいて、生命の剝奪にかかる事例に関する、人権条約の履行監視機関の立場（自由権規約委員会および欧州人権裁判所の事例）を概観する。そしてVにおいて結論を述べる。

II　生命権の国際人権法上の位置づけ

人の生命が至高の価値を付与されているということに一般的に異論はないと考えられるが、人の生命は国際人権法上どのように扱われているのであろうか。ま

12）　この点については、新井・前掲注9）を参照。なお、オコンネル（Mary Ellen O'Connell）は、通常テロリズムが犯罪としての特徴を帯同し、単発的なものであること、犯罪者の存在する国家の責任を提起することは稀であることから、テロ被疑者に対する致死力の行使は人権法の規律のもとにあるという。M.E. O'Connell, "Remarks: The Resort to Drones under International Law," *Denver Journal of International Law and Policy,* Vol. 39, No. 4 (2010), p. 593; E. Crawford, "Terrorism and Targeted Killings under International Law," *in* B. Saul (ed.), *Research Handbook on International Law and Terrorism* (Edward Elgar, 2014), pp. 264-265.

13）　なお、先に紹介したビンラディンの殺害のような、国家の領域外において致死力の行使が実行された場合について検討しようとする場合、当該致死力行使国家の領域外行為に対する人権条約規範の適用可能性についての検討も、当該事案が平時に起きたものと考える限りにおいて必要となろう。しかし、本稿においては、この点については検討しない。たしかに、一方で、領域外での致死力の行使も現実に数多く散見されるが、他方で、警察をはじめとする国内治安機関がテロ被疑者と対峙する場面としては、当該治安機関の帰属する国家の領域内が想定可能である。相手が「テロリスト」であるということで、致死力の行使の正当化が政治的に容易に図られることも懸念される。そうであるとするならば、国家の領域内におけるテロ被疑者に対する致死力の行使について国際人権法から考察することにも一定の意義があるといえよう。もっとも、国際文書（条約や人権宣言）が締約国の領域外において当該締約国を拘束するかどうかについては、国際的な司法機関の判断は分かれている。たとえば、NATOによるセルビア内の放送局の空爆については管轄権が及ばないとした欧州人権裁判所の判断として、Banković and Others v. Belgium and Others, Application No. 52207/99, Grand Chamber Decision (12 December 2001), para. 82, *available at* 〈http://hudoc.echr.coe.int/eng#{"appno":["52207/99"],"itemid":["001-22099"]}〉. 国際空域においてキューバの航空機がアメリカの民間機を攻撃したことが、乗客の生命権の侵害に該当するとした米州人権委員会の判断として、Armando Alejandre Jr. and Others v. Republic of Cuba, case 11. 589, Report No. 86/99 (29 September 1999), paras. 23-25, *available at* 〈https://www.cidh.oas.org/annualrep/99eng/Merits/Cuba11.589.htm〉がある。これらの司法判断を含め、条約の領域外適用の問題について詳しくは、杉木志帆「米州人権保障制度における国の人権保障義務の範囲」世界人権問題研究センター研究紀要19号（2014年）39頁、同「欧州人権条約の領域外適用」世界人権問題研究センター研究紀要20号（2015年）27頁を参照。

ず、この点について確認をしておきたい。市民的および政治的な権利について規定する人権条約は一様に、すべての個人が生命権（the right to life）を有することを謳っている[14)]。生命権に対する実効的な保障がなければ、人が有するその他のすべての権利が無に帰するゆえ、かかる権利は至高の権利であると評価されてきている[15)]。生命権は、一方でそれが戦争を含む緊急事態においてもその効力停止を許容されない類型の権利（デロゲートできない権利）に分類されるものの（自由権規約4条、欧州人権条約15条）、他方でそれに対するいかなる制約も許容されない絶対的な権利という位置づけは採用されていない。その意味からいうと、国家による致死力の意図的な行使は、ごく限定された場合においては生命権の侵害を構成しないということになる[16)]。この点、人権条約の規定ぶりからみると、生命権は、「恣意的」に剝奪されてはならないと定めるものが存在するゆえ、そうしたごく限定された場合の指標として、「恣意性」が浮かび上がってくる[17)]。

この点でやや趣を異にするのが欧州人権条約である。その2条2項は、生命の剝奪が、①不法な暴力から人を守るために、②合法的な逮捕を行いまたは合法的に抑留した者の逃亡を防ぐために、または③暴力または反乱を鎮圧するために合法的にとった行為のために、絶対に必要な力の行使の結果であるときは、生命権の侵害を構成しないと規定する[18)]。かかる規定ぶりからうかがわれるように、

14）ここでいくつかの条約規定を記す。①「すべての人間は、生命に対する固有の権利を有する。この権利は、法律によって保護される。何人も、恣意的にその生命を奪われない。」市民的及び政治的権利に関する国際規約（自由権規約）［1966年採択］6条1項、②「すべての者の生命に対する権利は、法律によって保護される、何人も、故意にその生命を奪われない。ただし、法律で死刑を定める犯罪について有罪の判決の後に裁判所の刑の言渡しを執行する場合は、この限りでない。」人権及び基本的自由の保護のための条約（欧州人権条約）［1950年採択］2条1項、③「全ての人は、その生命を尊重される権利を有する。この権利は、法によって、一般には受胎の時から保護される。何人も恣意的にその生命を奪われない。」人権に関する米州条約（米州人権条約）［1969年採択］4条1項、④「人間は、不可侵である。すべての人間は、自己の生命の尊重および身体の完全性に対する権利を有する。何人も恣意的にこの権利を奪われない。」人及び人民の権利に関するアフリカ憲章（バンジュール憲章）［1981年採択］4条。

15）M. Nowak, *U.N. Covenant on Civil and Political Rights: CCPR Commentary* (Second Edition, N.P. Engel, 2005), p. 121. たとえば、自由権規約委員会は1982年7月27日に採択した、一般的意見6: 6条（生命権）において、「1 本規約第6条で定められた生命権は、……国民の生存を脅かす公の緊急事態時においてさえいかなる効力停止も認められない至高の権利（the supreme right）である」と述べている。Human Rights Committee, General Comment No. 6: Article 6 (Right to life), *available at* 〈http://www.ohchr.org/EN/HRBodies/CCPR/Pages/GC36-Article6Righttolife.aspx〉.

16）*See* S. Schmahl, "Targeted Killings-A Challenge for International Law?," *in* C. Tomuschat, E. Lagrange, and S. Oeter (eds.), *The Right to Life* (Martinus Nijhoff Publishers, 2010), p. 238.

17）自由権規約6条1項、米州人権条約4条1項、バンジュール憲章4条を参照。

18）条文は次のとおりである。

「2　生命の剝奪は、それが次の目的のために絶対に必要な力の行使の結果であるときは、本条に違反して行われたものとみなされない。

ここではこれら３つの目的の実現のための「絶対的な必要性」というテスト（指標）が提示されている[19]。

Ⅲ　生命の剝奪にかかる事例と人権条約の履行監視機関の立場

1　自由権規約委員会の個人通報事例から

それでは、先に述べた恣意性または絶対的な必要性の意味合いについてはどのように理解すればよいのであろうか。このことについて、まずは自由権規約を素材として考えてみる。

(1)　ゲレロ事件[20]

(a)　事案の概要　本件の概要[21]は次のとおりである。1978年4月13日、コロンビア・ボゴタ警察が、ゲリラ組織によって本件発生の数日前に誘拐されていた元駐仏コロンビア大使が拘束下にあるとみなした家屋に対して急襲作戦を敢行した。もっとも当該家屋が無人の状態にあったため、警察は誘拐の被疑者の帰宅を待つこととし、実際当該家屋に帰ってきた７人の者を射殺するにいたった。警察の説明によれば、誘拐の被疑者が多種の武器を振りかざしたうえで、発砲し、逮捕に抵抗したため、射殺したというものであった。しかし、鑑定の結果からは、７人が一定の時間的な間隔のもと、そのいずれもがみずからは発砲することなく殺害された（背後または頭部に銃撃を受けた者もいた）ことが明らかとなった。また、目撃者の証言によれば、投降する機会は与えられなかった。事件後の調査では、７人が誘拐犯であるとは証明されなかった。

(b)　自由権規約委員会の見解（Views）　本件に関して自由権規約委員会は、「本権利〔第６条のこと〕が法により保護されなければないこと、また、何人も、恣意的にその生命を奪われないという要件は、国家当局によってその生命が剝奪されうる場合について法が、厳格に統制し、かつ、制限しなければならないとい

(a)　不法な暴力から人を守るため
(b)　合法的な逮捕を行いまたは合法的に抑留した者の逃亡を防ぐため
(c)　暴力または反乱を鎮圧するために合法的にとった行為のため」

19)　Schmahl, *supra* note 16, p. 239.

20)　Suarez de Guerrero v. Colombia, Merits, Communication No 45/1979, U.N. Doc. CCPR/C/15/D/45/1979, 31 March 1982, Human Rights Committee [*hereinafter* Guerrero v. Colombia].

21)　*Ibid.*, paras. 1. 2-1. 3, 11. 6.

う意味である」[22]と述べている。

そのうえで、「本件においては、7人の者がその生命を、警察の故意による行動（deliberate action）の結果として剝奪されたこと、生命の剝奪が意図的だったことが事実から明白である。また、警察の行動が、被害者たちに対する警告なく、かつ、警察に対する投降の機会の提供もなくまたは被害者たちにかかる場所での存在および意図について説明する機会の提供もなくとられたように思われる。警察の行動が、自己または他者の防衛のため必要であったという証拠または関係者の逮捕の実施もしくはその逃亡を防止するために必要であったという証拠はない。加えて、被害者たちは、その数日前に発生した誘拐事件の被疑者以上の者ではなかった。警察による殺害の結果、規約が規定する法の適正手続きにかかるすべての保護が無に帰した」[23]と述べ、本件では被害者の殺害が「法執行の要件と均衡を保持していない」[24]と結論づけている。

(2) 小　　括

ここでは、以上にみた自由権規約委員会の見解から示されたことを述べておきたい。

すなわち、第1に、十分な法的根拠の原則である。以上にみたように委員会は、法的な根拠がない場合や生命の剝奪について、その文脈を厳格に統制かつ制限しない法に基づく場合の剝奪は恣意的であると提示している[25]。

第2に、必要性の原則である。委員会は、力の行使による生命の剝奪であって、正当な目的を達成するために必要な最小限度を超えるものは恣意的となると判断したといえる[26]。

第3に、比例性の原則である。委員会は、生命の剝奪が、用いられた力が実際にもたらされる危険性と均衡がとれていない場合、恣意的なものとなると判断したといえる。それゆえ、たとえば、実際には危険が存在しないかまたは危険が単に非暴力的な性質（political nature）のものである場合、生命の剝奪は許容されえないことになる[27]。

22) *Ibid.*, para. 13. 1.　この点、Baboeram-Adhin and others v. Suriname, Merits, Communication No 146/1983, 4 April 1985, U.N. Doc. CCPR/C/24/D/154/1983, para. 14. 3. も同様の見解を示している。本件については、橋村昭紀「通報 No. 146/1983 および 148～154/1983 スリナム」宮崎繁樹編『国際人権規約先例集・規約人権委員会精選決定集 第2集』（東信堂・1995年）156頁以下も参照されたい。

23) *Ibid.*, para. 13. 2.

24) *Ibid.*, para. 13. 3.

25) *Ibid.*, paras. 13. 1–13. 3. *See also* Melzer, *supra* note 8, p. 100.

26) Guerrero v. Colombia, *ibid. See also* Melzer, *ibid.*, p. 101.

27) Guerrero v. Colombia, *ibid. See also* Melzer, *ibid.*

第4に、予防措置の原則である。委員会は、生命の剥奪が、それが合理的な事前の予防措置を通じて回避できた場合には恣意的なものとなる、すなわち、致死力の行使は、事案の状況が合理的にそれを許すのに、その行使に先立ち警告がなされない場合、または投降の機会が与えられない場合には恣意的なものとなると判断したといえる[28]。

もっとも委員会は、一定の場合には致死力の行使が法執行の場面として許容されることを示唆している。

また、委員会は、本件での殺害の実行が、自己または他者の防衛のためでもなく、関係者の逮捕もしくはその逃亡を防止するためでもなかったと認定することを通じて法執行の場面における一定の関連要件について述べたが、これらの例外は欧州人権条約2条2項の生命権の保護に対する例外に酷似する[29]。

2　欧州人権裁判所の判決から

次いで、欧州人権裁判所の実行[30]について検討する。

(1)　マッカン事件[31]

(a)　事案の概要　本件は、1988年3月に英領ジブラルタルでイギリスのSAS（陸軍特殊空挺部隊）所属の隊員によって射殺された3人のIRA（アイルランド共和軍）の構成員の遺族による申立てに基づくものである。

---

28)　Guerrero v. Colombia, *ibid.*, para. 13. 2. *See also* Melzer, *ibid.*, pp. 101-102.

29)　*See* S. Joseph, J. Schultz, and M. Castan, *The International Covenant on Civil and Political Rights: Cases, Materials, and Commentary* (2nd ed., Oxford University Press, 2005), p. 168.

30)　なお、チェチェン分離運動に所属する反政府武装集団による、2002年10月のモスクワ市劇場占拠人質事件に対するロシア当局の対応（麻酔性ガスの劇場講堂への注入とその後の特殊部隊の突入）が、欧州人権条約が規定する生命権侵害にあたるとして、その被害者や遺族（64名）により提訴されたフィノゲノフ事件判決（2011年12月20日判決）(Finogenov and Others v. Russia, Application Nos. 18299/03 and 27311/03, Judgment, 20 December 2011, *available at* 〈http://hudoc.echr.coe.int/eng#{"fulltext":["finogenov"],"itemid":["001-108231"]}〉）も本稿のテーマからみて重要なものであるが、同判決に関する言及は最小限度のものとする。フィノゲノフ事件のような「平時とも武力紛争とも捉えうる」または「非国際的武力紛争で生じたと言えなくもない」（田村・後掲論文115頁、117頁、118頁）場面または事案における国家による致死力行使を、人権法による法執行型暴力行為の規制という点から詳細に検討する論考として、田村恵理子「反政府武装集団に対する国家の法執行における致死力行使と国際人権法の規制力」宮崎公立大学人文学部紀要24巻1号（2017年）93頁以下を参照されたい。

31)　McCann and Others v. The United Kingdom, Application No. 18984/91, Judgment, 27 September 1995 [*hereinafter* McCann], *available at* 〈http://hudoc.echr.coe.int/eng#{"dmdocnumber":["695820"],"itemid":["001-57943"]}〉. 本件の概要については、*Ibid.*, paras. 12-132. また、判決文の日本語への訳出および判決の論点整理に関しては、日本語による次の論考に負うところが大きい。齊藤正彰「恣意的殺害―特殊部隊によるテロ容疑者の射殺」戸波江二ほか編『ヨーロッパ人権裁判所の判例』（信山社・2008）194頁以下、胡慶山「ヨーロッパ人権条約第2条の生命権について（3・完）」北法49巻6号（1999年）1281頁以下。

1988年3月以前の時点においてイギリス、スペイン、ジブラルタルの治安当局は、IRAが無線による遠隔操作式の自動車爆弾によるテロ攻撃をジブラルタルで計画しているという情報を入手していた。その後、IRAの構成員であるマッカン（Daniel McCann）ら3人が被疑者として捜査の対象となった。治安当局は、これらの3人のジブラルタルへの入域を容認した（同入域時点での身柄の拘束は実施されなかった）。

事件当日の3月6日、3人の車両を調査していたSAS隊員によって自動車爆弾が積載されている可能性が報告された。その後、追尾していたSAS隊員が静止を命じた際、彼らの挙動が遠隔操作装置により爆弾を起爆しようとしているように見えたため、SAS隊員は至近距離から銃撃して彼らを殺害するにいたった。しかし、マッカンら3人は武器も起爆装置も所持しておらず、車両にも爆弾は積載されていなかったというものである[32)]。

(b) 欧州人権裁判所の判決　(i) 2条の位置づけとその解釈のあり方　欧州人権裁判所は、まず、「2条は本条約におけるもっとも基本的な規定の1つであり、事実、それは15条によって平時においてはいかなる効力の停止をも認められていない。本条約3条〔拷問やその他の非人道的なまたは品位を傷つける行為を禁止する〕とともに2条は、欧州審議会（Council of Europe）を形成する民主的社会の基本的価値を打ち立てている。したがって、2条の条文は厳格に解釈されなければならない」[33) 34)]と述べたうえで、「2条2項において定められている複数の例外は、意図的な殺害にまで及ぶ（もっとも、それ以外を含むのではあるが）。……しかしながら、かかる力の行使は、2条2項(a)、(b)、(c)において定められた諸目的の1つについての達成のために『絶対に必要な（absolutely necessary）』ものでなければならない」[35)]と述べている。

また、「この点、2条2項における『絶対に必要な』という文言は、必要性についてのより厳格かつやむにやまれぬという意味での基準を示しているのであって、本条約8条2項〔私生活および家族生活の尊重に対する制約〕、9条2項〔思想、良心および信教の自由に対する制約〕、11条2項〔集会および結社の自由に対する制約〕の規定のもとで国家の行為が『民主的社会において必要』であ

---

32) McCann, *supra* note 31 paras. 12–132. 齊藤・前掲注31) 194頁。
33) McCann, *ibid.*, para. 147. なお、判決文内で引用される諸判決については略した。
34) 欧州審議会の加盟国であることが欧州人権条約の締約国となるための必要条件である。この点について詳しくは、徳川信治「欧州人権条約システムの歩みと現状」立命323号（2009年）163頁を参照されたい。
35) McCann, *supra* note 31, para. 148.

るかどうかを決定する際に使用される基準より高次のものなる。とりわけ、行使される力は、2条2項(a)、(b)、(c)に規定される諸目的の達成と均衡性を厳格（strictly proportionate）に保ったものでなければならない」[36]と述べている。

さらに、「民主的社会において本規定の価値を守るために、本裁判所は、その評価にあたって生命の剝奪については、それを最大限慎重に審査しなければならないのであり、とりわけ、故意に致死力が行使された場合には、実際にそれを行使した国家機関の行為のみならず、問題となった行為の計画や統制（planning and control）といった事項を含む一切の周辺状況をも考慮に入れて、最大限慎重に審査しなければならない」[37]と述べている。

以上のように、裁判所は2条の位置づけおよびその解釈のあり方について提示したうえで、本件についての具体的な当てはめを行う。

(ii) 本件への2条2項の適用　①SAS隊員たちの行動　この点について裁判所は、「隊員たちが、自分たちに与えられた情報……に基づき、爆弾の起爆を防止し、もって深刻な生命の損失の発生を回避するために被疑者たちに対して発砲することが必要であると真摯に信じたこと」[38]を認め、それが「無辜の人々の生命を保護するために絶対に必要であると隊員たちにより認識されて」[39]いたと述べている。

そのうえで、裁判所は、力の行使が、「かかる行動の時点で十分な理由をもって正しいとの認識に裏打ちされた真摯な確信に基づいていれば、仮にそれが後になって間違いであったことがあきらかになったとしても正当化されうる」と述べている[40]。

「かくして、本件のような事情において、政府当局が直面している板挟み（dilemma）に留意するならば、隊員たちの行動それ自体は、本項（2条2項）の違反とはならない」[41]と認定している。

---

36) *Ibid.*, para. 149.
37) *Ibid.*, para. 150.
38) *Ibid.*, para. 200.
39) *Ibid.*
40) *Ibid.* 続いて、裁判所は、「こうしないと、その義務を履行するに際して締約国および法執行にかかる公務員に非現実的な負担を課し、かえって締約国の公務員の生命やその他の人々の生命に危害をもたらすことになる可能性がある」（*Ibid.*）と述べていた。
41) *Ibid.* かかる板挟みに関して、裁判所は、「連合王国政府当局は、一方で、自己の軍事要員を含め、ジブラルタル内の人々の生命を保護する自己の義務に留意することを要請されていたのであり、他方で、国内法および国際法に由来する諸義務に照らして、かかる脅威を提起する被疑者に対する致死力の行使への依拠を最小限化することを要請されていた」（*Ibid.*, para. 192）と述べていた。裁判所は、イギリスが、テロ攻撃が発生することによる生命権に対する被害の防止と被疑者に対する致死力の行使への依拠の最小限化の要請の間で呻吟していたと評価したのである。

②対テロ作戦の統制と組織　　こうして、SAS 隊員たちが被疑者たちを射殺した行動は法的には不問にされたのであるが、裁判所は引き続いて、「対テロ作戦が全体として２条の要請を尊重したやり方で統制されかつ組織化（controlled and organised）されていたかどうか、また、隊員たちが致死力の行使もやむをえないと考えた、彼らに付与された情報および指示が、３人の被疑者たちの生命権を十分適切に考慮したものかどうか、という問題も浮上する」[42]と述べている。

裁判所はこの点について、隊員たちが施された訓練の特性（被疑者の絶命まで発砲し続ける特性をもつ）や誤った情報の可能性に対する備えの欠如を指摘し、「政府当局は、火器を使用するなら、殺害のための射撃を必然的に（automatically）行う隊員たちに対して情報を通告する以前に、当該情報の評価に最大限の注意を払うことを通じて、被疑者たちの生命権を尊重することを義務づけられる」[43]と述べたうえで、本件でなされた隊員たちの反射的な銃撃反応は、「たとえ危険なテロ被疑者を取り扱うとしても、民主的社会において法執行官に対して期待される火器の使用における注意の程度を欠いていた」[44]と批判し、このことは「作戦の統制および組織に対する適切な手当て（care）の欠如」[45]を示すと述べている。

結論として裁判所は、「少なくともいくつかの側面において情報が誤っている可能性について、政府当局が行なった斟酌が不十分であったことをふまえると、また、隊員たちが発砲時、致死力を自動的に行使したことをふまえると、３人のテロ被疑者の殺害が本条約２条２項(a)の意味における不法な暴力から人を守るために絶対に必要な実力の行使に該当するとは論証されておらず」[46]、それゆえ「本条約２条の違反があった」[47]と判示している。

③事後の調査の義務　　なお、裁判所は、「国家機関による恣意的な殺害の一般的な法的禁止は、当該致死力の行使の合法性を国家が審査する手続きが実際

42） *Ibid.,* para. 201. なお、裁判所は、「……力の行使が２条に適合するかを判断するに際しては、隊員たちが行使した力が不法な暴力から人々を保護するという目的と厳格に均衡していたかどうかに加えて、政府当局が、致死力への依拠を可能なかぎりで最小限化するように本対テロ作戦を計画し、それに統制（planned and controlled）を加えていたかどうかも……慎重に審査しなければならない」（*Ibid.,* para. 194）と述べていた。

43） *Ibid.,* para. 211.

44） *Ibid.,* para. 212.

45） *Ibid.*

46） *Ibid.,* para. 213. なお、被疑者たちのジブラルタルへの入域を阻止しないという決定についても、作戦上の統制および組織化にかかわる問題であり、かかる決定上、作戦の統制に責任を負うレベルでの重大な誤算（a serious miscalculation）が存在したことが指摘されていた。*Ibid.,* paras. 203–205, 213.

47） *Ibid.,* para. 214.

に付帯していなければ、実効性を欠く」[48]ことから、「2条の下における生命権の保護義務は、……1条の国家の一般的義務と関連で読まれるならば、とくに国家機関による力の行使に起因して個人が殺害された場合、実効的ななんらかの公式の調査がなされることを黙示に要求している」[49]と述べている。

こうして、裁判所は、2条が一定の手続的な要求をも含むものと判示している[50]。

(2) 小　括

ここでは、マッカン事件判決から看取されることについて述べておきたい。

第1に、裁判所は、対テロ作戦における治安当局の致死力行使の絶対的な必要性という基準の充足性の評価に際しては、殺害の実行に関与した国家機関の行為だけでなく、当該致死力行使行為の計画と統制にかかる問題を含むすべての周辺状況も考慮して慎重に審査することを必須の要件とした[51]。

第2に、このこととの関連で、民主的社会における法執行という文脈でSAS隊員たちが被疑者を必然的に射殺するよう訓練されていたことが批判の対象にもなっている[52]。かかるような裁判所の評価については、すべての犯罪者に対して、犯される行為がどれだけ重大なものであったとしても、彼らの生命権が等しく保障されるのであり、テロ攻撃が疑われるからといって、個人に対する手続上の保護が剝奪されるのではないという判断が本判決では強調されているとの見解がある[53]。

いずれにせよ、裁判所は、対テロ作戦の実施に際してはその十分な計画とそれに対する十全の統制の確保を求めたということがいえよう[54]。

第3に、裁判所は、手続的要請として事後の調査の義務をも、2条が黙示的に含むと判示した。これは自由権規約委員会のゲレロ事件の見解と軌を一にする。また、本義務の目的は、生命権を保護する国内立法の実効的な実施の確保および関係者のアカウンタビリティの確保にあると考えられる。意図的な殺害があれば通常は刑事責任につながることに加え、事件の真の状況については致死的な力を

48） *Ibid.*, para. 161.
49） *Ibid.*
50） 齊藤・前掲注31）196頁。
51） McCann, *supra* note 31, paras. 150, 194, 201. 齊藤・前掲注31）も参照。
52） McCann, *ibid.*, paras. 211-212. *See also* L. Doswald-Beck, *Human Rights in Times of Conflict and Terrorism* (Oxford University Press, 2011), p. 166.
53） R. Otto, *Targeted Killings and International Law: With Special Regard to Human Rights and International Humanitarian Law* (Springer, 2012), p. 161.
54） *Ibid.*, p. 160.

行使した国家機関またはその国家当局しか知りえないところであるということから考えても、2条のかかるような解釈は正当化できよう[55]。

Ⅳ　力の行使を規律する3つの主要な原則

以上、自由権規約委員会および欧州人権裁判所の事例を概観した。

法執行の場面において国家が致死力を伴う措置を実行した場合の適法性を判断するうえで重要な働きをしているのが、①かかる行為が法律によって規制されていること（法律上の根拠のあること）、②必要性、③比例性、④予防措置および⑤アカウンタビリティの諸要素であるといってよいだろう[56]。もっとも、ここでは、その「主要な要素」[57]と評価される②、③、④について、言及する。

第1に、必要性の原則からは、国家機関が実力を使用できるのは、それが厳格に必要な場合のみに限られる[58]。敷衍するならば、法執行業務における力の行使は、正当な目的を達成するための最終手段としての例外的措置でなければならず、その際、必要とされる最小限度の力のみが適用される。可能であれば常に差異のある力の行使（口頭の警告、威嚇発砲、致死力に劣る力の行使、致死力の行使）が実施されなければならない[59]。潜在的に暴力的な被疑者であっても、合理的に可能であるならば常に、殺害ではなく、身柄の拘束が要請され、使用される力は、抵抗の程度に見合ったものでなければならない[60]。また、力の行使は、差し迫った脅威に対応するものでなければならない[61]。

第2に、比例性の原則からは、使用される力の程度とかかる力の行使が提起

---

55) W.A. Schabas, et al. (eds.), *The European Convention on Human Rights: A Commentary* (Oxford University Press, 2015), p. 135; Maskhadova and Others v. Russia, Application No. 18071/05, Judgment, 6 June 2013, para. 163, *available at* ⟨http://hudoc.echr.coe.int/eng#{"itemid":["001-120068"]}⟩.

56) International Committee of the Red Cross (ICRC), Legal Fact Sheet: The use of force in law enforcement operations (Sep. 3, 2015), *available at* ⟨https://www.icrc.org/en/document/use-force-law-enforcement-operations⟩.

57) S. Casey-Maslen, "Use of Force in Law Enforcement and the Right to Life: The Role of the Human Rights Council" (Academy of International Humanitarian Law and Human Rights, Nov., 2016), p. 6, *available at* ⟨https://www.geneva-academy.ch/joomlatools-files/docman-files/in-brief6_WEB.pdf⟩.

58) Code of Conduct for Law Enforcement Officials. U.N. Doc. A/RES/34/169 (December 17, 1979) [*hereinafter* C.C.L.E.O.], Article 3.

59) *See* Commentary ⒜. on Article 3 of C.C.L.E.O, *ibid;* ICRC, *supra* note 56.

60) Casey-Maslen, *supra* note 57, pp. 7-8.

61) C. Heyns "Report of the Special Rapporteur on extrajudicial, summary or arbitrary executions," U.N. Doc. A/HRC/26/36 (April 1, 2014) [*hereinafter* Heyns Report], para. 59.

する影響（harm）が、犯罪の重大性と達成されるべき正当な目的に厳格に均衡しなければならないことが示唆される[62]。それは、具体的な正当な目的の達成のために使用される力の最大限について定めるものといえる[63]。したがって、比例性は、正当な目的の達成のために必要な力の拡大がどの時点でとどまるかを決定する[64]。比例性により、被疑者以外の者の生命とその福祉という価値に基づいていかなる程度被疑者に対して力を行使できるかが設定される。許容された力の行使を超え、それが被疑者の生命の剝奪をもたらす場合、生命権の侵害となる[65]。

こうして、必要性と並んで、比例性の原則は、法執行活動においていかなる実力がいつ適法に行使されるか、その限界を画するものといえよう[66]。

第３に、予防措置の原則によれば、致死力の行使への依拠を可能な限りにおいて最小限化するように計画、組織、統制されていないような法執行作戦は、生命権の違法な剝奪となる[67]。

そもそも、いったん力の行使が考慮されるような事態が発生すると、かかる事態の回避には、もはや遅すぎるということがしばしばである。そのため、本原則からは、火器使用の決断を迫られるような事態の回避を目的として、あるいはかかる事態が回避しえない場合にはその使用にかかる損害を最小限度にとどめるための手段の実施の確保を目的として、周到な事前準備の実行が求められるのである[68]。

Ⅴ　おわりに

以上本稿においては、テロ被疑者に対する致死力の行使にかかる国際人権法上

62）*See* “Basic Principles on the Use of Force and Firearms by Law Enforcement Officials,” adopted by the Eighth UN Congress on the Prevention of Crime and the Treatment of Offenders, Havana, Cuba, August 27 to September 7, 1990 [*hereinafter* B.P.U.F.F.], Principle 5(a); ICRC, *supra* note 56.
63）Heyns Report, *supra* note 61, para. 66; Casey-Maslen, *supra* note 57, p. 9.
64）Heyns Report, *ibid.,* para. 66; P. Alston “The interim report on the worldwide situation in regard to extrajudicial, summary or arbitrary executions,” U.N. Doc. A/61/311 (Sep. 5, 2006) [*hereinafter* Alston interim report], para. 42. なお、Melzer, *supra* note 8, p. 115 (n. 139) は、法執行の枠組みにおいて比例性のテストにより問われるのは、具体的な脅威の排除のために致死的な力の行使が必要であるかどうかではなく、かかる行使が、当該脅威の性質や規模からいって正当化されるかどうかであると指摘している。
65）*See* Alston interim report, *ibid.*
66）Casey-Maslen, *supra* note 57, p. 6.
67）*See* Melzer, *supra* note 8, pp. 117-118.
68）Heyns Report, *supra* note 61, para. 63; Casey-Maslen, *supra* note 57, p. 10.

の規制、換言すれば、テロリズムに対する対処における致死的な力の使用を規律する法的枠組みについて自由権規約委員会および欧州人権裁判所のリーディングケース[69)]として評価されている２つの事例を素材として若干の考察を試みた。以下、まとめとして述べるならば、武力紛争の枠組みであれば別であるが、国際人権法上、特定の個人を標的として事前に計画された殺害が許容されることは厳にないということができる[70)]。したがって、特定の個人を殺害することが将来のテロ事件を防止するための行動の唯一のありうる帰結であると考えられ、実際に当該テロ被疑者を殺害することは、超司法的な処刑に該当する[71)]。

かかるような行為は自由権規約上の表現でいえば、恣意的な殺害に該当し、欧州人権条約上の表現でいえば、絶対的な必要性の基準を充足しないものといえる。

もっとも、だからといって、テロ被疑者に対する致死的な力の行使はいかなる意味でも許容されないというわけでなく、今まさに爆弾を起爆しようとするテロリストに対しては致死力の行使が絶対的に必要であろう。しかし、繰り返しになるが、危険なテロリストであることまたは将来のテロ事件を計画しているということから、特定の個人の殺害を事前に計画することは許容されない[72)73)]。

なお、仮に、テロ被疑者に対して致死力が行使された場合、先に概観した自由

69）もっとも、先に（前掲注 30））触れた欧州人権裁判所のフィノゲノフ事件判決は、致死力の行使に訴える国家の遵守すべき基準について、一定の場合（問題とされた事態について国家がコントロールを及ぼしているかどうかがメルクマールとなる）においてはマッカン事件が提示した基準の緩和というかたちで提示した。かかる判断枠組みについては、田村・前掲注 30）119 頁が結論づけるように、それが今後、個別のケースでどのように用いられていくことになるのか（なお、欧州人権裁判所は、2004 年９月に発生した、チェチェン分離運動に所属する反政府武装集団による北オセチアの学校占拠人質事件に際して、ロシアの行為の生命権侵害が問われた、タガエバ事件について 2017 年４月13 日に判決を下した。Tagayeva and Others v. Russia, Application No. 26562/07, Judgment, 13 Apr. 2017, *available at* 〈http://hudoc.echr.coe.int/eng#{"itemid":["001-172660"]}〉）、注目されるところであるが、この点についての考察は他日を期したい。

70）Kretzmer, *supra* note 6, p. 641. 国連の「超司法的、略式または恣意的な処刑に関する特別報告者」（当時）のアルストン（Philip Alston）も、「人権法の下では、法執行官が、意図的に、予謀をもって、故意に殺害する（intentional, premeditated and deliberate killing）という意味での標的殺害は適法とはなりえない。というのは、武力紛争における場合とは異なり、作戦の*唯一の目的*（*sole objective*）が殺害ということは、絶対に許容されないからである」（イタリック、原文）と述べている。Alston Report, *supra* note 5, para. 33.

71）*See* Kretzmer, *supra* note 6, p. 641.

72）*Ibid.* 差し迫った脅威に対する反応としての致死的な力の行使と将来の危険を防止するために同様な力を行使することの截然たる区別の根拠は、後者については、致死的な力の行使以外の対策を考慮する時間があるということである。*Ibid.*, p. 642.

73）なお、武装した無人機（armed drone）が対テロ作戦に投入されるようになって久しいが、現在の科学技術水準をもってしても対象者を捕捉する能力が無人機に備わっているとはいいがたく、それは、個人の殺害または傷害に特化した手段といえる。その意味で、このような無人機による致死的力の行使が人権法上の制約を充足し、その適法性を確保することはほぼないといえよう。Alston Report, *supra* note 5, para. 85.

権規約および欧州人権条約の事例が提示しているとおり、その適法性の調査・検証が求められる。この点については、通常の犯罪行為の場合以上に、テロ行為が問題となっている場合においてはその重要性を指摘することができるといってよいだろう[74]。

相手がテロリストである限り、その対処手段の選択にもはや限定の必要がないとするならば、「目的は手段を合法化する」というテロリストの常套の手法を国家自身が採用しはじめたことを意味する。テロリズムに対しても国際法により許容された手段に基づき対処する、このことがテロリズムの規制における要諦であることを忘れてはならない[75]。

【図表1 テロリズム諸条約】

	正式名称	略称	概要	署名または採択日	発効日
①	航空機内で行われた犯罪その他ある種の行為に関する条約 (Convention on Offenses and Certain Other Acts Committed on Board Aircraft)	東京条約	航空機内で行われた犯罪の裁判権、これらを取り締まるための機長の権限などについて定める。	1963年9月14日	1969年12月4日
②	航空機の不法な奪取の防止に関する条約 (Convention for the Suppression of Unlawful Seizure of Aircraft)	航空機不法奪取防止条約またはハーグ条約	航空機の不法奪取を犯罪と定め、その犯人の処罰、引渡しなどにつき定める。	1970年12月16日	1971年10月14日
③	民間航空の安全に対する不法な行為の防止に関する条約 (Convention for the Suppression of Unlawful Acts against the Safety of Civil Aviation)	民間航空不法行為防止条約またはモントリオール条約	民間航空の安全に対する一定の不法な行為を犯罪と定め、その犯人の処罰、引渡しなどにつき定める。	1971年9月23日	1973年1月26日
④	国際的に保護される者（外交官を含む）に対する犯罪の防止及び処罰に関する条約 (Convention on the Prevention and Punishment of Crimes against Internationally Protected Person, including Diplomatic Agents)	国家代表等保護条約	元首、政府の長、外務大臣など国際的に保護される者およびその公的施設などに対する一定の行為を犯罪と定め、その犯人の処罰、引渡しなどにつき定める。	1973年12月14日	1977年2月20日
⑤	人質をとる行為に関する国際条約 (International Convention against the Taking of Hostages)	人質行為防止条約	国際的なテロ行為として行われる人質をとる行為を犯罪と定め、その犯人の処罰、引渡しなどにつき定める。	1979年12月17日	1983年6月3日

74) ビンラディン殺害後、その遺体は24時間を経ずしてアラビア海で水葬にされたが、これは、同人殺害の適法性の調査・検証という見地からは疑問が残る措置であった。「ビンラディン容疑者の遺体、北アラビア海で水葬 米『イスラム教の手順を踏んだ』」2011年5月4日付朝日新聞朝刊2面。

75) 2003年1月20日、国連安保理は、「諸国は、テロリズムと対処するためにとられる一切の措置が国際法上の一切の義務に合致することを確保しなければならず、国際法、とりわけ国際人権法、難民法および人道法に合致した措置を実施すべきである」(U.N. Doc. S/RES/1456, para. 6.) と述べているが、このことが今一度想起される必要があろう。

⑥	核物質の防護に関する条約（※1） (Convention on the Physical Protection of Nuclear Material)	核物質防護条約	国際輸送中の核物質について防護の措置を義務づけ、また核物質の窃取などの行為を犯罪と定め、その犯人の処罰、引渡しなどにつき定める。	1980年 3月3日	1987年 2月8日
⑦	1971年9月23日にモントリオールで作成された民間航空の安全に対する不法な行為の防止に関する条約を補足する国際民間航空に使用される空港における不法な暴力行為の防止に関する議定書 (Protocol for the Suppression of Unlawful Acts of Violence at Airports Serving International Civil Aviation, supplementary to the Convention for the Suppression of Unlawful Acts against the Safety of Civil Aviation, done at Montreal on 23 September 1971)	空港不法行為防止議定書	上記③の民間航空不法行為防止条約を改正する議定書で、国際空港の安全を損なう一定の暴力行為を同条約上の犯罪として加え、その犯人の処罰、引渡しなどにつき定める。	1988年 2月24日	1989年 8月6日
⑧	海洋航行の安全に対する不法な行為の防止に関する条約（※2） (Convention for the Suppression of Unlawful Acts against the Safety of Maritime Navigation)	海洋航行不法行為防止条約	船舶の不法奪取、破壊行為などを犯罪と定め、その犯人の処罰、引渡しなどにつき定める。	1988年 3月10日	1992年 3月1日
⑨	大陸棚に所在する固定プラットフォームの安全に対する不法な行為の防止に関する議定書（※3） (Protocol for the Suppression of Unlawful Acts against the Safety of Fixed Platforms Located on the Continental Shelf)	大陸棚プラットフォーム不法行為防止議定書	大陸棚プラットフォームの不法奪取、破壊行為などを犯罪と定め、その犯人の処罰、引渡しなどにつき定める。	1988年 3月10日	1992年 3月1日
⑩	可塑性爆薬の探知のための識別措置に関する条約 (Convention on the Marking of Plastic Explosives for the Purpose of Detection)	可塑性爆薬探知条約またはプラスチック爆弾識別条約	可塑性爆薬について探知材の添加（識別措置）を義務づけ、識別措置がとられていない可塑性爆薬の製造および移動の禁止ならびに廃棄義務などを定める。	1991年 3月1日	1998年 6月21日
⑪	テロリストによる爆弾使用の防止に関する国際条約 (International Convention for the Suppression of Terrorist Bombings)	爆弾テロ防止条約	爆発物を含む致死装置を公共の場所に設置する行為などを犯罪と定め、その犯人の処罰、引渡しなどにつき定める。	1997年 12月15日	2001年 5月23日
⑫	テロリズムに対する資金供与の防止に関する国際条約 (International Convention for the Suppression of the Financing of Terrorism)	テロ資金供与防止条約	一定の犯罪行為（上記②～⑨、⑪の条約や議定書で規制対象とされている犯罪行為およびその他のテロ目的の殺傷行為）に使用されることを意図したまたはそれを知りながら行われるところの資金の供与および収集を犯罪と定め、その犯人の処罰、引渡しなどにつき定める。	1999年 12月9日	2002年 4月10日
⑬	核によるテロリズムの行為の防止に関する国際条約	核テロリズム防止条約	放射性物質または核爆発装置などを不法に所持・使用	2005年 4月13日	2007年 7月7日

	(International Convention for the Suppression of Acts of Nuclear Terrorism)		する行為などを犯罪と定め、その犯人の処罰、引渡しなどにつき定める。		
⑭	国際民間航空に関する不法な行為の防止に関する条約 (Convention on the Suppression of Unlawful Acts Relating to International Civil Aviation)	2010年民間航空不法行為防止条約または北京条約	本条約は上記③の条約および⑦の議定書に代替することを目的として作成された。民間航空機を用いて、人の死、傷害または損害を引き起こすこと、民間航空機を用いて、BCN兵器を排出すること、BCN兵器および関連物質を不法に輸送することなどを犯罪と定め、犯人の処罰、引渡しなどにつき定める。	2010年9月10日	未発効 [2017年5月1日現在]
⑮	航空機の不法な奪取の防止に関する条約の追加議定書（※4）(Protocol Supplementary to the Convention for the Suppression of Unlawful Seizure of Aircraft)	北京議定書	本議定書は②の条約を改正するものである。	2010年9月10日	未発効 [2017年1月25日現在]
⑯	航空機内で行われた犯罪その他ある種の行為に関する条約を改正する議定書 (Protocol to Amend the Convention for the Suppression of Unlawful Seizure of Aircraft)	東京条約改正議定書	航空機内で行われた犯罪に関する裁判管轄権を、上記①東京条約において管轄権を認められる航空機の登録国から一定の条件のもとで着陸国および運行国にも拡大することを規定する。	2014年4月4日	未発効 [2017年5月1日現在]

※1：なお、2005年に採択された改正により、本条約に基づく防護の義務の対象が、平和的な目的に使用される核物質の国内における使用、貯蔵および輸送ならびに原子力施設に拡大され、また、核物質および原子力施設に対する妨害破壊行為も犯罪化されることとなった［2016年5月8日発効］（外務報道官談話「『核物質防護条約』改正の採択について」（2005年7月8日〈http://www.mofa.go.jp/mofaj/press/danwa/17/dga_0708a.html〉））。また、本改正について詳しくは、西井正弘「テロリストによる核の脅威への法的対応」世界法年報26号（2007年）112頁を参照。

※2：なお、2005年10月14日、改正議定書（2005 Protocol to the 1988 Convention for the Suppression of Unlawful Acts against the Safety of Maritime Navigation）採択、2010年6月28日発効。

※3：2005年10月14日、改正議定書（2005 Protocol for the Suppression of Unlawful Acts against the Safety of Fixed Platforms Located on the Continental Shelf）採択、2010年6月28日発効。

※4：なお、本議定書および⑭の条約について詳しくは、三浦潤『国際民間航空についての不法な行為の防止に関する条約』（北京条約）および『航空機の不法な奪取の防止に関する条約の追加議定書』（北京議定書）の採択」空法53号（2012年）23頁を参照。

EUにおけるテロ対策法制

東 史彦

I はじめに

EUは、当初は経済統合を目的として発足したため、必ずしもテロ対策を行えるように制度設計されていたわけではなかった。しかし、経済統合の一環としてEU域内の人の自由移動を進めた結果、EUレベルで国境を越えたテロ対策を行う必要も生じ、次第にEUのテロ対策の権限が整備されていくこととなった。

2001年のアメリカにおける9.11テロ事件や、2004年3月11日マドリッド列車爆弾テロ等を経て、EUレベルのテロ対策は一層強化されてきた。その結果、EUは、情報の共有を含む各国法執行機関のオペレーショナルな協力や、ミニマム・ハーモナイゼーションや「相互承認」原則の適用による各国のテロ対策法制の共通化を進めてきている。

他方でEUは、テロ対策等を進めると同時に、より一層、基本権保護の要請に対応する必要にも迫られた。2009年のリスボン条約によるEU基本条約の改正により、EU基本権憲章に法的拘束力が付与されたが、こうした流れと並行して、EUがテロ対策においても基本権保護を重視する姿勢がみられるようになってきている。特に、EUは、個人データ保護を基本権として掲げ、その十分な保護をテロ対策においても主張する。こうしたEUの姿勢は、アメリカのテロ対策との関係における衝突の原因ともなっている。

II EUのテロ対策法制の沿革

欧州では、1978年、欧州審議会の「欧州テロ防止条約」[1)]が発効した。

欧州共同体では、1979年に「ダブリン協定」[2)]が締結され、「欧州テロ防止条

1) Council of Europe Convention on the Prevention of Terrorism (CETS No. 196).

2) Agreement concerning the application of the European Convention on the Suppression of Terrorism among the member States of the European Communities (Done at Dublin, 1979).

約」が加盟国間に適用されることとなった。

その後、フランス・ドイツ・ベネルクス三国間で、1985年に「シェンゲン協定」[3]が締結され、同国間の域内国境の規制廃止と、域外国境の規制強化が行われるとともに、1990年に「シェンゲン実施協定」[4]が締結され、域内国境の廃止に対応して、域内国境を越えた警察活動がある程度まで可能とされた[5]。

1993年には、マーストリヒト条約によりEUが創設された。EUは、第1の柱としてEC（the European Community）事項（EC条約（TEC））、ならびに第2の柱として「共通外交安全保障政策（the Common Foreign and Security Policy: CFSP）」、および第3の柱として、テロ防止のための警察協力等を含む「司法・内務協力（Cooperation in the fields of Justice and Home Affairs: JHA）」を掲げた（EU条約（TEU））。その結果、EUの枠組外で、純粋に政府間協力として行われていた対国際テロ協力が、EUの枠内に取り込まれた（TEU K. 1条(9)（当時））[6]。

1999年には、アムステルダム条約により、「市民に対し、人の自由移動が域外国境管理、庇護、移民並びに犯罪の防止及び撲滅に関する適切な措置と結びついて確保される、内部に国境のない」「自由・安全・司法領域（an Area of Freedom, Security and Justice: AFSJ）」の構築がEUの目的の1つに掲げられた（TEU 2条（当時））。また、シェンゲン協定のシステムがEUの枠内に取り込まれ、同協定のもとで形成された法体系が、「シェンゲン・アキ」としてEC条約に取り込まれた（アムステルダム条約附属第2議定書）。さらに、JHAの一部は第1の柱に移行（共同体化）され、「第3の柱」はテロ対策等を含む「警察・刑事司法協力（Police and Justice Co-operation in Criminal matters: PJCC）」となった。

これらの制度的変化を背景に、EUの国際テロ対策は、1990年代末より活性化し、1999年のタンペレ欧州理事会以後、国際テロに対する加盟国間協議が本格的に始まった[7]。

2001年の9.11のテロ以後、国連において安保理決議のテロ規制が活発化する一方、EUでは、2004年のマドリッド列車爆弾テロ以降、規制が発展してきた。

2004年3月25日には、テロ対策調整官が設置された[8]。

---

3) The Schengen Agreement.
4) The Convention implementing the Schengen Agreement.
5) 須網隆夫「EU対テロ規制と法政策」福田耕治編『EU・欧州統合研究〔改訂版〕』（成文堂・2016年）171頁。
6) 同前171頁。
7) 同前172頁。
8) 庄司克宏「欧州連合（EU）におけるテロ対策法制」大沢秀介＝小山剛編『市民生活の自由と安全』

2004年11月には「ハーグ・プログラム」が採択され[9)]、AFSJの強化のため、テロへの対抗措置が優先課題に位置づけられるとともに、その具体化のための「行動計画」が策定された[10)]。

2005年7月7日のロンドン同時爆破テロに前後して、2005年6月27日には「テロとの戦いに関するアクション・プラン」[11)]が、また、2005年11月30日には「EU対テロ戦略」[12)]が策定された。同戦略は、EUが、人権を守り、かつ市民がAFSJのもとで生活できるようにしながら、テロと世界的に闘うことを掲げ、① Prevent（テロリストの発生の予防）、② Protect（市民や重要インフラの保護）、③ Pursue（テロリストの捜査、計画・移動・連絡・資金資材調達の阻止、訴追）、④ Respond（テロ攻撃の影響への対応と最小化、復興・被害者の支援）、といった、4つの要素により構成されている。

2009年12月1日には、リスボン条約によりEU基本条約が改正された。これにより、PJCC事項は「共同体化」され（III参照）、また、EU機能条約（TFEU）に特定の個人に対する制裁の実施の明示規定が導入され（TFEU 75条）、その他、テロ等の際の加盟国の連帯条項が規定される（同222条）等の変更が加えられた。

III　EUのテロ対策の権限

1　EUのテロ対策の位置づけ

前述のように、EUは、リスボン条約以前には、3本柱構造となっていた。第1の柱（EC）は、域内市場（物・人・サービス・資本の自由移動を中核）を基盤とし、超国家的な法制度[13)]により規律されていた。第2の柱（CFSP）および第3の柱（PJCC）は、国際法に基づく政府間協力として行われていた。テロ対策は、このような3本柱の全体に関連する。

第3の柱では、テロへの対応が明示され（TEU 29条・34条（当時））、警察等の法執行機関間の協力と刑事司法の接近が行われる。また、第1の柱に該当する

（成文堂・2006年）203頁。

9)　The Hague Programme [2005] OJ C 53/01.

10)　Action Plan implementing the Hague Programme [2005] OJ C 198/1.

11)　Revised Action Plan on Terrorism Strategy (June 27, 2005), *available at* ⟨http://www.consilium.europa.eu/uedocs/cmsUpload/EU_PlanOfAction10586.pdf⟩.

12)　The European Union Counter-Terrorism Strategy, Brussels (Nov. 30, 2005), *available at* ⟨http://register.consilium.europa.eu/doc/srv?l=EN&f=ST%2014469%202005%20REV%204⟩.

13)　EC法の優越性、EC法の直接効果など。

テロ対策としては、人の移動にかかわる事項（パスポート、ビザ等）、資金移動にかかわる事項（マネーロンダリング対策等）がある。第2の柱では、国際テロが「平和に対する脅威」（国連憲章39条）を構成するため、EUの安全を目的とする「CFSP」の対象に含まれると考えられている[14]。個々のテロ対策には、各柱の利用可能な立法形態が使用され、必要に応じ複数の立法形態が組み合わせられていた[15]。

2009年12月1日には、リスボン条約によりEU基本条約が改正され、3本柱構造が解消された。これにより、PJCC事項はTFEU第V編に規定され、原則として超国家的な法制度のもとにすべて移行された。

2　EUのテロ対策の権限

リスボン条約により、EUの権限類型の明確化も行われた。すなわち、EUの権限として、①排他的権限（TFEU 2条1項）[16]、②共有権限（同条2項）[17]、③補充的権限（同条5項）[18]、④その他[19]が規定された。このうち、テロ対策に主にかかわるPJCCを含むAFSJは、共有権限として明記された（TFEU 4条2項(j)）。EUがテロ対策を行う際には、このような加盟国との権限関係が重要となる。

第1に、EUは加盟国により基本条約で付与された権限内でしか行動できない（個別授権原則（TEU第5条2項））。第2に、排他的権限以外の分野でEUに権限が付与されている場合でも、EUは、加盟国では十分に達成できず、規模・効果の点でEUの方がよりよく達成できる場合でなければ行動できない（補完性原則（同条3項））。第3に、すべての権限類型において、EUは、目的を達成するのに適切な手段をとらねばならない（比例性原則（同条4項））。これらの原則を遵守しない場合、EUの措置は司法審査の対象となりうる。

3　リスボン条約以降のPJCCの立法

リスボン条約により、PJCCが全体的に第1の柱に統合され、AFSJ全体が共

14）須網・前掲注5）172頁。
15）同前173頁。
16）EUのみが立法を行い、「法的拘束力を有する行為」を採択する権限を有する。
17）EUおよび加盟国ともに立法を行い「法的拘束力を有する行為」を採択する権限を有するが、加盟国はEUが権限を行使した限度でみずからの権限を行使できなくなる。
18）EUが加盟国を支援・調整・補充する権限を有する。
19）経済・雇用政策（TFEU 2条3項）では、EUは、加盟国が政策の調整を行う取り決めを提供する権限を有する。CFSP（同条4項）では、EUはTEUに従い政策を策定・実施する権限を有する。

有権限として明示されたことにより、PJCC分野の立法には、原則として通常立法手続が用いられることとなった。

通常立法手続によれば、コミッションが法案を発議し、欧州議会、および理事会が特定多数決（TEU 16条3項）により、共同で決定を行う（TFEU 289条1項）。

ただし、PJCC分野では、加盟国の4分の1による発議も可能である（TFEU 76条）。また、理事会の全会一致が、警察協力のオペレーショナルな側面（TFEU 87条・89条）等について維持されている。さらに、「非常ブレーキ条項」が、刑事司法協力分野において通常立法手続を使用する一定の事項について設けられており、加盟国は、欧州理事会へ付託することにより、通常立法手続を停止することができる[20]。

PJCC分野の立法措置は、事項により該当する規定に従い、主に以下の形式で採択される。

第1に、「規則（regulations）」は、全加盟国に直接適用される（TFEU 288条第2段）。

第2に、「指令（directives）」は、加盟国に一定の結果達成を義務づけるが、手段等については加盟国の裁量を認めるものである（TFEU 288条第3段）。

4　リスボン条約以前のPJCCの立法

リスボン条約以前のPJCC分野の立法手続は、加盟国およびコミッションが法案を発議し、理事会が全会一致により採択するというもので（TEU 34条2項（当時））、欧州議会は諮問を受けるのみであった（TEU 39条1項（当時））。

PJCC分野の立法措置としては、第3の柱に固有の立法形態として、「指令」に類似の機能を有する「枠組決定（framework decisions）」、および「決定（decisions）」が存在していた。これらは、直接効果を生じないものとされていた（TEU 34条2項(b)(c)（当時））[21]。経過期間が経過した2014年12月1日以降は、直接効果を有しうる（経過規定議定書第36号9条）[22]。

20）4か月以内に、欧州理事会でコンセンサスが得られれば、理事会に差し戻され、通常立法手続が再開される。欧州理事会でコンセンサスが得られず、9か国以上が望む場合、「高度化協力」発動が可能である（庄司克宏『新EU法 政策篇』（岩波書店・2014年）172〜173頁）。

21）ただし、間接効果は有する（Paul Craig & Gráinne de Búrca, *EU Law*, 5th ed., Oxford, 2011, p. 936）。

22）庄司・前掲注20）173頁。

5　刑事司法協力の立法

EU の刑事司法協力の目的は、判決もしくは司法上の決定の相互承認原則および一定分野の加盟国法令の調和（下限設定規範）により、刑事司法協力を行うことである（TFEU 82 条 1 項第 1 段）。

この目的のため、EU は、以下の手続により、規定された措置を採択することができる[23]。

(1)　TFEU 82 条 1 項第 2 段によるもの

TFEU 82 条 1 項第 2 段によれば、欧州議会および理事会は、通常立法手続により、以下の措置を採択することができる。

(a)すべての形式の判決および司法的決定の承認を EU 全域で確保するための規範および手続を定める措置

(b)加盟国間における裁判管轄の競合を防止し、解決するための措置

(c)裁判官および裁判所職員の研修を支援するための措置

(d)刑事手続および決定の執行に関し、加盟国の司法機関またはそれと同等の機関の間における協力を促進するための措置

本条項に基づき、採択された措置としては、「欧州保護命令に関する指令」2011/99[24]、「刑事における欧州捜査命令に関する指令」2014/41[25]等がある。

(2)　TFEU 82 条 2 項によるもの

TFEU 82 条 2 項によれば、欧州議会および理事会は、通常立法手続により、以下の事項等に関し、「指令」の形式で、刑事手続にかかわる下限設定規範を、加盟国の法的伝統および法制度の相違を考慮しながら、必要な限度で定めることができる。

(a)加盟国間での証拠の相互的証拠能力

(b)刑事手続における個人の権利

(c)犯罪被害者の権利

(d)刑事手続のその他の特定の要素のうち、理事会が事前に認定[26]したもの

ただし、本条項の立法手続においては、「非常ブレーキ」条項が適用されうる（TFEU 82 条 3 項）。

本条項に基づき、採択された措置としては、「犯罪犠牲者の権利、支援及び保

23)　同前 181～184 頁。
24)　Directive 2011/99［2011］OJ L 338/2. アイルランド、デンマーク不参加。
25)　Directive 2014/41［2014］OJ L 130/1. アイルランド、デンマーク不参加。
26)　理事会での全会一致、および欧州議会の同意を要する。

護に関する下限基準を定める指令」2012/29[27]、「刑事手続における通訳及び翻訳の権利に関する指令」2010/64[28]、「刑事手続における情報の権利に関する指令」2012/13[29]等がある。

(3) TFEU 83条1項によるもの

また、EUは一定分野で刑事犯罪および刑罰の定義に関する下限設定規範を定めることができる。

TFEU 83条1項第1段によれば、欧州議会および理事会は、通常立法手続により、「指令」の形式で、特に重大な犯罪の性格もしくは影響、または共同してそれらと戦う特別の必要性から生じる、越境的側面を伴う場合に、刑事犯罪および刑罰の定義に関し、下限設定規範を定めることができる。そのような犯罪として、同項第2段は、テロリズム、人身売買、女性および児童の性的搾取、違法麻薬取引、違法武器取引、資金洗浄、汚職、支払手段偽造、コンピュータ犯罪、ならびに組織犯罪を列挙している。

ただし、本条項の立法手続においては、「非常ブレーキ」条項が適用されうる(TFEU 83条3項)。

また、対象を追加する場合は、TFEU 83条1項第3段によれば、理事会での全会一致、および欧州議会の同意が必要となる。

本条項(および82条2項)にもとづき、採択されたテロ関連措置としては、「欧州連合における犯罪の手段及び収益の凍結及び没収に関する指令」2014/42[30]等がある。

(4) TFEU 83条2項によるもの

さらに、TFEU 83条2項によれば、欧州議会および理事会は、調和立法がなされている分野のEU政策を実効的に実施するために加盟国の刑事法の調和が不可欠な場合、「指令」により当該分野における刑事犯罪および刑事罰の定義に関する下限設定規範を定めることができる。この場合、加盟国の4分の1による発議の可能性を含め(TFEU 76条)、当該調和措置の採択時と同じ立法手続に基づく。

ただし、本条項の立法手続においては、「非常ブレーキ」条項が適用されうる(TFEU 83条3項)。

---

27) Directive 2012/29 [2012] OJ L 315/57. デンマーク不参加。
28) Directive 2010/64 [2010] OJ L 280/1. デンマーク不参加。
29) Directive 2012/13 [2012] OJ L 142/1. デンマーク不参加。
30) Directive 2014/42 [2014] OJ L 127/39. デンマーク不参加。

(5) その他

旧TEU 31条1項（刑事司法協力に関する共通行動）および34条2項(b)（枠組決定）を法的根拠として制定され、現行条約規定に基づく改正提案が提出されなかったものとして、「欧州逮捕状枠組決定」2002/584[31)]、「テロリズムとの戦いに関する枠組決定」2002/475[32)]、等がある。

(6) ユーロジャスト

ユーロジャストは、2002年2月28日「ユーロジャスト設立決定」[33)]により設置され、その後2回の改正を経ている[34)]。2013年7月17日には、TFEU 85条1項にもとづき、コミッションにより、「ユーロジャストに関する規則提案」が提出され、審議が続けられている[35)]。

ユーロジャストの本部所在地は、オランダ・ハーグである。ユーロジャストは、法人格を有する。

ユーロジャストの目的は、TFEU 85条1項第1段によれば、加盟国当局およびユーロポールにより行われるオペレーションおよびそれらから提供される情報に基づき、2以上の加盟国に影響を及ぼすまたは共同して起訴することを必要とする重大犯罪（越境重大犯罪）に関して、各国の捜査および起訴を行う機関の間における調整および協力を支援および強化することである。越境重大犯罪には、テロリズム等が含まれる[36)]。

ユーロジャストの主要任務は、TFEU 85条1項第2段によれば、以下である。

(a)特にEUの財政的利益に対する犯罪に関して、刑事捜査の開始および国内所轄機関により行われる起訴開始の提案を行うこと

(b)それらの捜査および起訴の調整

(c)各国間の管轄権競合の解決および「欧州司法ネットワーク」との緊密な協力によることを含む、司法協力の強化

ただし、起訴において正式の司法手続行為は、国内所轄機関が行う（TFEU 85条2項）。

---

31) Framework Decision 2002/584 [2002] OJ L 190/1.

32) Framework Decision 2002/475 [2002] OJ L 164/3.

33) Council Decision 2002/187 [2002] OJ L 63/1.

34) Council Decision 2003/659 [2003] OJ L 245/44; Council Decision 2009/426 [2009] OJ L 138/14.

35) Proposal for a Regulation of the European Parliament and of the Council on the European Union Agency for Criminal Justice Cooperation (Eurojust), COM (2013) 535 final, Brussels, 17. 7. 2013. デンマーク不参加、イギリスおよびアイルランド参加未定。

36) 庄司・前掲注20) 185頁。

ユーロジャストは一もしくはそれ以上の各国構成員により、または合議体として職務を遂行することができる。EU加盟国は、検察官、裁判官または同等の資格を有する警察官をユーロジャストの各国構成員に任命する。各国構成員は、任命国の国内法に服し、任期は最短4年である（前掲規則案）。

ユーロジャストは、加盟国所轄機関の間の調整を推進すること（共通戦略の設定、行動調整のための会合の組織等）、刑事司法協力に関する要請および決定（欧州逮捕状等）の執行を促進すること、加盟国所轄機関に対し捜査または起訴を行うこと、共同捜査チームを設置すること、捜査措置をとることなどを求めることができる（前掲規則案）。

欧州議会および国内議会によるユーロジャストの活動評価の取り決めも規定されることになっている（前掲規則案）[37]。

(7) 欧州司法ネットワーク（刑事分野）(the European Judicial Network: EJN)

EJNは、1998年6月29日付「共通行動」により設立が決定され[38]、同年9月25日より開始された。2008年12月16日付「決定」により、その法的地位が強化されている[39]。

EJNは、加盟国、コミッション、およびEJN事務局の各コンタクト・ポイントで構成される。事務局はハーグである。加盟国の当該機関の会合が定期的に行われ、コンタクト・ポイントを通じて、司法機関に対し、刑事司法協力に関する法的および実務的情報が提供されている[40]。

6 警察協力の立法[41]

(1) TFEU 87条によるもの

EUの警察協力の目的は、犯罪の防止、探知、捜査について警察、税関、他の専門的法執行部局を含む全加盟国の所轄機関がかかわる警察協力を確立することである（TFEU 87条1項）。

この目的のため、欧州議会および理事会は、通常立法手続に基づき、以下の点に関する措置を定めることができる（同条2項）。

(a)関連情報の収集、保存、処理、分析および交換

(b)職員研修の支援、ならびに職員交流、装備および犯罪探知研究に関する協

37) 同前。
38) Joint Action 98/427 [1998] OJ L 191/1.
39) Council Decision 2008/976 [2008] OJ L 348/130.
40) 庄司・前掲注20) 186頁。
41) 同前186～188頁。

力

(c)重大な形態の組織犯罪の探知に関する共通捜査技術

ただし、加盟国の警察等の法執行部局間のオペレーショナルな協力に関する措置については、特別立法手続による（同条3項第1段）。

理事会での全会一致が達成されない場合、「非常ブレーキ」条項の手続と同様にして、「高度化協力」発動も可能である（同条3項第2段および第3段）。

本条項および82条1項にもとづき採択された措置として、「テロリスト犯罪及び重大犯罪の防止、探知、捜査及び起訴のための乗客名簿データの使用に関する指令」2016/681（PNR指令）[42]がある。同指令は、国際線搭乗者のPNR情報の航空会社からEU加盟国への提供と、所轄当局による同データの処理を規制することを目的としている。同指令は、集められたPNR情報はテロ行為と重大な犯罪の防止・検知・捜査・起訴のためのみに処理できると規定している。

(2)　その他

その他、法的根拠は別規定（TFEU 74条）だが、警察協力に密接に関連するものとして、「SIS II」関連の規則[43]がある。

また、旧EU条約30条1項（警察協力に関する共通行動）等および34条2項(b)(c)（枠組決定、決定）を法的根拠に制定され、現行条約規定に基づく改正提案が提出されていないものとして、「危機状況におけるEU加盟国の特殊介入部隊間における協力改善に関する決定」2008/617[44]、「特にテロリズム及び越境犯罪との闘いにおける越境協力の向上に関する決定」2008/615（プリュム決定）[45]、「欧州連合加盟国法執行機関間における情報及び機密情報の交換を簡素化することに関する枠組決定」2006/960（スウェーデン・イニシアティブ枠組決定）[46]、「共同捜査チームに関する枠組決定」2002/465[47]、等がある。

(3)　ユーロポール（Europol）

ユーロポールは、当初、ユーロポール麻薬対策室（the Europol Drugs Unit）として発足した。その後、マーストリヒト条約（TEU K. 3条（当時））に基づき、1995年7月26日付理事会決議により、ユーロポール設立協定が作成され、

---

42) Directive 2016/681 [2016] OJ L 119/132.
43) Regulation 1272/2012 (recast) [2012] OJ L 359/21; Regulation 542/2010 [2010] OJ L 155/23. イギリスおよびアイルランド参加、デンマーク不参加（国内法上実施可）。ノルウェー、アイスランド、スイスおよびリヒテンシュタインが参加。
44) Decision 2008/617 [2008] OJ L 210/73.
45) Decision 2008/615 [2008] OJ L 210/1.
46) Framework Decision 2006/960 [2006] OJ L 386/89.
47) Framework Decision 2002/465 [2002] OJ L 162/1.

1998年10月1日に発効した。ユーロポールは、1999年7月1日以降、完全に活動を開始した。

ユーロポールの本部所在地は、オランダのハーグである。ユーロポールは、法人格を有する。

2009年4月6日、「ユーロポール設立決定」が採択され、ユーロポールは、2010年1月1日より、EU補助機関としての地位を付与された。2016年5月11日には、「新ユーロポール規則」（以下「新規則」という）が採択され、2017年5月1日に発効した48)。

ユーロポールの目的は、TFEU 88条1項によれば、2以上の加盟国に影響を与える重大犯罪、テロリズム、およびEUの政策に含まれる共通利益に影響を及ぼす種類の犯罪を防止し、また、それらと戦うことにおいて、加盟国警察当局および他の法執行機関による行動ならびに相互の協力を支援し、強化することである。

ユーロポールの主要任務は、TFEU 88条2項によれば、以下である。

(a)特に加盟国または第三国の当局から送付される情報の収集、保存、処理、分析および交換を行うこと

(b)加盟国の所轄機関と共同して、または共同捜査チームとして（適切な場合にはユーロジャストと連絡を取り）行われる捜査およびオペレーショナルな行動を調整し、組織し、および実施すること

ユーロポールの限界として、TFEU 88条3項によれば、ユーロポールのオペレーショナルな行動は、当該領域の加盟国当局との連絡および合意によらねばならない。また、強制的措置の適用は、国内所轄機関の排他的責任である。つまり、ユーロポールは、各国警察当局のように広範な権限を付与されておらず、とくに容疑者に対して、逮捕、職務質問、および身柄拘束を行う権限を欠いている。

ユーロポールの主要機関は、運営委員会（the Management Board）であり、各MSおよびコミッションからの代表1人で構成される。運営委員会は、単純多数決で決定を行う（新規則10～15条）。理事（the Executive Director）が、日常業務に対する責任を負う（同16条5項(a)）。

ユーロポールの活動は、欧州議会により精査される（TFEU 88条2項）こととなっている（新規則51条）。

48) Regulation 2016/794 [2016] OJ L 135/53.

Ⅳ　EUの主要テロ対策立法

国際テロに対する直接の対応は、第一次的には各加盟国の権限であり、そのため EU の国際テロ対策は、加盟国間協力の推進を重点とせざるをえない[49]。よって、EU のテロ対策の特徴は、情報の共有を含む各国法執行機関のオペレーショナルな協力、ミニマム・ハーモナイゼーションや「相互承認」原則の適用による各国のテロ対策法制の共通化を進めること、ということになる（旧 TEU 30 条・31 条）[50]。

以下では、EU の主なテロ対策立法を確認する。

1　刑事法制の接近と加盟国間協力の強化

テロに対する刑事法制の接近、およびテロ行為者処罰のための加盟国間協力の強化のための主要な措置は、「テロリズムとの戦いに関する指令」2017/541、および「欧州逮捕状枠組決定」2002/584 である。

(1)　「テロリズムとの戦いに関する指令」2017/541

これまで、「テロリズムとの戦いに関する枠組決定」2002/475 が、「テロ犯罪の構成要件と量刑に関する最低限の共通ルールの漸進的な確立」を規定した TEU 31 条 1 項(e)および「枠組決定」を規定した同 34 条 2 項(b)（当時）を法的根拠に制定され[51]、2008/919 枠組決定により修正されていた[52]が、指令 2017/541 が制定され、これらが廃止された[53]。

指令 2017/541 の目的は、国内法によるテロ犯罪の定義の接近と、構成要件および量刑ならびにテロ被害者の支援に関する最低基準の設定である。同指令の概要は以下である。

まず、テロ犯罪の定義（3 条）、テロ集団関連犯罪の定義（4 条）、およびテロ活動関連犯罪の定義（5 条以下）がなされている。

また、扇動、幇助または教唆および未遂に関する規定（14 条）、刑罰および量刑に関する規定（15 条）、減刑事由に関する規定を設け（16 条）、国内法による犯罪処罰を加盟国に義務づけている。一部の犯罪については具体的な刑罰の程度（有期懲役期間）も定めている（15 条）。

---

49)　須網・前掲注 5) 174 頁。
50)　庄司・前掲注 8) 203 頁。
51)　Framework Decision 2002/475 [2002] OJ L 164/3.
52)　Framework Decision 2008/919 [2008] OJ L 330/21.
53)　Directive 2017/541 [2017] OJ L 88/6.

その他、法人に関する規定（17条・18条)、管轄および起訴に関する規定（19条)、基本権の尊重に関する規定（23条）を定めている。

また、枠組決定2008/919により修正された結果、準備行為の処罰も義務づけられており、準備行為には、テロ実行の宣言（5条)、勧誘（6条）および訓練（7条・8条)、強要、文書の偽造（12条）が含まれている。

指令2017/541は、従前の枠組決定2002/475による立法を強化するもので、特に、テロ目的の移動（計画、支援を含む）（9条・10条)、および資金調達（11条）を犯罪とするものである。

国内実施期限は、2018年9月8日（28条）である。

(2) 「欧州逮捕状枠組決定」2002/584

「欧州逮捕状枠組決定」2002/584は、「加盟国間の犯罪人引渡しの促進」を規定した旧TEU 31条1項(b)、および「枠組決定」を規定した同34条2項(b)を法的根拠に制定された[54]。現行条約規定に基づく改正提案は提出されなかったが、枠組決定2009/299により修正が行われている[55]。

目的は、一定の制限と例外に服して、相互承認原則のもとに犯罪人引渡しにおける双方可罰性を排除し、加盟国が人の逮捕を命じる司法的決定を相互に認め合うことで、犯罪容疑者の逮捕および引渡手続を簡素化および迅速化することである。本枠組決定は、加盟国間の犯罪人引渡条約に代替する（31条)。

「欧州逮捕状」とは、一加盟国が他加盟国に被請求者の逮捕および引渡しを求めて発布する司法決定（1条1項）である。対象犯罪に関する欧州逮捕状は、外交ルートを経ずに、2つの加盟国の司法機関の間で直接送付され、受理される（9条1項)。

引渡対象犯罪は、発給国で3年以上の自由刑を科される32種類が列挙されている（2条2項)。これには、テロリズム、核物質または放射性物質の違法取引、航空機および船舶ハイジャック、破壊工作等のテロ犯罪が含まれる。

このような罪状で欧州逮捕状が発給された場合、一定範囲で「双方可罰性」の適用が除外され、受理国は、「相互承認」により、欧州逮捕状を自動的に執行しなければならない（1条2項)。自動執行の範囲は、以下である。

①限定列挙された32項目の犯罪（2条2項）であること

②発布国の法による定義に基づく[56]、限定列挙された犯罪であること

54) Framework Decision 2002/584 [2002] OJ L 190/1.
55) Framework Decision 2009/299 [2009] OJ L 81/24.
56) テロ犯罪等の定義については、前掲「テロリズムとの戦いに関する枠組決定」2002/475等により、ある程度の調和が行われている。

③発布国で最長で少なくとも3年の自由刑または自由剝奪を伴う保安処分を科することが可能な場合であること（2条3項）

他方で、以下のとおり、受理国が引渡しを拒否することができる場合（(i)上記①②③をみたさない場合、(ii)絶対的拒絶事由が該当する場合（3条）[57]、(iii)任意的拒絶事由が該当する場合（4条）[58]）、受理国が自国の法により逮捕状の執行に条件を付けることができる場合[59]、および引渡しが基本権に反する場合（1条3項、前文12項・13項）[60]の規定が設けられている。

2　テロ資産対策措置

(1)　テロの実施に必要な資金の供給を断つための措置

テロの実施に必要な資金の供給を断つための措置として、テロ関係者に対する資産凍結措置がある。このため、理事会が、第1に、安保理決議を履行するための「共通の立場」を採択し、第2に、これにもとづく理事会規則を制定し、資産凍結を実施している。

こうした資産凍結措置には、第1に、タリバン、ウサマ・ビンラディン（Usama bin Laden）およびアルカイーダ等に対する措置として、ビンラディンおよびアルカイーダ・タリバンの構成員および関係者に対して、制裁委員会[61]が定期的に更新するリスト[62]に従い、資産凍結および入国禁止等の措置をとるべきことを定める2002年安保理決議1390号に基づき採択された、理事会の共通の立場2002/402[63]と、それを実施する理事会規則881/2002号[64]が採択されている。

第2に、その他のテロ行為者一般に対する措置として、安保理決議1373号に基づき採択された、理事会の共通の立場2001/931[65]と、それを実施する理事会規則2580/2001[66]が採択されている。同規則は、テロ関係者の資産の一般

57）恩赦がなされている場合、被請求者がすでに同一の行為について加盟国により確定判決を受けている場合、逮捕状執行国の法において当該者の年齢が刑事責任年齢に達していない場合（3条）。
58）4条6項の例外を除き、原則、被請求国国民も引渡しの対象となる。
59）欠席裁判の場合の再審請求の保障、終身刑の場合の刑罰の見直しの可能性、逮捕状執行国の国民または居住者が逮捕状発布国で出された自由刑または自由剝奪を伴う保安処分に逮捕状執行国で服することを条件として引渡しを行うようにすること（5条）。
60）例外的に重大な人道的理由による引渡しの一時延期も可能（23条4項）。
61）1999年安保理決議1267号により、安保理構成員をメンバーとして設置。
62）リストは、制裁委員会により、定期的に更新。
63）Common Position 2002/402 [2002] OJ L 53/62.
64）Regulation 881/2002 [2002] OJ L 139/9.
65）Common Position 2001/931 [2001] OJ L 344/93.
66）Regulation 2580/2001 [2001] OJ L 344/70.

的凍結を目的とし、対象者は理事会により決定される（2条3項）。

(2) マネーロンダリング対策の強化

ECでは、1991年にEEC条約57条2項および100a条を根拠に、「マネーロンダリング指令」が制定されていた[67]。

その後、2001年「マネーロンダリング指令」[68]が、禁止の対象および報告義務の対象者を拡大し、依頼者の審査・記録保管・疑わしい取引の報告義務を、金融機関のみならず、外部の会計士、公証人、弁護士等の専門職にも課した。

また、2005年には「マネーロンダリング新指令」が採択され、テロ資金調達をマネーロンダリングと同様に規制対象とした[69]。

2017年6月26日には、「第4次マネーロンダリング指令」[70]が発効し、銀行等へのリスク評価の義務付け、企業の実質上の所有者に関する透明性要件等が規定されている。

(3) その他

そのほかに、テロ資金対策に関連する措置として、以下が制定されている。

「キャッシュ・コントロール規則」1889/2005[71]は、10,000ユーロ相当のキャッシュ等の出入国時の申告を規定している。

「資金移動に関する規則」1781/2006[72]は、送金を行う際に送金サービス提供者が送金者の情報を確認すること等を規定している。

また、「域内市場における支払サービス指令」2007/64[73]は、テロ関連の支払い活動に関する加盟国当局間の情報交換等を規定している。

3 インフラの安全確保

(1) 公共輸送の安全確保[74]

テロ行為の対象となりやすい公共輸送機関の安全確保のための措置としては、運輸政策に関するTEC 80条2項（TFEU 100条2項）を根拠として、「民間航空の安全に関する共通基準を定める規則」2320/2002[75]、「船舶・港湾施設の安

67) Directive 91/308 [1991] OJ L 166/77.
68) Directive 2001/97 [2001] OJ L 344/76.
69) Directive 2005/60 [2005] OJ L 309/15. 須網・前掲注5）176頁。
70) Directive 2015/849 [2015] OJ L 141/73.
71) Regulation 1889/2005 [2005] OJ L 309/9.
72) Regulation 1781/2006 [2006] OJ L 345/1.
73) Directive 2007/64 [2007] OJ L 319/1.
74) 須網・前掲注5）176頁。
75) Regulation 2320/2002 [2002] OJ L 355/1. Regulation 300/2008 [2008] OJ L 97/72により修正。

全促進に関する規則」725/2004[76]、「港湾施設の安全促進に関する指令」2005/65[77]が採択されている。

また、域外国境規制に関するTEC 62条2項(a)（TFEU 77条）を根拠として、2004年12月13日「バイオメトリクス規則」2252/2004が採択されている[78]。同規則は、加盟国が新たに発給するパスポートおよび旅行用文書にバイオメトリクス（生体認証）として顔貌および指紋を含めるとともに、コンピュータで判別可能なものとするよう義務づけるものである。

(2) 重要インフラの安全確保

また、重要インフラの安全を確保するため、黙示的な権限行使を限定的にEUに許容するTEC 308条（TFEU 352条）を根拠として、「欧州重要インフラ指令」2008/114が採択されている[79]。同指令は、「欧州重要インフラ（ECI)」の指定手続と、その防御改善の必要性評価の共通アプローチを規定している。同指令は、エネルギー、交通分野のみに適用される。また、同指令は、指定ECI所有者・運営事業者に、事業者安全計画策定、および（事業者と加盟国当局との間の）安全リエゾン担当官の指名を求めている。

4 爆発物・危険物の規制

テロに利用されうる爆発物・危険物の規制に関しては、TFEU 114条を根拠として、「爆発物前駆体の販売および使用に関する規則」98/2013が採択されている[80]。同規則は、爆発物・危険物の個人による入手可能性の制限、および取扱い事業者への疑わしい取引の報告義務等を規定している。

また、CBRNアクション・プランが策定されている[81]。同アクション・プランは、予防（無認可のCBRN物質へのアクセスの制限）、探知（CBRN物質の探知能力)、および、対策・対応（CBRN関連事件への対処・復興能力）を目的に掲げている。

---

76) Regulation 725/2004 [2004] OJ L 129/6.
77) Directive 2005/65 [2005] OJ L 310/28.
78) Regulation 2252/2004 [2004] OJ L 385/1. Regulation 444/2009 [2009] OJ L 142/1により修正。
79) Directive 2008/114 [2008] OJ L 345/75.
80) Regulation 98/2013 [2013] OJ L 39/1.
81) Communication on Strengthening Chemical, Biological, Radiological and Nuclear Security in the European Union-an EU CBRN Action Plan, COM (2009) 273 final, Brussels, 24. 6. 2009.

5　被害者の救済

「刑事手続における被害者の立場に関する枠組決定」2001/220[82)]（TEU 31条「刑事司法協力の共同行動」（当時）を根拠）は、刑事手続における被害者の利益の尊重等を規定している。

また、「犯罪被害者への補償に関する指令」2004/80[83)]（TEC 308条（当時）を根拠）は、犯罪被害者が居住している加盟国で補償を受けられなければならないこと等を規定している。

「テロとの戦いに関する枠組決定」2002/475も、被害者の家族に対する適切な支援を規定している（10条）。

6　法執行機関間の情報交換の促進

テロ行為者の摘発、テロ行為の防止のため、加盟国の法執行機関間の情報交換を促進する措置として、理事会規則871/2004および理事会決定2005/211が採択されている[84)]。これらにより、シェンゲン情報システムへのユーロポール・ユーロジャストによるアクセスが可能となった[85)]。また、理事会決定2005/671により、テロ犯罪に関する情報交換および協力が規定されている[86)]。

7　刑事捜査および訴追における個人データ保護

加盟国当局による刑事捜査および訴追における個人データの保護に関する措置として、TFEU 16条2項を根拠に、指令2016/680が採択されている[87)]。同指令により、加盟国は、刑事捜査および訴追において、個人の基本権および自由、特に個人データ保護権を保障せねばならないと同時に、EU法または加盟国法により要請される場合、EU内当局間の個人データの交換が可能となる。同指令は、加盟国がデータ主体の権利をより手厚く保護することを妨げない（1条）。加盟国は、個人データを適法かつ公正に処理すること、特定の明示かつ正当な目的で収集し、同目的に適合しない方法で処理しないこと（2条）等を規定している。

82）Framework Decision 2001/220 [2001] OJ L 82/1.
83）Directive 2004/80 [2004] OJ L 261/15.
84）Regulation 871/2004 [2004] OJ L 162/29: Decision 2005/211 [2005] OJ L 68/44.
85）須網・前掲注5）177頁。
86）Council Decision 2005/671 [2005] OJ L 253/22.
87）Directive 2016/680 [2016] OJ L 119/89.

V　テロ対策立法と司法審査

1　EU 司法裁判所の司法手続

(1)　訴訟類型

EU 司法裁判所がかかわる司法手続には、総合裁判所または司法裁判所で始まり、そのいずれかで終わる直接訴訟と、国内訴訟で提起された EU 法上の問題について、国内裁判所が司法裁判所に EU 法の解釈・効力について質問する、先決付託手続が存在する。

直接訴訟には、義務不履行訴訟、取消訴訟、違法性の抗弁、不作為訴訟、損害賠償請求訴訟が存在する。

EU 立法が加盟国によって実施される場合、その実施行為を対象にして、加盟国国内裁判所に訴訟が提起され、先決付託手続を通じて、司法裁判所の判断が求められる。

(2)　PJCC 分野の EU 司法裁判所の管轄権

リスボン条約以前、PJCC 分野の EU 司法裁判所の管轄権は制限されていた。

まず、取消訴訟で原告適格を有するのは、加盟国およびコミッションであり、欧州議会および私人は原告適格を認められていなかった（TEU 35 条 6 項（当時））。次に、先決付託手続に関しては、加盟国の選択条項となっており、また、裁量による付託のみが予定されていた（同条 1～4 項）。さらに、EU 司法裁判所は、加盟国の警察または他の法執行機関により行われた活動の効力または比例性、ならびに、公の秩序および国内治安のために加盟国が担う責任の実行に関しては、司法審査を行う管轄権を有しないこととされていた（同条 5 項）。また、前述のように、枠組決定および決定の直接効果は否定されていた（同 34 条 2 項(b)(c)）。

リスボン条約以降、このような制限は、経過措置として 2014 年 11 月 30 日まで適用（経過規定議定書第 36 号 10 条）されたが[88]、それ以後は廃止され、原則として、PJCC 分野にも一般的な管轄権が及ぶこととなった（TEU 19 条 1 項・3 項）。ただし、例外として、PJCC の規定（TFEU 82～89 条）に関して、加盟国の警察または他の法執行機関により行われた活動の効力または比例性、ならびに、公の秩序および国内治安のために加盟国が担う責任の実行に関しては、引き続き管轄権なしとされている（同 276 条）。また、CFSP 分野（TEU 第 V 編）にも EU

---

88)　関連 EU 立法の直接効果についても同様と考えられた（9 条）。

司法裁判所の管轄権は及ばない。ただし、CFSP と他分野の境界画定、経済制裁措置には管轄権がおよぶ（TFEU 275 条）。

以下では、直接訴訟および先決付託手続において提起された、EU のテロ対策措置に対する司法審査の、代表的な事例を紹介する。

2　直接訴訟

(1)　資産凍結措置に対する取消訴訟

Kadi・Yusuf 事件[89]では、具体的な制裁対象者を特定する 2002 年国連安保理決議 1390 号を実施する EC 規則 881/2002 により資産を凍結された者が、テロ行為と無関係であるとして、公正な聴聞を受ける権利や、財産権等の侵害を主張し、凍結措置の無効を求める訴訟を提起した。

本件につき、司法裁判所は、以下のように述べ、国連安保理決議に基づく EC 規則に対しても、通常の基本権審査を認める判断を示した。

まず、EC は法の支配にもとづく共同体である。よって、加盟国および EC 機関の行為に対して、憲法的憲章である EC 条約に照らした司法審査が不可欠である。基本的人権は EC 法の一般原則であり、人権尊重は、共同体行為の適法性の条件である。こうした前提で、司法裁判所は、EC 法の適法性を審査できる。結論としては、国連安保理決議を実施する EC 規則は、上訴人の聴聞権、実効的司法的保護の権利、および財産権を侵害しており、上訴人に関しては無効である[90]。

本件は、国連により制裁対象者が特定されている場合についても、通常の基本権審査が行われることを示した。このことは、テロ対策に対する立憲的統制への EU 司法裁判所の強い意欲を明らかにしたものと評価される[91]。

(2)　国際協定締結を認める決定に対する取消訴訟
——個人情報の保護・プライバシー権

2001 年 11 月 19 日、アメリカ運輸保安庁は、航空・輸送保安法により、アメリカを離発着する航空会社に対し航空機の乗客名簿の事前提出を義務づけた[92]。

---

89) Joined Cases C-402/05 P and C-415/05 P *Kadi and Al Barakaat International Foundation v Council* [2008] ECR I-6351, EU: C: 2008: 461.
90) *Ibid.*
91) 須網・前掲注 5) 185 頁。
92) Aviation and Transportation Security Act, P. L. No. 107-71, 115 Stat. 597 (Nov. 19, 2001).

2002年、ECの「個人データ保護指令」[93]第29条作業部会は、乗客データの収集が比例性原則に照らして適切でないため、アメリカとの交渉の必要性があると指摘した[94]。

その結果、2004年5月17日、理事会は、乗客データの処理と移転に関する決定を採択したが[95]、2006年5月30日、司法裁判所は、同決定の無効を判示した[96]。司法裁判所は、同協定がEC条約95条、および、個人データの十分な保護を行っていない国への個人データ移転を禁止する「個人データ保護指令」25条の範囲を逸脱していると認定し、締結権限の欠如を理由に、協定締結を無効とした[97]。

そのため、2006年10月、アメリカおよびEUは、暫定協定により、2007年7月31日まで有効な協定を改めて締結し[98]、2007年に7年間継続の新たな協定を合意し[99]、さらに2011年12月14日に継続協定の合意に署名する等の対応に追われた[100]。

2016年6月には、テロ対策を含む刑事訴追等に関する個人データの共有に関する包括合意がなされた。これには、データ保有期限の事前規定および公表、アメリカによるデータの再移転は同意なくして認められないこと、およびアメリカ側による違反の際の司法救済が盛り込まれている[101]。

---

93) Directive 95/46 [1995] OJ L 281/31.

94) Article 29 Data Protection Working Party, *Opinion 6/2002 on transmission of Passenger Manifest Information and other data from Airlines to the United States* (WP66) (Oct. 24, 2002), at 8.

95) Council Decision of 17 May 2004 on the conclusion of an Agreement between the European Community and the United States on the processing and transfer of PNR data by Air Carriers to the United States Department of Homeland Security, Bureau of Customs and Border Protection, May 17, 2004.

96) Joined Cases C-317/04 and C-318/04 *EP v Council and Commission* [2006] ECR I-4721, EU: C: 2006: 346.

97) *Ibid.*, para. 65.

98) Agreement between the European Union and the United States of America on the processing and transfer of passenger name record (PNR) data by air carriers to the United States Department of Homeland Security (Oct. 27, 2006).

99) Agreement between the European Union and the United States of America on the processing and transfer of passenger name record (PNR) data by air carriers to the United States Department of Homeland Security (July 23-26, 2007).

100) EU-US Agreement on the use and transfer of PNR to the US Department of Homeland Security (Dec. 14, 2011). 以上、宮下紘『プライバシー権の復権』(中央大学出版部・2015年) 89～90頁。

101) Agreement between the US and the EU on the protection of personal information relating to the prevention, investigation, detection, and prosecution of criminal offences OJ L 336/3. 宮下紘『ビッグデータの支配とプライバシー危機』(集英社・2017年) 140～141頁。

3　先決付託手続：個人データの保全に対する訴訟
――プライバシー権、個人データ保護権

(1)　データ保全指令無効判決

データ保全指令2006/24[102)]は、組織的犯罪およびテロリズム等の重大犯罪の抑止と訴追を目的として、電話、インターネット等の通信データ（トラフィック・データ、位置データ、その他利用者を識別するのに必要な関連データ）を6か月以上2年未満の間保全するように加盟国に立法を義務づけた。

同指令に対するDigital Rightsからの申立てを受け、アイルランド高等裁判所は、司法裁判所の先決付託手続への付託を行った。司法裁判所は、次のように判示した。同指令は、当該データの保全を要求し、加盟国の機関が当該データへのアクセスを認めることで、私生活の尊重（EU基本権憲章7条）と個人データの保護（同8条）といった、EU法秩序の基本権に、広範にわたり重大に干渉している。データ保全の目的は、究極的には公共の安全という一般的利益の目的に資するものであるが、同指令は、①あらゆる個人のあらゆる電子的通信を対象としていること、②加盟国の機関によるデータアクセスの客観的な基準がないこと、③保全期間が厳格に必要であるという客観的基準がないことから、厳密に必要な程度に限定されておらず、比例性原則（同52条）で要求される限度を超える立法であり、無効である[103)]。

(2)　イギリス捜査権限法

イギリスは、アメリカの監視活動に積極的に協力してきたため、インターネットの通信履歴の監視をEUのなかでも例外的に行ってきた。イギリスには、インターネット事業者に12か月間の通信履歴の保存を義務づけ、捜査機関に令状なしでその履歴へのアクセスを認めた「覗き見の憲章」とすらよばれた2016年11月成立の捜査権限法があり、問題とされてきた。それに対して、司法裁判所は、2016年12月21日、捜査権限法が施行される前の従来から認められてきた、イギリスの無差別なインターネットの通信履歴の監視活動を認める法律が、EU基本権憲章で保障されるプライバシー権と個人データ保護権に違反するという判決を下した。司法裁判所によれば、イギリスの従来のデータ保全法は、その必要性が客観的証拠に基づいて示されていないこと、さらに、捜査機関による乱

---

102)　Directive 2006/24 [2006] OJ L 105/54.

103)　Case C-293/12 *Digital Rights Ireland and Seitlinger and Others* EU: C: 2014: 238. 宮下・前掲注101) 98～99頁。

用防止の措置と被害者の救済制度がないことから、プライバシー権を侵害するものであるとされた[104]。

このように、EUでは、テロ対策においてもプライバシー権および個人データ保護権の重要性に配慮する姿勢がみられる。

VI　EUとアメリカのテロ対策における衝突

EUのテロ対策におけるプライバシーおよび個人データ保護の意欲は、特に異なるスタンスをとるアメリカとの間で摩擦を生じている。

1　SWIFT問題

たとえば、2006年6月に、米財務省外国資産管理室が、テロリストへの金融送金防止の目的でSWIFTの電信データを監視していたことが報じられたが[105]、2006年7月には、欧州議会がアメリカ財務省によるEUデータ保護指令違反の非難決議を採択し[106]、EUコミッションが第29条作業部会を中心として調査、ベルギーデータ保護監督機関も調査した結果、EUデータ保護指令の重大な違反であり、データ保護に関するヨーロッパの基本原則に違反する、と認定した[107]。

そのため、SWIFT協定が締結され、2010年8月1日発効した[108]。SWIFT協定は、TFTP（the Terrorist Finance Tracking Program: テロリスト資金追跡プログラム）のためにSWIFTシステム内のEU金融機関の顧客の送金データへ米財務省がアクセスすることを認める協定である。これにより米財務省がデータを求める際には、テロの防止等に必要なデータの類型を可能な限り明確に指定すること、データの範囲をテロの脅威分析に必要な程度に可能な限り限定すること、データ取得の必要性を実証すること[109]が求められる。手続としては、米財務省が、SWIFTデータベースからのデータ取得を求める場合、要請のコピーをユーロポ

---

104)　C-698/15 *Secretary of State for the Home Department v Watson* EU: C: 2016: 970.　宮下・前掲注101）97頁。

105)　*Bank Data Shifted in Secret by the U.S. to Block Terror,* N.Y. Times, 23 June 2006, *available at* ⟨http://www.nytimes.com/2006/06/23/washington/23intel.html⟩.

106)　European Parliament, *Resolution of 6 July 2006 on the interception of bank transfer data from the SWIFT system by the US secret services* (July 6 2006).

107)　Article 29 Data Protection Working Party, *Opinion on the processing of personal data by the Society for Worldwide Interbank Financial Telecommunication (SWIFT)* (WP128) (Nov. 22, 2006), at 26-27.　宮下・前掲注100）87～89頁。

108)　TFTP [2010] OJ L 8/11.

109)　定型文の利用は不可。個別事例ごとに説明する必要がある。要件の充足をユーロポールが検証する。

ールに提出し、ユーロポールは要請が協定に適合するかを検証する（4条3~5項）[110]。特にデータの範囲に関して、ユーロポール共同監督機関が、ユーロポールの検証の妥当性を検証する[111]。協定の遵守については、ユーロポールの共同監督機関による定期的なチェック、ならびに、コミッションおよび米財務省による定期的なリビューが行われる（13条）[112]。

しかしながら、SWIFTの送金データをNSAが監視する等、アメリカ当局の不正なアクセスによる協定違反が問題となり、欧州議会が非難決議を採択し、コミッションに協定の停止を要請するといった不安定な状況となっている[113]。

2 プリズム問題

また、2005年12月16日、ニューヨーク・タイムズ紙が、ブッシュ（George Walker Bush）大統領が令状なしに国家安全保障局が国際電話や国境を越えるEメールのやり取りを監視し続けていたことを容認していたことを報道し[114]、また、2013年6月、エドワード・スノーデン（Edward J. Snowden）が、国家安全保障局による大量の個人情報を収集する監視活動プログラム「プリズム」の存在を暴露した事態に対し、2013年7月、欧州議会はプライバシー侵害の非難決議を採択し[115]、2013年11月、EUコミッション特別作業部会は、アメリカの外国諜報活動監視法702条の運用の改善を要求する報告書を提出[116]、そして2014年3月12日には、欧州議会が、第三国の裁判所や行政機関の決定により個人データの開示要請がある場合でも、当該第三国との国際協定がない限り当該開示を認めない条文をデータ保護規則案に盛り込む（案43a条）等の対応を行った[117]（データ保護規則[118]48条）。

110） Mariusz KRYSZTOFEK, *Post-Reform Personal Data Protection in the European Union,* Wolters Kluwer, 2017 pp. 212–213.
111） *Ibid.,* p. 214.
112） *Ibid.,* p. 213.
113） *Ibid.,* p. 214.
114） *Bush Lets US Spy on Callers Without Courts,* N.Y. Times, December 16, 2005, *available at* 〈http://www.nytimes.com/2005/12/16/politics/bush-lets-us-spy-on-callers-without-courts.html〉.
115） European Parliament, *Resolution of 4 July 2013 on the US NSA surveillance programme, surveillance bodies in various MSs and their impact on EU citizens'privacy* (July 4, 2013).
116） Viviane Reding, *Speech: PRISM Scandal: the Data Protection Rights of EU Citizens are Non-Negotiable* (June 14, 2013), *available at* 〈http://europa.eu/rapid/press-release_SPEECH-13-536_en.htm〉.
117） 宮下・前掲注100）91～93頁。
118） GDPR 2016/679 OJ L 119/1.

3　セーフハーバーおよびプライバシー・シールド

EUは、アメリカを個人データに対して十分な保護の水準を確保していると認定していない一方で、「セーフハーバー決定」2000/520[119)]を採択し、同決定をEUからアメリカへの個人データの移転の法的根拠としていた。

「セーフハーバー」は、組織が自己認証により書類[120)]を米商務省に提出し、セーフハーバーに参加し、米商務省がセーフハーバー参加者のリストを公開するというものである。セーフハーバーは、国家としてのアメリカの十分な水準の保護を確保するものではなく、指定された米組織による保護を宣言するものである[121)]。

しかしながら、司法裁判所は、シュレムス（Schrems）事件[122)]で、セーフハーバー決定の無効を判示した。本件の事案は以下である。

シュレムス（オーストリアの学生）は、Facebookアイルランドによるユーザの個人データのアメリカ本社への移転に異議を申立てた。理由は、スノーデンが暴露した米NSAの監視活動等との関係で、アメリカの法および実行が、米当局による捜査から個人データを十分に保護していないというものであった。アイルランドデータ保護監督官は、セーフハーバー決定により、十分な保護がある等の理由により、申立てを却下した。シュレムスはアイルランド高等裁判所に申し立て、同裁判所が先決付託手続により司法裁判所への付託を行った[123)]。

本件について、司法裁判所は、セーフハーバーの仕組みは、違反を探知し、保護基準の遵守を検証するメカニズムが実効的でないため、信頼できないとして、セーフハーバー決定を取り消した[124)]。

司法裁判所のシュレムス事件判決を受け、コミッションは、「プライバシー・シールド決定」（コミッション実施決定2016/1250）を採択した[125)]。同決定1条等は、米商務省によるプライバシー・シールドが、基本権憲章に照らし、個人データ保護指令の基本原則と同等の保護を確保し、シュレムス事件判決に適合すると宣言している。プライバシー・シールドも、国家としてのアメリカの十分な水準

119）Commission Decision 2000/520, OJ L 215/7.
120）書類には、EUから受領したデータに対する個人データ保護活動、プライバシー・ポリシー、プライバシー・ポリシーを入手できる場所、不服申立てへの対応手続、検証方法を記述する。
121）Krysztofek, *cit.* at 110), pp. 202-4.
122）C-362/14 *Schrems* EU: C: 2015: 650.
123）Krysztofek, *cit.* at 110), pp. 204-5.
124）*Ibid.*, p. 205.
125）Commission Implementing Decision 2016/1250, OJ L 207/1.

の保護を確保するものではなく、参加する米組織による保護を宣言するものである[126)]。

Ⅶ　おわりに

EU は、個々の加盟国と同様、テロ犯罪等の防止・撲滅における効率性と個人の基本権保護の間でいかにバランスをとるべきかという問題に直面している。従前の EU 立法では、テロ犯罪対策の方を重視する傾向がみられたが、他方で、基本権保護の強化も図られるようになった[127)]。特に、国連により制裁対象者が特定されている場合についても、通常の基本権審査が行われることを示したことは、テロ対策に対する立憲的統制への EU 司法裁判所の強い意欲を明らかにしたものと評価されている[128)]。このような EU におけるテロ対策に対する立憲的統制への意欲は、特に EU における基本権としての個人データ保護権について顕著であり、異なるスタンスをとるアメリカとの間で摩擦を生じている。

このような基本権としての個人データ保護権をテロ対策においても重視する EU の姿勢を理解しておくことは、日本が EU にテロ対策において協力を求めていく際に、非常に重要となろう。

126)　Krysztofek, *cit.* at 110), p. 209.
127)　庄司・前掲注 8) 235～236 頁。
128)　須網・前掲注 5) 185 頁。

事項・人名等索引

A〜Z

AIXTRON……86, 87, 88, 89, 90
AUMF【米】……3, 4, 9, 12, 20, 22
CBRN アクション・プラン【EU】……466
CFIUS【米】……81, 82, 84, 85, 86, 88, 89, 90
CONTEST【英】……266, 377, 394
CSIS【加】……216, 230
DHS TRIP【米】……47, 48, 51, 52, 55, 56, 58
EnCase【米】……68
EU 対テロ戦略……453
EU データ保護指令……147, 149, 471
Exon-Florio 条項【米】……81, 83, 85, 86
FAA【米】⟶ 1978年外国諜報監視法を改正する2008年法
FATF【国際】⟶ 金融活動作業部会
FBI【米】⟶ 連邦捜査局
FINSA【米】⟶ 外国投資及び国家安全保障法
FISA【米】⟶ 外国諜報監視法
G.W. ブッシュ（George Walker Bush）……3, 4, 9, 12, 16, 17, 20, 21, 24, 79, 433
GPS……410
IAEA……384, 385
ID チェック……32, 33
IEEPA【米】⟶ 国家緊急経済権限法
iPhone ロック機能解除問題……61, 70, 76
IRTPA【米】⟶ 2004年諜報改革及びテロリズム防止法
ISIS⟶ イスラム国
IT 基本権（コンピュータ基本権）【独】……181
Mathews テスト【米】……23, 53, 54, 57, 58
NBC テロ……384, 393
NSA【米】⟶ 国家安全保障局
OLC【米】⟶ 司法省法律顧問局
P2P ネットワーク……63, 67
PCA【米】⟶ 民警団法
PHAROS【仏】⟶ 通報の調整・分析・突合・評定プラットフォーム
RoundUp……63, 64
SOLAS 条約……381
SS 国家保安本部（RSHA）【独】……167
SWIFT 協定……472
TFTP（テロリスト資金追跡プログラム）【EU】……472
TPP⟶ 環太平洋パートナーシップ協定
TSA【米】⟶ 運輸保安庁
TSC【米】⟶ テロリスト審査センター
TSDB【米】⟶ テロリスト監視データベース

あ

愛国者法【米】……3, 7, 11, 374
アイヒベルガー（M. Eichberger）……180
アカウンタビリティ……444, 445
アブ・グレイブ収容所……17
アル・アウラキ（Anwar Al-Awlaki）……22, 23
アルカイーダ……22, 433
アル・スンナ・アル・ジャマア連盟……345
アルジェリア危機……99
アルシュ・サミット経済宣言……386
暗号化……61, 69, 70, 72, 73
アンザック神話……367
安全情報審査委員会【加】……216
安全なコミュニティ法【加】……205
安全のなかの自由の法理……395, 396
安全保障情報局【伊】……324
安全保障情報局【豪】……347, 352
アンダーソン（David Anderson）……276, 277

い

イギリス捜査権限法……471
イスラム国（ISIS）……59, 395, 396, 433
一時排除命令【英】……266
移動する権利……52
移動する自由……33, 52, 56
移動通信傍受……7
違法収集証拠排除（原則）……63, 68
移民ゾーン【豪】……363
移民難民審査委員会【加】……220
移民難民保護法【加】……207, 218
イラク戦争決議……4
インカメラ審理……225
インターネット・オシントセンター……404
インテリジェンス・コミュニティ【米】……5, 6

う

ヴェイユ（Patrick Weil）……124
ヴァルス（Manuel Valls）……122
ヴィシー政権……117
運輸保安庁（TSA）【米】……29, 34, 35, 46, 47, 48, 51, 52, 56

え

液体物の機内持込制限に関するガイドライン
【日】……380

お

欧州司法裁判所……148, 149
欧州司法ネットワーク（刑事分野）……459
欧州重要インフラ（ECI）……466
欧州人権裁判所……436, 440, 441, 442, 443, 444
欧州人権条約……447, 448
—— 2条……441
—— 2条2項……437, 440, 441, 442, 443
—— 3条……441
—— 8条2項……441
—— 9条2項……441
—— 11条2項……441
—— 15条……437, 441
欧州逮捕状……463
オウム真理教……374, 398, 411
オークス・テスト【加】……226
オーストラリア憲法
—— 51条19号……360, 366
—— 61条……366
—— 76条……357
—— 92条……368
おとり捜査……351
オバマ（Barack H. Obama）……3, 4, 10, 17, 21, 22, 24, 76, 77, 78, 79, 89, 433
泳がせ捜査……351
オランド（François Hollande）……98, 111, 122
オリンピック・パラリンピック競技大会
……374, 381, 401, 403, 412, 413, 414
オンライン捜索……146

か

戒厳令……99
外国為替及び外国貿易法（外為法）【日】
……387, 406
外国人戦闘員……294, 296, 316
外国人登録法【日】……379
外国諜報監視裁判所（FISC）【米】……6, 9, 10, 75
外国諜報監視法（FISA）【米】……6, 7, 8, 9, 11
外国テロ組織（FTOs）【米】……18
外国投資及び国家安全保障法（FINSA）【米】
……81, 82, 84, 86, 88
外事情報部【日】……403
カウンター・インテリジェンス……62, 378
核セキュリティ……382
拡張取締りモデル……398, 412, 414
核テロ……327
核テロ法【加】……206
核物質の防護に関する条約……382
カズヌーヴ（Bernard Cazneuve）……134
合衆国憲法
—— 1条9節3項……21
—— 5条……51
——修正1条……38, 46
——修正4条……25, 27, 28, 30, 31, 32, 33, 35, 36, 38, 39, 41, 49, 62, 67
——修正5条……43, 48, 49, 50, 70, 71, 72
カナダ刑法典……244, 245
カナダ市民権強化法……207
カナダ連邦議会議事堂襲撃事件……210
感染症の予防及び感染症の患者に対する医療に
関する法律【日】……385
環太平洋パートナーシップ協定（TPP）……78
管理命令【英】……263

き

危険人物【独】……154
危険人物認証制度【加】……218, 220, 231
基本権保護義務【独】……184
基本的正義の原理【加】……223, 224
基本法第10条審査会【独】……151
機密証拠の開示……226, 236
9. 11同時多発テロ……3, 4, 7, 12, 24, 25, 29, 43, 79, 95, 143, 162, 383, 395, 396, 399, 405, 406, 412, 415, 433
9. 11独立調査委員会報告書……5
糺問主義【加】……225
脅威レベル【英】……259, 280
行状監督【独】……157
強制給仕……17
強制収容【豪】……360
行政調査【米】……31, 32
共通外交安全保障政策【EU】……452
共同テロ防止センター【独】……155
緊急事態……112
緊急対処事態【日】……375, 393, 411
金融活動作業部会（FATF）……386, 387, 388, 405, 406

く

グアンタナモ湾海軍基地……12, 13, 15, 17
クラス特権【加】……233
クリントン（William J.B. Clinton）……18
軍事委員会【米】……20
軍事法廷【米】……20

け

警察・刑事司法協力【EU】……452
警察書簡【独】……167
警察庁国際テロ対策強化要綱（強化要綱）【日】……403
刑事訴訟法典（1988年）【伊】……330
血統主義【仏】……114
権限行使の警察化【独】……166
原子力規制委員会【日】……383
原子力発電所……378, 382, 383, 390
原子炉等規制法【日】……383
憲法裁判所【伊】……329
検問……26, 28, 30, 31, 38, 39, 40, 42

こ

公安及び国家安全常任委員会報告書【加】……248
公安情報流出事件【日】……416
公共安全法【加】……204
航空・輸送保安法【米】……3, 29
行動計画2003【日】……404
行動計画2008【日】……404
行動制限仮処分【豪】……353
拷問……15
合理性の基準【加】……225
合理的な疑い（合理的嫌疑）【米】……6, 27, 45, 46, 57
港湾権限【英】……262, 287
国外情報・安全庁【伊】……324
国際刑事裁判所……20
国際人権法……435, 436, 446
国際船舶・港湾保安法【日】……381
国際テロ情報収集ユニット【日】……178, 402
国際テロリスト財産凍結法【日】……386, 407
国際民間航空機関（ICAO）……380
国籍剥奪……105, 112, 346
告知と聴聞……50
国土安全保障省【米】……5
国内情報・安全庁【伊】……324
国内の安全に関する2003年3月18日法律【仏】……95
国防総省【米】……5, 62, 63, 81
国民保護法【日】……393, 411
国立サイバー防護センター（NCAZ）【独】……175
国連安保理決議
―― 1267号……387
―― 1333号……387
―― 1373号……387, 405
―― 1624号……240, 298, 299
国連憲章……380
個人識別情報……379
個人情報（データ）……69, 416, 420, 423, 467, 470
国家安全保障局（NSA）【米】……8, 11, 26, 42, 81, 149
国家緊急経済権限法（IEEPA）【米】……83
国家情報長官【米】……5
国家テロ対策センター【米】……45
国家秘密警察（ゲシュタポ）……167
国家秘密秘匿特権【米】……46
国家マフィア及びテロ対策検察官【伊】……324
国家マフィア及びテロ対策部【伊】……325
国境安全の高度化及びVisa入国改革法【米】……3
個別授権原則【EU】……454
コンピュータ・システムの管理者に対する命令……250

さ

サイバーインテリジェンス……401
サイバー攻撃……65, 390
サイバーセキュリティ……64, 65, 69, 77, 390
サイバーセキュリティ基本法【日】……64, 390
サイバーテロ……127, 391, 401
サイバー犯罪……62
裁判官の独立性・公正……224
サミット……373
サリン等による人身被害の防止に関する法律【日】……399
サルコジ（Nicolas Sarközy）……122
サンセット条項【米】……8, 9
サンタ・バルバラ兵舎爆破（未遂）事件……316

し

自衛隊……65
ジェノサイド（集団殺害）……243
自己訓練【伊】……316
自己負罪拒否特権【米】……72
実体的デュー・プロセス【米】……59
指定裁判官【加】……224
自動化処理データ……171
児童ポルノ……63, 66, 68, 71, 129
シドニー立てこもり事件……343
シドニーヒルトン爆破事件……341, 347
自爆テロ……205
司法・内務協力【EU】……452
司法省法律顧問局（OLC）【米】……16, 17, 23
司法長官【豪】……347, 350, 352, 353
司法部法【米】……73
市民権移民省【加】……219
市民代表者【米】……427
シャルリ・エブド襲撃事件……93, 97, 111, 127, 415
住居不可侵……181

自由権規約……………………………………438, 448
　―― 4条……………………………………437
　―― 6条……………………………………438
自由権規約委員会…………………436, 438, 439, 447
十分な法的根拠の原則（致死力の行使に関する）
　……………………………………………………439
収容権限【豪】……………………………………361
主権国境作戦【豪】………………………………364
出国義務【仏】……………………………………158
出生地主義【仏】……………………………114, 121
出入国管理及び難民認定法【日】……375, 378, 379
シュルッケビアー（W. Schluckebier）…………180
情報開示原則【加】………………………………230
情報機関の情報保存原則【加】…………………229
情報自己決定権……………………………172, 181
情報収集活動…………………64, 416, 418, 420, 428
情報不開示の罪【英】…………………………285, 293
情報保全法（SOIA）【加】………………………202
除外領土【豪】……………………………………364
所持品検査……………………………………………38
シラク（Jacques R. Chirac）…………………………94
シリア邦人殺害テロ事件…………………………404
知る権利……………………………………………389
指令【EU】…………………………………………455
信教の自由…………………417, 418, 421, 422, 424
人権条約履行監視機関……………………………438
人身保護令状【米】…………………………………12
身体検査………………………………………………26

す

ストップ・ジハーディズム【仏】………………137
スノーデン（Edward J. Snowden）……10, 150, 308

せ

生物化学兵器………………………………………378
生物テロ……………………………………………385
生命権……………………………………435, 436, 437
生命の剝奪…………………………………440, 442
セーフハーバー……………………………………474
「世界一安全な日本」創造戦略……………378, 401
セキュリティ・クリアランス…171, 384, 390, 394
絶対的な必要性（致死力の行使に関する）
　…………………………………………438, 444
1955年緊急事態法【仏】……………………………99
1955年法律第517号【伊】…………………………330
1974年法律第98号【伊】…………………………330
1975年法律第354号【伊】…………………………320
1978年外国諜報監視法を改正する2008年法
　（FAA）【米】………………………………9, 10, 11
1978年緊急法律命令第59号【伊】………313, 331
1979年緊急法律命令第625号【伊】……………313
1979年通信傍受法【豪】…………………………351
1989年立法命令第271号【伊】…………………332
1996年反テロリズムおよび効果的死刑法【米】
　……………………………………………………18
先決付託手続【EU】………………………………468
戦時国際法……………………………………………21
センシティブ情報【加】……………………………233
戦争博物館【豪】……………………………………367
戦闘員地位審査裁判所【米】………………………12
扇動の禁止【加】……………………………………242
全方位監視【独】……………………………………184
全令状法【米】…………………………70, 73, 74, 75, 76

そ

憎悪宣伝（ヘイト・プロパガンダ）……………243
相互承認【EU】……………………………………463
操作主義化……………………………………………429
捜査尋問【加】………………………………………203
相当な理由【米】……………………………………6, 27
双方可罰性【EU】…………………………………463
遡及処罰法【米】……………………………………21
組織的犯罪処罰法【日】……………………406, 408
組織犯罪（マフィア型結社および犯罪結社による
　犯罪）【伊】………………………………………333
ソフトターゲット…………109, 381, 393, 402, 404
存立危機事態【日】…………………………………411

た

退去強制【日】……………………………373, 379, 380
退去前危険評価手続【加】…………………………221
第三者任意提供の法理【米】………………………26
対テロ検問…………………………29, 30, 38, 40, 41
対テロ戦争モデル……………………………………398
対テロデータ（ATD）【独】………………………170
対テロデータ法（ATDG）【独】…………………170
大統領非常大権【仏】………………………………99
大統領命令【米】
　―― 12333号…………………………………6, 22
　―― 13425号……………………………………20
　―― 13491号……………………………………17
　―― 13492号……………………………………13
　―― 13567号……………………………………14
対内直接投資規制【米】………78, 79, 80, 81, 82, 86
対米外国投資委員会（CFIUS）【米】……………81
対暴力的過激思想活動（CVE）【米】…………392
ダッカ人質襲撃テロ…………………………………415
民警団法（PCA）【米】…………………………61, 62
炭疽菌テロ……………………………………………385
タンパ号事件【豪】…………………………………363

ち

地域審査手続国【豪】……365
地下鉄サリン事件……381, 398, 411
チャンネル【英】……267, 295
チュニジアにおけるテロ事件……402
超司法的処刑……435
諜報機関……6, 7, 60, 398

つ

通常立法手続【EU】……455
通信の（自由・）秘密……181, 328
通信傍受……76, 331
　行政傍受……407, 411
　司法（的）傍受……330, 407, 409
　予防的傍受【伊】……331
通信傍受法【日】……388, 409, 413
通報の調整・分析・突合・評定プラットフォーム（PHAROS）……131

て

定期的審査委員会【米】……14
停止・捜索【英】……262, 286
ディスカバリ【米】……66, 67, 68
データ保護オンブズマン【独】……159
データ保護規則【EU】……473
データ保護指令 2006/24【EU】……147, 149, 471
適正評価制度【日】……389
デジタル経済信頼法【仏】……128, 133
デジタル・フォレンジック……61, 65, 68, 69
手続的公正【加】……223
　——の確保……237
手続的デュー・プロセス【米】…33, 43, 44, 50, 52, 54, 57
手荷物検査……31, 32, 35, 36, 37, 39, 40
デメジエール（Thomas de Maiziére）……155
デモ……38
テロ及び暴力的過激主義との闘いに関する G7 タオルミーナ声明……241, 298
デロゲートできない権利（国際人権法）……437
テロ資金供与防止条約……376, 386, 405, 406
テロ資金対策……385, 386
テロ資金提供処罰法【日】…161, 375, 380, 386, 406
テロ準備行為（罪）【英】……284, 291, 293
テロ対策基本法【日】……373, 410, 413
テロ対策推進要綱【日】……403
テロ等準備罪【独】……161
テロの未然防止に関する行動計画【日】⟶ テロ防止行動計画
テロ犯罪（テロおよび破壊活動を目的とする犯罪）【伊】……333
テロ被疑者に対する国家による致死力の行使……435
テロ防止行動計画【日】…373, 379, 400, 404, 407, 409, 410
テロ防止調査措置（TPIMs）【英】……263
テロ防止に関する欧州評議会条約……298, 299
テロ防止法【加】……206
テロリストからのカナダ保護法……213
テロリスト監視データベース（TSDB）【米】……45, 46, 47, 48, 51
テロリスト監視プログラム（TSP）【米】……8
テロリスト資産凍結等法【英】……258
テロリスト審査センター（TSC）【米】…45, 47, 54
テロリスト渡航防止法【加】……214
テロリズム危険保険法【米】……3
テロリズム対策法【英】……258
テロリズムとの戦いに関する枠組決定【EU】……462
伝聞証拠……235

と

ドイツ赤軍（RAF）……143
同意……32, 33, 34, 38, 39, 40, 42
統合違法移民分析戦略センター（GASIM）【独】……175
統合インターネットセンター（GIZ）【独】…175
統合過激派・テロリズム対策センター（GETZ）【独】……175
統合テロリズム防止センター（GTAZ）【独】……175, 176
当事者対抗主義……225
当事者適格……424
搭乗拒否リスト【米】…43, 44, 46, 48, 49, 50, 51, 52, 53, 54, 55, 59
特定秘密保護法【日】……376, 385, 388
特別裁判所……20
特別弁護士制度【加】……227, 232
ド・ゴール（Charles de Gaul）……117
トビラ（Christiane Taubira）……124
トランプ（Donald J. Trump）…15, 24, 59, 77, 78, 79, 433

に

ニース大型トラック事件……93
二重国籍（者）……113, 115
2000 年調査権限規制法【英】……268
2000 年テロリズム法【英】……257, 375
2001 年緊急法律命令第 374 号【伊】……314, 333
2001 年反テロ法【加】……201, 202, 239

2001年反テロリズム・犯罪・安全保障法【英】……258
2002年公衆衛生の安全及びバイオテロリズムへの準備及び対応法【米】……3
2002年国土安全保障法【米】……5
2002年爆弾テロ防止条約履行法【米】……3
2003年ASIO法改正法【豪】……352
2003年立法命令第196号（個人データ保護法典）【伊】……323
2004年情報活動改革及びテロリズム予防……46
2004年諜報改革及びテロリズム防止法【米】……5, 8
2005年合衆国愛国者法の改善及び再授権法【米】……9
2005年緊急法律命令第144号【伊】……314, 335
2005年テロリズム防止法【英】……258
2005年反テロ法【豪】……351, 353
2005年被拘禁者取扱法【米】……13, 17
2006年愛国者法追加再授権修正法【米】……9
2006年軍事委員会法【米】……13, 20, 21
2006年テロリズム法【英】……258, 374
2007年アメリカ保護法【米】……9
2009年軍事委員会法【米】……20
2010年安全保障立法改正法【豪】……352
2011年テロ防止調査措置法【英】……258
2011年立法命令第159号（マフィア対策法典）【伊】……320
2012年FISA改正法再授権法【米】……10
2012年自由保護法【英】……259
2013年EU規則第98号……317
2014年テロ対策法【仏】……128
2015年緊急法律命令第7号【伊】……315, 335
2015年テロリズム対策安全保障法【英】……259
2015年反テロ法【加】……201, 211, 239
2015年法律第43号【伊】……315
2016年刑法典改正法【豪】……346
2016年調査権限法【英】……268
2016年テロ対策法【仏】……135
2016年法律第153号【伊】……326
日豪物品役務相互提供協定……358
日常の安全に関する2001年11月15日法律【仏】……95
入管法【日】……375, 378, 379

は

ハーグ国籍法抵触条約……115
バール（Raymond Barre）……94
バイエルン州警察任務権限法（BayPAG）【独】……163
ハイジャック……31, 380
パシフィック・ソリューション【豪】……363
バダンテール（Robert Badinter）……124
罰則付召喚状【米】……70, 72
パピア（Hans-Jürgen Papier）……152
パリ同時多発テロ…93, 97, 111, 127, 393, 396, 404, 415
バリ島爆弾テロ事件……346
犯罪収益移転防止法【日】……161, 386, 387, 408
犯罪取締りモデル……398, 399, 409, 412, 413
犯罪に強い社会の実現のための行動計画2003……397
犯罪に強い社会の実現のための行動計画2008……373, 400
反対説教【仏】……137
ハンチュー・ガイドライン【米】……426, 430

ひ

非開示証拠手続【英】……269
非常ブレーキ条項【EU】……455
必要性の原則（致死力の行使に関する）…439, 445
秘密行動【米】……22
表現の自由……18, 246, 306
標的殺害……21, 22, 23, 24
平等原則……419, 421, 422, 424
比例性の原則（致死力の行使に関する）……439, 445, 446, 454
ビンラディン（Osama Bin Laden）…22, 25, 434, 436

ふ

ファロス……131
フォーシース（Craig Forcese）……249
フセイン（Sddam Hussein）……5
プライバシー（権）…25, 35, 36, 37, 41, 67, 69, 74, 75, 76, 382, 384, 389, 422
プライバシー・シールド……474
ブラック・リスト（テロ犯罪サイト）【伊】……319
フランス革命……112
プリズム問題……10, 473
ブリュッセル連続テロ事件……396, 415
武力攻撃事態【日】……411
武力攻撃事態等対処法【日】……375, 411
武力攻撃対処事態【日】……375
武力攻撃予測事態【日】……411
フルボディスキャナー……34, 35
ブレグジット……281
ブロークン・ヒル銃乱射事件【豪】……355

へ

米国自由法（USA FREEDOM ACT）……11
兵士殺害事件【加】……210

米中経済・安全保障検討委員会【米】…………84
ヘッセン州公共安全秩序法（HSOG）【独】…164
ペルー日本国大使公邸占拠事件………411
ベンブリカ（Abudul Nacer Benbrika）………345
ベルルスコーニ（Silvio Berlusconi）………336

ほ

防衛権限【豪】………355
法執行機関…6, 7, 60, 62, 74, 415, 420, 423, 428, 429
放射性同位元素等による放射線障害の防止に関する法律【日】………385
放射線発散処罰法【日】………383
法治国原理………166
報道の自由………389
ポート・アーサー無差別発砲事件【豪】………346
ホームグローン・テロリスト…93, 374, 386, 415, 429
ポール・ラガルド（Paul Lagarde）………116
補完性原則【EU】………454
保護ビザ【豪】………360
ボストンマラソン爆弾テロ事件………25
ポリスウェア………138
本人確認法【日】………408

ま

マージング（Johannes Masing）………180
マース（Heiko Maas）………155
マッカン（Daniel McCann）………441
マネーロンダリング………387, 388, 401, 402, 408
麻薬特例法【日】………408
マルウェア傍受【伊】………337
マンチェスター・アリーナ爆発テロ事件………260
マンハッタン爆弾テロ事件………25

み

ミッテラン（François M.A.M. Mitterran）………94
民警団法（PCA）【米】………63, 64

む

無差別大量殺人行為を行った団体の規制に関する法律【日】………399

も

モーロ（Aldo Moro）………313
モーロア（Pierre Mauroy）………94
目的拘束の原則【独】………187

ゆ

郵便・通信警察【伊】………319
ユーロジャスト………458
ユーロポール………460

よ

ヨーロッパ国籍条約………116
予防拘禁命令【豪】………354
予防拘束………399, 411
予防国家………237
予防措置の原則（致死力の行使に関する）………440, 445, 446
予防逮捕【加】………203

ら

ライシテ【仏】………126
ラウフバーン（Laufbahn）………169
ラスター捜査【独】………185

れ

令状主義………39
令状なしの逮捕・拘禁【加】………212, 215
連邦議会【米】………3, 4, 62, 73, 74, 78, 80, 82, 84
連邦軍防諜部（MAD）【独】………167
連邦刑事庁（BKA）【独】………144, 167, 182
連邦刑事庁法【独】………157
連邦憲法擁護庁（BfV）【独】………144, 167
連邦憲法擁護法【独】………168
連邦情報庁（BND）【独】………150, 167
連邦情報庁法【独】………145, 149
連邦捜査局（FBI）【米】…7, 44, 45, 51, 72, 74, 75, 76

ろ

ローチ（Kent Roach）………249
ローンウルフ………8, 93, 109, 386
ローンウルフ修正【米】………8, 9, 10, 11
ロンドン国会議事堂テロ事件………374
ロンドン地下鉄爆破事件………35
ロンドン同時多発テロ………95, 374, 381, 429

わ

枠組決定【EU】………455

判例索引

【アメリカ】

Aamer v. Obama, 742 F.3d 1023 (2014) …… 17
ACLU v. Clapper, 785 F.3d 787 (2d cir. 2015) …… 10
Al Bahlul v. United States, 767 F.3d 1 (D.C. Cir. 2014) …… 21
Al Bahlul v. United States, 792 F.3d. 1 (D.C. Cir. 2015) …… 21
American-Arab Anti-Discrimination Committee v. Massachusetts Bay Transportation Authority, 2004 U.S. Dist. LEXIS 14345 (D.Ma. 2004) …… 36
Bahlul v. United States, 2015 U.S. App. LEXIS 16967 (D.C. Cir. 2015) …… 21
Boumediene v. Bush, 553 U.S. 723 (2008) …… 13
Bourgeois v. Peters, 387 F.3d 1303 (11th Cir. 2004) …… 38
Camara v. Municipal Court, 387 U.S. 523 (1967) …… 27
City of Indianapolis v. Edmond, 531 U.S. 32 (2000) …… 28
Commonwealth v. Carkhuff, 2004 U.S. Dist. LEXIS 14345 (D. Ma. 2004) …… 30
Curcio v. United States, 354 U.S. 118 (1957) …… 70
Doe v. United States, 487 U.S. 201 (1988) …… 71
Electronic Privacy Information Center v. United States Department of Homelard Security, 653 F.3d 1 (D.C. Cir. 2011) …… 35
Florida v. Bostick, 501 U.S. 429 (1991) …… 39
Gilmore v. Gonzales, 435 F.3d 1125 (9th Cir. 2006) …… 33, 52
Goldberg v. Kelly, 397 U.S. 254 (1970) …… 50
Green v. Transportation Security Administration, 351 F. Supp. 2d 1119 (W.D. Wash. 2005) …… 48, 52
Hamdan v. Rumsfeld, 548 U.S. 557 (2006) …… 13, 20
Hamdan v. United States, 696 F.3d 1238 (D. C. Cir. 2012) …… 21
Hamdi v. Rumsfeld, 542 U.S. 507 (2004) …… 12
Handschu v. Special Services Division …… 426
Hassan v. City of New York, 2014 WL 654604 (2014) …… 424
Hassan v. City of New York, 804 F.3d 277 (2015) …… 424
Holder v. Humanitarian Law Project, 561 U.S. 1 (2010) …… 18
Ibrahim v. Department of Homeland Security, No. C06-00545 WHA, slip op. at 19 (N.D. Cal. Jan. 14, 2014) …… 46
Ibrahim v. Department of Homeland Security, 538 F.3d 1250 (9th Cir. 2008) …… 50, 51
Johnston v. Tampa Sports Auth., 442 F. Supp. 2d 1257 (M. D. Fla. 2006) …… 37
Latif v. Holder, 686 F.3d 1122 (9th Cir. 2012) …… 52
Latif v. Holder, 989 F. Supp. 2d 1293 (2013) …… 52
Latif v. Holder, 28 F. Supp. 3d 1134 (D. Or. 2014) …… 46, 52, 53, 54
Latif v. Lynch, 2016 U.S. Dist. LEXIS 40177 (D. Or., Mar.28, 2017) …… 58
MacWade v. Kelly, 460 F.3d 260 (2d Cir. 2006) …… 36
Mathews v. Eldridge, 424 U.S. 319 (1976) …… 23, 50, 51
Michigan Department of State Police v. Sitz, 496 U.S. 444 (1990) …… 27
Mohamed v. Holder, 995 F. Supp. 2d 520 (E.D. Va. 2014) …… 45
Morrissey v. Brewer, 408 U.S. 471 (1972) …… 50
N.Y. Times Co. v. U.S. Dep't of Justice, 756 F.3d 100 (2d. Cir. 2014) …… 23
National Treasury Employees Union v. Von Raab, 489 U.S. 656 (1989) …… 27
New Jersey v. T.L.O., 469 U.S. 325 (1985) …… 27
O'Connor v. Ortega, 480 U.S. 709 (1987) …… 27, 40

Price v. Johnston, 334 U.S. 266 (1948) ……73
Rasul v. Bush, 542 U.S. 466 (2004) ……12, 13
Raza v. City of New York, 998 F. Supp. 2d 70 (2013) ……426
Electronic Privacy Information Center v. United States Department of Homeland Security, 653 F.3d 1 (D.C. Cir. 2011) ……35
Schneckloth v. Bustamonte, 412 U.S. 218 (1973) ……39
State v. Seglen, 700 N.W. 2d 702 (N.D. 2005) ……37
Terry v. Ohio, 392 U.S. 1 (1968) ……27
United States v. Albarado, 495 F.2d 799 (2d Cir. 1974) ……40
United States v. Aukai, 497 F.3d 955 (9th Cir. 2007) ……33, 34
United States v. Borowy, 577 F. Supp. 2d 1133 (D. Nev. 2008) ……66, 67
United States v. Borowy, 595 F.3d 1045 (9th Cir. Nev. 2010) ……66, 67
United States v. Brignoni-Ponce, 422 U.S. 873 (1975) ……27
United States v. Brooks, 2013 U.S. Dist. LEXIS 184252 (M. D. Fla. Oct 18, 2013) ……67
United States v. Carroll, 2015 U.S. Dist. LEXIS 166251 (N. D. Ga. Nov. 3, 2015) ……67
United States v. Chon, 210 F.3d 990 (9th Cir. 2000) ……63
United States v. Davis, 482 F.2d 893 (9th Cir. 1973) ……31
United States v. Doe, 670 F.3d 1335 (11th Cir. 2012) ……71
United States v. Dreyer, 767 F.3d 826 (9th Cir. 2014) ……63, 64, 65
United States v. Gabel, 2010 U.S. Dist. LEXIS 107131 (S. D. Fla. Se) ……67
United States v. Herzbrun, 723 F.2d 773 (11th Cir. 1984) ……39
United States v. Hitchcock, 286 F.3d 1064 (9th Cir. 2002) ……63
United States v. Marquez, 410 F.3d 612 (9th Cir. 2005) ……32, 34
United States v. Martinez-Fuerte, 428 U.S. 543 (1976) ……27
United States v. New York Tel. Co., 434 U.S. 159 (1977) ……73
United States v. Skipwith, 482 F.2d 1272 (5th Cir. 1973) ……39
United States v. Thomas, 2013 U.S. Dist. LEXIS 159914 ……68
United States v. Thomas, No. 14-1083 (2d Cir. 2015) ……69
United States v. Tummins, 2011 U.S. Dist. LEXIS 57656 (M.D. Tenn. May 26, 2011) ……68
Youngstown Sheet & Tube Co. v. Sawyer, 343 U.S. 579 (1952) ……4

【フランス】

Décision n° 85-187 DC du 25 janvier 1985 ……100
Décision n° 96-377 DC du 16 juillet 1996 ……117, 120
Décision n° 2005-532 DC du 19 janvierl 2006 ……96
Décision n° 2014-439 QPC du 23 janvier 2015 ……106, 118
Décision n° 2015-527 QPC du 22 décembre 2015 ……104
Décision n° 2016-535 QPC du 19 février 2016 ……104
Décision n° 2016-536 QPC du 19 février 2016 ……103, 104
Décision n° 2016-567/568 QPC du 23 septembre 2016 ……102
Décision n° 2016-600 QPC du 2 décembre 2016 ……108
Décision n° 2017-624 QPC du 16 mars 2017 ……100, 108

【ドイツ】

1 BvR 2226/94, 1BvR 2420/95, 1 BvR 2437/95 ……152
1 BvR 256/08, 1 BvR 263/08. 1 BvR 586/08 ……148
1 BvR 966/09, 1 BvR 1140/09 ……146
BVerfGE 141, 220 ……180

BVerfGE65, 1 ………… 180, 194, 196
BVerfGE133, 277 ………… 172, 173, 174
EGMR, 7. 7. 2011-55721/07 ………… 152

【カナダ】

Canada v. Chiarelli, [1992] 1 S.C.R. 711 ………… 223
Canada v. Harkat, [2014] 2 S.C.R. 33 ………… 209, 218, 233
Charkaoui v. Canada, [2007] 1 S.C.R. 350 ………… 209, 218, 222
Charkaoui v. Canada, [2008] 2 S.C.R. 326 ………… 218, 229
Dehghani v. Canada, [1993] 1 S.C.R. 1053 ………… 224
Hufskey v. R., [1988] 1 S.C.R. 621 ………… 215
Hunter et al. v. Southam Inc., [1984] 2 S.C.R. 145 ………… 215
Irwin ToyLtd. v. Quebec, [1989] 1 S.C.R. 927 ………… 215
May v. Ferndale Institution, [2005] 3 S.C.R. 809 ………… 231
R v. L. (D. O.), [1993] 4 S.C.R. 419 ………… 235
R v. La, [1997] 2 S.C.R. 451 ………… 230
R. v. Feeney, [1997] 2 S.C.R. 13 ………… 215
R. v. Keegstra, [1990] 3 S.C.R. 697 ………… 247
R. v. Khawaja, [2012] 3 S.C.R 555 ………… 209
R. v. Oakes, [1986] 1 S.C.R. 103 ………… 246
R. v. Stinchcombe, [1991] 3 S.C.R. 326 ………… 230
Singh v. Canada, [1985] 1 S.C.R. 177 ………… 223
Suresh v. Canada, [2002] 1 S.C.R. 3 ………… 209, 224

【イギリス】

Ahmed v HM Treasury [2010] UKSC 2 ………… 264
A v Secretary of State for the Home Department [2004] UKHL 56 ………… 263
Beghal v DPP [2015] UKSC 49 ………… 288
Guardian v R and Incedal [2016] EWCA Crim 11 ………… 292
R (Irfan) v Secretary of State for the Home Department [2012] EWHC 840 (Admin) ………… 262
R (Miranda) v Secretary of State for the Home Department [2016] EWCA Civ 6 ………… 282
R v Abdul Miah (2015) ………… 308
R v Alaa Esayed (2015) ………… 307
R v Gul [2013] UKSC 64 ………… 281
R v Hassan Munir (2015) ………… 308
R v Ibrahim Hassan & Shah Hussain (2014) ………… 307
R v Kahar [2016] EWCA Crim 568 ………… 293
R v Malcolm Hodges (2008) ………… 307
R v Mohammed Kahar (2015) ………… 308
R v Mohammed Moshin Ameen (2016) ………… 307
R v Usman Choudhary (2015) ………… 308
R v Zafreen Khadam (2016) ………… 307
Secretary of State for the Home Department v Lord Alton of Liverpool [2008] EWCA Civ 443 ………… 283

【イタリア】

憲法裁判所 1968 年判決第 100 号 …… 329
憲法裁判所 1973 年判決第 34 号 …… 329

【オーストラリア】

Al-Kateb v Godwin [2004] HCA 37 …… 361
Australian Communist Party v Commonwealth [1951] HCA 5 …… 355
Behrooz v Secretary of the Department of Immigration and Multicultural and Indigenous Affairs [2004] HCA 36 …… 363
Burns v Ransley [1949] HCA 45 …… 355
Chu Kheng Lim v Minister for Immigration Local Government and Ethnic Affairs [1992] HCA 64 …… 360
Gratwick v Johnson [1945] HCA 7 …… 369
Kable v The Director of Public Prosecutions for New South Wales [1996] HCA 24 …… 355
Minister for Immigration & Multicultural & Indigenous Affairs v Al Masri [2003] FCAFC 70 …… 361
Minister for Immigration and Multicultural and Indigenous Affairs v Al Khafaji [2004] HCA 38 …… 362
Plaintiff M61/2010E v Commonwealth of Australia and Plaintiff M69 of 2010 v Commonwealth of Australia [2010] HCA 41 …… 364
Plaintiff M68-2015 v Minister for Immigration and Border Protection [2016] HCA 1 …… 366
Plaintiff M70/2011 v Minister for Immigration and Citizenship and Plaintiff M106 of 2011 v Minister for Immigration and Citizenship [2011] HCA 32 …… 364
Plaintiff M96A/2016 v Commonwealth of Australia [2017] HCA 16 …… 367
Plaintiff S156/2013 v Minister for Immigration and Border Protection [2014] HCA 22 …… 365
Plaintiff S99/2016 v Minister for Immigration and Border Protection [2016] FCA 483 …… 366
R v Benbrika and Ors [2009] VSC 21 …… 351
R v Sharkey [1949] HCA 46 …… 355
R v Thomas [2006] VSCA 165 …… 354
Thomas v Mowbray [2007] HCA 33 …… 354, 355

【日本】

東京地判平成 26 年 1 月 15 日判時 2215 号 30 頁 …… 417
東京高判平成 27 年 4 月 14 日（判例集未登載）…… 419
最大判平成 29 年 3 月 15 日裁時 1672 号 1 頁 …… 198, 410

【国際・EU】

Armando Alejandre Jr. and Others v. Republic of Cuba (1999) …… 436
Baboeram-Adhin and others v. Suriname (1985) …… 439
Bankovicć and Others v. Belgium and Others (2011) …… 436
C-203/15, C-698/15 …… 149
C-293/12 [Digital Rights Ireland and Seitlinger and Others] …… 471
C-317/04, C-318/04 [EP v. Council and Commission] …… 470
C-362/14 [Schrems] …… 474
C-402/05 P, C-415/05 P [Kadi and Al Barakaat International Foundation v. Council] …… 469
C-698/15 [Secretary of State for the Home Department v. Watson] …… 472
Chahal v. UK (1996) …… 263

Finogenov and Others v. Russia (2011) ···· 440, 447
Gillan v. UK (2010) ···· 262, 286
Leroy v. France (2008). ···· 299
McCann and Others v. The United Kingdom (1995) ···· 440, 444
Suarez de Guerrero v. Colombia, Merits (1982) ···· 438, 440, 444, 447
Tagayeva and Others v. Russia (2017) ···· 447

【編者紹介】

大沢 秀介（おおさわ・ひでゆき）
慶應義塾大学法学部教授。主著として、『現代型訴訟の日米比較』（弘文堂・1988年）、『司法による憲法価値の実現』（有斐閣・2011年）、『アメリカの司法と政治』（成文堂・2016年）など。

新井　誠（あらい・まこと）
広島大学大学院法務研究科教授。主著として、『議員特権と議会制―フランス議員免責特権の展開』（成文堂・2008年）、『憲法Ⅰ　総論・統治』『憲法Ⅱ　人権』（共著、日本評論社・2016年）、『講座　政治・社会の変動と憲法―フランス憲法からの展望　第1巻』（共編著、信山社・2017年）など。

横大道 聡（よこだいどう・さとし）
慶應義塾大学大学院法務研究科准教授。主著として、『現代国家における表現の自由―言論市場への国家の積極的関与とその憲法的統制』（弘文堂・2013年）、『憲法Ⅰ 総論・統治』『憲法Ⅱ 人権』（共著、日本評論社・2016年）、『憲法判例の射程』（編著、弘文堂・2017年）など。

【執筆者紹介】※50音順

芦田　淳（あしだ・じゅん）
国立国会図書館調査及び立法考査局海外立法情報課主査。主著として、「イタリア共和国憲法における『地域国家』と連邦制」憲法理論研究会編『対話的憲法理論の展開』（敬文堂・2016年）203頁など。

東　史彦（あずま・ふみひこ）
長崎大学多文化社会学部准教授。主著として、『イタリア憲法の基本権保障に対するEU法の影響』（国際書院・2016年）など。

石塚 壮太郎（いしづか・そうたろう）
北九州市立大学法学部専任講師。主著として、『憲法判例からみる日本』（共著、日本評論社・2016年）など。

岩切 大地（いわきり・だいち）
立正大学法学部教授。主著として、「イギリスのDWA（外交的保証付きの国外退去）政策について―安全保障・出入国管理・外交と絶対的人権との間に」大沢秀介編『フラット化社会における自由と安全』（尚学社・2014年）など。

大林 啓吾（おおばやし・けいご）
千葉大学大学院専門法務研究科准教授。主著として、『憲法とリスク―行政国家における憲法秩序』（弘文堂・2015年）など。

岡田 順太（おかだ・じゅんた）
白鷗大学法学部教授。主著として、『関係性の憲法理論―現代市民社会と結社の自由』（丸善プラネット・2015年）など。

岡部 正勝（おかべ・まさかつ）
慶應義塾大学総合政策学部教授。主著として、「フランスにおけるジハーディストの『過激化』とムスリム移民の統合等に関する一考察―フランス議会報告書の検討を中心に」警察政策19巻（2017年）87頁など。

辻 貴則（つじ・たかのり）
警察大学校警察政策研究センター教授。主著として、*Comparison of gun-related homicides between Japan and the United States*（Master's thesis, University of Pennsylvania, 2010）など。

熊谷 卓（くまがい・たく）
新潟国際情報大学国際学部准教授。主著として、「デジタル時代における国際人権―プライバシー vs. 安全」国際人権26号（2015年）34頁など。

小谷 順子（こたに・じゅんこ）
静岡大学人文社会科学部教授。主著として、『現代アメリカの司法と憲法―理論的対話の試み』（共編著、尚学社・2013年）など。

小林 祐紀（こばやし・ゆうき）
朝日大学法学部専任講師。主著として、『アメリカ憲法と公教育』（共著、成文堂・2017年）など。

上代 庸平（じょうだい・ようへい）
武蔵野大学法学部准教授。主著として、『アーカイブズ学要論』（編著、尚学社・2014年）など。

手塚 崇聡（てづか・たかとし）
中京大学国際教養学部准教授。主著として、「カナダ憲法解釈における『生ける樹』理論の限界―原意主義的理解の可能性」立命館法学2015年5・6月号（2016年）1656～1682頁など。

堀口 悟郎（ほりぐち・ごろう）
九州産業大学経済学部専任講師。主著として、『憲法判例の射程』（共著、弘文堂・2017年）など。

山本 健人（やまもと・けんと）
日本学術振興会特別研究員（DC1）。主著として、「信教の自由における『法的多文化主義』と合理的配慮―カナダ憲法理論を素材に」法学政治学論究113号（2017年）139頁など。

湯淺 墾道（ゆあさ・はるみち）
情報セキュリティ大学院大学情報セキュリティ研究科教授。主著として、『被災地から考える日本の選挙―情報技術活用の可能性を中心に』（共編著、東北大学出版会・2013年）など。

吉川 智志（よしかわ・ともし）
慶應義塾大学大学院法学研究科助教。主著として、「米国における選挙法学の誕生」法学政治学論究108号（2016年）127頁など。

渡井 理佳子（わたい・りかこ）
慶應義塾大学大学院法務研究科教授。主著として、『行政法事典』（共編著、法学書院・2013年）など。

渡辺 富久子（わたなべ・ふくこ）
国立国会図書館調査及び立法考査局議会官庁資料課主査。主著として、「ドイツ、オーストリア及びハンガリーにおける難民の受入れ」外国の立法272号（2017年）50頁など。

【編著者】
大沢　秀介　　慶應義塾大学法学部教授
新井　　誠　　広島大学大学院法務研究科教授
横大道　聡　　慶應義塾大学大学院法務研究科准教授

変容するテロリズムと法
──各国における〈自由と安全〉法制の動向

2017(平成29)年10月15日　初版1刷発行

編　著　大沢秀介・新井 誠・横大道 聡
発行者　鯉 渕 友 南
発行所　株式会社 弘 文 堂　101-0062 東京都千代田区神田駿河台1の7
TEL 03(3294)4801　振 替 00120-6-53909
http://www.koubundou.co.jp
装　丁　宇佐美純子
印　刷　三　陽　社
製　本　牧製本印刷

ISBN 978-4-335-35711-4

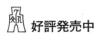